现代生物技术前沿

代 谢 组 学

——方法与应用

许国旺 等 著

科 学 出 版 社
北 京

内 容 简 介

本书是国内第一部集基本理论和实际应用于一体的、极有价值的关于代谢组学的专著，对学科的发展现状、面临问题、应用前景、未来趋势和学科本身的价值都做了客观、科学的描述。除简要回顾代谢组学的发展历史、特点外，重点介绍了代谢组学技术平台及其在健康疾病、药物毒性、植物、微生物、营养科学和环境科学研究中的应用，使读者能在短时间内对最新的技术和国内外进展有一全面了解。为适应不同层次人员对代谢组学知识的需求，本书在全面阐述色谱、质谱、核磁共振谱和多变量数据分析方法在代谢组学中的应用的同时，图文并茂地剖析了代谢组学在不同领域内的应用，使读者能很容易地应用本书解决相关领域中的问题。

本书可作为从事代谢组学研究的专业人员的参考书。对代谢组学感兴趣或具备一定的生物化学和分析化学背景的读者也可根据自己所从事的专业有选择地阅读部分章节。

图书在版编目(CIP)数据

代谢组学：方法与应用/许国旺等著．—北京：科学出版社，2008
（现代生物技术前沿）
ISBN 978-7-03-021528-4

Ⅰ.代… Ⅱ.许… Ⅲ.代谢-研究 Ⅳ.Q493.1

中国版本图书馆 CIP 数据核字(2008)第 043299 号

责任编辑：夏　梁　席　慧/责任校对：刘小梅
责任印制：赵　博/封面设计：陈　敬

科 学 出 版 社 出版
北京东黄城根北街 16 号
邮政编码：100717
http://www.sciencep.com
北京凌奇印刷有限责任公司印刷
科学出版社发行　各地新华书店经销
*
2008 年 8 月第　一　版　　开本：787×1092　1/16
2025 年 1 月第七次印刷　　印张：27 1/2
字数：624 000

定价：120.00 元
（如有印装质量问题，我社负责调换）

序

随着“基因组学”的提出，目前冠以“组学”的名字已有200多种。代谢组学是研究细胞和生物体的所有代谢中间体和终产物（即代谢组）的一门新兴科学。相对于DNA或蛋白质等生物高分子而言，代谢组学的研究对象一般为分子质量在1000Da以下的小分子。不同于基因和蛋白质具有相对严格的种属和细胞特异性，同一代谢物在任何其存在的物种中都具有相同的理化性质。即便如此，代谢物的功能却并不限于是代谢途径中某酶的底物或产物，它们具有结构单元、能量的载体和储存体、信号分子、神经递质、转录和翻译的调控因子、蛋白质功能的调控因子、辅酶、分子伴侣、肠道因子和诱变剂等诸多功效，在生命活动中以代谢网络的形式相互作用，参与生命活动的各个过程。由于代谢网络处于基因调控网络、信号转导网络和蛋白质互作网络的下游，因此代谢组学研究能反映基因组、转录组和蛋白质组受内外环境影响后相互协调作用的最终结果，更接近于反映细胞或生物的表型。

代谢物的众多功能和代谢组学的重要性及其测试技术的适用性使代谢组学成为系统生物学中继基因组学、转录组学、蛋白质组学后的一个重要的组学平台，被广泛地应用于医学、药学、动植物学、微生物学、环境科学和食品科学等生命科学的各个研究领域。国际上代谢组学的研究萌芽于20世纪80年代，在来自不同领域的科学家们的共同努力下，于90年代末期得到迅猛发展，形成以核磁共振（NMR）和色谱-质谱为核心的两大技术平台，并逐渐得到广泛应用。英国帝国理工大学和辉瑞（Pfizer）等六大制药公司在COMET计划中率先采用代谢组学方法来评价药物的毒性，并取得了极大的成功；美国FDA已尝试将代谢组学技术作为药物安全性评价的一种方法。以中国科学院大连化学物理研究所许国旺研究员为首的研究小组是最早系统从事代谢组学研究的科研团体之一，在国际上也有较高的学术地位。该研究组以色谱质谱联用技术为主导，从技术平台的建立到代谢组学在疾病、药物、营养、植物和微生物研究中的应用，形成了一套较为完整的代谢组学研究体系。

《代谢组学——方法与应用》是国内第一部代谢组学基本理论和实践应用的专著。该书的出版将会极大地推进代谢组学技术在我国的普及和应用，同时也将为相关部门合理规划代谢组学的发展提供必要参考。

中国工程院院士　杨胜利

2008年1月

序

前　　言

1995年，本人获马普（Max-Planck-Institute）研究基金资助，前往德国图宾根大学医学院（University of Tuebingen）作高级访问学者，开始涉足生命科学的研究。作为年轻的科学工作者，本人深知分析化学在生命科学中的重要性。健康与疾病是生命科学研究中永恒的主题，也是国家和社会发展中需要长期关注和投入的领域，为此，我选择了尿液中代谢组分和恶性肿瘤的关系作为切入点，采用亲和色谱的方法提取尿液中的修饰核苷，并首次建立了分析尿液中核苷的毛细管电泳方法，使检测分辨率提高的同时，也提高了分析通量。通过对罹患十几种不同癌症的患者尿液进行检测发现，癌症患者的尿液中修饰核苷总量明显高于正常人。但是始终没有发现某种特定核苷与癌症的关联。事实上，在不同的癌症患者个体中，并非所有修饰核苷的排放量均产生有规律的增高现象，而是出现了有的显著增高、有的略有增高、有的甚至反而降低的复杂情况。通过对大量数据的研究表明，癌症患者尿液中没有一种修饰核苷的排放量总是高于正常人，以其中某种修饰核苷的排放量作为依据时，癌症的检出率仅为40%左右。由此判定，采用单一代谢物指标进行癌症诊断的思路是值得商榷的。

人体是个复杂的系统，存在于这一系统中的物质之间必然存在着联系，那么修饰核苷之间也可能存在着某种联系。由此，我们在1997年开始将多变量的模式识别方法用于癌症诊断，对近千个癌症患者尿样中核苷的浓度数据进行处理，原先无序可循的数据则奇迹般地变得有规律起来。最终我们证明，尿液中修饰核苷的代谢模式变化可用于癌症的早期发现和术后随访，并具有广谱性，尤其适用于手术效果评价及预后评估。

在此基础上我们意识到，以小分子的产生作为表象的代谢活动应能够更准确地反映生物系统的状态，易于与现实世界建立正确的联系。对代谢物必须进行综合分析，也即只有对整个代谢指纹按“组学”的方式进行研究才有意义，疾病早期发现和诊断也应从利用单一标志物向组合标志物转变。恩师卢佩章院士早年提出的希望我们能进行“建立人体体液化学指纹数据库”的构想就是要用分析化学的方法，把一个人从婴幼儿到成年的化学指纹变化记录下来，从中发现个体疾病易感性，实际上就是人群的“代谢组学”研究。

2001年，在中国科学院大连化学物理研究所骨干人员参加的科研规划研讨会上，本人受当时的所长包信和研究员的邀请做了专题报告，第一次在所里正式介绍“代谢组学”，并被列为中国科学院知识创新工程（二期）重点支持方向。同年，杨胜利院士出任我所生物技术研究部主任，将“代谢组学”研究作为部里的重要发展方向，并将我们的研究平台介绍给相关单位。本课题组也在此时拥有了新名字——高分辨分离分析及代谢组学，并成为后来成立的大连化学物理研究所“代谢组学研究中心”的核心。这是学科凝炼的结果，也忠实记录了我们进行代谢组学研究的发展轨迹。

与此同时，科技部做出了及时的支持，2003年设立了国内第一个针对代谢组学的国家高技术研究发展计划（“863”计划）项目——代谢组学技术平台的研究，由本人担任项目负责人。2003年底，中国科学院在上海生命科学院召开了关于“植物、微生物代谢组学和代谢工程”学术研讨会。在会上，本人受邀做了题为“植物、微生物代谢组学技术平台的研究”的报告，会场座无虚席，与会科研人员和青年学生对代谢组学所表现出的热情与2002年的情景形成鲜明对比。那年，同样是我受吴家睿副院长邀请在上海生命科学院做类似报告，吴院长为避免“冷场”，不得不亲自向逐个部门打电话动员听众。短短一年半时间，代谢组学在国内的“知名度”有了如此飞跃使本人在感动于国内科研人员巨大热情和科研敏感性的同时，更加坚定了进行代谢组学研究、推广代谢组学科学的信心。

近年来代谢组学蓬勃的发展势头与多学科领域科学家以及政府部门的极大重视密不可分。特别是在“十一五”期间，科技部先后在国家重大研究计划“蛋白质科学”、国家重点基础研究发展规划（“973”）、“863”计划和“十一五”科技支撑项目、食品安全等方面支持了代谢组学的研究。代谢组学和系统生物学被科技部和欧盟第7框架计划列为促进中医药现代化的主要途径之一。国家自然科学基金委员会化学科学部连续多年将“组学分析中的新原理、新方法和新技术”列为重点项目支持方向。同时很多科学家也都急于进入这个新的研究领域。为了适应我国代谢组学高速发展的需要，满足广大科学工作者的要求，我们在前期工作的基础上，应科学出版社邀请，撰写了本书。

本书第1、10章由许国旺撰写；第2章由路鑫撰写；第3章由杨军和王媛撰写；第4章由赵欣捷撰写；第5章由石先哲撰写；第6章由田晶撰写；第7章由孔宏伟撰写；第8章由王畅撰写；第9章由杨军撰写；第11章由袁凯龙、王畅、杨军撰写；第12章由尹沛源撰写；第13章由汪江山撰写；第14章由马晨菲撰写；第15章由高鹏撰写；第16章由赵春霞撰写。全书由许国旺统一汇总、定稿。这些作者都是奋战在代谢组学科研一线的青年，他们具有丰富的代谢组学研究经验，同时一直密切关注国际上代谢组学研究的发展，因此，此书中的许多内容反映了当前代谢组学的最新进展，也包含了本研究组从1996年以来在相关领域取得的研究成果。本书除阐述代谢组学的发展历史和特点外，重点介绍了代谢组学技术平台及其在疾病、药物、微生物、营养和环境研究中的应用，使读者对代谢组学研究的最新技术和国内外进展有一较为系统的了解。除全面地讲解了关于色谱（GC、LC）、质谱（MS）、核磁共振（NMR）和多变量统计方法在代谢组学中应用的基础知识外，本书力求图文并茂地剖析大量研究实例，展示代谢组学在不同领域内发挥的作用，使读者能够更好地应用本书解决生命科学面临的实际问题，以适应不同层次科研人员对代谢组学知识的需求。

本书在撰写过程中特别是在相关项目的进行过程中，得到了卢佩章院士、杨胜利院士、顾健人院士、张玉奎院士、J. van der Greef 教授、J. Nicholson 教授、刘昌孝院士、陈竺院士、王红阳院士、欧阳平凯院士、黎介寿院士、李兰娟院士、包信和研究员、张涛研究员、吴家睿研究员、马延和研究员、Mei Wang 博士和其他同仁的大力支持和帮助，也得到了国家杰出青年基金“代谢组学技术平台”（No. 20425516)、国家重点基础研究发展规划（“973”）项目“生物系统催化的理论和方法：生物催化和生物转化中关键问题的基础研究”(2003CB716003)、“生物炼制细胞工厂的科学基础：细胞代谢网络的结构与动态特征分析”（2007CB707802)、“2型糖尿病发生发展机制的研究：2型糖尿病发病机制和营养干预的代谢组学研究”（2006CB503902)、国家“863”目标导向类课题“妇科常见恶性肿瘤的生物标志物谱发现及临床应用”（2006AA02Z342）、“发酵法生产富马酸的技术研究”（2006AA02Z240）、“十一五”国家科技支撑计划“残留标示物高通量表征关键技术研究”（2006BAK02A12）和“中医药诊疗技术及特色产品应用研究”（2006BAI11B07）、科技部国际科技合作项目“代谢组学用于中药质量控制的方法学研究”（2007DFA31060）、中德中心“中德复杂样品的分离分析”联合研究小组（GZ364，NSFC 和 DFG）、国家自然科学基金“类脂分析的方法学研究”（20675082）、中国科学院重点方向性项目“植物、微生物的代谢组学”（KSCX2-SW-329）、“基于现代理论和技术的复方中药系统研究”（KGCX2-SW-213）、中国科学院重大方向性项目“抗 2 型糖尿病候选新药和干预新方法的系统性研究：糖尿病发生发展的营养干预和机理研究”（KSCX1-YW-02）和中国科学院创新基金“代谢组学在肝脏疾病研究中的应用”（K2006A12）、“代谢组学指纹图谱平台”（K2006A13）、“维医、维药的系统生物学研究”（K2006A14）的资助。本书的内容也是这些基金和项目支持下研究成果的集中体现。对此，我们谨表示最衷心的感谢。

最后，我还要感谢我的同事、学生及其相关家属的支持和理解，大家在极度繁忙的情况下牺牲很多休息时间完成了有关章节的写作。

由于时间仓促、水平有限，书中存在不妥之处在所难免，祈望广大读者不吝指正。

许国旺

2008 年 1 月于大连

目　录

第1章 绪　论

随着人类基因组测序工作的完成，基因功能的研究逐渐成为热点，随之出现了一系列的“组学”研究，包括研究转录过程的转录组学（transcriptomics）、研究某个生物体系中所有蛋白质及其功能的蛋白质组学（proteomics）及研究代谢产物的变化及代谢途径的代谢组学（metabolomics 或 metabonomics）（图 1-1）。

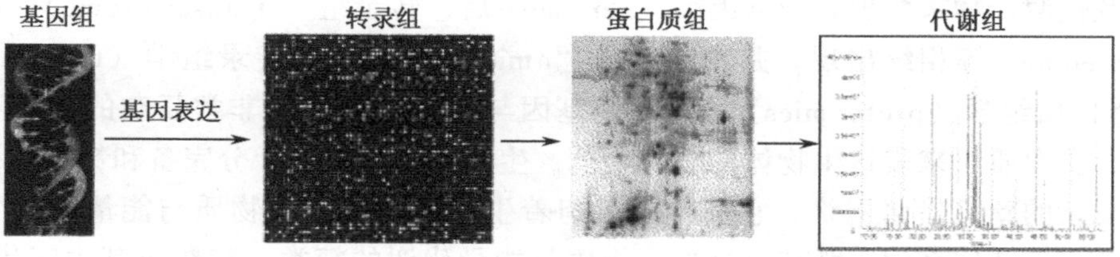

图 1-1　组学时代 4 种最重要的组学

对基因组（genome）、转录组（transcriptome）、蛋白质组（proteome）及代谢组（metabolome）的研究分别对应基因组学、转录组学、蛋白质组学及代谢组学

代谢组学是众多组学中的一种，是随着生命科学的发展而发展起来的。与其他组学不同，代谢组学是通过考察生物体系（细胞、组织或生物体）受刺激或扰动后（如将某个特定的基因变异或环境变化后），其代谢产物的变化或其随时间的变化，来研究生物体系的一门科学[1]。所谓代谢组（metabolome）是基因组的下游产物也是最终产物，是一些参与生物体新陈代谢、维持生物体正常功能和生长发育的小分子化合物的集合，主要是相对分子质量小于 1000 的内源性小分子。代谢组中代谢物的数量因生物物种不同而差异较大，据估计，植物王国中代谢物的数量在 200 000 种以上，单个植物的代谢物数量在 5000～25 000，甚至简单的拟南芥（*Arabidopsis thaliana*）也产生约 5000 种代谢产物，远远多于微生物中的代谢产物（约 1500 种）和动物中的代谢产物（约 2500 种）[2]。实际上，在人体和动物中，由于还有共存的微生物代谢、食物及其代谢物本身的再降解，到目前为止，还不能估计出到底有多少种代谢产物，浓度分布范围有 7～9 个数量级。因此对代谢组学的研究，无论从分析平台、数据处理及其生物解释等方面均面临诸多挑战。本章对代谢组学发展的历史、国内外现状、研究方法、典型应用领域及研究热点等给予了介绍。

1.1　代谢组学简介

1.1.1　代谢组学发展的时代背景

生命科学是研究生命现象、生命活动的本质、特征和发生、发展规律，以及各种生物之间和生物与环境之间相互关系的科学。自从 1953 年 Watson 和 Crick 建立了 DNA

双螺旋结构模型后，生命科学研究的面貌便焕然一新。在此基础上发展的分子生物学使得生命的基本问题，如遗传、发育、疾病和进化等，都能从分子机制上得到诠释。生物学研究进入了对生命现象进行定量描述的阶段。分子生物学的飞速发展极大地推动了人们从分子组成水平对生物系统进行深入的了解。基因组计划向人们展示了包括大肠杆菌、酵母、线虫、果蝇、小鼠等模式生物以及人类的所有遗传信息的组成，生命的奥秘就存在于这些序列中。技术上的突破使得基因组数据的获得已经不再是生命科学的难点。人类基因组计划的基本完成标志着后基因组时代的到来，在这一时期，基因组功能分析成为生命科学的主要任务，核心思想是以整体和联系的观点来看待生物体内的物质群，研究遗传信息如何由基因经转录向功能蛋白质传递，基因功能如何由其表达产物蛋白质以及代谢产物来体现。继基因组（genome）后、转录组（transcriptome)、蛋白质组（proteome）等相继出现，并相应形成“omics”学说，如转录组学（transcriptomics)、蛋白质组学（proteomics）等。但是基因与功能的关系是非常复杂的，还不能用转录组、蛋白质组来表达生物体的全部功能。生物体内存在着十分完备和精细的调控系统以及复杂的新陈代谢网络，它们共同承担着生命活动所需的物质与能量的产生与调节。在这一复杂体系中，既有直接参与物质与能量代谢的糖类、脂肪及其中间代谢物，也有对新陈代谢起重要调节作用的物质。这些物质在体内形成相互关联的代谢网络，基因突变、饮食、环境因素等都会引起这一网络中某个或某些代谢途径的变化，这类物质的变化可以反映机体的状态。起调节作用的代谢物，从生理功能上来说包括神经递质、激素和细胞信号转导分子等，从化学组成上来说包括多肽、氨基酸及其衍生物、胺类物质、脂类物质和金属离子等，这些调节物质绝大部分都是小分子物质，在植物与微生物中还存在着大量的次生代谢产物。这些分子广泛分布于体内，对多种生理活动都具有普遍和多样的调节作用，仅微量存在就能够发挥很强的生物效应。不同活性的分子或协同、或拮抗、或修饰而相互影响，在生物学效应以及信号转导和基因表达调控上形成复杂的网络，承担着维持机体稳态的重要使命，是神经内分泌和免疫网络调节的物质基础和自稳态调节的最重要成分。转录组、蛋白质组的研究很难涵盖这些非常活跃而且非常重要的生命活性物质，然而对这类物质的生理和病理生理学意义如果不能充分认识，就不可能真正阐明生命功能活动的本质。传统研究方法是以生理学和药理学实验方法为主，缺乏高通量的研究技术，难以建立生物小分子物质复杂体系的研究模式。在这种情况下，代谢组（metabolome）和代谢组学（metabolomics 或 metabonomics）应运而生了，并成为系统生物学的一个重要突破口[3]，代谢处于生命活动调控的末端，因此代谢组学比基因组学、蛋白质组学更接近表型。

从广义的代谢组学的意义上来说，代谢组学的历史是相当长的，很早以前人们就已经对生物样品中的某些靶标化合物进行分析以了解生命机体的状态。目前代谢组学所采用的一些技术平台，如NMR和色谱技术以及质谱技术也有比较长的应用历史。严格意义上的代谢组学（对限定条件下的特定生物样品中所有代谢组分的定性和定量）从提出到现在只有短短数年的时间。现在一般认为代谢组学源于代谢轮廓（metabolic profiling）分析，在代谢轮廓分析中体现了代谢组学的“尽可能多地分析生物样本中的代谢产物”这一理念的萌芽。在这里，我们对从代谢轮廓分析发展到代谢组学这一过程[4]（图 1-2）做一简单的介绍。

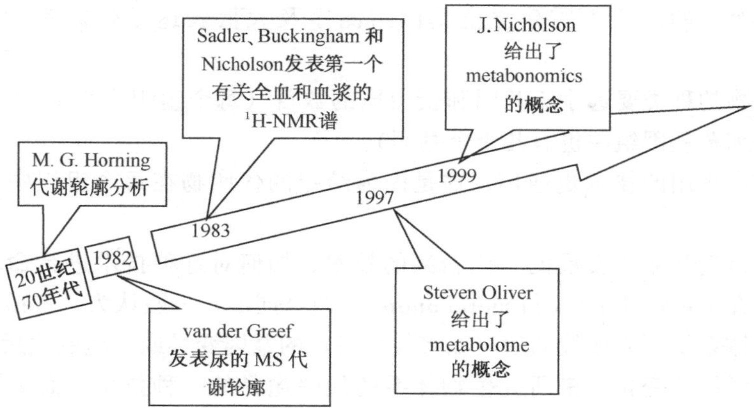

图 1-2 代谢组学的发展历史

早在 20 世纪 70 年代初，Baylor 医学院就发表了有关代谢轮廓分析方面的论文，在他们的工作中采用了 GC-MS 的方法对多种类固醇、有机酸以及尿中药物的代谢物进行了分析，并将这种多组分分析的方法称为代谢轮廓分析，开创了对复杂样品进行代谢轮廓分析的先河。此后代谢轮廓分析广泛应用于血、尿等生物样本中代谢物的定性与定量分析，以对疾病进行筛选和诊断。在临床上使用 GC-MS 的方法来诊断疾病的方法一直沿用到今天。紧接着，人们把重点主要放在分析的自动化上，并将 GC 的方法用于其他类型化合物的分析。进入 20 世纪 80 年代，人们开始使用高效液相色谱和核磁共振的技术来进行代谢轮廓的分析，如 1982 年，荷兰应用科学研究所（TNO）的 van der Greef[5] 在国际上首先采用质谱对尿中代谢指纹进行研究。1983 年，Sadler、Buckingham 和 Nicholson 发表了第一个有关全血和血浆的 ^{1}H-NMR 谱[6]。在 1986 年，色谱杂志 *Journal of Chromatography* 发表了一期有关代谢轮廓（metabolic profiling）分析的专辑。进入 90 年代，代谢轮廓分析技术一直平稳发展，每年都有 10～15 篇的论文发表，不过这一时期人们的目标更多地集中于某些特定的标靶化合物上。在 90 年代初，Sauter 等人用基于 GC-MS 代谢轮廓分析的方法研究了不同除草剂对大麦的影响，这种用代谢轮廓分析来研究各种因素对生物功能的影响的研究思路随即被人们认可。1997 年，Steven Oliver 研究小组提出了通过对代谢产物的数量和定性来评估酵母基因的遗传功能及其冗余度，并率先提出了代谢组的概念[7]。1999 年，J. Nicholson 等提出 metabonomics 的概念[8]，并在疾病诊断、药物筛选等方面做了大量卓有成效的工作[1,9～11]。接着，德国的 Max-Planck-Institut 的科学家们开始了植物代谢组学的研究[12]，使代谢组学得到了极大的充实。

代谢组学的特点为：

(1) 关注内源化合物。

(2) 对生物体系中的小分子化合物进行定性定量研究。

(3) 上述化合物的上调和下调指示了与疾病、毒性、基因修饰或环境因子的影响。

(4) 上述内源性化合物的知识可以被用于疾病诊断和药物筛选。

与转录组学和蛋白质组学比较，代谢组学有以下优点[13]：

(1) 基因和蛋白质表达的微小变化会在代谢物上得到放大，从而使检测更容易。

(2) 代谢组学的研究不需建立全基因组测序及大量表达序列标签（EST）的数据库。

(3) 代谢物的种类要远小于基因和蛋白质的数目（每个组织中大约为 10^3 数量级，即使在最小的细菌基因组中也有几千个基因）。

(4) 研究中采用的技术更通用，这是因为给定的代谢物在每个组织中都是一样的缘故。

代谢组学是近几年才发展的一门新兴的技术，如何对这种技术进行命名曾经有争议，国际上存在 metabolomics 和 metabonomics 两个词汇，一般认为，metabolomics 是通过考察生物体系受刺激或扰动后（如将某个特定的基因变异或环境变化后）代谢产物的变化或其随时间的变化，来研究生物体系的代谢途径的一种技术。而 metabonomics 是生物体对病理生理刺激或基因修饰产生的代谢物质的质和量的动态变化的研究。前者一般以细胞作研究对象，后者则更注重动物的体液和组织。在植物、微生物领域一般用 metabolomics，在药物研究和疾病诊断中，一般用 metabonomics。现在这两个定义已经模糊化[6]，没有特别的区分。

1.1.2 代谢组学研究现状

目前，代谢组学正日益成为生命科学研究的重点之一，在世界范围越来越多的科学工作者已加入到代谢组学的研究中。这可以从以下几个方面体现。

1.1.2.1 有关代谢组学的文献数量增长迅速，学术活动活跃

“Web of knowledge” 是检索科学文献最好的网站之一，在该网站以 metabolomics or metabonomics 和 metabolic profiling 为主题词进行检索，可得图 1-3。以 metabolomics or metabonomics 检索可得 1950 篇，以 metabolic profiling 检索可得 4581 篇（2008 年 1 月 5 日）。类似地，从 “Web of knowledge” 使用 proteomics 和 metabolome 分别检索到总文献 9361 篇和 1000 篇（图 1-4），发现引用次数分别为 112 566 和 8355，平均每篇引用分别为 12.02 和 8.35，*h* 指数分别为 113 和 39。从中可知，尽管代谢组学比较年轻，是新兴技术，文献的总量不多，但与蛋白质组学相比，它们具有非常类似

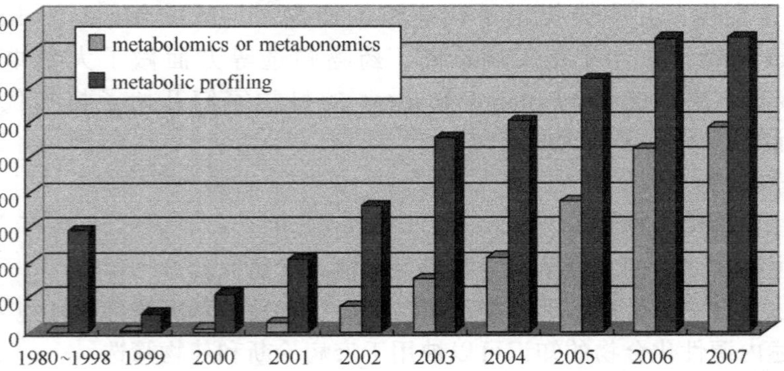

图 1-3 以关键字 metabolomics or metabonomics 和 metabolic profiling 进行检索所得的文献统计图（2008 年 1 月 5 日统计，因文献录入滞后，2007 年数据不全）

的发展趋势。

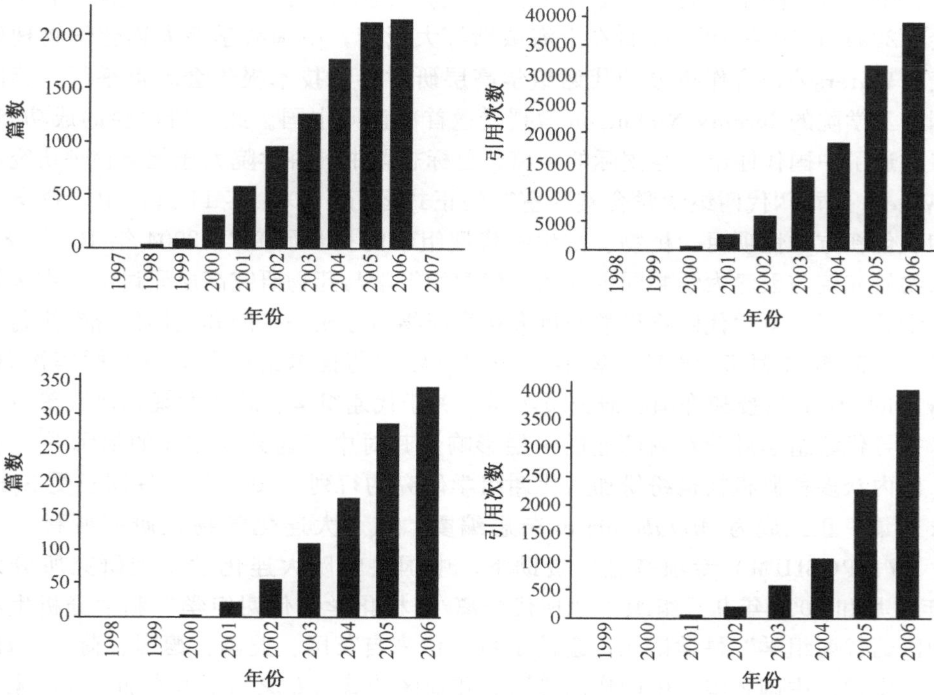

图 1-4　从“Web of knowledge”使用 proteomics（上图）和 metabolome（下图）检索得到的结果（Metabolomics 编辑部 2007 年 1 月 5 日统计）

代谢组学的学术活动也在蓬勃进行，2001 年 12 月在美国举行了题为“Metabolic Profiling：Pathways in Discovery”的专题会议，一年后（2002 年 11 月）在加利福尼亚州召开的系统组学国际会议也特别强调了代谢组学。有关植物代谢组学方面的会议更多，2002 年 4 月、2003 年 4 月、2004 年 6 月及 2006 年 7 月分别在荷兰、德国、美国和英国举行了第一届、第二届、第三届和第四届植物代谢组学国际会议，会议就分析技术的发展、代谢数据的生物信息和数据统计分析、标准化及数据库、代谢组学在解决生物技术问题中的作用和发展农作物等方面进行了广泛的探讨。2008 年 7 月，国际植物代谢组学会议将在日本的横滨召开。

为与代谢组学的迅猛发展相适应，国际代谢组学学会（http://metabolomicssociety.org/）应运而生，并创刊了专业杂志 *Metabolomics*（http://mebo.edmgr.com/）。2005 年 6 月在日本召开了第一届代谢组学学会的国际会议（The First International Conference of the Metabolomics Society）。在取得成功的基础上，2006 年和 2007 年分别在美国和英国召开了第二届、第三届代谢组学学会的国际会议。这些会议的召开加速了代谢组学的发展。

国内在这一领域也紧跟国际前沿，中国科学院大连化学物理研究所在 2001 年学科规划时就将代谢组学列为中国科学院知识创新工程（二期）重要方向予以支持。自 2003 年较全面地介绍代谢组学的综述发表后[14]，又陆续有许多综述性的文章发表，内容涉及代谢组学的技术平台以及在医药、疾病、植物学等诸多方面的应用[15~18]。2003年9月，中国科学院生物局在上海召开了“植物、微生物的代谢组学、代谢工程”学术研讨会。2004年10月10～11日在上海威斯汀大饭店，中国科学院大连化学物理研究所和美国Waters公司合作举办的代谢组学高层研讨会及技术报告会隆重举行，英国伦敦帝国理工学院的Jeremy Nicholson教授受邀首次访问中国。此次研讨会的成功召开，进一步拉近了中国代谢组学与国际的距离，也标志着中国科学院大连化学物理研究所和美国Waters公司“代谢组学联合实验室”的正式运行。2004年11月，中国科学院启动了知识创新方向性项目“植物、微生物代谢组学的初步研究”。2004年12月18日，天津药物研究院与天津大学共同主办的“代谢物组学与药物研究高层研讨会”在天津大学化工学院举行，就“代谢物组学与重大疾病药物治疗相关基础和应用研究”进行了深入探讨。2005年4月5～6日，Waters公司首届制药技术论坛在上海虹桥宾馆召开，Jeremy Nicholson教授和许国旺研究员等做了关于代谢组学、新药发现和研究等方面的报告，探寻代谢组学脉动对制药业的深层影响及其对中草药开发方向的揭示[19]。在这期间，国内众多科研机构也纷纷加入代谢组学研究的行列。2005年，许国旺受SpringerLink邀请，正式成为*Metabolomics*杂志编委。在“大连化学物理研究所科学论坛（DICP SYMPOSIUM）专项基金”资助下，中国科学院大连化学物理研究所分别在2005年4月和2006年9月组织了“现代分离/分析化学和代谢组学”和“分析生物化学和中医药代谢组学”科学论坛，邀请了数十位来自英国、美国、德国、荷兰、日本、比利时、中国、中国香港、中国澳门等国家和地区的著名专家和学者参加。在国家有关部门和单位的配合下，2006年9月13～14日在中国科学院大连化学物理研究所召开了为期2天的主题为“医学代谢组学”的第284次香山科学会议，国内数家相关研究机构、大专院校和国外多个从事代谢组学研究的团体近50余位专家学者应邀出席。由中国工程院医药卫生学部等主办的2007年“环渤海医药发展前沿论坛”暨“代谢组学与中药研究”调研汇报会于2007年12月21～22日在天津举行，在刘昌孝、张伯礼和杨胜利三位院士的组织下，中药代谢组学研究的部分优势单位（中国科学院大连化学物理研究所、天津药物研究院、上海交通大学、中国药科大学、浙江大学、中国科学院武汉物理与数学研究所、天津中医药大学、沈阳药科大学等）的专家就代谢组学的技术平台、生物信息学、中药安全性、中药资源和质量、中药方剂作用机制和中药作用物质基础等报告最新的研究进展。所有这些学术研讨会，一方面提供了与国内外一流科学家交流的机会，另一方面也使得我国的研究队伍不断扩大和加强。

1.1.2.2 代谢组学在各国的科研战略上得到了重视

美国Global Information Inc.的市场调查报告显示，2002～2007年代谢组学技术工业的市场年增长率将达到46%[20]。2003年，美国国立卫生研究院（National Institutes of Health，NIH）在其中长期发展规划（NIH Roadmap）中[21]，设立代谢组学专题，提出了要建立专门收集小分子信息并从事高通量筛选的研究中心，发展代谢组学技术平台，更快、更多地发现具有生物活性的小分子的构想。其下属的The National Institute of General Medical Sciences已在2003年批给加州大学3500万美元的一个5年计划做鼠巨噬细胞的类脂组学（lipidomics）研究。与此类似，日本政府也专门设立了

"Construction of Basic Techniques for Lipidomics and Their Application"国家项目，建立类脂的代谢途径数据库。2005年1月，加拿大启动了"人类代谢组项目"（http://www.metabolomics.ca/），希望从组织和体液中识别、定量和分离出浓度大于1μmol/L的所有代谢物。到2006年底，已定性出800个代谢产物。预期有1400个代谢产物可被定性、定量，其信息可放到公共数据库中，并可制备出单体保存到−80℃的冰箱中。至2008年1月5日，该项目已从数千种书籍、杂志文献和电子数据库中收集了2500个内源性代谢产物，建立了人类代谢组数据库（http://www.hmdb.ca/）[22]。库中每种代谢产物都有其相应的化学、临床、分子生物学和生化数据，据说是目前世界上最全的关于人类代谢物和人类代谢的数据库。

我国政府也十分重视代谢组学的研究，科技部早在2003年就将代谢组学平台技术的建立列入了国家"863"计划，并交给大连化学物理研究所所承担。在"十一五"期间，科技部先后在国家重大研究计划"蛋白质科学"、国家重点基础研究发展规划（"973"）、国家高技术研究发展计划（"863"计划）和"十一五"科技支撑项目、食品安全等方面支持了代谢组学的研究。国家自然科学基金委员会化学科学部连续多年将"组学分析中的新原理、新方法和新技术"列为重点项目支持方向。

代谢组学有着巨大的理论价值和应用前景，企业界对此也非常关注，西方国家先后成立了多个关于代谢组学研究的研究中心或公司，如德国MAX-PLANCK-INSTITUT的分子植物生理所、英国的Metabometrix Ltd、荷兰的Platform Plant Metabolomics（PPM）、美国的The Metabolomics Group、加拿大的Phenomenome Discoveries Inc.等。PFIZER等六个大制药公司与英国帝国理工学院的科学家们一起组织了一个为期3年的关于药物毒性研究的研究小组（COMET 1），拟在药物的发现（discovery）到开发（development）阶段用代谢组学的方法来评价药物的毒性（详见第13章）。在第一期取得成功的基础上，第二期项目（COMET 2）也于2006年3月正式启动，目标是研究标准毒物的分子机制，进而建立具预测性的构效关系专家系统。

以代谢组学为核心的系统生物学技术建立的BG MEDICINE公司（http://www.bg-medicine.com/），非常重视代谢标志物对疾病的新诊断方法，在发现肺结核疾病的生物标志物方面处于领先地位。正在与M.D. Anderson Cancer Center合作以识别新的、专一性好的、敏感的用于监测乳腺癌患者治疗效果的血中蛋白质和小分子标志物。并从ACS Biomarker B.V获得授权来开发和商品化基于生物标志物的分子诊断测试方法以预兆充血性心力衰竭（congestive heart failure）。与Multiple Sclerosis Research Center of New York（MSRCNY）合作以发现针对疾病和市场上现有药物疗效、安全性的新标志物。正在与FDA及7个制药公司合作以发现肝毒的生物标志物。

Metabolon与美国传染病军队医学研究所（U.S. Army Medical Research Institute of Infectious Diseases，USAMRIID）签署协议[23]，军队将使用Metabolon的代谢组学技术平台来研究接种AVA炭疽热疫苗（anthrax vaccine）的人的生化轮廓（biochemical profile）。AVA疫苗是FDA许可的唯一接种人的炭疽热疫苗。这也是第一个对接种疫苗的人的大规模代谢组学研究，这种生化轮廓将帮助USAMRIID较好地了解疫苗的安全性、有效性及其作用机制。

所有这些说明，代谢组学得到了学术界、政府和工业界的极大重视。

1.1.3 代谢组学与系统生物学

在几种常见的组学研究中，基因组学主要研究生物系统的基因结构组成，即DNA的序列及表达。蛋白质组学研究由生物系统表达的蛋白质及由外部刺激引起的差异。代谢组学是研究生物体系（细胞、组织或生物体）受外部刺激所产生的所有代谢产物的变化，可以认为代谢组学是基因组学和蛋白质组学的延伸。随着这些组学研究的深入，科学家们逐渐认识到：基因组的变化不一定能够得到表达，从而并不对系统产生实质影响。某些蛋白质的浓度会由于外部条件的变化而升高，但由于这个蛋白质可能不具备活性，从而也不对系统产生影响。同时，由于基因或蛋白质的功能补偿作用，某个基因或蛋白质的缺失会由于其他基因或蛋白质的存在而得到补偿，最后反应的净结果为零。而小分子的产生和代谢才是这一系列事件的最终结果，它能够更准确地反映生物体系的状态[24]。因此，系统生物学的研究应涵盖基因组学、转录组学、蛋白质组学和代谢组学，任何单一组学的研究对生物问题的理解都是不全面的。

系统生物学是在细胞、组织、器官和生物体整体水平研究结构和功能各异的各种分子及其相互作用，并通过计算生物学来定量描述和预测生物功能、表型和行为的科学[25~28]。系统生物学从基因组序列开始，完成从生命密码到生命过程的研究。如果将生命体看成一个在基因调控下的无数的相互关联的生化反应所组成的一个新陈代谢网络，那么系统生物学将要鉴别每一个反应节点的各种分子及其相互作用，从局部到整体，最终完成整个生命活动的路线图。系统生物学的主要技术平台为基因组学、转录组学、蛋白质组学、代谢组学、相互作用组学和表型组学等，这些“组学”分别在DNA、mRNA、蛋白质和代谢产物水平检测和鉴别各种分子并研究其功能以及各种分子之间的相互关系。进而发现生化反应的途径和网络，构建生物学模块，并在研究模块相互作用的基础上绘制生物体的相互作用图谱。代谢组学与其他组学结合对阐明生命的奥秘具有重要意义。

1.2 代谢组学的研究方法

代谢组学研究一般包括样品采集和制备、代谢组数据的采集、数据预处理、多变量数据分析、标志物识别和途径分析等步骤（图 1-5）[29]。生物样品可以是尿液、血液、组织、细胞和培养液等，采集后首先进行生物反应灭活、预处理，然后运用核磁共振、质谱或色谱等检测其中代谢物的种类、含量、状态及其变化，得到代谢轮廓或代谢指纹。而后使用多变量数据分析方法对获得的多维复杂数据进行降维和信息挖掘，识别出有显著变化的代谢标志物，并研究所涉及的代谢途径和变化规律，以阐述生物体对相应刺激的响应机制，达到分型和发现生物标志物的目的[29,30]。

根据研究的对象和目的不同，Oliver Fiehn 将对生物体系的代谢产物分析分为四个层次[12]。

(1) 代谢物靶标分析（metabolite target analysis）：对某个或某几个特定组分的分析。在这个层次中，需要采取一定的预处理技术，除掉干扰物，以提高检测的灵敏度。

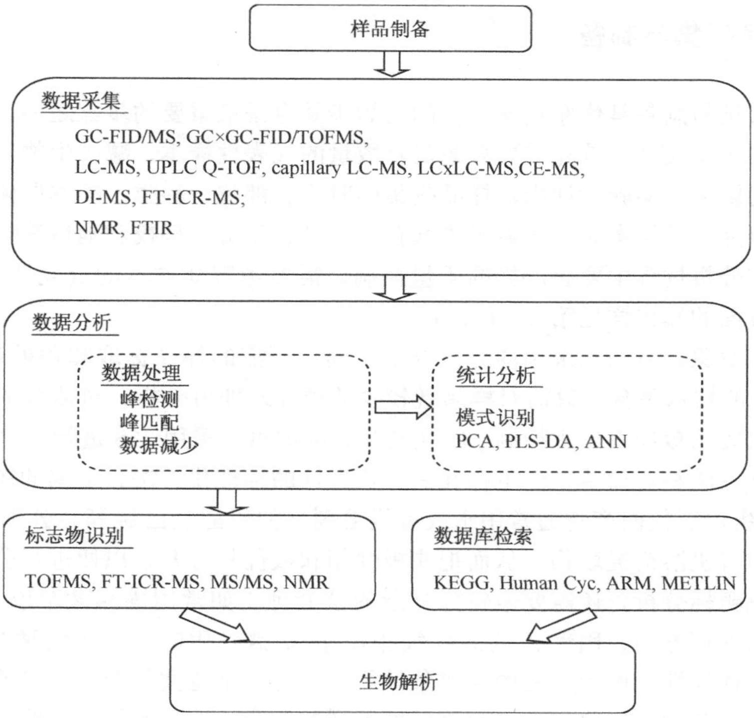

图 1-5　代谢组学分析流程

(2) 代谢轮廓分析（metabolic profiling analysis）：对少数所预设的一些代谢产物的定量分析。如某一类结构、性质相关的化合物（如氨基酸、顺二醇类）、某一代谢途径的所有中间产物或多条代谢途径的标志性组分。进行代谢轮廓分析时，可以充分利用这一类化合物的特有的理化性质，在样品的预处理和检测过程中，采用特定的技术来完成。

(3) 代谢组学（metabonomics，metabolomics）：限定条件下特定生物样品中所有内源性代谢组分的定性和定量。进行代谢组学研究时，样品的预处理和检测技术必须满足对所有的代谢组分具有高灵敏度、高选择性、高通量的要求，而且基体干扰要小。代谢组学涉及的数据量非常大，因此需要有能对其数据进行解析的化学计量学技术。

(4) 代谢指纹分析（metabolic fingerprinting analysis）：不具体鉴定单一组分，而是通过比较代谢物指纹图谱的差异对样品进行快速分类（如表型的快速鉴定）。

严格地说，只有第三层次才是真正意义上的代谢组学研究。目前，代谢组学的最终目标还是不可完成的任务，因为还没有发展出一种真正的代谢组学技术可以涵盖所有的代谢物而不管分子的大小和性质。但是，它和代谢轮廓（谱）分析有着显著的差别，在具体的实验中，代谢组学研究会设法解析所有的可见峰，因此代谢组学研究的特征也可以表述为它会设法分析尽可能多的代谢组分。

1.2.1 样品采集与制备

样品的采集与制备是代谢组学研究的初始步骤也是最重要的步骤之一，代谢组学研究要求严格的实验设计。首先需要采集足够数量的代表性样本，减少生物样品个体差异对分析结果的影响。实验设计中对样品收集的时间、部位、种类、样本群体等应给予充分考虑。在研究人类样本时，还需考虑饮食、性别、年龄、昼夜和地域等诸多因素的影响。此外，在分析过程中要有严格的质量控制，需要考察如样本的重复性、分析精度、空白等。这方面的知识详见第 2、14、15 章。

根据研究对象、目的和采用的分析技术不同，所需的样品提取和预处理方法各异。如采用 NMR 的技术平台，只需对样品做较少的预处理即可分析。对体液的分析，大多数情况下，只要用缓冲液或水控制 pH 和减少黏度即可。采用 MS 进行“全”成分分析时，样品处理方法相对简单，但不存在一种普适性的标准化方法，依据的还是“相似相溶原则”，脱蛋白后代谢产物通常用水或有机溶剂（如甲醇、己烷等）分别提取[31]，获得水提取物和有机溶剂提取物，从而把非极性相和极性相分开，以便进行分析。对于代谢轮廓分析或靶标分析，还需要做较为复杂的预处理，如常用固相微萃取、固相萃取、亲和色谱等预处理方法。用气相色谱或气相色谱-质谱联用时，常常需要进行衍生化，以增加样品的挥发性。由于特定的提取条件往往仅适合某些类化合物，目前尚无一种能够适合所有代谢产物的提取方法。应该根据不同的化合物选择不同的提取方法，并对提取条件进行优化。具体方法可见第 11、14、15 章。

由于代谢组学一次分析很多样品，样品不可能一天采集完成，因此，样品保存问题也应注意，最好是保存在－80℃。COMET 项目表明[6]，尿样保存在－40℃冰箱中，至少 9 个月内没有发现变化。但在 18 个月后，发现 TCA 循环中的中间产物有轻微的变化。而血浆在－80℃下保存 6 个月，在 NMR 谱上没有发现明显的变化。

1.2.2 代谢组数据的采集

完成样本的采集和预处理后，样品中的代谢产物需通过合适的方法进行测定。代谢组学分析方法要求具有高灵敏度、高通量和无偏向性的特点，与原有的各种组学技术只分析特定类型的化合物不同，代谢组学所分析的对象的大小、数量、官能团、挥发性、带电性、电迁移率、极性以及其他物理化学参数的差异很大。由于代谢产物和生物体系的复杂性，至今为止，尚无一个能满足上述所有要求的代谢组学分析技术，现有的分析技术都有各自的优势和适用范围[32～36]。最好采用联用技术和多个方法的综合分析。色谱[37]、质谱[32]、NMR[38]、毛细管电泳[39,40]、红外光谱[41,42]、电化学检测[43]等分离分析手段及其组合都出现在代谢组学的研究中。其中色谱-质谱联用方法兼备色谱的高分离度、高通量及质谱的普适性、高灵敏度和特异性，NMR 特别是^{1}H-NMR以其对含氢代谢产物的普适性而成为最主要的分析工具。

NMR（见第 6 章）：NMR 是当前代谢组学研究中的主要技术，NMR 的优势在于能够对样品实现无创性、无偏向的检测，具有良好的客观性和重现性，样品不需要繁琐处理，具有较高的通量和较低的单位样品检测成本。此外，^{1}H-NMR对含氢化合物均有响应，能完成样品中大多数化合物的检测，满足代谢组学中的对尽可能多的化合物进行检测的目标。NMR虽然可对复杂样品如尿液、血液等进行非破坏性分析，与质谱法相比，它的缺点是检测灵敏度相对较低（采用现有成熟的超低温探头技术，其检测灵敏度在纳克级水平）、动态范围有限，很难同时测定生物体系中共存的浓度相差较大的代谢产物；同时，购置仪器所需的投资也较大。

为了提高NMR技术的灵敏度，研究者们采用了增加场强、使用低温探头和微探头的方法。针对分辨率的问题，使用了多维核磁共振技术和液相色谱-核磁共振联用（liquid chromatography-nuclear magnetic resonance，LC-NMR）。Daykin等[44]在研究中采用色谱技术，利用LC-NMR联用对心血管疾病患者血中的脂蛋白代谢产物进行了检测。Nicholson研究小组[45,46]采用近年来新发展的魔角旋转（magic angle spinning，MAS）技术，让样品与磁场方向成54.17°旋转，从而克服了由于偶极耦合（dipolar coupling）引起的线展宽、化学位移的各向异性。应用MAS技术，研究者能够获得高质量的NMR谱图，样品中仅加入少量的D_2O而不必进行预处理，样品量只需约10mg。基于NMR技术的代谢组学方法已广泛地应用于药物毒性[47~49]、基因功能[50,51]以及疾病的临床诊断[9,51,52]。

质谱（见第2～5章）：相对于NMR灵敏度低、检测动态范围窄等弱点，MS具有较高的灵敏度和专属性，可以实现对多个化合物的同时快速分析与鉴定。随着质谱及其联用技术的发展，越来越多的研究者将色谱-质谱联用技术用于代谢组学的研究[32,53,54]。GC-MS方法的主要优点包括较高的分辨率和检测灵敏度，并且有可供参考、比较的标准谱图库，可以用于代谢产物定性。但是GC不能直接得到体系中难挥发的大多数代谢组分的信息，对于挥发性较低的代谢产物需要衍生化处理，预处理过程繁琐。GC-MS常用于植物和微生物代谢指纹分析[53~56]，如Fiehn等[12]采用GC/MS研究拟南芥（*Arabidopsis*）的基因型及其表型的关系，Styczynski等[55]对大肠杆菌的代谢产物进行了详细的分析。LC-MS避免了GC-MS中繁杂的样品前处理，由于其较高的灵敏度和较宽的动态范围，已被越来越多地用于代谢组学研究[57~59]。它非常适合于生物样本中复杂代谢产物的检测和潜在标志物的鉴定。LC-MS的代谢组学研究通常采用反相填料、梯度洗脱程序。但对于体液样品特别是尿样，含有大量的亲水性代谢产物，这些代谢产物在反相色谱上不保留或保留很弱。最近研究者们使用亲水反应色谱（hydrophilic interaction chromatography，HILIC）[60]解决亲水性物质的弱保留问题。新的分析技术如超高效液相色谱/高分辨飞行时间质谱技术[61,62]、毛细管液相色谱-质谱联用技术[63]、傅里叶变换离子回旋共振技术[64,65]等也被用于代谢组学研究以提高代谢产物的检测灵敏度和通量。为解决通常液相色谱只能分离疏水性代谢物（反相色谱）或亲水性代谢物（亲水性色谱，HILIC）的问题，我们专门发展了一个柱切换二维液相系统[66~68]，采用2根液相色谱柱（反相色谱柱和亲水作用色谱柱），通过阀切换实现了一次进样同时检测亲水和疏水代谢产物，解决了复杂生物样品中亲水性和疏水性代谢产物的同时检测问题。

1.2.3 数据分析平台

代谢组学得到的是大量、多维的信息。为了充分挖掘所获得数据中的潜在信息，对数据的分析需要应用一系列的化学计量学方法。在代谢组学研究中，大多数是从检测到的代谢产物信息中进行两类（如基因突变前后的响应）或多类（如不同表型间代谢产物）的判别分类[12,69]，以及生物标志物的发现[59,70,71]。数据分析过程中应用的主要手段为模式识别技术，包括非监督（unsupervised）学习方法和有监督（supervised）学习方法（见第7章）。

非监督学习方法用于从原始谱图信息或预处理后的信息中对样本进行归类，并采用相应的可视化技术直观地表达出来，不需要有关样品分类的任何背景信息。该方法将得到的分类信息和这些样本的原始信息（如药物的作用位点或疾病的种类等）进行比较，建立代谢产物与这些原始信息的联系，筛选与原始信息相关的标志物，进而考察其中的代谢途径。用于这个目的的方法没有可供学习利用的训练样本，所以称为非监督（unsupervised）学习方法。主要有主成分分析（principal components analysis，PCA）[59,72]、非线性映射[73]、簇类分析[74]等。有监督学习方法用于建立类别间的数学模型，使各类样品间达到最大的分离，并利用建立的多参数模型对未知的样本进行预测。在这类方法中，由于建立模型时有可供学习利用的训练样本，所以称为有监督学习。这种方法经常需要建立用来确认样品归类（防止过拟合）的确认集（validation set）和用来测试模型性能的测试集（test set）。应用于该领域的主要是基于PCA、偏最小二乘法（partial least squares，PLS）、神经网络的改进方法，常用的有类模拟软独立建模[10,75]和偏最小二乘法-判别分析（PLS-discriminant analysis，PLS-DA）[75,76]、正交（O)-PLS[77,78]。作为非线性的模式识别方法，人工神经元网络（neutral network，ANN）技术[79]也得到广泛应用。PCA和PLS-DA是代谢组学研究中最常用的模式识别方法。这两种方法通常以得分图（score plot）获得对样品分类的信息，载荷图（loading plot）获得对分类有贡献变量及其贡献大小，从而用于发现可作为生物标志物的变量。此外，在数据处理和分析的各阶段，对数据的质量控制和模型的有效性验证也需引起足够的重视[80～82]。

应该强调，由上述分析仪器导出的元数据（metadata），不能直接用于模式识别分析[83]，还需对数据进行预处理，将元数据转变为适合于多变量分析（主要是模式识别）的数据形式，使相同的代谢产物在生成的数据矩阵中由同一个变量表示，所有的样品具有相同的变量数。最后用于模式识别的数据为二维矩阵数据形式，行代表样品或实验数目，列表示相应的单个测定指标（通常为代谢物的信号强度等）。

仪器的微小波动及样品pH和基体的变化会引起NMR中化学位移的改变，色谱-质谱方法中流动相组成、柱温的微小变化、梯度的重现性及其柱表面的状态变化常导致保留时间的差异。在模式识别前，需对谱图实行峰匹配（或称峰对齐），使各样本的数据得到正确的比较。主要的数据预处理包括滤噪、重叠峰解析（deconvolution）、峰对齐、峰匹配、标准化和归一化等。在实际操作中，并不是这些步骤都需要进行，而是根据实际情况，只做其中几种预处理（表1-1）。相比之下，HPLC的保留时间重复性比

GC要差一些，峰匹配要相对困难。我们发展的“多区域可变保留值窗口”的峰对齐算法[90]，不仅可用于HPLC，也可用于GC代谢组学的峰匹配[99]。关于这方面的详情，有兴趣的读者可参看第2～5章的内容，也可查看表1-1中的文献。

表1-1　代谢组学中常用的峰匹配方法举例

No.	分析工具	采用的峰匹配方法	参考文献
1	GC/MS	一个用于处理色谱数据的新工具包(MSFACT),该工具可自动转换、匹配色谱数据	[84]
2	GC-MS	用GC-MS研究汗液,通过峰匹配,5080个峰减少成373个	[85]
3	GC-MS	介绍了检测和匹配大量GC-MS数据的方法:①从所有色谱图中找出可能的目标峰;②将色谱图中峰与这些目标峰进行匹配形成与每个目标群相关的峰群;③合并相关的峰群	[86]
4	GL-MS LC-MS	报告了两个峰检测和匹配新方法,MZmine和XCMS。MZmine可免费下载http://mzmine.sourceforge.net/	[87,88]
5	LC-MS	综述了LC-MS做代谢组学时数据处理的关键步骤及最新进展	[89]
6	LC-MS	根据仪器质荷比(m/z)的测量误差来匹配质谱数据	[58]
7	LC/MS	报道了用LC-MS做代谢组学研究时数据的提取、解析和确认的方法及LC-MS做代谢组学研究的策略	[83,90]
8	MS	根据仪器质荷比(m/z)的测量误差来匹配质谱数据	[91]
9	CE	使用相关最佳扭曲法(correlation optimized warping,COW)来匹配毛细管电泳数据	[92]
10	NMR	小波变换(undecimated wavelet transform)匹配NMR峰	[93]
11	NMR	使用Bayesian统计方法,同时考虑波谱移位和基线变动,匹配NMR数据	[94]
12	NMR	使用模糊扭曲方法匹配由于仪器和尿基体变动引起的NMR移位	[95]
13	NMR	使用二维关联波谱法(2D COSY)矫正由pH、温度和基体效应引起的波谱移位	[96]
14	NMR	比较了NMR峰匹配的两种方法	[97]
15	NMR	介绍了一个自动峰匹配方法	[98]

1.2.4　代谢组学数据库

代谢组学分析离不开各种代谢途径和生物化学数据库。与基因组学和蛋白质组学已有较完善的数据库供搜索、使用相比，目前代谢组学研究尚未有类似的功能完备的数据库[100]。一些生化数据库[101～105]可供未知代谢物的结构鉴定或用于已知代谢物的生物功能解释，如连接图数据库（Connections Map DB)、京都基因与基因组百科全书(KEGG)、METLIN、HumanCyc、EcoCyc和metacyc、BRENDA、LIGAND、MetaCyc、UMBBD、WIT2、EMP项目，IRIS、AraCyc、PathDB、生物化学途径（ExPASy)、互联网主要代谢途径（main metabolic pathways on Internet，MMP)、Duke博士植物化学和民族植物学数据库、Arizona大学天然产物数据库等，其中IRIS、AraCyc分别为水稻和拟南芥的有关数据库。表1-2给出了其中的一些网址，可供读者参考。

表 1-2 目前文献中一些有用的与代谢产物相关的数据库

No.	数据库名	网址
1	KEGG	http://www.genome.jp/kegg/ligand.html
2	HumanCyc	http://biocyc.org
3	代谢的原子重构(ARM)项目数据库	http://www.metabolome.jp
4	新药及其代谢产物质谱库	http://www.ualberta.ca/_gjones/mslib.htm
5	METLIN 数据库	http://metlin.scripps.edu/
6	“肿瘤”代谢组数据库	http://www.metabolic-database.com
7	Lipidomics:Lipid Maps	http://www.lipidmaps.org/data/ index.html
8	Lipidomics:SphinGOMAP	http://sphingomap.org/
9	Lipidomics:Lipid Bank	http://lipidbank.jp/ index00.shtml
10	人类代谢组数据库	http://www.hmdb.ca
11	ChemSpider Beta	http://www.chemspider.com
12	Pubmed 化合物数据库	http://www.pubmed.gov
13	NIST 质谱数据库	http://www.nist.gov/srd/nist1.htm

理想的代谢组学数据库应包括各种生物体的代谢组信息以及代谢物的定量数据，如人类代谢组数据库（http://www.hmdb.ca）[22]中的那样。但实际上，这方面的信息非常缺乏。一些公共数据库对各种生物样本中代谢物的结构鉴定也非常有用，如 Pubmed 化合物库、ChemSpider 数据库等（表 1-2），后者包含有 1650 万个化合物的结构信息，可供网上检索。

1.3 代谢组学的应用

代谢组学自从出现以来，引起了各国科学家的极大兴趣，广泛地应用于各个领域[6]，如疾病诊断、药物开发、植物代谢组学、营养科学[106,107]和微生物代谢组学等方面的研究中。详细的情况请见后面各章，这里只做简单归纳。

1.3.1 药物研发

药物研发领域，尤其是西方的药物研发主要沿用靶向研发策略，“致使 90%的药物仅对 30%～50%的患者有效”，即 50%～70%的患者不但未从所接受的药物治疗中受益，反而要承担其所带来的副作用。鉴定出有效的具有生理和临床意义的标志物作为廉价、快捷的筛选对特定人群有效或有毒药物的方法，已成为大家的共识。事实上，由于药物开发成本的提高，新药发现-开发环节中的消耗变成了制药工业所面临的巨大挑战之一。任何能快速、经济、有效地预测药物对特定人群的潜在毒性的工具，毫无疑问地都会被重点关注。

代谢组学在疾病动物模型（包括转基因动物）的确证、药物筛选、药效及毒性评价、作用机制和临床评价等方面有着广泛的应用[101～104]（详见第 13 章）。Nicholson 研究小组[104,105,108,109]利用基于 NMR 的代谢组学技术，在药物毒性评价方面开展了深入的工作。他们的研究表明采用代谢组学方法可判断毒性影响的组织器官及其位点，推测药物相关作用机制，确定与毒性相关的潜在生物标志物；并在此基础上可建立供毒性预测的专家系统以及毒物影响动物内源性代谢物随时间的变化轨迹。在 COMET 研究项目中，对 147 种典型药物的肝肾毒性进行了研究。通过检测正常和受毒大鼠和小鼠的体液、组织中代谢物的 NMR 谱，结合已知毒性物质的病理效应建立了第 1 个大鼠肝脏和肾脏毒性的专家系统。该专家系统分为 3 个独立的级别可实现正常/异常的判别、对未知标本进行毒性或疾病的识别以及病理学的生物标志物识别。目前 COMET 计划的目标是研究标准有毒药物的分子机制，进而建立可预测性的构效关系[110,111]。最近 Mally 等[112]对 ^{1}H-NMR 代谢组学方法用于肾功能损伤标志物的可行性进行了研究。他们采用 FeNTA 或溴化钾引起的两种肾功能损伤小鼠模型，研究了 4-羟基-2(E)-壬醛基-巯基尿酸作为肾功能损伤标志物的可行性。结果表明 ^{1}H-NMR 代谢组学方法可以用来指示肾功能损伤，但对氧化应激无特异性；HNE-MA 和其他的磷脂过氧化标志物有很好的相关性，标志物的类型与病理条件有关，尚未发现普适性的氧化应激标志物。

1.3.2 疾病研究

由于机体的病理变化，代谢产物也产生了某种相应的变化。对这些由疾病引起的代谢产物的响应进行分析，即代谢组学分析，能够帮助人们更好地理解病变过程及机体内物质的代谢途径，还有助于疾病的生物标志物的发现和辅助临床诊断的目的。如 Brindle 等应用 ^{1}H-NMR 技术以 36 例严重心血管疾病患者和 30 例心血管动脉硬化患者的血清和血浆为研究对象进行了代谢组学分析，结合 PCA、SIMCA、PLS-DA、OSC-PLS 等模式识别技术实现了对心血管疾病及其严重程度的判别，得到了高于 90%的灵敏度及专一性[9]。

代谢组学在疾病研究中的应用主要包括病变标志物的发现、疾病的诊断、治疗和预后的判断[113,114]（详见第 9～11 章）。最广泛的应用是发现与疾病诊断、治疗相关的代谢标志物（群），通过代谢物谱分析得到的相关标志物是疾病的分型、诊断、治疗的基础。目前已有较多文献报道代谢组学在疾病研究的应用，如新生儿代谢紊乱[115,116]、冠心病[117]、膀胱炎[118]、高血压[119]和精神系统疾病[120]等。

作者课题组将所建立的代谢组学方法应用于重大疾病（如肿瘤、2 型糖尿病、重型肝炎等）的病变标志物研究中，建立了基于正相液相色谱/电喷雾线性离子阱质谱方法，用于体液中磷脂的代谢轮廓谱分析[121,122]。将该方法用于 2 型糖尿病和健康人进行分类研究，识别出 4 种可能的磷脂分子生物标志物[76]；研究了 n-3 型多烯脂肪酸二十碳五烯酸（EPA）和二十二碳六烯酸（DHA）对人类 Jurkat E-6-1 T 细胞中膜脂筏和可溶膜区域中几种主要磷脂组成的影响。结果表明，EPA 或 DHA 能够使脂酰链为n-3多不饱和脂肪酸（PUFA）的磷脂含量显著增加，揭示了 PUFA 免疫抑制作用的分子机制[123～124]。作者课题组还建立了基于固相萃取(SPE)-HPLC 的体液中核苷代谢轮廓分析方法[125～127]，并将该方法应用于肿瘤的研究中，建立了正常人和癌症患者尿中核苷的排放水平和模式；比较了不同癌种之间排放水平的差异，检测癌症的敏感性均显著高于目前已临床应用的肿瘤标志物。同时在区分良恶性肿瘤、监测手术和化疗效果以及预测肿瘤复发等方面都有较好的价值[127]（详见第 10 章）。同时将基于液相色谱质谱联用

(LC-MS) 方法的代谢组学平台应用于肝病的研究中，实现了不同肝病患者与正常人进行有效区分，肝癌诊断中肝炎和肝硬化患者的假阳性率仅为 7.4%[37]。应用于慢性乙型肝炎的急性发作样本，诊断正确率为 100%；并鉴定出 1 个传统标志物和 4 个新的标志物[58]。

1.3.3 植物代谢组学

植物代谢组学[128]的很多研究集中在细胞代谢组学这个相对独立的分支。主要是通过研究植物细胞中的代谢组在基因变异或环境因素变化后的相应变化，去研究基因型和表型的关系及揭示一些沉默基因的功能，进一步了解植物的代谢途径[129,130]（详见第 14 章）。植物代谢组学研究大多集中在代谢轮廓或代谢物指纹图谱（metabolite fingerprinting）上。根据对象的不同，植物代谢组学的研究主要包括：①某些特定种类（specie）植物的代谢物组学研究。这类研究通常以某一植物为对象，选择某个器官或组织，对其中的代谢物进行定性和定量分析。②不同基因型（genotype）植物的代谢组学表型研究。一般需要两个或两个以上的同种植物（包括正常对照和基因修饰植物），然后应用代谢组学对所研究的不同基因型的植物进行比较和鉴别[131,132]。③某些生态型（ecotype）植物的代谢组学。这类研究通常选择不同生态环境下的同种植物，研究生长环境对植物代谢物产生的影响。④受外界刺激后的植物自身免疫应答。

植物代谢组学研究最具代表性的是 Fiehn 等[133~135]的工作，他们利用 GC/MS 技术通过对不同表型葫芦韧皮部（cucurbita maxima phloem）的 433 种代谢产物进行代谢组学分析，结合化学计量学方法（PCA、ANN 和 HCA）对这些植物的表型进行了分类，找到了 4 种在分类中起着相当重要的代谢物质：苹果酸（malic acid）和柠檬酸、葡萄糖和果糖。与线粒体和叶绿体中的基因型结果一致。

随着植物细胞代谢组学的迅速发展，人们已经开始利用这一技术的成果。Metanomics 公司的成立就是一个典型的代表，他们的目标是寻找植物代谢过程中的关键基因，如能够让植物耐寒的基因。其思想就是遵循代谢组学的方法，在改变植物的基因后，进行植物的代谢分析或记录代谢产物，从而更迅速地掌握有关植物代谢途径的信息。

目前所发现的次生代谢产物大约有 80%来自植物。植物次生代谢产物包含很多功能组分，可用作药物（如青蒿素、紫杉醇、三萜皂苷等）、杀虫剂、染料、香精香料等。尽管植物能合成数十万种低分子质量的有机化合物（次生代谢产物），很多具有利用价值，但植物细胞的巨大合成能力并没有被很好地利用，更重要的是重要次生代谢产物的含量很低，如我国科学家首先自青蒿中分离得到的对脑疟等恶性疟疾有突出疗效的青蒿素，在青蒿中的含量低于 1%，与人们的期望相差甚远。到目前为止，植物的次生代谢网络没有被很好地表征，与生物合成相关的功能基因组图还远未完成。而这些对突破植物或植物细胞培养低产率的瓶颈十分重要。为此，我们与中国科学院北京植物研究所合作，开展了青蒿中萜类物质的代谢途径的研究。建立了基于全二维气相色谱-飞行时间质谱联用技术（GC×GC-TOFMS）的青蒿挥发油分离分析方法，对青蒿中挥发油的成分进行分析，结果表明挥发油主要由烷烃、单萜、单萜含氧衍生物、倍半萜、倍半萜含氧衍生物5部分组成[136]。用全二维气相色谱与飞行时间质谱联用技术可从青蒿挥发油中鉴定出300多个化合物，并鉴定出了青蒿素代谢途径中的重要中间产物。采用GC×GC-TOFMS方法对转不同基因青蒿样品进行分析与定性，初步鉴定了将近100种萜类物质并找出普通植株与转基因植株在代谢产物上的差异。利用气相色谱火焰离子化检测器（GC-FID）和GC/MS方法为主要手段，对不同生长阶段的青蒿代谢指纹谱进行了研究[137]，青蒿的5个生长时期（幼苗期、成苗期、现蕾前期、现蕾期和盛花期）可以得到很好的区分，并证实了青蒿素产生途径中瓶颈的存在。

1.3.4 微生物代谢组学

第一篇微生物代谢组学文献报道了基于GC-MS技术，通过分析脂肪酸、氨基酸和糖类并结合化学计量学方法监测肠系膜明串珠菌发酵生产葡聚糖过程中的微生物污染[138]。目前，代谢组学技术已应用于微生物表型分类[139]、突变体筛选[140]、代谢途径及微生物代谢工程[141,142]、发酵工艺的监控和优化[143,144]及微生物降解环境污染物[145,146]等方面[147]（详见第15章）。

Buchholz等[141]将快速取样技术和其他分析技术结合，实现了细胞内大量代谢物的快速、高频率定量，使之能够用于发酵过程的动态检测。该技术将帮助研究各种因素对发酵的影响，从而提高生物工程的产量。Dalluge等[144]采用液相色谱与串联质谱联用对发酵过程中的氨基酸实现了监测，通过分析认为其中的一个子集可反映发酵的状态。Grivet等[148]对NMR这一技术用于微生物代谢组学研究做了较为详尽的综述；Ishii等[149]对微生物细胞中的计算机模拟做了很详细的综述，这里就不再赘述了。

我们在研究不同基因修饰下胞内和胞外代谢物的变化规律与特点，比较不同底物、不同菌株胞内代谢物指纹谱的差异的基础上，考察了环境对微生物代谢的影响[150]，得到不同条件下嗜碱乳酸菌胞内氨基酸变化与发酵液中乳酸产量的关系。研究铜绿假单胞菌和大肠埃希菌在不同抗生素作用下三羧酸（tricarboxylic acid，TCA）循环和糖酵解途径中主要有机酸类代谢产物代谢池的变化，发现在铜绿假单胞菌中喹诺酮类抗生素对TCA代谢物的影响与β-内酰胺类表现为负相关，这种相关性在抗菌活性上反映为具有正协同作用。对野生株、Δ*ack*和Δ*sdh*基因修饰株大肠杆菌产琥珀酸情况进行分析发现，以葡萄糖和果糖为碳源时，Δack株的生物量明显低于其他两株，而且同样条件下，果糖为唯一碳源的情况下，生物量高于葡萄糖为碳源的情况。通过对胞内代谢通量的分析发现，Δack株的代谢通量改变较为显著。

1.3.5 代谢组学与中医药现代化

中医药学是我国医学科学的特色，也是中华民族优秀传统文化的重要组成部分。由于受我国科学技术整体水平的限制，中药研究水平较低、中药产业科技含量差、作用的物质基础研究有限、作用机制缺乏科学研究、药材资源数量和质量的制约因素多、认识中药毒性和不良反应还存在误区。这些因素严重地影响了中药在世界范围内的广泛使用和国际地位。正是基于此，国家提出了使用现代科学技术来研究中药中的药物作用的物质学基础、中药的质量控制、中药的毒性研究等，即中药现代化的研究。

代谢组学的核心是研究外源性物质对生物体所产生的整体性效应。用它研究药物对机体所形成的内源性代谢组的系统作用时，其研究方法与中医治疗疾病的整体观念相一致[151]，从此意义来看，立题运用代谢组学研究中药，对认识中药的药效作用的物质基础、产生毒副作用的物质基础，认识正确用药剂量和疗程、防止毒性反应都非常有意义，也是系统生物学时代给我们提供的一个机遇。因此，刘昌孝、王永炎、张伯礼、石学敏、陈凯先、胡之璧、杨胜利、肖培根、李连达、许国旺、王广基建议国家重大专项研究计划项目设立“基于代谢组学的中药现代研究”的专项[152,153]。在 2005 年纪念《传统药物学杂志》创刊 25 年出版 100 卷时出版的专集文章[154]中明确认为，传统药物与系统生物学的整体观是完美的匹配，肯定地认为代谢组学技术是系统生物学研究的关键技术。用代谢组学研究中药，可对中药方剂配伍的科学性、中药种质资源、中药作用机制[155]、中药的临床前安全性和毒性[156]及中医疾病诊断的科学性进行研究。这方面已有很好的综述[157~159]，这里不再展开。有兴趣的读者可参看本书第 13 章的内容。

应该注意的一点是，中药代谢与肠道菌群密切相关[160,161]。由于大部分中药都是口服给药，肠道细菌的基因组会首先受到这些药的“攻击”。所以，要了解肠道细菌的基因组对中药汤剂的毒性和有效性是如何反应、调节的。这些机制的阐明，有可能会开发出一种突破性的治疗方法——通过调节人体的细菌就可以治疗疾病。

1.4 代谢组学发展展望

从总体来看，代谢组学仍然处于发展阶段，在方法学和应用两方面均面临着极大的挑战，需要其他学科的配合和交叉。

在技术平台和方法学研究方面，生物样本的复杂性使得代谢组学研究对分析技术的灵敏度、分辨率、动态范围和通量提出了更高的要求。代谢组学研究的深入得益于分析技术的不断发展，如高分辨质谱、超高效液相色谱/质谱、毛细管液相色谱/质谱、多维色谱质谱联用技术和多维核磁共振技术等的使用。生物标志物的结构鉴定也是目前代谢组学研究的重点和难点问题之一，由于缺乏标准的可通用的质谱数据库，基于 LC-MS 技术在代谢组学研究中的应用在一定程度上受到了制约。理论上讲，LC-MS-NMR 可提供较好的关于组分结构的信息[162]，但仪器复杂、操作繁琐、灵敏度和通量急需改进和提高。功能完善的代谢产物数据库的构建及代谢组学研究的标准化（http://msi-workgroups.sourceforge.net/）[163]等问题已越来越受到关注[164]。

与其他组学一样，如何克服瓶颈从大量的代谢产物中找出特异性的生物标志物（特别是低丰度的标志物）是决定此技术能否在药物和临床领域广泛应用的一个重要因素。陈列毛细管电泳技术的出现推动了基因组学的发展，2D 凝胶电泳和 2D 液相色谱质谱技术促进了蛋白质组学的发展。从目前来看，代谢组学还没有类似的可通用的新技术出现。现今之下，多种分析技术的集成是主要的技术平台。例如，我们在进行“胰岛素抵抗人群”标志物的研究中[165]，提出了关于生物标志物发现和识别的一套新方法(图 1-6)，包括 LC-MS 指纹分析、多变量数据分析发现可能的生物标志物，FT/MS 测定精确质量，通过微制备、MS/MS 碎片信息、气相色谱保留指数及文献检索和合成同位素化合物等识别和确认代谢标志物等。据此不仅可发现可能的生物标志物，而且可确定它们的结构，异构体也可区分。这一方法对基于液质联用的代谢组学发展具有强大的促进作用。

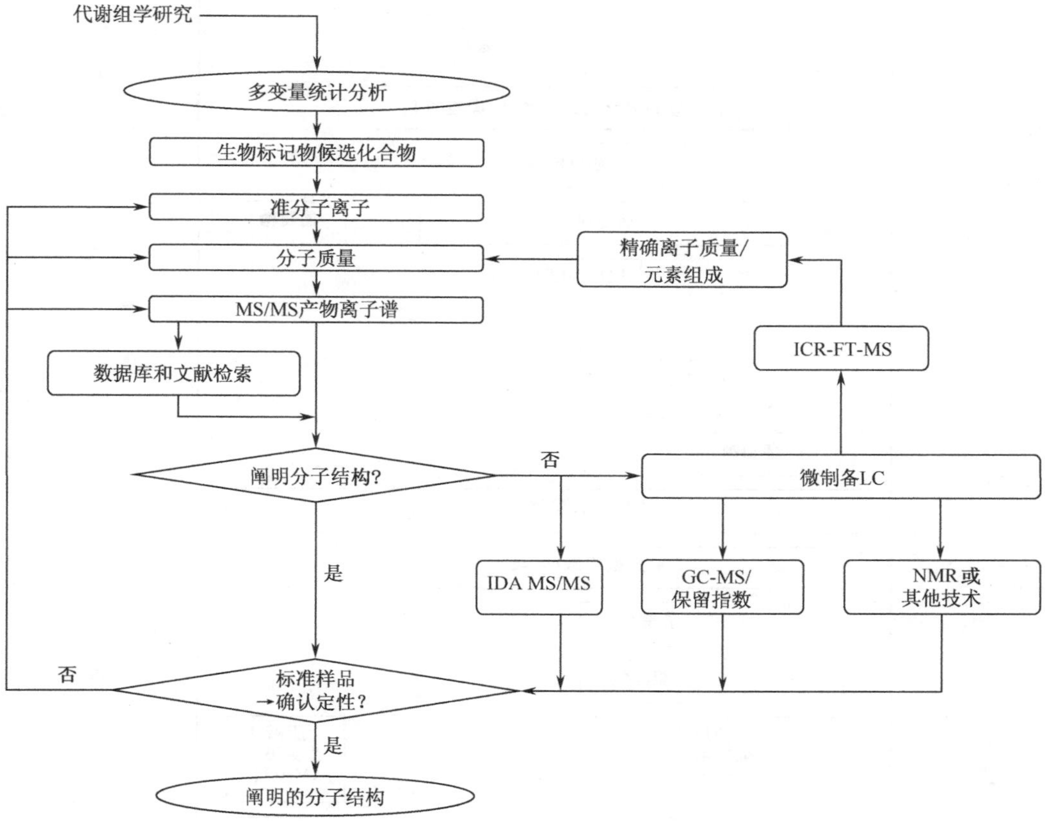

图 1-6　标志物定性的方案（IDA 为信息依赖的数据采集技术）

由于一次分析不能获得所有代谢产物的信息，生物问题又要从多个侧面进行理解，因此，体液代谢组学研究与细胞生物学和动物模型数据和知识的整合[166]、不同代谢组学方法（如 UPLC-TOF-MS 与 NMR[167]）的整合、不同样品（尿、血、组织等）代谢组学数据的整合[1,168～170]、代谢组学数据与其他组学数据如与转录组[171,172]、基因组[173～175]、蛋白质组[176,177]及与几种组学数据的整合[105,178～181]、代谢组学与计算生物学的整合[149]、构建代谢网络[172,182～186]和代谢流动态变化的数学模型等在代谢组学研究领域内有着广泛的发展前景，也是下一步研究的重点。作为例子，图 1-7 给出了老鼠服用肝毒药物后不同时间点不同体液和器官中代谢产物的变化，从中可知与时间相关的毒性效应。图 1-8（见彩版）给出了一个关于 APOE* 3-Leiden 转基因老鼠的集成生物学研究结果[178]，这样的网络图对快速识别早期标志物及生理过程的关键组分非常有用。

在应用方面，代谢组学要生存和发展，必然要有特色，要从表型着手回答其他组学不能回答的生物问题。代谢物组代表了即时的体内外刺激物的总和分析，患者体内药物的表型（药物的体内分布、功效、治疗的失败和毒性），可以通过尿液、药物代谢产物

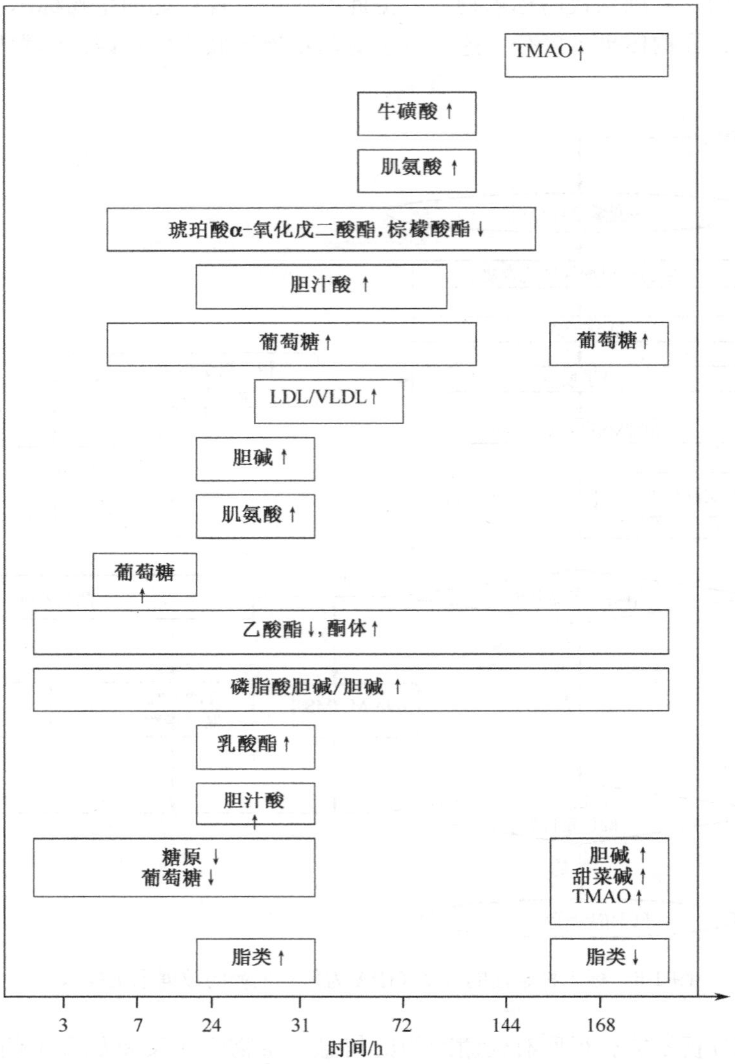

图 1-7　集成代谢组学举例

Han-Wistar 老鼠在时间点 0 服用肝毒药物亚萘基异硫氰酸酯（naphthylisothiocyanate），在不同时间体液和组织中代谢产物的变化趋势[168]。TMAO：三甲胺氮氧化物；LDL：低密度脂蛋白；VLDL：极低密度脂蛋白

或者数以千计的内源小分子化合物的代谢轮廓来监测。特异性模式可在临床效应出现之前显示个体对药物毒性反应的易感性。这样，代谢组学可能帮助医生实现患者的个性化治疗，避免中毒并降低药物的不良反应。医生也可根据患者的表型来分析患者的病程并制订治疗方案[187]。因此药物代谢组学[188,189]在个性化药物治疗和其他医学方面有很大的发展空间[190]。

另一方面，人体是真核细胞与原核细胞组成的“超级生物体”[191]，很多因素影响人体的代谢（图 1-9）[161,192,193]，并可用代谢组学进行研究。在正常情况下，肠道菌群之间存在着复杂的动态平衡关系，对生命体的多种生理功能乃至生命活动至关重要，肠道菌群实际上参与了人体的生理生化、病理和药理过程，形成了人类代谢网络中重要的组

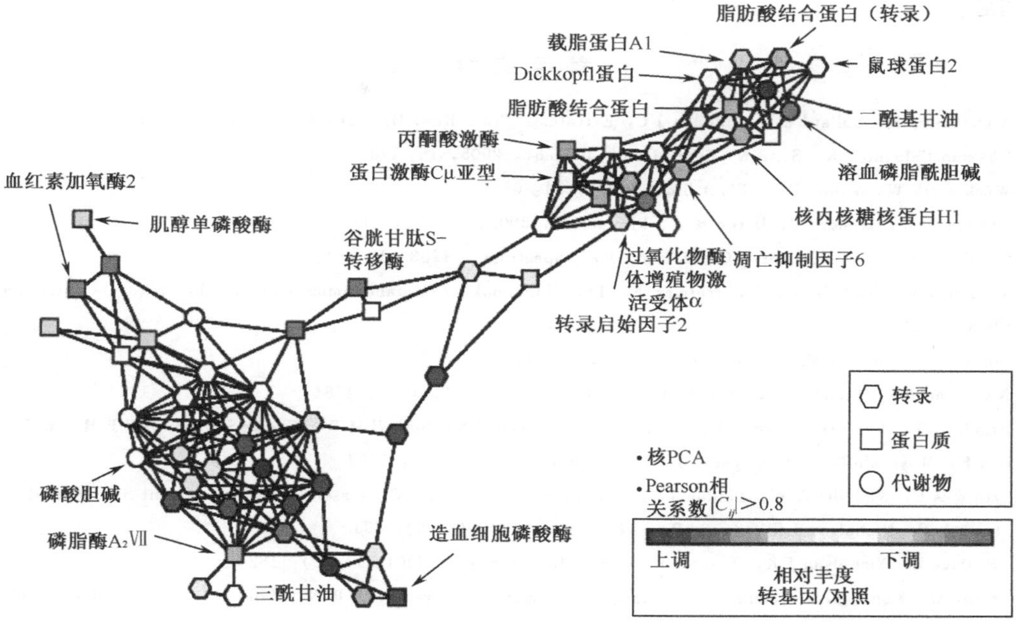

图 1-8　基因、蛋白质和类脂的关联网络

红色和绿色分别表示转基因老鼠与野生型相比浓度增高和降低。连接线表示基因、蛋白质或类脂之间的关联（Pearson 相关系数＞0.8）[178]。

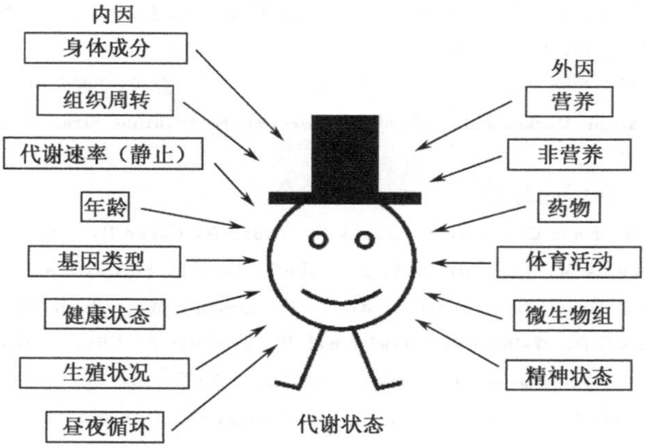

图 1-9　影响人代谢状态的内部和外部因素

这些状态可用代谢组学测量[192]

成部分[161]。大多数非感染性疾病如癌症、2 型糖尿病、心血管疾病等从某种意义上讲，都是由于肠道菌群异常引起的。共生菌通过与肝脏和免疫系统的相互作用，直接影响人体的健康和参与药物的代谢。从某种意义上，中药其实是通过调节人体的整体环境，调节人体肠道菌群的代谢情况来治疗疾病的。建立考虑共生菌群代谢作用的新的中药研发平台，构建带有人体菌群的动物模型，实现宿主遗传特性和菌群结构的标准化非常有意义。肠道菌群微生态学和代谢组学的结合很可能成为推进中医药现代化和国际化的一把

金钥匙。

参考文献

[1] Nicholson J K, Bollard M E, Lindon J C, E Holmes. Nat. Rev. Drug Discov., 2002, (2): 153

[2] Oksman-Caldentey K, Saito K. Curr. Opin. Biotech., 2005, 16: 174

[3] Weckwerth W. Annu. Rev. Plant Biol., 2003, 54: 669

[4] Sumner L W, Mendes P, Dixon R A. Phytochem, 2003, 62 (6): 817

[5] Greef J van der, Leegwater D C. Biomed. Mass Spectrom., 1983, 10 (1): 1

[6] Lindon J C, Nicholson J K, Holmes E. The Handbook of Metabonomics and Metabolomics, Amsterdam: Elsevier, 2007

[7] Oliver S G. Curr. Opin. Genet. Dev., 1997, 7 (3): 405

[8] Nicholson J K, Lindon J C, Holmes E. Xenobiotica, 1999, 29 (11): 1181

[9] Brindle J T, Antti H, Holmes E, Tranter G, Nicholson J K, Bethell H W, Clarke S, Schofield P M, McKilligin E, Mosedale D E, Grainger D J. Nat. Med., 2002, 8 (12): 1439

[10] Holmes E, Nicholls A W, Lindon J C, Connor S C, Connelly J C, Haselden J N, Damment S J, Spraul M, eidig N P, Nicholson J K. Chem. Res. Toxicol., 2000, 13 (6): 471

[11] Holmes E, Nicholson J K, Tranter G. Chem. Res Toxicol., 2001, 14 (2): 182

[12] Fiehn O, Kopka J, Dormann P, Dörmann P, Altmann T, Trethewey R N, Willmitzer L. Nat. Biotechnol., 2000, 18 (11): 1157

[13] Taylor, King R D, Altmann T, Fiehn O. Bioinformatics, 2002, 18: 241

[14] 许国旺，杨军. 色谱，2003，21 (4): 316

[15] 杨胜利. 中国科学院院刊，2004，19: 31

[16] 赵剑宇，颜贤忠. 国外医学药学分册，2004，31: 308

[17] 王全军，颜贤忠，吴纯启，赵剑宇，余寿忠，袁本利，廖明阳. 中国药理学与毒理学杂志，2004，18: 460

[18] 刘昌孝. 中草药，2004，35: 601

[19] 文建平. 生物技术世界，2005，4: 34 (也见：本刊采访组. 实验与分析，2005，No. 2: 6)

[20] Metabolomics: A Strategic Market and Technology Assessment, Frontline Strategic Consulting, Inc., Foster City, CA 94404, 2002

[21] Zerhouni E. Science, 2003, 302: 63

[22] Wishart D W, Tzur D, Knox C, Eisner R, Guo A C, Young N, Cheng D, Jewell K, Arndt D, Sawhney S, Fung C, Nikolai L, Lewis M, Coutouly M A, Forsythe I, Tang P, Shrivastava S, Jeroncic K, Stothard P, Amegbey G, Block D, Hau D D, Wagner J, Miniaci J, Clements M, Gebremedhin M, Guo N, Zhang Y, Duggan G E, MacInnis G D, Weljie A M, Dowlatabadi R, Bamforth F, Clive D, Greiner R, Li L, Marrie T, Sykes B D, Vogel H J, Querengesser L. Nucleic Acids Res., 2007, 35: D521

[23] Briefs from the Systems Biology Community (systemsbiology@bio-itworld.com), BIT-World newsletter, Wednesday, Nov. 14, 2007

[24] Henry C M. C & EN, 2002, 80: 66

[25] Trey Ideker, Vesteinn Thorsson, Jeffrey A. Ranish, Rowan Christmas, I Jeremy Buhler, Jimmy K Eng, Roger Bumgarner, David R Goodlett, Ruedi Aebersold, Leroy Hood. Science, 2001, 292: 929

[26] Douglas B Kell. Current Opinion in Microbiology, 2004, 7: 296

[27] Yuri Nikolsky, Tatiana Nikolskaya, Andrej Bugrim. DDT, 2005, 10: 653

[28] Charles Auffray, Sandrine Imbeaud, Magali Roux-Rouquě, Leroy Hood, Biologies C. R. C R Biol, 2003, 326: 879

[29] Lu X, Xu G W. Humana Press, Totowa, NJ, 2008, 291

[30] 许国旺，路鑫，杨胜利. 中国医学科学院学报，2007，29: 701

[31] Stephen J Bruce, Par Jonsson, Henrik Antti, Olivier Cloarec, Johan Trygg, Stefan L Marklund, Thomas

Moritz. Anal. Biochem., 2008, 372: 237
[32] Dettmer K, Aronov P A, Hammock B D. Mass. Spectrom. Rev., 2007, 26 (1): 51
[33] Ackermann B L, Hale J E, Duffin K L. Curr. Drug Metab., 2006, 7 (5): 525
[34] Dunn W B, Ellis D I. Trac-Trends Anal. Chem., 2005, 24 (4): 285
[35] Hollywood K, Brison D R, Goodacre R. Proteomics, 2006, 6 (17): 4716
[36] Dunn W B, Bailey N J C, Johnson H E. Analyst, 2005, 130 (5): 606
[37] Yang J, Xu G W, Zheng Y F, Kong H, Pang T, Lv S, Yang Q J. Chromatogr. B, 2004, 813 (1~2): 59
[38] Govil G. Natl. Acad. Sci. Lett. -India, 2004, 27 (9~10): 289
[39] Ramautar R, Demirci A, Jong de G J. Trac-Trends Anal. Chem., 2006, 25 (5): 455
[40] Britz-McKibbin P, Terabe S. J. Chromatogr. A, 2003, 1000 (1~2): 917
[41] Lasch P, Moese B, Pacifico A, Max Diem. Vib. Spectrosc., 2002, 28 (1): 147
[42] Schmitt J, Beekes M, Brauer A, Udelhoven T, Lasch P, Naumann D. Anal. Chem., 2002, 74 (15): 3865
[43] Gamache PH, Meyer D F, Granger M C, Acworth I N. J. Am. Soc. Mass Spectrom., 2004, 15 (12): 1717
[44] Daykin C A, Corcoran O, Hansen S H, Hansen S H, Bjørnsdottir I, Cornett C, Connor S C, Lindon J C, Nicholson J K. Anal. Chem., 2001, 73 (6): 1084
[45] Krishnan P, Kruger N J, Ratcliffe R G. J. Exp. Bot., 2005, 56 (410): 255
[46] Griffin J L, Walker L A, Garrod S, Holmes E, Shore R F, Nicholson J K. Comp. Biochem. Physiol. B-Biochem. Mol. Biol., 2000, 127 (3): 357
[47] Griffin J L, Bollard M E. Curr. Drug Metab., 2004, 5 (5): 389
[48] Griffin J L. Curr. Opin. Chem. Biol., 2003, 7 (5): 648
[49] Pelczer I. Curr. Opin. Drug Discov. Dev., 2005, 8 (1): 127
[50] Gavaghan C L, Holmes E, Lenz E, Wilson I D, Nicholson J K. FEBS Lett., 2000, 484 (3): 169
[51] Jones G, Sang E, Goddard C, Mortishire-Smith R J, Sweatman B C, Haselden J N, Davies K, Grace A A, Clarke K, Griffin J L. J. Biol. Chem., 2005, 280 (9): 7530
[52] Marchesi J R, Holmes E, Khan F, Kochhar S, Scanlan P, Shanahan F, Wilson I D, Wang Y. J. Proteome Res., 2007, 6 (2): 546
[53] Glinski M, Weckwerth W. Mass Spectrom. Rev., 2006, 25 (2): 173
[54] Denkert C, Budczies J, Kind T, Weichert W, Tablack P, Sehouli J, Niesporek S, Könsgen D, Dietel M, Fiehn O. Cancer Res., 2006, 66 (22): 10795
[55] Styczynski M P, Moxley J F, Tong L V, Walther J L, Jensen K L, Stephanopoulos Anal G N. Chem., 2007, 79 (3): 966
[56] Lenz E M, Wilson I D. J. Proteome Res., 2007, 6 (2): 443
[57] Wilson I D, Plumb R, Granger J, Major H, Williams R, Lenz E M. J. Chromatogr. B, 2005, 817 (1): 67
[58] Yang J, Zhao X J, Liu X L, Wang C, Gao P, Wang J, Li L, Gu J, Yang S, Xu G. J. Proteome Res., 2006, 5 (3): 554
[59] Wagner S, Scholz K, Sieber M, Kellert M, Voelkel W. Anal. Chem., 2007, 79 (7): 2918
[60] Bajad S U, Lu W Y, Kimball E H, Yuan J, Peterson C, Rabinowitz J D. J. Chromatogr. A, 2006, 1125 (1): 76
[61] Yin P Y, Zhao X J, Li Q R, Wang J, Li J, Xu G W. J. Proteome Res., 2006, 5 (9): 2135
[62] Plumb R S, Johnson K A, Rainville P, Shockcor J P, Williams R, Granger J H, Wilson I D. Rapid Commun. Mass. Spectrom., 2006, 20 (19): 2800
[63] Granger J, Plumb R, Castro-Perez J, Wilson I. D. Chromatographia, 2005, 61 (7~8): 375
[64] Oikawa A, Nakamura Y, Ogura T, Kimura A, Suzuki H, Akurai S N, Shinbo Y, Shibata D, Kanaya S, Ohta D. Plant Physiol., 2006, 142 (2): 398
[65] Stephen C Brown, Gary Kruppa, Jean-Louis Dasseux. Mass Spectrometry Reviews, 2005, 24: 223
[66] 许国旺，王媛．二维液相系统及其应用．中国专利申请号 200610134027．5，200610134028．X．2006

[67] Yuan Wang, Xin Lu, Guowang Xu. J. Chromatogr. A, 2008, 1181: 51
[68] Wang Y, Lu X, Xu G W. In: Dalian International Symposia and Exhibition on Chromatography, 2007 June 4~7, 2007, Dalian, China: Chemical Industry Press, 2007. 213
[69] Oresic M, Vidal-Puig A, Hanninen V. Expert Rev. Mol. Diagn., 2006, 6 (4): 575
[70] Doorn van M, Vogels J, Tas A, Hoogdalem van E J, Burggraaf J, Cohen A, Greef van der J. Br. J. Clin. Pharmacol., 2007, 63 (5): 562
[71] Morvan D, Demidem A. Cancer Res., 2007, 67 (5): 2150
[72] Weljie A M, Newton J, Mercier P, Carlson E, Slupsky C M. Anal. Chem., 2006, 78 (13): 4430
[73] Holmes E, Antti H. Analyst, 2002, 127 (12): 1549
[74] Keun H C, Ebbels T M D, Bollard M E, Beckonert O, Antti H, Holmes E, Lindon J C, Nicholson J K. Chem. Res. Toxicol., 2004, 17 (5): 579
[75] Lutz U, Lutz R W, Lutz W K. Anal. Chem., 2006, 78 (13): 4564
[76] Wang C, Kong H W, Guan Y F, Yang J, Gu J, Yang S, Xu G. Anal. Chem., 2005, 77 (13): 4108
[77] Susanne Wiklund, Erik Johansson, Lina Sjostrom, Ewa J. Mellerowicz, Ulf Edlund, John P. Shockcor, Johan Gottfries, Thomas Moritz, Johan Trygg. Anal. Chem., 2008, 80: 115
[78] Derek J Crockford, John C Lindon, Olivier Cloarec, Robert S Plumb, Stephen J Bruce, Severine Zirah, Paul Rainville, Chris L Stumpf, Kelly Johnson, Elaine Holmes, Jeremy K. Nicholson, Anal. Chem., 2006, 78: 4398
[79] Jun Yang, Guowang Xu, Qunfa Hong, Hartmut M Liebich, Katja Lutz, Schmülling R M, Hans Günther Wahl. J. Chromatogr. B, 2004, 813 (1~2): 53
[80] Teahan O, Gamble S, Holmes E, Waxman J, Nicholson J K, Bevan C, Keun H C. Anal. Chem., 2006, 78 (13): 4307
[81] Craig A, Cloarec O, Holmes E, Nicholson J K, Lindon J C. Anal. Chem., 2006, 78 (7): 2262
[82] Berg van den R A, Hoefsloot H C J, Westerhuis J A, Smilde A K, Werf van der M J. BMC Genomics., 2006, 7: 15
[83] Pär Jonsson, Stephen J Bruce, Thomas Moritz, Johan Trygg, Michael Sjöström, Robert Plumb, Jennifer Granger, Elaine Maibaum, Jeremy K. Nicholson, Elaine Holmes and Henrik Antti. Analyst, 2005, 130: 701
[84] Duran A L, Yang J, Wang L J, Sumner L W. Bioinformatics, 2003, 19: 2283
[85] Xu Y, Gong F, Dixon S J, Brereton R G, Soini H A, Novotny M V, Oberzaucher E, Grammer K, Penn D J. Anal. Chem., 2007, 79: 5633
[86] Dixon S J, Brereton R G, Soini H A, Novotny M V, Penn D J. J. Chemometr., 2006, 20: 325
[87] Kind T, Tolstikov V, Fiehn O, Weiss R H. Anal. Biochem., 2007, 363: 185
[88] Katajamaa M, Oresic M. BMC Bioinformatics, 2005, 6: 37
[89] Katajamaa M, Oresic M. J. Chromatogr. A, 2007, 1158: 318
[90] Yang J, Xu G W, Zheng W F, Kong H W, Wang C, Zhao X J, Pang T. J. Chromatogr. A, 2005, 1084: 214
[91] Kazmi S A, Ghosh S, Shin D G, Hill D W, Grant D F. Metabolomics, 2006, 2: 75
[92] Szymanska E, Markuszewski M J, Capron X, Nederkassel van Y, Heyden van der Y, Markuszewski M, Krajka K, Kaliszan R. J. Pharmaceu. Biomed. Anal., 2007, 43: 413
[93] Davis R A, Charlton A J, Godward J, Jones S A, Harrison M, Wilson J C. Chemomet. Intell. Lab. Sys., 2007, 85: 144
[94] Wang Z, Kim S B. 18th International Conference On Pattern Recognition, 2006, 4: 667
[95] Wu W, Daszykowski M, Walczak B, Sweatman B C, Connor S C, Haseldeo J N, Crowther D J, Gill R W, Lutz M W. J. Chem. Inform. Modeling., 2006, 46: 863
[96] Xi Y X, Ropp de J S, Viant M R, Woodruff D L, Yu P. Metabolomics, 2006, 2: 221
[97] Forshed J, Torgrip R J O, Aberg K M, Karlberg B, Lindberg J, Jacobsson S P. J. Pharmac. Biomed. A-

nal., 2005, 38: 824

[98] Stoyanova R, Nicholls A W, Nicholson J K, Lindon J C, Brown T R. J. Magn. Res., 2004, 170: 329

[99] Yuan K L, Kong H W, Guan Y F, Yang J, Xu G W. J. Chromatogr. B, 2007, 850, 236

[100] Lu X, Zhao X J, Bai C M, Zhao C X, Lu G, Xu G W. J. Chromatogr. B, In Press, Corrected Proof, Available online 22 October 2007 (doi:10.1016/j.jchromb.2007.10.022)

[101] Robertson D G, Reily M D, Baker J D. J. Proteome Res., 2007, 6 (2): 526

[102] Keun H C. Pharmacol. Ther., 2006, 109 (1~2): 92

[103] Kell D B. Today, 2006, 11 (23~24): 1085

[104] Lindon J C, Holmes E, Nicholson J K. Expert Rev. Mol. Diagn., 2004, 4 (2): 189

[105] Craig A, Sidaway J, Holmes E, Orton T, Jackson D, Rowlinson R, Nickson J, Tonge R, Wilson I, Nicholson J. J. Proteome Res., 2006, 5 (7): 1586

[106] Serge Rezzi, Ziad Ramadan, François-Pierre J Martin, Laurent B Fay, Peter van Bladeren, John C Lindon, Jeremy K Nicholson, Sunil Kochhar. J. Proteome Res., 2007, 6 (11): 4469

[107] Serge Rezzi, Ziad Ramadan, Laurent B. Fay, Sunil Kochhar. J. Proteome Res., 2007, 6 (2): 513

[108] Waters N J, Holmes E, Waterfield C J, Farrant R D, Nicholson J K. Biochem. Pharmacol., 2002, 64 (1): 67

[109] John C Lindon†, Hector C Keun, Timothy M D Ebbels, Jake M T Pearce, Elaine Holmes, Jeremy K Nicholson. Pharmacogenomics, 2005, 6 (7): 691

[110] John C. Lindon, Jeremy K. Nicholson, Elaine Holmes, Henrik Antti, Mary E Bollard, Hector Keun, Olaf Beckonert, Timothy M Ebbels, Michael D Reily, Donald Robertson, Gregory J. Stevens, Peter Luke, Alan P Breau, Glenn H Cantor, Roy H Bible, Urs Niederhauser, Hans Senn, Goetz Schlotterbeck, Ulla G. Sidelmann, Steen M. Laursen, Adrienne Tymiak, Bruce D. Car, Lois Lehman-McKeeman, Jean-Marie Colet, Ali Loukaci, Craig Thomas. Toxicol. Appl. Pharmacol., 2003, 187 (3): 137

[111] Mally A, Amberg A, Hard G C, Dekant W. Toxicology, 2007, 230 (2~3): 244

[112] Bowser R, Cudkowicz M, Kaddurah-Daouk R. Expert Rev. Mol. Diagn., 2006, 6 (3): 387

[113] Griffin J L. Curr. Opin. Chem. Biol., 2006, 10 (4): 309

[114] Schnackenberg L K, Beger R D. Pharmacogenomics, 2006, 7 (7): 1077

[115] Pan Z Z, Gu H W, Talaty N, Chen H, Shanaiah N, Hainline B E, Cooks R D, Raftery D. Anal. Bioanal. Chem., 2007, 387 (2): 539

[116] Kuhara T. Mass Spectrom. Rev., 2005, 24 (6): 814

[117] Fava F, Lovegrove J A, Gitau R, Jackson K G, Tuohy K M. Curr. Med. Chem., 2006, 13 (25): 3005

[118] Van Q N, Klose J R, Lucas D A, Prieto D A, Luke B, Collins J, Burt S K, Chmurny G N, Issaq H J, Conrads T P, Veenstra T D, Keay S K. Dis. Markers, 2003, 19 (4~5): 169

[119] Brindle J T, Nicholson J K, Schofield P M, Grainger D J, Holmes E. Analyst, 2003, 128 (1): 32

[120] Yao J K, Reddy R D. Mol. Neurobiol., 2005, 31 (1~3): 193

[121] Lewen Jia, Chang Wang, Hongwei Kong, Jun Yang, Fanglou Li, Shen Lv, Guowang Xu. J. Pharm. Biomed. Anal., 2007, 43 (2): 646

[122] Lewen Jia, Chang Wang, Hongwei Kong, Zongwei Cai, Guowang Xu. Metabolomics, 2006, 2 (2): 95

[123] Li Q, Tan L, Wang C, Li N, Li Y, Xu G, Li J. Eur J Nutr., 2006, 45 (3): 144

[124] Li Qiurong, Wang Meng, Tan Li, Wang Chang, Ma Jian, Li Ning, Li Yousheng, Xu Guowang and Li Jieshou. J. Lipid Res., 2005, 46, 1904

[125] Zhao Xinjie, Wang Wenzhao, Wang Jiangshan, Yang Jun, Xu Guowang. J. Sep. Sci., 2006, 29 (16): 2444

[126] 许国旺，路鑫，郑育芳，孔宏伟，梅树荣，张普敦. 北京：科学出版社，2002，175

[127] Xu G, Liebich H M, Lehmann R, Mueller-Hagedorn S. In: "Methods of Molecular Biology, Vol. 162—Capillary Electrophoresis of Nucleic Acids, Volume 1: Introduction to the Capillary Electrophoresis of Nucleic

Acids", Edited by Keith Mitchelson and Jing Cheng, Humana Press, Totowa, New Jersey, 2000, 459
[128] Robert D. Hall. New Phytologist, 2006, 169: 453
[129] Nielsen N P V, Carstensen J M, Smedsgaard J. J. Chromatogr. A, 1998, 805 (1~2): 17
[130] Wolfram Weckwerth, Oliver Fiehn. Current Opinion in Biotechnology, 2002, 13: 156
[131] Heiko Rischer, Kirsi-Marja Oksman-Caldentey. TRENDS in Biotechnology, 2006, 24: 102
[132] Cellini F, Chesson A, Colquhoun I, Constable A, Davies H V, Engel K H, Gatehouse A M R, Karenlampi S, Kok E J, Leguay J-J, Lehesranta S, Noteborn H P J M, Pedersen J, Smith M. Food, Chemical Toxicology, 2004, 42: 1089
[133] Dixon R A, Gang D R, Charlton A J, Fiehn O, Kuiper H A, Reynolds T L, Tjeerdema R S, Jeffery E H, German J B, Ridley W R, Seiber J N. J. Agric. Food Chem., 2006, 54 (24): 8984
[134] Bino R J, Hall R D, Fiehn O, Kopka J, Saito K, Draper J, Nikolau B J, Mendes P, Roessner-Tunali U, Beale M H, Trethewey R N, Lange B M, Wurtele E S, Sumner L W. Trends Plant Sci., 2004, 9 (9): 418
[135] Fiehn O. Phytochemistry, 2003, 62 (6): 875
[136] Ma Chenfei, Wang Huahong, Lu Xin, Li Haifeng, Liu Benye, Xu Guowang. J. Chromatogr. A, 2007, 1150 (1~2): 50
[137] Ma Chenfei, Wang Huahong, Lu Xin, Xu Guowang, Liu Benye. J. Chromatogr. A., 2008, 118b: 412
[138] Elmroth I, Sundin P, Aaleur V, Lennart Larsson, Göran Odham. J. Microbiol. Methods, 1992, 15 (3): 215
[139] Bundy J G, Willey T L, Castell R S, Ellar D J, Brindle K M. FEMS Microbiol. Lett., 2005, 242 (1): 127
[140] Raamsdonk L M, Teusink B, Broadhurst D, Zhang N, Hayes A, Walsh M C, Berden J A, Brindle K M, Kell D B, Rowland J J, Westerhoff H V, Dam van K, Oliver S G. Nat. Biotechnol., 2001, 19 (1): 45
[141] Buchholz A, Hurlebaus J, Wandrey C, Takors R. Biomol. Eng., 2002, 19 (1): 5
[142] Andersen D C, Swartz J, Ryll T, Lin N, Snedecor B. Biotechnol. Bioeng., 2001, 75 (2): 212
[143] Dauner M, Bailey J E, Sauer U. Biotechnol. Bioeng., 2001, 76 (2): 144
[144] Dalluge J J, Smith S, Sanchez-Riera F, McGuire C, Hobson R. J. Chromatogr. A, 2004, 1043 (1): 3
[145] Boersma M G, Solyanikova I P, Berkel Van W J H, Vervoort J, Golovleva L A, Rietjens I M. J. Ind. Microbiol. Biotechnol., 2001, 26 (1~2): 22
[146] Narasimhan, Basheer C, Bajic V B, Swarup S. Plant Physiol., 2003, 132 (1): 146
[147] Mariet J, van der Werf, Renger H Jellema, Thomas Hankemeier. J Ind Microbiol Biotechnol, 2005, 32: 234
[148] Grivet J P, Delort A M, Portais J C. Biochimie., 2003, 85: 823
[149] Ishii N, Robert M, Nakayama Y, Kanai A, Tomita M. J. Biotech., 2004, 113: 281
[150] Gao Peng, Shi Chunyun, Tian Jing, Shi Xianzhe, Yuan Kailong, Lu Xin, Xu Guowang. J. Pharm. Biomed. Anal., 2007, 44 (1): 180
[151] Wang M, Lamers R J, Korthout H A, Nesselrooij van J H, Witkamp R F, Heijden van der R, Voshol P J, Havekes L M, Verpoorte R, Greef van der J. Phytother Res., 2005, 19 (3): 173
[152] 潘锋. 科学时报, 2007, 7: 24
[153] 刘昌孝, 王永炎, 张伯礼, 石学敏, 陈凯先, 胡之璧, 杨胜利, 肖培根, 李连达, 许国旺, 王广基. 香港: 香港医药出版社, 2007, 2
[154] Verpoorte R, Choi Y H, Kim H K. J Ethnopharmacol., 2005, 100 (1~2): 53
[155] Li H, Ni Y, Su M, Qiu Y, Zhou M, Qiu M, Zhao A, Zhao L, Jia W. J Proteome Res., 2007, 6 (4): 1364
[156] Chen M, Su M, Zhao L, Jiang J, Liu P, Cheng J, Lai Y, Liu Y, Jia W. J Proteome Res., 2006, 5 (4): 995
[157] 刘昌孝, 张伯礼, 杨胜利. 香港: 香港医药出版社, 2007
[158] 刘昌孝. 天津中医药大学学报, 2006, 25: 115
[159] 刘昌孝. 天津中医药大学学报, 2006, 25: 191

[160] Qiu Jane. Nature Reviews Drug Discovery, 2007, 6, 506
[161] Jeremy K. Nicholson, Elaine Holmes, Ian D. Wilson. Nature Reviews Microbiology, 2005, 3: 431
[162] Wilson S R, Malerød H, Petersen D, Rise F, Lundanes E, Greibrokk T. J. Sep. Sci., 2007, 30 (3): 322
[163] Castle A L, Fiehn O, Kaddurah-Daouk R, Lindon J C. Briefings in Bioinformatics, 2006, 7: 159
[164] John C Lindon, Jeremy K Nicholson, Elaine Holmes, Hector C Keun, Andrew Craig, Jake T M Pearce, Stephen J Bruce, Nigel Hardy, Susanna-Assunta Sansone, Henrik Antti, Par Jonsson, Clare Daykin, Mahendra Navarange, Richard D Beger, Elwin R Verheij, Alexander Amberg, Dorrit Baunsgaard, Glenn H Cantor, Lois Lehman-McKeeman, Mark Earll, Svante Wold, Erik Johansson, John N Haselden, Kerstin Kramer, Craig Thomas, Johann Lindberg, Ina Schuppe-Koistinen, Ian D Wilson, Michael D Reily, Donald G Robertson, Hans Senn, Arno Krotzky, Sunil Kochhar, Jonathan Powell, Frans van der Ouderaa, Robert Plumb, Hartmut Schaefer, Manfred Spraul. Nature Biotechnology, 2005, 23: 833
[165] Chen Jing, Zhao Xinjie, Jens Fritsche, Yin Peiyuan, Philippe Schmitt-Kopplin, Wang Wenzhao, Lu Xin, Hans Ulrich Häring, Erwin D. Schleicher, Rainer Lehmann, Xu Guowang. Anal. Chem., 2008, 80 (4); 1280
[166] Ruepp R, Tonge R P, Shaw J, Wallis N, Pognan F. Toxicological Sciences, 2002, 65: 135.
[167] Crockford D J, Holmes E, Lindon J C, Plumb R S, Zirah S, Bruce S J, Rainville P, Stumpf C L, Nicholson J K. Anal. Chem., 2006, 78: 363
[168] Waters N J, Holmes E, Williams A, Waterfield C J, Farrant R D, Nicholson J K. Chem. Res. Toxicol., 2001, 14: 1401
[169] Coen M, Lenz E M, Nicholson J K, Wilson I D, Pognan F, Lindon J C. Chem. Res. Toxicol., 2003, 16: 295
[170] Waters N J, Waterfield C J, Farrant R D, Holmes E, Nicholson J K. J. Proteome Res., 2006, 5: 1448
[171] Coen M, Ruepp S U, Lindon J C, Nicholson J K, Pognan F, Lenz E M, Wilson I D. J. Pharmaceut. Biomed. Anal., 2004, 35: 93
[172] Robert Kleemann, Lars Verschuren, Marjan J van Erk, Yuri Nikolsky, Nicole HP Cnubben, Elwin R Verheij, Age K Smilde, Henk F J Hendriks, Susanne Zadelaar, Graham J Smith, Valery Kaznacheev, Tatiana Nikolskaya, Anton Melnikov, Eva Hurt-Camejo, Jan van der Greef, Ben van Ommen, Teake Kooistra. Genome Biology, 2007, 8: R200
[173] Heijne W H M, Lamers R J A N, Bladeren van P J, Groten J P, Nesselrooij van J H J, Van Ommen B. Toxicol. Pathol., 2005, 33: 425
[174] Griffin J L, Bonney S A, Mann C, Hebbachi A M, Gibbons G F, Nicholson J K, Shoulders C C, Scott J. Physiol. Genomics, 2004, 17: 140
[175] Ippolito J E, Xu J, Jain S J, Moulder K, Mennerick S, Crowly J R, Townsend R R, Gordon J I. Proc. Nat. Acad. Sci., U. S. A., 2005, 102: 9901
[176] Mayr M, Chung Y L, Mayr U, Lin X K, Ly L, Troy H, Fredericks S, Hu Y H, Griffiths J R, Xu Q B. Artioscler. Thromb. Vasc. Biol., 2005, 25: 2135
[177] Mayr M, Mayr U, Chung Y L, Lin X, Griffiths J R, Xu Q B. Proteomics, 2004, 4: 3751
[178] Clary B. Clish, Eugene Davidov, Matej Oresic, Thomas N. Plasterer, Gary Lavine, Tom Londo, Michael Meys, Philip Snell, Wayne Stochaj, Aram Adourian, Zhang Xiang, Nicole Morel, Eric Neumann, Elwin Verheij, Jack T W E Vogels, Louis M Havekes, Noubar Afeyan, Fred Regnier, Jan Van Der Greef, Stephen Naylor. Omics, 2004, 8: 3
[179] Cindy D Davis, John Milner. Mutation Research, 2004, 551: 51
[180] Lennart Eriksson, Henrik Antti, Johan Gottfries, Elaine Holmes, Erik Johansson, Fredrik Lindgren, Ingrid Long, Torbjorn Lundstedt, Johan Trygg, Svante Wold. Anal. Bioanal. Chem., 2004, 380: 419
[181] Kitty C M Verhoeckx, Sabina Bijlsma, Sonja Jespersen, Raymond Ramaker, Elwin R Verheij, Renger F Witkamp, Jan van der Greef, Richard J T Rodenburg. International Immunopharmacology, 2004, 4: 1499

[182] Greef van der J, Martin S, Juhasz P, Adourian A, Plasterer T, Verheij E R, McBurney R N J. Proteome Res., 6 (4), 1540~1559: 2007

[183] Greef van der J. IEE Proc. -Syst. Biol., 2005, 152: 174

[184] Ma H W, Zeng A P. Bioinformatics, 2003, 19: 270

[185] Ricard J. Biology of the Cell, 2004, 96: 719

[186] Lange B M, Ghassemian M. Phytochemistry, 2005, 66: 413

[187] Jan van der Greef, Thomas Hankemeier, Robert N McBurney. Pharmacogenomics, 2006, 7: 1087

[188] Andrew Clayton T, John C Lindon, Olivier Cloarec, Henrik Antti, Claude Charuel, Gilles Hanton, Jean-Pierre Provost, Jean-Loïc Le Net, David Baker, Rosalind J Walley, Jeremy R. Everett, Jeremy K. Nicholson. Nature, 2006, 440 (7087): 1073

[189] Daniel W. Nebertl, Elliot S. Vesell. Trends Pharmacol Sci., 2006, 27 (11): 580

[190] Jeremy K Nicholson. Molecular Systems Biology, 2006, Article number: 52 (doi: 10. 1038/msb4100095)

[191] Francois-Pierre J Martin, Marc-Emmanuel Dumas, Yulan Wang, Cristina Legido-Quigley, Ivan KS Yap, Huiru Tang, Séverine Zirah, Gerard M Murphy, Olivier Cloarec, John C Lindon, Norbert Sprenger, Laurent B Fay, Sunil Kochhar, Peter van Bladeren, Elaine Holmes, Jeremy K Nicholson. Molecular Systems Biology, 2007, 3: 112

[192] Royston Goodacre. J. Nutr., 2007, 137: 259S

[193] Carolyn M. Slupsky, Kathryn N. Rankin, James Wagner, Hao Fu, David Chang, Aalim M. Weljie, Erik J. Saude, Bruce Lix, Darryl J. Adamko, Sirish Shah, Russ Greiner, Brian D Sykes, Thomas J. Marrie. Anal. Chem., 2007, 79: 6995

第2章 气相色谱-质谱技术在代谢组学中的应用

代谢组学与基因组学（genomics）、蛋白质组学（proteomics）及生物信息学（bioinformatics）构成了系统生物学（systems biology）的主要研究内容。代谢组学研究需要高灵敏度、高通量且稳定性好的分析方法。目前的主要分析手段包括：核磁共振技术（NMR）[1,2]、液相色谱质谱联用技术（LC-MS）[3,4]、毛细管电泳质谱联用技术（CE-MS）[5]以及气相色谱质谱联用技术（GC-MS）[4,6～9]。其中，GC-MS是运用得比较广泛的一种代谢组学分析方法，在人类先天性代谢异常图谱研究方面已经有相当长的发展历史，目前已成为植物和微生物功能基因组代谢表型研究的常规分析技术。自2000年以来，采用GC-MS分析技术开展代谢组学研究的相关文章数目快速增加。从事代谢组学研究的课题组也将GC-MS技术纳入他们的常规分析技术平台。GC-MS的主要优点是灵敏度高，可检测到大量低含量的小分子代谢物。与CE-MS、LC-MS或LC-NMR等分析仪器相比，GC-MS仪器的购置价格较低，在色谱分析重复性、分辨率和电子轰击电离源得到的质谱碎片重复性方面具有明显的优势，且受基体效应影响较小。GC-MS的主要不足是样品中难挥发或极性较大的代谢产物需经过衍生化后才能进行分析。但另一方面，采用GC-MS技术可以选择性地富集和检测大量代谢物中的痕量物质。GC-MS在生命科学中的应用，使我们能在基因组学、转录组学和蛋白质组学的基础上更好地描述和评估生命系统。

2.1 气相色谱-质谱联用技术

色谱法是一种高效分离技术，其原理是利用欲分离组分在两相间吸附能力、分配系数、离子交换能力、亲和力和分子大小等性质的微小差异，经过连续多次在两相间质量交换，使不同组分得到分离。气相色谱自1952年问世至今仍然是一种广泛使用的分离分析技术[10]。色谱法具有高分离能力、高灵敏度和高分析速度等特点，是复杂混合物分析的主要手段。但是，由于色谱法本身在进行定性分析时的主要依据是保留值，因而它难以对复杂未知混合物做定性分析。而质谱法、红外光谱（IR）、核磁共振等谱学技术，具有很强的结构鉴定能力，但它们不具备分离能力，不能直接用于复杂混合物的鉴定。因此，将分离技术与鉴定技术联用，一次性完成复杂混合物的分离鉴定以至定量分析非常必要，联用技术已成为分析技术的一个主要发展方向。质谱法是一种将分子电离成不同的带电荷离子，然后按质荷比将其分离、检测，从而推断分子结构的方法。它可以测定化合物的分子质量、分子式以及提供有关分子结构的信息。但是一般的质谱只能对单一组分给出良好的定性结果。在GC-MS联用系统中，气相色谱相当于质谱的分离和进样装置，质谱则相当于色谱的检测器。这样既发挥了各自的优势，也弥补了各自的不足。

气相色谱-质谱联用分析的特点如下：适合于多组分混合物中未知组分的定性分析；可以判断化合物的分子结构；可利用选择离子检测技术（即质谱仪只对少数几个特征质量数的峰自动进行反复扫描记录）收集更多的信息量，从而提高色谱-质谱检测的灵敏度；可以鉴别出部分分离甚至未分离的色谱峰；可用计算机对复杂多组分样品的大量质谱数据进行收集、存储、处理和解释。自 1957 年 J. C. Holmes 和 F. A. Morrell[11] 首先实现了 GC-MS 联用以来，该技术得到了迅速发展。至今，GC-MS 在技术上已经比较成熟，在所有联用技术中发展最完善，应用最广泛，成为复杂混合物分析的主要定性、定量手段之一。

2.1.1 GC-MS 的工作原理

GC-MS 主要由气相色谱仪-接口-质谱仪组成。气相色谱仪包括进样器、色谱柱和检测器。GC-MS 联用的关键部件是接口，GC-MS 联用的主要困难是两者工作压力的差异。众所周知，气相色谱的柱出口压力一般为大气压（约 1.01×10^5 Pa），而质谱仪是在高真空下（一般低于 10^{-3} Pa）工作的。由于压差达到 10^8 Pa 以上，所以必须通过一个接口，使两者压力基本匹配，才能实现联用。常见接口技术包括用于填充柱的分子分离器连接法和用于毛细管柱的直接连接法。

质谱仪主要由离子源、质量分析器和检测器三部分组成。离子源的作用是将接受的样品电离产生离子。GC-MS 常用的离子源包括电子轰击电离源（electron impact ionization，EI）、化学电离源（chemical ionization，CI）、负离子化学电离（negative ion chemical ionization，NICI）、场电离（field ionization，FI）和场解吸电离（field desorption ionization，FD）。EI 是应用最广泛的一种离子源，标准质谱图基本上是由 EI 源得到的。它的主要特点是电离效率高、能量分散小、结构简单、操作方便；得到的质谱图具有特征性，化合物分子碎裂大，能提供较多信息，对化合物的鉴别和结构解析十分有利。但所得分子离子峰不强，有时丰度很低。EI 不适合于高分子质量和热不稳定的化合物。CI 是将反应气（甲烷、异丁烷、氨气等）与样品按一定比例混合，然后进行电子轰击。甲烷分子先被电离，形成一次、二次离子，这些离子再与样品分子发生反应，形成比样品分子大一个质量数的（M＋1）准分子离子。准分子离子也可能失去一个 H_2，形成（M－1）离子。CI 的特点是不会发生像 EI 中那么强的能量交换，较少发生化学键断裂，质谱图简单。其分子离子峰弱，但（M＋1）峰强，这就提供了分子质量的信息。NICI 是在正离子 MS 的基础上发展起来的一种离子化方法，其给出特征的负离子峰，具有很高的灵敏度（10^{-15} g）。FI 适用于易变分子的离子化，如碳水化合物、氨基酸、多肽、抗生素、苯丙胺类等，能产生较强的分子离子峰和准分子离子峰。FD 主要用于极性大、难气化、对热不稳定的化合物。

质量分析器的作用是将电离室中生成的离子按质荷比（m/z）大小分开，进行质谱检测。常见质量分析器有四极杆质量分析器（quadrupole analyzer）、磁式扇形质量分析器（magnetic-sector mass analyzer）、双聚焦质量分析器（double-focusing mass analyzer）和飞行时间质谱质量分析器（time-of-flight，TOF）。四极杆质量分析器是 GC-MS 最常用的质量分析器。四极杆质量分析器通过在双曲面四极杆上接入射频信号产生四极场，离子在四极场中受到强聚焦作用而向分析器的中心轴聚焦。只有质荷比在某个范围的离子才能通过四极杆到达检测器，其余离子因振幅过大与电极碰撞，放电中和后被真空抽走。改变电压或频率，可使不同质荷比的离子依次到达检测器，从而被分离检测。

检测器的作用是将离子束转变成电信号，并将信号放大，常用检测器是电子倍增器。当离子撞击到检测器时引起倍增器电极表面喷射出一些电子，被喷射出的电子由于电位差被加速射向第二个倍增器电极，喷射出更多的电子，由此连续作用，每个电子碰撞下一个电极时能喷射出 2～3 个电子，通常电子倍增器有 14 级倍增器电极，可大大提高检测灵敏度。

当一个混合样品进入气相色谱进样器后，样品在进样器中被加热气化。由载气载着样品气通过色谱柱，在一定的操作条件下，各种组分在色谱柱中保留不同而得到分离。被分离的组分经接口进入质谱仪的离子源，被电离为带电离子，带电离子被离子源的加速电压加速，进入质谱仪的质量分析器。检测器的检测极收集的离子流经过放大器放大并记录下来。质谱仪与数据系统连接，得到的质谱信号可通过计算机接口，输入计算机。计算机可以把采集到的每个质谱的所有离子相加得到总离子强度，总离子强度随时间变化的曲线称为总离子流色谱图（total ion chromatogram，TIC）。TIC 图的横坐标是出峰时间，纵坐标是峰高，由 TIC 图可以得到任何一个组分的质谱图。通常为了提高信噪比，由色谱峰顶点处得到相应质谱图。但如果两个色谱峰有重叠，应尽量选择不发生干扰的位置得到质谱，或通过扣除本底消除其他组分的影响。

四极杆质谱仪扫描方式有两种：全扫描和选择离子扫描（select ion monitoring，SIM）。全扫描是对指定质量范围内的离子全部扫描并记录，得到的是正常的质谱图，这种质谱图可以提供未知物的分子质量和结构信息。SIM 只对选定的离子进行检测，而其他离子不被记录。采用 SIM 扫描方式比全扫描方式的灵敏度可提高 2～3 个数量级。SIM 模式只能检测有限的几个离子，不能得到完整的质谱图，不能用来进行未知物定性分析。它最主要的用途是对目标化合物进行定量分析，由于选择性好，可消除样品中其他组分造成的干扰。

2.1.2 全二维气相色谱-飞行时间质谱联用技术（GC×GC-TOFMS）

气相色谱作为混合物的分离工具，已被证实在复杂混合物分析研究中发挥了重要的作用。目前大多数气相色谱仪器为一维气相色谱，使用一根色谱柱，适合含几十至几百个物质的样品分析。对于代谢产物这样复杂体系的分离分析，使用常规的色谱分析方法，仅仅靠提高柱效或提高柱选择性都难以得到满意的分析结果。由于组分重叠严重，影响定性、定量结果的准确性；对峰重叠有两个解决办法：一是使用选择性检测器；二是提高柱系统的峰容量。使用选择性检测器可以选择性地检测某些物质，但并不能满足代谢组学研究的要求。对单柱系统来说，因为分辨率与柱长的平方根呈正比，而分析时间却与柱长呈正比地增加，因此靠提高柱长来提高分辨率是非常有限的。而且对痕量组分，使用长柱会使峰展宽而影响最低检测限。复杂体系的分离分析最好采用多维色谱技术。

传统多维色谱（GC-GC）如中心切割式二维色谱拓展了一维色谱的分离能力，并已有多个成功应用[12,13]。但这种以中心切割为基础的二维色谱仅仅将第一根色谱柱流出的一段或几段感兴趣的馏分送入第二根柱进一步分离。当第二根色谱柱固定相与第一根有显著差异时，被切割馏分的分辨率得到显著提高。这对于仅对样品中少数组分感兴趣的情况非常适合。如果想全面了解一个未知的复杂样品，传统的多维气相色谱方法显然不能满足要求，而是需要一个全分析方法。

全二维气相色谱（comprehensive two-dimensional gas chromatography，GC×GC）是 20 世纪 90 年代发展起来的具有高分辨率、高灵敏度、高峰容量等优势的多维色谱分离技术[14~16]。它是迄今为止能够提供最高分辨率的分离技术。全二维色谱这个概念的第一次提出是在 20 世纪 90 年代初。1991 年，Phillips 和 Liu[17]用他们以前在快速色谱中使用的在线热调制器发展出了一种新的二维气相色谱系统。由于采用这个系统全部的样品均被分析，而不仅仅是被中心切割的馏分，因此这个系统被命名为全二维气相色谱，以区别传统的二维气相色谱。这个技术的关键是采用了热解析的调制器，它对从第一根柱后流出的样品起捕集、聚焦、再传送的作用，可被当作第二根柱的进样器。1992 年，Phillips 等申请了第一个有关全二维气相色谱的专利。由于最早报道的调制器采用的是镀金箔毛细管柱，可靠性较差、不易操作，因此这个技术并未被迅速采用。1997 年，Marriott 和 Kinghorn 等[18]提出了径向冷调制的全二维气相色谱，原理是通过移动的冷阱吸附和脱附组分进行调制。1998 年，Synovec 等[19]首次报道了采用阀调制的全二维气相色谱。1999 年，美国 Zoex 公司开发了狭槽式热调制器并实现了全二维气相色谱的商品化。该调制器使用厚液膜的毛细管柱作为调制管捕集第一根柱后流出的组分，通过移动的加热狭缝实现样品的脱附和再传送。2000 年，Zoex 公司的 Ledford 等改进了狭槽式热调制器，在调制管的末端交替使用冷气和热气来对组分起捕集和脱附作用，改善了低沸点组分的调制效果，减小了峰宽。这种调制器不再使用移动部件和厚液膜调制管，直接用第二维柱的一部分作为调制管，且第一维柱长不受限制，柱系统的更换和连接更简单、方便。自 20 世纪 90 年代末起，由于调制技术的突破和不断完善，以及商品化仪器的出现，全二维气相色谱的研究日趋活跃。

图 2-1 是全二维气相色谱的原理示意图。全二维气相色谱是把分离机制不同且互相独立的两根色谱柱以串联方式结合成的二维气相色谱，两根色谱柱由调制器连接，调制器起捕集、聚焦、再传送的作用。经第一根色谱柱分离后的每一个色谱峰，都经调制器调制后再以脉冲方式送到第二根色谱柱进一步分离。所谓全二维，意义就在于此。通常第一根色谱柱使用非极性的常规高效毛细管色谱柱，采用较慢的程序升温速率（通常 1～5℃/min）。调制器将第一维柱后流出的组分切割成连续的小切片。为了保持第一维的分辨率，切片的宽度应该不超过第一维色谱峰宽的 1/4[20,21]。每个切片再经重新聚焦后进入第二根色谱柱分离。第二根色谱柱通常使用对极性或构型有选择性的细内径短柱。组分在第二维的保留时间非常短，一般在 1～10s，因此第二维的分离也可近似当作恒温分离。

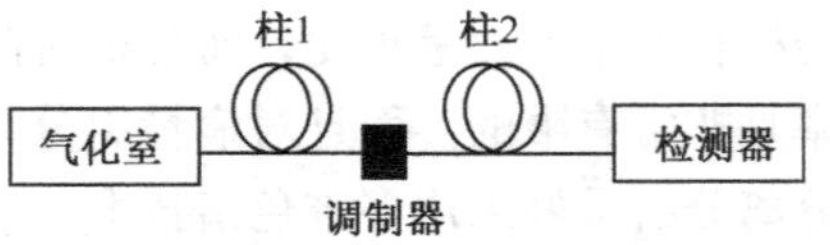

图 2-1　全二维色谱原理示意图

全二维气相色谱谱图的生成如图 2-2 所示，分为调制、转换和可视化三个步骤。第一根柱后流出的峰经数次调制后进入第二根色谱柱快速分离，经由检测器检测得到原始数据文件。原始数据文件根据所用的调制周期和检测器的采集频率进行转换得到二维矩阵数据。在矩阵谱图中，不同调制周期的第二维谱图按周期数并肩排列。可视化是通过颜色、阴影或等高线图的方式将峰在二维平面上呈现出来的，有时也用三维图形描述。在三维色谱图中，*x* 轴表示的是第一维柱的保留时间，*y* 轴表示的是第二维柱的保留时间，*z* 轴表示的是色谱峰的强度。

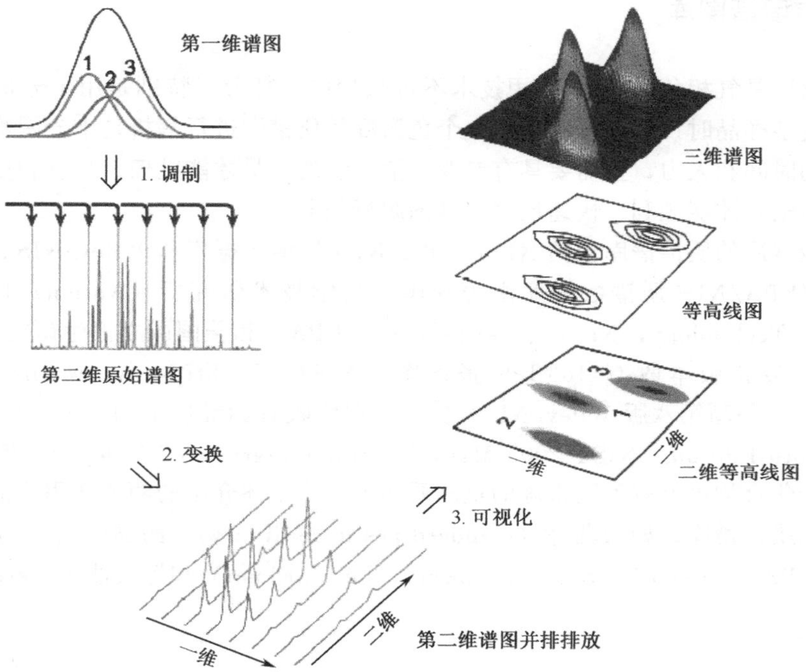

图 2-2 全二维气相色谱谱图的生成和可视化[16]

与 1DGC 和 GC-GC 相比，全二维气相色谱的主要优点[22,23]如下：①可以提供更高的峰容量。峰容量近似等于二维峰容量的乘积，远高于 1DGC 的峰容量以及 GC-GC 的二维峰容量之和；②由于调制器的再聚焦作用，组分分离和检测灵敏度都得到提高；③采用适当的色谱操作条件，可以得到包含结构信息的二维结构谱图。结构谱图可以用于族组成定性，或对未知组分提供辅助定性信息。

GC×GC 的第二维分离速度非常快，组分应在调制周期内完成第二维的分离，否则，前一脉冲的迟流出组分可能会与后一脉冲的前面组分交叉或重叠。通常典型的第二维峰底宽度为 100～600ms[24～26]。峰宽主要与使用的调制器类型、第二维色谱柱的长度、线速等有关。由于第二维近似是恒温操作，对于给定的色谱条件来说第二维的峰宽取决于保留时间。对于峰宽很窄的色谱峰检测需要快速检测器。快速检测器需要较小的内部体积、较短的响应时间和足够高的数据采集频率才能确保二维谱图的准确构建。现代氢火焰离子化（FID）检测器的内部体积几乎可以忽略不计，且采集频率高达 50～200Hz[27]，是被最广泛采用的全二维气相色谱检测器。有研究报道微电子捕获检测器（μECD）用于全二维气相色谱。它的采集频率可达 50Hz，内部体积 30～150μl，还可能引起峰展宽[28]。传统的四极杆质谱采集速度慢，通常采集速度为 2 张全谱图/s。目前商品化的四极杆质谱能达到的最快采集速度只有 20 张全谱图/s，而且使用最大采集频率时会牺牲检测灵敏度。显然与 1DGC 联用已非常成熟的四极杆质谱并不十分适合 GC×GC 的检测。飞行时间质谱（TOFMS）有非常高的采集速度，其最高采集频率可达 500 次全扫描/s，是目前唯一可以与 GC×GC 很好匹配的质谱技术[29,30]。

2.1.3 质谱谱图库

质谱谱库是气相色谱-质谱联用技术不可缺少的一部分，特别是用于分析含有多个色谱峰的复杂样品时。手动方法对每一个色谱峰的质谱图进行解析是十分困难的，需要耗费大量的时间和人力，且需要具有专业质谱知识的人员才能胜任。只有利用质谱谱库和计算机检索，才能顺利、快速地完成谱图解析任务。

目前最常用的质谱谱库包括 NIST/EPA/NIH 质谱数据库和 Wiley/NIST 质谱数据库。NIST/EPA/NIH 质谱数据库由美国国家科学技术研究所（National Institute of Science and Technology，NIST）、美国环保局（EPA）和美国国立卫生研究院（NIH）共同出版。最新版本收有 163 198 张谱图（NIST 05，http://www.nist.gov/srd/mslist.htm）。最新第八版 Wiley/NIST 质谱数据库收有标准质谱图 319 256 张（Wiley Registry，8th Edition / NIST 2005 Mass Spectral Library）。在 Wiley/NIST 质谱数据库中同一个化合物可能有不同来源的重复质谱图。除上述介绍的两个通用质谱库外，还有一些专用质谱谱库，如农药库（standard pesticide library）、药物库（Pfleger，Mauer，Weber Drug，Pesticide Spectral Library，PerkinElmer）和挥发油库（essential oil）等。

2.2 基于 GC-MS、GC×GC-TOFMS 的代谢组学技术平台

代谢组学力求分析生物体系（如体液、细胞和组织等）中的所有代谢物，整个过程中都强调尽可能地保留和反映总的代谢物信息。在 metabonomics 研究中最常见的分析工具是 NMR[31~34]，特别是^{1}H-NMR，能够实现对样品的非破坏性、非选择性分析，满足了代谢组学中的对尽可能多的化合物进行检测的目标。但由于其对每个分子的化学和物理环境敏感，因此样品制备的要求很高。同时，NMR 的动态范围有限，很难同时测定生物体系中共存的浓度相差较大的代谢物。GC-MS 的优势在于能够提供较高的分辨率和检测灵敏度，并且有可供参考、比较的标准谱图库，可以方便地得到待分析代谢物的定性结果。

2.2.1 样品的采集与制备

样品的采集与制备是代谢组学研究的初始步骤也是最重要的步骤之一，代谢组学研究要求严格的实验设计和合适的分析精度。首先需要采集足够数量的样本，从而可有效减少源于生物样品个体差异对分析结果的影响，得到有统计学意义的分析数据。实验设计中对样品收集的时间、部位、种类、样本群体等应给予充分考虑。在研究人类样本

时，还需考虑饮食、性别、年龄和地域等诸多因素的影响。此外，在分析过程中要有严格的质量控制，需要考察如样本的重复性、分析精度、空白等。代谢物的变化对分析结果有较大的影响，在处理生物样本时要特别注意避免由于残留酶活性或氧化还原过程降解代谢物、产生新的代谢物[35]。通常需对所收集样品进行快速猝灭（quenching）。灭活的方法很多，如液氮冷冻、酸处理等。

就 GC-MS 分析技术而言，通常可将代谢物分为两大类：不需要化学衍生的挥发性代谢物和需要化学衍生的非挥发性代谢物。挥发性的代谢物不需衍生化步骤即可从气相色谱流出。这类对象的采样方法主要包括直接收集和分析顶空样品[36]、用固体吸附剂富集顶空或液体样品中的代谢产物[37]、固相微萃取[38]和溶剂萃取[39]等。对于挥发性代谢物通常不需要进一步样品制备就可直接用于仪器分析。采用 GC-MS 方法，以挥发性代谢物为研究对象的应用非常多，如分析动物或人的呼吸气可以用来研究某些健康问题、工作场所风险评估[40]和疾病诊断[41]等。通常呼吸气粒相物在分析前需冷冻保存以最大限度地防止挥发性物质的损失。临床诊断幽门螺杆菌感染采用的即是这种非侵袭性的诊断方法。患者服用含有^{13}C标记尿素的药丸，采用气相色谱-同位素质谱测定服药前后呼出气中 CO_2 的$^{13}C/^{12}C$同位素比例，通过比较服药前后同位素比例差异即可诊断患者是否被感染[42]。稳定的同位素，特别是^{13}C还可用于代谢网络通量和动力学研究[43]，但这类研究通常需将代谢物衍生化处理。采集分析番茄的挥发性组分可观察到经蜘蛛螨感染后的番茄其萜烯类化合物含量增加[44]。Patel 等用 GC-MS 方法研究了 20 多个不同的酵母菌株对 Symphony 葡萄酒中挥发性组分的影响[45]。

代谢物谱中还包含大量的非挥发性代谢物，如血液、尿液中的氨基酸、脂肪酸、胺类、糖类、甾体类物质。这些物质的极性强，挥发性低。气相色谱只适于分离分析有足够挥发性的物质，对极性强、挥发性低、热稳定性差的物质往往不能直接进样分析。如果能将这些极性强、挥发性低的物质进行适当的化学处理转化成相应的挥发性衍生物，可以扩大气相色谱的测定范围。转化成衍生物后，生物样品中结构极其近似的化合物也更易被区分，还可解决载体、柱壁对高极性、低挥发性样品的吸附问题，改善组分峰形。某些物质转化成含亲电基团的衍生物如卤代衍生物后，可用电子捕获检测器（ECD）或 NICI-MS 检测，提高检测灵敏度。当一次或几次分析测定多个化合物类别（如氨基酸和有机酸、糖、磷酸化代谢物、胺类、醇、类脂和其他物质等）时，所需的样品制备更为复杂。通常需包括样品干燥步骤，这个过程会损失挥发性的代谢物。然后再通过两步化学衍生反应赋予代谢物挥发性和热稳定性[46]。这个方法可用于几种不同类别代谢物（如羧酸、氨基酸、醇、胺、酰胺、硫醇、磺酸类物质中的—OH、—NH 和—SH 官能团）。通常衍生化过程包括与 *O*-烷基羟基胺生成肟，再与烷基硅烷化试剂 *N*-甲基-*N*-三甲基硅烷三氟乙酰胺（MSTFA）反应，将极性官能团的活泼氢用非极性的三甲基硅烷基取代，通过降低偶极-偶极作用力来增加挥发性。对于某些特定的目标化合物也可采用特殊的衍生化方法[47]。如果代谢物中含有多个活泼氢，衍生化反应可得到多个衍生化产物。通常衍生化反应是可以高效、定量和重复进行的。衍生化反应还可在低温下快速完成，这可使样品中那些高温下热不稳定性的不需衍生化处理的代谢物得以保留，不受衍生化反应影响。

常用的衍生化试剂主要有硅烷化试剂、烷基化试剂（包括酯化试剂）、酰基化试剂、缩合反应试剂和手性衍生化试剂等。通常肟化/硅烷化过程耗时较长（1～3h），衍生化产物的稳定性是需要考虑的一个问题。在水存在的条件下，硅烷化反应是个可逆过程，因此所用的样品需充分干燥处理，加入过量的硅烷化试剂，且衍生化后的样品要尽快分析。最好采用在线衍生化步骤[48]，它可缩短衍生化和分析步骤之间的时间，保证衍生化后样品的降解至最低。图 2-3 给出了一个典型的人血清的 TIC 谱图，经衍生化预处理，在优化的分析条件下检测到了 900 多个峰[49]。

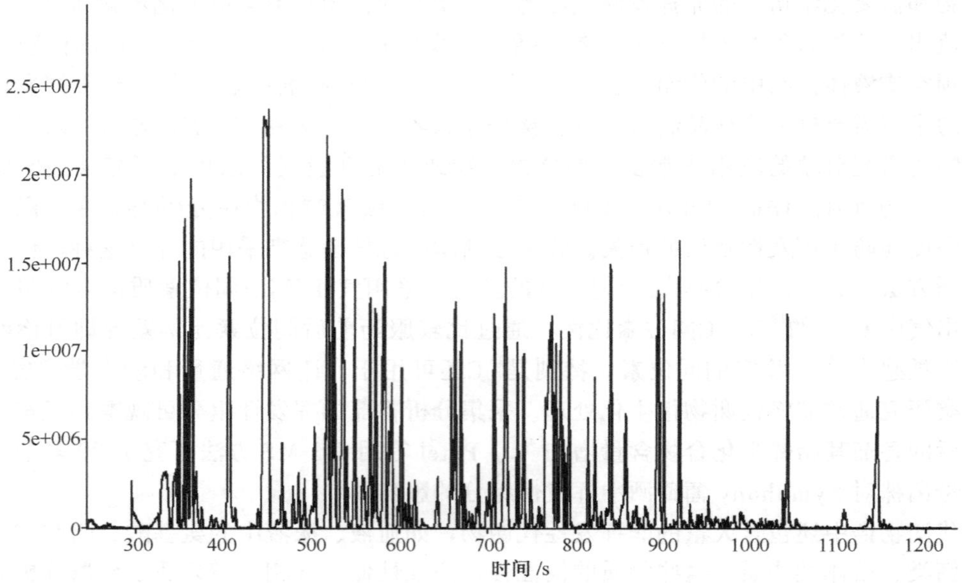

图 2-3 GC-TOFMS 用于人血清分析的总离子流图[49]

2.2.2 数据采集

通常样品的 GC-MS 分析采用高效毛细管气相色谱柱，液体进样体积约 1μl。对于痕量组分分析最好采用不分流进样方式以提高检测灵敏度[50]。由于代谢物的浓度差异很大且沸程很宽，为避免不分流进样方式引起的歧视效应，代谢物分析也可采用分流进样方式[51]。但是对于非常复杂的生物样品而言，一维毛细管气相色谱还不能提供足够的分辨率。如图 2-4 所示，人尿液（1ml）经萃取、MSTFA 硅烷化后得到的气相色谱图，经 AMDIS 重叠峰解析后共检测出 1582 个组分，其中大多数为重叠峰[52]。

从气相色谱被分离出的组分可由 EI 或 CI 质谱检测[7,53]。EI 得到的质谱图所包含的质谱碎片可用于解释代谢物的结构，它是最普遍采用的质谱电离方式。串联质谱方式使用得较少，仅在某些采用 CI 的研究中；CI 方式得到的质谱碎片最少[54]。不同类型的质谱仪检测灵敏度也不同。与飞行时间质谱和离子阱质谱相比，四极杆质谱 SIM 方式可增强检测灵敏度[55]，但 SIM 方式仅适合样品中已知的代谢物。TOFMS 是全扫描质谱，采集到的每一个数据点都对应一个完整的质谱图。与四极杆质谱相比，GC-TOFMS 方法可以检测到的挥发性化合物要多得多。由于可以检测到更多的代谢物，即

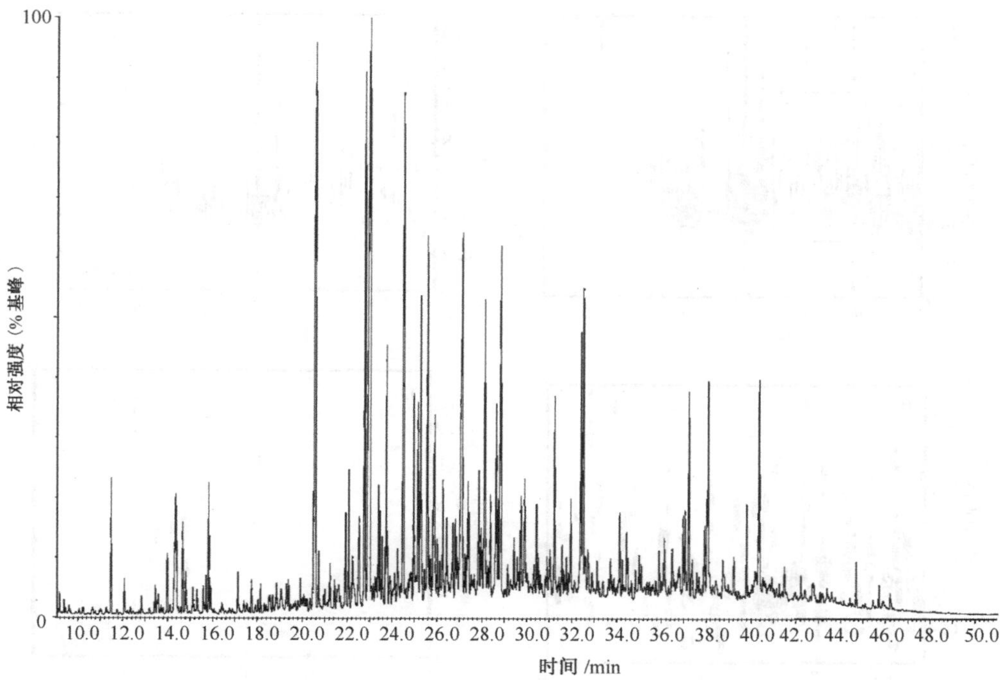

图 2-4　人尿（1ml）经萃取，MSTFA 硅烷化后得到的 GC-MS 总离子流图

AMDIS 重叠峰解析后共检测到 1582 个组分[52]

使不清楚代谢物相关信息也可得到较好的检测灵敏度，常可以检测到特殊的或不常见的代谢物。

GC×GC-TOFMS 用于代谢物组成分析常用的柱系统与分析其他复杂混合物相似，通常第一维采用非极性或弱极性的色谱柱，第二维采用中等极性的色谱柱。如 Synovec 课题组采用 GC×GC-TOFMS 方法对酵母细胞内代谢物组成进行了研究[56]。胞内代谢物经衍生化处理后，经 GC×GC-TOFMS 分析。采用的柱系统为第一维色谱柱 RTX-5MS（20m×250μm i. d. ×0. 5μm ），第二维色谱柱 RTX-200MS（2m×180μm i. d. ×0. 2μm）；不分流进样方式，进样 1μl；TOFMS 的采集频率为 100 张全谱图/秒。对于经衍生化预处理的代谢谱的数据分析，一般不采用 TIC 图，而用特征性更强的质量碎片的二维谱图。由不同特征质量数得到的酵母胞内代谢物的 GC×GC-TOFMS 谱图见图 2-5。胞内代谢物中含有活性官能团的组分经三甲基硅烷化（TMS）反应生成含有 1 个或多个 TMS 基团的衍生化产物。由于 TMS 基团[$Si(CH_3)_3$]具有 *m*/*z* 73 的特征离子，就使得衍生化后含有 TMS 基团的胞内代谢物也含有 *m*/*z* 73 的特征质量碎片。通过选择特征质量数可以得到与样品组成相关的信息，*m*/*z* 73 特征质量数得到的二维谱图见图 2-5A。但 *m*/*z* 73 这个质量数的二维图干扰比较大，如从图 2-5A 可检测到超过 2500 个化合物，但大多数是衍生化试剂假峰和固定液流失。为了降低干扰，也可选择对某类化合物特异性较高的特征质量数，如三甲基硅烷化碳水化合物的特征质量碎片为 *m*/*z* 205（图 2-5C），磷酸化糖的三甲基硅烷化产物的特征质量碎片为 *m*/*z* 387（图 2-5D）。

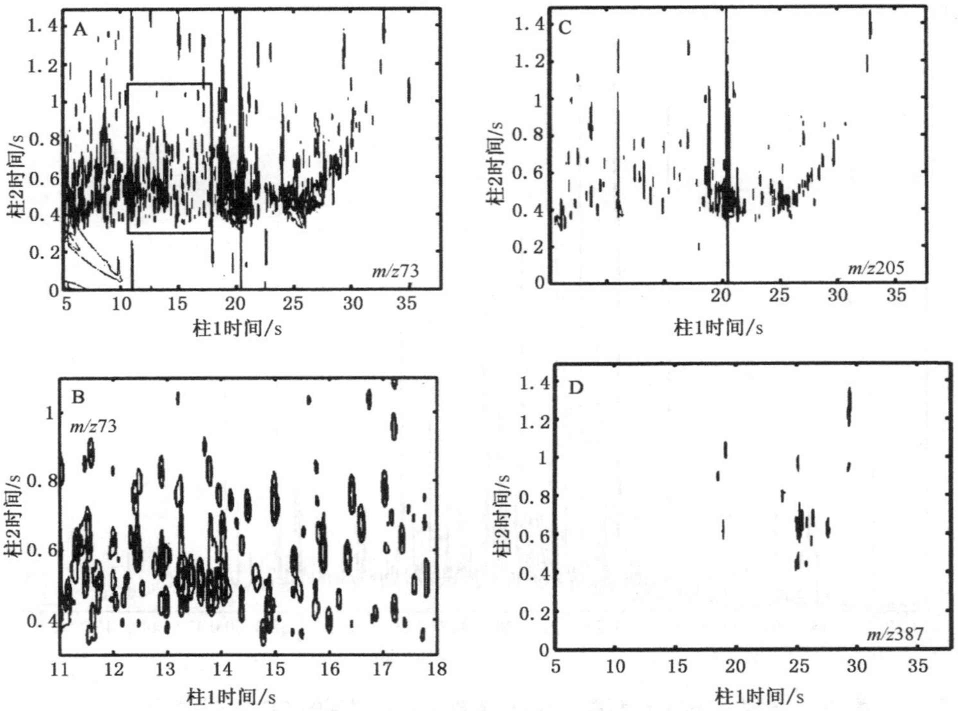

图 2-5 酵母细胞内代谢物的 GC×GC-TOFMS 的等高线图

A. 选择特征质量数 m/z 73；B. 图 A 中方框所示区域的局部放大图；C. 选择特征质量数 m/z 205（碳水化合物的特征质量数）；D. 选择特征质量数 m/z 387（磷酸化糖的特征质量数）[56]

2.2.3 基于 GC-MS、GC×GC-TOFMS 技术的代谢组学数据处理

分析仪器得到的元数据（metadata），不能直接用于化学计量学分析。从最初的原始数据到得到代谢组学的分析结果，数据还需经过存储、预处理、化学计量学分析（主要是模式识别、相关分析和建模）、数据库检索和网络的构建[57,58]。

2.2.3.1 数据预处理方法

分析对象的原始数据需经预处理，转变为适合于多变量分析（主要是模式识别）的数据形式。此数据必须满足以下要求：所有样本中的变量数相同；每个变量在所有的样本中均出现且变量代表的意义相同。基于 GC-MS 的代谢组学数据预处理过程通常包括以下几个步骤[59]。

（1）滤噪、峰检测（filtering and peak detection）：分析数据常常含有一定的噪声，导致分析结果的准确度和精度下降。特别是对低浓度样品分析，噪声的存在甚至会导致错误结果。滤噪即是将谱图中的“true”峰从噪声中提取出来。在色谱数据处理中常用的数字滤波方法有：移动平均法、最小二乘曲线拟合法、傅里叶变换和小波变换等。已有多种方法用于色谱的峰检测，包括统计门限法、一阶导数法、二阶导数法和增加斜率法等。其中一阶导数法是最常用的峰检测方法，二阶导数法可用于肩峰的判别。各种滤波和峰检测方法可参考文献[60]。

（2）重叠峰解析（deconvolution）：复杂的代谢谱中经常包含大量的重叠峰，重叠峰解析是从中推断组分的纯质谱图。重叠峰解析算法的原理如下：假定纯物质的质谱在整个出峰过程中是不变的，可以用某单个质量数谱图来描述化合物的峰形。对于包含不同质谱图的重叠峰，通常峰顶点相差 1s 即可分离，隐藏在大峰下面的痕量组分也可被检测。对于那些质谱图相似代谢物（如结构异构体）要特别注意，重叠峰解析算法不适合这类物质。重叠峰解析可采用商品化的软件（如美国 Leco 公司的 ChromsTof™）或 NIST 免费的 AMIDS（automated mass spectral deconvolution and identification system）软件包（http://chemdata. nist. gov/mass-spe/amdis/）进行数据处理[61,62]。Halket 等人将该系统用于人尿中有机酸代谢谱的研究[62]。其他可用于 GC-MS 和 LC-MS 重叠峰解析的软件包还包括 Waters 公司的 MarkerLynx™、SpectralWorks 公司的 AnalyzerPro™ 和 RIKILT 食品安全研究所的 MetAign。此外，原始数据也可不经重叠峰解析处理。MSFACTS 软件（代谢物谱图生成、匹配和转换工具）即可用于色谱数组匹配和从原始谱图的 ASCII 数据文件提取信息[63]，而无需重叠峰解析过程。Jonsson[64] 和 Katz[65] 也报道了无需重叠峰解析的数据处理方法。

（3）峰对齐、匹配（peak alignment）：分析过程中，柱温或载气流量的微小变化及其柱表面的状态变化常导致保留时间的漂移。此外仪器参数的变化也使得样品在数周或数月的分析期间保留时间发生漂移。为了利用色谱图中所有可以识别的峰信息，需对谱图实行峰匹配（或称峰对齐），使相同的代谢产物在生成的数据矩阵中由同一个变量表示，使各样本的数据得到正确的比较。

（4）归一化（normalization）：归一化的目的是消除分析过程中的系统偏差同时保留分析数据中有意义的生物学差异。由于代谢物的化学多样性导致了样品预处理回收率及质谱离子化过程的差异，这使得区分系统偏差和样本间的生物学差异变得比较困难。用于代谢谱的归一化方法通常包括：基于全部数组，采用统计方法获取用于单个样本的最优修正系数，如用强度的中间值、最大值进行归一化等；也可采用一个或多个内标（或外标）进行归一化。

由于代谢组学数据处理的需要，研究者们已经发展了多个算法，新的数据处理方法也在不断涌现。近期在 GC-MS 数据处理方面的主要进展包括 Sumner 等发展的 MET-IDEA（metabolomics ion-based data extraction algorithm）方法[66]和 Moritz 等发展的分类多元分辨曲线（hierarchical multivariate curve resolution，MCR）结合偏最小二乘聚类分析（partial least-square discriminant analysis，PLS-DA）[64]或正交偏最小二乘分析（O-PLS）[67]的数据处理方法。MET-IDEA 是一个在 Microsoft. Net 框架下开发的可免费提供给科研人员使用的软件。它可用于数据处理的全过程，由 ADMIS 得到的原始数据表（离子/保留时间）或手动录入数据开始，可校正保留时间和质量数的偏差。它兼容几个色谱技术平台得到的数据，最适合处理 GC-MS 数据。Moritz 等开发的软件是将 MCR 方法用于 GC-MS 数据的第一步处理，包括信号的平滑、背景噪声去除、时间阈的划分等，继而再将多变量统计分析方法用于样本的分类。表 2-1 汇总了文献报道用于 GC-MS 数据处理的商品化和免费软件。

表 2-1　常用的 GC-MS 数据处理的商品化和免费软件

名称（网址）	所有者	用途说明
AMDIS (Chemdata. nist. gov/mass-spc/amdis)	US NIST	质谱重叠峰解析
AnalyzerPro (www. spectralworks. com)	SpectralWorks Ltd	高通量 LC-MS 和 GC-MS 数据处理
CODA (www. acdlabs. com)	ACD labs	质谱图预测，LC 和 GC 谱图的模拟
MassFrontier (www. highchem. com)	HighChem, Ltd.	质谱图的管理、解释和评价
MetAlign (www. metalign. nl)	RIKILT-Instiure of Food Safety	GC-MS 或 LC-MS 数据的匹配和比较
MetaGeneAlyse (Metagenealyse. mpimp-golm. mpg. de)	Max Planck Institute of Plant Physiology	基因表达和代谢组数据的多变量分析
CSBDB (csbdb. mpimp-golm. mpg. de)	Max Planck Institute of Plant Physiology	公开的质谱数据库及代谢谱数据
ArMet (www. armet. org)	University of Wales, Aberystwyth, UK	植物代谢组学数据库
MeT-RO (www. metabolomics. bbsrc. ac. uk/Met-RO. htm)	UK Centre for Plant and Microbial Metabolomic Analysis	初生和次生代谢谱数据

2.2.3.2　代谢差异研究的 GC×GC-TOFMS 数据处理方法

采用 GC×GC-TOFMS 方法进行代谢组学研究时，可得到比 1DGC-MS 更丰富的信息。为了实现高通量的信息挖掘，人们发展了多个方法来研究代谢差异[68~71]。化学计量学是分析复杂代谢数据最常用的方法之一[64,69,70,72]。平行因子算法（parallel factor analysis，PARAFAC）也被用于从复杂的衍生化植物代谢提取液或细胞发酵液的 GC×GC-TOFMS 数据中得到代谢物的纯质谱图[56,70]。PARAFAC 是一个基于迭代拟合三线性模型的一类算法，可用于 GC×GC-TOFMS 得到的三维数据[73]。PARAFAC 利用待测样品气相色谱第一维、第二维和质谱信号，经去除背景噪声和重叠峰解析后得到纯物质的谱峰（包括纯色谱峰和纯质谱图）。继而将第一维、第二维谱峰轮廓进行外积运算可重构重叠峰解析后的三维峰。对该峰积分可得到与组分浓度呈正比的峰体积。在此过程中，必须对保留时间的偏差进行校正。GC×GC-TOFMS 是由二维分离和一维检测信号构成的三线性三元数据阵列。当多个样本的 3D 分析数据组成一个数据集时，这个数据集是一个四元数据阵列。PARAFAC 不能直接用于 GC×GC-TOFMS 得到的 4D 数据集。需将 4D 数据集有效地转换成 3D 数据，再用 PARAFAC 分析。通常数据矩阵可仅选择一个 m/z 通道的数据或总离子流来从原始 3D 数据阵列得到。主成分分析法（principal component analysis，PCA）是一种能够处理数据相关性的统计分析技术，常用于代谢组学的数据处理。它的目标是在低维子空间表示高维数据，使得在误差平方和的意义下低维表示能够最好地描述原始数据，最终实现降维的目的。PCA 忽略了具有较小方差的线性组成部分，保留了具有较大方差项，从而减少了有效数据表示的维数。

Pierce 等用 GC×GC-TOFMS *m*/*z* 73 和 217 的单质量通道数据矩阵，采用 PARAFAC 进行重叠峰拆分和峰体积计算，通过 PCA 分析区分了三类植物样本（甜香罗勒、胡椒薄荷甜菊）[74]。由于 PCA 是无监督分类方法，当样品谱内的类内方差区域影响到其他含有类间方差的区域时，常会导致分类错误。

Synovec 研究小组在 GC×GC-TOFMS 数据的化学计量学和多变量技术分析方面开展了一系列工作。该课题组首次采用 Fisher 比法用于 GC×GC-TOFMS 的数据处理[75]。Fisher 准则是特征选择的有效方法之一，其主要思想是鉴别性能较强的特征表现为类内距离尽可能小，而类间距尽可能大。利用 Fisher 准则可以删除无关的和鉴别性能较差的特征。他们采用一种新的索引结构用于在已知类别的复杂样本中找出未知的化学组成差异。为了验证该方法，他们将 Fisher 比法用于评价对照组尿样和已知加标尿样的化学差异。结果显示，在一个检出化学组分数超过 600 个的代谢谱中，6 个加标组分和其他 2 个基质组分有显著性差异。继而，Fisher 比法用于寻找怀孕妇女与未怀孕妇女的尿中代谢物的化学差异，得到了 11 个有显著性差异的组分，而采用 PCA 方法不能区分这两类人群。由于 Fisher 比法可以从含有较大类内方差的代谢谱中找出有较大类间方差的区域，更适合于具有生物多样性的样本分析。该研究小组还报道了“DotMap”算法用于寻找目标化合物，采用“DotMap”算法的前提条件是目标化合物必须是已知的[69,70]。该算法采用 scale 和权重的向量内积，从 GC×GC-TOFMS 数据集中每一采集点的目标质谱数据和归一化的谱图库质谱数据来寻找目标化合物。他们将“DotMap”算法用于新生儿尿液的代谢物分析，从 GC×GC-TOFMS 数据中快速识别了 12 种重要有机酸的 TMS 硅烷化产物。此外，Shellie 和合作者采用直接比较 GC×GC-TOFMS 总离子图的方法来寻找大鼠代谢产物的差异[71]。

2.2.4 代谢物的结构鉴定

基于 GC-MS 和 GC×GC-TOFMS 技术得到的代谢物可通过与标准品的保留时间或保留指数对照、质谱解释或使用保留指数/质谱数据库[36]等多种方法进行识别和确认。其中是否有商品化的代谢物在很大程度上影响代谢物的确认。如约有 600 个代谢物参与酿酒酵母的生化网络的生物学过程，其中可以商品购买的代谢物仅约 200 种。参与人和植物代谢过程的代谢物的数目要大得多，而可通过商品化购买的代谢物的比例很小。商品化的质谱数据库（如 NIST/EPA/NIH 数据库）包含了大量生物样本中没有的人工合成化合物的质谱图。尽管这些谱图信息有助于未知代谢物的结构鉴定，但从如此众多的谱图中检索上百个未知代谢物无疑是十分耗时的，且还有数量很大的与代谢网络研究有关的代谢物质谱图不在其中。如在植物提取物 GC-MS 色谱图中通常有近 70%的峰仍然无法得到鉴定。利用 GC-MS，Illmitzer 研究小组对拟南芥叶片和马铃薯块茎极性和亲脂性的提取物中的 326 种代谢产物进行了分析，鉴定出了其中约一半化合物的结构[46,76]。针对上述问题，代谢物数据库应运而生。代谢物数据库包含在各种生物体中检测出的代谢物，如 Golm 代谢组数据库即包含植物代谢物的四极杆和飞行时间质谱图[77]。这个质谱数据库中还包含保留指数数据，提高了质谱图相似化合物的定性可靠性。

2.3 代谢组学应用

2.3.1 GC-MS在代谢组学研究中的应用

自1980年Tanaka等[78]报道了将GC-MS技术用于患者尿液分析来筛查有机酸尿症以来，以GC-MS技术为基础的挥发性和热稳定性的极性和非极性代谢产物分析已经取得快速发展。德国科研人员最早将GC-MS用于植物代谢组学研究[46,76,79]，近年来GC-MS作为植物代谢组学研究的重要分析技术手段得到了广泛的应用。植物代谢组学主要是通过研究植物细胞中的代谢组在基因变异或环境因素变化后的相应变化，研究基因型和表型的关系以及揭示一些沉默基因的功能，进一步了解植物的代谢途径，最具代表性的是Oliver Fiehn研究组的工作[7,80,81]。他们利用GC-MS技术通过对不同表型拟南芥的433种代谢产物进行代谢组学分析，结合化学计量学方法（PCA、ANN和HCA）对这些植物的表型进行了分类，找到了4种对分类有重要贡献的代谢物质：苹果酸、柠檬酸、葡萄糖和果糖。这个结果与线粒体和叶绿体中的基因型结果一致。Roessner-Tunali等采用GC-MS分析方法系统研究了番茄叶和果实组织的代谢谱，发现由于果糖激酶AtHXK1的过度表达，转基因番茄植物的磷酸果糖下降[82]。同样类似的方法还可用于微生物代谢组学的研究，如Strelkov等考察了不同生长条件对谷氨酸棒状杆菌的影响[83]。Klapa和Stephanopoulos采用质谱同位素法研究了谷氨酸棒状杆菌生化网络中的赖氨酸的生物合成[84]。GC-MS还被用于临床代谢组学研究，近期的应用包括尿液和血液中的有机酸谱分析用来确定新生儿代谢异常，有机酸尿、脂肪酸氧化、神经代谢紊乱和2型糖尿病等[85~87]。GC-MS也被用于毒性机制研究，如Lee等采用小鼠动物模型，通过给小鼠腹腔注射不同剂量的壬基酚，来研究毒性作用。研究结果表明，四氢皮质甾酮和5α-四氢皮质甾酮是与壬基酚致毒相关的尿中潜在生物标记物[88]。

2.3.2 全二维气相色谱在代谢组学研究中的应用

近期，采用GC×GC-TOFMS技术的代谢组学研究报道逐渐增多[30,71,74,89]。Werner Welthagen和Oliver Fiehn等[90]最先将全二维气相色谱/飞行时间质谱方法应用于代谢组学研究。为了证实该技术用于代谢组学研究的可行性，他们以哺乳动物生物学研究为例，分析了小鼠脾组织提取物的复杂代谢产物轮廓。该研究选择脾组织有两个原因：还没有关于脾组织提取物的代谢轮廓或基于NMR代谢指纹的相关报道；肥胖和过度喂养已经被证实与人类和啮齿目动物免疫反应负相关。通过代谢组学的研究有可能帮助揭示其潜在的机制。全二维气相色谱/飞行时间质谱方法与传统的一维色谱方法相比可以提供更高的分辨率和灵敏度，该方法可以检测到更多一维方法无法分离的色谱峰。图2-6是GC-TOFMS和GC×GC-TOFMS两种方法用于NZO雌性小鼠脾组织提取物的分析对比谱图。采用GC-TOFMS方法经重叠峰解释和干扰峰去除后检测到化合物538个，主要是氨基酸和羟基酸。采用GC×GC-TOFMS方法经重叠峰解释和干扰峰去除后共检测到的化合物有1220个，而在识别出的化合物中包括许多以前采用NMR或其他研究方法从哺乳动物组织中检测到的化合物。表2-2对比了两种方法检测到的峰的数目和质量。从表中可知，由于GC×GC-TOFMS的高分辨率，采用GC×GC-TOFMS方法不但检测到的化合物数目是GC-TOFMS方法的2倍，且峰的纯度也得到了很大的改进。图2-7给出了5只未禁食消瘦型C57BL/6对照雌性小鼠（1＃～5＃）和4只未禁食肥胖型的NZO雌性小鼠（6＃～9＃）的脾组织提取物的GC×GC-TOFMS局部谱图。研究证实了GC×GC-TOFMS方法得到的代谢轮廓可以用于生物标记物的检测。该研究小组继而又对GC×GC-TOFMS用于代谢组学研究寻找生物标记物的数据统计方法做了讨论[71]。他们采用了多种方法对肥胖型的NZO小鼠和消瘦型C57BL/6对比小鼠的代谢物轮廓图进行比较，包括直接谱图比较（谱图的差减、平均）、生成加权峰后再比较，以及传统的 t 检验等方法。他们的研究结果表明后两种方法在用于生物标记物的识别中有相似的效果。

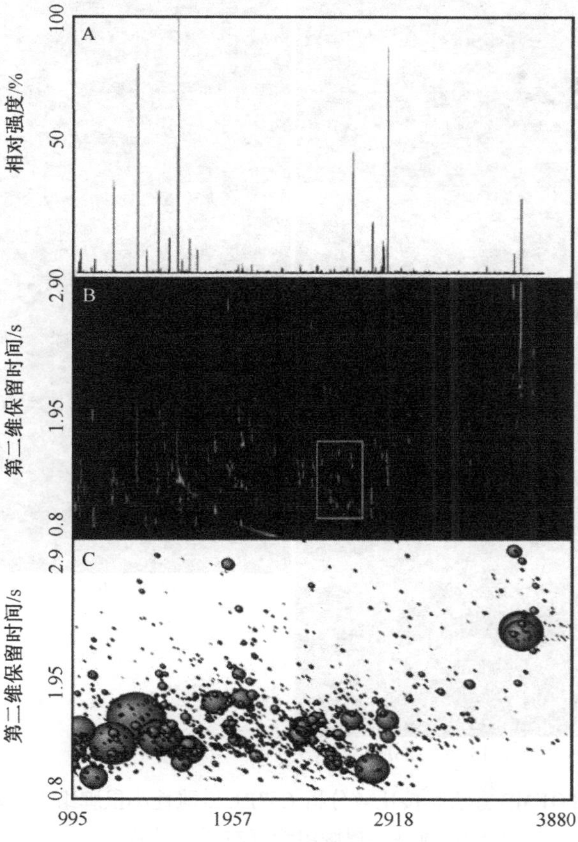

图2-6　GC-TOFMS（A）与GC×GC-TOFMS（B）两种方法用于NZO雌性小鼠脾组织提取液的分离比较

泡状图C为GC×GC方法鉴定出的峰，其中泡的直径代表相应峰的TIC强度[90]

表 2-2 GC×GC-TOFMS 和 GC-TOFMS 两种方法用于小鼠脾组织提取液分析得到的峰的数量和质量比较[90]

	GC-TOFMS	GC×GC-TOFMS
化合物数目	538	1227
S/N>50,纯度<1 的化合物数	79	563
S/N>100 的化合物数	202	342
纯度的中间值	1.9	0.2
纯度的平均值	2.2	0.4
信噪比的中间值	63	47
信噪比的平均值	411	310

注：峰检测的阈值为信噪比(S/N)>10

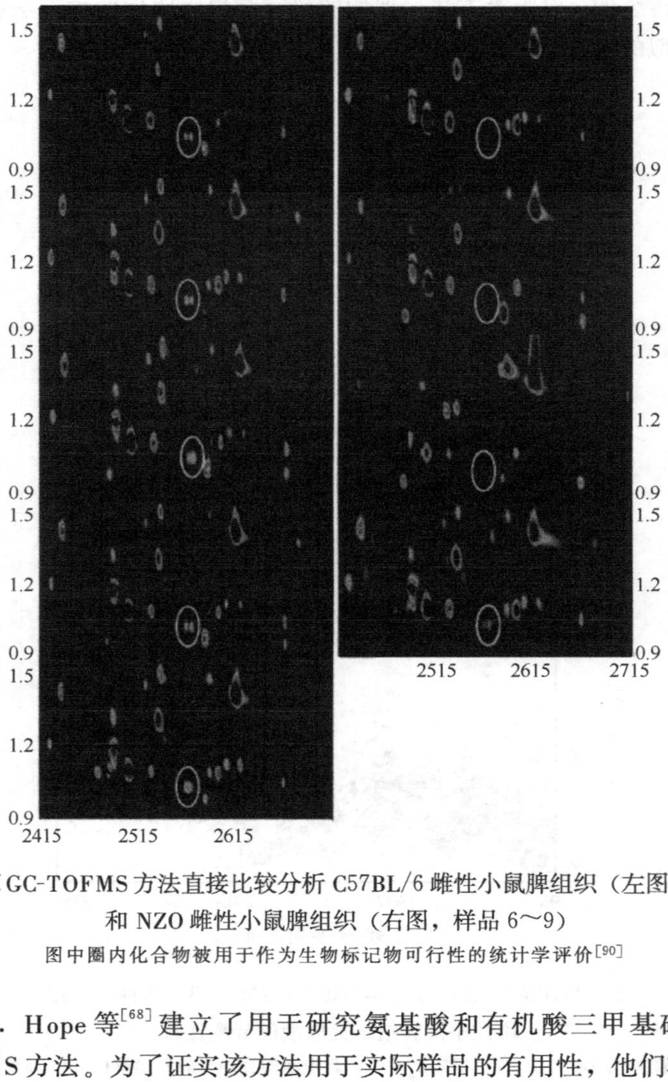

图 2-7 GC×GC-TOFMS 方法直接比较分析 C57BL/6 雌性小鼠脾组织（左图，样品 1～5）和 NZO 雌性小鼠脾组织（右图，样品 6～9）

图中圈内化合物被用于作为生物标记物可行性的统计学评价[90]

此外，J. L. Hope 等[68] 建立了用于研究氨基酸和有机酸三甲基硅烷化衍生物的 GC×GC-TOFMS 方法。为了证实该方法用于实际样品的有用性，他们将所建立的方法用于普通草坪草提取物中的代谢物研究，试图揭示收割前后其生理行为变化。1＃样品是将草收割后立即冷冻，2＃样品为收割后放置 1h 再提取。图 2-8 给出了两个样品提取物谱图差异最明显的部分。从两种草的提取物中检测到了与损伤反应有关的多种化学成分的出现或消失，如苹果酸的三甲基硅烷化衍生物。尽管苹果酸的增加与收割时间应答之间的生物意义还不清楚，但这与在此过程中的柠檬酸循环活性变化相符。

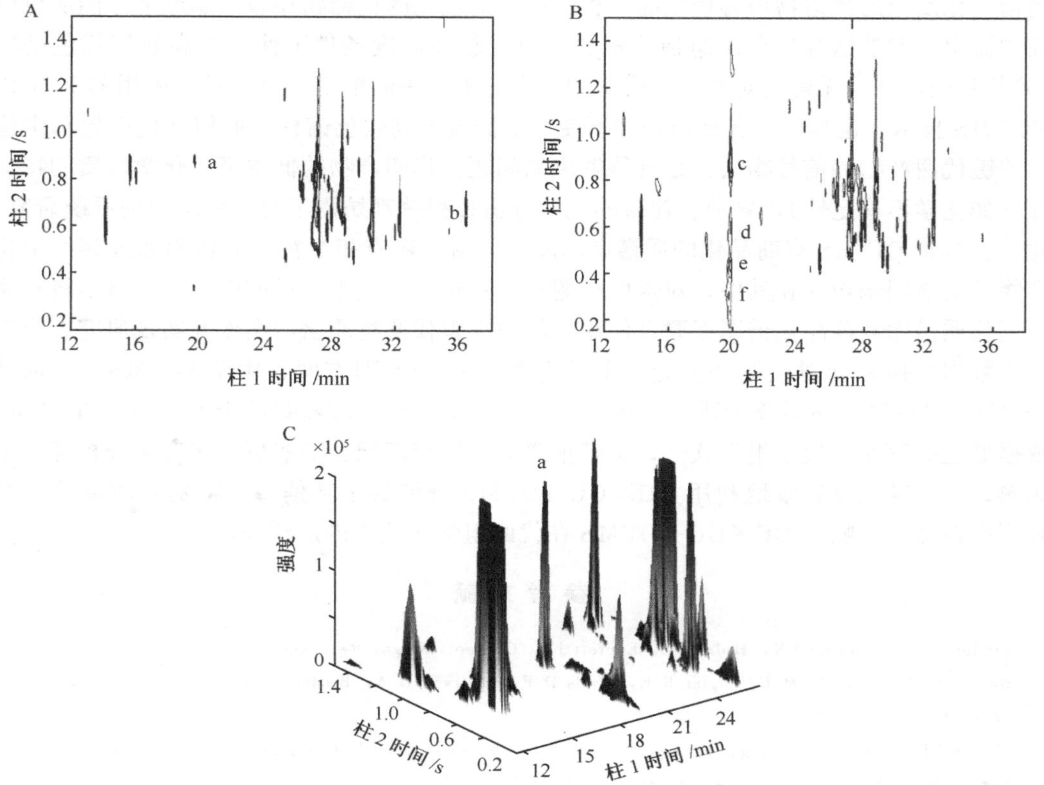

图 2-8 A. 新鲜草提取物的 GC×GC-TOFMS 总离子流谱图。a：苹果酸的三甲基硅烷化衍生物；b：2-*O*-甘油醇-α-D-半乳吡喃糖苷的三甲基硅烷化衍生物。B. 部分腐烂草的提取物的 GC×GC-TOFMS 总离子流谱图。d、e、f 的质谱相似度较低的未知化合物，这些化合物在第一根柱上与苹果酸重叠[68]。C. 苹果酸的三甲基硅烷化衍生物

上述研究结果表明 GC×GC-TOFMS 可以用于代谢组学研究，尽管这方面的工作还刚刚起步，但随着该技术的不断成熟和代谢组学研究的不断深入，GC×GC-TOFMS 技术将被越来越多地用于代谢产物的全面快速分析，包括目标化合物研究、特定化合物的寻找、代谢指纹等，可以预计，GC×GC-TOFMS 将在代谢组学研究方面发挥更大的作用。

2.4 发展与展望

与代谢组学的其他分析手段如 NMR、LC-MS、CE-MS 相比，GC-MS 较为成熟。但由于代谢物的性质要复杂得多，特别是还包括具有特殊生物学意义的立体异构和几何异构体，目前尚没有一种分析技术可实现全部代谢产物的分析，需多个分析技术的联合

使用。GC-MS分析技术本身也还需要不断的完善。如GC-MS分析生物样本中代谢物普遍需要衍生化预处理，发展可与多个官能团发生衍生反应且重复性好的高通量预处理方法，才能满足组学分析大样本量对通量和信息量的要求。就GC分离分析步骤而言，经衍生化反应的代谢物仍有较宽的沸程，有些衍生化的代谢物在较高温度下才能从色谱柱中流出。发展适合复杂代谢物分析的且可在较高温度条件下使用的高效气相色谱柱（尤其是极性柱）无疑会对改善分辨率和提高分析方法的精度十分有益。采用GC×GC-TOFMS技术，也需要可在高温条件下使用的低流失高效色谱柱。如何从代谢轮廓中检出关键代谢产物和信号物质也是有待解决的问题。代谢产物的低浓度，化学性质的特殊性（如化学不稳定性），繁琐、耗时的化学分析过程等都妨碍了对这些组分的系统研究。此外，尽管GC-MS有商品化的质谱谱图库，但由于还有相当数量的代谢物或其衍生化产物的质谱图未包含在其中，对这些代谢物的鉴定仍很困难。目前的研究人员多将自建代谢物质谱库和商品化谱图库联合使用，尽快完善代谢物质谱谱图库并实现研究人员的质谱数据交换将会对代谢物鉴定有较大帮助。数据处理方面，用于GC-MS，特别是GC×GC-TOFMS的数据处理方法还需进一步开发。目前还没有用于GC×GC-TOFMS数据处理的商品化代谢组学软件，文献报道的二维峰匹配、峰解析、多变量分析等还不成熟，也未能充分有效地利用GC×GC-TOFMS得到的全部信息，特别是质谱信息的利用率较低，影响了GC×GC-TOFMS在代谢组学研究中的广泛使用。

参 考 文 献

[1] Lindon J C, Nicholson J K, Holmes E, Everett J R. Concepts Magn. Resonance, 2000, 12 (5): 289

[2] Robertson D G, Reily M D, Sigler R E, Wells D F, Paterson D A, Braden T K. Toxicol. Sci., 2000, 57 (2): 326

[3] Wilson I D, Plumb R, Granger J, Major H, Williams R, Lenz E A. J. Chromatogr. B, 2005, 817 (1): 67

[4] Lenz E M, Wilson I D. J. Proteome Res., 2007, 6 (2): 443

[5] Sato S, Soga T, Nishioka T, Tomita M. Plant J., 2004, 40 (1): 151

[6] Ning C, Kuhara T, Inoue Y, Zhang C H, Matsumoto M, Shinka T, Furumoto T, Yokota K, Matsumoto I. Acta Paediatrica Japonica, 1996, 38 (6): 661

[7] Fiehn O, Kopka J, Dormann P, Altmann T, Trethewey R N, Willmitzer L. Nat. Biotechnolo., 2000, 18 (11): 1157

[8] Villas-Boas S G, Mas S, Akesson M, Smedsgaard J, Nielsen J. Mass Spectrom. Rev., 2005, 24 (5): 613

[9] Kuhara T. Mass Spectrom. Rev., 2005, 24 (6): 814

[10] James A T, Martin A J. Biochem. J., 1952, 50 (5): 679

[11] Holmes J C, Morrell F A. Appl. Spectrosc., 1957, 11 (2): 86

[12] Schomburg G. J. Chromatogr. A, 1995, 703 (1～2): 309

[13] Bertsch W. HRC-J. High Resolut. Chromatogr., 1999, 22 (12): 647

[14] Venkatramani C J, Xu J Z, Phillips J B. Anal. Chem., 1996, 68 (9): 1486

[15] Phillips J B, Beens J. J. Chromatogr. A, 1999, 856 (1～2): 331

[16] Dalluge J, Beens J, Brinkman U A T. J. Chromatogr. A, 2003, 1000 (1～2): 69

[17] Liu Z Y, Phillips J B. J. Chromatogr. Sci., 1991, 29 (6): 227

[18] Marriott P J, Kinghorn R M. Anal. Chem., 1997, 69 (13): 2582

[19] Bruckner C A, Prazen B J, Synovec R E. Anal. Chem., 1998, 70 (14): 2796

[20] Murphy R E, Schure M R, Foley J P. Anal. Chem., 1998, 70 (8): 1585

[21] Seeley J V. J. Chromatogr. A, 2002, 962 (1～2): 21

[22] Bertsch W. HRC-J. High Resolut. Chromatogr., 2000, 23 (3): 167
[23] Marriott P, Shellie R. Trac-Trends Anal. Chem., 2002, 21 (9~10): 573
[24] Beens J, Adahchour M, Vreuls R J J, K van Altena, U A T Brinkman. J. Chromatogr. A, 2001, 919 (1): 127
[25] Lee A L, Lewis A C, Bartle K D, McQuaid J B, Marriott P J. J. Microcolumn Sep., 2000, 12 (4): 187
[26] Kinghorn R M, Marriott P J. HRC-J. High Resolut. Chromatogr., 1999, 22 (4): 235
[27] Beens J, Boelens H, Tijssen R, Blomberg J. HRC-J. High Resolut. Chromatogr., 1998, 21 (1): 47
[28] Korytar P, Leonards P E G, Boer de J, Brinkman U A T. J. Chromatogr. A, 2002, 958 (1~2): 203
[29] Dimandja J M D, Grainger J, Patterson D G, Turner W E, Needham L L. J. Expo. Anal. Environ. Epidemiol., 2000, 10 (6): 761
[30] Veriotti T. LC GC N. Am., 2007: 13
[31] Gavaghan C L, Wilson I D, Nicholson J K. FEBS Lett., 2002, 530 (1~3): 191
[32] Bollard M E, Holmes E, Lindon J C, Mitchell S C, Branstetter D, Zhang W, J K Nicholson. Anal. Biochem., 2001, 295 (2): 194
[33] Griffin J L, Williams H J, Sang E, Clarke K, Rae C, Nicholson J K. Anal. Biochem., 2001, 293 (1): 16
[34] Nicholson J K, Connelly J, Lindon J C, Holmes E. Nat. Rev. Drug Discov., 2002, 1 (2): 153
[35] Field D, Sansone S A. Omics, 2006, 10 (2): 84
[36] Vikram A, Prithiviraj B, Hamzehzarghani H, Kushalappa A. J. Sci. Food Agric., 2004, 84 (11): 1333
[37] Yassaa N, Brancaleoni E, Frattoni M, Ciccioli P. J. Chromatogr. A, 2001, 915 (1~2): 185
[38] Mallouchos A, Komaitis M, Koutinas A, Kanellaki M. J. Agric. Food Chem., 2002, 50 (13): 3840
[39] Patel S, Shibamoto T. J. Agric. Food Chem., 2002, 50 (20): 5649
[40] Ghittori S, Alessio A, Negri S, Maestri L, Zadra P, Imbriani M. Ind. Health, 2004, 42 (2): 226
[41] Phillips M, Cataneo R N, Cheema T, Greenberg J. Clin. Chim. Acta, 2004, 344 (1~2): 189
[42] Graham D Y, Klein P D. Gastroenterol. Clin. N. Am., 2000, 29 (4): 885
[43] Christensen B, Gombert A K, Nielsen J. Eur. J. Biochem., 2002, 269 (11): 2795
[44] Kant M R, Ament K, Sabelis M W, Haring M A, Schuurink R C. Plant Physiol., 2004, 135 (1): 483
[45] Patel S, Shibamoto T. J. Food Compos. Anal., 2003, 16 (4): 469
[46] Roessner U, Wagner C, Kopka J, Trethewey R N, Willmitzer L. Plant J., 2000, 23 (1): 131
[47] Drozd J. Elsevier Scientific Publishing Company: Amsterdam, 1981; Vol. 19.
[48] Fiamegos Y C, Nanos C G, Vervoort J, Stalikas C D. J. Chromatogr. A, 2004, 1041 (1~2): 11
[49] O'Hagan S, Dunn W B, Brown M, Knowles J D, Kell D B. Anal. Chem., 2005, 77 (1): 290
[50] Robards K, Haddad P R, Jackson P E. Academic Press: London, 1994.
[51] Weckwerth W, Loureiro M E, Wenzel K, Fiehn O. Proc. Natl. Acad. Sci. U. S. A., 2004, 101 (20): 7809
[52] Dettmer K, Aronov P A, Hammock B D. Mass Spectrom. Rev., 2007, 26 (1): 51
[53] Leis H J, Fauler G, Rechberger G N, Windischhofer W. Curr. Med. Chem., 2004, 11 (12): 1585
[54] Muller A, Duchting P, Weiler E W. Planta, 2002, 216 (1): 44
[55] Choi B K, Hercules D M, Zhang T L, Gusev A I. LC GC N. Am., 2001, 19 (5): 514
[56] Mohler R E, Dombek K M, Hoggard J C, Young E T, Synovec R E. Anal. Chem., 2006, 78 (8): 2700
[57] Lindon J C, Holmes E, Nicholson J K. Expert Rev. Mol. Diagn., 2004, 4 (2): 189
[58] Chen M J, Zhao L P, Jia W. J. Proteome Res., 2005, 4 (6): 2391
[59] Styczynski M P, Moxley J F, Tong L V, Walther J L, Jensen K L, Stephanopoulos G N. Anal. Chem., 2007, 79 (3): 966
[60] 许国旺. 现代实用气相色谱法. 北京: 化学工业出版社, 2004, 222
[61] Stein S E. J. Am. Soc. Mass Spectrom., 1999, 10 (8): 770
[62] Halket J M, Przyborowska A, Stein S E, Mallard W G, Down S, Chalmers R A. Rapid Commun. Mass Spectrom., 1999, 13 (4): 279

[63] Duran A L, Yang J, Wang L J, Sumner L W. Bioinformatics, 2003, 19 (17): 2283
[64] Jonsson P, Gullberg J, Nordstrom A, Kusano M, Kowalczyk M, Sjostrom M, Moritz T. Anal. Chem., 2004, 76 (6): 1738
[65] Katz J E, Dumlao D S, Clarke S, Hau J. J. Am. Soc. Mass Spectrom., 2004, 15 (4): 580
[66] Broeckling C D, Reddy I R, Duran A L, Zhao X C, Sumner L W. Anal. Chem., 2006, 78 (13): 4334
[67] Jonsson P, Johansson E S, Wuolikainen A, Lindberg J, Schuppe-Koistinen I, Kusano M, Sjostrom M, Trygg J, Moritz T, Antti H. J. Proteome Res., 2006, 5 (6): 1407
[68] Hope J L, Prazen B J, Nilsson E J, Lidstrom M E, Synovec R E. Talanta, 2005, 65 (2): 380
[69] Sinha A E, Hope J L, Prazen B J, Nilsson E J, Jack R M, Synovec R E. J. Chromatogr. A, 2004, 1058 (1~2): 209
[70] Sinha A E, Hope J L, Prazen B J, Fraga C G, Nilsson E J, Synovec R E. J. Chromatogr. A, 2004, 1056 (1~2): 145
[71] Shellie R A, Welthagen W, Zrostlikova J, Spranger J, Ristow M, Fiehn O, Zimmermann R. J. Chromatogr. A, 2005, 1086 (1~2): 83
[72] Jonsson P, Johansson A I, Gullberg J, Trygg J, J A, Grung B, Marklund S, Sjostrom M, Antti H, Moritz T. Anal. Chem., 2005, 77 (17): 5635
[73] Sinha A E, Prazen B J, Synovec R E. Anal. Bioanal. Chem., 2004, 378 (8): 1948
[74] Pierce K M, HopeJ L, HoggardJ C, Synovec R E. Talanta, 2006, 70 (4): 797
[75] Pierce K M, Hoggard J C, Hope J L, Rainey P M, Hoofnagle A N, Jack R M, Wright B W, Synovec R E. Anal. Chem., 2006, 78 (14): 5068
[76] Roessner U, Luedemann A, Brust D, Fiehn O, Linke T, Willmitzer L, Fernie A R. Plant Cell, 2001, 13 (1): 11
[77] Schauer N, Steinhauser D, Strelkov S, Schomburg D, Allison G, Moritz T, Lundgren K, Roessner-Tunali U, Forbes M G, Willmitzer L, Fernie A R, Kopka J. FEBS Lett., 2005, 579 (6): 1332
[78] Tanaka K, West-Dull A, Hine D, Lynn T, Lowe T. Clin. Chem., 1980, 26 (13): 1847
[79] Roessner U, Willmitzer L, Fernie A R. Plant Cell Rep., 2002, 21 (3): 189
[80] Fiehn O. Plant Mol. Biol., 2002, 48 (1~2): 155
[81] Taylor J, King R D, Altmann T, Fiehn O. Bioinformatics, 2002, 18: S241
[82] Roessner-Tunali U, Hegemann B, Lytovchenko A, Carrari F, Bruedigam C, Granot D, Fernie A R. Plant Physiol., 2003, 133 (1): 84
[83] Strelkov S, Elstermann von M, Schomburg D. Biol. Chem., 2004, 385 (9): 853
[84] Klapa M I, Aon J C, Stephanopoulos G. Eur. J. Biochem., 2003, 270 (17): 3525
[85] Yuan K L, Kong H W, Guan Y F, Yang J, Xu G X. J. Chromatogr. B, 2007, 850 (1~2): 236
[86] Kuhara T. J. Chromatogr. B, 2002, 781 (1~2): 497
[87] Carlson M D. Curr. Opin. Neurol., 2004, 17 (2): 133
[88] Lee S H, Woo H M, Jung B H, Lee J G, Kwon O S, Pyo H S, Choi M H, Chung B C. Anal. Chem., 2007, 79 (16): 6102
[89] Shellie R A. Aust. J. Chem., 2005, 58 (8): 619
[90] Welthagen W, Shellie R A, Spranger J, Ristow M, Zimmermann R, Fiehn O. Metabolomics, 2005, 1 (1): 65

第3章　液相色谱及液相色谱-质谱联用技术在代谢组学研究中的应用

在代谢组学研究所采用的分析手段中，液相色谱及液相色谱-质谱联用技术占据了较大比重。这主要得益于液相色谱（liquid chromatography，LC）的高分辨能力、质谱（mass spectrometry，MS）的高灵敏度及其联用后所带来的信息量的提高。另外，液相色谱还能够直接分析体液及组织提取物而无需衍生化操作，以上优点使得液相色谱及液相色谱-质谱联用技术得以在代谢组学研究中大显身手。

将LC及LC-MS技术应用于代谢组学的研究过程中也遇到了一些挑战，如分析方法的偏向性、方法有限的峰容量造成的峰重叠、潜在生物标记物的鉴定以及海量数据的处理策略等。这些挑战也成了基于LC及LC-MS的代谢组学平台技术研究的热点。

本章简要介绍LC及LC-MS联用技术、多维液相色谱（multi-dimensional LC）技术、基于LC及LC-MS联用技术的代谢组学平台的优势和发展趋势、基于LC及LC-MS联用技术的代谢组学平台的基本组成和要求等，并以三个实例具体介绍液相色谱及液相色谱-质谱联用技术在代谢组学研究中的应用。

3.1　液相色谱及液相色谱-质谱联用技术

3.1.1　液相色谱

高效液相色谱具有分离效能高、分析速度快、检测灵敏度高和应用范围广的特点，与气相色谱相比，更适合于高沸点、大分子和热稳定性差的化合物的分离分析。由于气相色谱使用气体作流动相，被分析样品必须要有一定的蒸汽压，气化后才能在柱上分析，这使分离对象的范围受到一定的限制。对于那些挥发性差的物质（高沸点化合物），柱温必须很高，这不仅给设备和仪器制造带来不少困难，更重要的是许多高分子化合物和热稳定性差的化合物在气化过程中可能分解而改变了原有的结构和性质。尤其是对于一些具有生物活性的生化样品，温度过高会使其变性失活，这样的样品分析气相色谱难以胜任。此外，对于一些极性化合物，如有机酸、有机碱等，有些可通过衍生化实现样品的气化，有些则根本无法用气相色谱进行分析。据估计，现在已知的化合物中，仅有20%的样品可不经过预先的化学处理而能满意地用气相色谱分离[1]。

与此相反，液相色谱则不受样品挥发度和热稳定性的限制。液相色谱一般在室温下操作，偶尔为了提高柱效或改善分离，在较高的温度下操作，但最高也不超过流动相溶剂的沸点，所以只要待测物质在（各式各样的）流动相溶剂中有一定的溶解度，便可以上柱进行分析。所以液相色谱特别适合于那些沸点高、极性强、热稳定性差的化合物，如生化物质和药物、离子型化合物，以及热稳定性差的天然产物等。事实上，在已知的化合物中大约有70%是不挥发的，主要存在于生命科学、环境科学、高分子和无机化合物研究中，在这方面，高效液相色谱有着广阔的应用潜力。

另一方面，液相色谱中的流动相也参与分离过程，这就为分离的控制和改善提供了额外的因素。气相色谱中的载气一般不影响分离，主要靠改变固定相来改变选择性。而在液相色谱中除了改变固定相外，还可以改变洗脱剂达到同一目的。所以液相色谱中的固定相不像气相色谱那样种类繁多，有限的几种或十几种固定相就可以解决相当范围的问题。

与气相色谱相比，高效液相色谱对样品的回收比较容易，而且这种回收是定量的，这对任何规模的制备目的特别有利。事实上，在很多时候高效液相色谱不仅是作为一种分析方法，而更多的是作为一种分离手段，用以提纯和制备具有足够纯度的单一物质，如在生化、制药、天然产物和精细化工等方面。

应当指出，高效液相色谱是适应科学技术的发展而发展出来的，它和气相色谱各有所长，相互补充。在高效液相色谱获得越来越广泛应用的同时，气相色谱仍然发挥着它的重要作用。

3.1.2 液相色谱-质谱联用

近年来液相色谱-质谱的联用技术随着接口技术的发展成为热门的应用研究领域，特别是液相色谱与串联质谱（MS/MS）的联用得到了极大的重视和发展。LC-MS 的联用需要解决经 LC 分离出的具有极性大、挥发度低、热稳定性差等特点的化合物的电离问题，而且样品从溶剂状态（LC）到高真空系统（MS），进入质谱之前需除去 LC 流动相中的大量溶剂，其体积也至少要多 540 倍（以乙腈为例）。由此可见其接口要求比 GC-MS 苛刻得多，也一度制约了 LC-MS 的应用发展。20 世纪 90 年代后，由于大气压电离接口技术的成功应用以及质谱本身的发展，液相色谱与质谱的联用，特别是与串联质谱（MS/MS）的联用得到了快速发展。

3.1.2.1 LC-MS 接口

接口技术一度是实现液相色谱-质谱联用的瓶颈，前后研制发展了 20 多种接口，其中主要有直接导入接口、移动带接口、渗透薄膜接口、热喷雾接口和粒子束接口，但这些技术都有不同方面的缺陷和应用限制。直到大气压电离（atmospheric pressure ionization，API）技术成熟后，液相色谱-质谱联用技术才得到实质性的发展，而迅速成为科研和常规分析的有力工具。大气压电离技术包括电喷雾电离（ESI）和大气压化学电离（APCI）。

1. 电喷雾电离（electrospray ionization，ESI）接口

样品经 LC 柱后通过内径 200μm 的金属毛细管，管上加有 3～6kV 的电压，在雾化气（N_2）和强电场作用下，溶液迅速雾化并产生高电荷液滴喷射出去，形成扇状喷雾。电雾滴表面所带电荷的正负由不锈钢管上所加的电压正负而定。大气压到真空的接口处的溶剂迅速蒸发，带电雾滴的表面积随之不断变小，其表面电荷密度逐渐增大。该密度达到“雷利极限”时，带电雾滴中的样品就会由于雾滴发生“库仑爆炸”而分离出来，形成样品离子（图 3-1）。

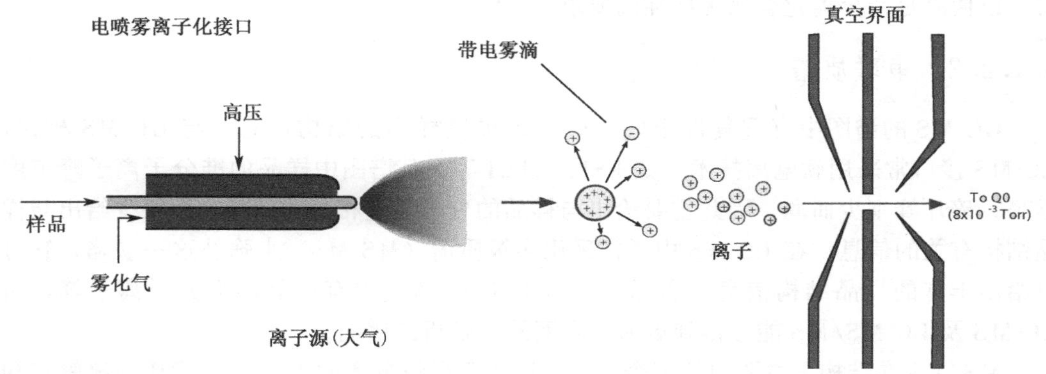

图 3-1　ESI 离子化示意图[2]

ESI 可以生成多电荷离子，这使得它能够分析一些生物大分子（如蛋白质）；此外，它还适合测定分析极性化合物。

2. 大气压化学电离（atmospheric pressure chemical ionization，APCI）接口

APCI 是将化学电离（CI）的原理延伸到大气压下进行的电离技术，同传统的低压接口相比，这一条件下 CI 的效率更高。图 3-2 为一种 APCI 的示意图。

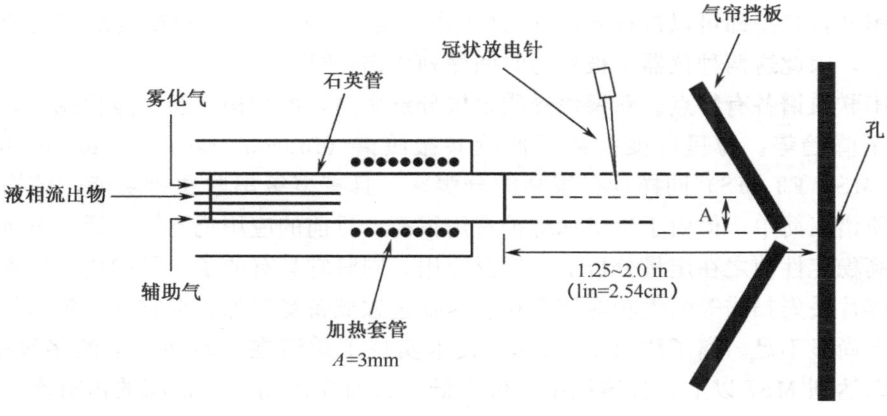

图 3-2　APCI 示意图[2]

溶液中的样品流出毛细管后同样由氮气流雾化到加热管中挥发，在加热管端的尖端，放电电极使中性分子以及溶剂分子电离，而后大量的离子与样品的气态分子发生气相离子-分子反应，从而导致样品的化学电离，并进入质谱仪。

APCI 主要产生单电荷离子，只响应单电荷峰，适合测定分析非极性和弱极性小分子化合物。另外，它适应高流量的梯度洗脱以及高/低含量水溶液变换的流动相。通过调节离子源电压，可以得到不同断裂规律的质谱图。APCI 的主要缺陷是会产生大量的溶剂离子，它们与样品离子一起进入质谱仪，容易造成较高的化学噪声。

以上概述了目前最常见的两种 LC-MS 的 API 接口。与 GC-MS 相比，LC-MS 的接口技术普适性较差，因此，常见的商品化 LC-MS 仪器大都带有多个可以互相切换的接口，以便满足待分离化合物多样性的要求。

3.1.2.2 串联质谱

GC-MS的谱图中有重复性很好的碎片来提供样品的结构信息。与GC-MS相比，LC-MS接口常采用软电离技术，如ESI、APCI等，其谱图中样品的准分子离子峰丰度很高，碎片峰则少而弱，因此主要给出与样品的分子质量相关的信息，而很少给出与样品结构有关的信息。在LC-MS中通常采用多级质谱（MS-MS）来弥补这一缺陷，它可以给出丰富的样品结构信息。实际上，由于在LC-MS中有样品的准分子离子峰，由LC-MS及LC-MS/MS能够得到更为清晰而易于解析的谱图。

MS/MS在结构上主要包括三个部分，即用于质量分离的MS1、碰撞活化离解室和用于质谱检测的MS2。其中碰撞活化离解室是用来使运动中的离子和中性惰性气体进行碰撞、继而发生碰撞活化离解的区域。MS1和MS2装置相同，两者配合使用，如前者选择特定质量的离子，后者可以扫描一个谱图；前者扫描一个谱图，后者则可以固定一个质量窗口收集某一特定离子等。

质谱/质谱仪器有多种结构，目前主要有以下几种系统使用较为普遍：①双聚焦扇形磁质谱；②串联四极杆质谱；③四极杆质谱与飞行时间质谱串联；④磁质谱与四极杆质谱串联。这些被称为空间序列质谱/质谱。另外，离子阱和离子回旋共振质谱可以选择性地储存某一质荷比（m/z）的离子，再直接观察其反应，它们不需要与任何其他质量分析器串联，自身即可以进行质谱/质谱操作。由于选择离子和观察其反应这两个过程先后发生，因此这两种仪器可被称为时间序列质谱/质谱。

这些串联质谱各有特点。双聚焦磁质谱仪分辨率高，但结构复杂、体积庞大，目前的应用有下降趋势。傅里叶变换离子回旋共振质谱（fourier transform ion cyclotron resonance MS，FT-MS）同样具有很高的分辨率，且有多级串联质谱功能，结构也比双聚焦磁质谱仪简单，但由于价格和维护费用很高，目前的应用仍不够广泛。三重四极杆质谱的高稳定性使之在定量分析上有广泛应用，同时它具有的子离子扫描、母离子扫描、中性碎片丢失扫描等强大功能使之在快速筛选领域备受青睐，但它的分辨率低，在结构分析上尚显不足。离子阱（ion trap）技术实现了质谱在“时间”上的多级串联，其级数可以达到MS7以上，且体积小，价格低，目前在市场上有很高的占有率，但由于离子阱质谱的分辨率低，难以胜任未知物质的结构分析。混合型串联质谱有助于发挥不同质量分析器的优点和特长，目前以发展不同质量分析器和飞行时间（time of flight，TOF）质谱的联用为主，包括四极杆-TOF（Q-TOF）、TOF-TOF等，因为TOF采用了离子延迟引出和离子反射镜等技术，使得其分辨率大幅度提高，因此Q-TOF、TOF-TOF等串联质谱可以在很高的质量范围内实现精确质量测定。

3.1.3 基于液相色谱及液相色谱-质谱联用技术的代谢组学方法的优势和发展趋势

LC-MS特别是LC-MS^n集中了分辨率、灵敏度和专一性的优势，非常适合于极端复杂基质中靶标代谢产物的分析和鉴定。采用LC-MS，可以使用非常简单的样品预处理步骤，在很短的时间内对选定的靶标化合物进行检测。LC-MS 和 LC-MS^n 能够实现对复杂基质中结构相似的化合物的同时分析，因此非常适合于代谢产物的代谢轮廓分析。LC-MS 还能反映在预处理阶段较难分离和不稳定的化合物的信息。因此，当对待分析化合物的结构不具备先验知识时，LC-MS 可以同时对生物样品中的已知和未知化合物进行测定，即可以进行代谢组学分析。

在目前的基于液相色谱及液相色谱-质谱联用技术的代谢组学研究中，尚存在以下挑战：①分析方法上对化合物的偏向性，如极性化合物在反相液相色谱（reversed-phase LC，RPLC）柱上保留较弱，常常由于离子抑制现象得不到较好的检测；②与气相色谱和气相色谱-质谱联用技术相比，尚没有可供定性参考的数据库，在代谢产物特别是结构信息较少的化合物的解析上存在着较大难度；③由 LC-MS 的高分辨率所带来的海量数据，需要合适的数据挖掘技术和数据处理方法来提取其中的有用信息。这些挑战也正是目前基于液相色谱及液相色谱-质谱联用技术的代谢组学方法中的热点研究问题。

分析方法的偏向性主要产生于两个方面：样品的预处理和样品的分析手段。在样品的预处理过程中，通常需要使用某种提取方法将代谢物从基质中提取出来进行 LC 及 LC-MS 分析，对于一些丰度比较低的代谢物来讲，往往还需要对其进行浓缩才能进行后续的分析，在这个步骤中不可避免地会因提取方法和样品性质不同而产生偏向性。而在其后的分析方法中，目前使用最多的 LC 模式是 RPLC，在这种模式下，极性化合物往往在柱上不能得到保留，在死时间时就被冲出柱外，即反相柱对这些化合物没有分离能力。这些化合物经常会导致离子抑制，从而带来分析方法上的偏向性。

在当前的代谢组学研究中，通常使用的样品预处理方法主要有液液萃取（liquid-liquid extraction，LLE）及固相萃取（solid phase extraction，SPE）。液液萃取一般用于从固体组织中提取代谢物。待分析组织通常用液氮进行冷冻，在萃取前使用研磨等方法将组织匀浆，然后用某种或某几种溶剂对组织中的代谢物进行萃取。一般使用异丙醇、乙醇、酸化的甲醇、乙腈、水，以及甲醇和水的混合物来提取极性代谢物，使用氯仿和乙酸乙酯提取亲酯性较强的代谢物。研究者们针对不同的分析对象（植物或微生物等）比较了不同的萃取方法，并给出了不同的优化组合[3~5]。与液液萃取相比，固相萃取可以选择性地吸附某些具有特殊性质的代谢物，从而达到去除杂质和富集待测组分的目的。因此，SPE 具有更强的偏向性，一般用于针对目标代谢物或代谢轮廓分析的方法中。在这些方法中，由于目标代谢物不同，所采用的 SPE 方法也各不相同，在这里不做详细介绍。在代谢组学的研究实践中，由于经常采用的 LC 分离方法是 RPLC，为了保护分析及检测系统，需要去除样品中较“脏”的组分（如大分子的蛋白质和在柱上保留极强的组分）和盐类化合物等，可以使用 SPE 方法来对样品进行预处理，以提高系统的稳定性。Waters 公司的 HLB 系列 SPE 柱由于对极性化合物也有较好的保留，在代谢组学研究中得到较为广泛的应用。另外，在针对某些生物体液（如尿样）的代谢组学研究[6~8]中，相当多的研究者使用直接进样的方式来避免提取方法的偏向性问题，但这种方式往往会牺牲色谱柱的寿命及整个系统的稳健性。

与正相色谱、离子对色谱和离子交换色谱相比，反相液相色谱所使用的溶剂与电喷雾质谱能够匹配，所以在目前的代谢组学研究中大都使用 C18 反相柱[9~12]。但是，极性化合物在反相色谱柱上不能得到保留，往往在死时间时就被冲出柱外，损失了这部分极性样品的信息，而这些极性代谢物往往具有较为重要的生物学功能。为了避免这个问题，可以考虑采用其他保留机制的色谱柱来对代谢物进行分析。当前比较热点的一个方法是使用亲水作用色谱（hydrophilic interaction chromatography，HILIC）柱来代替反相色谱柱作为样品分离介质[13～17]。HILIC的概念首次由Alpert提出[18]，它是这样一种液相色谱分离模式：它能够提供和正相色谱类似的保留行为，为强极性的组分提供合适的保留，同时采用水-水溶性有机相作为流动相，又能改善样品在流动相中的溶解度；另一方面，它在体现和RPLC正交的选择性的同时，具有与RPLC相媲美的柱效和对称的峰形，又和多种检测器尤其是质谱有良好的兼容性，不仅可用于定性，还可用于定量分析，是一种非常适合于强极性和强亲水性样品分析的液相色谱替代技术。在HILIC分离体系中，常使用硅胶、氨基、二醇基等正相色谱填料或者特殊设计的表面含有极性基团的HILIC专用填料作固定相。流动相中水是强洗脱剂，乙腈或异丙醇被用作弱洗脱剂。甲醇的洗脱能力虽介于两者之间，但有研究[19,20]认为，流动相采用甲醇作强洗脱剂时，并没有体现出独特的和有用的选择性，反而有可能增加分离的不稳定性和较差的峰形。异丙醇的黏度在常温时较高，容易产生过高的柱压降，因此在HILIC分离中，一般采用乙腈-水体系作流动相，其中水相的比例在5%～40%以保证显著的亲水作用。除了硅胶、氨丙基等常用于正相色谱分离的固定相填料以外，近年来常见的HILIC固定相还包括二醇基、酰氨基、sulfobetaine和天冬酰胺等。目前已有多种商品化的HILIC色谱柱出售，如Waters公司生产的Atlantis HILIC Si色谱柱、TOSOH公司生产的TSK Amide-80色谱柱、polyLC公司生产的polySulfoethyl A和polyHydroethyl A色谱柱等。而研制新型HILIC色谱固定相填料的工作也在不断开展。目前已合成出多种具有亲水作用特性的填料，其中多数为硅胶基质，也有少数采用聚合物基质，以满足更大范围流动相条件的变化。另外一种研究趋势则是发展可用于HILIC分离模式的液相色谱整体柱[21]。与常规的填充柱相比，整体柱有良好的渗透性、极低的柱压降和更高的柱效。通过增加柱长，可以提供比常规填充色谱柱高得多的峰容量，且易与质谱联用，由此进一步拓宽了HILIC的应用领域。

近年来，HILIC已被广泛用于代谢物的靶标分析和轮廓分析。Tolstikov等[22]采用HILIC进行了南瓜叶片的研究，检测到了寡糖、糖苷、氨基糖（amino sugar）、氨基酸和核苷酸糖。Garbis等[23]用HILIC检测了人血浆中的叶酸类化合物，包括叶酸、四氢叶酸、5-甲基四氢叶酸、5-甲酰四氢叶酸，他们测试了多种RPLC色谱柱和几种HILIC色谱柱，发现目标化合物在反相固定相上峰形拖尾，并有离子抑制现象，在氨丙基固定相上无法出峰，仅在聚（2-羟乙基）天冬酰胺固定相上得到了满意的分离。Schlichtherle-Cerny等[24]用酰胺柱分离，并用质谱鉴定了麦麸水解产物以及奶酪中的一系列氨基酸和谷氨酰肽等化合物。在最近的研究中，Cubbon等[25]比较了RPLC和HILIC在代谢组学研究中的适用性，通过60例健康人尿样的代谢组学分析，HILIC-MS方法体现出和RPLC-MS方法相类似的精度和灵敏度，被认为是一种和RPLC互补的代谢组学数据采集工具，将两者结合起来，可以为代谢组学研究提供更加全面的样品信息。类似的研究工作已在本研究组开展并取得一定进展。

代谢物的衍生化也可以被用来提高色谱分离的分辨率和检测灵敏度，如使用季铵化合物来衍生小分子质量的胺和羧酸。

在理论上，当降低柱内径和填充颗粒粒径时，色谱的分离度将大为提高。将其应用于复杂的代谢组学样品的高分辨分离，将能提供更为详尽的数据。当峰展宽降低时，将会提高信噪比，从而提高灵敏度。色谱分辨率的提高减少了代谢产物的共流出现象，进而减少了由此产生的离子抑制现象。例如，使用 Waters 公司提供的超高效液相色谱（ultra-performance LC，UPLC）系统，通常可以从人尿液和血清样品中检测到超过10 000个质谱碎片峰[10,26~28]。

针对代谢产物的结构解析问题，目前仍缺乏像 GC-MS 那样规模的数据库来辅助定性。但研究表明，不同仪器产生的 LC-MS 质谱图非常相似[29]，现在已有液相色谱-质谱数据库提供，并且已有多个组织及公司正在构建代谢产物的谱图库[30,31]。这方面的工作进展迅速。另外两个较受欢迎的解决办法是采用高分辨的质谱数据（TOF-MS，ICR-FT-MS）和采用其他分析方法辅助定性[32]。通过高分辨质谱，能够获得代谢物的精确分子质量，从而缩小候选代谢物的范围，另外，串联质谱图中碎片离子及碎片部分的精确分子质量信息也给解谱工作提供了极大的帮助。但是，研究者也发现单纯依靠分辨率的提高（误差低至 1×10^{-6}）还不足以鉴定出代谢物的结构。通过对各数据库中已有的化合物的研究[31]，Kind 等提出了 7 条规则根据精确分子质量来辅助对代谢物的定性[33]。也可以通过收集馏分的方法制备候选代谢物，再使用 NMR 等手段对其进行结构鉴定。但无论采用上述哪种方法都还不能够实现简单快捷确定代谢物结构的目的，往往需要综合各种方法及研究者的专业知识来甄别判断。

到目前为止，已发展出多种用于液相色谱和液相色谱-质谱联用方法的数据处理方法和软件[34~38]。相关内容在本书第 7 章有比较详细的介绍。

3.2 用于极性小分子分析的二维液相色谱分离系统

生命现象是 DNA、RNA、蛋白质、代谢物、细胞、组织、器官、个体和群体等层次有机结合的整体。代谢组学的研究对象——生物体中的代谢产物组成非常复杂，既有无机离子也有有机化合物，既有亲水性化合物也有疏水性化合物，既有解离的化合物也有未解离的化合物，且各组分的含量差异极大。此外，还存在一些结构类似、质量数相同、色谱保留行为非常相似，但生理功能不尽相同的极性代谢物组分，采用一维液相色谱（无论是 RPLC 还是 HILIC）和质谱联用技术无法提供足够的峰容量对其进行分离。此前曾有研究表明，用一维方法分离含有 100 个随机分布组分的样品，完全分离其中的 82 个组分大约需要 400 万理论塔板数[39]。虽然当前色谱填料粒径不断降低，固定相表面理化性质不断改进，使得液相色谱分离能力不断提高，但一维色谱仍然无法提供如此高的柱效[40]。另一方面，也有研究指出，只有当样品的维数和分离工具提供的分离维数相同时，才能最大限度地利用其分离能力[41]。所谓“样品维数”，是指一个样品中所有成分都能被鉴别出来所需的独立变量的数目。例如，样品中所有成分都是饱和直链脂肪酸时，样品维数为 1（碳数或分子质量）；如果样品中某些脂肪酸含有支链或双键，则样品维数为 2（另一维是支链或双键的位置）。可见，想要对特定条件下特定的生物样本中的所有有响应的代谢组分进行分析，从而尽可能地保留和反映代谢的总体信息，引入更多的分离维数非常必要。从广义上讲，凡是能够额外提供与一维色谱具有不同选择性的分离手段，都可以被理解为增加了分离体系的维数。因此，串联色谱、液相色谱-质谱联用和离线二维液相色谱等技术都可以被称作二维液相色谱，但在线二维液相色谱分离体系的构建和应用受到了更多的关注。

目前主要有两种在线二维液相色谱构建方式。一种采用“中心切割”（heart-cutting）技术，将第一维色谱柱所分离出的某个或某些感兴趣的部分切入第二维色谱柱进行进一步的分离。这种模式适合目标组分分析，已成功用于多种分离对象[42~44]。本书第 10 章中对体液中修饰核苷的分析即采用了这种方法。该技术流路相对简单、易于操作，但第一维分离能力利用不足，且必须事先了解目标组分的保留窗口等信息，在分析未知组分样品时则容易丢失样品信息。

另一种受到广泛关注的技术称为“全二维液相色谱”（comprehensive two-dimensional chromatography，LC×LC），它采用分离机制不同的两维色谱柱构成分离系统。通过特别设计的接口，第一维色谱柱分离出的所有组分都被在线引入第二维色谱柱中进行再次分离。普遍认为1990 年由 Bushey 和 Jorgenson 等[45]的报道代表了全二维液相色谱研究的开端。他们用商品化的高效液相色谱仪搭建了 LC×LC 分析平台并成功分离了蛋白质混合标样。通过两个平行的样品环，样品中的所有组分都在两维上依次分离，分离结果由紫外检测器记录。得到的原始谱图用软件处理成等高线图和三维高程图，使得样品在两维的分离结果得以同时体现。在以后的研究工作中，他们设计的流路被广泛采用，有时稍加改动，如用十通阀代替八通阀，用两根平行的色谱柱进行第二维交替分析取代定量环等（图 3-3）。得到的原始数据也通常被处理成直观的等高线图（图 3-4）。

此外，他们还定义了构建 LC×LC 必须满足的三个条件：两维分离机制必须尽可能正交，即根据不同的保留机制分离样品；第一维的分离结果必须在第二维分离的过程中保持，不能被破坏；最后，两维的分离结果应当同时保留并体现。虽然在实际应用中很难充分满足这三个条件，但它指出了全二维液相色谱的操作特点和构建原则，对该技术的发展具有重要的指导意义。

经过十几年的探索和发展，LC×LC 的应用范围不断扩展，理论研究也在逐渐深入，其发展呈现出较明显的阶段性。20 世纪 90 年代中后期，应用研究主要集中在蛋白质和多肽的分离上，多采用离子交换或尺寸排阻色谱作第一维，利用样品的酸碱性或分子大小进行分离，第二维采用反相色谱，利用样品的疏水性进行再次分离。基于样品的特殊性质，这些研究取得了令人满意的分离结果。目前，LC×LC 用于分离蛋白质和多肽类物质已经成为蛋白质组学研究中常见的分离手段[46,47]。自 2000 年以来，新型色谱柱填料类型尤其是整体柱的出现和发展，极大地促进了全二维液相色谱技术的发展，根据待测样品性质，构建出更多种类的二维柱系统，其应用领域也不断扩展。如利用整体柱代替常规的硅胶基质微粒色谱柱，可以采用更长的第二维分析柱和更快的分离速度，从而在更短的分析时间里获得更高的峰容量。有研究预测，如果加上质谱的分离能力，这样的分离体系可以提供高达几千的峰容量[48]。又如，利用某些新型的色谱填料，可以通过改变两维的流动相条件，实现酸、碱、中性物质的全二维分离[49]。此外，利用某些具有特殊分离机制的色谱填料与反相色谱联用，可以实现聚合物和同分异构体的全二维分离[50,51]。自 2004 年以来，一个新的应用研究热点集中在分别用正相色谱和反相

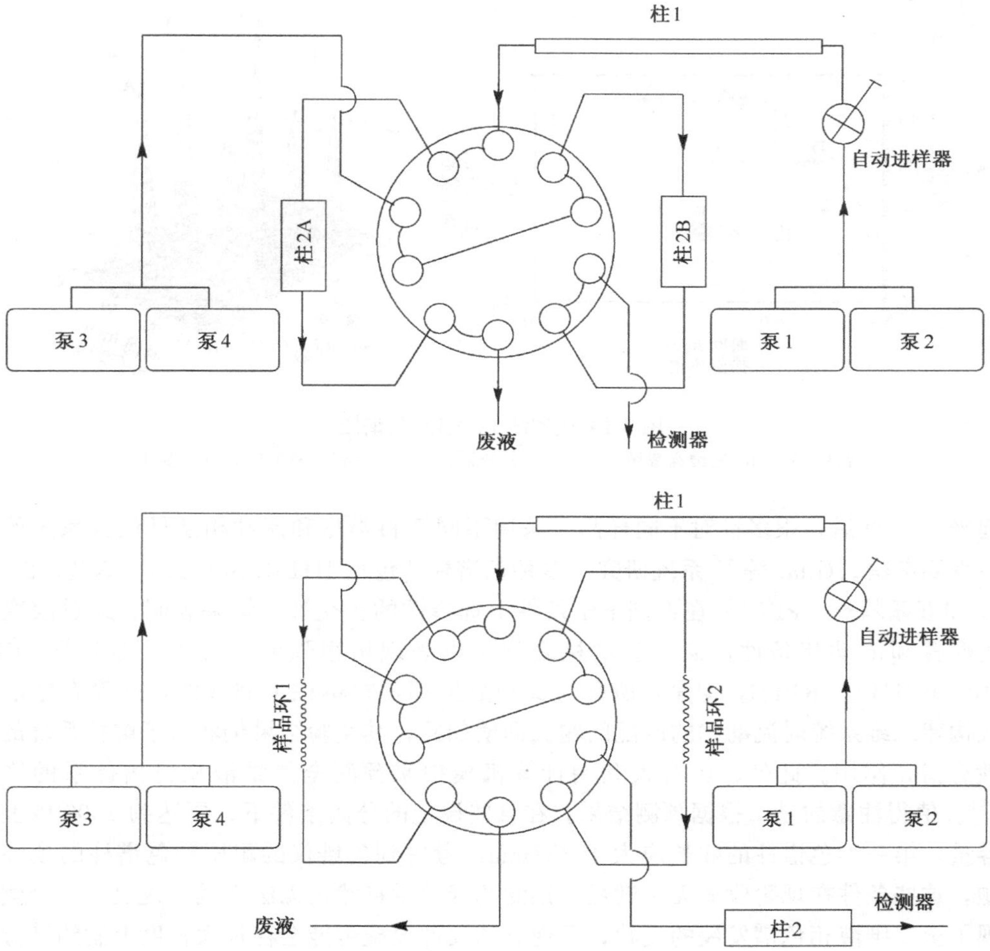

图 3-3 常见的 LC×LC 流路

上：两根平行色谱柱交替进行第二维分离；下：两个平行样品环用于组分在两维间的转移

色谱作两维，分离分析脂类等强疏水性化合物。通过增加两维间的流速比，或降低第二维的上样量，辅以在两维分别采用互溶性较好的流动相，规避了正相色谱和反相色谱流动相不兼容的问题。通过这些方法，一些典型的强疏水性化合物得到了分离[52～57]。因为正相色谱可以提供样品的结构信息，因此利用这类全二维液相色谱体系分析复杂样品，可以在谱图中反映出样品组分中含有的双键或某些特殊基团的数目，提供辅助定性。在最近的研究报告中[58]，应用高温全二维液相色谱对 BSA 酶解液进行分析，在 20min 内分离出 1350 个峰。这可能代表了全二维液相色谱技术在未来发展的新趋势，即通过不断改进色谱硬件的性能，引入更多可以影响分离的参数，达到控制分离过程，获得更好分离结果的目的。

在理论研究方面，增加峰容量和二维柱系统的正交性始终是人们关注的热点。1987 年，Giddings 指出，全二维色谱的理论峰容量是两维各自峰容量的乘积[59]。在 20 世纪 90 年代中期，又提出了“样品维数”的概念，将样品的复杂性和分离体系的峰容量结

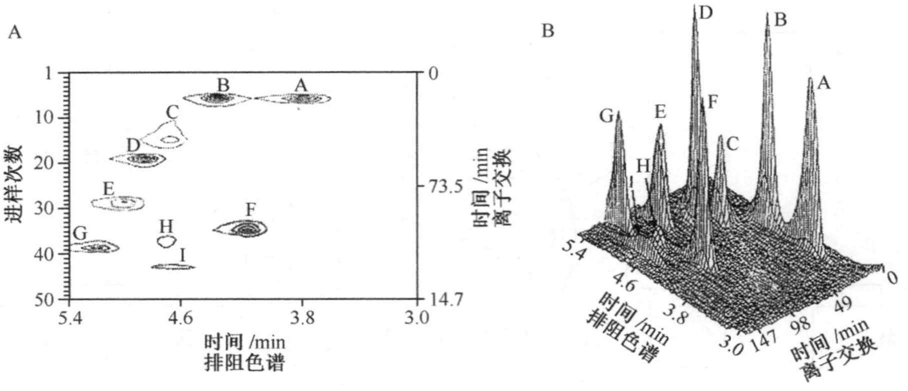

图 3-4　典型的 LC×LC 色谱图

A. 等高线图；B. 三维高程图。x、y、z 轴分别代表两维保留时间和组分响应强度[45]

合起来[41]。此后，很多针对不同样品、采用不同填料类型和流动相条件的柱系统的正交性得到考察。Gilar 等[60]系统研究了多种色谱柱［包括 HILIC Si、C18、苯基、SEC、SCX 和五氟苯基（PFP）］在不同 pH 条件下选择性的正交性。结果表明，通过改变柱系统配置和流动相条件，某些色谱柱之间可以表现出很强的正交性，尤其是 SCX/RPLC 和 HILIC/RPLC，但是，所有的实验数据都是在单柱上完成的，并没有考虑到在线构建二维系统时流动相的匹配问题。即使如此，其实验结果仍然对了解柱系统的正交性有指导作用。此外，还有人利用计算机模拟来预测全二维液相色谱体系的峰容量[61]。值得注意的是，根据预测结果，在某些设定的分离条件下，要达到 1500 以上的峰容量，第一维色谱柱的柱长应大于 387mm，考虑到色谱仪的耐压和色谱柱的填装等问题，这些条件在现阶段尚无法满足，预测的峰容量自然也无法实现。这也从一个侧面体现了全二维液相色谱发展的现状，即现有的硬件设施可能会在很大程度上制约其分离能力。

到目前为止，全二维液相色谱已经用于分离蛋白质、多肽、聚合物、同分异构体、药物和天然产物中的疏水性物质，而几乎所有的 LC×LC 柱系统都采用反相色谱作为其中一维，利用组分间疏水性的差异对其进行分离。这样的柱系统显然不适合于那些强亲水性样品。根据我们的研究，基于不同功能基团的 HILIC 色谱柱的选择性也不尽相同[62]，通过优化两维间的流动相组成，HILIC 色谱柱之间也能体现出适中的正交性，因此可以构建这样的柱系统用于强亲水性复杂体系样品的分离分析[63]。

3.3　液相色谱及液相色谱-质谱联用技术在代谢组学研究中的应用实例

代谢组学是通过考察生物体受到刺激或扰动后其代谢产物的变化来研究生物体系代谢途径的一种技术。这项技术要求对限定条件下特定生物样本中的所有代谢组分进行定性和定量分析。完整的代谢组学分析流程包括样品的采集和制备、样品的分析及数据分析等步骤。

根据分析层次和目的的不同，对不同样品的采集和制备技术及样品的分析方法均有不同的考虑。另外，在由液相色谱及液相色谱质谱联用技术搭建的技术平台中，除了需要满足仪器本身对样品分析的要求外，还存在如何从仪器给出的总离子流图（total ion current，TIC）及其质谱图构建出可使用模式识别方法的数据结构的问题，即如何构建从商品化仪器的通用数据结果到模式识别（或多元数据分析）之间的接口。可用于模式识别方法的数据需要满足以下要求[64]：①所有样本有相同数目的变量描述；②每个变量在所有样本中都出现；③所有样本中这些变量所代表的意义相同，即如何实现色谱峰和 LC-MS 数据中的峰对齐（或匹配）问题。

下面分别针对代谢轮廓分析和代谢组学分析两个层次，通过实例对上述几个问题进行说明。

3.3.1 液相色谱代谢轮廓分析方法用于肝脏疾病严重程度的诊断[65]

正如前面章节中提到的，代谢轮廓分析的对象是某一类化合物或某个代谢途径上的代谢产物，因此要建立基于色谱及其联用技术的代谢轮廓分析方法，需要选择合适的预处理方法、样品分析方法及数据分析方法，从而实现对特定目标化合物的代谢轮廓分析。

首先，样品预处理方法和分析方法需要针对目标化合物的特性，在实现时通常利用有针对性的预处理方法提取样品中的这类化合物，如用液液萃取、亲和色谱柱吸附等特异性的处理方法将具有同类性质的化合物提取出来，然后用色谱技术进行分离分析；另外一种方法是利用选择性更强的分析方法对某一类化合物的特异性响应进行分析，如可以利用空间串联质谱的中性丢失和母离子扫描对含有某些特定基团的化合物进行选择性的检测，从而达到对一类化合物的全分析。

在得到各种色谱技术采集的原始数据后，下一步就需要比较这些样品的谱图，利用各种化学计量学的方法去挖掘其中的有用信息[66]。众所周知，流动相组成的微小变化、梯度的重现性、柱温的微小变化，以及柱表面的状态变化常常会导致样品保留时间的偏差。为了利用色谱图中所有可以识别的峰信息，必须对谱图进行峰匹配（或称为峰对齐），不同样本中同一个代谢产物在生成的数据矩阵中必须由同一个变量来表示，这样各样本间的数据才能得到正确的比较。在过去的几十年里，研究者们已经发展出了很多算法用于这个目的。具有代表性的工作如 Nielsen 等发展的“COW”算法[67]。最近 Pär Jonsson 等发展了一种基于 GC-MS 的代谢组学的策略[68]，使用了一种基于时间窗口的算法来对齐 GC-MS 中的组分峰。与 GC 谱图中的峰匹配相比，HPLC 中的峰匹配要相对困难（因为样品保留时间的重现性更难保证，特别是没有柱温箱的情况下）。

这里提出了一种基于 HPLC 技术的代谢轮廓分析策略，图 3-5 给出了其流程图。实际上，如果在样品的预处理过程中能够保留尽可能多的代谢物组分，这个策略特别是数据处理部分也适于建立代谢组学研究层次的技术方法。

首先，应用液相色谱技术对代谢组（代谢组学）或其子集（代谢轮廓）进行分析；然后使用峰对齐算法将所有样品所对应的谱图进行匹配；最后对这些数据进行模式识

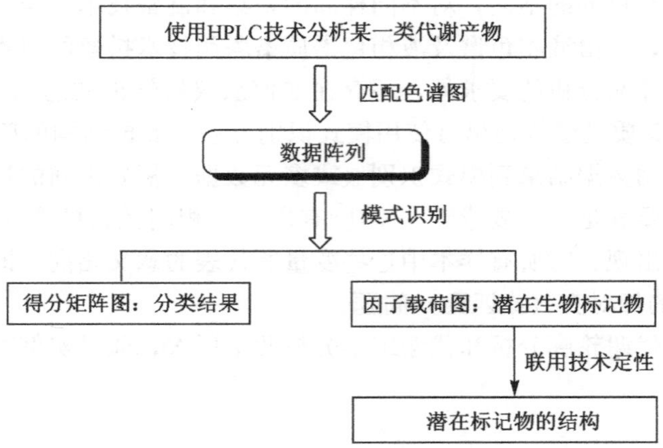

图 3-5 基于 HPLC 技术的代谢轮廓（代谢组学）研究的策略流程图[69]

别。模式识别后（以主成分分析为例），可以得到两方面的信息：一方面，通过得分矩阵图（score plot），可以得到样品在二/三维平面的投影分布图，从这张分布图上可以观察到样品的分类情况；另一方面，通过因子载荷图，可以得到那些对分类有突出贡献的变量（对应于样品中的组分），即潜在的生物标记物。采用 LC-MS-MS 技术及其他方法可以对这些潜在的标记物进行结构鉴定。在这个过程中，最关键的部分就是使用峰对齐算法将所有样品对应的谱图进行匹配，以得到可以进行模式识别分析的数据矩阵。

研究结果表明[9,70,71]，具有顺式二羟基结构的化合物（主要是核酸的代谢产物——核苷）是一类与癌症诊断有密切关系的代谢物。我们以这一类代谢产物的代谢轮廓分析为例，对上述流程中的各部分进行介绍。

3.3.1.1 实验部分

1. 仪器

Shimadzu 型液相色谱系统，配有两个高压梯度溶剂输送泵（LC-10ATvp）、紫外检测器（SPD-10Avp）、自动进样器（SIL-10ADvp）、系统控制器（SCL-10Avp）和色谱工作站（Shimadzu Class-VP）。反相液相色谱柱规格为 4.6mm i. d. × 250 mm（5μm）。

2. 样本集及预处理

1）混合标样

15 种核苷标样均溶于水，分别配制 4mmol/L 假尿嘧啶核苷（Pseu）、尿苷（U）和腺苷（A）、2mmol/L 胞苷（C）、1.0mmol/L 5-甲基尿嘧啶（m5U）、8mmol/L 次黄嘌呤核苷（I）、0.8mmol/L 1-甲基次黄嘌呤核苷（m1I）和 1-甲基鸟苷（m1G）、1.3mmol/L N_4-乙酰胞苷（ac4C）、0.2mmol/L 鸟苷（G）、0.8mmol/L 黄嘌呤核苷（X）、1.03mmol/L 2-甲基鸟苷（m2G）、0.4mmol/L 6-甲基腺苷（m6A）、4mmol/L 1-甲基腺苷（m1A）、1mmol/L 2,2-二甲基鸟苷（m2，2G）为储备液。根据实验需要将其稀释至所需的浓度。

2）实际尿样

采集 27 例肝硬化患者、30 例急性肝炎患者、20 例慢性肝炎患和 48 例肝癌患者的随机尿样，肝病患者尿样来自大连医科大学附属第一和第二医院，对照组为 50 例健康人随机尿样，从我们自己实验室采集。收集到样品后立刻放入－20℃的冰箱中冷冻。

分析尿中的顺式二羟基代谢产物之前，尿样在室温下解冻。在使用苯基硼酸亲和凝胶色谱法提取前，加入内标 8-溴化鸟苷（Br8G）。

3. 肌酐值的测定

尿样中的肌酐浓度用毛细管区带电泳法测定。具体方法为：将尿样离心后，取 0.1ml 加入 0.15ml Milli-Q 超纯水振荡离心，取出 0.1ml，加入 0.1ml 异鸟嘌呤核苷（3-Dzu）内标（4.0mmol/L）振荡离心。在 Beckman MDQ 毛细管电泳仪上，以 0.1mol/L pH6.0 的磷酸盐为缓冲液，在 50cm×50μm i.d. 的未涂层石英毛细管上，于 20kV 恒压、25℃下进行电泳分离。检测波长为 245nm，内标法定量。

4. 反相高效液相色谱分析

尿样中提取的顺式二羟基代谢产物在反相液相色谱柱上实现分离。柱温 23℃，流动相 A 为 5mmol/L 乙酸铵溶液（pH4.5）；流动相 B 为 60%的甲醇水溶液进行二元梯度洗脱（表 3-1），检测波长为 254nm。图 3-6 给出了一张典型的色谱图。

表 3-1　液相色谱梯度洗脱程序

时间/min	0	5	20	35	50	55	70
MeOH 浓度(其余是 5mmol/L 乙酸铵,pH4.5)/%	0	0	15	60	60	0	0

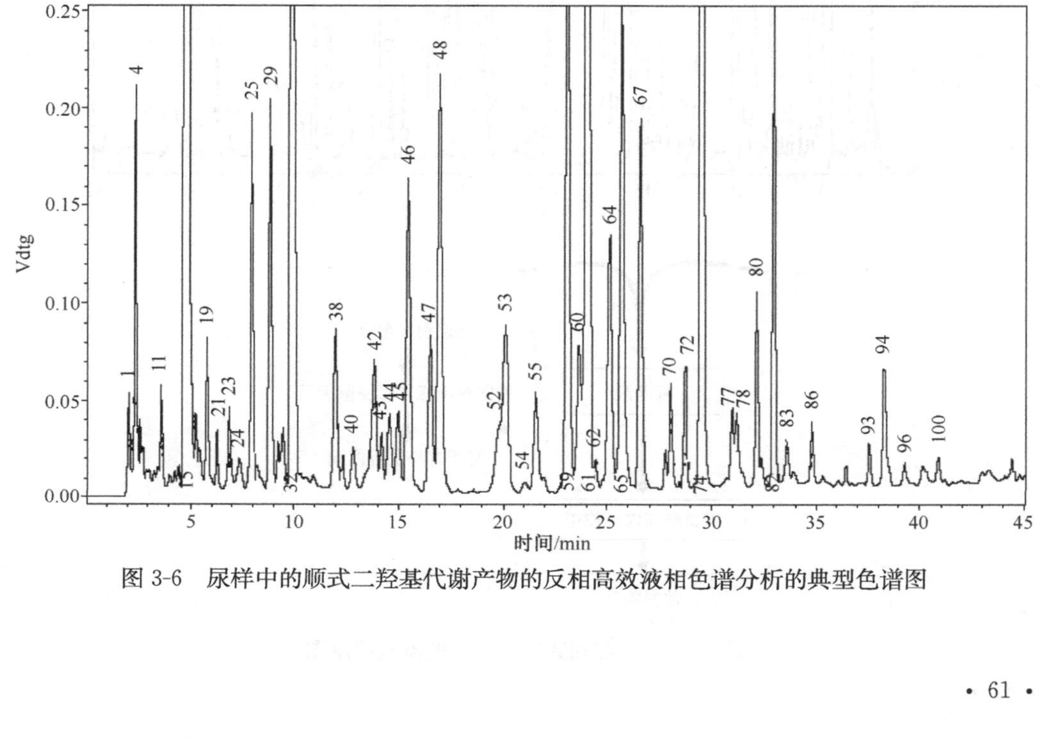

图 3-6　尿样中的顺式二羟基代谢产物的反相高效液相色谱分析的典型色谱图

5. 液相色谱的数据分析

图 3-7 给出了数据处理的流程图。首先，使用 Shimadzu Class-vp 软件（Version 6.10）将这些样本的峰信息以 csv 格式输出。为了比较这些样本，对所有样本中的色谱峰

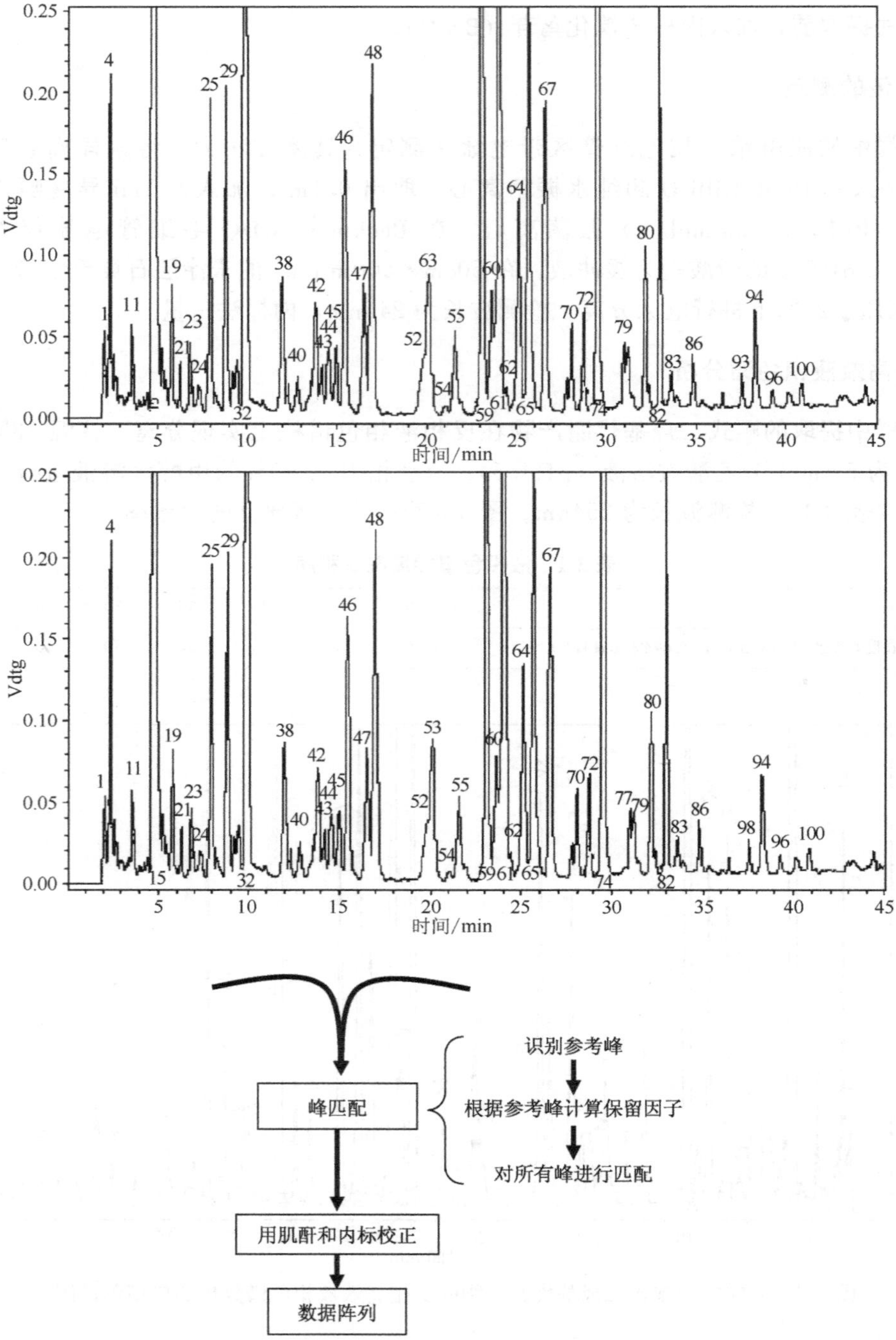

图 3-7　峰匹配和数据归一化的流程示意图

进行峰对齐，生成一个二维矩阵，其中“行”对应样本，“列”对应色谱图中的色谱峰峰面积。校正和归一化后的数据使用自编的 MATLAB 6.5 程序进行主成分分析（PCA）。

6. 峰匹配算法

本算法的基本思想是：先易后难，分而治之，逐步求精。首先找出一系列（C个）易于识别的峰——参考峰，这 C个参考峰将整个谱图分成 $C+1$ 个区域。给这 C个参考峰的保留值赋予一些固定的值 ARV_j（$j=1, 2, \cdots, C$）（如 100，200，300，…），然后将其他的峰的保留值（rv，如保留时间、保留指数等）根据这些参考峰进行校正，得到它们的校正保留值（arv_i）。由于这些校正保留值是相对于这些参考峰计算得到的，也就是说，参考了样品的实时分离条件，因此与原始保留值相比，不同色谱图中的校正保留值更稳定，依照这种校正保留值得到的峰匹配结果更准确。具体校正保留值的计算如方程 3.1 所示：

$$arv_i = \frac{rv_i - RV_j}{RV_{j+1} - RV_j} \cdot (ARV_{j+1} - ARV_j) + ARV_j \qquad T_j < t_i \leqslant T_{j+1} \qquad (3.1)$$

式中，t是第 i 个峰的保留时间；ARV_j、RV_j 和 T_j 分别代表第 j 个参考峰的校正保留值、保留值和保留时间；ARV_0、RV_0 和 T_0 等于 0。

3.3.1.2 结果与讨论

混合标样数据集——峰对齐算法的验证

为了测试上节发展的峰对齐算法，以分别在两天运行的 15 个混合标样的色谱图作为测试样本（图 3-8A），选择了两种保留因子作为保留值进行了研究：一种是保留因子 k；另一种是其对数值 $\log k$。为了更清晰地观察研究对象，对色谱图进行了简化，只保留 15 个标样的保留值和峰高（或峰面积）信息，以棒状图的形式表示；将第二张谱图的纵坐标变换为对应的负值，并与第一张谱图画在同一张图上，这样谱图看起来像谱图和谱图在镜中呈现的倒影，我们称之为“mirror spectrum”。图 3-8B 给出了峰对齐前以保留时间为横坐标的“mirror spectrum”。图 3-8C 和 D 分别给出了以 k 和 $\log k$ 为保留值进行峰对齐的结果。从图 3-8 中可以看出，无论采用 k 还是 $\log k$ 都能得到很好的峰对齐效果，所有标样都得到了正确匹配。

本书的第 9 章第 3 节给出了采用上述方法对实际样品进行峰对齐的结果，表明使用基于液相色谱的代谢轮廓分析不但能够用于癌症的早期诊断，还有效地降低了炎症对诊断的干扰，大大降低了诊断的假阳性率。

3.3.2 基于液相色谱-质谱联用技术的代谢组学方法用于慢性乙型肝炎的急性发作疾病研究

与代谢轮廓分析不同，代谢组学分析试图分析样品中的所有内源性代谢产物，在搭建样品分析技术平台的各个阶段都必须着重考虑提取和保留尽可能多的内源性代谢产物信息。因此，我们在样品预处理阶段只做了去蛋白质处理；在检测器的选择上，采用了通用型的质谱检测器。整个方法和数据处理流程如图 3-9 所示。

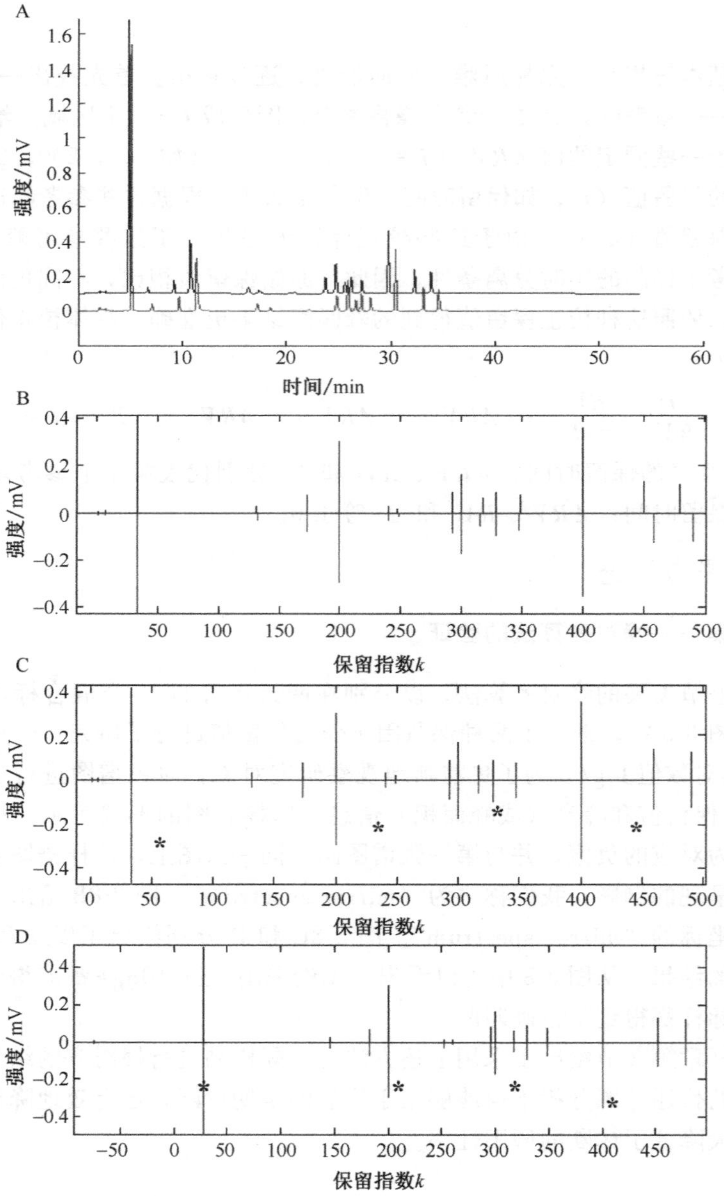

图 3-8　不同批次运行得到的混合标样色谱图的重叠显示及镜像（mirror spectrum）表示

上：目标色谱图。下：样品色谱图（待对齐的色谱图）。A. 峰对齐前的重叠显示图；B. 峰对齐前的镜像图（以保留时间为保留值）；C. 峰对齐后的镜像图（以 k 为保留值）；D. 峰对齐后的镜像图（以 $\log k$ 为保留值）。B～D 的 k 轴的坐标值均按公式（3.1）进行了调整。图中“*”为预先设定的参考峰。“k”使用公式 $k=$（retention time-void time）/void time 进行计算，其中 void time 为基线的第一个波动对应的时间

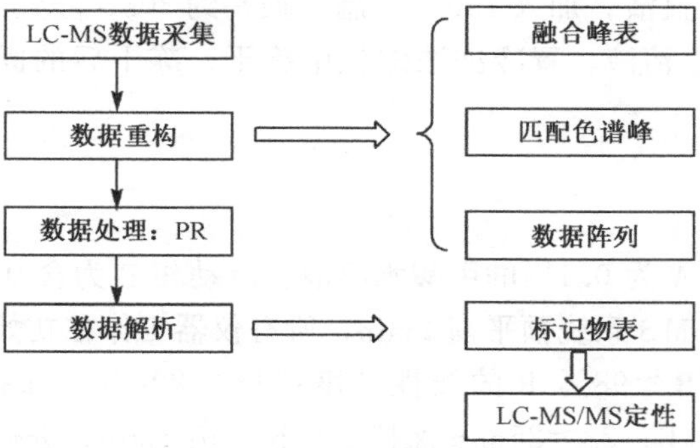

图 3-9 基于液相色谱-质谱联用技术的代谢组学研究方法示意图

下面以基于液相色谱-质谱联用技术的代谢组学方法进行慢性乙型肝炎的急性发作研究为例[9]，对该方法进行简要介绍。

3.3.2.1 实验部分

1. 仪器与试剂

LC 1100 高效液相色谱系统（agilent corporation，USA），Q trap 串联质谱（applied biosystems instrument corporation，USA），分析柱为 4.6mm i. d. ×150mm Zorbax® Eclipse XDB-C8 5μm 柱，保护柱为内径 4.6mm 的 DBS 柱，柱后流出液在进质谱前通过三通分流至 0.2ml/min。

乙腈和甲酸为色谱纯试剂，购自美国 Tedia 公司。实验中所有用水均经 Mili-Q 纯水系统（Milipore corporation，USA）处理。氨基酸标样购自 Sigma（St. Louis，MO，USA），LysoPC 标样购自 Avanti Polar Lipids（Alabaster，AL，USA）。

2. 样品及样品的提取

以 37 例慢性乙型肝炎肝功能急性恶化患者的血清为样本，另行采集 50 例健康对照组血清样本，健康对照者肝功能测试均为正常，且没有其他明显疾病。样品的基本信息如表 3-2 所示。

表 3-2 对照组和乙型肝炎组的统计学信息

项目	对照组（n=50）	肝病组（n=32）
性别/（男/女）	34/16	26/6
年龄/岁	43.89±13.74	45.88±12.24
ALT/（U/L）	22.16±3.64	33.22±4.68
TB/（μmol/L）	11.76±4.92	474.18±165.68
PT	12.08±0.79	32.80±17.10

注：ALT，丙氨酸转氨酶；TB，总胆红素；PT，凝血原时间

血液样品于室温放置 1～2h 后，在 4℃下以 3000g 离心 10min，血清保存于－70℃直至分析前。

分析时，取 150μl 血清，加入 150μl 乙腈，振荡约 30s，静置 5min；于 12 000r/min 转速下离心 3min，取上清液，置冷冻浓缩仪中冻干。冻干后的固体复溶于 150μl 80% 乙腈溶液中。

3. LC-MS 分析条件

LC 条件：流动相 A 为 0.1%的甲酸水溶液；流动相 B 为含 0.1%甲酸的乙腈溶液。方法运行前，整个 LC-MS 系统预平衡 2min，所有仪器工作在初始状态。之后，梯度条件为：0～18min，2%B～98% B 的线性梯度；18～20min，保持 98%B 2min；20～22min，98%B 降到 2%B；22～25min 保持 2% B 平衡 3min。进样量为 10μl，柱温箱控温在 25℃。

MS 条件：电喷雾源（ESI）条件，帘气（CUR）20psi，碰撞气（CAD）low，离子喷雾电压（IS）5000V，离子源温度（TEM）250℃，雾化气（GS1）30psi，辅助加热气（GS2）40psi；去簇电压（DP）45V，离子通道入口电压（EP）10V，碰撞能量（CE）10eV。工作模式：增强型质谱扫描（EMS），质量扫描范围为 100～800amu，Fill Time 50ms，Q0 trapping On。扫描速度 1000amu/s。

分析得到的典型谱图如图 3-10 所示。

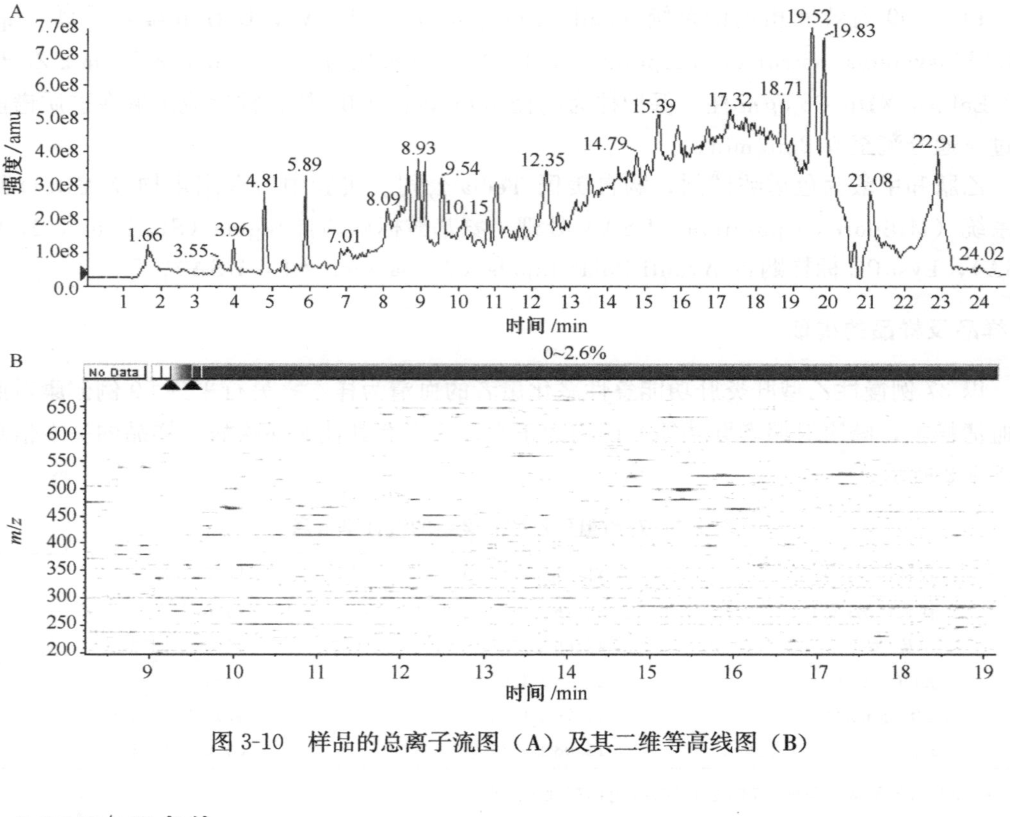

图 3-10　样品的总离子流图（A）及其二维等高线图（B）

4. LC-MS/MS 条件

采用 Analyst 软件提供的 IDA 模式进行 LC-MS/MS 数据采集。LC 和 EMS 条件同

LC-MS 中的条件，但 EMS 的扫描速度改为 4000amu/s 以达到更高的 duty cycle。在增强型的产物离子扫描（EPI）中，Q1 的分辨率为 LOW 以得到较高的灵敏度，CE 分别设为 20eV、30eV 和 60eV 来得到不同碎裂程度的碎片信息。

5. 峰识别及峰匹配算法

峰识别部分采用 Metabolite ID 1.3（Applied Biosystems Instrument Corporation, USA）中的脚本“comparing sample and control”实现，记录其 XIC 的峰高和峰面积信息，汇总至峰表输出。

为了后续的数据处理，必须对这些峰进行匹配，形成一个数据矩阵。首先，对得到的峰表进行合并。然后将合并后的峰表进行排序，同时落入同一保留时间窗口和质荷比窗口内的峰被认为是一个峰，得到一个总的峰表。最后按照总峰表，将每个样本的信号值对应填入，不出峰的部分定义为 0，这样就得到了一个 87（样本数）×7347（峰数）的矩阵。该部分使用 MATLAB 编程实现。

3.3.2.2 结果与讨论

1. 模式识别结果

将上面得到的矩阵做 PLS-DA 分析，结果如图 3-11 所示。结果表明模型能够较好地区分受试样品的类别。

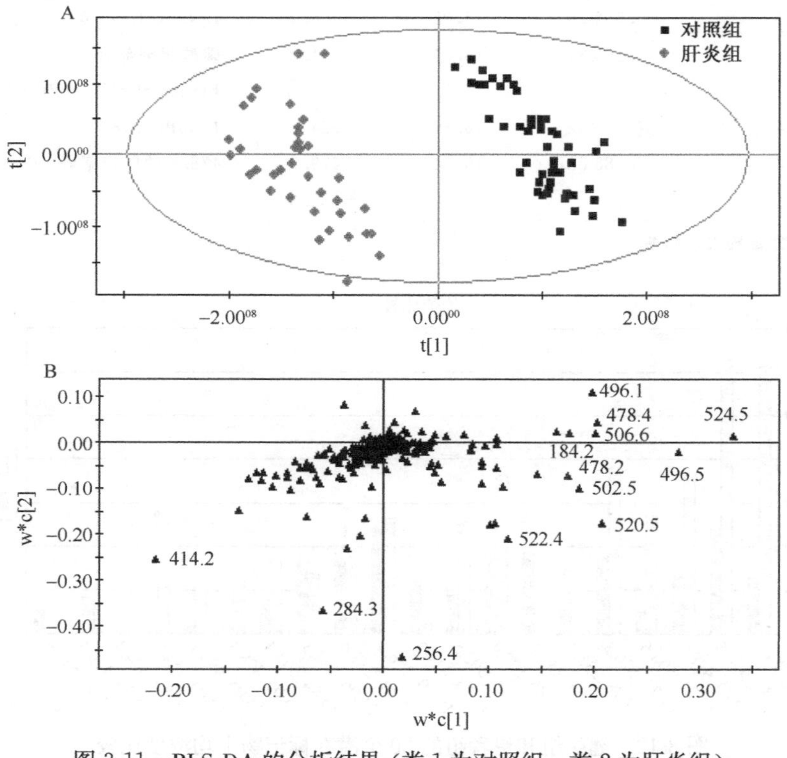

图 3-11 PLS-DA 的分析结果（类 1 为对照组，类 2 为肝炎组）

A. 得分图；B. 载荷图

从图 3-11A 中可以看出，通过如上代谢组学分析流程，患者组和对照组得到了很好的区分。从图 3-11B 中提取对分类有重要贡献的前 20 个变量的信息，比较这些变量在两类样品中含量的均值。如图 3-12 所示，经 t 检验，除变量 6014 和 6461 外，其他变量均有显著性差异。认为满足这两个条件的 18 个变量是潜在的生物标记物，列于表 3-3。

表 3-3 潜在标记物的质谱定性结果

变量(主要)	变量在投影上的重要性	时间/min	m/z	化合物
VAR 5229	41.234 4	17.22	524.5	LysoPC C18：0
VAR 4177	33.074 3	15.33	496.5	LysoPC C16：0
VAR 4167	20.353 4	15.25	478.2	LysoPC C16：0 碎片
VAR 5226	18.784 4	17.21	506.6	LysoPC C18：0 碎片
VAR 3850	18.038 4	14.75	520.5	LysoPC C18：2
VAR 686	17.279 5	7.78	235.2	
VAR 644	16.333 3	7.55	235.2	
VAR 4422	16.163 3	15.85	522.4	LysoPC C18：1
VAR 3849	12.549 2	14.75	502.5	Fragment of LysoPC C18：2
VAR 2266	12.204 3	12.34	414.2	Fragment of GCDCA[a]
VAR 6169	11.453 3	19.81	282.4	
VAR 4417	10.064 3	15.84	504.4	Fragment of LysoPC C18：1
VAR 4022	9.759 21	15.05	478.4	Fragment of LysoPC C16：0
VAR 4024	9.582 38	15.05	496.1	LysoPC C16：0
VAR 4021	8.195 32	15.05	184.2	磷酸胆碱部分 Fragment of LysoPC C16：0
VAR 5104	7.956 42	16.89	524.4	LysoPC C18：0
VAR 4178	7.585 02	15.34	479.3	478.4 的同位素峰
VAR 741		7.99	235.3	

a. GCDCA：甘氨鹅去氧胆酸

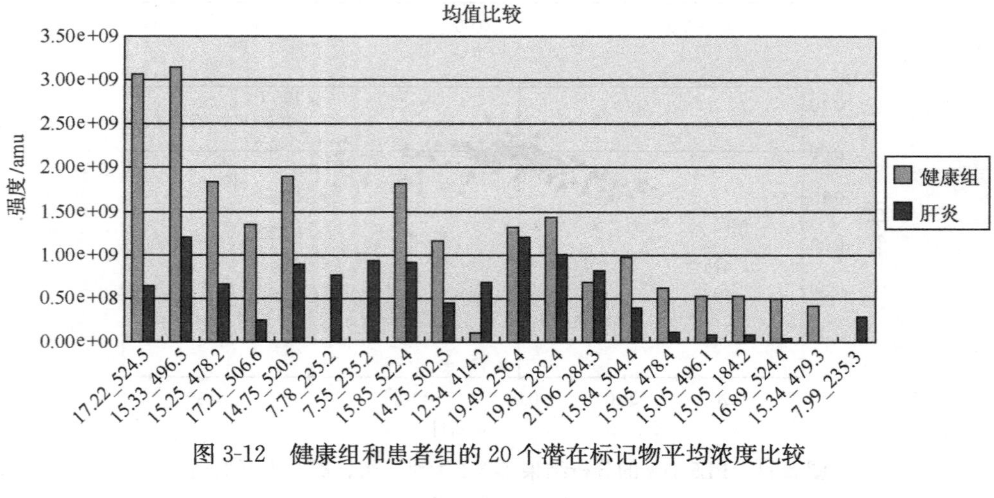

图 3-12 健康组和患者组的 20 个潜在标记物平均浓度比较

2. 潜在标记物的质谱定性

按照实验部分的操作条件对其中的一个样品（A202）进行 LC-MS/MS 分析。值得注意的是，通常质谱中一个化合物对应的峰并不止一个，经常有碎片或加合离子，在对潜在标记物定性时需要找到标记物的准分子离子峰，否则可能得到一些错误的结果。如在表 3-3 中，VAR 5229 和 VAR 5226 实际上就是一个化合物，VAR 5226 是 VAR 5229 丢失一个中性分子——水而生成的。

在本实验中，采用的方案是根据潜在标记物表中的保留时间和质荷比找到该峰，然后观察其对应的准分子离子，并在 LC-MS/MS 数据中找到该离子的 EPI 谱图进行解析和比照。在下面的谱图解析中，仅以其中的两个离子作为例子进行解析。一个为 VAR 5229，这个离子是准分子离子，因此其解析直接分析这个谱图即可；另一个为 VAR 2266，这个离子不是准分子离子，在一级谱图上能找到其母离子，但在 LC-MS/MS 的谱图中，由于准分子离子峰的强度太低，没有相应的 EPI 图，因此需要同时分析一级谱图和二级谱图。

例子 1：VAR 5229（图 3-13）

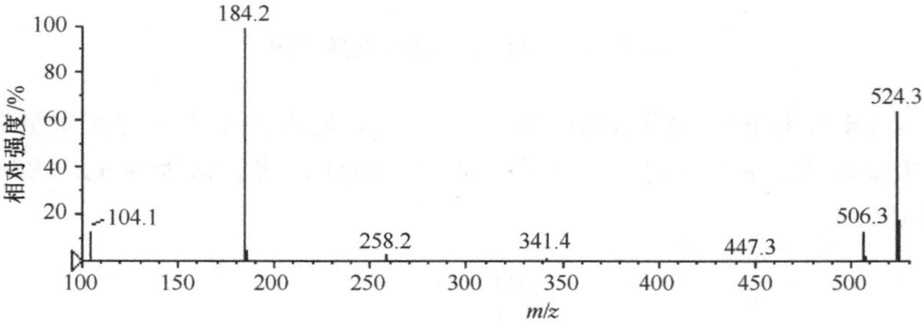

图 3-13 变量 5229 的串联质谱图

从图 3-13 中可以看出，母离子 524.3 可以生成 506.3（VAR 5226）。在谱图的解析过程中，发现其 EPI 谱图中的碎片离子和 Lyso-Phosphatidyl choline（LysoPC）类化合物的碎片有着共同的特征碎片离子：m/z104、m/z184（磷酸胆碱部分）、m/z258 和 m/z341。我们找到准分子离子峰刚好为 524 的 LysoPC C18∶0 标准品进行对照。LysoPC C18∶0 标样的二级质谱谱图如图 3-14 所示。

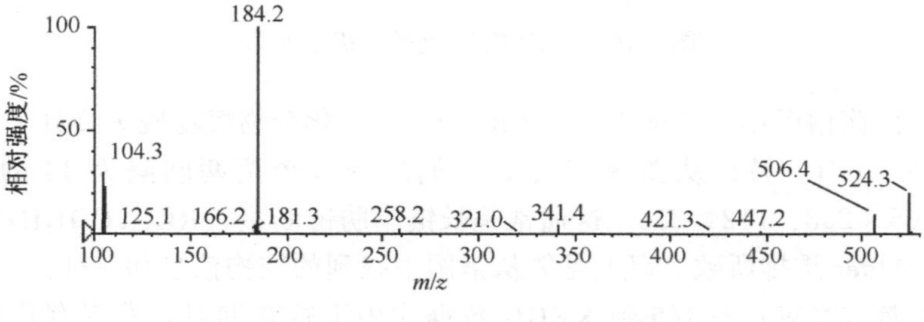

图 3-14 LysoPC C18∶0 标样的二级质谱

可以看到谱图中的主要碎片离子均吻合无误，因此可以认为 VAR 5229（VAR 5226）即 LysoPC C18：0。使用同样的方法，鉴定出了 VAR 4177 等其他潜在标记物，结果列于表 3-3 中。

例子 2：VAR 2266（图 3-15）

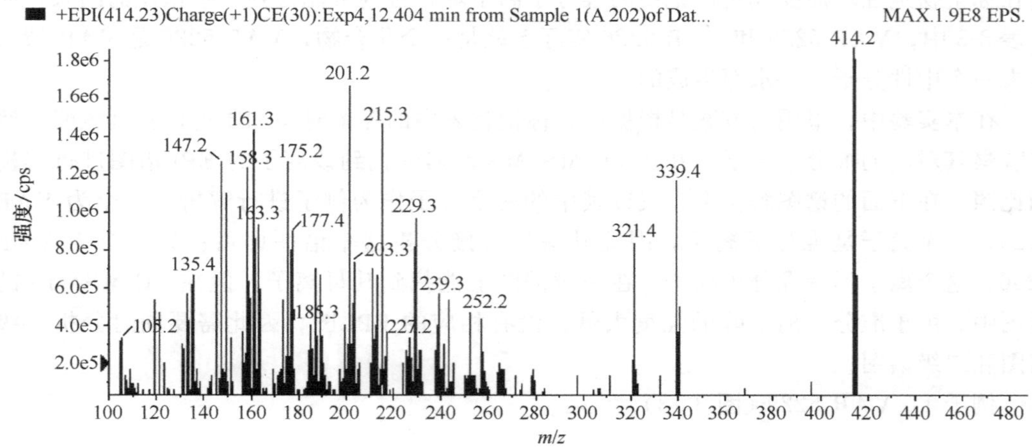

图 3-15 变量 2266 的串联质谱图

当检查 VAR 2266 的一级质谱图（图 3-16）时，发现在 414.4 的高质量端有两个合理的中性丢失前的峰：*m*/*z* 432.3 和 *m*/*z* 450.3。因此，我们认为 VAR 2266 的准分子离子峰应为 450.3。

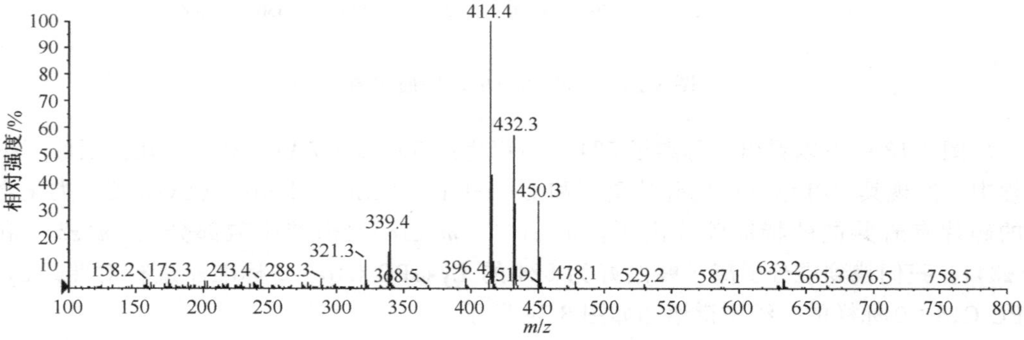

图 3-16 VAR 2266 处的一级质谱图

但是从这两张谱图中，只能看出 VAR 2266 这个化合物极易脱去 2 分子水，可能含有两个游离的—OH。另外从图 3-12 中，我们发现 3 个两两间隔为 14 的离子系列：103～229、105～203、112～256。这通常是长链脂肪链断裂，RCH_2COCH_2R 重排或一系列逆 Diels-Alder 重排所致。以上是能从谱图中找到的结构信息和特征。

以分子质量（MW）为 449 到 KEGG 数据库中进行查询时，发现有几种代谢产物满足上面的特征。它们是甘氨酸脱氧胆酸盐、甘氨鹅脱氧胆酸盐和磷酸乙醇胺神经酰胺。其对应的结构如图 3-17 所示。

A

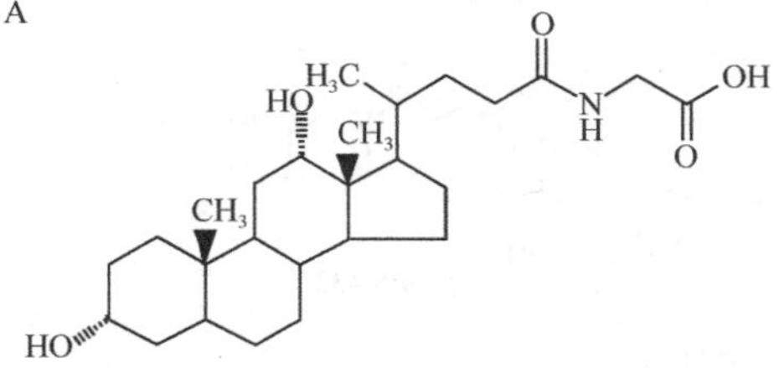

C05464

B

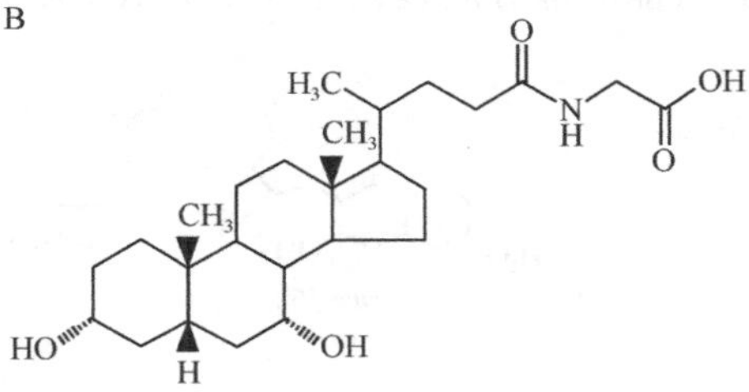

C05466

C

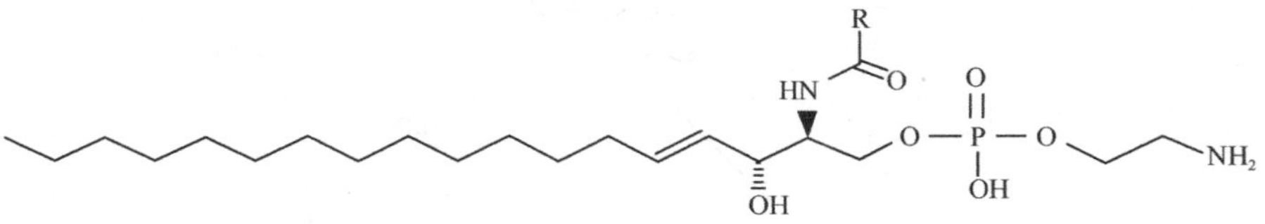

C06062

图 3-17 潜在标记物 VAR 2266 几种可能的化合物结构

以上化合物中，A、B 均为结合型胆汁酸，是肝炎患者的常规诊断指标胆汁酸的加合物。C 为磷脂酰乙醇胺，也是人血清中的一类重要磷脂。但 C 的可能性不大，因为这种化合物并不容易脱去 2 分子的水。文献中[72]仅查到与 A、B 类似的 GCA（glycocholate acid）的谱图（图 3-18），该结构比 A，B 多一个—OH，其脱去 1 分子水后的离子为 448，比 450 少 2。对比图 3-18 和图 3-16，图 3-16 中高分子质量端与 GCA 的高质量端都相差 2，说明这两张谱图的结构极为相似，VAR 2266 的结构很有可能是 A 或者

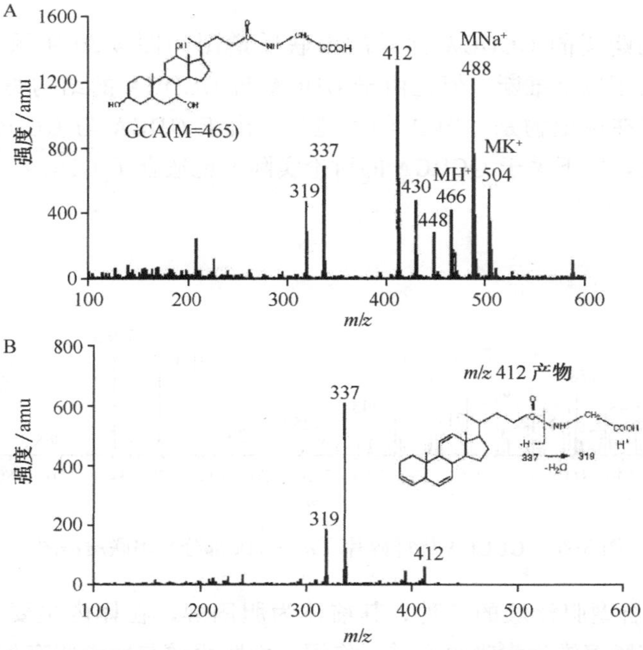

图 3-18 文献报道的甘氨酸结合胆汁酸的一级和二级质谱图

B。其可能的部分断裂途径（以 GCDCA 为例）如图 3-19 所示。

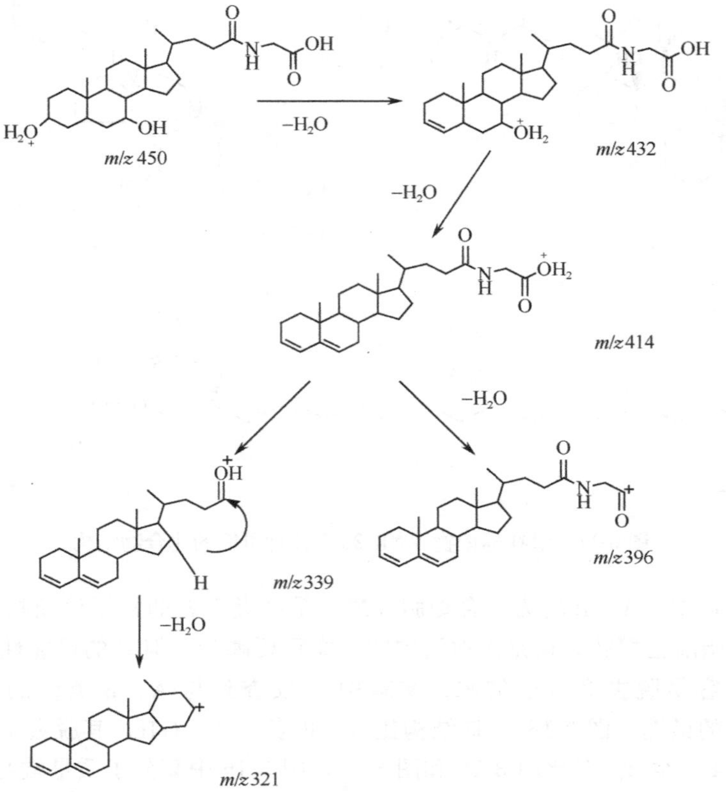

图 3-19　GCDCA 的可能的部分断裂途径

从 Sigma 公司购买的 GCDCA 标样的串联质谱图如图 3-20 所示，其断裂模式与图 3-11吻合，证实了以上推断。但是由于 GDCA 与 GCDCA 的结构类似，由质谱的结果并不能排除该潜在标记物是 GDCA 的可能性。由于 GDCA 与 GCDCA 的性质类似，生物学作用也相近，以下关于 GCDCA 的讨论实际上也适合于 GDCA。

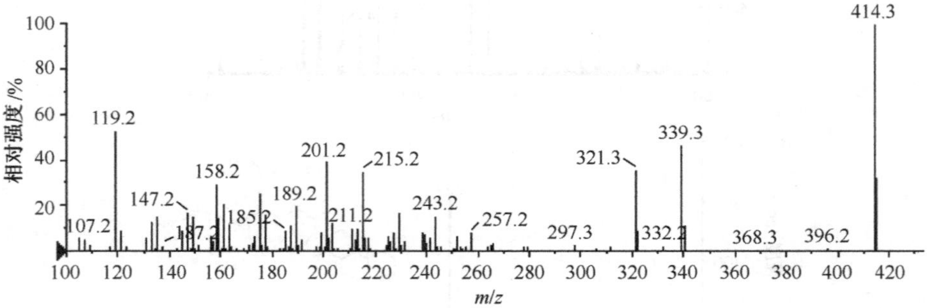

图 3-20　GCDCA 标样碎片（m/z 414 部分）串联质谱图

GCDCA 是结合型胆汁酸的一种，其前体为胆固醇，在体内主要与脂类的代谢有关，对油脂消化和脂溶维生素吸收有重要作用。而胆固醇与卵磷脂有如下反应：

胆固醇+卵磷脂→胆固醇脂+溶血磷脂

据报道，在肝细胞严重损伤时，胆固醇脂的合成降低；由于缺氧或氧化磷酸化障碍，致使 ATP 和 CDP-胆碱的形成不足，造成磷脂及 VLDL 的合成障碍，导致肝内脂肪向体循环的释放不足，促使肝细胞中甘油三酯的堆积，磷脂酰胆碱显著减少，结合型胆汁酸含量增高。本实验的结果显示 LysoPC 含量显著减少，甘氨结合胆汁酸增高，与文献结果相符。

将表 3-3 中的标记物和病历信息中的 14 个指标（年龄、白蛋白、球蛋白、谷丙转氨酶、总胆红素、直接胆红素、胆碱酯酶、凝血酶原时间、胆汁酸、甘油三酯、胆固醇、高密度脂蛋白、低密度脂蛋白、极低密度脂蛋白）做相关性分析。对其中相关系数 $|C_{ij}|>0.8$ 的变量做相关性网络图（图 3-21）。从图中可以找到这些变量的生物相关性。如 GCDCA 与胆汁酸的正相关与 GCDCA 的前体是胆汁酸相符；各种 LPC 和其碎片有着强相关，这意味着这种强相关性还可以反映出峰之间的结构信息，这对潜在标记物的定性是有帮助的。

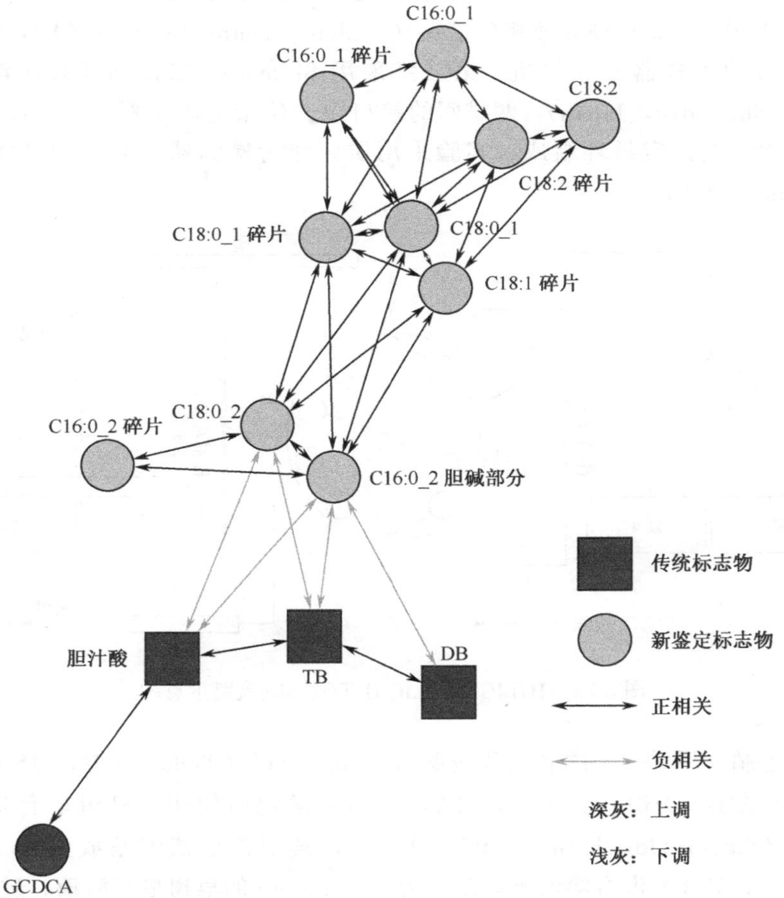

图 3-21　代谢组学方法鉴定的生物标记物和传统生物标记物之间的相关性网络

3.3.3 全二维亲水作用色谱质谱联用技术用于极性复杂样品中结构类似组分的分离和鉴定[63]

如 3.2 节所指出的，在体液和植物萃取物中往往存在大量的结构类似、质量数相同、色谱保留行为非常相似，但生理功能不尽相同的极性代谢物组分，采用一维液相色谱（无论是 RPLC 还是 HILIC）质谱联用技术无法提供足够的峰容量对其进行分离鉴定。此时，应采用全二维液相色谱技术，通过引入不同的色谱分离机制，利用这些组分间细微的结构差异实现分离。本节以皂树皂甙提取物的 HILIC×HILIC-Q-TOF-MS 分离分析为例，阐述这种技术平台的分离特点和分辨能力。

3.3.3.1 实验部分

1. 仪器与试剂

HILIC×HILIC 系统用商品化高效液相色谱模块构建而成，流路如图 3-22 所示。第一维采用 Agilent 1200 高效液相色谱仪（Agilent Technologies，USA），包括二元高压梯度泵、自动进样器和脱气机。第二维采用 Shimadzu 二元梯度高压溶剂输送泵（LC-20AB，Shimadzu，Japan），两维间的接口由二位十通电磁阀（7725i，Rheodyne，USA）和两个平行的定量环组成。实验采用质谱作为检测器（6510 Q-TOF，Agilent Technologies，USA）。

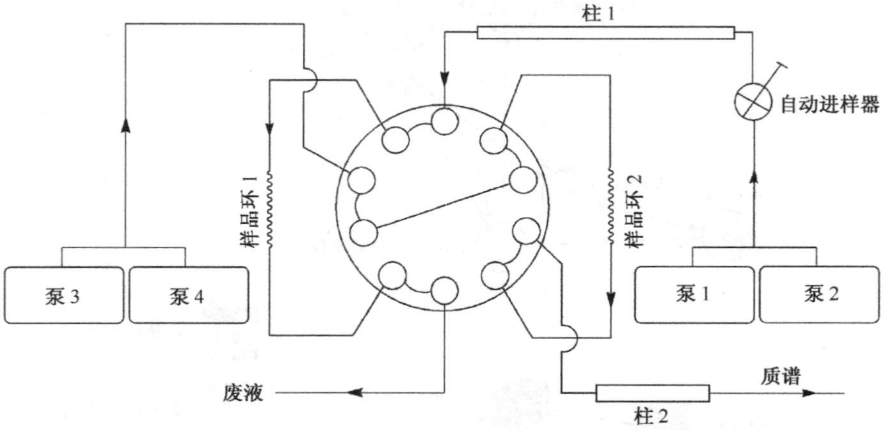

图 3-22　HILIC×HILIC-Q-TOF-MS 流路示意图

色谱纯乙腈、甲酸、乙酸和乙酸铵购自 Tedia 公司（Tedia，OH，USA）。去离子水经 Milli-Q 系统（Millipore Co.，MA，USA）净化后使用。皂树皂苷提取物购自 Sigma 公司（Sigma-Aldrich Inc.，MO，USA），其中含皂甙配基成分约 10%。用甲醇：水（1：1，V/V）混合溶液配制浓度为 100 mg/ml 的皂树皂苷溶液，过膜待用。

2. 色谱质谱条件

第一维采用 Amide-80 色谱柱（2mm i.d.×150mm，3μm，TOSOH，Japan）及配

套保护柱（2mm i. d. ×10mm，3μm，TOSOH，Japan）（柱 1）。在单柱分离时，流动相 A 为含 1%甲酸的水溶液，流动相 B 为乙腈。采用线性梯度，在 20min 内 B 相由 90%降至 50%，并保持 10min。流速 0. 20ml/min。

PolyHYDROXYETHYL A™ 填料（5μm，100Å，PolyLC Inc. USA），经湿法装填在 2. 1mm i. d. ×35mm 的不锈钢柱管中，作为第二维分析柱（简称“pOH-Et A”柱）（柱 2）。单柱分离时，流动相 A 为含 1% 乙酸的 10mmol/L 乙酸铵水溶液，流动相 B 为乙腈。采用和第一维单柱分离时相同的线性梯度，流速为 0. 25ml/min。

在 HILIC× HILIC 分离时，两维的流动相组成不变，但第一维流速降为0. 04ml/min。仍然采用线性梯度，B 相在 100min 内从 90% 降到 50%，并保持至实验结束。第二维改用阶梯梯度，具体来说，前 50min 保持 90%B，50～70min 为 85% B，70～80min 为 80% B，80～90min 为 75% B，90～100min 为 70% B，100min 以后为 60%B。流速提高至 0. 5ml/min。第二维分离时间即阀切换时间为 2. 5min。这样，两维间定量环（样品环 1，样品环 2）的容积为 100μl。在所有分析过程中，上样量均为 1. 0μl。

质谱采用 dual ESI 离子源，应用负离子扫描模式，流动相不分流直接进入喷雾针。Vcap 4000V，加热温度为 350℃。氮气被用作 drying gas 和 nebulizer。Fragmentor 为 220V。质量扫描范围为 300～2500m/z。

3. 二级质谱条件

为保证尽可能多地采集可能存在的皂树皂甙单体组分的结构信息，分别采用 target MS/MS 和 auto MS/MS 两种模式，对质量数 1200～2400m/z 范围内的离子，尤其是那些已知皂树皂苷单体质量数的离子进行二级质谱分析。Fragmentor 提高至 270 V，同时根据不同的质量数采用 30～80 的 CE，其他条件与 3. 3. 1. 2 相同。

3. 3. 3. 2 结果与讨论

1. HILIC×HILIC 柱系统的选择

皂树皂苷是由皂树提取出的一类具有表面活性剂性质的化合物，可以和疏水或两亲性蛋白质或脂类结合，形成所谓的“免疫刺激混合物”[73]，这种混合物可以刺激血中抗体的滴定度大幅升高（比蛋白质胶束单独刺激高 10 倍）。有研究表明，口服皂树皂苷可以增强免疫，还会影响动物的胆固醇代谢和血脂分布。此外，皂树皂苷还被广泛用作食品、化妆品和药物的辅剂以及生化分析中[74]。

皂树皂苷具有多种不同糖苷配体和糖环残基，可能形成多种结构，目前已有 100 多种单体得到报道[75]。图 3-23 给出了常见皂树皂苷组分的结构组成，可以看出，其中存在多对同分异构体，结构极其相似，仅在特定位置结合了不同的单糖或寡糖残基。根据其主要来源（皂树树皮）产地的不同以及提取工艺的差别，众多商品化皂树皂苷提取物中各单体种类及其含量也不尽相同。多级质谱已经成功用于多个皂树皂苷组分的结构鉴定中[76]，但对于皂树皂苷提取物来说，组分进入质谱前的预分离过程是十分必要的，而 HPLC 是最常用的预分离手段之一。曾有报道用 HPLC-UV 方法对皂树皂苷混合物进行轮廓分析[77]和质量控制[78]，但一方面其结构中缺乏强紫外吸收基团，另一方面混合物组成复杂，该方法很难提供足够的灵敏度和分辨率。也曾有人采用离线的二维HPLC方法分离制备皂树皂苷单体[79]或SPE-NMR方法结合质谱和核磁共振等手段对其中的某些组分进行结构鉴定[80]。通过增加分离维数和改变分离条件，多种新型皂树皂苷单体得以发现。在目前报道的绝大多数HPLC（包括SPE）方法中，都是采用RPLC填料作为分离介质的。考虑到其结构中含有丰富的亲水性基团，以及不同皂树皂苷组分间的区别通常来自糖环残基的不同，采用选择性独特的HILIC色谱柱应能为这种混合物提供一种新的分离方法。但实验表明，一维HILIC-MS方法不能为这种结构复杂的天然产物提取物提供足够的峰容量（图3-24）。

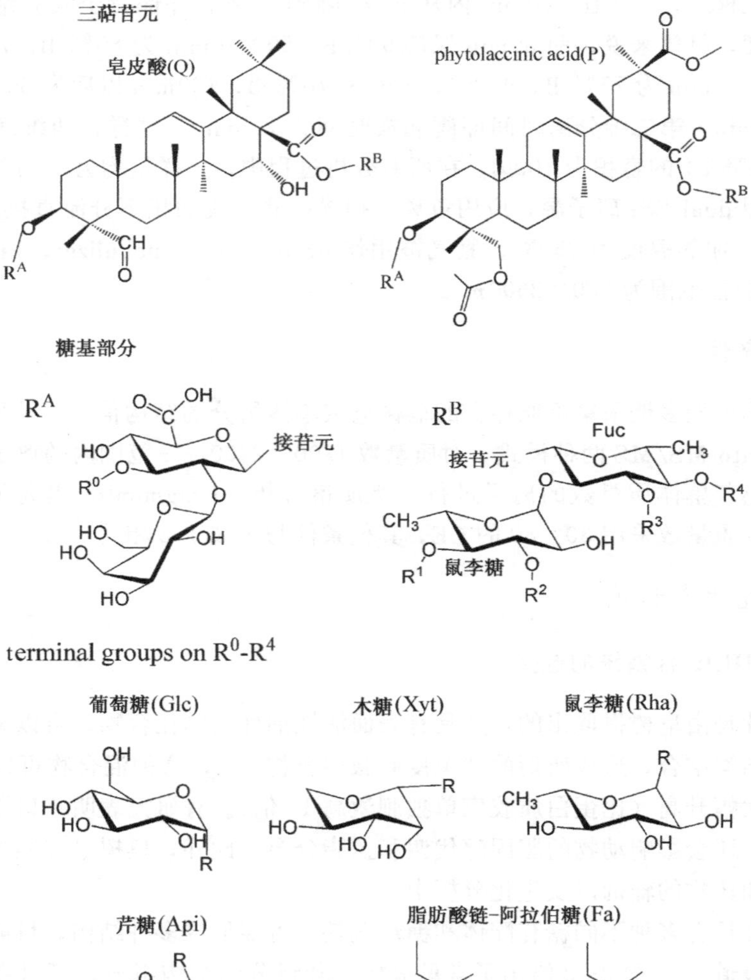

图 3-23　常见皂树皂苷的结构[77]

详细取代基见表 3-4

表 3-4 常见皂树皂苷的详细结构[75]

名字	MW	Agly.	R^0	R^1	R^2	R^3	R^4
4	1436.6	Q	H	Xyl	H	Rha	Ac
5,6	1582.7,1568.7	Q	Rha/Xyl	Xyl	H	Rha	Ac
7,8	1714.7,1700.7	Q	Rha/Xyl	Xyl-Api	H	Rha	Ac
9,10	1714.7,1700.7	Q	Rha/Xyl	Xyl-Xyl	H	Rha	Ac
11a,b	1598.7,1584.7	Q	Rha/Xyl	Xyl	H	Glc	Ac
12a,b	1628.7,1614.7	Q	Rha/Xyl	H	Glc	Glc	Ac
13a,b	1730.7,1716.7	Q	Rha/Xyl	Xyl-Api	Glc	H	Ac
14a,b	1760.8,1746.7	Q	Rha/Xyl	Xyl	Glc	Glc	Ac
15a,b	1640.7,1626.7	Q	Rha/Xyl	Xyl	H	GlcAc	Ac
16a,b	1802.8,1788.7	Q	Rha/Xyl	Xyl	Glc	GlcAc	Ac
17a,b	1744.8,1730.7	Q	Rha/Xyl	Xyl	Glc	Rha	Ac
18a,b	1876.8,1862.8	Q	Rha/Xyl	Xyl-Api	Glc	Rha	Ac
S1,S2	1870.9,1856.9	Q	Rha/Xyl	Xyl	H	H	Fa-Ara
S3,S4	2002.9,1988.9	Q	Rha/Xyl	Xyl-Xyl	H	H	Fa-Ara
S5,S6	2002.9,1988.9	Q	Rha/Xyl	Xyl-Api	H	H	Fa-Ara
S7,S8	1912.9,1898.9	Q	Rha/Xyl	Xyl	H	Ac	Fa-Ara
S9,S10	2045.0,2030.9	Q	Rha/Xyl	Xyl-Xyl	H	Ac	Fa-Ara
S11,S12	2045.0,2030.9	Q	Rha/Xyl	Xyl-Api	H	Ac	Fa-Ara
B1,B2	2033.0,2018.9	Q	Rha/Xyl	Xyl	Glc	H	Fa-Ara
B3,B4	2165.0,2151.0	Q	Rha/Xyl	Xyl-Api	Glc	H	Fa-Ara
B5,B6	2165.0,2151.0	Q	Rha/Xyl	Xyl-Xyl	Glc	H	Fa-Ara
B7	1886.9	Q	H	Xyl	Glc	H	Fa-Ara
B8	2018.9	Q	H	Xyl-Api	Glc	H	Fa-Ara
QS-III	2297.0	Q	Xyl	Xyl-Api	Glc	Fa-Ara-Rha	H
20a,b	1656.7,1642.7	Q-OH	Rha/Xyl	Xyl	Glc	H	MeBu
21a,b	1788.8,1774.8	Q-OH	Rha/Xyl	Xyl-Api	Glc	H	MeBu
22a,b	1978.9,1964.9	Q-OH	Rha/Xyl	Xyl-Api	Glc	Rha	OHMeHex
19	1392.7	P	H	H	H	Glc	MeBu
23	1732.8	E	Xyl	Xyl	Glc	Glc	Ac
S13	1560.7	P-Ac	H	H	MeBu	Glc	MeBu

Glc:葡萄糖,Ac:乙酰基,MeBu:2-甲基丁酰基,P:商陆酸,P-Ac:O-23-乙酰化商陆酸,Fa:脂肪酸链-阿拉伯糖,Q:皂皮酸,OHMeHex:3-羟-4-甲基己酰基,Rha:鼠李糖,Api:芹糖,E:刺囊酸,Ara:阿拉伯糖,Xyl:木糖。

在图 3-24 所示的负离子扫描模式下萃取 48 个组分，观察其在两种 HILIC 色谱柱上的保留行为，并据此计算两 HILIC 柱选择性的相关性。对于那些具有相同质量数的组分，通过各组分的响应强度、2D 保留行为，以及 MS/MS 等对其在两 HILIC 柱上的保留时间予以确认。各组分的保留时间分布图、两柱间相关系数（r）以及峰分布夹角 β[81] 如图 3-25 所示。可以看出，在实验条件下，两种 HILIC 色谱柱具有适中的正交性，可以用来构建全二维分离柱系统。

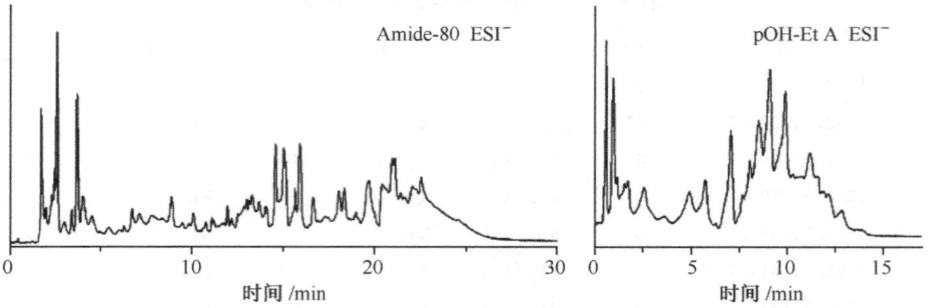

图 3-24　皂树皂苷提取物在 HILIC 单柱上分离的总离子流图（负离子模式 ESI⁻）

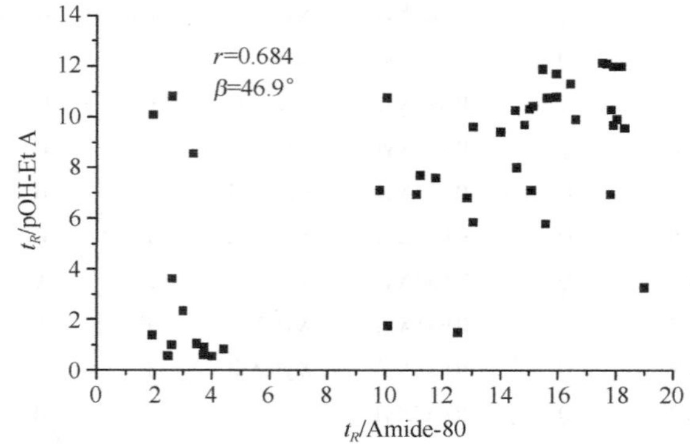

图 3-25　48 个皂树皂苷提取物组分在 HILIC 单柱上的保留时间分布图

2. HILIC ×HILIC 分离结果

如图 3-26 所示，样品经 HILIC×HILIC 分离后的总离子流数据经 Transform 软件（Ver 3.4，Noesys Software Package，Research Systems International，Crowthorne，[illegible]）处理为等高线图，其中上图为负离子模式下的检测结果，下图为正离子模式下的检测结果。从图 3-26 中可以看出，经过第二维 pOH-Et A 柱的再次分离，某些在 Am-

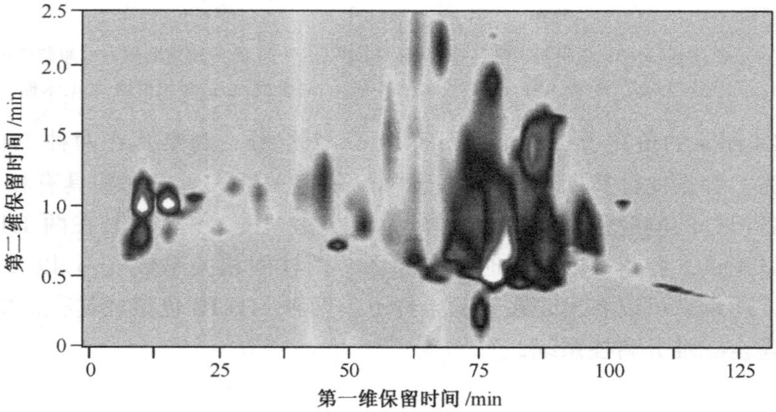

图 3-26　皂树皂苷混合物的 HILIC×HILIC-Q-TOF-MS 总离子流等高线图

ide-80 柱上的共流出组分得到了完全分离；而某些在 pOH-Et A 柱上难以分开的组分也因在 Amide-80 柱上表现出不同的保留行为而得到分离。在实验条件下，二维分离空间得到了较为充分的利用，尤其是在 50～100min 的时段内。

在 LC×LC 系统中，从第一维进入第二维的馏分体积较大，如果其洗脱强度相对第二维固定相较高，则会造成严重的峰展宽，甚至导致第二维分离失败。解决这一问题的措施之一是在第一维采用洗脱强度较弱的流动相，以保证组分在第二维的“柱头聚焦”。但对于本节的分析对象来说，为保证分离，在两维都用高浓度有机相是有必要的。为保证第二维的“柱头聚焦”效应，可以从另一方面出发，将对组分保留能力较强的固定相用于第二维。在本节中，pOH-Et A 色谱柱对组分有较强的保留能力，所以用于第二维分离。相应地，Amide-80 色谱柱用于第一维。实验证明，这种柱系统设置较为合理，在 HILIC×HILIC 分离中第二维没有出现严重的峰展宽现象。

本节所研究的分离对象为一复杂体系，除已知皂树皂苷组分具有不同的分子骨架、寡糖基团、修饰基团、亲（疏）水性以及水解性质外，尚存在大量分子质量范围较广而性质未知的组分。当采用多维分离方法时，HILIC×HILIC 允许组分峰沿二维方向展开，为减少峰重叠现象提供了更大的分离空间，质谱又能额外提供一维分离能力，这样，分离手段的维数可以达到 3，作为一种在线分析手段，显然比普通的 HPLC-MS 方法具有更强的分离能力。

在单柱分离条件下（图 3-24），Amide-80 的有效分离时间约为 25min，平均峰底宽为 0.6min，由此计算所得的峰容量为 42，而 pOH-Et A 柱在 14min 的有效分离时间内峰容量只有 18。即使加入质谱的分离能力，也无法完全避免峰重叠现象的发生。与此对应，在该全二维分离体系中，第一维分离的峰通常被分割成 2～3 个切片进入第二维进行再次分离，而第二维上各组分的平均峰底宽约为 0.3min；这样，根据公式（3.2），在 100min 的有效分离时间内，第一维的峰容量为 13～20，第二维的峰容量约为 8，则二维空间的理论峰容量 N_T 为 104～160。根据 Liu 等的研究[81]，该体系在实验条件下的实际峰容量 N_P 和理论峰容量以及两维各自的峰容量具有以下关系：

$$N_P = N_1 N_2 - 1/2[N_2^2\tan(\gamma) + N_1^2\tan(\alpha)] \tag{3.2}$$

式中，N_1 和 N_2 分别是第一维和第二维的峰容量；α 和 γ 是二维平面上峰分布夹角 β 以外两部分的角度。

由公式（3.2）计算出该体系的实际峰容量为 64～103，在实验条件下，约 64%的理论峰容量得到了实际应用。此外，通过串联采集频率较高的 TOF-MS 作为检测器，可以以 1 帧/s 的速度获得第三维样品信息，根据此前的研究[82,83]，认为在实验条件下 MS 可以提供约 18 的峰容量，如此，该 HILIC×HILIC-Q-TOF MS 体系的实际峰容量至少能达到 1000 以上，远高于 HILIC 单柱的分离能力。图 3-27 和图 3-28 给出的例子证明了这点。

图 3-27 是负离子模式下 m/z 为 2001.9 的离子分别在 Amide-80 和 pOH-Et A 柱上的萃取离子图。当用短的 pOH-Et A 柱进行分离时，多个组分重叠形成一个共流出峰；而当用 Amide-80 柱进行分离时，可以得到 2 个大峰和其他 3 个信号较弱的小峰，而另外一些则类似于噪声信号。图 3-28 是该离子在 HILIC×HILIC-Q-TOF-MS 上分离的萃取离子原始谱图和其对应的等高线图，图下和图左侧分别为该离子在 72.5～95min 时

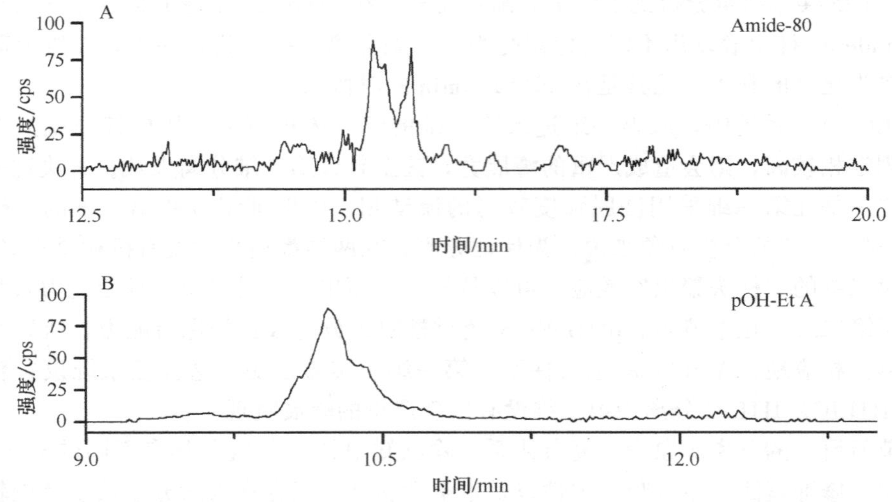

图 3-27　*m*/*z* 为 2001.9 的离子在 Amide-80 单柱（A）和 pOH-Et A 单柱（B）上的萃取离子谱图

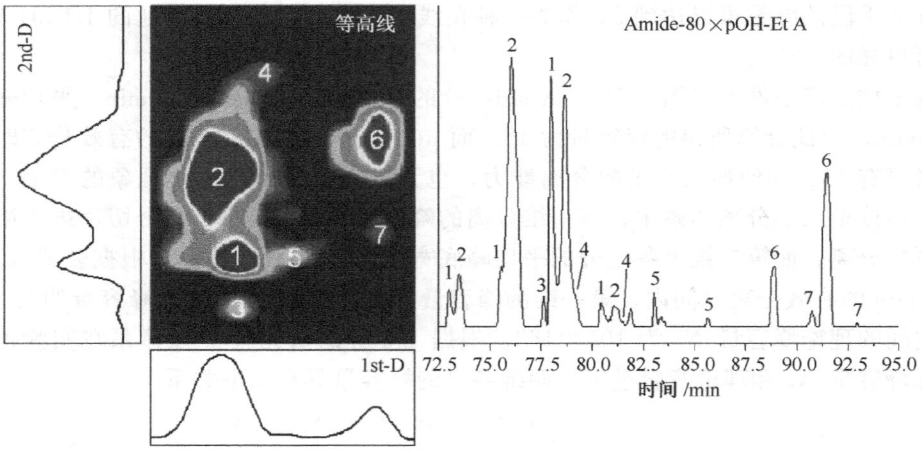

图 3-28　*m*/*z* 为 2001.9 的离子在 HILIC × HILIC-Q-TOF-MS 上分离的萃取离子谱图及其相应的等高线图和一维模拟谱图

段内的模拟一维分离谱图。经过 HILIC×HILIC 分离，至少有 7 个组分得到了很好的分离，其中有 3 个响应很强的主要组分。从等高线图中可以看出，组分 1～4 以及 6 和 7 在第一维的保留时间相近，但在第二维可以得到良好的分离，证明了二维平面能为结构类似的化合物提供比一维色谱更高的峰容量。

此外，该 HILIC×HILIC 系统还可以富集痕量组分，提高分析灵敏度。如图 3-27 所示，*m*/*z* 为 2001.9 的离子在 Amide-80 柱上的响应信号较低，无法判断在 15min 左右的波动是基线噪音还是痕量组分峰，而在 2D 原始谱图（图 3-28）中，峰高增加，使得组分信号更加清晰。另一方面，因为自身固定相性质的原因，本章所用 pOH-Et A 柱的柱效较低，谱带扩张和峰前伸现象比较明显；在 HILIC×HILIC 分离时，该柱被用于第二维，流速增加也有助于降低峰展宽和改善峰形，在一定程度上提高柱性能。

3. 皂树皂苷单体结构的鉴定

如图 3-23 所示，目前已有几十种皂树皂苷组分的结构得到了确认，其相对分子质量范围为 1392.7～2297.0。其中绝大多数是以皂皮酸（quillaic acid，Q）为主体，在其 C-3 位和 C-28 位分别连接不同结构的寡糖而形成的。C-3 位上的 R^0 位通常为木糖（Xyl）或鼠李糖（Rha）。C-28 位连接的寡糖链以岩藻糖（Fuc）和鼠李糖为主，其上的多个羟基可能再连接葡萄糖（Glc）、木糖、木糖-芹糖（Api）、乙酰基或特定的脂肪酸结构（图 3-23 中 Fa 部分）。此外，还有少数以 22β-羟基皂皮酸、刺囊酸（echinocystic acid，E）或商陆酸（phytolaccinic acid，P）以及酰基商陆酸（O-23 acetylated phytolaccinic acid，P-Ac）为主体的皂树皂苷组分。

虽然在正离子模式下皂树皂苷混合物中各组分的强度比在负离子模式下稍强，且出峰较多，但其质谱行为比较复杂，准分子离子峰通常为$[M+NH_4]^+$，也观察到$[M+Na]^+$或$[M+H_2O+H]^+$的存在，但很难得到$[M+H]^+$，二级质谱也难以总结断裂规律。这样的质谱信息不利于对组分进行结构鉴定。但在负离子模式下，各组分的分子离子峰$[M-H]^-$清晰，断裂特征也有规律，因此，应选择在负离子模式下对样品进行二级质谱分析，并根据各组分的断裂规律进行定性。

在实验条件下，皂树皂苷组分的二级质谱在 800～1000m/z 的范围内有特征子离子，该子离子被称为“A 离子”，它是皂树皂甙主体上 C-28 位上连接的酰基断裂脱落寡糖基团所形成的。A 离子的质量数提示了该皂树皂苷组分的骨架结构和 R^0 位上单糖的种类。当其质量数为 955.5 时，表明该组分的骨架是皂皮酸，且 R^0 位上的单糖是木糖；而当其质量数为 969.5 时，则该组分的骨架也为皂皮酸，但 R^0 位上是鼠李糖。这样，当两个皂树皂苷组分的分子离子和 A 离子同时相差 14m/z，且 A 离子分别为 955.5 和 969.5 时，说明这两种组分除 R^0 位上单糖以外的结构完全相同，这种情况在皂树皂苷混合物分析中很常见。另一种较为常见的情况是 A 离子分别为 971.5 和 985.5，两者同样相差 14m/z，且分别比 955.5 和 969.5 多 16m/z，此时，皂树皂苷组分的骨架是羟基皂皮酸，而 R^0 位上则同样分别为木糖或鼠李糖。有时，会观察到$[A-62]^-$的离子（脱去 1 分子的水和 C-28 位上残留的羧基）909.5m/z 和 923.5m/z 而不是 A 离子。或除此以外，还有几种较为少见的 A 离子，如 823.4，提示皂皮酸骨架上 C-3 位由二糖代替了三糖，即 R^0 位上不再有糖环存在。A 离子 939.5m/z 提示组分骨架为去羟基的皂皮酸（$955.5-939.5=16m/z$），或骨架仍为皂皮酸但有脱氧糖环存在，具体情况要根据二级质谱图进行判断。A 离子 853.4 则表明组分骨架是商陆酸。而 A 离子 895.5m/z 提示组分的骨架是 23-*O*-酰基商陆酸而非商陆酸（$895.4-853.4=42m/z$），此时经常伴随C-28 位上三糖的断裂，产生$[M-H-102]^-$和$[M-H-60]^-$的子离子。除 A 离子外，R^4 位连接的脂肪酸基团，以及 C-28 位连接的各单糖基团都可能断裂形成高质量端的子离子。

皂树皂苷中存在多对同分异构体，除 R^1 位上连接的末端糖环是 Xyl 或 Api 外，其他结构完全相同。这些组分在 RPLC 上的保留行为非常接近，其二级质谱也极其相似，用 RPLC-MS 方法无法区分它们。如图 3-29 所示，S4 和 S6 即是这样一对同分异构体。在本章介绍的 HILIC×HILIC-Q-TOF-MS 体系中，一维 HILIC 同样无法分离它们，只有经过第二维的再次分离，这对同分异构体才能得到良好的分离。但它们的二级质谱极其相似，单纯通过 MS/MS 仍然无法对其进行区分。另一方面，同分异构体间结构的微小差异导致的亲水性差异及其 2D 保留行为可以提供线索。本节的分离对象为中性物质，在 HILIC 固定相上的保留能力主要由其亲水性决定。有报道表明，单糖 Api 在 RPLC 上保留时间要比 Xyl 长[84]，说明 Api 的亲水性比 Xyl 弱。相应的，末端糖环为 Api 的皂甙组分亲水性也应稍弱于末端糖环为 Xyl 的组分。这一设想得到了文献[85]的支持。作者用 RPLC 分离纯化了名为 QS-21 的皂树皂苷组分，将其在 20cm 长的聚羟乙基天冬酰胺柱，即本节 HILIC×HILIC 柱系统中的 pOH-Et A 色谱柱上进行再次分离，得到了两个部分分离的同分异构体组分，其中末端糖环为 Api 的组分先出峰，这验证了我们关于各同分异构体组分间亲水性的差异以及在 pOH-Et A 柱上出峰顺序的设想。由此，在第二维上出峰较晚的组分被定性为 S4，而出峰较早的组分为 S6。

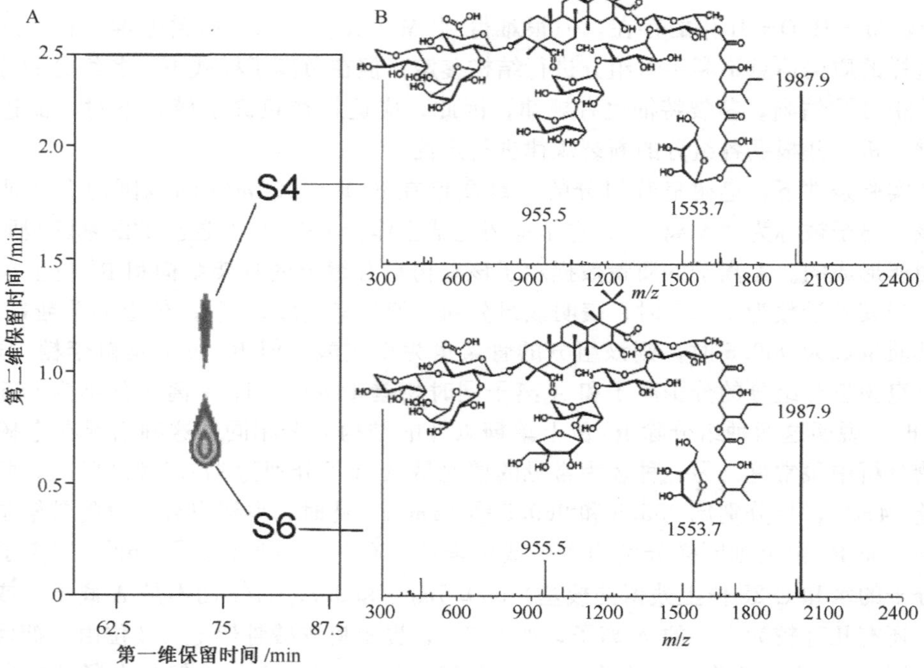

图 3-29　同分异构体 S4 和 S6 的 HILIC × HILIC-Q-TOF-MS 分离等高线图（A）和二级质谱图（B）

根据各组分的 2D 色谱保留行为以及 MS/MS 信息，结合文献报道，该提取物中有 46 个可能的皂树皂苷组分得到了鉴定，结果如表 3-5 所示。其中第 I 和第 II 部分组分已见文献报道，但第 II 部分的 3 对同分异构体无法通过 RPLC-MS 方法进行区分，有些甚至用 HILIC-MS 方法也无法区分。在本章实验中主要根据其 2D 色谱保留行为，即亲水性的差异进行区分，第 III 部分 8 个组分则未见文献报道。这些皂树皂苷组分全部在 50～100min 出峰。

表 3-5 一些皂树皂苷组分的定性结果

No.	[M-H]⁻ m/z	$t_{R,1D}$ /min	$t_{R,2D}$ /min	定性 A 离子	母核	取代基
I						
1	1379.6	78.7	1.2	955.5	11b	-Glc,-Ac
2	1433.6	71.1	1.1	895.5	S13	-MeBu,-Ac
3	1475.6	67.0	2.0	895.5	S13	-MeBu
4	1511.7	76.2	1.2	955.5	13b	-Glc,-Ac
5	1517.7	61.4	1.4	853.4	S13	-Ac on P-Ac
6	1525.7	77.9	0.4	969.5	13a	-Glc,-Ac
7	1553.7	75.7	0.7	955.5	13b	-Glc
8	1559.7	55.7	0.7	895.5	S13	
9	1567.7	81.9	1.9	955.5	6	
10	1641.7	81.2	1.2	971.5	20b	
11	1673.7	91.6	1.6	955.5	13b	-Ac
12	1687.7	83.5	1.0	969.5	13a	-Ac
13	1689.7	93.4	0.9	971.5	13b	-Ac,+OH on Q
14	1703.7	95.8	0.8	985.5	13a	-Ac,+OH on Q
15	1715.7	91.3	1.3	909.4	8/10	+OH on Q
16	1715.8	61.5	1.5	955.5	13b	
17	1731.7	88.9	1.4	971.5	13b	+OH on Q
18	1741.7	78.8	1.3	955	8/10	+Ac
19	1757.7	81.1	1.1	955.5	13b	+Ac
20	1771.8	81.3	1.3	969.5	13a	+Ac
21	1773.8	81.3	1.3	971.5	21b	
22	1787.8	88.9	1.4	955.5	16b	
23	1861.8	88.9	1.4	955.5	18b	
24	1869.9	76.2	1.2	969.5	S1	
25	1891.8	93.4	0.9	985.5	18a	+OH on Q
26	1917.8	88.0	0.5	969.5	18a	+Ac
27	1947.8	88.9	1.4	955.5	18b	-Ac,+OHMeHex
28	1961.9	83.1	0.6	969.5	18a	-Ac,+OHMeHex
29	2017.9	82.9	0.4	823.4	B8	
30	2033.9	83.3	0.8	971.5	B2	+OH on Q
31	2164	88.8	1.3	955.5	B2	+Rha on Fa-Ara
32	2164	83.3	0.8	969.5	B3/B5	
II						
33	1987.9	75.6	0.6	955.5	S6	
34	1987.9	76.2	1.2	955.5	S4	
35	2001.9	76.1	1.1	969.5	S3	
36	2001.9	78.0	0.5	969.5	S5	
37	2150	78.1	0.6	955.5	B4	
38	2150	78.7	1.2	955.5	B6	
III						
39	1525.7	76.3	1.3	969.5	13a	-Glc,-Ac,Xyl-Xyl on R^1
40	1553.7	76.2	1.2	955.5	13b	-Glc,Xyl-Xyl on R^1
41	1687.7	91.5	1.5	969.5	13a	-Ac,Xyl-Xyl on R^1
42	1757.7	81.9	1.9	955.5	13b	+Ac,Xyl-Xyl on R^1
43	1771.8	81.8	1.8	969.5	13a	+Ac,Xyl-Xyl on R^1
44	1773.8	81.9	1.9	969.5	21b	-OH on Q,Rha on R^0
45	1787.8	88.1	0.6	955.5	16b	Api on R^1
46	1869.9	75.6	0.6	969.5	S1	Api on R^1

此外，还观察到 64 个组分，其[M-H]$^-$的 m/z 和已知皂树皂苷组分相同，且子离子中含有 A 离子，但结构没有得到确认。另有 44 个组分和已知皂树皂苷有相同的母离子，但没有子离子信息或子离子显示并非皂苷类成分。加上 50～100min 时间段以外以及其他 m/z 的离子，该 HILIC×HILIC-Q-TOF-MS 系统至少检测到了数百个样品组分，如前所述，即使色谱柱性能很高，一维色谱也很难满足如此复杂样品的分离分析，而本节提出的 HILIC×HILIC-MS 方法则显示出其增加分离空间和改变分离介质的优越性。

参考文献

[1] 王俊德，商振华，郁蕴璐．北京：中国石化出版社，1992

[2] ABI Co. QTRAP Manual

[3] Bottcher C，Roepenack-Lahaye von E，Willscher E，Scheel D，Clemens S. Anal. Chem.，2007，79：1507

[4] Granger J H，Baker A，Plumb R S，Perez J C，Wilson I D. Drug Metab. Rev.，2004，36：252

[5] Want E J，O'Maille G，Smith C A，Brandon T R，Uritboonthai W，Qin C，Trauger S A，Siuzdak G. Anal. Chem.，2006，78：743

[6] Plumb R，Granger J，Stumpf C，Wilson I D，Evans J A，Lenz E M. Analyst，2003，128：819

[7] Plumb R S，Granger J H，Stumpf C L，Johnson K A，Smith B W，Gaulitz S，Wilson I D，Castro-Perez J. Analyst，2005，130：844

[8] Plumb R S，Stumpf C L，Granger J H，Castro-Perez J，Haselden J N，Dear G J. Rapid Commu. Mass Sp.，2003，17：2632

[9] Yang J，Zhao X J，Liu X L，Wang C，Gao P，Wang J S，Li L J，Gu J R，Yang S L，Xu G W. J. Proteome Res.，2006，5：554

[10] Yin P Y，Zhao X J，Li Q R，Wang J S，Li J S，Xu G W. J. Proteome Res.，2006，5：2135

[11] Shen Y F，Zhang R，Moore R J，Kim J，Metz T O，Hixson K K，Zhao R，Livesay E A，Udseth H R，Smith R D. Anal. Chem.，2005，77：3090

[12] Wagner S，Scholz K，Donegan M，Burton L，Wingate J，Volkel W. Naunyn-Schmiedebergs Arch. Pharmacol.，2006，372：132

[13] Bajad S U，Lu W Y，Kimball E H，Yuan J，Peterson C，Rabinowitz J D. J. Chromatogr. A，2006，1125：76

[14] Idborg H，Zamani L，Edlund P O，Schuppe-Koistinen I，Jacobsson S P. J. Chromatogr. B，2005，828：9

[15] Yoshida H，Mizukoshi T，Hirayama K，Miyano H. J. Agric. Food Chem.，2007，55：551

[16] Kind T，Tolstikov V，Fiehn O，Weiss R H. Anal. Biochem.，2007，363：185

[17] Godejohann M. J. Chromatogr. A，2007，1156：87

[18] Alpert A J. J. Chromatogr.，1990，499：177

[19] Dell'Aversano C，Hess P，Quilliam M A. J. Chromatogr. A，2005，1081：190

[20] Valette J C，Demesmay C，Rocca J L，Verdon E. Chromatographia，2004，59：55

[21] Hosoya K，Hira N，Yamamoto K，Nishimura M，Tanaka N. Anal. Chem.，2006，78：5729

[22] Tolstikov V V，Fiehn O. Anal. Biochem.，2002，301：298

[23] Garbis S D，Melse-Boonstra A，West C E，Breemen van R B. Anal. Chem.，2001，73：5358

[24] Schlichtherle-Cerny H，Affolter M，Cerny C. Anal. Chem.，2003，75：2349

[25] Cubbon S，Bradbury T，Wilson J，Thomas-Oates J. Anal. Chem.，2007，79：8911

[26] Nordstrom A，O'Maille G，Qin C，Siuzdak G. Anal. Chem.，2006，78：3289

[27] Chan E C Y，Yap S L，Lau A J，Leow P C，Toh D F，Koh H L. Rapid Commu. Mass Sp.，2007，21：519

[28] Wilson I D，Nicholson J K，Castro-Perez J，Granger J H，Johnson K A，Smith B W，Plumb R S. J. Proteome Res.，2005，4：591

[29] Dunn W B，Bailey N J，Johnson H E. Analyst，2005，130：606

[30] Moco S, Bino R J, Vorst O, Verhoeven H A, Groot de J, Beek van T A, Vervoort J. Vos De C H R. Plant Physiol., 2006, 141: 1205
[31] Kind T, Fiehn O. Bmc Bioinformatics, 2006, 7: 234
[32] Chen Jing, Zhao Xinjie, Jens Fritsche, Peiyuan Yin, Philippe Schmitt-Kopplin, Wang Wenzhao, Lu Xin, Hans Ulrich Häring, Erwin D. Schleicher, Rainer Lehmann, Xu Guowang. Anal. Chem., 2008, 80 (4): 1280
[33] Kind T, Fiehn O. Bmc Bioinformatics, 2007, 8: 105
[34] Jonsson P, Bruce S J, Moritz T, Trygg J, Sjostrom M, Plumb R, Granger J, Maibaum E, Nicholson J K, Holmes E, Antti H. Analyst, 2005, 130: 701
[35] Pierce K M, Hoggard J C, Hope J L, Rainey P M, Hoofnagle A N, Jack R M, Wright B W, Synovec R E. Anal. Chem., 2006, 78: 5068
[36] Katz J E, Dumlao D S, Clarke S, Hau J. J. Am. Soc. Mass Spectr., 2004, 15: 580
[37] Katajamaa M, Miettinen J, Oresic M. Bmc Bioinformatics, 2006, 5: 634
[38] Katajamaa M, Oresic M. J. Chromatogr. A, 2007, 1158: 318
[39] Davis J M, Giddings J C. Anal. Chem., 1985, 57: 2168
[40] Davis J M, Giddings J C. Anal. Chem., 1983, 55: 418
[41] Giddings J C. J. Chromatogr. A, 1995, 703: 3
[42] Gray M J, Dennis G R, Slonecker P J, Shalliker R A. J. Chromatogr. A, 2004, 1028: 247
[43] Wong V, Sweeney A P, Shalliker R A. J. Sep. Sci., 2004, 27: 47
[44] Cass Q B, Gomes R F, Calafatti S A, Pedrazolli J. J. Chromatogr. A, 2003, 987: 235
[45] Bushey M M, Jorgenson J W. Anal. Chem., 1990, 62: 161
[46] 张丽华，张维冰，张玉奎，马场嘉信. 色谱，2003，21: 32
[47] 张养军，蔡耘，王京兰，李晓海，钱小红. 色谱，2003，21: 20
[48] Tanaka N, Kimura H, Tokuda D, Hosoya K, Ikegami T, Ishizuka N, Minakuchi H, Nakanishi K, Shintani Y, Furuno M, Cabrera K. Anal. Chem., 2004, 76: 1273
[49] Venkatramani C J, Zelechonok Y. J. Chromatogr. A, 2005, 1066: 47
[50] Cacciola F, Jandera P, Blahova E, Mondello L. J. Sep. Sci., 2006, 29: 2500
[51] Gray M, Dennis G R, Wormell P, Shalliker R A, Slonecker P. J. Chromatogr. A, 2002, 975: 285
[52] Jandera P, Halama M, Kolářová L, Fischer J, Novotná K. J. Chromatogr. A, 2005, 1087: 112
[53] Im K, Park H W, Kim Y, Chung B H, Ree M, Chang T H. Anal. Chem., 2007, 79: 1067
[54] Dugo P, Kumm T, Chiofalo B, Cotroneo A, Mondello L. J. Sep. Sci., 2006, 29: 1146
[55] François I, Villiers A D, Sandra P. J. Sep. Sci., 2006, 29: 492
[56] Dugo P, Škeřková V, Kumm T, Trozzi A, Jandera P, Mondello L. Anal. Chem., 2006, 78: 7743
[57] Dugo P, Favoino O, Luppino R, Dugo G, Mondello L. Anal. Chem., 2004, 76: 2525
[58] Stoll D R, Carr P W. J. Am. Chem. Soc., 2005, 127: 5034
[59] Giddings J C. J. High Resolut. Chromatogr., 1987, 10: 319
[60] Gilar M, Olivova P, Daly A E, Gebler J C. Anal. Chem., 2005, 77: 6426
[61] Schoenmakers P J, Vivó-Truyols G, Decrop W M C. J. Chromatogr. A, 2006, 1120: 282
[62] Wang Y, Yang J, Lu X, Xu G. Chinese Chem. Lett., 2007, 18: 565
[63] Wang Y, Lu X, Xu G. J. Chromatogr. A, 2008, 1181: 51
[64] Jonsson P, Bruce S J, Moritz T, Trygg J, Sjostrom M, Plumb R, Granger J, Maibaum E, Nicholson J K, Holmes E, Antti H. Analyst, 2005, 130: 701
[65] Yang J, Xu G, Zheng Y, Kong H, Wang C, Zhao X, Pang T. J. Chromatogr. A, 2005, 1084: 214
[66] Holmes E, Antti H. Analyst, 2002, 127: 1549
[67] Nielsen N P V, Carstensen J M, Smedsgaard J. J. Chromatogr. A, 1998, 805: 17
[68] Jonsson P, Gullberg J, Nordstrom A, Kusano M, Kowalczyk M, Sjostrom M, Moritz T. Anal. Chem.,

2004, 76: 1738
[69] Xu G, Schmid H R, Lu X, Liebich H M, Lu P. Biomed. Chromatogr., 2000, 14: 459
[70] Xu G, Stefano Di C, Liebich H M, Zhang Y, Lu P. J. Chromatogr. B, 1999, 732: 307
[71] Yang J, Xu G W, Kong H W, Zheng W F, Pang T, Yang Q. J. Chromatogr. B, 2002, 780: 27
[72] Que A H, Konse T, Baker A G, Novotny M V. Anal. Chem., 2000, 72: 2703
[73] Behboudi S, Morein B, Ronnberg B. Vaccine, 1995, 13: 1690
[74] Jalal F, Jumarie C, Bawab W, Corbeil D, Malo C, Berteloot A, Crine P. Biochem. J., 1992, 288: 945
[75] Kite G C, Howes M-J R, Simmonds M S J. Rapid Commu. Mass Sp., 2004, 18: 2859
[76] Broberg S, Nord L I, Kenne L. J. Mass Spectrom., 2004, 39: 691
[77] Copaja S V, Blackburn C, Carmona R. Wood Sci. Technol., 2003, 37: 103
[78] Marí n R S, Briones R. J. Sci. Food Agric., 2000, 80: 2063
[79] Nord L I, Kenne L. Carbohyd. Res., 2000, 329: 817
[80] Nyberg N T, Baumann H, Kenne L. Anal. Chem., 2003, 75: 268
[81] Liu Z Y, Patterson D G, Lee M L. Anal. Chem., 1995, 67: 3840
[82] Wolters D A, Washburn M P, Yates J R. Anal. Chem., 2001, 73: 5683
[83] Opiteck G J, Lewis K C, Jorgenson J W, Anderegg R J. Anal. Chem., 1997, 69: 1518
[84] Tanaka T, Nakashima T, Ueda T, Tomii K, Kouno I. Chem. Pharm. Bull., 2007, 55: 899
[85] Soltysik S, Bedore D A, Kensil C R. Ann. NY. Acad. Sci., 1993, 690: 392

第4章　超高效液相色谱-质谱及在代谢组学中的应用

超高效液相色谱，即 ultra performance liquid chromatography（UPLC）。随着液相色谱分析对象的复杂化，对高效液相色谱提出了更高的要求。尤其是代谢组学研究的发展，针对的是更加复杂的生物样品基质，如血浆、尿样、组织液等，并且样品数量巨大，都要求液相色谱具有更加高效、快速、灵敏的性能。为了获得更高的色谱柱效，色谱填料一直以来都朝着小颗粒的方向发展，从早期 20 世纪 60 年代的 40μm 薄壳型填料，到 70 年代的 10μm 无规则型的填料，再到 80 年代的 5μm 球形填料，以及 90 年代更高纯度、更好性能的 3.5～5μm 的色谱填料，都提高了色谱的分离效能。接下来研究人员也提出使用更小颗粒的，即所谓的超高压液相色谱。但是，因为小颗粒填料带来的高色谱背压所引起的填料和仪器的耐压性和稳定性，限制了其应用。2004 年，Waters 公司推出了 ACQUITY UPLC，使用 1.7μm 的新型色谱填料，实现了真正的超高效液相色谱。

4.1　超高效液相色谱的理论基础

4.1.1　van Deemter 方程

溶质在柱内移动时，谱带随时间而展宽，这种柱内谱带加宽效应可以用 van Deemter 方程来描述。van Deemter 方程可以简写为

$$H = A + \frac{B}{u} + Cu \tag{4.1}$$

式中，A 表示涡流扩散项，可由 2λdp 表示，即 A 正比于填料的粒度，与流动相的性质无关。$\frac{B}{u}$表示分子扩散项；组分在柱内滞留时间越长，展宽越严重。由于液相的扩散系数很小，因此只要流速不太低，这一项可以忽略。Cu 表示传质阻力项；其中，包括流型扩散、内扩散或粒子内孔的停滞流动相扩散和固相传质。u 表示冲洗剂线速度。

综合液相色谱的实验结果，式（4.1）也可表示为

$$H = 3d_p + \frac{2D_m}{u} + \frac{0.047d_p^2}{D_m}u \tag{4.2}$$

式中，D_m 表示溶质在流动相的扩散系数。

对式（4.2）求导，可得到 H-u 曲线最低点时的最佳流速

$$\frac{dH}{du} = -\frac{B}{u^2} + c = 0$$

$$u_{opt} = \sqrt{\frac{B}{C}} = \sqrt{\frac{2D_m^2}{0.047d_p^2}} = \frac{6.52D_m}{d_p}$$

代入式（4.2），得最小塔板高 $H_{min} \approx 3d_p + 0.3d_p + 0.3d_p = 3.6d_p$

塔板高度 H 和填料粒子直径 d_p 呈正比，即颗粒度愈小柱效愈高。因此，使用微粒填料有利于减少涡流扩散效应，并且缩短了溶剂在两相的传质扩散过程。而且更小的颗粒度使最高柱效点向更高流速（线速度）方向移动，并且有更宽的线速度范围(图 4-1)。所以，降低颗粒度可以增加柱效，同时也能使用高流速而不过多降低柱效，增加分离速度。

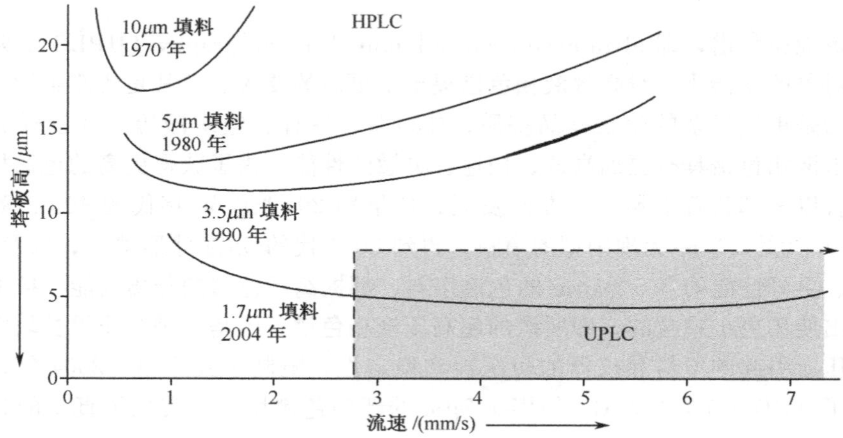

图 4-1　塔板高和流速的关系

4.1.2　超高效液相色谱仪器

越小粒径的填料，最佳流速向着越高的方向发展，可以应用更高的流速，而如果不用到最佳流速，小颗粒度填料的高柱效就无法充分体现。但是，与此同时，色谱背压的增长是十分巨大的。这就对色谱填料耐压及仪器耐压提出了更高的要求。更快的分析速度也要求检测器对数据的快速采集。而且当柱子本身效率越高尺寸越小时，柱外效应越显得突出。例如，进样器、连接管、接头和检测池等都可以导致色谱峰的加宽和柱效的下降，否则小颗粒度填料的高柱效同样无法充分体现。只有解决了填料和仪器的局限问题，才能使真正的超高效液相色谱成为可能。

4.2　超高效液相色谱与 HPLC 分析性能的比较

4.2.1　超高效液相色谱与 HPLC 色谱分离性能的理论比较

1. 提高分离度

面对非常复杂的混合物的挑战，为了使分离能完全优化就需要一个超高性能的色谱系统，这样一个理想系统应符合液相色谱的基本原理。

根据等度液相色谱分离的分离度（R）方程，$R=\frac{1}{4}\left(\frac{\alpha-1}{\alpha}\right)\left(\frac{k'}{k'+1}\right)\sqrt{N}$，$R\infty\sqrt{N}$。按 van Deemter 方程，理论塔板数 $N=\frac{L}{H}\infty\frac{l}{d_p}$，柱效与颗粒度呈反比。

所以，随着色谱填料粒径的降低，柱效会增加；而柱效增加，分离度也增加。这进一步说明了颗粒度大小和分离度密不可分的关系。

和 5μm、3μm 颗粒填料的色谱柱比较，1.7μm 填料的色谱柱提供了高柱效。当柱长相同时，保持色谱选择性和保留值不变。1.7μm 填料的色谱柱理论塔板数分别提高了约 3 倍和 1.7 倍，分离度相应地提高了 1.7 倍和 1.3 倍。

UPLC 用 1.7μm 颗粒填料提高了分离能力，可以分离出更多的色谱峰，从而对样品提供的信息更多，这种分离能力的提高在梯度分离中也具有优越性，此时分离能力用峰容量衡量。

2. 提高分离速度

最佳流速 $u_{opt} \propto \frac{1}{d_p}$，表明最佳流速与粒度呈反比，颗粒度越小，最佳流速也越大。而分析时间与流速呈反比，进而可以通过提高流速来加快分离速度。当柱长相同时，UPLC 系统用 1.7μm 颗粒填料，分离速度可以比 5μm、3μm 颗粒填料的色谱柱分离时间降低约 3 倍和 1.7 倍。

较小的颗粒能提高分离速度而不降低分离度。因为 $N \propto \frac{L}{d_p}$，颗粒度减小后，柱长可以按比例缩短而保持柱效不变，柱长缩短也会加快分离速度。所以 UPLC 系统用 1.7μm 颗粒填料，柱长可以比用 5μm、3μm 颗粒填料时缩短 3 倍和 1.7 倍而保持柱效不变，1.7μm 和 5μm 颗粒填料相比可使分离在高 3 倍的流速下进行，结果使分离过程快了 9 倍而分离度保持不变。

3. 提高灵敏度

采用 UPLC 能获得灵敏度的显著提高。这是因为 UPLC 可以得到更高的柱效、更窄的色谱峰宽，因为 $N \propto \frac{1}{w^2}$，$\text{Height} \propto \frac{1}{w}$，使用 UPLC 系统可以使峰高得到增加，而灵敏度与色谱峰高呈正比，因此使用 UPLC 可改善灵敏度。

4. 提高背压

$\Delta P \propto u\frac{1}{d_p^2}$，$u_{opt} \propto \frac{1}{d_p}$，所以 $\Delta P \propto \frac{1}{d_p^3}$，当 1.7μm 颗粒与 5μm 颗粒应用相同柱长时，以至于压力提高了约 27 倍。这也是制约液相色谱填料向更小粒径发展的主要原因。

下面将 UPLC 与 HPLC 比较的结果总结如下：

当使用相同柱长时，用 1.7μm 颗粒与 5μm、3μm 颗粒的参数比较结果见表 4-1。

表 4-1 相同柱长 1.7μm 与 5μm、3μm 颗粒参数比较

	分离度	分析时间	灵敏度	压力
1.7μm 和 5μm	1.7	3	1.7	27
1.7μm 和 3μm	1.3	1.7	1.3	6

如果保持理论塔板数 N 不变，应用 1.7μm 粒径填料与 5μm 和 3μm 其对比数据见表 4-2。

表 4-2　相同理论塔板数 1.7μm 与 5μm、3μm 颗粒参数比较

	柱长	分析时间	灵敏度	压力
1.7μm 和 5μm	3	9	3	9
1.7μm 和 3μm	1.7	3	1.7	3

UPLC 遵循 HPLC 的基本原理和规则，采用更小粒径的色谱填料 1.7μm，具有更快的分离速度、更高的色谱性能，提高灵敏度和峰容量，与此同时，也产生了更大的压力。

一些研究工作将 UPLC 与 HPLC 的性能进行了比较。Plumb 等[1]应用 2.1mm×100mm，3.5μm C18 HPLC 系统和 2.1mm×100mm，1.7μm C18 UPLC 系统对老鼠胆汁样品进行分析比较，所得色谱图如图 4-2 所示，UPLC 色谱峰更加尖锐，分辨率更高，可获得更多的色谱信息，从图 4-3 可以看出，当用 HPLC 系统得到 1 个色谱峰时，UPLC 可以得到 2 个完全分开的色谱峰。Novakova 等[2]用标样比较了 UPLC、HPLC 和使用整体柱的分离效率以及分析期间的系统维持费用，得出结论，UPLC 比 HPLC 和使用整体柱时得到更高的理论塔板数、分辨率，不对称因子也得到更优的结果，所使用的溶剂量远远少于 HPLC 和使用整体柱。Olsovska 等[3]比较了用 UPLC 和 HPLC 进行定量分析的性能，UPLC 在高通量的条件下获得了与 HPLC 在系统适应性、线性、准确度、精密度、回收率等方面没有差异的结果。

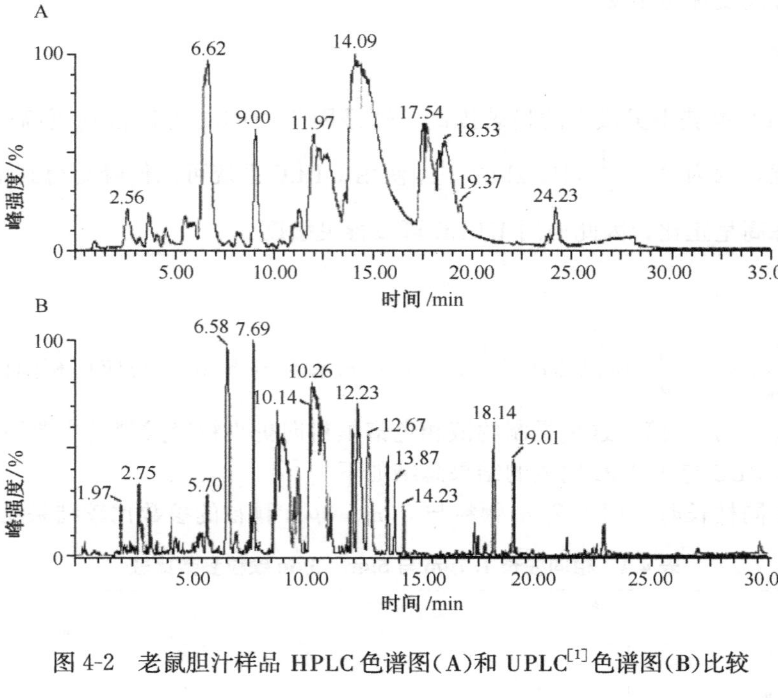

图 4-2　老鼠胆汁样品 HPLC 色谱图(A)和 UPLC[1]色谱图(B)比较

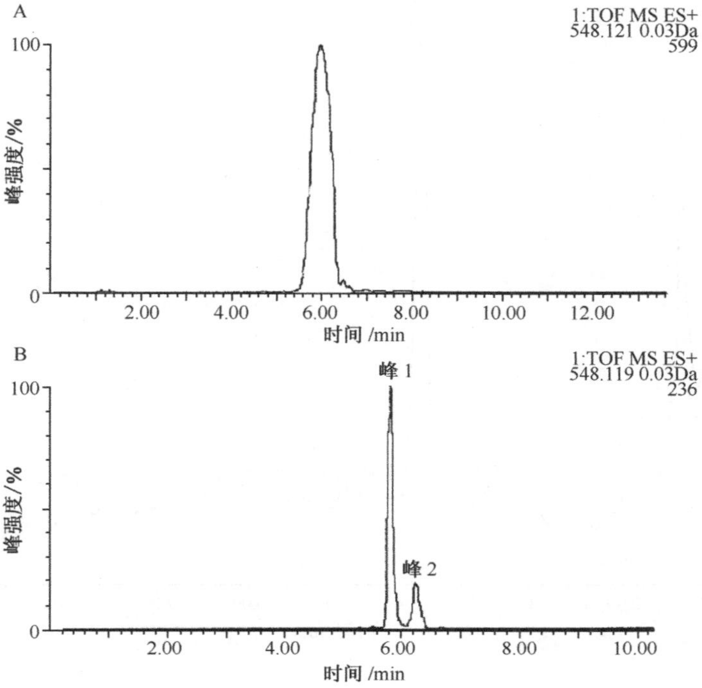

图 4-3 HPLC 色谱图(A)和 UPLC 色谱图(B)比较[1]

4.2.2 超高效液相色谱、HPLC 与质谱联用性能的比较

相对于常规 HPLC 而言，UPLC 有更好的分离效率、峰容量以及灵敏度。UPLC 这些相对 HPLC 更高效、快速、灵敏的特点，使其在和质谱联用时有助于目标化合物与之竞争电离的杂质的分离，从而可以使质谱检测器的灵敏度因离子抑制现象的减弱或克服而得到进一步的提高。所以使用 UPLC-MS 联用技术，可以获得灵敏度比 HPLC-MS 联用系统大有改善的分离结果，获得更多、质量更好的信息。UPLC-MS 成为代谢组学、复杂体系分离分析以及化合物结构鉴定的良好平台。

下面以一应用实例对 UPLC 与 HPLC 和质谱联用的性能进行比较。

Wilson 等[4]应用 HPLC 系统和 UPLC 系统，分别与质谱联用对老鼠尿样样品进行分析比较。UPLC 系统：仪器为美国 Waters 公司超高效液相 ACQUITY 色谱系统，色谱柱为 2.1mm×100mm，ACQUITY 1.7μm C18。HPLC 系统：仪器为美国 Waters 公司 ALLIANCE 2795HT 色谱系统，色谱柱为 2.1mm×100mm，Symmetry 3.5μm C18。柱温 40℃，流动相 A 液为 0.1% 甲酸溶液，B 液为 0.1%乙腈溶液；梯度洗脱条件为线性梯度 10min 由 100% A 溶液到 95% B 溶液。UPLC 系统流速 500μl/min，UPLC 系统流速 600μl/min，分流到 150μl/min 进质谱检测，质谱为 Waters 公司 Micromass LCT Premier。

典型的常规 HPLC 获得的老鼠尿样的色谱图如图 4-4A，相应地应用相同洗脱梯度

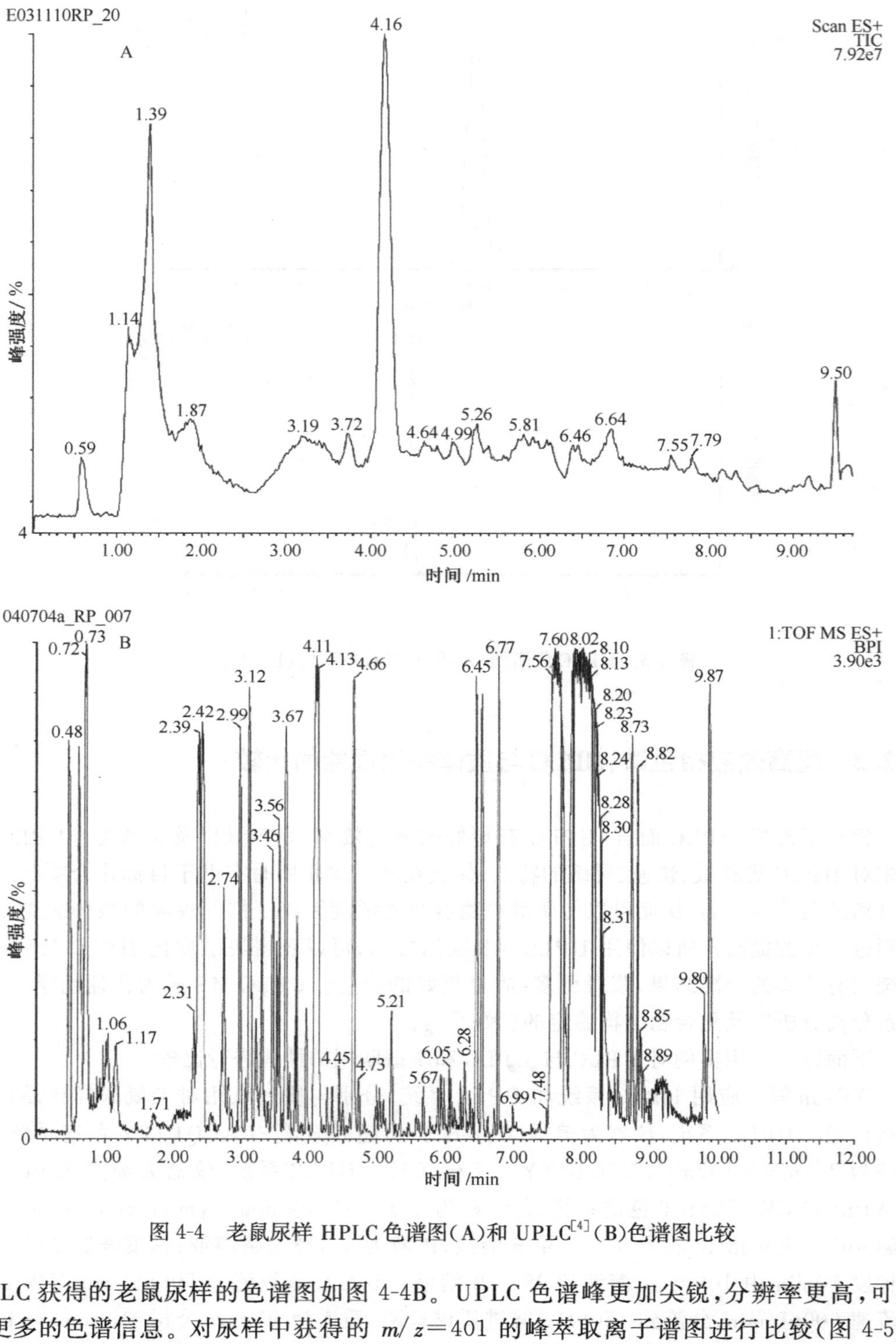

图 4-4 老鼠尿样 HPLC 色谱图(A)和 UPLC[4](B)色谱图比较

UPLC 获得的老鼠尿样的色谱图如图 4-4B。UPLC 色谱峰更加尖锐，分辨率更高，可获得更多的色谱信息。对尿样中获得的 $m/z=401$ 的峰萃取离子谱图进行比较(图 4-5)，UPLC 的色谱峰峰宽为 1.8s，10min 分离的峰容量有 250，而 3.5μm 色谱柱获得的色谱峰宽为 8s，峰容量为 60～80。这种分辨率的提高，导致共流出组分减少，从而相应的减少了离子抑制作用。离子抑制作用的减少使得老鼠尿样中代谢物检出的数目极大增加,从 HPLC/MS 系统的 1800～2000 个,提高到 UPLC/MS 系统的 10 000～13 000 个。检测离子数目的提高在 3D 图中可以清晰地看到(图 4-6)。这种提高对代谢组学研究无疑是极为有利的。因为代谢组学研究希望可以获得更为全面的代谢产物信息,这样检测到的生物标记物的可能性就更大。

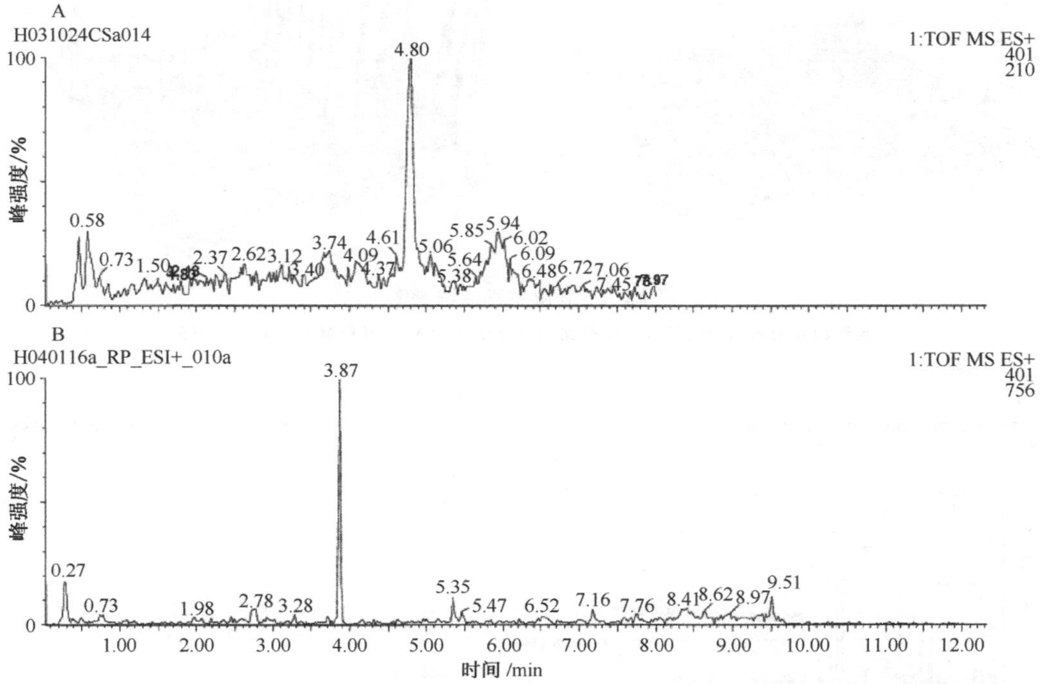

图 4-5　老鼠尿样萃取离子谱图 $m/z=401$

A. HPLC;B. UPLC[4]

UPLC 提供的更有效的色谱分离系统不仅减少了离子抑制作用,使被检出峰的数目增加,而且提供更高的灵敏度。如图 4-5 所示,对 HPLC-MS 和 UPLC-MS 萃取离子 $m/z=401$,峰强度分别为 210(HPLC)和 756(UPLC),灵敏度提高了 3.5 倍,这一数值高于 UPLC 用于 UV 检测器时灵敏度提高的理论数值 1.7 倍,这一方面归结于 UPLC 本身提高色谱柱效得到更窄、更高的色谱峰,带来的灵敏度的提高,另一方面来源于减少了质谱多峰重叠时的离子抑制作用。灵敏度的提高也使 UPLC-MS 可以在复杂体系中检测出更多的组分。

UPLC 的分辨率和灵敏度的提高也使得质谱数据质量有所提高。同样以 $m/z=401$ 的离子为例。HPLC 和 UPLC 获得的单张质谱图分别如图 4-7A 和图 4-7B 所示,UPLC 获得了更好的信噪比,质谱图更清晰。UPLC 的质谱图中可见的 4 个离子,$m/z=401$、313、225、113,在 HPLC 的质谱图中几乎被淹没在噪声中。UPLC 获得的高质量质谱图在代谢组学的研究和解析时更为有利。

类似的结果在其他文献中也有报道。Castro-Perez 等[5]比较了 HPLC 和 UPLC 用于药物"普鲁氯嗪"代谢物的研究,在分辨率、灵敏度、信噪比和质谱质量方面 UPLC 都有

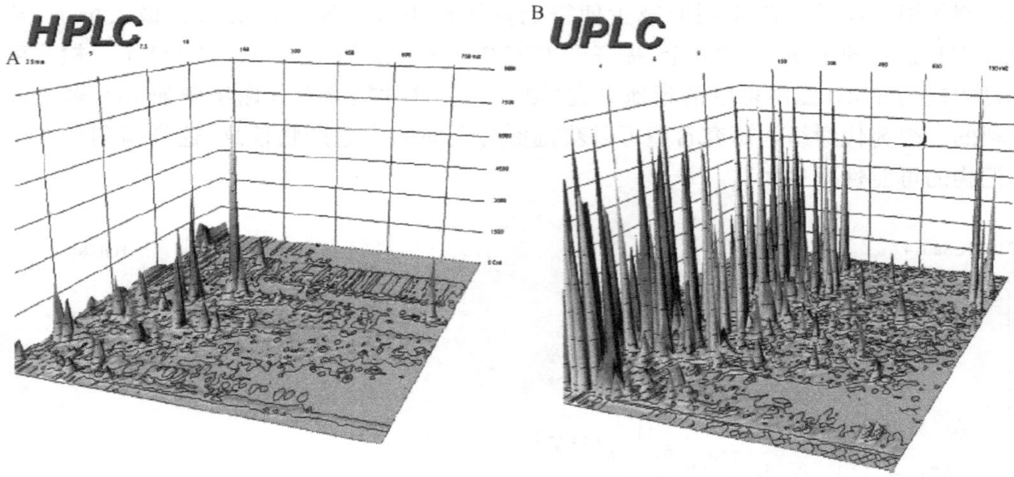

图 4-6　老鼠尿样三维谱图

坐标轴分别表示：保留时间、质荷比和峰强度[4]。A. HPLC-MS；B. UPLC-MS

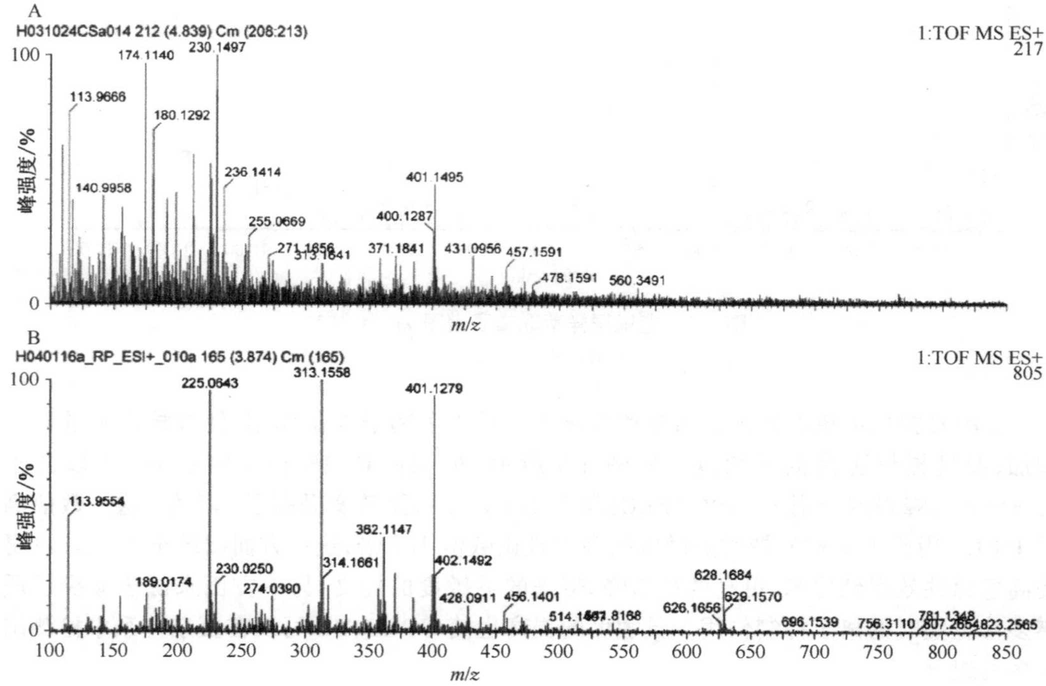

图 4-7　m/z=401 的单扫描质谱图

A. HPLC；B. UPLC[4]

显著的改善。应用 HPLC 在 8min 内检测出 3 种代谢产物，而应用 UPLC 在 5min 内检测出了“普鲁氯嗪”的全部 8 种代谢产物(图 4-8)。这无疑使代谢组学用于药物的毒性和疗效的评价更加准确有利。Churchwell 等[6]比较了 UPLC-ES/MS/MS 和 HPLC-ES/MS/MS，讨论了 UPLC 对质谱灵敏度的提高。

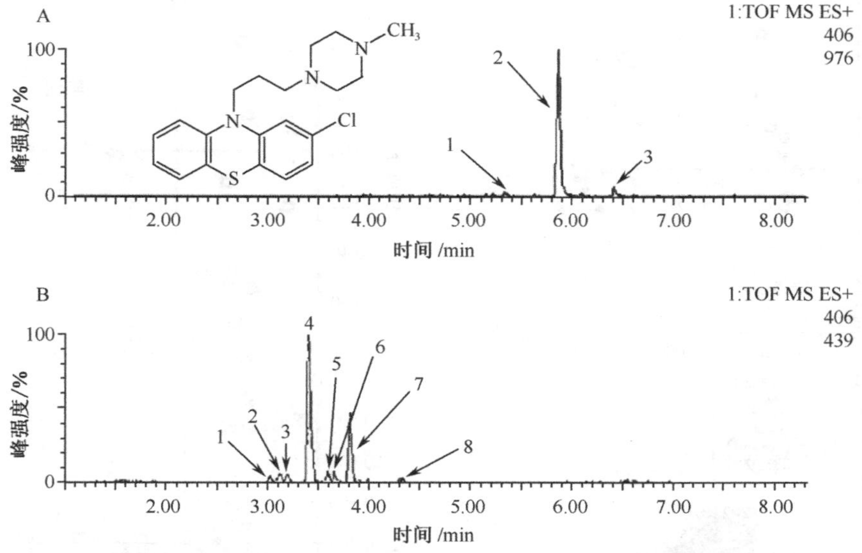

图 4-8　比较 HPLC 和 UPLC 用于普鲁氯嗪代谢的研究

A. HPLC；B. UPLC[5]

UPLC 相对于普通的液相色谱更加适合于和质谱联用，改善复杂混合物的分离度，使目标组分和与之竞争电离的共流出物分离，从而降低质谱的离子抑制，更窄的色谱峰有效地提高进入质谱离子源的被测物浓度，提高信号强度，改善检测限。改善质谱质量，有利于质谱解析和准确性[7～10]。

4.3　超高效液相色谱在代谢组学中的应用

4.3.1　超高效液相色谱-质谱用于代谢组学研究的优势

代谢组学作为一门新兴的学科，近几年发展迅猛。由于代谢产物的复杂性，对生物样本中所有的代谢物进行定性和定量分析，对分析化学是一个挑战。一个通用的理想的代谢组学分析平台应具有如下特征：能够检出生物样本中尽可能多的代谢物；对检出的代谢物能够定量和定性；方法通量高、费用低、样品用量少。

超高效液相色谱技术（UPLC）对比传统的高效液相色谱（HPLC）有更好的分离效率、峰容量以及灵敏度，提供更适合与质谱联用的接口，这无疑有助于更多代谢物的检出，提高方法通量、灵敏度，改善与质谱联用的定性定量结果。UPLC 与 MS 联用为代谢组学研究提供更加高效、灵敏的方法平台。

Wilson 等[4]用 UPLC-oa-TOF 对比了不同类型老鼠的代谢模型的差异。以老鼠尿液作为研究对象，用 UPLC 系统得到了 8000 多个代谢物离子，可用 PCA 对雌性老鼠和雄性老鼠实现完全分离（图 4-9A，B），这一结果对比 HPLC，普通的高效液相色谱只能得到约 1000 个代谢物离子（图 4-9C，D）。由此可见，在同一样品中 UPLC 可以给出更多的内源性生物标记物的信息，这些内源性的生物标记物对雌雄老鼠的聚类起着重要的作用。

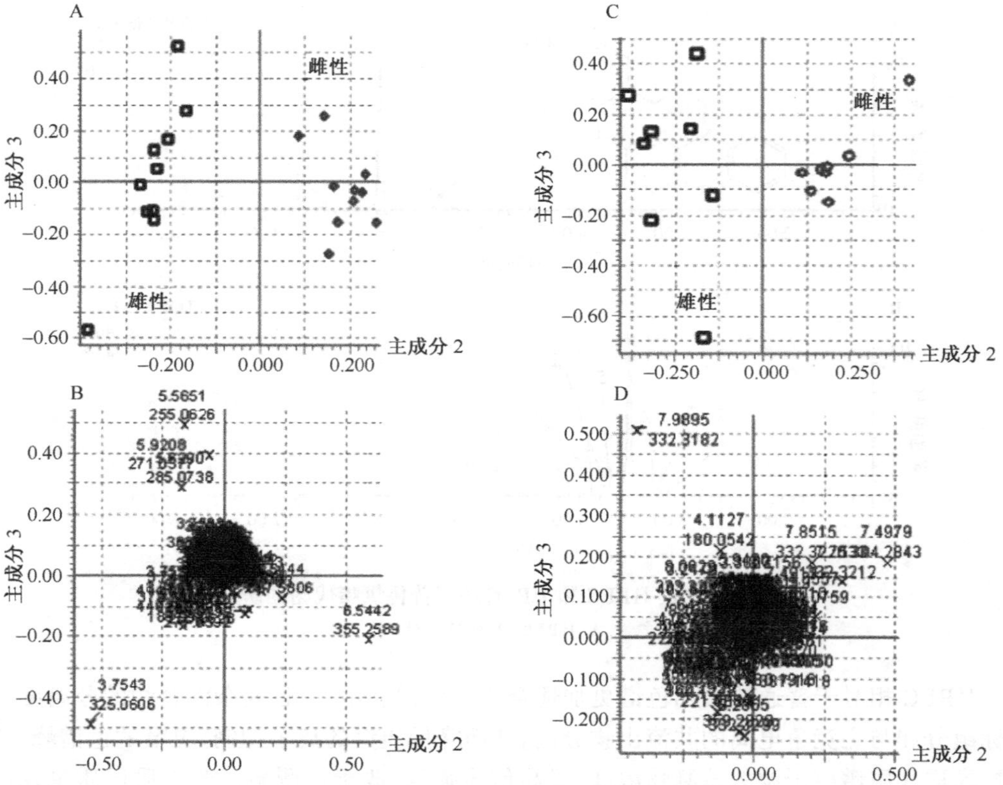

图 4-9　比较 HPLC-MS 和 UPLC-MS 雌雄白鼠尿样数据的 PCA 分析结果

A、B. HPLC 得到的结果；C、D. UPLC 得到的结果

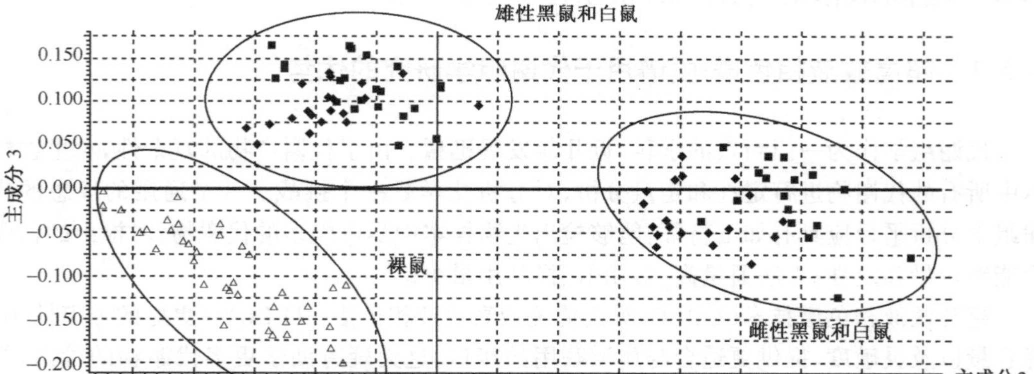

图 4-10　应用 1min 分离程序获得的老鼠尿样数据的 PCA 结果[4]

使用 1.7μm 颗粒的 UPLC 的一个重要的优势是较高的最佳线速度，可以提高分离速度。文章中采用 0.8ml/min 的流速，1min 的分离程序对老鼠的尿样进行分析，所得 UPLC/MS 数据的 PCA 结果见图 4-10。在如此短的分析时间内，白鼠、黑鼠和裸鼠可以被清晰地分辨，并且白鼠和黑鼠的雌雄可以被有意义地分辨。使用这个分析方案，所有的

120 个样品能在 150min 内完成分离，成为可能的高通量的方法。当然这种快速的分离方法也有着局限性，它与 10min 的洗脱程序相比减小了分离能力。作者对比了 1min 和 10min 的方法的峰容量，从 10 000 下降到 2000。但是，仍然大于由普通液相色谱系统 10min 所获得的数值。

所得的结果证明，UPLC 可以改良普通液相色谱系统获得的结果。使用 1.7μm 颗粒的 UPLC 较大地提高了分离度、分析时间、减少质谱的离子抑制，对代谢组学研究的复杂样品十分有利。

Zhao 等[11]使用 UPLC Q TOF-MS 对癌症患者尿中顺二醇结构的代谢物进行分析，用代谢组学方法寻找可能的临床诊断标记物，同样地，在更短的时间内得到了更多的代谢物信息，癌症患者与正常人得到了更好的区分，与此同时，发现了更多的生物标记物。在使用 UPLC 与质谱联用时发现的对分类贡献最大的 15 种可能的生物标记物中有 5 个在 HPLC 与质谱联用时并没有被检测出来。UPLC 在发现标记物及标记物鉴定上的优势无疑使 UPLC 成为代谢组学研究中更有效的分析平台。

另一个代谢组学数据识别研究表明[12]：在用 UPLC 与 HPLC 对人血清样品中内源性与外源性组分定量分析时，由于 UPLC 检测得到的高保留时间重复性及高信噪比提供了峰发现、识别乃至进一步统计学评价的较好的基础，UPLC 可以检测得到比 HPLC 多 20%的组分，8/10 的有显著性差异的组分被检出。UPLC 与质谱联用更适合于非靶向的代谢分析。UPLC 与质谱联用的优势也使得更多研究者把生物标记物的发现及鉴定工作在此分析平台上展开[13,14]。

4.3.2 超高效液相色谱与质谱联用用于代谢组学研究实例

4.3.2.1 用于中药代谢组学的研究

代谢组学与药物的药效和毒性筛选以及安全性评价、作用机制研究和合理治疗用药密切相关。代谢物组是反应机体状况的分子集合，所有对机体健康影响的因素均可反映在代谢物组中，因此研究代谢物组对药物治疗有直接意义。UPLC 技术的发展为中药代谢组学的研究提供了更加高通量、高分辨率、高灵敏度的分析技术平台。

汪江山等[15]将超高效液相色谱与飞行时间质谱联用，用于人参皂苷 Rg3 作用后大鼠尿液代谢物指纹图谱分析及标记物的鉴定。人参是一味常用的名贵中药，人参皂苷 Rg3 是其有效成分之一。有研究表明，人参皂苷 Rg3 及其代谢产物均具有抗肿瘤活性。因此文章中采用大鼠尿液以及人参皂苷 Rg3 静脉给药大鼠尿液作为测试样品，考察 UPLC/Q-TOF 这一平台对复杂体系进行分离分析的能力，进而探讨了如何利用化合物的精确质量和 MS/MS 数据对给药大鼠尿液中显著变化的未知内源性代谢物进行结构鉴定。

采用 UPLC-TOF-MS 的方法，在老鼠尿液中至少可以得到 500 多个代谢物的信息（图 4-11）。对比给药组以及对照组大鼠尿液的代谢物指纹图谱，给药后大鼠尿液中众多代谢物的相对浓度发生了较大的变化。图 4-12 显示给药后 0～24h，大鼠生化代谢发生了显著性的扰动。给药 48～72h 后，大鼠的生化代谢显示回归平衡状态的趋势。对浓度改变最显著的 100 个尿中代谢物进行考察，发现 96%的代谢物在给药后的 0～24h 浓度增加。

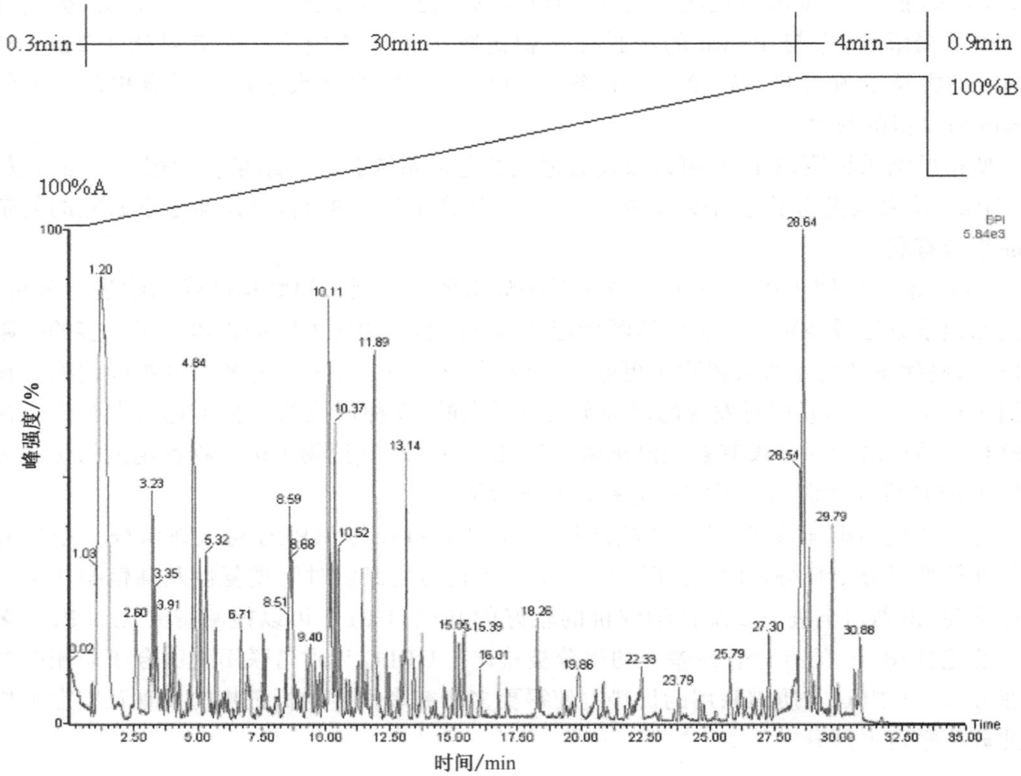

图 4-11　给药后大鼠尿液 UPLC-TOF MS 质谱图

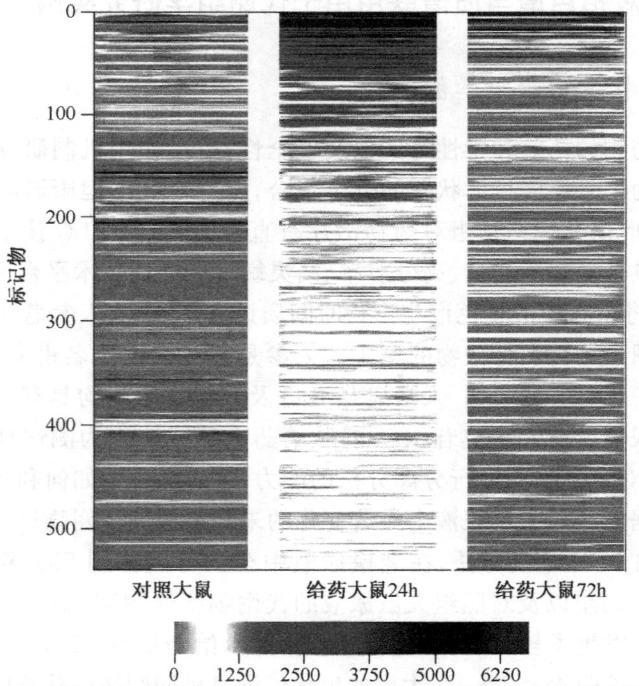

图 4-12　对照大鼠、给药大鼠 24h 以及 72h 尿中代谢物的信号强度变化[15]

颜色深度与信号强度的关系见图下标尺

用 PCA 的方法对给药大鼠以及对照大鼠的代谢指纹数据进行分析，根据主成分载荷因子可知何种代谢物对分类贡献最大，这种代谢物可认为是人参皂甙 Rg3 对大鼠生化代谢影响的生物标记物。在标记物的确认方面非常重要的前提是要排除其他外源性物质或其代谢物的干扰。要排除人参皂甙 Rg3 和其代谢物的干扰，采取的方法是先通过提取离子的方法在尿液指纹图谱中筛选可能代谢物的离子，并将其排除，这种方法也适用于代谢组学在其他药物研究的应用。

尿液中数以千计的代谢产物，大部分为结构完全未知的化合物，UPLC-Q-TOF MS 的分离分析平台可以提供有关化合物的保留时间、精确质量数、MS/MS 数据以及单波长(254nm)紫外吸收情况，可用于生物标记物的发现和结构鉴定。文章中通过 PCA 发现 $[M+H]^+$ m/z=190、206 以及 154 的代谢物对分类贡献较大，是可能的生物标记物。经结构鉴定分别为 4-羟基-2-喹啉酸（$C_{10}H_7NO_3$，189.0426）和 4，8-二羟喹啉甲酸（$C_{10}H_7NO_4$，205.0375）。

这一研究表明 UPLC-TOF-MS 适合于尿液这一复杂生物样本的分离分析，并能提供丰富的代谢物定性和定量信息，适合于代谢组学的应用。

李发美[16]应用 UPLC-MS 进行中药试剂淫羊藿提取物对老鼠模型的药效研究，淫羊藿提取物的几种主要活性代谢产物被检出并且被定性。对内源性代谢产物进行 PCA 分析，对照组、模型组和给药组得到了显著的分离。Chan 等[17]将 UPLC 与 TOF MS 联用，用于中药三七原药与蒸汽提取药的代谢组学研究，PCA 结果表明，原药与蒸汽提取药可得到很好的区分，可将此方法应用于中药的加工质量控制。

4.3.2.2 用于功能基因组学中不同代谢模型的研究

代谢组是一个细胞或组织的生物化学表型，通过对不同生理状态的代谢组进行分析，人们就可以全面了解该生物或细胞的生物化学状态，获得众多信息。由于代谢组学分析所获得的信息离生物的表型或生理状态最近，所以从理论上说，代谢组学分析所提供的信息比转录组和蛋白质组分析所提供的信息更有用，更能够揭示基因和表型之间的关系，达到监测和推断基因功能的目的。所以，除了从 mRNA 和蛋白质水平外，还必须从代谢产物水平上来研究生物细胞有关基因的功能。与转录组学和蛋白质组学研究一样，代谢组学研究也是功能基因组学研究的重要组成部分[18]。

Plumb 等[19]将 UPLC-oa-TOF 的方法用于代谢组学的研究，研究 Zuker 肥胖老鼠和黑鼠、白鼠和裸鼠之间的年龄、性别和昼夜间的代谢差异。Zuker 肥胖老鼠典型表现为肥胖和胰岛素抑制而导致 2 型糖尿病。应用 1.5min 的快速分析程序，Zuker 肥胖老鼠和其他正常雄性老鼠(AP)6 周和 20 周的尿样谱图如图 4-13 所示。应用 PLS-DA 分类所得结果如图 4-14 所示，从图 4-14A 可以看出，4 类可以清楚地区分，而且 20 周的 Zuker 肥胖老鼠的变异比 6 周时的更大。从图 4-14B 可以看出对聚类的结果贡献最大的离子，对其中的 m/z=255 和 m/z=332 萃取离子(图 4-15)可以清楚地看出峰强度的不同。文章中应用这种快速分析程序分别对比了采样时间、样品对象的性别和不同种类所带来的生物学差异。图 4-16A、B 显示雄性黑鼠早晨与晚上尿样的差异，图 4-16C、D 则显示采样时间、样品对象的性别和不同种类所带来差异的大小不同。图 4-16E 显示雌雄白鼠可以完全被分辨。

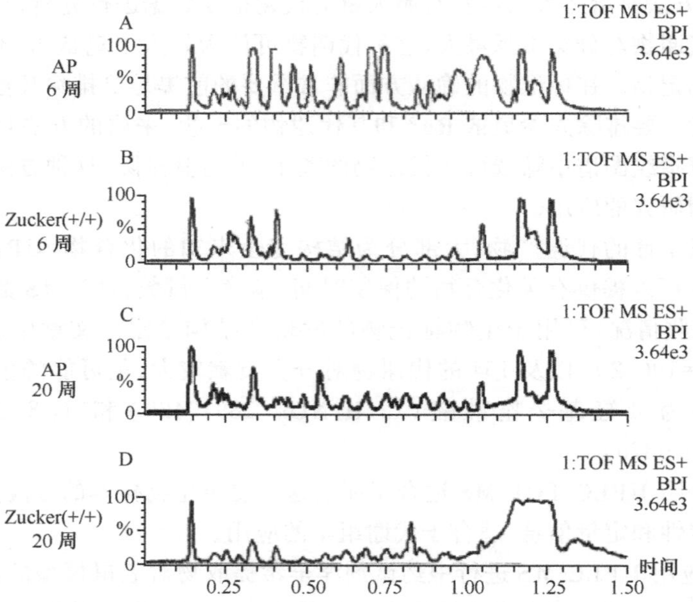

图 4-13　UPLC/MS 尿样总离子流图[19]

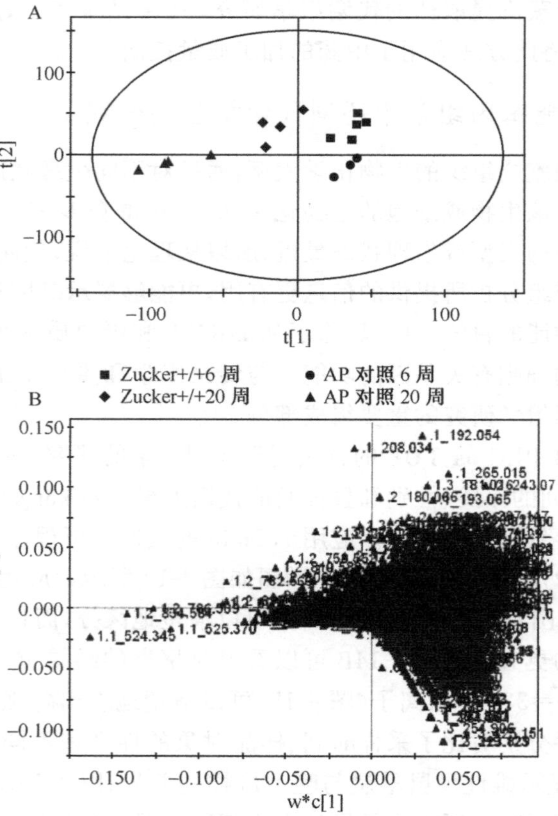

图 4-14　AP 和 Zucke 鼠分别 6 周和 20 周尿样 UPLC/MS 数据的 PLS-DA 结果[19]

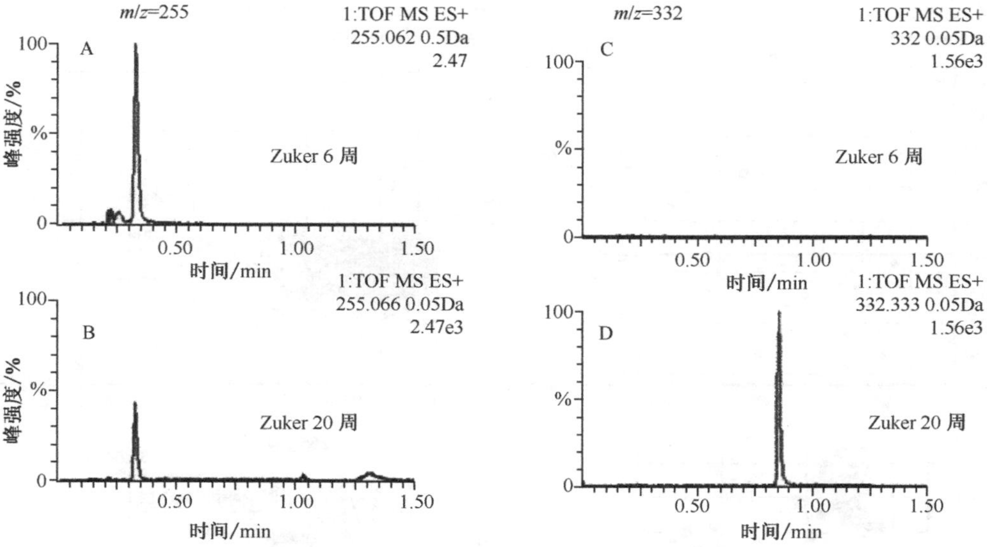

图 4-15　Zucker 鼠 6 周和 20 周尿样的萃取离子图

$m/z=255$ 和 $m/z=332$[19]

研究结果表明，应用 UPLC 系统 1.5min 的快速分析程序在代谢组学的研究中，可以获得高通量的扫描分析，快速地获得全面的数据变量和生物学变化。这种快速、全面的方法可用于代谢组学的分析和生物标记物的检测。

4.3.2.3　用于临床医学的研究

在临床医学中，许多尚无明确病因的疾病等待探索其发病机制。代谢产物是基因表达的最终产物，与机体的生理、病理、发育状态有关。因此，代谢组学提供了从另一角度研究疾病的方法，进行疾病诊断、阐明发病机制、治疗监测。

Yin 等[20]应用 UPLC Q-TOF MS 对 40 个肠瘘患者及 17 个健康人的血清样品进行检测，ESI＋和 ESI－的数据都用于 PLS-DA 分析，肠瘘患者与健康人可得到很好的区分，9 种可能的生物标记物被发现。结果表明，UPLC 与质谱联用在发现疾病可能的生物标记物并且揭示病理的改变上是强有力的工具。

有兴趣的读者可从表 4-3 中看到更多的应用实例。

UPLC 是 2004 年推出的一项新技术，与传统的 HPLC 相比，UPLC 提供的高效、高速、高灵敏性能已经在代谢组学研究中的显示了优势。Agilent、Thermal、Shimadzu 等公司也随后推出了类似的高效、高速、高灵敏仪器。Agilent 公司推出的 RRLC(Rapid Resolution LC)使用 1.8μm 粒径的色谱填料，Thermal 公司使用 1.9μm 粒径的色谱填料以达到快速高效的目的。Shimadzu 公司的 Prominenece UFLC(Ultra Fast LC)使用 2.2μm 粒径的色谱填料，同时使用较高的温度(可达 85℃)加速物质的扩散，减小色谱柱里流动阻力的增加。这些新技术的推出为代谢组学研究的发展提供了技术支持，今后也必将得到更广泛的应用。

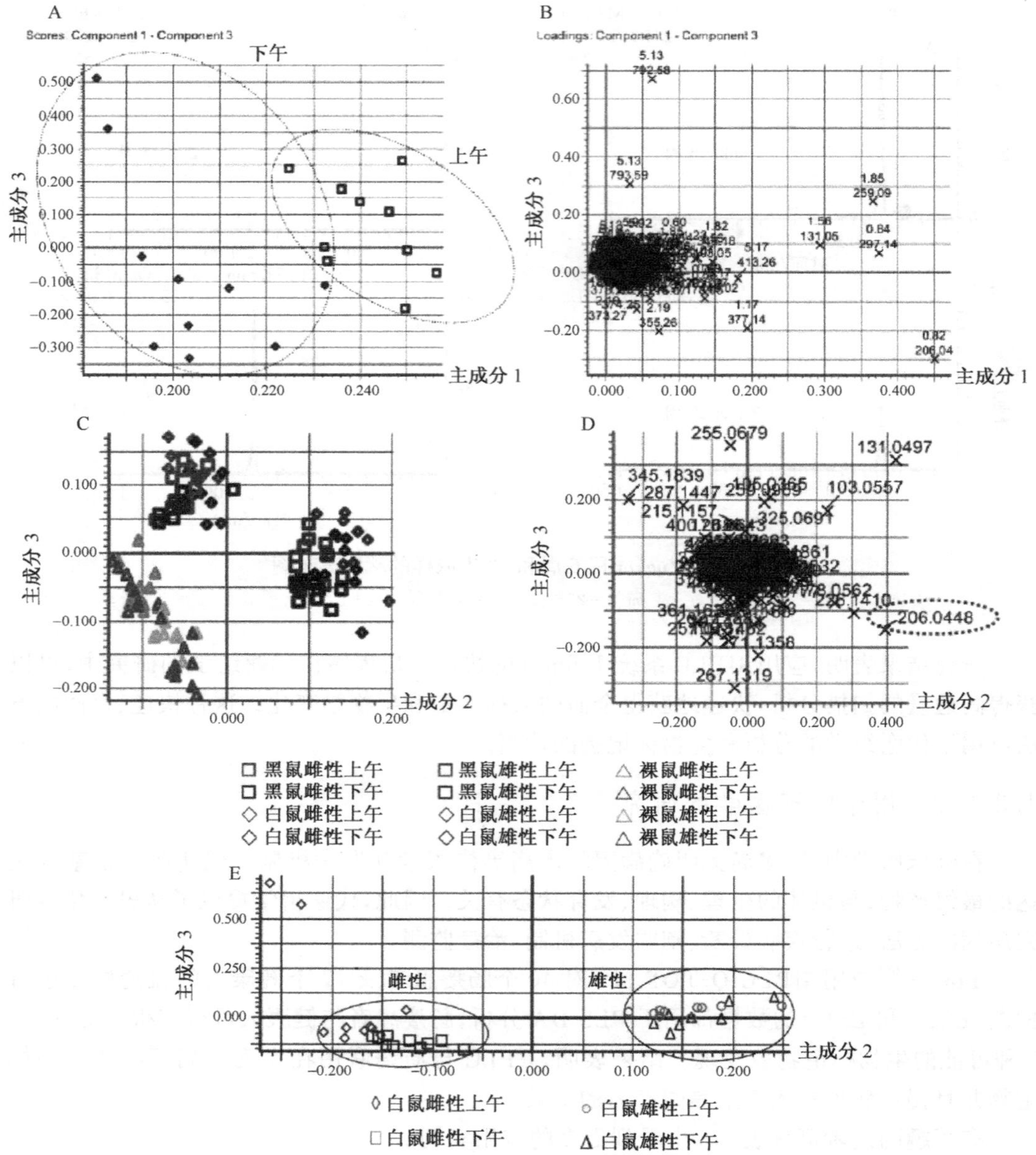

图 4-16　雄性黑老鼠上午(AM)和下午(PM)变化的 PCA 分析得分图(A)和载荷图(B);黑鼠、白鼠和裸鼠的 PCA 分析得分图(C) 和载荷图(D);白色雄和雌老鼠(AM & PM)数据的 PCA 分析(E)。数据由 LC/MS 分析而得[19]

表 4-3　文献中 UPLC 应用于代谢组学研究的实例

分析目的	样品	物种	分析对象	文献
药物代谢研究	肝微粒体	老鼠	右美沙芬代谢物	[5]
	尿样	老鼠	氧化槟榔碱代谢物	[21]
	血浆	老鼠	曲格列酮代谢物	[22]
	血清	人	Retinel、α-生育酚	[23]

续表

分析目的	样品	物种	分析对象	文献
	血浆	老鼠	羟基睾酮代谢物	[24]
	胆汁、粪便、血浆、尿样	老鼠	滨蒿内酯代谢物	[25]
药物代谢及疗效评价	尿样	老鼠	全组分分析	[15]
	血清、尿样	老鼠	药物活性物质、内源性代谢物	[16]
疾病诊断生物标记物的发现	尿样	人	顺二醇类代谢物	[11]
	血清	人	全组分分析	[20]
	胆汁	老鼠	全组分分析	[1]
功能基因组学研究	尿样	老鼠	全组分分析	[4]
	尿样	老鼠	全组分分析	[19]
	尿样	人	全组分分析	[26]
	血浆	老鼠	全组分分析	[27]
	尿样	老鼠	全组分分析	[28]
代谢物定量分析	微生物发酵液	链霉菌	lincomycin	[3]
代谢轮廓分析	发酵液	微生物	有机酸	[29]
生物标记物发现	尿样	人	全组分分析	[13]
植物代谢组学研究	拟南芥叶提取物	植物	全组分	[30]
中药提取鉴别	中药提取液	植物	全组分分析	[17]
代谢组学数据识别	血清	人	内源性、外源性代谢物	[12]
样品储存时间的影响	尿样	人、老鼠	全组分分析	[31]

参考文献

[1] Plumb R, Castro-Perez J, Granger J, Beattie I, Joncour K, Wright A. Rapid Commun Mass Spectrom, 2004, 18: 2331

[2] Novakova L, Solichova D, Solich P. Journal of Separation Science, 2006, 29: 2433

[3] Olsovska J, Jelinkova M, Man P, Koberska M, Janata J, Flieger M. J Chromatogr. A, 2007, 1139: 214

[4] Wilson I D, Nicholson J K, Castro-Perez J, Granger J H, Johnson K A, Smith B W, Plumb R S. J. Proteome. Res., 2005, 4: 591

[5] Castro-Perez J, Plumb R, Granger J H, Beattie I, Joncour K, Wright A. Rapid Commun Mass Spectrom, 2005, 19: 843

[6] Churchwell M I, Twaddle N C, Meeker L R, Doerge D R. J. Chromatogr. B Analyt. Technol. Biomed. Life Sci., 2005, 825: 134

[7] Leandro C C, Hancock P, Fussell R J, Keely B J. J. Chromatogr. A, 2006, 1103: 94

[8] Yu K, Little D, Plumb R, Smith B. Rapid Commun Mass Spectrom, 2006, 20: 544

[9] Pedraglio S, Rozio M G, Misiano P, Reali V, Dondio G, Bigogno C. J. Pharm. Biomed. Anal., 2007, 44: 665

[10] Hsieh Y, Duncan C J, Lee S, Liu M. J. Pharm. Biomed. Anal., 2007, 44: 492

[11] Zhao X J, Wang W Z, Wang J S, Yang J, Xu G W. Journal of Separation Science, 2006, 29: 2444

[12] Nordstrom A, O'Maille G, Qin C, Siuzdak G. Anal. Chem., 2006, 78: 3289

[13] Crockford D J, Lindon J C, Cloarec O, Plumb R S, Bruce S J, Zirah S, Rainville P, Stumpf C L, Johnson K, Holmes E, Nicholson J K. Anal. Chem., 2006, 78: 4398

[14] Plumb R S, Johnson K A, Rainville P, Smith B W, Wilson I D, Castro-Perez J M, Nicholson J K. Rapid Commun Mass Spectrom, 2006, 20: 1989

[15] 汪江山，赵欣捷，郑育芳，孔宏伟，卢果，蔡宗伟，许国旺. 色谱，2006，24: 5

[16] Li F M, Lu X M, Liu H P, Liu M, Xiong Z L. Biomedical Chromatography, 2007, 21: 397
[17] Chan E C Y, Yap S L, Lau A J, Leow P C, Toh D F, Koh H L. Rapid Communications in Mass Spectrometry, 2007, 21: 519
[18] 邱德有，黄璐琦．分子植物育种，2004，2：165
[19] Plumb R S, Granger J H, Stumpf C L, Johnson K A, Smith B W, Gaulitz S, Wilson I D, Castro-Perez J. Analyst, 2005, 130: 844
[20] Yin P Y, Zhao X J, Li Q R, Wang J S, Li J S, Xu G W. Journal of Proteome Research, 2006, 5: 2135
[21] Giri S, Krausz K W, Idle J R, Gonzalez F J. Biochem. Pharmacol., 2007, 73: 561
[22] New L S, Saha S, Ong M M, Boelsterli U A, Chan E C. Rapid Commun Mass Spectrom, 2007, 21: 982
[23] Citova I, Havlikova L, Urbanek L, Solichova D, Novakova L, Solich P. Anal. Bioanal . Chem., 2007, 388: 675
[24] Wang D, Zhang M. J. Chromatogr. B Analyt Technol. Biomed. Life Sci , 2007, 855: 290
[25] Wang X, Lv H, Sun H, Liu L, Sun W, Cao H. Rapid Commun Mass Spectrom, 2007, 21: 3883
[26] Lu G, Wang J, Zhao X, Kong H, Xu G. Se Pu. Journal of Chemistry, 2006, 24: 109
[27] Plumb R S, Johnson K A, Rainville P, Shockcor J P, Williams R, Granger J H, Wilson I D. Rapid Communications in Mass Spectrometry, 2006, 20: 2800
[28] Schnackenberg L K, Sun J, Espandiari P, Holland R D, Hanig J, Beger R D. BMC Bioinformatics 8 Suppl 2007, 7: S3
[29] Ross K L, Tu T T, Smith S, Dalluge J J. Anal. Chem., 2007, 79: 4840
[30] Grata E, Boccard J, Glauser G, Carrupt P A, Farmer E E, Wolfender J L, Rudaz S. J. Sep. Sci., 2007, 30: 2268
[31] Gika H G, Theodoridis G A, Wilson I D. J. Chromatogr. A, 2007, 10: 66

第5章　毛细管电泳-质谱联用技术在代谢组学研究中的应用

代谢组学分析的生物样品中包含许多离子性代谢物，尤其是糖酵解代谢产物、三羧酸循环代谢物，如羧酸、磷酸化糖。此外，核苷酸、氨基酸、辅酶等代谢物也是离子性化合物。由于离子性代谢物不容易在反相色谱柱上保留，而离子色谱和离子交换色谱流动相中要添加离子对试剂，不适合与质谱联用，因此 HPLC-MS 不适合离子性代谢物的分析。而毛细管电泳是通过离子化合物的质荷比（m/z）的不同造成迁移速率不同来实现分离的，因此毛细管电泳-质谱联用技术（CE-MS）特别适合分析离子性代谢物。最近，CE-MS 已成为分析离子性代谢物的有力工具。本章主要介绍毛细管电泳-质谱联用技术及在代谢组学研究中的应用进展。

5.1　毛细管电泳-质谱联用技术简介

毛细管电泳（capillary electrophoresis）是20世纪80年代问世的一种以毛细管为分离通道、以高压直流电场为驱动力的新型液相分离分析技术，是经典电泳技术和现代微柱分离相结合的产物。它一出现就引起分离科学界极大的关注。目前，它已成为和20世纪50年代末、60年代初出现的气相色谱以及20世纪70年代初出现的液相色谱相媲美的一种分离技术，并被认为是当代分析科学最具活力的前沿研究课题。与传统的分离方法相比，毛细管电泳的显著特点是简单、高效、快速和微量。所有这些特点使得毛细管电泳迅速成为一种极为有效的分离技术，广泛应用于分离多种化合物，如氨基酸、糖类、维生素、有机酸、无机离子、药物、多肽和蛋白质、神经递质、低聚核苷酸（RNA）和 DNA 片段等。近年来，毛细管电泳在手性化合物分离、药物分析、DNA 分析、代谢分析和环境分析等领域得到越来越广泛的应用。

质谱（MS）检测法具有较强的定性功能，在一次分析中可获得很多结构信息，因此将毛细管电泳分离技术与质谱法相结合可谓是分离科学方法学中的一项突破性进展。1987年，Olivares 首次报道了毛细管电泳与质谱的联用技术[1]，随之，该项技术迅速获得了认可和欢迎，得到了很大的发展，并出现了商品化仪器。CE-MS 的发展与 MS 进样系统的进展不无关系，特别是由 Fenn 等[2]研制的电喷雾技术（ESI）起了关键的作用。Olivares 将该项技术应用到 CE-MS 中。连续流快原子轰击（continuous flow FAB，CF-FAB）[3]也被成功地应用到联机模式。CE-MS 接口中的离子化技术还有基体辅助激光解吸离子化（matrix assisted laser desorption ionization，MALDI），虽然它也有被用于 CE-MS 联机模式中的成功报道[4]，但是最常用的还是脱机联用模式。此外，离子喷雾（ionspray，ISP）[5]、大气压化学电离（APCI）[6]等也被应用在 CE-MS 中。

CE 末端与质谱的接口是影响整个检测的关键因素之一，所有 CE-ESI-MS 接口的目标都是为了获得稳定的雾流和高效的离子化。由于 CE 需要较高离子强度、挥发性低的缓冲液，而 ESI 需要相对较低的盐浓度才能获得好的雾化及离子化。因此接口技术必须优化，使其尽可能提供好的电子接触，同时尽量减少对 CE 分离效率的影响。此外，对于每一种接口应选择相应的缓冲液。CE-ESI-MS 接口共有三种类型：同轴液体鞘流（coaxial liquid sheath flow）、无鞘接口、液体连接。

5.1.1 同轴液体鞘流

此种类型接口是最常见的连接 CE 与 ESI-MS 的方法。该接口是一个同心的不锈钢毛细管套在电泳毛细管末端，鞘内充有鞘液。在此不锈钢套外再套一个同心的钢套，鞘内通鞘气。鞘液与毛细管电泳缓冲液液体在尖端混合，同时被鞘气雾化。鞘液流量通常为每分钟纳升至数微升，但却显著高于 CE 流速。由于鞘液的稀释作用，雾流稳定性得到改善。鞘液的流速和组成需要优化，一些研究表明有机溶剂和挥发性酸（如正离子模式下的乙酸、甲酸）或挥发性碱（如负离子模式下的乙酸胺、三乙胺）的种类和构成影响质谱信号的灵敏度[7,8]和分离度[9]。

5.1.2 无鞘接口

由于鞘液的稀释，同轴液体鞘流接口质谱检测灵敏度会降低，无鞘接口可以避免该问题。毛细管末端做成尖细状以获得稳定的电子雾化。该末端外套一同心套管，内通鞘气。该接口的难点是不易同时保持 CE 和 ESI 的电路循环。为此，在毛细管末端粘上金丝或镀一层金，但因为金的黏着力差，易被机械的或电子的原因除掉，因而接口性能差且寿命短。近来 Kelly 等[10]改进了这一接口。他们首先在 CE 末端镀上一层镍或镍/铬合金，再镀上金，使接口寿命超过 100h。另外，Brocke 等[11]用铂或镀金不锈钢丝插入 CE 末端作为毛细管内电极，并以对苯二酚缓冲液为添加剂以抑制电化学反应产生的气泡。此种接口相对于同轴液体鞘流接口，待分析物未被稀释，检测灵敏度要好一些，尤其是与 nanoESI 相连时，检测限达皮摩[12]。

5.1.3 液体连接

该接口为 CE 末端与一个直径 10～20μm 的槽垂直相连，槽内充有 CE 缓冲液。与 CE 末端相对的槽的另一端接上 ESI。此装置的优点在于可通过任意调节槽内液体流速以改善 ESI 效果，然而这通常是以谱带展宽和分离效能减低为代价而取得的。此外，该装置技术难度较大，现仅见于芯片 CE 与 MS 联用的仪器。

5.2 基于毛细管电泳-质谱联用技术的代谢组学平台

生物样品中的离子性代谢物，根据所带电荷的不同，可分为阳离子代谢物和阴离子代谢物。据此，分别建立了相应的毛细管电泳-质谱分析方法。

5.2.1 阳离子代谢物 CE-MS 分析方法

Soga 等[13]建立了阳离子代谢物的 CE-MS 分析方法。如图 5-1 所示，毛细管裸柱中电渗流 EOF 朝向电极负极，阳离子根据质荷比的不同得到分离。为了同时分析所有的阳离子代谢物，使用低 pH 的电解液（1mol/L 甲酸 pH1.8），使代谢物带正电荷，从而质谱可以检测。他们从 *B. subtilis* 细菌细胞提取物中检测到了质荷比（*m/z*）在70～1027 的 1053 种阳离子代谢物。图 5-2 是 *B. subtilis* 细菌细胞提取物中 *m/z* 在 101～150 的阳离子代谢物的选择离子图。所建立的方法灵敏度很高，能检测到单个细胞中 40zmol 的腺嘌呤和 350amol 的葡萄糖。而且迁移时间的相对标准偏差（RSD）小于 2.7%。

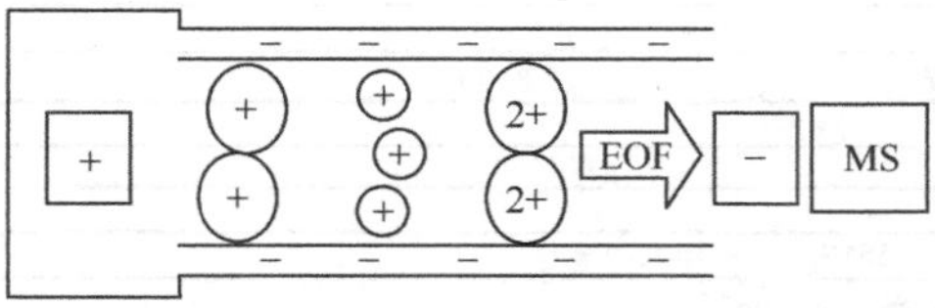

图 5-1　CE-MS 分析阳离子模式的电渗流（EOF）示意图

5.2.2 阴离子代谢物 CE-MS 分析方法

毛细管电泳分析阴离子代谢物时，通常采用反相电压模式，此时毛细管进样端在阴极，出口端在阳极，由于 CE-MS 系统没有出口端缓冲液瓶，而电渗流 EOF 流向阴极，如图 5-3A 所示，容易在毛细管出口端形成气泡，造成电流中断，从而导致分析失败。为了克服该问题，Johnson 等[14]在缓冲液中添加十六烷基三甲基溴化铵阳离子表面活性剂，使电渗流 EOF 方向改变，见图 5-3B。然而，Soga 等发现采用该方法后，加高压数分钟后，电流下降仍不可避免。据推测这可能是因为吸附在毛细管内壁的阳离子表面活性剂会逐渐向阴极移动，原来被覆盖的 SiO^- 又暴露出来，正相电渗流向阴极迁移，见图 5-3C。后来，Katayama 等[15]应用阳离子聚合物 SMILE（＋）键合毛细管涂层柱覆盖表面硅羟基，产生反相电渗流解决了此问题。此方法无需在缓冲液中加入任何添加剂，而且具有很强的化学稳定性。

Soga 等[16]应用该技术建立了阴离子代谢物的 CE-MS 分析方法。细胞中糖代谢和三羧酸循环（TCA）有许多阴离子代谢物，其中包括 F6P 和 G6P、2PG 和 3PG 等异构体。高 pH9.0 的 50mmol/L 乙酸胺做电泳缓冲液有利于异构体的分离。质谱采用负离子模式，阴离子代谢物一般产生脱质子的分子离子峰 $[M-H]^-$，接口为同轴液体鞘流，鞘流液选择含 5mmol/L 乙酸胺的 50%甲醇/水溶液。他们同时分析了羧酸、磷酸化羧酸、磷酸化糖、核苷酸、氨基酸、辅酶等 32 种阴离子代谢物，迁移时间的相对标准偏差（RSD）小于 0.4%，峰面积的 RSD 为 0.9%～5.4%。浓度检测限达到 0.3～6.7μmol/L（按 3 倍信噪比计算）。从 *B. subtilis* 细菌细胞提取物中直接检测到了 29 种阴离子代谢物，见图 5-4。与其他方法相比，建立的阴离子代谢物 CE-MS 分析方法具

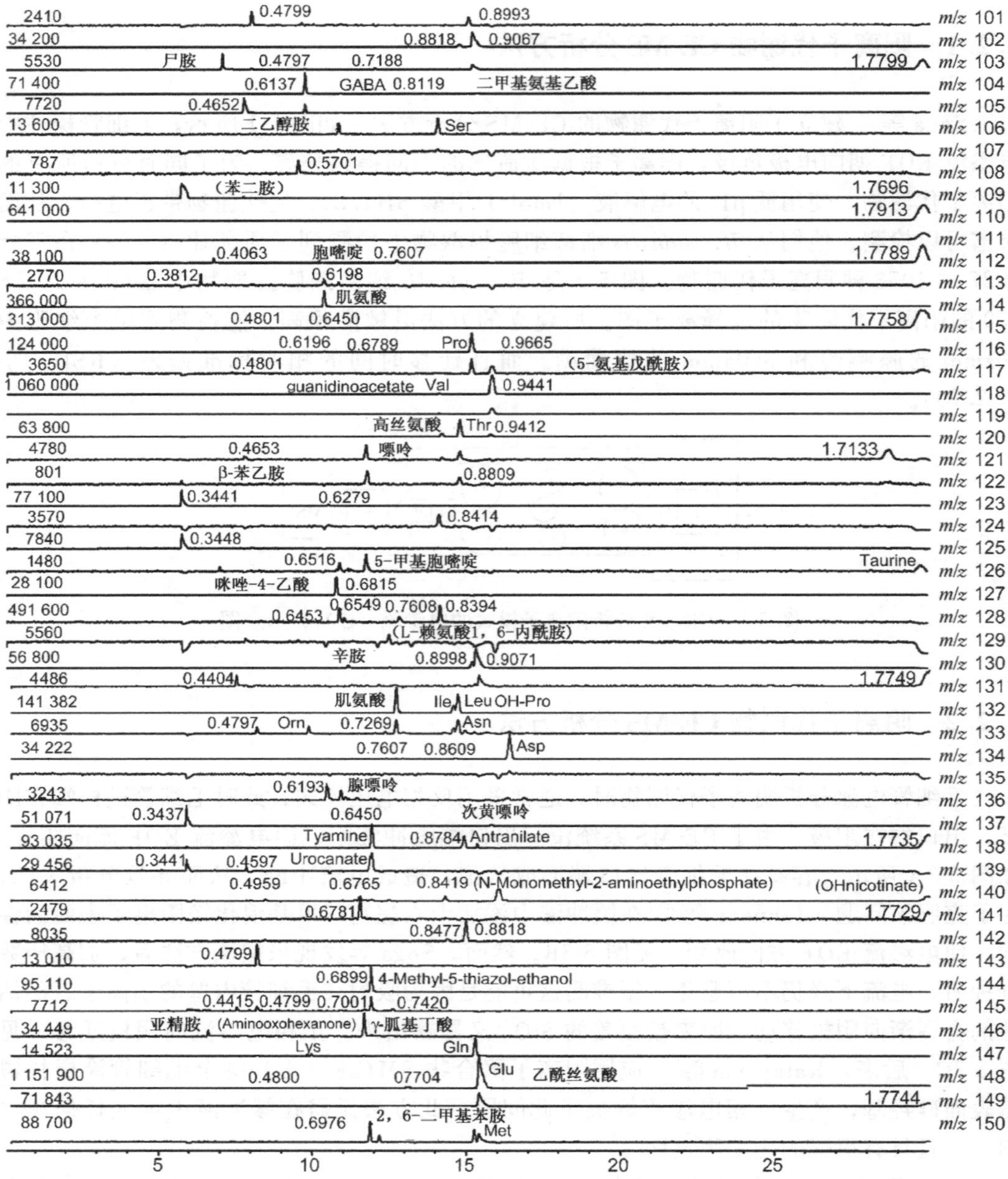

图 5-2 *B. subtilis*168 细菌细胞提取物中阳离子代谢物的 CE-MS 选择离子图[13]

实验条件：毛细管柱（50μm i. d. ×100cm）；缓冲液 1mol/L 甲酸；分离电压＋30kV；压力进样 50mbar 进样 3s；温度 20℃；鞘液为含 5mmol/L 乙酸铵的 50%甲醇/水溶液（V/V），流速 10μl/min；电喷雾离子源质谱：正离子模式，电压 4000V，加热温度 300 ℃

有以下几点优势：①不需要衍生就可以分析不同类型阴离子代谢物；②高灵敏度和高选择性；③分析时间短。

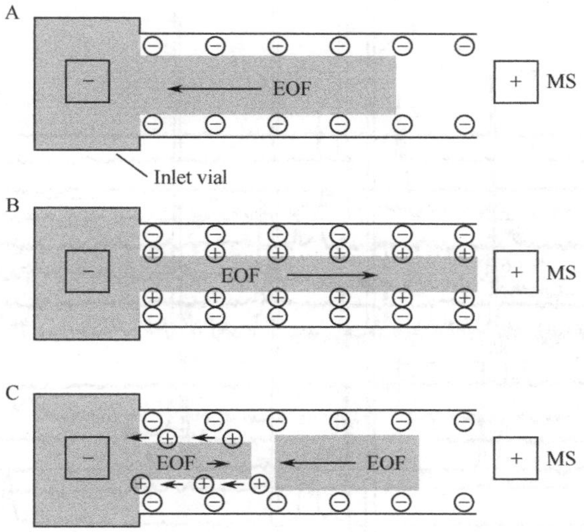

图 5-3　CE-ESI-MS 分析阴离子模式的电渗流（EOF）示意图

A. 正常电渗流；B. 缓冲液中添加阳离子表面活性剂使电渗流方向改变；C. 无液区产生正常电渗流

5.2.3　多价阴离子代谢物 CE-MS 分析方法

上述建立的阴离子代谢物 CE-MS 方法在分析多价阴离子代谢物，如柠檬酸、核苷、辅酶 A 等，由于吸附的原因，峰脱尾严重，影响准确定量分析，Soga 等[17]又建立了分析多价阴离子代谢物的压力辅助毛细管电泳-电喷雾质谱方法（PACE/ESI-MS）。为了防止这些阴离子吸附在管壁上，毛细管内壁涂敷一层中性聚合物（聚二甲基硅烷）。然而，也经常发生电流中断。他们又在毛细管进口端增加辅助压力系统，使缓冲液不断地流向质谱端，保证毛细管和电喷雾针之间充满导电液，防止电流中断现象发生，见图 5-5。利用该方法分析了柠檬酸异构体、核苷、烟酰胺腺嘌呤二核苷酸（辅酶）、黄素腺嘌呤二核苷酸、辅酶 A 等 18 种多价阴离子化合物，迁移时间的相对标准偏差（RSD）小于 0.6%，峰面积的 RSD 为 1.4%～6.2%。浓度检测限达到 0.4～3.7μmol/L，质量检测限 12～110fmol（按 3 倍信噪比计算）。从 *B. subtilis* 细菌细胞提取物中直接检测到了 18 种多价阴离子代谢物，图 5-6 是其中柠檬酸异构体、核苷、二核苷酸以及辅酶 A 的 PACE/ESI-MS 选择离子图。建立的 PACE/ESI-MS 具有以下优势：①多价阴离子代谢物，如柠檬酸、核苷、辅酶 A 等不会吸附在毛细管壁上；②不会出现分析电流中断；③不需要衍生过程；④高灵敏度和高选择性；⑤分析时间短。

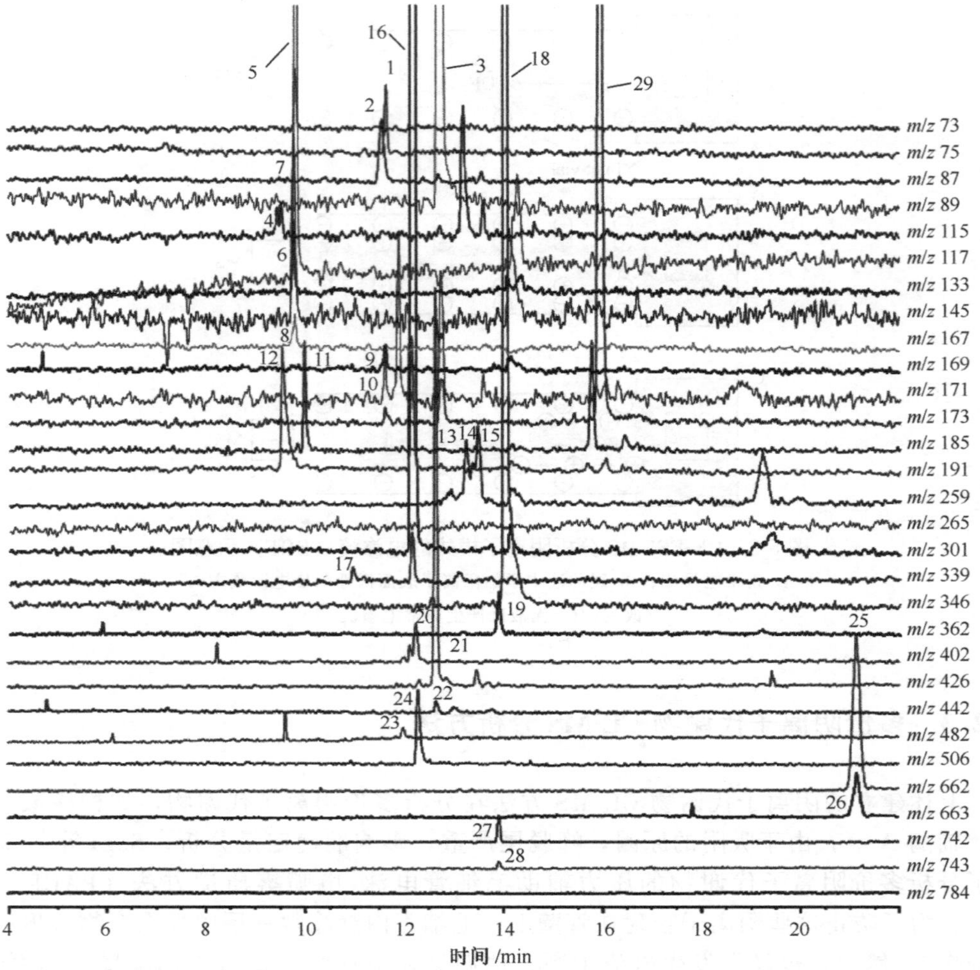

图 5-4　*B. subtilis* 细菌细胞提取物中阴离子代谢物的选择离子图[16]

实验条件：毛细管柱（50μm i.d. ×100cm）；缓冲液 50mmol/L 乙酸胺

pH 9.0；分离电压−30kV；压力进样 50mbar 进样 30s；温度 20℃；

鞘液为含 5mmol/L 乙酸胺的 50%甲醇/水溶液（*V*/*V*），流速 10μl/min；

电喷雾离子源质谱：负离子模式，电压 3500V，加热温度 300℃

峰标示：1. 羟乙酸；2. 丙酮酸；3. 乳酸；4. 延胡索酸；5. 琥珀酸；6. 苹果酸；

7. 2-酮戊二酸；8. PEP；9. DHAP；10. 甘油-3-磷酸；11. 3PG；

12. 柠檬酸；13. G1P；14. F6P；15. G6P；16. PIPES (is)；

17. F1，6P；18. AMP；19. GMP；20. CDP；21. ADP；

22. GDP；23. CTP；24. ATP；25. NAD；26. NADH；

27. NADP；28. NADPH；29. 未知

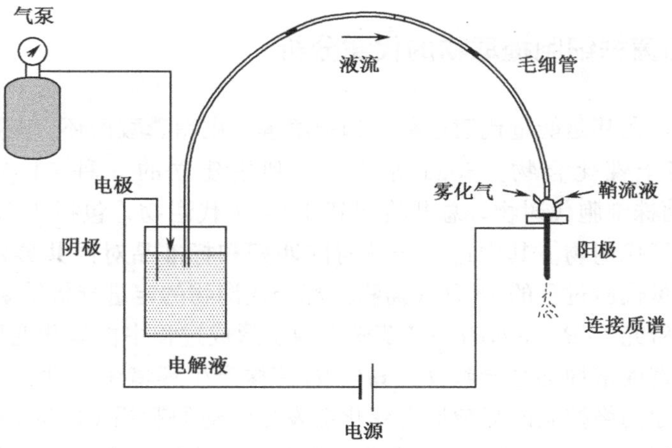

图 5-5　PACE/ESI-MS 分析系统示意图

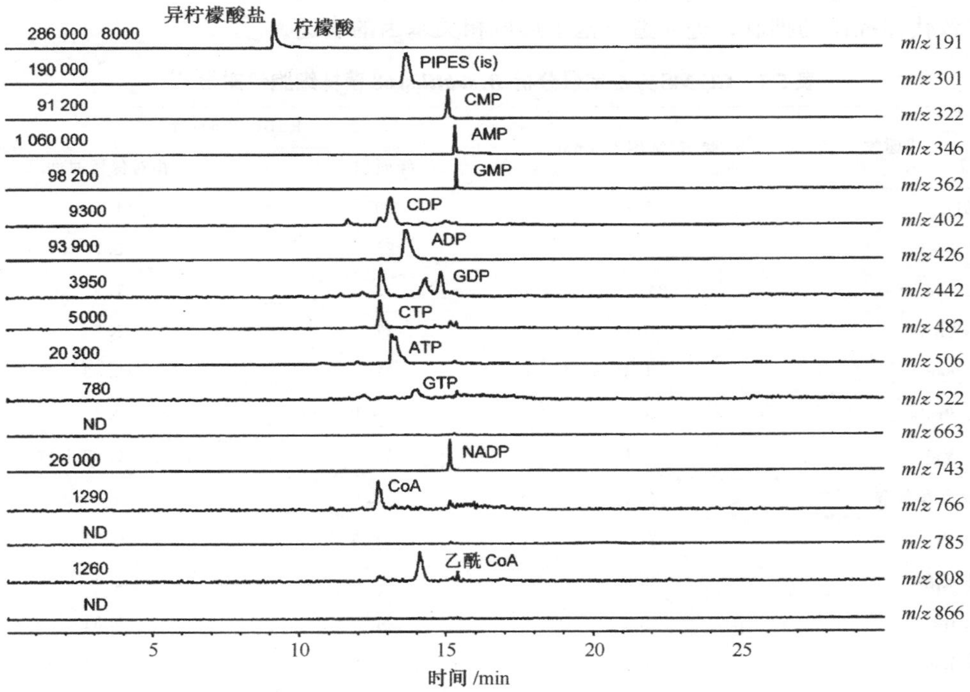

图 5-6　*B. subtilis*168 菌株细胞提取物中多价阴离子代谢物的 PACE/ESI-MS 选择离子图[17]

实验条件：毛细管柱（DB—150μm i. d. ×100cm）；缓冲液 50mmol/L 乙酸胺 pH7.5；分离电压－30kV；压力进样 50mbar 进样 30s；温度 30℃；鞘液为含 5mmol/L 乙酸铵的 50%甲醇/水溶液（V/V），流速10μl/min；电喷雾离子源质谱：负离子模式，电压 3500V，加热温度 300℃

5.3 毛细管电泳在代谢组学中的应用研究

5.3.1 微生物菌株细胞提取物的代谢分析

微生物代谢，尤其是能量代谢过程，如糖酵解、戊糖磷酸循环、三羧酸循环中的代谢物几乎都是离子性化合物。Soga 等[13,16~18]利用建立的 3 种 CE-MS 方法分析了 *B. subtilis*168 菌株细胞代谢物，总共检测到 1692 个代谢物，包括 1053 个阳离子代谢物和 637 个阴离子代谢物。其中通过迁移时间匹配和标准品对照共鉴定出 233 个代谢物，包括参与能量代谢过程的 78 种代谢物。部分代谢物的定量分析结果见表 5-1。基于这些数据，他们研究了 *B. subtilis*168 菌株在孢子形成过程中能量代谢网络的变化。营养的缺乏或细胞密度增加都会导致 *B. subtilis* 菌株产生环境耐受性强的孢子。孢子形成过程中，受代谢网络控制的复杂形态变化会发生。他们利用 CE-MS 平台检测了孢子形成前后不同时间点的 *B. subtilis* 菌株代谢轮廓。如图 5-7（见彩版）所示，*B. subtilis* 菌株培养在葡萄糖缺乏的环境下，在孢子形成的早期，糖酵解、磷酸戊糖循环、三羧酸循环中的许多代谢物显著下调，特别是 1，6-二磷酸果糖（F1.6P）急剧下降 100 多倍。F1.6P 是CcpA和 CcpC 转录因子调控的代谢抑制的关键因子，F1.6P 的下调可能导致代谢控制的抑制，进而造成孢子形成相关基因的表达。

表 5-1 CE-MS 方法定量分析 *B. subtilis*168 菌株细胞代谢物[13]

代谢物	摩尔/细胞 ^{a}/amol	RSD(n=5)/%	
		峰面积	相对保留时间
Gly	5.8	20	1.5
L-β-Ala	0.14	28	2.7
L-Ala	24	13	1.3
GABA	0.12	27	1.7
L-Ser	4.5	23	0.83
L-Pro	3.8	3.0	0.48
L-Val	4.1	19	0.83
L-高丝氨酸	2.1	2.0	0.84
L-Thr	13	6.3	0.33
肌氨酸	2.5	30	1.4
L-Ile	2.2	24	0.61
L-Leu	6.3	21	0.74
L-羟基脯氨酸	0.17	29	0.13
L-鸟氨酸	0.27	60	2.1
L-Asn	0.43	57	1.3
L-Asp	11	11	0.2
腺嘌呤	0.04	63	1.8

续表

代谢物	摩尔/细胞[a]/amol	RSD(*n*=5)/%	
		峰面积	相对保留时间
酪胺	0.37	25	1.6
亚精胺	0.12	53	2.9
L-Lys	0.12	33	2.0
L-Gln	190	8.4	0.49
L-Glu	350	4.0	0.47
L-Met	1.4	15	0.51
L-His	0.32	16	2.0
L-Phe	1.2	44	0.37
L-Arg	1.7	32	2.1
L-瓜氨酸	1.6	8.5	0.55
酪胺	0.3	50	0.32
L-肌肽	1.1	50	2.2
胞啶	0.12	26	0.91
腺苷	0.06	55	0.84
丙酮酸	3.2	33	0.28
乳酸	23	22	0.18
富马酸	0.73	25	0.44
琥珀酸	3.2	6.9	0.31
苹果酸	0.16	16	0.32
2-酮戊二酸	1.2	24	0.30
磷酸烯醇丙酮酸	1.7	30	0.31
二羟基丙酮磷酸	2.5	26	0.07
甘油-3-磷酸	3.1	22	0.06
3-磷酸甘油酸	9.1	16	0.20
柠檬酸	0.36	27	0.69
赤藓糖 4-磷酸	1.1	12	2.5
核酮糖 5-磷酸	1.7	30	0.10
核糖 5-磷酸	0.45	25	0.32
葡萄糖-1-磷酸	1.1	29	0.14
果糖 6-磷酸	2.6	38	0.17
葡萄糖 6-磷酸	1.4	49	0.18
6-磷酸葡萄糖酸	0.24	28	0.18
果糖 1,6-二磷酸	1.9	51	0.18
CMP	0.29	23	0.93
AMP	1.3	47	0.78

续表

代谢物	摩尔/细胞[a]/amol	RSD(n=5)/%	
		峰面积	相对保留时间
GMP	0.14	42	0.85
CDP	0.07	52	0.89
ADP	0.72	49	0.43
GDP	0.05	55	0.93
CTP	0.15	37	0.89
ATP	0.83	36	0.61
GTP	0.12	49	0.63
NAD	4.5	8.9	0.72
NADP	0.26	23	0.64
NADPH	0.06	53	0.72
乙酰辅酶 A	0.67	36	0.59

a. 细胞中每种代谢物定量结果是根据每毫升培养液中细胞数目来计算

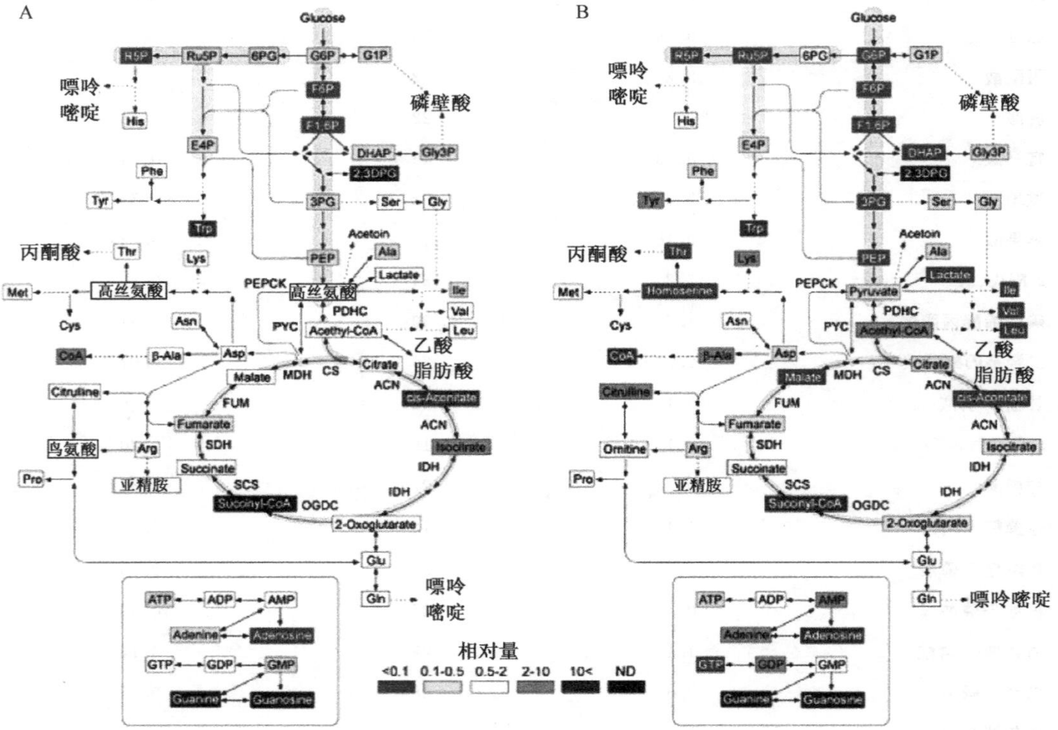

图 5-7 *B. subtilis*168 菌株在孢子形成过程中能量代谢网络的变化[13]

A. 在对数生长后期代谢物水平的变化（T_0/ $T_{-0.5}$）；B. 孢子形成早期代谢物水平的变化（T_2/ $T_{-0.5}$）。紫色和红色方框分别表示代谢物水平增加 2～10 倍和 10 倍以上；浅蓝色和靛青色方框分别表示代谢物水平下降到原来的 0.1～0.5 和 0.1 以下；白色方框表示代谢物水平没有大的变化；黑色方框表示代谢物未检测到。*B. subtilis* 菌株的代谢图谱见 ARM database(http://www.metabolome.jp/)

Itoh 等[19]用 CE-MS 同时检测大肠杆菌中不同的代谢中间体，以便于原位研究新陈代谢规律。为了更好地理解连续酶反应规律，他们从 10 个纯化的大肠杆菌酶中重构了糖酵解过程。结果表明，通过代谢物浓度变化的微小平衡来调控该代谢途径，这与天然生物震荡网络相似。

Edwards 等[20]用 CE-MS 方法分离检测了 DH5-α 转染大肠杆菌 *E. coli* 提取物中磷酸化和酸性代谢物，如图 5-8 所示，鉴定了 118 种化合物。Soga 等[21]用 PACE-MS 方法检测于野生型、pfkA 和 pfkB 突变型大肠杆菌中 14 种核苷、二核苷酸以及辅酶 A 等磷酸化位点代谢物，可为酶活性研究提供有用信息。

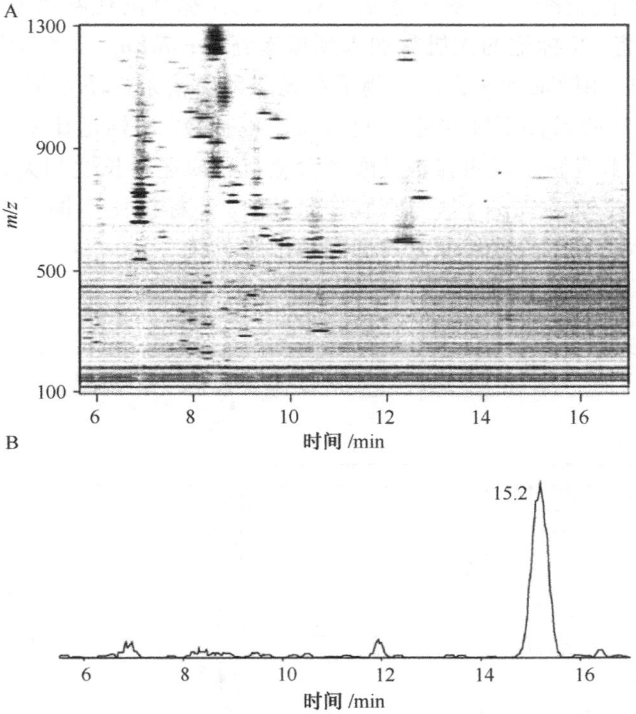

图 5-8　大肠杆菌提取物分析谱图[20]

A. 大肠杆菌代谢物的离子谱图；B. 从 A 图中提取 m/z808 离子的谱图，15.21min 的峰（信噪比 35）经鉴定是乙酰辅酶 A

5.3.2　植物细胞提取物的代谢分析

Sato 等[22]采用 CE-MS 和 CE-DAD 方法分析了水稻叶子提取物中的主要代谢物。他们利用建立的 3 套 CE-MS 系统分别检测了水稻叶子提取物中氨基酸、胺、咖啡碱等阳离子化合物，有机酸、磷酸糖类等阴离子化合物，核苷酸、辅酶等多价阴离子化合物。利用 CE-DAD 方法检测了糖类化合物。为了提高分析通量，4 种分析方法同时进行。检测到 88 种参与糖酵解、三羧酸循环、磷酸戊糖代谢途径、光合作用和氨基酸生物合成的关键代谢物。图 5-9 是水稻叶子提取物中代谢物的选择离子谱图。类似的策略，Takahashi 等[23]通过定量分析过度表达黄烷酮醇还原酶（DFR）的潮霉素抑制转基因水稻和作为对照的潮霉素抑制转基因水稻中已知代谢物的浓度。结果表明，几种代谢物的浓度，如顺式乌头碱、果糖、1，6-二磷酸盐、自由氨基酸和金属在根、叶和种子中存在差异，而糖类在种子中的浓度一定。Carrasco-Pancorbo 等[24]比较了不同种橄榄油中酚类代谢物的浓度。酚类化合物被认为在橄榄油抗氧化特性方面起重要作用，对慢性疾病起保护作用。Wahby 等[25]首次报道了大麻含有阿托品，并发现其在不同转基因型根部中的浓度不同，这与植物基因型、接木时细菌感染和转型有关。另一方面，Tanaka 等[26]检测了在表达甲基丙二酸半醛脱氢酶（MMSDH）的转基因大米的叶鞘和叶片中三酸酸循环（TCA）及其代谢物，与对照比较，结果表明在转基因大米中作为TCA 循环前体的乙酰辅酶 A 的浓度降低，从而 TCA 循环的代谢物浓度改变。

Harada 等[27]将^{15}N 标记的无机盐加入到拟南芥 *Arabidopsis*（细胞系 T87）和黄连 *Coptis* 培养细胞中。用 CE-MS 方法检测了在光照和黑暗条件下不同培养时间点的氨基酸^{15}N 标记比率。光照条件下随培养时间延长，氨基酸^{15}N 标记比率增加，而在黑暗条件下多数比率增加不明显，表明与氨基酸的含氮量合成途径长度相关，这与微阵列检测的转录表达一致。此外，*Coptis* 培养细胞中氨基酸^{15}N 标记比率揭示了精氨酸和赖氨酸的代谢抑制，这导致了多胺生物合成的抑制和细胞分化。

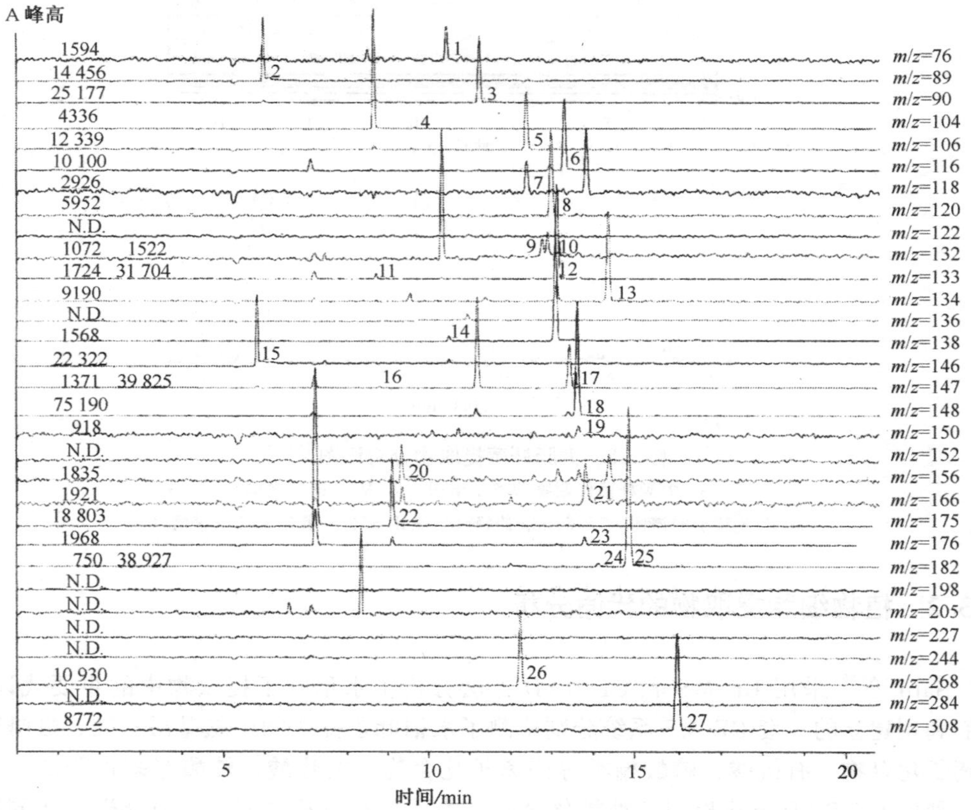

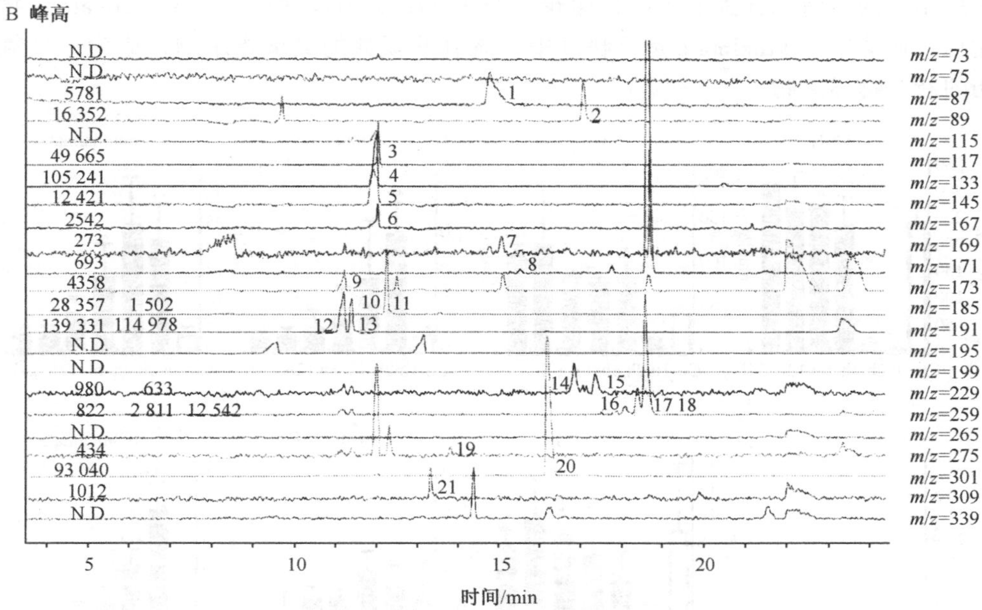

图 5-9 水稻叶子提取物中代谢物的选择离子谱图[22]

A. A 组的代谢物，峰标示：1，氨基乙酸；2，1，4-丁二酸；3，丙氨酸；4，c-氨基丁酸；5，丝氨酸；6，脯氨酸；7，缬氨酸；8，苏氨酸；9，异亮氨酸；10，亮氨酸；11，鸟氨酸；12，天冬酰胺；13，天冬氨酸；14，酪胺；15，氨基苯甲酸；16，亚精胺；17，赖氨酸；18，谷氨酰胺；19，谷氨酸；20，组氨酸；21，苯基丙氨酸；22，精氨酸；23，瓜氨酸；24，酪氨酸；25，蛋氨酸砜（内标）；26，腺苷；27，谷胱甘肽 . B. B 组的代谢物，峰标示：1，丙酮酸；2，乳酸；3，琥珀酸；4，苹果酸；5，2-酮戊二酸；6，磷酸烯醇丙酮酸；7，二羟基丙酮磷酸；8，甘油磷酸；9，顺式乌头酸；10，3-磷酸甘油酸；11，2-磷酸甘油酸；12，异柠檬酸；13，柠檬酸；14，核酮糖 5-磷酸；15，核糖 5-磷酸；16，葡萄糖 1-磷酸；17，果糖 6-磷酸；18，葡萄糖 6-磷酸；19，6-磷酸葡萄糖酸；20，PIPES（内标）；21，果糖 1，6-二磷酸

5.3.3 疾病诊断和生物标志物发现

体液（如尿和血）分析能为生物体的代谢状态提供重要信息。代谢物浓度与细胞和组织过程相关，反映了由于疾病或毒物引起的在单个或多个器官系统的代谢失衡。基因缺失导致相应的蛋白酶失活，造成某些代谢物的累积。这些与正常相比异常升高的代谢物能预示疾病的状态，为疾病的早期诊断和监控病程提供重要信息。利用 CE-MS 技术，生物样品只要经过简单的预处理就可以直接分析。Presto Elgstoen 等[28]用 CE-MS/MS 的多反应检测模式（MMR）建立了尿样代谢异常的快速检测方法，结果发现香草酸（HVA）和苦杏仁酸（VMA）可用于成神经细胞瘤的诊断，C12 和 C14 环氧酸可用于 Zellweger 综合征的诊断。Ullsten 等[29]报道了结合 CE-MS 和多变量数据处理技术的尿样代谢轮廓分析的快速方法，发现服用扑热息痛前后尿样代谢轮廓不同，并找到对差异贡献较大的化合物的 m/z 值。然而因为这些化合物不能准确鉴定，无法解释它们与服用扑热息痛相关的生物学意义。与此相反，Soga 等[30]建立了另外一种方法提高鉴定能力。用 CE-MS 分析了对乙酰氨基酚诱导的肝中

毒前后小鼠的血清和肝提取物的代谢轮廓变化（图 5-10），揭示了 ophthalmate 生物合成途径。血清中 ophthalmate 是反映肝中谷胱甘肽损耗的灵敏指示物，成为一种氧化损伤的新生物标志物。

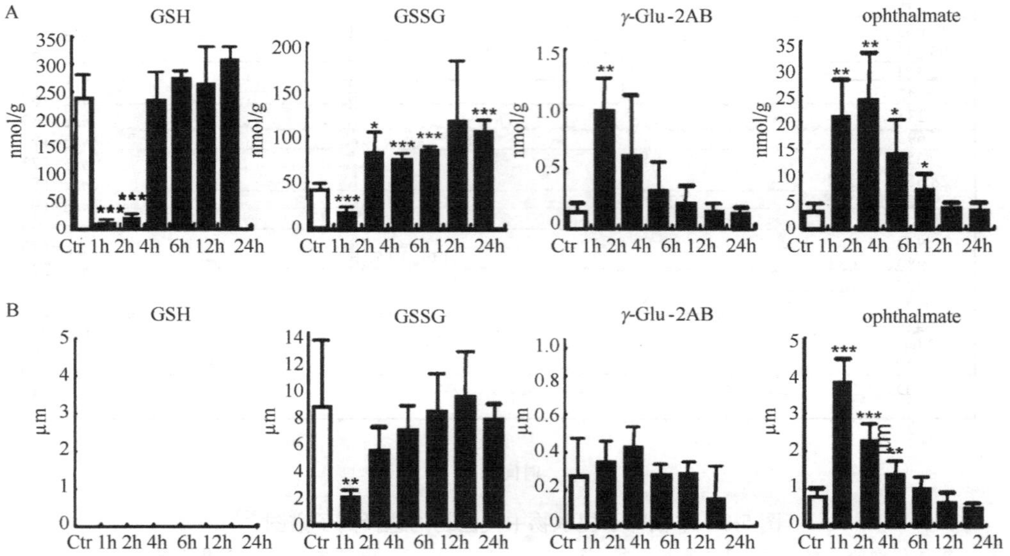

图 5-10　对乙酰氨基酚诱导的肝中毒前后小鼠的血清和肝提取物的代谢轮廓变化[30]

星号表示显著性差异（＊＊＊ $p<0.001$；＊＊ $p<0.01$；＊ $p<0.05$）

5.3.4　食品安全

参与营养成分的生物合成、转运相关的代谢过程导致的天然毒物水平变化在评价转基因食物的安全具有重要作用。Steroidal glycoalkaloid（GA）是一类参与植物化学防御的毒物，起抵抗潜在害虫的非特异性保护剂作用。在食品加工过程中它们不被破坏，因此检测它们在马铃薯块茎中的水平非常重要。Bianco 等[31]用非水毛细管电泳串联质谱（NACE-MS）方法比较了转基因马铃薯块茎中 GA 的浓度。结果在 Y 抵抗、中等、灵敏和正常株未发现显著性差异。

5.3.5　细胞基因和蛋白质功能研究

Soo 等[32]用 CE-MS 方法检测了空肠弯曲菌（*Campylobacter jejuni*）81～176 的母细胞和等位基因突变细胞内糖核苷差异。通过产物离子扫描方法，可以检测参与假丁酰酸生物合成的未知糖核苷的精确种类。他们用样品堆积方法提高检测灵敏度 1000 倍，而且分离度和柱效也提高了。最近他们[33]用 CE-MS 结合亲水液相色谱-质谱（HILIC-MS）和核磁共振技术（NMR）研究了 *C. jejuni* 中鞭毛蛋白糖基化基因的功能。揭示了 3 个新的生物合成基因功能，鉴定了 2 个独特聚糖-细胞内代谢物结合体的结构，并且第一次在活体中证明了两个不同蛋白糖基化途径之间的独特相互作用。Saito 等[34]基于体外化验结合代谢轮廓的系统方法发现新的酶活性。用 CE-MS 检测了代谢物和相关蛋白质，代谢物组成的变化表明酶活性的存在。在大肠杆菌中，发现 2 个蛋白质 YbhA 和 YbiV 显示磷酸转移酶和磷酸酶活性。

参 考 文 献

[1] Olivares J A, Nguyen N T, Yonker C R, Smith R D. Anal. Chem., 1987, 59: 1230

[2] Fenn J B, Mann M, Meng C K, Wong S F, Whitehouse C M. Science, 1989, 246: 64

[3] Moseley M A, Deterding L J, Tomer K B, Jorgenson J W. Rapid Commun Mass Spectrom, 1989, 3: 87

[4] Preisler J, Foret F, Karger B L. Anal. Chem., 1998, 70 (24): 5278

[5] Whitehouse C M, Dreyer R N, Yamashita M, Fenn J B. Anal. Chem., 1985, 57 (3): 675

[6] Takada Y, Sakairi M, Koizumi H. Anal. Chem., 1995, 67 (8): 1474

[7] Carrasco-Pancorbo A, Arraez-Roman D, Segura-Carretero A, Fernandez-Gutierrez A. Electrophoresis, 2006, 27: 2182

[8] Li J, Cox A D, Hood D, Moxon E R, Richards J C. Electrophoresis, 2004, 25: 2017

[9] Ge L, Yong J. W. H, Tan S N, Ong E S. Electrophoresis, 2006, 27: 2171

[10] Kelly J F, Ramaley L, Thibault P. Anal. Chem., 1997, 69: 51

[11] Brocke A V, Nicholson G, Bayer E. Electrophoresis, 2001, 22 (7): 1251

[12] Zamfir A, Seidler D G, Schonherr E, Kresse H, Peter-Katalinic J. Electrophoresis, 2004, 25: 2010

[13] Soga T, Ohashi Y, Ueno Y, Naraoka H, Tomita M, Nishioka T. J. Proteome Res., 2003, 2: 488

[14] Johnson S K, Houk L L, Johnson D C, Houk R S. Anal. Chim. Acta., 1999, 389: 1

[15] Katayama H, Ishihama Y, Asakawa N. Anal. Chem., 1998, 70: 5272

[16] Soga T, Ueno Y, Naraoka H, Ohashi Y, Tomita M, Nishioka T. Anal. Chem., 2002, 74: 2233

[17] Soga T, Ueno Y, Naraoka H, Matsuda K, Tomita M, Nishioka T. Anal. Chem., 2002, 74: 6224

[18] Ishii N, Soga T, Nishioka T, Tomitaa M. Metabolomics, 2005, 1 (1): 29

[19] Itoh A, Ohashi Y, Soga T, Mori H, Nishioka T, Tomita M. Electrophoresis, 2004, 25: 1996

[20] Edwards J L, Chisolm C N, Shackman J G, Kennedy R T, J. Chromatogr. A, 2006, 1106: 80

[21] Soga T, Ishikawa T, Igarashi S, Sugawara K, Kakazu Y, Tomita M. J. Chromatog. A, 2007, 1159: 125

[22] Sato S, Soga T, Tomita M, Nishioka T. Plant J., 2004, 40: 151

[23] Takahashi H, Hayashi M, Goto F, Sato S, Soga T, Nishioka T, Tomita M, Kawai-Yamada M, Uchimiya H. Ann. Bot., 2006, 98: 819

[24] Carrasco-Pancorbo A, Arr′aez-Rom′an D, Segura-Carretero A, Fern′andez-Guti′errez A. Electrophoresis, 2006, 27: 2182

[25] Wahby I, Arr′aez-Rom′an D, Segura-Carretero A, Ligero F, Caba J M, Fern′andez-Guti′errez A. Electrophoresis, 2006, 27: 2208

[26] Tanaka N, Takahashi H, Kitano H, Matsuoka M, Akao S, Uchimiya H, Komatsu S, J. Proteome. Res., 2005, 4: 1575

[27] Harada K, Fukusaki E, Bamba T, Sato F, Kobayashi A. Biotechnol. Prog., 2006, 22: 1003

[28] Presto Elgstoen K B, Zhao J Y, Anacleto J F, Jellum E. J. Chromatogr. A, 2001, 914: 265

[29] Ullsten S, Danielsson R, Backstrom D, Sjoberg P, Berquist J. J. Chromatogr. A, 2006, 1117: 87

[30] Soga T, Baran R, Suematsu M, Ueno Y, Ikeda S, Sakurakawa T, Kakazu Y, Ishikawa T, Robert M, Nishika T, Tomita M. J. Biol. Chem., 2006, 281: 16768

[31] Bianco G, Schmitt-Kopplin P, Crescenzi A, Comes S, Kettrup A, Cataldi T R I. Anal. Bioanal. Chem., 2003, 375: 799

[32] Soo E C, Aubry A J, Logan S M, Guerry P, Kelly J F, Young N M, Thibault P. Anal. Chem., 2004, 76: 619

[33] McNally D J, Hui J P M, Aubry A J, Mui K K K, Guerry P, Brisson J R, LoganS M, Soo E C. J. Biol. Chem., 2006, 281: 18489
[34] Saito N, Robert M, Kitamura S, Baran R, Soga T, Mori H, Nishioka T, Tomita M. J. Proteome Res., 2006, 5: 1979

第6章　核磁共振在代谢组学研究中的应用

基于核磁共振技术的代谢组学研究，是近几年发展起来的一种新的“组学”技术。它主要是利用生物体液的核磁共振谱图所提供的生物体内全部小分子代谢物的丰富信息，通过对这些信息的多元统计分析和模式识别处理，了解相关生物体在功能基因组学、病理生理学、药理毒理学等方面的状况及动态变化，以及它们所揭示的生物学意义，并从分子水平来认识生命运动的规律。本章简要介绍核磁共振波谱分析的基本原理[1~8]、代谢组学研究中的核磁共振波谱分析方法及核磁共振技术在代谢组学研究中的应用。

6.1　核磁共振波谱分析原理

6.1.1　核磁共振概论

核磁共振波谱（nuclear magnetic resonance，NMR）是一种基于具有自旋性质的原子核在核外磁场作用下，吸收射频辐射而产生能级跃迁的谱学技术。

6.1.1.1　原子核的磁性质

原子核的自旋会产生磁矩 μ，其大小与自旋角动量 p、核的旋磁比（也称磁旋比）γ 及自旋量子数 I 有关。

$$\mu = \gamma p = \frac{h\gamma}{2\pi}\sqrt{I(I+1)} \tag{6.1}$$

式中，h 为普朗克常数。

自旋量子数等于零的原子核有 ^{16}O、^{12}C、^{32}S、^{28}Si 等。这些原子核没有自旋现象，因而没有磁矩，不是NMR研究的对象。自旋量子数等于1或大于1的原子核有：$I=3/2$ 的有 ^{11}B、^{35}Cl、^{79}Br、^{81}Br 等；$I=5/2$ 的有 ^{17}O、^{127}I；$I=1$ 的有 ^{2}H、^{14}N 等。它们的共振吸收常会产生复杂情况，目前在核磁共振的研究上应用还很少。自旋量子数等于1/2的原子核有 ^{1}H、^{13}C、^{15}N、^{19}F、^{29}Si、^{31}P 等，它们具有球形电荷分布，容易得到高分辨的NMR谱，是目前研究得最广泛的一类原子核。

6.1.1.2　自旋核的进动和核磁共振

具有磁矩的原子核在外加磁场中会按一定的方式排列。根据量子力学原理，它对于外加磁场可以有（$2I+1$）种取向。对于 $I=\frac{1}{2}$ 的原子核，只能有两种取向：一种与外磁场平行，这时能量较低，以磁量子数 $m=+\frac{1}{2}$ 表征；一种与外磁场逆平行，这时原子核的能量稍高，以 $m=-\frac{1}{2}$表征。在低能态（或高能态）的核中，如果有些核的磁场与外磁场不完全平行，外磁场就要使它取向于外磁场的方向。也就是说，当具有磁矩的核置于外磁场中，它在外磁场的作用下，核自旋产生的磁场与外磁场发生相互作用，因而原子核的运动状态除了自旋外，还要附加一个以外磁场方向为轴线的回旋，它一面自旋，一面围绕着磁场方向发生回旋，这种回旋运动称进动或拉摩尔进动（Larmor precession）。进动有一定的频率，称拉摩尔频率。自旋核的角速度 ω_0，进动频率（拉摩尔频率）ν_0 与外加磁场强度 H_0 的关系可用拉摩尔公式表示：

$$\omega_0 = 2\pi\nu_0 = \gamma H_0 \tag{6.2}$$

$$\nu_0 = \frac{\gamma H_0}{2\pi} \tag{6.3}$$

核进动角速度是量子化的。当受到适当频率的射频场 H_1 照射时，进动角速度并不变化，而是处于低能态的自旋核吸收射频能量，跃迁到高能态，从而产生核磁共振吸收。

式（6.3）是产生核磁共振的条件，它给出了产生共振时射电频率 ν_0 与磁场强度 H_0 之间的关系。此式还说明下述两点：

（1）对于不同的原子核，由于 γ 不同，发生共振的条件不同；即发生共振时 ν_0 和 H_0 的相对值不同。即在相同的磁场中，不同原子核发生共振时的频率各不相同，根据这一点可以鉴别各种元素及同位素。

（2）对于同一种核，γ 值一定。当外加磁场一定时，共振频率也一定；当磁场强度改变时，共振频率也随着改变。例如，氢核在 1.409T 的磁场中，共振频率为 60MHz，而在 2.350T 磁场时，共振频率为 100MHz。

6.1.1.3 饱和和弛豫

当磁场不存在时，$I=\frac{1}{2}$的原子核对两种可能的磁量子数并不优先选择任何一个。在这种情况下，m 等于$+\frac{1}{2}$及$-\frac{1}{2}$的核的数目完全相等。在磁场中，核则倾向于具有 $m=+\frac{1}{2}$，此种核的进动是与磁场定向有序排列的。所以，在有磁场存在下，$m=+\frac{1}{2}$比 $m=-\frac{1}{2}$的能态更为有利，然而核处于 $m=+\frac{1}{2}$的趋向，可被热运动所破坏。根据波尔兹曼分布定律，可以计算，在室温（300K）及 1.409T 强度的磁场中，处于低能态的核仅比高能态的核稍多一些，约多 10％：

$$\frac{N_{(+1/2)}}{N_{(-1/2)}} = e^{\Delta E/kT} = e^{\gamma h B_0/2\pi kT} = 1.000\,009\,9 \tag{6.4}$$

因此在射频电磁波的照射下（尤其在强照射下），原子核吸收能量发生跃迁，其结果就使处于低能态氢核的微弱多数趋于消失，能量的净吸收逐渐减少，核磁共振信号消失，这种现象叫做饱和。

若要能在一定时间间隔内持续检测到核磁共振信号，必须有某种过程存在，它使高能级的原子核能够回到低能级，以保持低能级布居数始终略大于高能级布居数。这个过程就是弛豫过程。弛豫过程分为自旋-晶格弛豫（又称纵向弛豫）和自旋-自旋弛豫（又称横向弛豫）两种机制。在自旋-晶格弛豫过程中，处于高能态的原子核，把能量转移给周围的介质（溶剂、添加物或其他种类的核统称为晶格）变成热运动而回到低能态。通过自旋晶格弛豫，高能态的自旋核渐渐减少，低能态的渐渐增多，直到符合波尔兹曼分布定律（平衡态）。自旋晶格弛豫时间以 T_1 表示，气体、液体的 T_1 约为 1s，固体和高黏度的液体 T_1 较大，有的甚至可达数小时；在自旋-自旋弛豫过程中，两个进动频率相同、进动取向不同的磁性核，即两个能态不同的相同核，在一定距离内时，它们会互相交换能量，改变进动方向，通过自旋-自旋弛豫，磁性核的总能量不变。自旋-自旋弛豫时间以 T_2 表示，一般气体、液体的 T_2 也是 1s 左右。固体及高黏度试样中由于各个核的相互位置比较固定，有利于相互间能量的转移，故 T_2 极小。

6.1.2 核磁共振波谱仪

按照仪器工作原理，可分为连续波（continuous wave）核磁共振波谱仪（CW-NMR）和脉冲傅里叶变换核磁共振波谱仪（pulse and Fourier transform NMR，PFT-NMR）两类。20 世纪 60 年代发展起来的连续波核磁共振波谱仪主要由磁铁、射频振荡器、射频接收器等组成。通常只能测 ^{1}H NMR 谱。5～10min 可记录一张谱图。工作效率低，对于低浓度或小量试样需采用累加的方法以增强信号。信号强度 s 与累加次数 n 呈正比，但噪声 N 也将随之而增加，信噪比 s/N 与 $n^{\frac{1}{2}}$ 呈正比，因此若使 s/N 提高 10 倍就需要累加 100 次，进一步提高还需更长时间，这不仅耗时，且谱仪（CW-NMR）也难于保证信号长期不漂移。现在已被脉冲傅里叶变换谱仪取代。PFT 技术是采用强而窄的脉冲，同时激发处于不同化学环境的同一种核，然后用接收器同时检测所有核的激发信息，得到自由感应衰减信号 FID（free induction decay），在 FID 信号中包含了各个激发核的时间域上的波谱信号，经快速傅里叶变换后得到常见的 NMR 谱图。PFT-NMR 既可为常规磁铁（80～100MHz）也可为超导磁体（200～900MHz），后者常配备有大型计算机，可测各种二维谱甚至三维谱。

与 CW-NMR 相比，PFT-NMR 使检测灵敏度大为提高，对氢谱而言，试样可由几十毫克降低至 1mg，甚至更低；测量时间大为降低，试样的累加测量大为有利。这对碳谱（^{13}C）和多种核的测量是十分重要的，使复杂化合物的结构分析更加容易。

6.1.3 核磁共振氢谱

^{1}H NMR 是目前研究得最充分的波谱。20 世纪 70 年代以前，核磁共振的绝大部分研究工作都集中于氢谱，迄今为止，由于氢谱灵敏度最高且所积累的数据最丰富，其重要性仍略强于碳谱。核磁共振氢谱能提供重要的结构信息：化学位移、耦合常数及峰的裂分情况、峰面积等。

6.1.3.1 化学位移及其表示方法

前面的讨论中是假定所研究的氢核受到磁场的全部作用，当频率 ν_0 和磁场强度 H_0

符合式（6.3）时，试样中的氢核发生共振，产生一个单一的峰。事实上并非如此，每个原子核都被不断运动着的电子云所包围。当氢核处于磁场中时，在外加磁场的作用下，电子的运动产生感应磁场，其方向与外加磁场相反，因而外围电子云起到对抗磁场的作用，这种对抗磁场的作用称为屏蔽作用。由于核外电子云的屏蔽作用，使原子核实际受到的磁场作用减小，为了使氢核发生共振，必须增加外加磁场的强度以抵消电子云的屏蔽作用。核外电子对核的屏蔽作用以屏蔽常数 σ 表示：

$$H = H_0(1 - \sigma) \tag{6.5}$$

式中，H 为核的实受磁场强度。

屏蔽作用的大小与核外电子云密切相关，电子云密度愈大，屏蔽作用也愈大，共振时所需的外加磁场强度也愈强。而电子云密度又和氢核所处的化学环境有关，与相邻的基团是推电子还是吸电子等因素有关。因此由屏蔽作用所引起的共振时磁场强度的移动现象称为化学位移。根据化学位移的大小可以推断氢核所处的化学环境，进而研究有机物的分子结构情况。化学位移用 δ 来表示。

由于完全裸露的氢核是不存在的，因此化学位移没有一个绝对标准。一般用四甲基硅烷［$Si(CH_3)_4$，TMS］作参比物质，以 TMS 中氢核共振时的磁场强度作为标准，人为地把它的 δ 定为零。选用 TMS 作参比的原因是：TMS 的 12 个氢核处于完全相同的化学环境中，它们的共振条件完全一样，因此只有一个尖峰且不与其他化合物的峰重叠；而且，TMS 在大多数有机溶剂中易溶，呈现化学惰性；沸点低（27℃），因此样品易回收。在较高温度测定时可使用较不易挥发的六甲基二硅醚［HMDS，$(CH_3)_3SiOSi(CH_3)_3$，$\delta = 0.055$］；水溶液中常用 3-三甲基硅丙烷磺酸钠［DSS，$(CH_3)_3Si(CH_2)_3SiO_3Na$，$\delta = 0.015$］作参比；在极性溶剂中使用 3-三甲基氘代硅丙烷磺酸钠［DSP，$(CH_3)_3Si(CD_2)_3SiO_3Na$］作参比物会更好一些，分子中 3 个亚甲基的氢原子均被氘原子取代，消除了参比物的干扰。

化学位移的表示方法为：

$$\delta = \frac{\nu_{试样} - \nu_{TMS}}{\nu_0} \tag{6.6}$$

式中，ν_0 为仪器的操作频率，以 MHz 为单位，试样和 TMS 频率则以 Hz 为单位；δ 所表示的是该吸收峰距原点的距离，其单位为 ppm（$\times 10^{-6}$）（百万分之一），是核磁共振波谱技术中使用的无量纲单位。

6.1.3.2 自旋耦合与自旋裂分

在核磁共振图谱中往往可以看到三重峰或四重峰等多重峰，这种峰的裂分是由于质子之间相互作用所引起的，这种作用称自旋-自旋耦合，简称自旋耦合。由自旋耦合所引起的谱线增多的现象称自旋-自旋裂分，简称自旋裂分。耦合表示质子间的相互作用，裂分表示谱线增多的现象。

一般来讲，裂分数可以应用（$n+1$）规律，即二重峰表示相邻碳原子上有 1 个质子；三重峰表示有 2 个质子；四重峰则表示有 3 个质子等。而裂分后各组多重峰的强度比为：二重峰 1∶1、三重峰 1∶2∶1、四重峰 1∶3∶3∶1 等，即比例数为 $(a+b)^n$ 展开后各项的系数。

裂分后各个多重峰之间的距离，叫做耦合常数 J，用 Hz 表示。J 的大小表示核自旋相互干扰的强弱，与相互耦合核之间的键数、核之间的相互取向以及官能团之间的类型有关。其大小与外加磁场强度无关。

由于耦合裂分现象的存在，我们可以从核磁共振谱上获得更多的信息，如根据耦合常数可判断相互耦合的氢核的键的连接关系等，这对有机物的结构剖析极为有用。目前已累积大量耦合常数与结构关系的实验数据，并据此得到一些估算耦合常数的经验式。

6.1.3.3 积分线

由核磁共振波谱图中可以看到由左到右呈阶梯形的曲线，此曲线称为积分线。它是将各组共振峰的面积加以积分而得的。积分线的高度代表了积分值的大小。由于图谱上共振峰的面积是和质子的数目呈正比的，因此只要将峰面积加以比较，就能确定各组质子的数目，积分线的各阶梯高度代表了各组峰面积。于是根据积分线的高度可计算出和各组峰相对应的质子峰。

6.1.4 核磁共振碳谱

自旋量子数为 1/2 的核，其核磁共振研究、应用得最多的除 ^{1}H 外，还有 ^{13}C。碳原子构成有机化合物的骨架，而碳谱（^{13}C-NMR）提供的是分子骨架最直接的信息，因而对有机化合物结构鉴定具有重要意义，但 ^{12}C 没有 NMR 信号；^{13}C 天然丰度很低，仅为 ^{12}C 的 1.1%，且 ^{13}C 的磁旋比约为 ^{1}H 的 1/4，因此 ^{13}C-NMR 的相对灵敏度仅是氢谱的 1/5600，所以测定 ^{13}C-NMR 是很困难的。直到 20 世纪 70 年代 PFT-NMR 谱仪的出现及发展，^{13}C 核磁共振技术才得到迅速发展，成为可进行常规测试的手段。与 ^{1}H-NMR一样，化学位移、耦合常数是 ^{13}C-NMR 的重要参数。

6.1.4.1 化学位移

^{13}C 的化学位移 δ_C 也用式（6.6）计算。δ_C 比 ^{1}H 的化学位移 δ_H 大得多，出现在较宽范围内：化学位移为 0～250，而 δ_H 则很少超过 10。化学位移变化大，意味着它对核所处的化学环境敏感，结构上的微小变化，可望在碳谱上得到反映。另一方面在谱图中峰的重叠要比氢谱小得多。

氢谱和碳谱的化学位移有许多相似之处，如从高场到低场，碳谱共振位置的顺序为饱和碳原子、炔碳原子、烯碳原子、羧基碳原子；氢谱为饱和氢、炔氢、烯氢、醛基氢等。而且，与电负性基团相连，化学位移都移向低场。这种相似性对解析谱图具有参考意义。烷烃、取代的烷基、环己烷、烯、苯环等的 δ_C 均有经验计算公式及相应的参数[1,4]。

6.1.4.2 耦合常数

^{13}C 的天然丰度很低，两个相邻的碳原子都是 ^{13}C 的概率极小，故 ^{13}C-^{13}C 耦合可忽略。碳原子常与氢原子相连，因此碳谱中最主要的是 ^{1}H-^{13}C 耦合，这种键耦合常数

($^{1}J_{CH}$)一般很大，为 100～250Hz。$^{1}H-^{13}C$ 的耦合作用使^{13}C 谱线裂分为多重峰，所以不去耦的^{13}C-NMR，由于多重裂分而使谱线相互交叉重叠，妨碍识别。常规^{13}C 谱常采用质子噪声去偶或称宽带去偶以简化谱图，使质子饱和，从而消除全部质子与^{13}C 的耦合，在谱图上得到各个碳原子的单峰。去耦不仅能简化谱图，还由于多重峰合并为单峰而提高了信噪比。除上述在常规^{13}C 谱中最常用的质子噪声去偶技术外，已发展并完善了多种双共振技术且各有不同的目的，如质子偏共振去偶用于识别各种碳原子的类型；门控去偶用于测耦合常数；选择去偶以识别谱线归属等。

与^{1}H 谱类似，谱线的裂分数，取决于相邻耦合原子的自旋量子数和原子数目，谱线的裂分距离则是^{13}C 与邻近原子的耦合常数。^{13}C-NMR 中耦合常数的应用虽远不如^{1}H-NMR，但其 J 值仍有其理论及实用价值，如在谱图解析中，利用全耦合谱，根据裂分情况及 J 值可帮助标识谱线，判断结构。

6.1.4.3 弛豫

^{13}C 的自旋晶格弛豫和自旋自旋弛豫比^{1}H 慢得多，碳核的自旋晶格弛豫时间 T_1 最长可达数分钟。弛豫时间长，使谱线强度相对较弱，而不同种类的碳原子的弛豫时间相差较大，这就可通过弛豫时间了解更多的结构信息和分子运动情况。如 T_1 可提供分子大小、形状、碳原子（特别是季碳原子）的指认、分子运动的各向异性、分子内旋转、空间位阻、分子（或离子）与溶剂的缔合等信息。在常规的全去耦碳谱中，一种碳原子只有一条细的谱线，这使弛豫时间的测定较简单，且所使用的 PFT-NMR 波谱仪也便于测定。

6.1.5 ^{31}P 及^{15}N 核磁共振

有机化合物中，常含有磷、氮等元素，有时使用它们的核磁共振谱也能得到有用的结构信息。这里简述它们的特点。

^{31}P 的同位素丰度为 100%，$I=1/2$，$\gamma=10.841$ [10^7 · rad/（T · S）]。它的核磁测试灵敏度约为^{1}H 核的 6.7%，是^{13}C 核的 377 倍。这使^{31}P NMR 谱的观测比较容易，且谱带尖锐，谱图解析能得到许多有用的结构信息。许多有机化合物中都含有磷，在生命活性物质的研究中，也广泛使用^{31}P NMR 技术，因为测试灵敏度较高。^{31}P 吸收带化学位移和相对强度的变化常可反映出生命活性物质的变化过程。^{31}P 的化学位移范围为 δ250～−460，通常以 85%的磷酸作为化学位移参比（δ0.0）。

许多有机化合物中都含有氮原子。^{15}N 的天然丰度为 0.36%，$I=1/2$，$\gamma=-2.712$ [10^7 · rad（T · S）]，在 2.35T 磁场中，共振频率为 10.14MHz，观测灵敏度仅为^{13}C 核的 0.0214。对于天然丰度的含氮样品，需使用尽可能高的样品浓度，用 10～30mm 直径的样品管，以求在较短的时间里得到良好信噪比的谱图。如果能制备^{15}N 富集的化合物，则可在较低的浓度下测得良好信噪比的谱图。^{15}N NMR 谱以液体 NH_3 为化学位移参比（δ0.0）。为测试方便，用^{15}N 富集的硝基甲烷或硝酸铵为化学位移参比。各种含氮化合物化学位移范围可达 500×10^{-6}。

6.2 代谢组学中的核磁共振波谱分析方法

作为一种结构分析的有利工具，NMR 用于代谢组学的研究已经有 20 多年的历史[9~11]。目前它仍是代谢组学研究中的主要技术，广泛应用于药物毒性、基因功能和疾病的临床诊断中[12~17]。NMR 方法有如下特点：无损伤性，不破坏样品的结构和性质，无辐射损伤；可在一定的温度和缓冲液范围内选择实验条件，能够在接近生理条件下进行实验；可研究化学交换、扩散及内部运动等动力学过程，给出极其丰富的有关动态特性的信息；可设计多种编辑手段，实验方法灵活多样。^{1}H-NMR 的谱峰与样品中各化合物的氢原子是一一对应的，所测样品中的每一个氢在图谱中都有其相关的谱峰，图谱中信号的相对强弱反映了样品中各组分的相对含量。因此，NMR 方法很适合研究代谢产物中的成分，从一维^{1}H 图谱上可以看出很“精细”的代谢物成分图谱，即代谢指纹图谱，通过模式识别（pattern recognition，PR）方法得出相应的、有价值的生物学信息。通过对这些生物信息的统计分析和研究，了解机体生命活动的代谢过程[18]。近年新发展的魔角旋转技术（magic angle spinning，MAS）使研究者能够获得更高质量的 NMR 谱图[19]。为进一步提高分辨率，人们采用了多维核磁共振技术以及 LC-NMR 联用的方法[20]，使基于 NMR 的代谢组学研究日趋完善。

6.2.1 样品的准备

基于 NMR 的代谢组学实验，典型的样品是经溶剂萃取或经提取的生物质液体。通常用于 NMR 分析的样品处理是个简单的过程，在含有样品的一定 pH 的缓冲溶液中，加入少量 D_2O 或其他氘代试剂（氘代氯仿、乙腈或甲醇等）[21]。在使用不同的氘代试剂和观测谱宽时，需设置不同的观测偏置，以使所有吸收峰出现在谱图合适的位置上，并避免谱带的折叠。所谓谱带折叠是指观测谱宽设置不够时，超过高场区域的峰会折叠到低场区域或超过低场区域的峰会折叠到高场区域，干扰谱图的解析。

在使用氘代试剂时，由于氘代度不会是 100%，在谱图中常会出现残留质子的吸收。在^{13}C-NMR 谱中也会出现相应的吸收峰。在配制样品溶液时，除考虑溶解度以外，还要考虑可能的溶剂峰干扰。在仪器使用外锁操作时，某些不含质子的溶剂，如四氯化碳、四氯乙烯、二硫化碳等也可以使用。

常规 NMR 测定使用 5mm 外径的样品管，根据不同核的灵敏度取不同的样品量溶解在 0.4～0.5ml 溶剂中，配成适当浓度的溶液。对于^{1}H-NMR 谱可取 5～20mg 样品配成 0.05～0.2mol 溶液；^{13}C-NMR 谱取 20～200mg 样品配成 0.05～0.5mol 溶液；^{31}P-NMR 谱的用量介于两者之间。对于^{15}N-NMR 谱，如果使用非^{15}N 富集的样品，由于灵敏度低，需要使用 10mm 或 16mm 直径的样品管，配制很高浓度的样品溶液（0.5～2mol）经过长时间累加，才能得到较好信噪比的谱图[5]。

超导 NMR 谱仪具有更高的灵敏度，毫克乃至微克级的样品就可以得到很高信噪比的谱图。采用魔角旋转技术，样品中仅加入非常少量的 D_2O 而不必进行预处理，而且可以直接对完整组织进行分析。

6.2.2 实验数据的获得

采用高通量的 NMR 技术，可以在一天之内分析几百个样品。流动进样核磁技术（flow-injection NMR，FI-NMR）允许每个样品连续加入到 NMR 谱仪中进行分析。这个过程中，需要在分析下一个样品前冲洗探头。因此，分析样品时，要采用几种溶剂抑制法来减少远大于样品信号的残留的质子化溶剂峰。其结果会导致一些与水的共振频率相同及相差不大的谱峰的消失，进而导致光谱信息的丢失。而且，为减少溶剂峰信号的强度，还会使谱图上其他峰的信号衰减。然而，人们仍可以在已有的溶剂抑制法的基础上来获得鼠尿中聚类的数据[22]。一些研究者还报道了超导磁场存在的慢漂移问题[22~24]，这种影响远大于样品自身毒理学的作用，通常可以通过数据处理过程来减少这种影响[24]。目前仪器公司也通过场频连锁的数字化来解决这个问题[25]。采用场频连锁系统，将磁场与频率锁在一起，保证锁样品始终与磁场保持在严格共振点上，这样不仅控制了场的漂移，而且大大增强了磁场抗干扰的能力。由于全面数字化的控制带来许多操作上和其他方面的优点，如引进了快速 FT 的工作模式，以便锁信号的快速搜索和快速锁定；锁频率可变，可以保证不同的溶剂锁定在同一磁场值上，减轻了换溶剂后的匀场工作量；所有参数的计算机控制，可以事先设定不同溶剂的参数表，使操作特别简单容易；根据溶剂的频率可以自动标定化学位移而不需用 TMS 等来标定；锁频率有 1MHz 的可调范围，当磁场年久漂出调场范围时，可以改变频率来锁定，相当于扩大磁场的可调范围；如果出现工作频率上的外界干扰，还可以改变锁定频率点的值来避开这种特定频率的干扰；锁回路的时间常数、增益、滤波等都由计算机控制，具有大的可调范围和小的步进，容易得到最佳锁定；增加了锁保持功能，在进行氘去耦和脉冲梯度场实验时，锁系统保持正常，不掉锁等。

选择性 NMR 实验还可以按照样品的种类来定制数据获取的方式。血浆样品包括产生宽谱带的大分子和产生不连续的尖锐共振峰的低分子质量组分，因此由大分子产生的典型的宽谱带信号使小分子产生的信号变得模糊。而对于代谢组学研究来讲，大分子（如脂蛋白）和小的代谢物（如氨基酸、碳水化合物）都是感兴趣的研究对象。因此，消除较宽的信号以识别原本模糊的信号是非常有用的。相对于大分子来讲，小分子具有的不同的弛豫特点通过利用一种 Carr-Purcell-Meiboom-Gill（CPMG）脉冲序列可以用于有效地去除大分子产生的共振信号，而同时保留小分子产生的信号。这种优化的实验已经通过 CPMG 序列用于典型的代谢组学分析中。同时，实验还证明 CPMG 方法不仅可用于各种低分子质量的分析物得到优化的 NMR 谱，该方法还可用于样品中不同蛋白质级别的测定，甚至可以定量[26]。不同的弛豫校正实验已经用于改善血浆中低分子物质的测定[27]，采用弛豫校正在一维和二维 NMR 谱中去除宽振动信号的方法也用于生物样品的分析中。这种方法同时提高了灵敏度，因此更有利于对低浓度和低分子质量样品的检测[28]。

除了弛豫校正方法外，几种与代谢组学分析相关的其他的一维和二维 NMR 实验也被报道，主要是解决相近的共振信号问题[29,30]。为解决复杂分子的结构和构型，用常规的一维谱来处理众多的结构信息已远不能满足需要。从 20 世纪 70 年代开始发展了二维谱技术。二维核磁共振脉冲序列包括预备期、发展期、混合期和检测期，得到二维时域函数，通过二维傅里叶变换得到二维频谱，是一维谱图信息在二维谱图上的展开，谱图解析工作较易进行。二维谱又可分为 J 分解谱、化学位移相关谱和多量子谱等。一种减少重叠进而提取到更多信息的方法是 J 分解谱，这种方法将化学位移信息与自旋-自旋耦合信息分隔开来，得到一个二维图。在通常的一维谱中，往往由于 δ 值相差不大，谱带相互重叠（或部分重叠）。静磁场不均匀性引起峰的变宽，加重了峰的重叠现象。由于峰组的相互重叠，每种核的裂分峰形常常是不能清楚反映的，耦合常数也不易读出。在二维 J 分解谱中，只要化学位移 δ 略有差别（能分辨开），峰组的重叠即可避免。这种方法应用到代谢组学分析中，比传统的一维谱得到更多的样品聚类信息[29]。除减少重叠外，J 分解谱还可以像 CPMG 方法一样消除大分子产生的宽振动信号，其缺点是增加了样品的分析时间（通常 20min/样品）。由帝国理工学院（伦敦，英国）和 5 个全球制药公司开展的一个长期的合作项目——COMET 计划，主要是获得血浆或血液样品的 4 个分离实验[30]。这组实验包括：一个包含全部大分子和小分子的水抑制谱，一个 CPMG 实验用于减少大分子组成，一个 J 分解谱实验和一个将低分子化合物的信息除去而留下大分子信息进行分析的扩散-编辑谱（DOSY）实验。

^{1}H-NMR 是最常见的用于代谢组学研究的核磁共振波谱法，^{13}C 谱也常用于这方面的研究。在 ^{13}C 谱中，化学位移范围是氢谱的 20 倍，自旋-自旋相互作用也由去耦装置消除。这些特点使得每个碳原子对应一条尖锐、分离的谱线。而且，对于含水试样，也不要求溶剂抑制，避免了一些光谱信息的丢失。尽管如此，^{13}C 谱的低灵敏度使它难以用于复杂提取物的分析。一种解决办法是采用 ^{13}C 富集的样品，另一种办法是采用 ^{13}C 标记化合物跟踪代谢流的变化。例如，采用化学法从葡萄糖转移到其他内生的代谢物中[31,32]。最近，NMR 领域中一些硬件的发展较大程度地提高了灵敏度，允许 ^{13}C 谱用于代谢组学研究中。NMR 测定中，一个主要噪声源是用于检测 NMR 信号的电子元件。通过加入液体氦等制冷剂来降低电子元件的温度，可以使信噪比提高 16 倍[33]。有报道采用冷冻探头 Cryoprobe™（Bruker Biospin，德国）可以获得比传统探头信噪比高约 2 倍的 ^{13}C-NMR，但分析时间增加了[33]。图 6-1 是由定量给药的鼠尿样品获得的 ^{13}C-NMR 谱。从图 6-1 中可以看出，波谱是显著不同的，有几个新的共振出现，而且不同组中柠檬酸盐和牛磺酸的强度也发生了变化[34]。^{1}H-^{13}C 相关谱（异核糖核酸单一定量相关，HSQC）也用来帮助信号的分配，通过 4.5h 的采集可以获得高质量的谱图。

在灵敏度方面，尤其是相对于小体积的样品，也可以通过采用小检测体积的 NMR 探头来提高。这种探头允许 ^{1}H-NMR 谱分析几微升的样品，因此对少量样品像啮齿动物脑脊液（CSF）这样的研究非常有用。例如，一个 1mm 的微升探头仅允许分析 2μl 的 CSF（稀释后总体积为 5μl）[34]。与此相似，一个纳升探头（Varian，CA，USA）被用于分析 20μl 的 CSF，该样品用来通过活体微透析来研究脑神经化学[35]。

除了前面讨论的液体样品分析方法，NMR 分析还有一个优点，就是通过魔角旋转技术（MAS）能够对完整组织进行分析。在传统 NMR 中，对于像脑组织和肾组织这类固体或半固体样品的分析，会由于样品的不均一性而导致宽谱线和光谱信息的丢失。而在魔角旋转技术中，样品与磁场方向成 54.7°快速旋转（通常是几千赫），从而克服了由于样品的不均一性引起的线展宽，保证了足够的光谱信息量。MAS 对于代谢组学

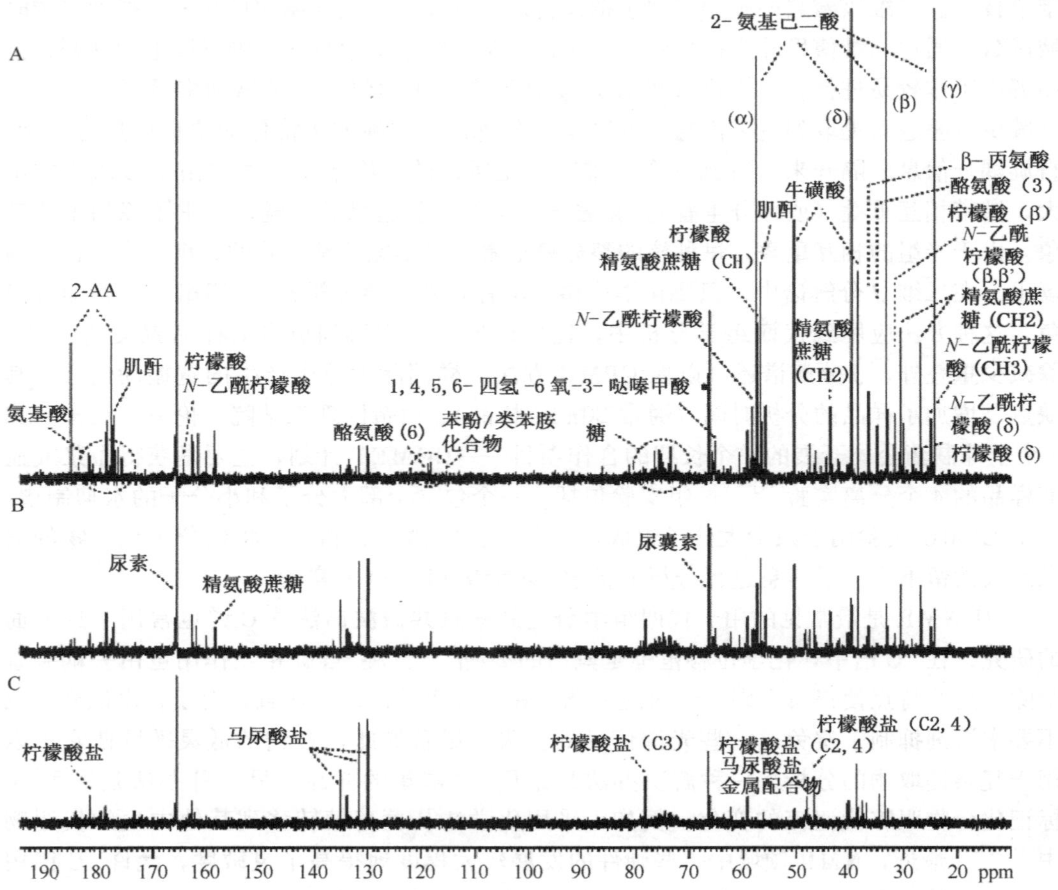

图 6-1　典型的 500MHz 低温探针给药 48h 鼠尿样品^{13}C NMR 谱[34]

A. 高剂量肼 90mg/kg；B. 低剂量肼 30mg/kg；C. 控制组

分析是一种相当有力的工具。在质谱对代谢产物破坏性分析和 FT-IR 虽非破坏性但灵敏度低的情况下，魔角旋转技术意味着完整的组织可以被非破坏性地分析，而且不需要组织提取。这种方法不仅可以得到更完整的代谢物谱图，而且使分类观察代谢物成为可能[36]。例如，如图 6-2 所示，鼠的心脏组织和线粒体的 MAS-NMR（图 6-2A 和图 6-2C）中脂类为主（0.89～1.29μg/g 信号），而在它们相应的组织提取液中却没有观察到（图 6-2B 和图 6-2D）[36]。

而且，低分子质量的代谢物在提取液谱图中容易观察到，但在完整组织谱图中则观察不到。这表示许多代谢物是很受环境限制的，如完整线粒体中的黏度条件及酶的配位作用等。这种情况限制了代谢组学研究在哺乳动物上的应用，如研究毒性对鼠的肾脏和肝组织的影响或小哺乳动物的比较生物化学研究等[37～39]。MAS-NMR 可以应用于非哺乳动物[40]，而且基于 MAS-NMR 的代谢组学分析还可能将会应用于植物样品中。

值得注意的是，NMR 方法不仅如前所述可以提供代谢物轮廓曲线，还是结构解析的有利工具。这意味着，随着代谢组学的分析，还可以对感兴趣的共振峰的特性进行测定。尽管还没有像基因组学和蛋白质组学那样提供巨大的通用的蛋白质序列数据库，但

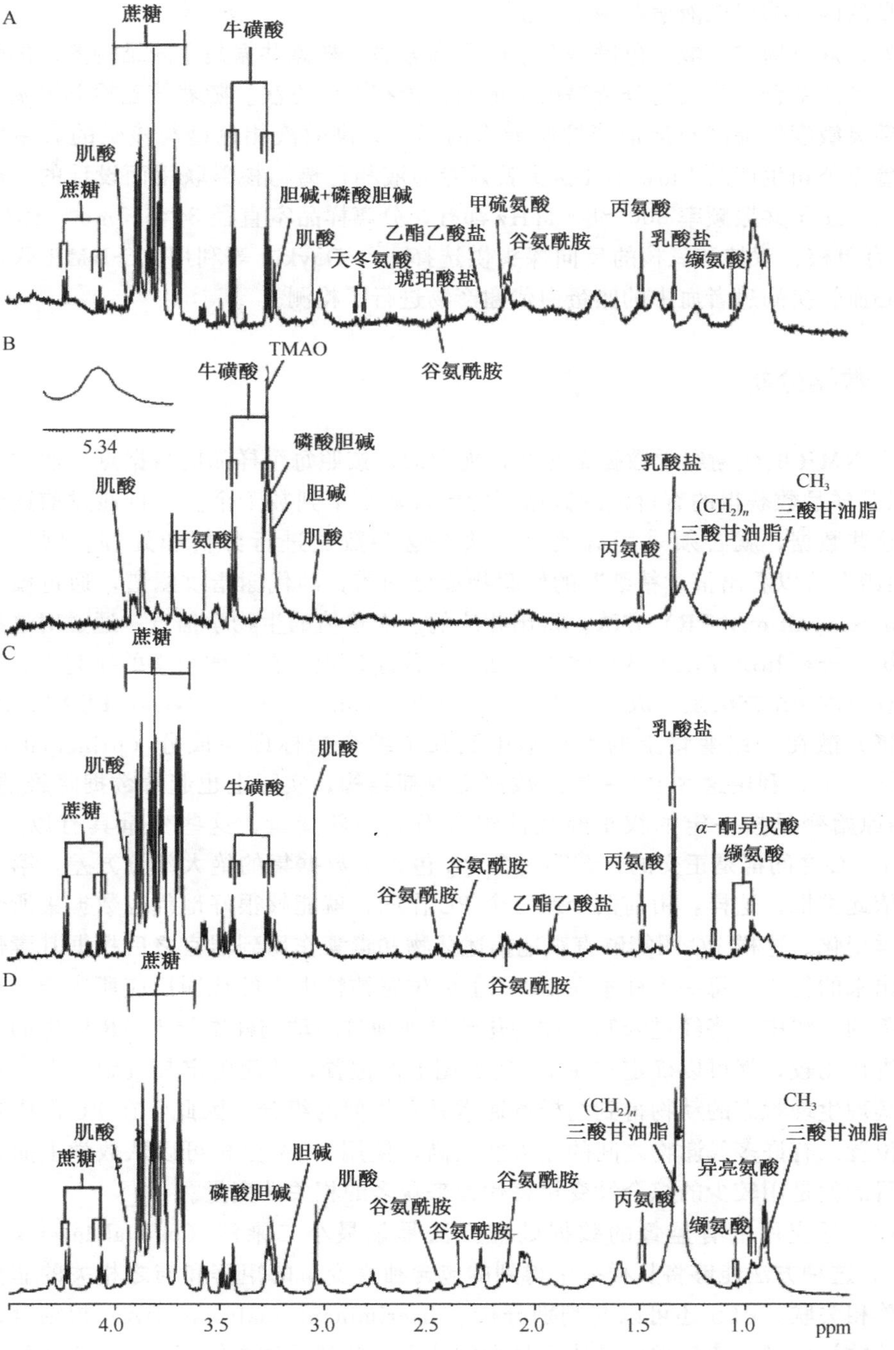

图 6-2 600MHz ^{1}H NMR 溶剂抑制谱[36]

A. 鼠心脏线粒体提取物的 NMR 谱；B. 鼠心脏线粒体 MAS ^{1}H-NMR 谱

C. 鼠心脏组织提取物的 NMR 谱；D. 无损伤的鼠心脏组织 MAS-NMR 谱

已有报道在生物质分析中发现的几个代谢物归属表[41～44]。而且，一维和二维 NMR 实验也提供了识别未知代谢物的潜力。结合以前报道过的归属及新报道的特性，人们对经遗传改良的西红柿提取液谱图做了解析[45]。

另外，众所周知，液相色谱是有效的分离方法，核磁共振是空间结构鉴定的强有力手段，两者的结合，为结构分析提供了最新、最有力的方法。随着核磁检测灵敏度的提高，氘锁灵敏度的提高及溶剂峰抑制能力的提高，高效液相色谱与核磁的联用成为现实。布鲁克公司生产的 Flow HR 探头就是专为液相色谱与核磁联用而设计的。这一系列的探头，质子共振频率 300～800MHz 都有，分离样品室直径 3～6.5mm，体积 60～350μl。有单核、双核和三核的反向探头供选择[25]。Daykin 等利用 LC-NMR 联用的方法，对心血管疾病患者血中的脂蛋白代谢产物进行了检测[20]。

6.2.3 数据分析

基于 NMR 的代谢组学数据组是非常庞大的，按照每个样品的数据点（通常 32k 或 64k）以及样品数获得的有价值的数据可能包含数十个到数千个。一旦通过前述的方法获得了这些数据，就必须采用有效的方法对这些数据进行分析和处理。例如，从一维 ^1H 图谱上可以看出很“精细”的代谢物成分图谱，即代谢指纹图谱，通过模式识别（pattern recognition，PR）方法，得出相应的、有价值的生物学信息。通过对这些生物信息的统计分析和研究，了解机体生命活动的代谢过程。在代谢组学的研究中，最常用也是最有效的 PR 方法是主成分分析法（principal component analysis，PCA）。PCA 的特点是将分散在一组变量上的信息集中到几个综合指标即主成分（principal component，PC）上，利用这些 PC 来描述数据集内部结构，实际上也起着数据降维的作用。PC 是由原始变量按一定的权重经线性组合而成的新变量，这些变量具有以下性质：①每一个 PC 之间都是正交的；②第一个 PC 包含了数据集的绝大部分方差，第二个则次之，依此类推。这样，由前两个或三个 PC 作图，就能够很好地代表数据集所包含的生物化学变化。这样 PC 图能够直观地描述药物和毒素作用到器官之后根据其毒性机制而表现出来的行为。每一个样本在 PC 图上的位置纯粹由它的代谢反应所决定。在这种比较简单的方法中，将经过未知毒性的化合物处理过的动物样本与 NMR 产生的代谢物数据库进行比较，就可以确定它在 PC 得分图上的位置，从而确定其机制[18,46]。由于处于相似病理生理状态的动物得到的样本通常具有相似的组分，因此，在 PC 图中也处于相似的位置。有许多代谢物之间的相关性很高，使用 PCA 分析可以从数学上简化这些变量，目的就是用较少的综合性变量替代原来众多的相关性变量。

一种广泛应用的有监督的数据处理方法是偏最小二乘法（partial least squares，PLS）[47]，这种方法能够将从样品中得到的包含独立变量的矩阵和与之相关的非独立变量的矩阵相关联。PLS 还可以与判别分析（discriminant analysis，DA）相结合，建立类别间的数学模型，使各类样品达到最大的分离，并利用建立的模型对未知的样本进行预测。在建模过程中还可以通过正交信号校正（orthogonal signal correction，OSC）过滤掉与分类信息无关的信号[48]。

值得注意的是，最近，一种分子识别的新方法被引入用于识别复杂混合物中同一分子的多重峰，这就是统计总体相关波谱（statistical total correlation spectroscopy，STOCSY）的概念[49]。这种方法利用各种强度变量具有多个共振线的优势，在一套波谱中（如^{1}H-NMR谱）产生一个虚拟的2D-NMR谱，用以显示各种峰强度与整个样品的相互关系。这种方法并不局限于从标准的2D-NMR谱推断出的普通的相关性，还可以通过光谱强度之间的强相关性来识别相同分子的峰。而且，通过检验较低相关系数甚至负相关还可以得到更多关于同一生物化学途径中涉及的两个或多个分子之间相互关系的信息。作为STOCSY方法的延伸，将其与有监督的化学计量学相结合，提供了一种分析代谢组学数据的新框架。第一步，有监督的多变量DA用于提取两种类型样本间和判别相关的NMR谱部分，然后将该信息与STOCSY结果相结合来帮助识别和代谢变异相关的分子。这种方法已经应用于尿样的^{1}H-NMR谱。该样品用于基于三种不同类型鼠给予糖类饮食的胰岛素抵抗模型的代谢组学研究，通过STOCSY方法确定了具有生物学价值的一系列代谢物。如图6-3所示，该方法已经用于识别代谢物3-羟苯基丙酸[49]。

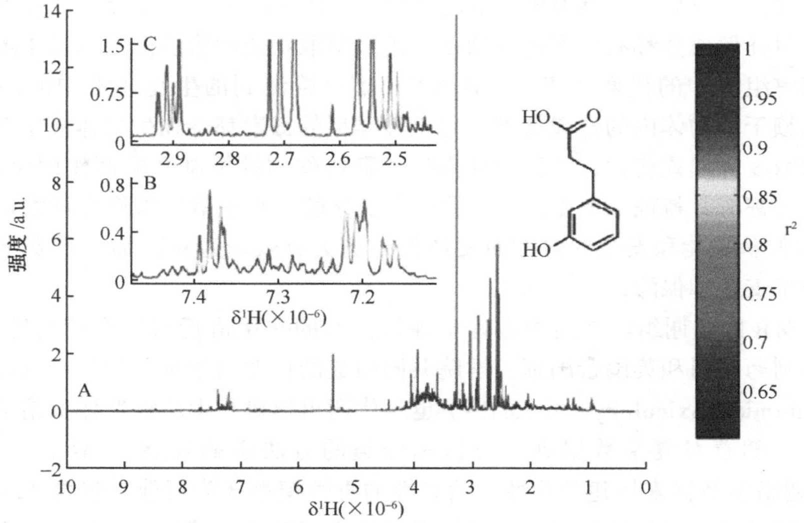

图6-3　一维STOCSY分析识别与化学位移δ2.51相关峰[49]

相关程度用不同颜色标示在谱图上

A. 全谱；B. 化学位移δ7.1～7.5部分谱图；C. 化学位移δ2.4～3.0部分谱图

当然，在现实情况中，毒理学数据要复杂得多，因为损伤是随时间而变化的，所以由NMR检测到的代谢物表达谱也是与时间相关的，这就需要建立更加复杂的模型与专家系统来进行分析，才能得出正确的结论。关于数据处理的详细论述请参见文献[11,50～53]及本书第7章。

6.3　核磁共振在代谢组学研究中的应用

Nicholson等在长期研究生物体液的基础上提出的基于核磁共振（NMR）方法的代谢组学，是定量研究有机体对由病理生理刺激或遗传变异引起的、与时间相关的多参数代谢应答，它主要利用核磁共振技术和模式识别方法对生物体液和组织进行系统测量和分析，对完整的生物体（而不是单个细胞）中随时间改变的代谢物进行动态跟踪检测、定量和分类，然后将这些代谢信息与病理生理过程中的生物学事件关联起来，从而确定发生这些变化的靶器官和作用位点，进而确定相关的生物标记物[54,55]。

6.3.1 在药物毒理学评价研究中的应用

前面的讨论已经显示了NMR技术在代谢组学研究领域的潜力。事实上，远在基于NMR的代谢组学被提及之前，哺乳动物的毒理学已经被广泛研究了[56]。一个典型的例子是以肼为肝毒素模型对其毒性的广泛研究。研究中对没有给药和给药7天后的鼠尿样和血样做了传统的临床化学和肝脏组织病理学研究[57]。在给药的动物中，随着给药剂量的变化显示了逐渐增加的代谢损伤和恢复情况，同时伴随着三羧酸循环中间产物的减少。利用高分辨率的^{1}H-NMR波谱，可检测血浆、尿和胆汁等生物体液中有特殊意义的微量物质的异常成分[58]。NMR可以同时对所有代谢物进行定量分析，且不需要样品前期准备，对任何成分都有相同的灵敏度。组织萃取物或细胞悬液的NMR图谱可以有效地反映完整组织中的代谢物组成。^{1}H-NMR谱所检测到的生物体液中的内源性代谢物，完全依赖于动物体内的毒素类型，每一种类型的毒素都会在生物体液中产生独特的内源代谢物浓度和模式变化，这种特征提供了毒性作用的机制和毒性作用位点的信息。所有的代谢物都有其特征NMR谱峰，故代谢变化的指纹图谱可以作为毒物检测的定性依据[58]，以便从功能和安全性两方面使药物筛选更有效，为新药临床前安全性评价提供可靠的技术支持和保障。

基于NMR的代谢组学在药物毒理学评价方面的作用最近有较全面的综述[10,59,60]，由5个著名制药公司和英国帝国理工学院共同组成的代谢组学毒理学协会（Consortium for Metabonomic Toxicology，COMET）也对代谢组学对异生质毒性评价结果的有效性进行了探讨。随着对复杂数据进行分析和分类的方法学的发展，COMET还使基于NMR的代谢组学数据来构建预测性和信息性的毒性模型成为可能。包含147个毒素模型的数据库可以用于通过计算机专家系统对毒性进行预测，其目标是建立全面的代谢组学数据库（目前大约有35 000个NMR谱），并且已经成功用于鼠的肝脏和肾脏的毒性预测[30,61]。

最近，一种新的杂核统计总体相关波谱（heteronuclear statistical total correlation spectroscopy，HET-STOCSY）方法被用于完整组织样品的毒理学研究[62]。一维^{1}H和^{31}P-{^{1}H}魔角旋转NMR谱分别对经半乳糖胺以及半乳糖胺及尿苷共同处理后鼠的无损伤肝脏样本进行了分析。个体样本也通过一维^{1}H和^{31}P-{^{1}H}魔角旋转NMR谱来监测与毒性相关代谢信号的变化情况，典型的^{1}H-MAS-NMR和^{31}P-{^{1}H}-MAS-NMR谱如图6-4所示[62]。由图6-4A可见，经半乳糖胺处理与经半乳糖胺及尿苷共同处理样品相比较，在芳香族和脂肪族区域有明显的代谢差异；图6-4B则显示了尿苷5′-二磷酸（UDP）-氨基糖如尿苷5′-二磷酸-*N*-乙酰葡萄糖胺及尿苷5′-二磷酸-*N*-乙酰半乳糖胺等在化学位移δ_{31P}-10～-13区域以及二氧磷基二酯、丙三基胆碱磷酸、丙三基二氧磷基乙醇胺在化学位移1×10^{-6}～-1×10^{-6}还有二氧磷基单酯如胆碱磷酸、二氧磷基乙醇胺在δ_{31P}3～4，无机磷酸在δ_{31P}1.5的变化情况。这种杂核统计总体相关波谱方法在毒理学代谢组学研究中可以帮助识别生物标记物，并且已经鉴定出了与理解肝毒素作用模型相关的代谢物。

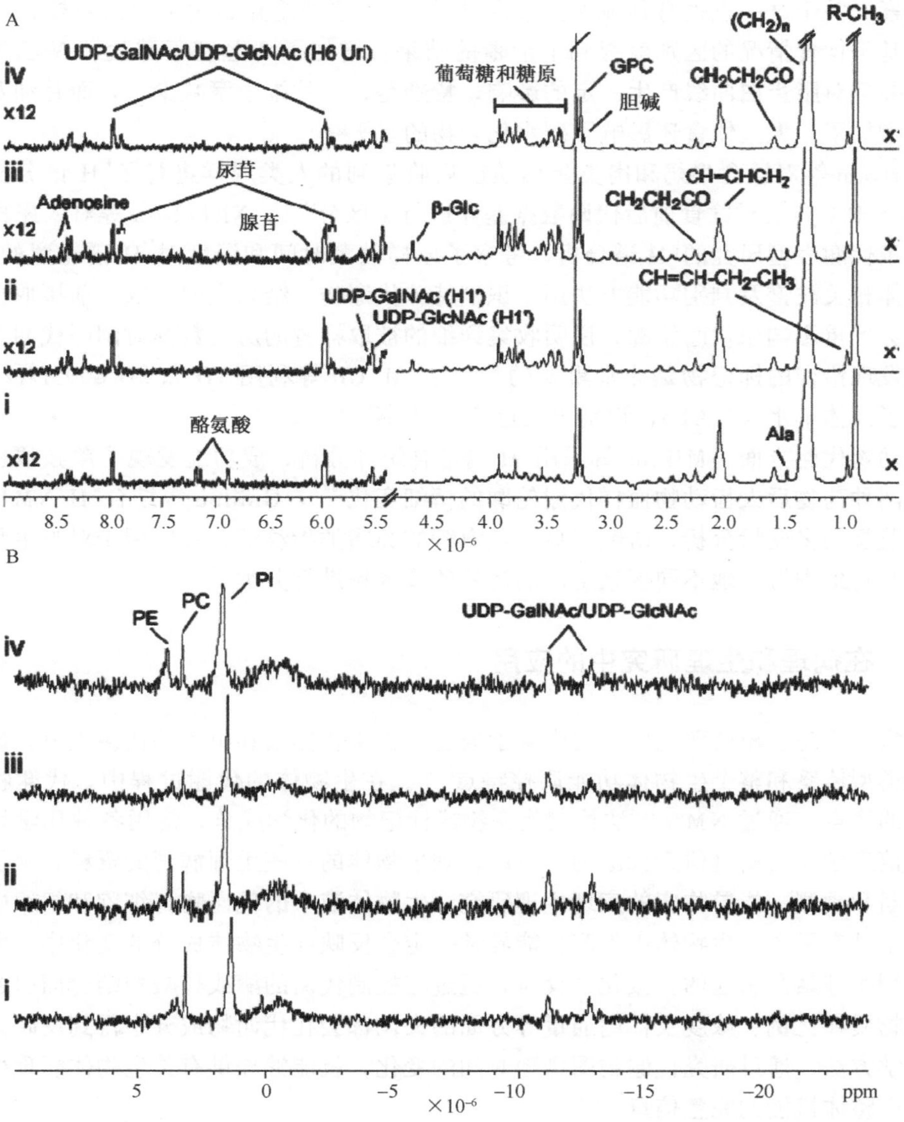

图 6-4 典型的鼠肝的^{1}H MAS NMR谱（A）和相关^{31}P-{^{1}H} MAS NMR谱（B）[62]
（ⅰ）经半乳糖胺处理；（ⅱ）经半乳糖胺和 500mg/kg 尿苷处理；（ⅲ）经半乳糖胺和 1000mg/kg 尿苷处理；（ⅳ）经半乳糖胺和 2000mg/kg 尿苷处理。其中：Ala. 丙氨酸；PC. 胆碱磷酸；PE. 二氧磷基乙醇胺；Pi. 无机磷酸；UDP-glcNAc. 尿苷 5′-二磷酸-*N*-乙酰葡萄糖胺；UDP-galNAc. 尿苷 5′-二磷酸-*N*-乙酰半乳糖胺

6.3.2 在人体代谢和动物代谢研究中的应用

代谢组学应用于人体的代谢研究方面较少[63]。J. K. Nicholson 等研究了人体饮食异黄酮的生物化学效果[64]。这个研究考察了 5 名健康的更年前期妇女血浆中大豆异黄

酮的消耗情况，结果表明，即使严格控制饮食，人与人之间的个体差异仍是个相当大的影响因素（关于这一点也有其他人曾报道过[53,63]）。这种差异通过正交信号校正方法过滤后，基于饮食情况的区别就得到了清晰的结果：增加了 3-羟基丁酸盐、*N*-乙酰基糖蛋白，并且对脂蛋白曲线产生一定的影响，特别是，一种维生素减少了，而甘油及甲基脂蛋白增加了。大豆饮食还影响了碳水化合物的水平[53]。

Bertram 等对饮食牛奶和肉类蛋白质前后收集到的人类尿样进行了^{1}H 谱分析，并采用 PLS-DA 方法对饮食前后代谢数据差异进行了区分[65]。Nicholson 等对人尿样品进行了基于代谢表型研究的^{1}H 谱分析，考察了尿样储藏时间和温度对^{1}H 谱轮廓的影响，统计总体相关波谱及判别功能方法用于识别特殊代谢物，结果表明，取样前摄取食物和药物都会严重影响尿代谢轮廓，说明收集详细的被取样者的历史数据对阐明代谢表型以及避免发现错误的标记物是非常重要的[66]。A. M. Gil 等利用 1D 和 2D 800MHz NMR 谱研究了人体羊水（HAF），识别出接近 50 个代谢物[67]。

在动物代谢方面，Mikros 等采用^{1}H 谱结合统计分析，成功地发现了单独喂食两种食物和两种药物后犬齿动物血样代谢轮廓的精细变化[68]，Guillou 等结合^{1}H-NMR 无监督和有监督的多变量分析，研究了乌颊鱼海鲤的类脂类指纹谱，并应用于对野生鱼和池养鱼以及对地中海盆地不同区域生产的池养鱼按区域进行分类[69]。

6.3.3 在病理和生理研究中的应用

在病理生理现象的研究中，代谢组学通过分析生物体液和组织的代谢组分，研究决定生化类型体系和整个生物体功能调控特点[70]。在生物体的代谢过程中，代谢物是机体代谢的终点。通过 NMR 方法检测代谢物或标记物的化学成分，使用各种化学计量学和生物信息学工具测量研究代谢物，可以得到生物体的一些生理病理的资料，提供有价值的诊断和预测，指导临床的病理生理研究。生物体液中的代谢物与细胞和组织中的代谢物处于动态平衡，生物体中细胞功能异常一定会反映在生物体成分的变化中。所有的由于病理生理紊乱引起的直接化学反应，通过与控制代谢的酶或核酸相结合而引起的内源生化物质在比例、浓度及代谢通量等方面的失调都会在代谢物成分中得到反映。利用代谢组学方法，通过研究代谢物图谱随时间的变化，就能够提供有关生物体病理生理作用过程中整体机能的完整信息[16,71～74]。

6.3.4 在环境监测方面的应用

代谢组学在环境方面的应用也开始有报道，尤其是对环境中毒素的监测。除了监测地下水和土壤样品中的工业污染物和毒素，还可以监测本土中标记性的毒素。例如，由于蚯蚓对有机物的消耗，它们已经广泛用于生物体毒理学的测试。总的毒性作用可以通过观测蚯蚓的死亡率来监控，低水平的毒素将影响蚯蚓的生化曲线，而不影响蚯蚓的总数。一系列氟苯胺（4-氟苯胺、4FA、3，5-二氟苯胺、3，5DFA 和 2-氟-4-甲基丙氨酸、2F4MA）对蚯蚓的代谢组学方面的影响结果已经完成，PCA 分析显示，有两种作用模式，4FA 是其中的一种，而 3，5DFA 和 2F4MA 则属于另一种[75]。通过一维^{1}H，一维和二维^{13}C-NMR 以及 FTICR 质谱已经识别出这些毒素的新的生物标记物。这表明代谢组学对非选择性检测具有特定毒素的生物标记物的能力，同时也揭示了 NMR 与 MS 结合共同解决复杂结构问题的潜力。人们还研究了在水生环境中环境的刺激对生物代谢的影响。通过分析不同的组织提取物（肌肉、消化腺和淋巴）来研究健康的、成长受妨碍的及肌体患病的鲍鱼，考察致命的综合病症与它们生化曲线的关系[76]。通过 PCA 分析这三组（健康、瘦小和患病）鲍鱼的数据，结果显示，在患病的肌肉组织中龙虾肌碱（*N*-甲基吡啶甲酸）有所增加，而腺嘌呤核苷酸和芳香氨基酸则有所减少[28]。这方面的应用可详见本书第 16 章。

6.3.5 在植物化学研究中的应用

核磁共振在植物化学方面的应用，主要集中在两个方面：代谢、毒理学和作用模式研究以及质量控制[77～80]。宾主共栖生物对玉米的作用模式测定已有报道[81]。作用模式的重要性在于，它通过提供关于化合物代谢途径的信息来确定这种作用是否对父代的作用方式也相同，从而确定新发现的化合物是否可以用于分类。作者采用神经元网络分析来解释数据，当分类模式作用时，这种方法正确地给出了 64％的波谱的分类，有 30％是未知的分类，只有 6％的错误结果。NMR 光谱分析在质量控制方面的应用日益普及。除了确定一个特定的生物标记物，这种方法还用来比较指纹谱以确定不同样品的来源。快速分析和内源性代谢物的宽覆盖面使得该方法可以有效地用于对差异性的识别，如地理的差异、不同制造商的差异以及遗传修饰等。人们用这种方法评估了绿茶的质量（包括来自中国的 6 个不同国家的 191 种茶）[82]。由咖啡因的特定振动导致的化学位移的变化可以观察到特定的光谱变化，对茶的质量研究和进一步的数据分析都很有优势。尽管这种方法可以按照中国茶的质量来分类，将高质量的茶（38 种龙井）从其他样品（77 种茶）中分出来，但按地理位置分类还做不到。研究表明，高质量的茶中茶氨酸、3-邻-没食子酰奎尼酸、表儿茶酸没食子盐、没食子酸、咖啡因、可可碱含量较高。这些茶和较低质量的茶相比含脂肪酸、奎尼酸、蔗糖及表焙儿茶素较少[28]。

6.3.6 在微生物系统研究中的应用

NMR 还用于研究微生物系统中的代谢情况[83,84]。酵母中的同步响应功能分析用来研究啤酒酵母中的沉默表型。当敲除单一基因时，对生长速率没有影响，但影响代谢中间产物，进而可以对具有相似基因功能的菌株进行分类[85]。尽管通过酶分析可以显示糖分解中间产物的细胞内浓度，但基于 NMR 的代谢组学研究能够提供更完整的沉默表型实验的代谢轮廓[28]。

6.4 展望

最近，NMR 被用于更广的范围，如采用在线 HPLC-NMR 提高信号分辨率和峰识别[86]，对用于流行病学目的而收集样品的药物代谢物鉴定[87,88]、在毒性评价中的生物标记物鉴定[89]以及研究益生菌对模拟哺乳动物系统的影响[90]等。而且，NMR不仅单独应用，还与质谱结合用于代谢组学中的毒性研究[91]。相关关系分析方法与NMR结合还被扩展到分析一个前列腺癌模型的蛋白质组学数据[92]，以及鼠心血管疾病和肥胖模型的基因组学数据[93]。

随着细胞生物学、分子生物学、遗传学的迅速发展和对遗传标记研究的深入，NMR为研究代谢和生理生化变化提供了条件。NMR在生物信息学和结构生物学的研究中发挥着越来越重要的作用。NMR技术的不断发展和成熟，拓宽了其应用领域，如从蛋白质、多肽、核酸等生物大分子结构及它们与小分子的相互作用到动物和人体的生理、病理、生化等过程机制的研究，还可用于药物毒性评价、临床患者疾病的诊断、治疗效果的检测等；NMR技术存在一些机遇，但也存在一定的挑战。NMR技术在代谢组学研究中应用的局限性主要是其灵敏度较低，解决的办法是提高磁场强度、应用同位素标记目标化合物以及通过使用超低温探头来提高灵敏度。另外，NMR的仪器价格和维护费用都比较昂贵，在某种程度上限制了该方法的普及应用。但随着对NMR技术认识的不断深入和研究工作的不断积累，该技术在代谢组学研究中的应用会更加广泛和常规化[18]。

参考文献

[1] 宁永成．北京：科学出版社，2000
[2] 梁晓天．北京：科学出版社，1976
[3] 易大年，徐光漪．上海：上海科学技术出版社，1985
[4] 沈其丰．北京：北京大学出版社，1988
[5] 彭勤纪，王璧人．北京：中国石化出版社，2001
[6] 朱明华．北京：高等教育出版社，2000
[7] 赵天增．北京：北京大学出版社，1983
[8] 赵天增．郑州：河南科学技术出版社，1993
[9] Lindon J C，Holmes E，Bollard M E，Stanley E G，Nicholson J K．Biomarkers，2004，9：1
[10] Lindon J C，Holmes E，Nicholson J K．Prog．Nucl．Magn．Reson．Spectrosc．，2004，45：109
[11] Lindon J C，Holmes E，Nicholson J K．Prog．Nucl．Magn．Reson．Spectrosc．，2001，39：1
[12] Beckwith-Hall B M，Holmes E，Lindon J C，Gounarides J，Vichers A，Shapiro M，Nicholson J K．Chem．Res．Toxicol．2002．，15：1136
[13] Crockford D J，Keun H C，Smith L M，Holmes E，Nicholson J K．Anal．Chem．，2005，77：4556
[14] Webb-Robertson B J，Lowry D F，Jarman K H，Harbo S J，Meng Q R，Fuciarelli A F，Pounds J G，Lee K M．J．Pharm．Biomed．Anal．，2005，39：830
[15] Choi H K，Choi Y H，Verberne M，Lefeber A W，Erkelens C，Verpoorte R．Phytochemistry，2004，65：857
[16] Gavaghan C L，Holmes E，Lenz E，Wilson I D，Nicholson J K．FEBS Lett．，2000，484：169
[17] Price K E，Vandaveer S S，Lunte C E，Larive C K．J．Pharm．Biomed．Anal．，2005，38：904
[18] 赵剑宇，颜贤忠．Foreign Medical Sciences Section on Pharmacy，2004，31（5）：308
[19] Waters N J，Holmes E，Williams A，Waterfield C J，Farrant R D，Nicholson J K．Chem．Res．Toxicol．，2001，14：1401
[20] Daykin C A，Corcoran O，Hansen S H，Bjornsdorrir I，Cornett C，Connor S C，Lindon J C，Nicholson J K．Anal．Chem．，2001，73：1084
[21] Defernez M，Colquhoun I J．Phytochemistry，2003，62：1009

[22] Potts B C M, Deese A J, Stevens G J, Reily M D, Robertson D G, Theiss J. Pharm J. Biomed. Anal., 2001, 26: 463

[23] Keun H C, Ebbels T M D, Antti H, Bollard M E, Beckonert O, Schlotterbeck G, Senn H, Niederhauser U, Holmes E, Lindon J C, Nicholson J K. Chem. Res. Toxicol., 2002, 15: 1380

[24] Bailey N J C, Oven M, Holmes E, Zenk M H, Nicholson J K. Spectrosc. Int. J., 2004, 18: 279

[25] 魏嘉, 戴培麟, 张建平, 藤斌. 现代仪器, 2003, 5: 13

[26] Van Q N, Chmurny G N, Veenstra T D. Biochem. Biophys. Res. Commun., 2003, 301: 952

[27] Tang H R, Wang Y L, Nicholson J K, Lindon J C. Anal. Biochem., 2004, 325: 260

[28] Dunn W B, Baileyb N J C, Johnson H E. Analyst, 2005, 130: 606

[29] Viant M R. Biochem. Biophys. Res. Commun., 2003, 310: 943

[30] Lindon J C, Nicholson J K, Holmes E, Antti H, Bollard M E, Keun H, Beckonert O, Ebbels T M, Reilly M D, Robertson D, Stevens G J, Luke P, Breau A P, Cantor G H, Bible R H, Niederhauser U, Senn H, Schlotterbeck G, Sidelmann U G, Laursen S M, Tymiak A, Car B D, Lehman-McKeeman L, Colet J M, Loukaci A, Thomas C. Toxicol. Appl. Pharmacol., 2003, 187: 137

[31] Kikuchi J, Shinozaki K, Hirayama T. Plant Cell Physiol., 2004, 45: 1099

[32] Baverel G, Conjard A, Chauvin M F, Vercoutere B, Vittorelli A, Dubourg L, Gauthier C, Michoudet C, Durozard D, Martin G. Biochimie, 2003, 85: 863

[33] Keun H C, Beckonert O, Griffin J L, Richter C, Moskau D, Lindon J C, Nicholson J K. Anal. Chem., 2002, 74: 4588

[34] Griffin J L, Nicholls A W, Keun H C, Mortishire-Smith R J, Nicholson J K, Kuehn T. Analyst, 2002, 127: 582

[35] Khandelwal P, Beyer C E, Lin Q, McGonigle P, Schechter L E, Bach A C. Neurosci J. Methods, 2004, 133: 181

[36] Bollard M E, Murray A J, Clarke K, Nicholson J K, Griffin J L. FEBS Lett., 2003, 553: 73

[37] Huhn S D, Szabo C M, Gass J H, Manzi A E. Anal. Bioanal. Chem., 2004, 378: 1511

[38] Garrod S, Humpher E, Connor S C, Connelly J C, Spraul M, Nicholson J K, Holmes E. Magn. Reson. Med., 2001, 45: 781

[39] Griffin J L, Walker L A, Garrod S, Holmes E, Shore R F, Nicholson J K. Comp. Biochem. Physiol., B: Biochem. Mol. Biol., 2000, 127: 357

[40] Tang H R, Belton P S, Ng A, Ryden P. Agric J. Food Chem., 1999, 47: 510

[41] Fan T W. Prog. Nucl. Magn. Reson. Spectrosc., 1996, 28: 161

[42] Nicholson J K, Foxall P J D, Spraul M, Farrant R D, Lindon J C. Anal. Chem., 1995, 67: 793

[43] Lindon J C, Nicholson J K, Everett J R. Annu. Rep. NMR Spectrosc., 1999, 38: 1

[44] Sobolev A P, Segre A, Lamanna R. Magn. Reson. Chem., 2003, 41: 237

[45] Gall Le G, Colquhoun I J, Davis A L, Collins G J, Verhoeyen M E. Agric J. Food Chem., 2003, 51: 2447

[46] Holmes E. Chemometr. Intell. Lab Syst., 1998, 44 (11): 251

[47] Morris M, Watkins S M. Curr. Op. Chem. Biol., 2005, 9: 407

[48] Trygg J. Wold S. J. Chemomet., 2002, 16: 119

[49] Cloarec O, Dumas M E, Craig A, Barton R H, Trygg J, Hudson J, lancher C, Gauguier D, Lindon J C, Holmes E, Nicholson J. Anal. Chem., 2005, 77: 1282

[50] Forshed J, Schuppe-Koistinen I, Jacobsson S P. Anal. Chim. Acta., 2003, 487: 189

[51] Lee G C, Woodruff D L. Anal. Chim. Acta, 2004, 513: 413

[52] Keun H C, Ebbels T M D, Antti H, Bollard M E, Beckonert O, Holmes E, Lindon J C, Nicholson J K. Anal.Chim. Acta., 2003, 490: 265

[53] Beckwith-Hall B M, Brindle J T, Barton R H, Coen M, Holmes E, Nicholson J K, Antti H. Analyst, 2002, 127: 1283

[54] 徐旻，林东海，刘昌孝．药学学报，2005，40（9）：769
[55] Plumb R S，Stumpf C L，Granger J H，Castro-Perez J，Haselden J N，Dear G J．Rapid Commun Mass Spectrom，2003，17（23）：2632
[56] Nicholson J K，Lindon J C，Holmes E．Xenobiotica，1999，29：1181
[57] Nicholls A W，Holmes E，Lindon J C，Shockcor J P，Farrant R D，Haselden J N，Damment S J P，Waterfield C J，Nicholson J K．Chem．Res．Toxicol．，2001，14：975
[58] Bechwith-Hall B M，Nicholson J K，Nicholls A W，Foxall P J，Lindon J C，Connor S C，Abdi M，Connelly J，Holmes E．Chem．Res．Toxicol．，1998，11（4）：260
[59] Keun H C．Pharmacology & Therapeutics，2006，109：92
[60] Griffin J L．Current Opinion in Chemical Biology，2003，7：648
[61] Lindon J C，Keun H C，Ebbels T M D，Pearce J M T，Holmes E，Nicholson J K．Pharmacogenomics，2005，6：691
[62] Coen M，Hong Y S，Cloarec O，Rhode C M，Reily M D，Robertson D G，Holmes E，Lindon J C，Nicholson J K．Anal．Chem．，10.1021/ac0713961，Published on Web 11/01/2007
[63] Lenz E M，Bright J，Wilson I D，Morgan S R，Nash A F P，Pharm J．Biomed．Anal．，2003，33：1103
[64] Solanky K S，Bailey N J C，Beckwith-Hall B M，Davis A，Bingham S，Holmes E，Nicholson J K，Cassidy A．Anal．Biochem．，2003，323：197
[65] Bertram H C，Malmendal A，Petersen B O，Madsen J C，Pedersen H，Nielsen N C，Hoppe C，Mølgaard C，Michaelsen K F，Duus Jϕ．Anal．Chem．，2007，79：7110
[66] Maher A D，Zirah S F M，Holmes E，Nicholson J K．Anal．Chem．，2007，79：5204
[67] Graca G，Duarte I F，Goodfellow B J，Barros A S，Carreira I M，Couceiro A B，Spraul M，Gil A M．Anal．Chem．，2007，79：8367
[68] Constantinou M A，Vertzoni M，Reppas C，Tsantili-Kakoulidou A，Mikros E．Molecular Pharmaceutics，2007，4：258
[69] Rezzi S，Giani I，Héberger K，Axelson D E，Moretti V M，Reniero F，Guillou C．J Agric．Food Chem．，10.1021/jf070736g，Published on Web 10/31/2007
[70] Smith L L．Trends Pharmacol Sci．，2001，22（6）：281
[71] Psihogios N G，Kalaitzidis R G，Dimou S，Seferiadis K I，Siamopoulos K C，Bairaktari E T．J．Proteome Research，2007，6：3760
[72] Tsang T M，Woodman B，Mcloughlin G A，Griffin J L，Tabrizi S J，Bates G P，Holmes E．J．Proteome Research，2006，5：483
[73] Yang Y，Li C，Nie X，Feng X，Chen W，Yue Y，Tang H，Deng F．J．Proteome Research，2007，6：2605
[74] Bertram H C，Duarte I F，Gil A M，Bach Knudsen K E，Lærke H N．Anal．Chem．，2007，79：168
[75] Bundy J G，Lenz E M，Bailey N J，Gavaghan C L，Svendsen C，Spurgeon D，Hankard P K，Osborn D，Weeks J A，Trauger S A．Environ．Toxicol．Chem．，2002，21：1966
[76] Viant M R，Rosenblum E S，Tjeerdema R S．Environ．Sci．Technol．，2003，37：4982
[77] Abdel-Farid I B，Kim H K，Choi Y H，Verpoorte R．J Agric．Food Chem．，2007，55：7936
[78] Pauli G F，Jaki B U，Lankin D C．J．Nat．Prod．，2005，68：133
[79] Tiziani S，Schwartz S J，Vodovotz Y．Agric J．Food Chem．，2006，54：6094
[80] Choi Y H，Kim H K，Linthorst H J M，Hollander J G，Lefeber A W M，Erkelens C，Nuzillard J M，Verpoorte R．J Nat．Prod．，2006，69：742
[81] Ott K H，Aranibar N，Singh B J，Stockton G W．Phytochemistry，2003，62：971
[82] Gall Le G，Colquhoun I J，Defernez M．J Agric．Food Chem．，2004，52：692
[83] Forgue P，Halouska S，Werth M，Xu K，Harris S，Powers R．J Proteome Research，2006，5：1916
[84] Halouska S，Chacon O，Fenton R J，Zinniel D K，Barletta R G，Powers R．J Proteome Research，10.1021/pr0704332，Published on Web 11/03/2007

[85] Raamsdonk L M, Teusink B, Broadhurst D, Zhang N S, Hayes A, Walsh M C, Berden J A, Brindle K M, Kell D B, Rowland J J, Westerhoff H V, Dam van K, Oliver S G. Nat. Biotechnol., 2001, 19: 45
[86] Cloarec O, Campbell A, Tseng L H, Braumann U, Spraul M, Scarfe G, Weaver R, Nicholson J K. Anal. Chem., 2007, 79: 3304
[87] Holmes E, Loo R-L, Cloarec O, Coen M, Tang H, Maibaum E, Bruce S, Chan Q, Elliott P, Stamler J, Wilson I D, Lindon J C, Nicholson J K. Anal. Chem., 2007, 79: 2629
[88] Dumas M E, Maibaum E C, Teague C, Ueshima H, Zhou B, Lindon J C, Nicholson J K, Stamler J, Elliott P, Chan Q, Holmes E. Anal. Chem., 2006, 78: 2199
[89] Holmes E, Cloarec O, Nicholson J K. J. Proteome. Res., 2006, 5: 1313
[90] Martin F P J, Wang Y, Sprenger N, Holmes E, Lindon J C, Kochhar S, Nicholson J K. J. Proteome. Res., 2007, 6: 1471
[91] Crockford D J, Holmes E, Lindon J C, Plumb R S, Zirah S, Bruce S J, Rainville P, Stumpf C L, Nicholson J K. Anal. Chem., 2006, 78: 363
[92] Rantaleinen M, Cloarec O, Beckonert O, Wilson I D, Jackson D, Tonge R, Rowlinson R, Rayner S, Nickson J, Wilkinson R W, Mills J D, Trygg J, Nicholson J K, Holmes E. J. Proteome. Res., 2006, 5: 2642
[93] Dumas M E, Wilder S P, Bihoreau M T, Barton R H, Fearnside J F, Arqoud K, D' Amato L, Wallis R H, Blancher C, Keun H C, Baunsgaard D, Scott J, Sidelmann U G, Nicholson J K, Gauguier D. Nature Genet., 2007, 39: 666

第 7 章　代谢组学研究中常用的化学计量学方法

代谢组学采用各种分析手段（包括色谱、电泳、质谱、核磁等）对体液或组织中低分子质量的代谢物进行尽可能的全面分析，得到的是大量的、多维的分析数据。如何充分抽提所获数据中的潜在信息，并将其与生物体的生物学特性进行关联，进而用于了解和发现生物学规律，是代谢组学研究的最终目的。在对数据的分析过程中需要应用一系列的化学计量学方法[1]。

化学计量学[2,3]是一门化学分支学科，它应用数学和统计学方法（借助计算机技术），设计和选择最优的测量程序和实验方法，并且通过解释化学数据而获得最大限度的信息。在分析化学领域中，化学计量学通过应用数学和统计学方法，用最佳的方式获取关于物质系统的有关信息。

化学计量学的研究内容已经相当广泛，如统计学方法、最优化方法、信号处理、因子分析、曲线分辨、数据校正、模型化与参数估计、结构与活性、数据库及其应用、模拟识别、人工智能等。

模式识别（pattern recognition）是化学计量学的重要组成部分，是数据信息挖掘的主要方法之一。在代谢组学的研究中，大多数情况是要从检测到的代谢产物信息中进行两类（如基因突变前后的响应）或多类（如杂交后各不同表型间代谢产物）的判别分类，因此在数据分析过程中应用的技术也主要集中在模式识别技术上。

另一方面，随着代谢组学的不断发展，已经获得了大量的基础数据，同时随着各种组学技术的不断交叉，系统生物学应运而生，生物信息学技术的重要性也日益突现。生物信息学是一门生物技术和信息学技术融合的学科。不同的人对其有不同的理解，但按照其最基本的形式，生物信息学定义为“有效地组织生物信息，进行逻辑化的查询和利用”。这一定义包括了两层含义，一是对海量数据的收集、整理与服务，也就是管理好这些数据；另一个是从中发现新的规律，也就是利用好这些数据。它与化学计量学有所重叠，但侧重点略有不同。

基因组学的发展导致了生物学数据量的大爆炸，促进了生物信息学的长足发展。早期的生物信息学研究工作是对基因组研究相关生物信息的获取、加工、储存、分配、分析和解释。各种组学技术的发展大大扩展了生物信息学的应用。

生物信息学面临的新挑战包括：通过组学技术平台进行复杂的数据整合；通过基因组、转录组、蛋白质组和代谢组对传统遗传学和生物表型进行直接的联系。在代谢组学方面主要的研究内容是构建和完善特定生物体系的代谢数据库，使之能与现有的基因、蛋白质的数据库相关联，进一步推动和完善系统生物学。

本章将系统地介绍代谢组学研究中的数据预处理、化学计量学方法（主要是模式识别）以及信息学研究（数据库、专家系统）。

7.1 数据预处理方法

7.1.1 原始数据矩阵的获得

由分析仪器产生的谱图信号，在采用适当的方法去除噪声、干扰、基线飘移等因素后，通过数据提取，可用一组参量（矢量）来表征。对于不同的分析手段，去除噪声、干扰、基线飘移的方法不尽相同，技术及方法相对已非常成熟，在此不再做过多的介绍。

数据提取方法可分为两类：

第一类主要应用于色谱及其联用技术，采用峰的积分结果作为变量，进行提取，其他样品通过保留时间或质量数进行峰匹配，对于样品间保留时间的漂移情况下的峰匹配见第 4 章，最终获得原始数据矩阵。通常可采用拟合和其他峰拆分算法对重叠峰进行解析，以提高定量的精度。

第二类方法主要应用于核磁、红外等波谱处理，也可用于液质联用数据，采用等间距的切片（slice，用于一维谱图）或切块（bin，用于二维谱图）对谱图区间进行拆分，对区间内的信号积分作为变量。这尽管降低了分析结果的分辨率，但在一定程度上降低了谱图漂移引起的匹配错误问题。该方法对不同的样本谱图采用相同的间距，对应位置的积分结果进行匹配，从而获得数据矩阵。

同一谱图采用两种数据提取方法的结果比较见图 7-1。

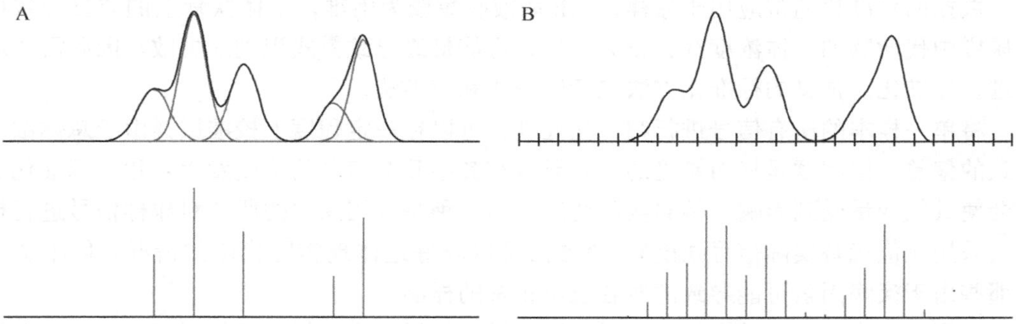

图 7-1 不同的数据提取方法对比

A. 积分法（拟合）；B. 切片法

数据提取后形成一个 $n \times m$ 的原始数据矩阵：

$$X = \begin{bmatrix} x_{11} & x_{12} & \cdots & x_{1n} \\ x_{21} & x_{22} & \cdots & x_{2n} \\ \vdots & \vdots & & \vdots \\ x_{m1} & x_{m2} & \cdots & x_{mn} \end{bmatrix} \tag{7.1}$$

式中，n 为变量数；m 为样本数。

7.1.2 自变量筛选

就理想状态而言，如果每个变量都具有一定的判别能力，且不相关，维数的提高可以使模式识别的能力得到增强。但如果特征变量相互相关，多余的自变量不但没有优势，而且可能干扰分类判断，并可能导致模型的不稳定。对原始数据矩阵进行必要的自变量筛选，有利于模式识别的成功。

自变量筛选方法可参考文献[3]。以下介绍一种重要的自变量特征提取方法——Fisher权重。该方法对于已知分类的样本可以容易地辨别出变量对分类的贡献大小。

$$F_i = (m_{i1} - m_{i2})^2 / (V_{i1} + V_{i2}) \tag{7.2}$$

式中，m_{i1}和m_{i2}分别为类1和类2的i变量的均值；V_{i1}和V_{i2}分别为类1和类2的i变量方差。权重越大，表明该变量对分类的贡献越大，应优先选用。当然，那些明显不属于样本本身特性的变量同样也应予以去除，如溶剂、内标以及外源性代谢产物等。

7.1.3 数据的标度化及滤波

在经过变量筛选后，模式识别分类计算之前，应采用合适的数据预处理方法：标准化、标度化（scaling）及滤波（filtering）[4]；模式空间中样本代表点分布结构改变，更有利于分类运算。

数据的标准化通常应用于尿样，24h尿液收集较为困难，个体饮食上的差异导致单次尿样中代谢物的总体浓度存在较大差异，可能最终导致模式识别的失败，因此需要对其进行标准化。常见的标准化方法包括归一法和校准法。

将单一样本的所有信号进行归一化处理，可以在一定程度上校准尿样由于总体浓度导致的偏差。但问题是显而易见的，如果只有其中几个组分的浓度发生变化，标准化处理会使其他变量受到影响，偏离实际情况。另一种是采用尿中的肌苷对尿样信号进行校准（采用比值代替实际信号强度），该方法可以较好地体现实际代谢的情况，但不适合于那些由于疾病因素可能导致的肌苷值不正常的样品。

常用的标度化方法种类较多，对于不同类型的样本应选择合适的标度化方法，以便获得理想的分类结果，常见的标度化方法有：

1）范围标度化（range scaled）

$$x_{ij,\text{new}} = (x_{ij,\text{old}} - x_{j,\min}) / (x_{j,\max} - x_{j,\min}) \tag{7.3}$$

式中，$x_{ij,\text{new}}$和$x_{ij,\text{old}}$分别为第i个样本的j变量换算后的值和原始值；$x_{j,\max}$和$x_{j,\min}$分别为原始j变量的最大值和最小值。该方法的缺点是如果数据集合中有一个值很大，会导致其他值的差异变小。

2）中值标度化（mean-centred，Ctr）

$$x_{ij,\text{new}} = (x_{ij,\text{old}} - m_j) \tag{7.4}$$

式中，m_j为变量j的均值。该方法的缺点是可能导致低含量的变量信息受到高含量信号的压制。

3）自标度化（autoscaled，UV）

$$x_{ij,\text{new}} = (x_{ij,\text{old}} - m_j)/V_j \tag{7.5}$$

式中，V_j 为变量 j 的方差，经过变换后，各变量均值为 0，偏差为 1，在分类过程中权重相同，可消除由于含量差异导致的数据掩盖。但应注意的是，小峰的测量误差也被同步放大，可能导致错误的结果。

4）parto variance，Par

$$x_{ij,\text{new}} = (x_{ij,\text{old}} - m_j)/\sqrt{V_j} \tag{7.6}$$

其标度化结果界于中值标度化和自标度化之间。

5）变换法

在模式识别中还可以采用变换法对数据进行预处理，如

$$x_{ij,\text{new}} = \sqrt{x_{ij,\text{old}}} \tag{7.7}$$

$$x_{ij,\text{new}} = \ln(x_{ij,\text{old}}) \tag{7.8}$$

以达到改变数据标度的目的。

6）组合法

采用上述几个标度方法的联合使用。

2003 年，Keun 建立了一种新的标度化方法——variable stability（VAST）scaling[5]。VAST 在考虑数据稳定性的基础上，建立了有监督和无监督两种模式的标度化方法：

在无监督模式下，权重系数为所用样本的均值和标准偏差的比值。

$$\text{有监督的 VAST 权重} = \frac{1}{n}\sum_{j=0}^{n-1}\frac{\bar{x}_j}{V_j} \tag{7.9}$$

式中，$\bar{x}_j$ 和 V_j 分别表示第 j 类的均值和标准偏差；n 为样本中总的类数。这种方法在兼顾了自标准化原理的基础上，考虑了同类样本的测量误差。Keun 对比了该方法和传统的标度化方法，结果表明，经 VAST 标度后的数据进行模式识别可以获得较传统方法更为理想的分类效果。

对实验数据易受环境因素影响的分析，如在微量药物引发的生化效应中，分析结果中的有效信息经常被研究对象的性别、饮食和其他环境因素所淹没，采用滤噪技术可消除多余的干扰因素的影响，有利于模式识别分类的成功。在代谢组学的模式识别中常用的滤噪技术是正交信号校正技术（orthogonal signal correction，OSC）[6,7]。

与普通的谱图滤噪技术不同，OSC 滤掉与类别判断正交（不相关）的变量信息，只保留与类别判断有关的变量，从而使类别判别分析能集中在这些与类别的判别相关的变量上，提高了判别的准确性。OSC 等效于从数据中去除了额外的影响因素，因此能收到较好的效果。

图 7-2 是一个老鼠肝脏提取物的核磁分析结果做代谢组学研究的例子[10]。原始谱图直接应用模式识别（PCA）的得分矩阵投影如图 7-2A 所示，温度变化导入的偏差，导致无法获得理想的分类结果。通过正交变换，滤掉与类别判断不相关的变量信息，同样采用 PCA 进行模式识别，获得了理想的分类效果（图 7-2B）。

其他的滤波方式如小波变换（wavelets transform，WT）、傅里叶变换（Fourier transform，FT）等也常被用于数据的预处理[7~9]。

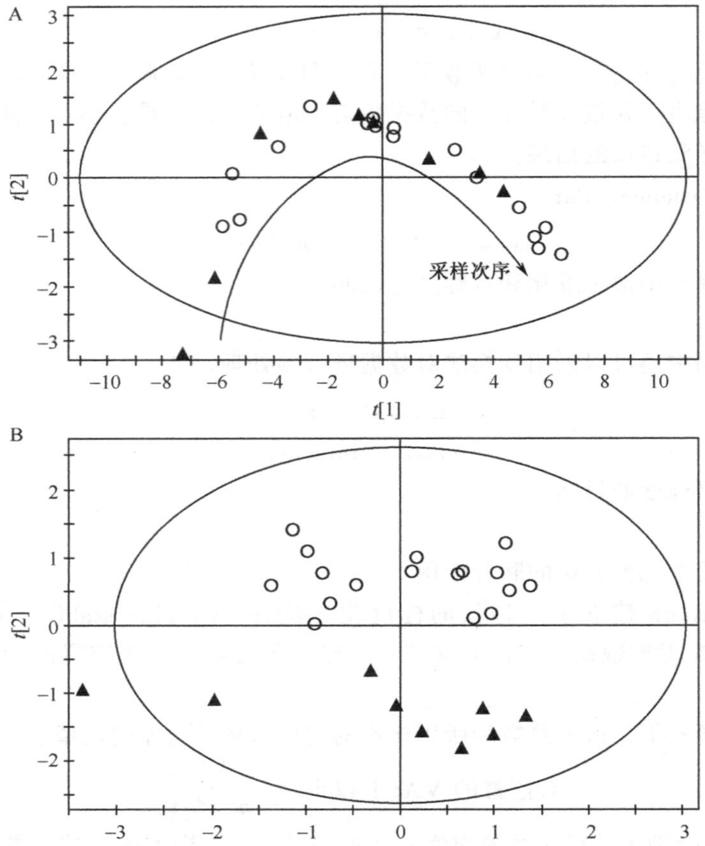

图 7-2　应用正交变换抑制外部实验条件变化引入的偏差[10]

A 和 B 分别为正交变换前后的主成分分析得分图。○：对照组；▲：给药组

7.2　常用的模式识别方法

7.2.1　无监督的模式识别方法

聚类分析是一种非常实用的多元统计方法。每个样本用特征参数表示为多维空间的一个点，根据物以类聚的原理，在多维空间中相类似的样本相互之间的距离应小于不同类别样本之间的距离，据此用于判别、分类和预测。聚类分析就是将类似的样本聚在一起，从而获得分类。这类方法不需要事先确定样本的类型归属，没有可供学习利用的训练样本，所以称为无监督（无师）(unsupervised) 学习方法。

代谢组学领域的常用的无监督学习方法有主成分分析（principal components analysis，PCA)、非线性映射（nonlinear mapping，NLM）和分级聚类法（hierarchical cluster analysis ，HCA）等。

7.2.1.1 分级聚类法

分级聚类法（hierarchical cluster analysis，HCA）是一种很常用的聚类方法。其主要原理是：利用同类样本应彼此相似，相类似的样本在多维空间中的彼此距离应较小，而不同类的样本在多维空间的距离应较大。

分级聚类法的基本做法是先将每个样本自成一类，选择距离最小的一对并成一个新类，计算新类与其他类之间的距离，再将距离最小的两类并为一类，直至所有的样本都成为一类为止。样本之间的相互关系可以用树形图来表示。对连接形成的树进行分析，去除最大距离的连接线，仅可将样本分成两类，以此类推，可将样本分成所需要的类数。

在多维空间中样本点 i、j 之间的距离通常可用欧氏（Euclidean 距离）距离来表示：

$$D_{i,j.\ \mathrm{Euclidean}} = \left[\sum_{k=0}^{M}(x_{ik} - x_{jk})^2\right]^{1/2} \tag{7.10}$$

式中，M 为特征变量的个数。

有时候，为了简化计算可采用差值的绝对值来表示距离（Manhattan 距离）：

$$D_{i,j.\ \mathrm{Manhattan}} = \sum_{k=0}^{M} | x_{ik} - x_{jk} | \tag{7.11}$$

距离的其他计算方法可参阅文献。

类间距的定义方法有多种：

（1）最短距离法：类间距为两类之间最近的样本间的距离。

（2）最长距离法：类间距为两类之间最远的样本间的距离。

（3）中间距离法：类间距为两类最近和最远的中心值之间的距离。

（4）重心法：类间距为两类样本的重心（该类样本的向量均值）之间的距离。

分级聚类法主要应用于样本间的相似度比较从而获得原始数据中隐含的信息。Beckonert 等[11]应用 HCA 对各种有毒药物的代谢指纹进行研究，结果如图 7-3 所示。相似度水平在 0.7 条件下可以分成 4 类，其中图中灰色的 3 类表现出非常大的代谢差异，另一类又可分为 4 个小类：第 1 小类包含正常（control）、无毒，以及部分毒性药物组（K5、L5、L9），其中毒性药物组服药后经较长时间的恢复，其代谢状态基本获得了恢复。第 2 小类主要是肝毒性药物，其中 O3 为氯仿，具有较强的肝毒性和肾毒性；O5 为食物控制，通过肝糖分解改变了肝的代谢指纹。非常有意思的是第 4 小类，同时包含了肝毒性（L3、L5、L7）和肾毒性（K1、K3）药物组，而最终的病理切片表明，这两种肾毒性药物同样体现出了肝毒性。上述其他结果均获得了病理以及其他模式识别方法（PCA、PLS-DA）的验证。

亚型分析对疾病的对症治疗，以及研究药物的机体差异具有非常重要的作用，对深入研究生物体内在规律也至关重要。例如，同样是感冒，在中医中又分为不同的症状，应用的药物也有所不同。而 HCA 采用相似性分析方法可以在区分不同的亚型方面具有直观、有效的应用。

7.2.1.2 主成分分析

主成分分析（principal component analysis，PCA）是最早且广泛使用的多变量模

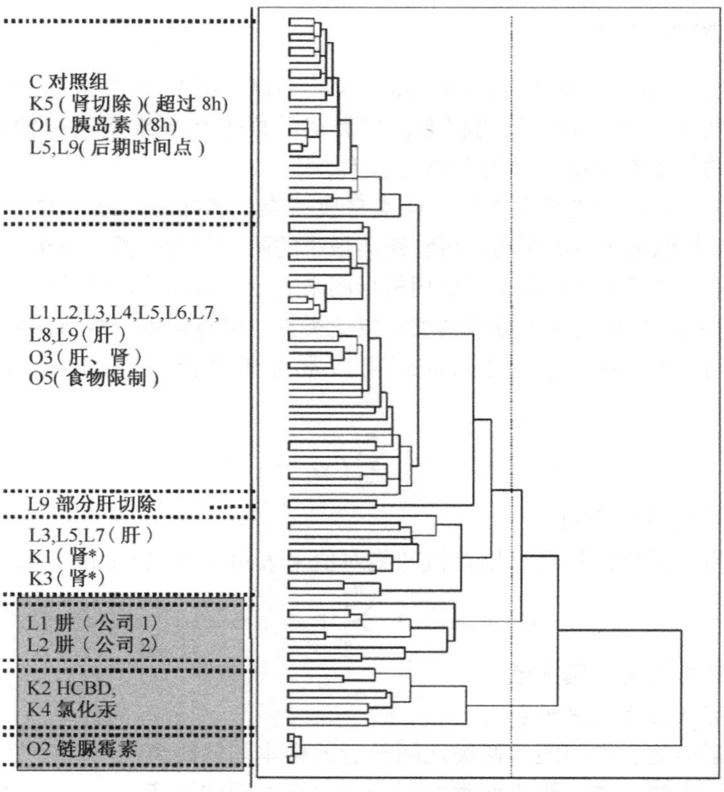

图 7-3　不同毒性药物代谢物指纹的 HCA 分析结果[11]

其中点线表示相似度 0.7，L 为肝毒性，K 为肾毒性，O 为其他类别

式识别方法之一[12]。

主成分分析是采用线性投影将原来的多个变量空间转换转化成一组新的正交变量的统计分析方法。这些相互正交的新变量称为“主成分”，是原始变量的线性组合。第一主成分轴是原始数据矩阵的最大方差方向，其他主成分所反应的差异程度依次降低，而且这些主成分相互正交，这样保证了从高维向低维空间投影时尽量保留有用的信息。这种空间变换方式又称为 Karhunen-Loeve 变换（KL 变换）。

对样本矩阵进行直接分解的数学方法有几种，一般采用的方法是非线性迭代偏最小二乘算法（NIPALS），实际上是沿用 Von Mises 的乘幂算法。另一种是采用线性代数的奇异值分解法（SVD），将原始数据矩阵 $\boldsymbol{X}$ 分解为三个矩阵的乘积。

$$\boldsymbol{X} = \boldsymbol{U}\boldsymbol{S}\boldsymbol{V}^t \tag{7.12}$$

式中，$\boldsymbol{S}$ 为对角矩阵，收集了 $\boldsymbol{X}$ 矩阵的特征值；$\boldsymbol{U}$ 和 $\boldsymbol{V}^t$ 分别为标准列正交和标准行正交矩阵，收集了这些特征值对应的列特征矢量和行特征矢量。在多元统计的主成分分析中，一般称 $\boldsymbol{U}$ 和 $\boldsymbol{V}^t$ 为得分（score）矩阵和荷载（loading）矩阵。

主成分分析主要应用于对高维数据空间进行降维，从而降低问题的复杂性。主成分所包含的信息量可根据主成分矢量的本征值来反应，降维后保留的总信息量由本征值累加。信息量越高，对原有的信息损失越小。

应该指出的是，主成分的确定并未考虑样本的分类信息，但若选用的变量与分类关系密切相关，在主成分的某些投影图上可以使两类（或多类）样本分布于不同区域，从而用于分类判断。但最大的两个主成分的投影不一定是分类最佳的投影，需要人为确认，应选择合适的主成分空间以获得理想的几何分类结果。由于主成分是原始变量的线性组合，根据数据的负载矩阵，可以用于判断原始变量对类型判断的贡献，简化指纹谱图。

主成分分析常用于原始数据的降维，通过 KL 变换获得的主成分相互正交，采用其作为多元线性回归的自变量不仅可以降低维数简化计算，更为重要的是可以避免原始数据的共线性问题，称之为主成分回归（PCR）。

由于其分类判别能力弱于其他有监督的模式识别方法（如 PLS-DA、ANN），但通过主成分分析可以获取数据的可视化总览（visual overview），而不受其他人为因素的影响。在代谢组学分析中主要用于代谢轨迹分析（trajectory analysis）。代谢轨迹是指跟踪某个特定个体在外界条件刺激下（药物、毒物、环境条件变化）代谢产物随时间的变化曲线，用于生物体的应答机制、药物的疗效和毒性研究。

相对于单一代谢产物，采用主成分分析可以更为全面的体现生物体的代谢应答。早在 1992 年，Holmes 等[12]采用多变量分析方法分析代谢变化，即代谢轨迹，分析研究 $HgCl_2$ 和 BEA 的肾毒性，包括致毒以及可逆性恢复过程中的代谢物变化。

Nicholson 等采用代谢轨迹研究[13～15]有毒药物。图 7-4A 给出了三种药物的代谢轨迹图，在两种肝毒性药物毒性的影响下，生物体的代谢发生变化，逐渐偏离正常，而且方向基本一致。经过一段时间，随着毒性影响逐渐消失，其代谢又逐渐恢复正常。而无毒性化合物的代谢轨迹在正常范围内波动，没有发生明显的偏离。测试点的投影离平均控制点（正常）距离越远，毒性引起的细胞损伤越大，这和通过传统生物毒理方法的检测结果是一致的。

大量的研究结果表明对同一器官具有毒性的化合物，通常具有类似的致毒机制，将会产生相近的代谢轨迹。图 7-4B 显示了在三维主成分空间上的不同器官毒性的药物的代谢轨迹，两种肾皮质（RC）毒性的药物代谢轨迹基本一致而明显不同于其他器官毒性化合物的代谢轨迹。

不同个体（尤其是不同种属如大鼠、小鼠）代谢的起始位置不同，导致在代谢轨迹分析中无法直接利用 PCA 进行比较，Keun 等建立了一种数据处理新方法 scaled to maximum aligned and reduced trajectories analysis（SMART）[16,17]，结合 PCA 可以很好地去除这种差异，可非常容易地进行代谢轨迹的比较。

首先每个轨迹序列测试点的谱图扣除时间为零的谱图（进行本底减扣），然后计算各样本点矢量大小（所有变量数据数值平方累加值的平方根），每一组轨迹寻找一个最大的矢量大小，将其倒数作为该轨迹组的信号校准的权重，进行校准。校准后的信息重新进行主成分分析，获得其代谢轨迹。

以大鼠为模型研究肼毒性的代谢轨迹分析为例（图 7-5），同样是 SD 大鼠，由于实验采用的肼剂量较小（30mg/kg），毒性引起的代谢变化无法掩盖个体差异，导致两个代谢轨迹在主成分分析投影上处于两个不同的区域（图 7-5A），无法进行比较。而采用 SMART 分析结合 PCA 的轨迹分析结果如图 7-5B 所示，两条代谢轨迹获得了良好的符

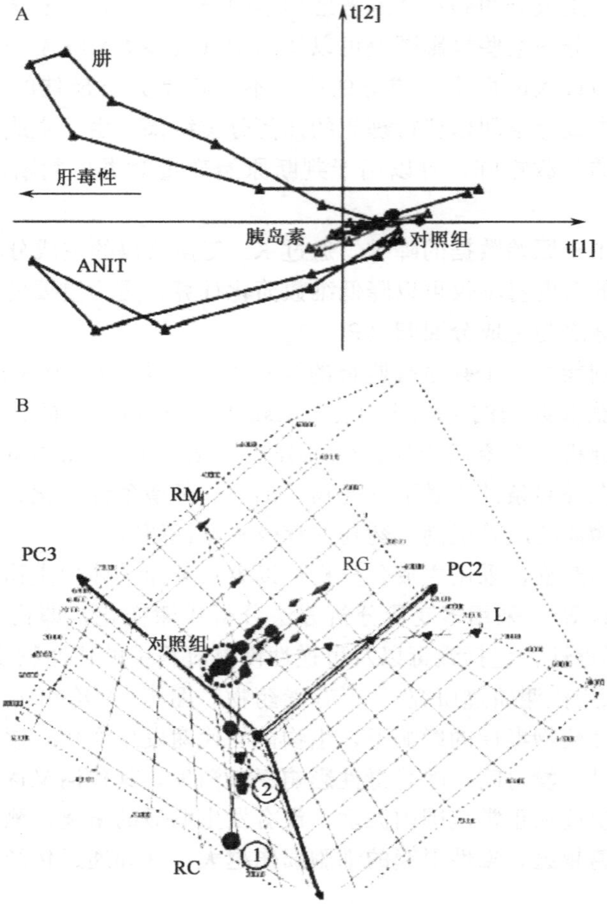

图 7-4　PCA 投影用于代谢轨迹分析

A. 三种化合物的代谢轨迹分析结果，途中箭头所指为肝毒性方向；B. 3D 显示不同器官（肾髓质-RM、肾小球 -RG、肾皮质-RC 和肝-L）致毒化合物代谢轨迹分析结果

合，较好地避免了由于个体差异导致的无法准确了解真实代谢变化的问题。同样的方法也被成功用于大鼠和小鼠之间代谢轨迹的比较。

7.2.1.3　非线性映射

PCA 采用的是线性投影模式，当采用二维投影模式时，存在以下不足：①损失了 n-2 个矢量的信息；②它属于线性模型，难以准确描述非线性问题，可能使本来在多维空间中分布于不同区域的样本，由于投影重叠而导致混淆。

非线性映射（nonlinear mapping，NLM）也是将多维空间中的样本矢量映射到二维空间上，但它不是简单地投影，而是力图在映射过程中保持各样本点之间的距离不变，以维持原有的数据结果结构。实际上保持绝对一致是不可能的，因此建立目标函数：

$$e = \frac{1}{\sum\limits_{j<u}^{M} d_{ju}^{*}} \sum_{j<u}^{M} \frac{\left[d_{ju}^{*} - d_{ju} \right]}{\left[d_{ju}^{*} \right]^{k}} \tag{7.13}$$

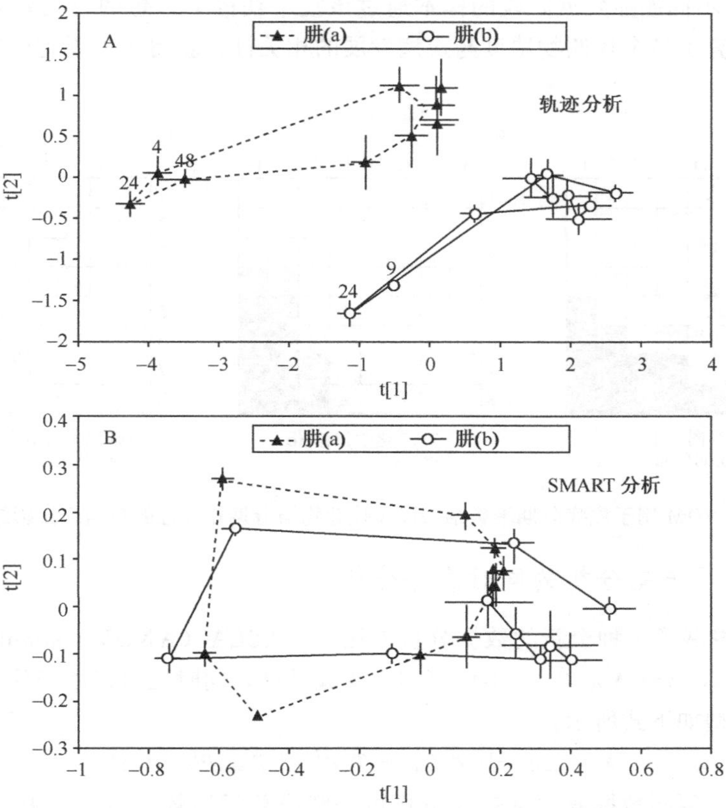

图 7-5 常规 PCA 代谢轨迹分析（A）和 SMART 分析（B）对比[16]

式中，d_{ju}^{*} 和 d_{ju} 分别为映照前后样本 u 和 j 之间的距离；k 为整数，可以用于调整反映对数据强调的不同侧重面。通过迭代，使目标函数最小，也就是说映照后变形最小，信息损失最小。该迭代属于非线性优化过程，可采用变尺度法、梯度法、单纯形法、遗传算法等。采用非线性映射很好地解决了非线性问题，它的不足之处是其投影图的横纵坐标没有明确的意义和函数表达式。

而在代谢组学中由于空间维数过高，有太多的变量，收敛困难，可能导致迭代失败。简化空间维数对保证 NLM 收敛具有极大的帮助，可对 PCA 得分矩阵的部分矢量进行非线性映照，通过逐步增加主成分数达到最佳分离。

7.2.1.4 自组织投影

自组织投影（self-organizing map，SOM）是 1982 年由 Kohonen 提出的可视化聚类分析方法[18]。它采用自组织神经元网络进行降维投影。其作用原理非常类似于 k 均值聚类法（k-mean cluster method），属于动态聚类方法。该方法首先人为确定一个分类数目 k（在此为某个数的平方），进行初步分类，然后根据其相似性进行修正，达到理想的聚类结果，聚类结果采用投影的方式显示。由于该方法相对 PCA 有较好的分类能力，同时非常直观，因此获得了广泛的应用。

Beckonent 采用自组织投影技术研究了乳腺癌细胞的代谢规律[18,19]。结果如

图 7-6A所示，不同癌症发展阶段的样本通过该技术获得了理想的分类效果。同时他们还通过投影计算了各个代谢物浓度与疾病发展的相关性，获得了直观理想的效果，如图 7-6B、C。

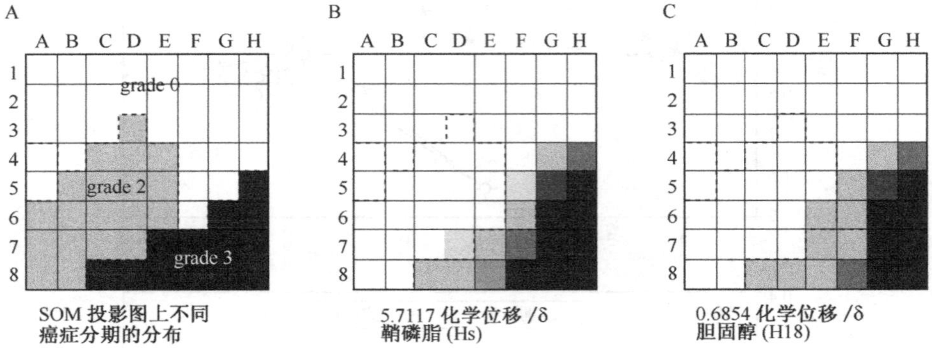

图 7-6　SOM 用于癌症分期聚类结果以及代谢物与分期相关性的自组织投影结果[18]

7.2.1.5　基于方差分析的同时成分分析

Smide 等发展了一种全新的数据分析方法——ASCA（ANOVA-simultaneous component analysis，ASCA）[20,21]，不仅可用于实验设计，同时也可以用于代谢物数据的分析。其数据模型如下式所示：

$$X = 1m^T + T_aP_a^T + T_bP_b^T + T_{(ab)}P_{(ab)}^T + \boldsymbol{E} \tag{7.14}$$

简单来说，原始数据通过 ASCA 分析可分解成总平均数（$1m^T$）、描述因素 a 影响的亚模型（$T_aP_a{}^T$）、描述因素 b 影响的亚模型（$T_bP_b{}^T$）、描述因素 a 和 b 相互影响的亚模型（$T_{ab}P_{ab}{}^T$）以及残差矩阵 $\boldsymbol{E}$。通过该方法我们可以从原始数据中获取多种因素对最终代谢的影响，如时间、剂量，避免因素相互干扰导致的影响，有助于我们正确了解数据中所包含的生物学信息。

7.2.2　有监督的模式识别方法

有监督的模式识别方法（supervised analysis）的基本思路是利用一组已知分类的样本作为训练集，让计算机对其进行学习，获取分类的基本模型，进而可以利用这种模型对未知分类的样本进行类型判断。这类方法通常称为“有监督的学习”或“有师的学习”。

为了检测判别模型的识别能力，通常采用另外一组已知类别的样本组成测试集。训练中所得到的正确判断率称为识别率，用测试样本集所得到的准确识别率称为预测率，一般情况下，识别率均优于预测率，而预测率在判断模型好坏时比预测率更为重要。

应用于代谢组学研究中的有监督的模式识别方法常用的有 K 最邻近法（K-nearest neighbor classification method，K-NN），软独立建模分类法（soft independent modeling of class analogy，SIMCA）、偏最小二乘法-判别分析（PLS-discriminant analysis，PLS-DA），以及人工神经元网络（ANN）技术等。

7.2.2.1 K 最邻近法

K 最邻近法（K-NN）在化学中应用广泛，是一种直接以模式识别（同类样本在模式识别空间相互比较靠近）为依据的分类方法。这种方法比较直观，即使所研究的体系线性不可分，该方法仍能适用。

该方法对于每一个待测的未知样本，逐一计算其与各训练样本之间的距离，找出其中最为接近的 K 进行判断。如果 $K=1$，最近的样本的类别即为分类判断结果，当 $K>1$时，最近的样本类别不一定就是判断结果。这时，可采用表决的方法，按少数服从多数的原则进行识别，一个近邻相当于一票，但通常需要考虑不同距离的近邻的权重 w_i，距离越近的类属给与较高的权重，可根据下式计算：

$$w_i = 1/D_i \tag{7.15}$$

式中，D_i 为待判断样本到近邻之间的距离，近邻与样本的距离越小，权重越大。

由于每进行一个样本的判别都需计算它和全部已知样本的距离，当训练样本和未知样本较多时，工作量较大。因此有人提出类重心法，首先计算每一类的重心，判别样本时计算未知样本到各重心点的距离，与哪一类距离最小，即判定为哪一类。但该方法过于简单，常发生判断错误。

Beckonert 等[22]利用该方法对不同毒性药物的代谢指纹进行分类判断，对正常、肝毒性、肾毒性的分类准确率超过 85%，表明该方法可以较为理想地进行分类判断。

7.2.2.2 软独立建模分类法

软独立建模分类法（SIMCA）是 1976 年由瑞典化学家 Wold 提出的基于主成分分析的有监督的模式识别方法。SIMCA 方法不仅可以用于分析多类问题，而且具有新类识别、特征判别能力的确定和样本相关性质的预测等能力。

其原理如图 7-7 所示，首先通过主成分分析对训练集中的每一类样本进行分析建模，主成分的数目通常可采用经验或交叉有效性检验方法（cross validation，CV）来确定。然后计算该类样本到主成分模型的距离，计算整个类的均值标准偏差。通过建模确定每一类在多维模式空间的基本印象——一个超多面体。

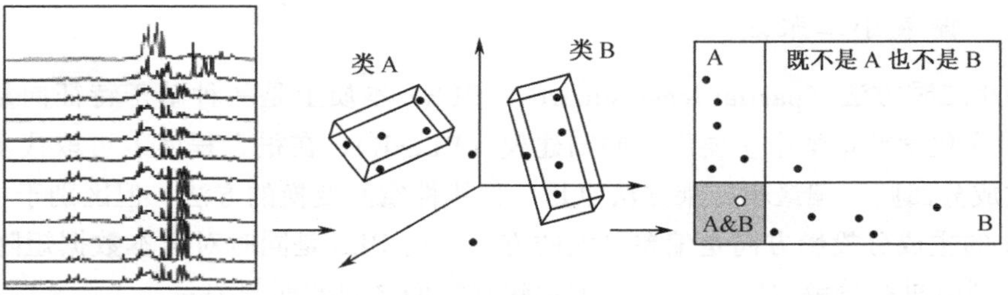

图 7-7　SIMCA 原理及 Coomans 图形分析示意图

通过计算，所建立的模型可非常方便地应用于未知样本的分类判断。对于一个未知样本，首先计算该样本到各类模型的距离，对比模型的标准偏差即可非常容易地确定两者之间的差别和相似度，进而进行类别判断。SIMCA 采用 F 检验来判断两者之间的差别和相似度，F 检验的置信水平一般取 0.05 或 0.01。如果两者没有显著性差异，那么判定未知样本的归类属性，如果未知样本远离模型，则表明该样本为一界外点，属于其他类或是一个新的类别，当然也可能是一错误数据。

当训练集样本被分成两类时，可以采用 Coomans 图形进行非常直观地显示。其中横坐标为与 A 类样本模型的距离，纵坐标为与 B 类样本模型的距离，分界线根据 F-检验划定。采用 Coomans 图形（图 7-7），根据未知样本出现的位点可非常直观地对未知样本进行类别判断。

Nicholson 等[23~25]成功地采用 SIMCA 算法及 Coomans 图形技术对有毒药物的代谢指纹进行模式识别分类判断。如图 7-8 所示，胰岛素（insulin）给药组的样本点与正常模型趋于一致，分类判断表明其没有毒性，而其他两种药物的给药组代谢偏离正常类的模型，说明其有毒性。采用其中的一种 ANIT 建模，结果表明两种药物产生的代谢指纹有较大差异，可获得良好的分类结果。

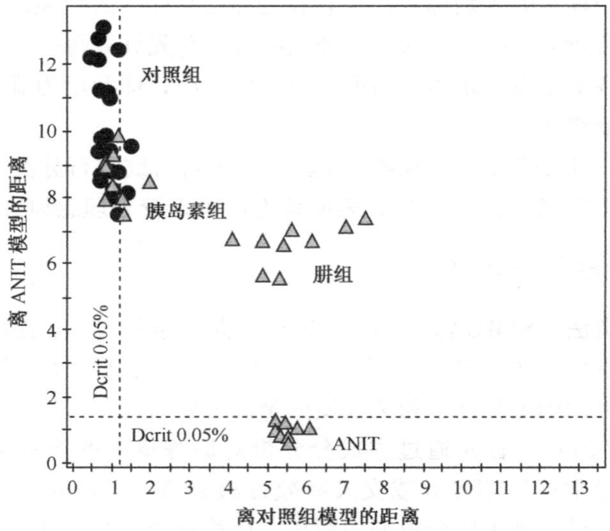

图 7-8　应用 SIMCA 对不同毒性药物的代谢指纹进行分类判断

7.2.2.3　偏最小二乘法

偏最小二乘方法（partial least squares，PLS）本质上是一种基于特征向量的回归方法[26]。在化学计量学中主要用于回归建模（PLS-R），在很大程度上可取代多元线性回归和主成分回归。偏最小二乘方法也是一种线性空间变换的方法，但区别于主成分分析。PCA 的主成分投影方向是偏差最大的方向，而 PLS 是同时对样本数据矩阵 $\boldsymbol{X}$ 和相应变量 Y 同时进行分解（图 7-9），并力图建立它们之间的回归关系。

如果将模式识别中的已知类别响应设为 0 或 1，偏最小二乘也可用于模式识别，称为偏最小二乘判别分析（PLS- discriminant analysis，PLS-DA），相对于 PCA 所得到的投影图可以获得更好的分类效果。

为了检验所建立的数学模型的有效性，需要对模型进行检验，常见的方法是交叉有效性检验（CV）。首先将原始样本分为训练集和检验集，通过训练集建模，并对检验集

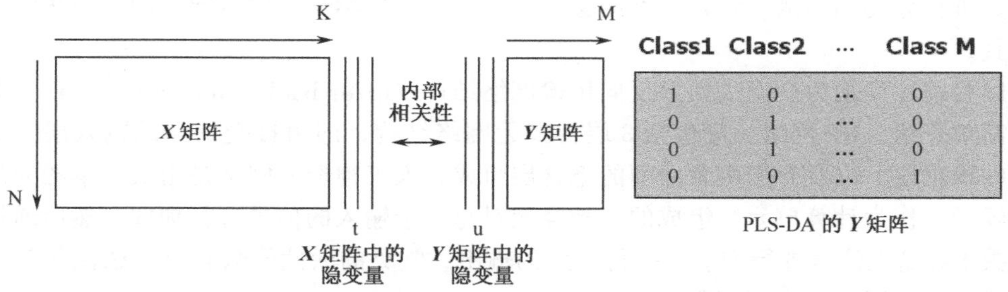

图 7-9 PLS 及 PLS-DA 数据结构

进行预测，求出所有检验样本的残差，并平方求和。该值越小，模型的预测能力越强，可以用于确定最佳的主成分数。同时还可以研究模型的稳定性。样本较少时常采用 PRESS 判据，原理与上相同，依次去除其中一个样本建模并进行预测，将所有的残差平方求和。

PLS-DA 是目前代谢组学中应用最为主要的模式识别方法，被广泛应用于植物、药物、疾病的代谢组学研究中[23,26~28]。图 7-10 是一个 PLS-DA 在药物毒性的代谢组学研究中的应用例子。对代谢产物的数据结合分类信息进行偏最小二乘分析，从得分矩阵的投影可以准确地获得不同药物毒性的影响分类。由于采用的是线性投影，每个主成分可以表示为原始数据的线性组合，通过其荷载矩阵的投影获得建立代谢产物原始信息与分类的联系，筛选与分类相关的生物标记物，进而用于考察其中的代谢途径。

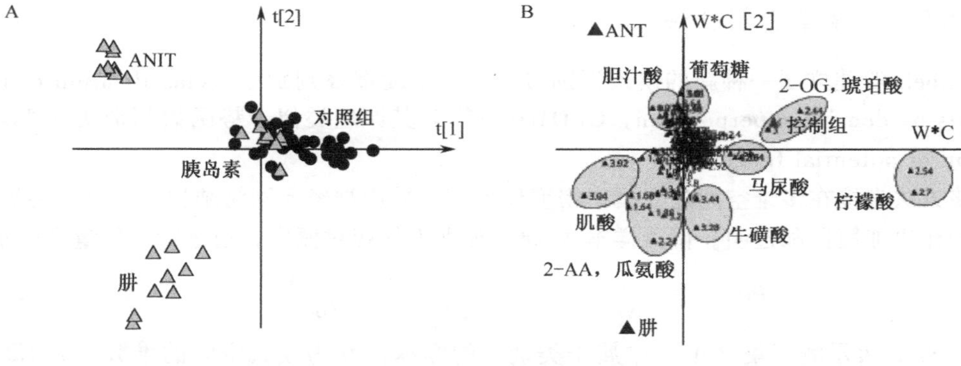

图 7-10 PLS-DA 在药物毒性的代谢组学研究中的应用

A 和 B 得分矩阵和荷载矩阵投影图

对于从荷载矩阵获得的可能的生物标记物，通常仍需要采用其他统计学方法进行确证，常用的方法有 ANOVA、Jack-knifing 等。当然最为重要的还是通过代谢网络进行生物学上的确认。

7.2.2.4 人工神经元网络

尽管线性模型在代谢组学研究中一直处于主导地位，但其显而易见的局限性是无法准确描述非线性问题。而人工神经元网络（artificial neural network，ANN）可以较好地处理非线性计量学问题。人工神经元网络基于人脑细胞（神经元）的工作原理来建立模型，进行分类和预测。它是一种能够解决许多复杂化学学科领域问题的有力化学计量学工具。

以目前应用最为广泛的误差反向传输网络结构（error back propagation，BP）为例作一简单介绍。BP网络一般包括3层神经元网络结构，即由接受信号的输入层、输出信号的输出层，以及介于两者之间的隐含层组成。人工神经元网络是由最基本的处理单元神经元（作为计算单元）组成的。神经元对每一个输入的信号进行加权，然后通过活性函数f对输入信号进行响应，获得相应的输出。常见的活性函数有反正弦函数等，其中应用最为广泛地为S型函数。

人工神经元网络是一种抽象的数学模型，通过不断的“学习”过程，神经元网络通过不断调整各个神经元间的连接权重与偏置（bias），从而使误差函数达到最小值。当完成对网络的训练之后，向网络输入一组特定的输入值，则网络能通过对该组输入值的特征概括与提取，进而给出其相应的输出值。人工神经网络是一种从输入到输出的非线性映射，可以获得理想的分类或回归结果。

从原理来看，人工神经元网络是通过一个非常复杂的非线性函数体系将输入和输出信号联系在一起的。由于神经元网络对于线性和非线性的数据均可以获得理想的模式识别结果，在代谢组学中同样获得较好的应用[29,30]，其分类结果通常优于其他方法。但其缺点在于，由于它是一个黑箱体系，无法获得与分类的原始变量的重要性参数，即无法获得生物标记物信息，因此无法进一步深入研究代谢机制，在使用上受到一定的限制。

7.2.2.5 密度重叠判别法

Ebbels等建立了一种新的模式识别方法——密度重叠判别法（classification of unknowns by density superposition，CLOUDS）[31]，其原理类似于势函数判别法（classification of potential function）。

该方法直接在多维空间建立概率密度模型而不采用神经元网络结构（节点、层等），使得操作更加简便和透明。待测样本 x_i 属于类别 k 的相对概率，通过特征矢量来表示：

$$P_k(x_i) = \frac{1}{N_k(2\pi\sigma^2)^{M/2}} \sum_{j \in S_{k,\mathrm{train}}} \left[\frac{-|x_i - x_j|^2}{2\sigma^2} \right] \tag{7.16}$$

式中，$S_{k,\mathrm{train}}$表示测试集（N_k）中属于类别 k 的样本；M 为模式空间的维数；σ为高斯滤波参数；$|\cdot|$ 表示两样本 x_i和 x_j 之间的欧氏距离。

最大 P_k 值的类别即是未知样本的分类判断结果。其他类别的 P_k 值可以用来显示分类判断的准确性。可以采用高斯滤波参数 σ 调整优化，以获取最佳的分类效果。

相对于其他分类技术，CLOUDS能直接对复杂高维的数据建立分类模型，而不需要进行降维。不同于一般的有监督模式识别技术，该方法对离群值的存在不敏感，即使某些类别的样本量非常少，仍然可以非常容易地进行分类判断。CLOUDS还可获得每一类在贝叶斯网络（Bayesian framework）结构下的规律分布，也可以通过调整高斯滤波参数，在类别、样本、变量之间获得不同的变化。每一类的可能性不仅可以进行分类，同时还可以对模型进行进一步的研究分析。如分类的唯一性（uniqueness）

$$\mathrm{uniqueness} = 1 - \frac{P_{\max}}{P_{\mathrm{next}}} \tag{7.17}$$

式中，P_{max}和 P_{next}表示最大和次大的类别可能性。如果 uniqueness 趋近于 1，表明分类结果非常可靠，相反，如果该值趋近于 0，表明至少还有一类具有相当的可能性。

对于判定的某一类，其分类判断的可信度（confidence）可通过下式计算：

$$\text{confidence} = \log(P_{max}) - \frac{1}{N_k} \sum_{i \in S_{k,\text{train}}} \log(P_k(x_i)) \tag{7.18}$$

从式中可以看出，可信度是以对数形式表示在训练集的数学平均值中判定类占最大可能性的比例。高可信度表明测试样本和训练集的样本点接近，否则则表明测试样本在训练集的边界或外面。唯一性表示类与类之间的重叠状态，可信度表示分类质量或准确性。

7.3 数据库及专家系统

代谢组学研究越来越受到人们的关注，但其信息的使用和深入挖掘仍处于初级阶段，导致该技术对生命科学研究的贡献还没有得到充分的体现。生物信息学在代谢组学中应用最大的障碍在于缺乏合适的数据库以及相应的数据交换格式，使大量的研究工作限于小范围交流，导致研究结果难以共享并获得充分的利用。这种状态与多年前基因组学所遇到的问题类似。随着大量国际合作的开展，这些障碍将逐步获得解决，就像人类基因组计划催生并促进了生物信息学。

2001 年，6 大国际制药公司（Bristol Myers-Squibb、Eli-Lilly、Pharmacia Corporation、Pfizer、Novo-Nordisk 和 Roche）与英国帝国理工学院合作开展 COMET 计划[32]（Consortium of Metabonomics Technology）。该计划应用代谢物组学的方法评价药物毒性，进行候选药物的临床前毒性筛选。该项目的一期已于 2005 年完成。他们采用核磁共振技术对约 150 种标准毒素进行了代谢组学研究，建立了第一个大鼠肝脏和肾脏毒性预测的专家系统。COMET 计划的二期工作已于 2005 年底启动，目标是研究标准毒素的分子机制，进而构建可预测性的构效关系专家系统。

专家系统的构建包含三个步骤：

(1) 研究对照组的代谢指纹特征。将候选药物组的代谢谱图与之比较，如果发生偏离，表明代谢发生了变化。可能导致变化的原因有毒性、疾病、饮食差异、基因改变以及污染等。采用多变量分析可快速区分那些“异常”的样本。理想的候选药物，应该在正常的范围内不会引起较大的代谢差异。然而，对于某些特殊情况，如用于治疗肿瘤的药物，可接受的毒性程度应被相应地放宽。

(2) 在第一步检查样本是否正常的基础上，采用代谢轨迹法对异常样本进行分析，确定药物损伤随时间的变化规律。具有相近代谢轨迹的药物通常对相同器官具有毒性或有相近的毒性机制。采用更为准确的方法（如 PLS）可用于描述病例损伤的进展。

(3) 对于代谢异常的样本，进一步研究其与正常样本间的差异。这种类别之间谱图差异可以通过荷载矩阵或变异系数来获得。直接采用核磁的信息，或通过进一步的代谢物识别手段（如 HPLC-MS-NMR）确定生物标志物（biomarker）。

上述信息最终将用于药物毒性的机制研究。相似的专家系统也可采用其他分析手段，如基于 HPLC 的细菌类别分析的专家系统等[33]。

代谢组学得到的信息是生物样本中的小分子组分定性、定量以及浓度变化的信息。人类的小分子代谢产物超过2500种，现在已经有了多个有关小分子的生化信息数据库，不过这些数据库都有一些不足之处，还不能满足代谢组学研究的要求，还要经过不断的完善。

另一方面，代谢组学可以被认为是整合系统生物学的一个关键，因为它是预测表型的一种直接量度。代谢组和蛋白质组、转录组的相互关系研究为基因组和表型组的整合提供了基础，将形成对生物体研究的一个完整的环路。生物信息学面临的难题是如何将新兴的系统生物学领域组织和整合这些不同类型的数据。

代谢组学的生物信息学研究不是大量代谢分析结果和信息的累积，其真正意义在于要理解这些信息中所蕴含的意义，也就是了解各种小分子在生物体内的生物功能、代谢途径与网络（包括与之相关的酶、蛋白质以及基因）。代谢组学数据库发展较快，以下列出一些常用代谢组学研究相关的网站供读者参考（表7-1）。

表7-1　部分代谢组学、生物通路相关网站

名称	地址	说明
ArMet	http://www.armet.org	一个涵盖大部分植物代谢组学研究工作的网站
DOME	http://medicago.vbi.vt.edu/dome.html	有许多关于植物代谢物的原始数据和分析结果，以及分子生物学研究
MetaCyc	http://metacyc.org	一个关于代谢物的数据库，阐述了超过150种生物体中的代谢途径，包含了从大量文献和网上资源中得到的代谢途径、反应、酶和底物的资料
Metcore	http://www.genego.com	人类信号表达、调控以及代谢物的生物通路数据库
PathArt	www.jubilantbiosys.com.pd.htm	蛋白质相互作用、代谢通路以及生物活性分子数据库
Pathway Analysis	http://www.ingenuity.com	蛋白质相互作用及生化网络
Protein Lounge	http://www.proteinlounge.com	蛋白质、代谢物及生物通路数据库
PathwayAssist	http://ariadnegenomics.com	生化网络及代谢通路
MMP	http://www.chem.qmul.ac.uk/iubmb/enzyme	对主要代谢途径及涉及的关键酶进行了详尽的描述
EcoCyc	http://biocyc.org/ecocyc/	大肠杆菌（K12）基因组、基因产物和代谢通路
EpoDB	http://www.cbil.upenn.edu/EpoDB/	人红细胞生成过程中的基因表达
京都基因和基因组百科全书(KEGG)	http://www.genome.ad.jp/kegg/	关于代谢调节和通路的数据库
LIGAND	http://www.genome.ad.jp/dbget/ligand.html	酶的配体、底物和反应
RegulonDB	http://kinich.cifn.unam.mx:8850/db/regulondb_intro.frameset	大肠杆菌转录调节和操纵子结构
UM-BBD	http://www.labmed.umn.edu/umbbd/	微生物生物催化反应和生物降解通路

续表

名称	地址	说明
WIT2	http://wit.mcs.anl.gov/WIT2/	功能治疗和代谢模型发育的集成系统
BioPAX	http://www.biopax.org	生物通路交互语言平台
BIND	http://www.bind.ca	生物分子相互作用数据库
LipidSearch	http://www.lipidsearch.jp http://www.metabolome.jp	酯类代谢物数据库
HMDB	http://www.hmdb.ca/	人体低分子质量代谢物数据库

参考文献

[1] Johan T, Elaine H, Torbjörn L. J. Proteome Res., 2007, 6 (2): 469

[2] 梁逸曾，俞汝勤. 北京：化学工业出版社，2000

[3] 陈念贻，钦佩，陈瑞亮，陆文聪. 北京：科学出版社，2000

[4] Ebbels T M, Lindon J C, Nicholson J K, Holmes E C. Methods for spectral analysis and their applications: spectral replacement, US Patent US20010029380 20011220 (US2002145425), 2002

[5] Keun H C, Ebbels T M, Antti H, Bollard M E, Beckonert O, Holmes E, Lindon J C, Nicholson J K. Anal. Chim. Acta., 2003, 490: 265

[6] Wold S, Antti H, Lindgren F, Öhman J. Intell. Lab. Syst., 1998, 44: 175

[7] Eriksson L, Trygg J, Johansson E, Bro R, Wold S. Anal. Chim. Acta., 2000, 420: 181

[8] Artursson T, Hagman A, Bjork S, Trygg J, Wold S, Jacobsson S P. Appl. Spectrosc., 2000, 54: 1222

[9] Hauksson J B, Edlund U, Trygg J. Magn. Reson. Chem., 2001, 39: 267

[10] Beckwith-Hall B M, Brindle J T, Barton R, Coen M, Holmes E, Nicholson J K, Antti H. Analyst., 2002, 127: 1283

[11] Beckonert O, Bollard M E, Ebbels T M D, Keun H C, Antti H, Holmes E, Lindon J C, Nicholson J K. Anal. Chim. Acta., 2003, 490: 3

[12] Hotellin H. J. Educational Psychology, 1933, 24: 417

[13] Hemes E, Bonner F W, Sweatman B C, Lindon J C, Beddell C R, Rahr E, Nicholson J K. Mol Pharmacol., 1992, 42 (5): 922

[14] Nicholls A W, Holmes E, Lindon J C, Farrant R D, Haselden J N, Damment S J P, Waterfield C J, Nicholson J K. Chem. Res. Toxicol., 2002, 14: 975

[15] Beckwith-Hall M, Nicholson J K, Nicholls A W, Foxall P J D, Lindon J C, Connor S C, Abdi M, Connelly J C, Holmes E. Chem. Res. Toxicol., 1998, 11: 260

[16] Bollard M E, Keuna H C, Beckonert O, Ebbels T M D, Antti H, Nicholls A W, Shockcor J P, Cantor G H, Stevens G, Lindon J C, Holmes E, Nicholson J K. Toxicology and Applied Pharmacology, 2005, 204: 135

[17] Keun H, Ebbels T M D, Bollard M E, Beckonert O, Antti H, Holmes E, Lindon J C, Nicholson J K. Chem. Res. Toxicol., 2004, 17: 579

[18] Kohonen T. Biological Cybernetics, 1982, 43: 59

[19] Beckonent O, Monnerjahn J, Bonk U, Leibfritz D. NMR Biomed., 2003, 16: 1

[20] Smilde A K, Jansen J J, Hoefsloot H C J, Lamers R J A N, Greef van der J, Timmerman M E. Bioinformatics, 2005, 21: 3043

[21] Jansen J J, Hoefsloot H C J, Greef van der J, Timmerman M E, Smilde A K. J. Chemometrics, 2005, 19: 469

[22] Beckonert O, Bollard M E, Ebbels T M D, Keun H C, Antti H, Holmes E, Lindon J C, Nicholson J K. Anal.Chim. Acta., 2003, 490: 3

[23] Nicholson J K, Foxall P J D, Spraul M, Farrant R D, Lindon J C. Anal. Chem., 1995, 67: 793
[24] Holmes E, Nicholson J K, Tranter G E. Chem. Res. Toxicol., 2001, 14 (2): 182
[25] Holmes E, Nicholls A W, Lindon J C, Connor S C, Connelly J C, Haselden J N, Damment S J, Spraul M, Neidig P, Nicholson J K. Chem. Res. Toxicol., 2000, 13 (6): 471
[26] Wang C, Kong H, Guan Y, Yang J, Gu J, Yang S, Xu G. Anal. Chem., 2005, 77 (13): 4108
[27] Wagner S, Scholz K, Sieber M, Kellert M, Voelkel W. Anal. Chem., 2007, 79 (7): 2918
[28] Yin P, Zhao X, Li Q, Wang J, Li J, Xu G. J. Proteome Res., 2006, 5 (9): 2135
[29] Broomhead D S, Lowe D. Complex System, 1988, 2: 321
[30] Antoniewicz M R, Stephanopoulos G, Kelleher J K. Metabolomics, 2006, 2 (1): 41
[31] Ebbels T, Keun H, Beckonert O, Antti H, Bollard M, Holmes E, Lindon J C, Nicholson J K. Anal. Chim. Acta., 2003, 490: 109
[32] Lindon J C, Nicholson J K, Holmes E, Antti H, Bollard M E, Keun H, Beckonert O, Ebbels T M, Reily M D, Robertson D, Stevens G J, Luke P, Breau A P, Cantor G H, Bible R H, Niederhauser U, Senn H, Schlotterbeck G, Sidelmann U G, Laursen S M, Tymiak A, Car B D, Lehman-McKeeman L, Colet J M, Loukaci A, Thomas C. Toxicol. Appl. Pharmacol., 2003, 187 (3): 137
[33] Ramos L S. J. Chromatogr. Sci., 1994, 32: 219

第 8 章　类脂和类脂组学

类脂是细胞膜的重要组成部分，在细胞功能中具有很重要的作用。首先，类脂分子通过形成脂双层使细胞具有完整性和相对独立性，这对于生命过程是很重要的。第二，类脂能够为膜蛋白功能的实现和相互作用提供合适的疏水环境。第三，类脂分子通过多种酶的作用可产生第二信使[1~4]。许多类脂分子，如类花生四烯酸、溶血磷脂分子、甘油二酯（DAG）、神经酰胺、磷脂酸等参与了细胞信号转导[5]。例如，缩醛磷脂（plasmenylethanolamine，PlsEtn）是磷脂酰乙醇胺（ethanolamine glycerophospholipid，PE）的一个亚种类，在电生理活动性组织中含量丰富（包括心脏亚细胞膜和神经元细胞膜）。这些磷脂分子是花生四烯酸的前体，在促进细胞膜融合和保护细胞抗氧化方面有重要的作用[6,7]。甘油三酯分子严格地讲不属于类脂，但其代谢过程却与类脂有部分关联，是心血管疾病的独立危险因子[8]。

细胞中存在数以千计的类脂分子，它们以不同形式与周围分子发生相互作用。最近人们研究发现，膜上脂类并不是均匀分布的，而是存在一些“膜脂微区域”，如脂筏（lipid raft）和膜小凹（caveolae）（图 8-1）。脂筏为细胞膜脂双层内的功能性区域，富含糖脂、鞘磷脂和胆固醇。这些功能性区域包含许多细胞信号转导必需的蛋白质组分[9]。在多数哺乳细胞中，磷脂分子约占整个脂类分子的 60%（摩尔比），糖脂类/神经鞘脂类约占整个脂类分子的 10%；非极性脂（包括甘油三酯和胆固醇）在不同细胞类型和亚细胞间隔中分布范围为 0.1%～40%。类脂代谢物（如游离脂肪酸、溶血磷脂、甘油二酯、神经酰胺等）占整个细胞类脂分子的比例不到 5%，但它们在机体病变条件下能够聚集并产生有害的病理特征。

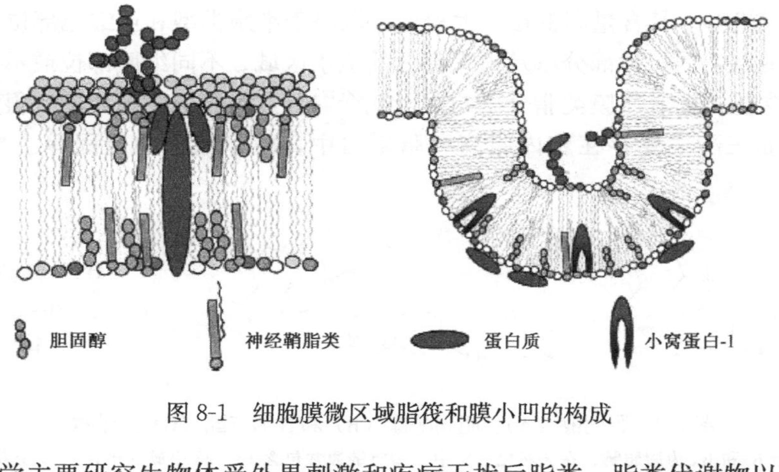

图 8-1　细胞膜微区域脂筏和膜小凹的构成

类脂组学主要研究生物体受外界刺激和疾病干扰后脂类、脂类代谢物以及与脂类分子相互作用的因子的变化[10]。尽管类脂组学是一个新发展起来的领域，其在疾病研究中的重要性可以追溯到 20 年前[11]。由于分析技术的局限性，类脂分子的研究受到了很大的限制。因此，人类仍需发展新的技术和方法（如亲和探针、生物信息学等）以发现新的类脂分子和可能的代谢通路。

8.1 类脂分子的结构和功能

作为生命的基本单位，哺乳细胞中包含着众多细胞器（如线粒体、高尔基体、内质网和过氧化物酶体），每个细胞器都有其特定的功能。在每个亚细胞膜上都存在着微区域（如质膜中有细胞膜小凹和脂筏），它们同样也调控着哺乳细胞的结构。哺乳细胞膜是由蛋白质和类脂分子组成的，其中蛋白质占了膜质量的70%，其余为类脂分子。数以千计的类脂分子组成了生物膜脂双层。这些类脂分子都具有一个统一的特征——属于两性分子，这是因为它们都具有亲水的极性头部和非极性的疏水层，这些疏水区域使类脂分子具有不同的生理特性，从而调节着细胞功能。

脂双层的两侧中，类脂分子的组分是不同的。其中，磷脂酰胆碱（phosphatidylcholine，PC）、神经鞘磷脂（sphingomyelin，SM）和胆固醇主要位于膜外侧面，而磷脂酰乙醇胺（phosphatidylethanolamine，PE）、磷脂酰肌醇（phosphatidylinositol，PI）和磷脂酰丝氨酸（phatidylserine，PS）主要位于膜胞浆侧。多个亚细胞器和膜微区域的存在、类脂分子的不均匀分布以及类脂分子相互作用的内在动力学使得类脂组学的研究更具有吸引力，也更富有挑战性。因此，类脂组学成为一个新兴和蓬勃发展的研究领域，在人类疾病研究中将基因组学和蛋白质组学结合起来。

细胞中的类脂分子可大致分为三大类：非极性类脂、极性类脂和类脂代谢物。

8.1.1 非极性类脂

非极性类脂分子主要包括胆固醇和胆固醇酯（图 8-2A，图 8-2B）以及甘油三酯（TAG）（图 8-2C），其含量高低在很大程度上取决于细胞类型和亚细胞部位。这些类脂分子含有小的或者弱极性部分以及很大部分的疏水区域。不同细胞部位或不同细胞类型中的胆固醇含量占哺乳质膜类脂分子的0～40%[12]，这对膜的生理功能有很大影响。胆固醇酯和甘油三酯主要存在胞内脂滴和脂蛋白中，而非酯化的胆固醇主要存在于质膜中。

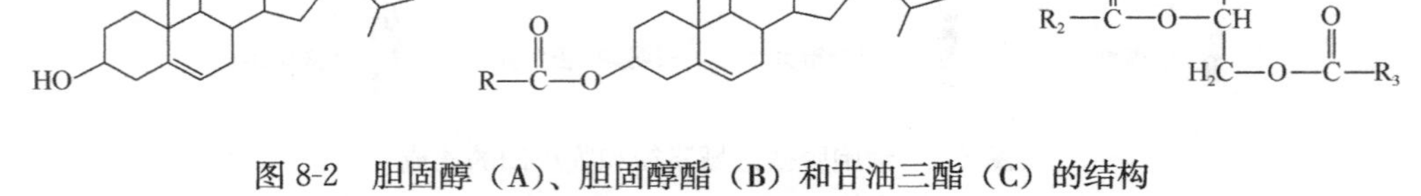

图 8-2 胆固醇（A）、胆固醇酯（B）和甘油三酯（C）的结构

R、R_1、R_2和 R_3 为脂肪链，在天然化合物中，脂肪链通常包含 13～23 个碳原子，0～6 个双键[13]

8.1.2 极性类脂

8.1.2.1 磷脂

极性类脂主要包括甘油磷脂、鞘脂类和糖脂类。甘油磷脂主要存在于真核细胞中，约占类脂分子的60%。甘油磷脂包括甘油骨架、两个脂肪酸及磷酸化的醇，它的结构如图 8-3 所示，甘油分子的中央碳原子是不对称的。天然的磷酸甘油酯都具有相同的立体化学构型，属于 L 系。根据 IUPAC-IUB 国际委员会制定的脂质命名原则，磷酸甘油酯中如 X 为胆碱，则命名为：1，2-二酰基-*sn*-甘油-3-磷酸胆碱，又称 L-3-磷酸胆碱，俗名卵磷脂。图 8-3 构型中 R_1、R_2 代表脂肪酸链，X 为连接在磷酸上的小分子化合物；名称中 *sn* 为立体化学专一编号。磷脂因含有磷酸基团而具有一个亲水头部即极性头基（polar head），因含有两条长脂肪酸链而具有两条疏水尾部（nonpolar tail），磷脂的这种结构使细胞膜中的脂质呈双分子层排列，进而形成细胞骨架结构的基础。磷脂是含有磷酸基团的脂，主要有磷脂酰胆碱（卵磷脂，PC）、磷脂酰丝氨酸（PS）及磷脂酰乙醇胺（脑磷脂，PE），其中以卵磷脂在细胞膜中的含量最高。常见的甘油磷脂如表 8-1 所示。每种磷酸甘油酯都不是单纯的化合物，如极性头基的不同、碳链长短的不同和不饱和键多少的不同，都使得磷酸甘油酯的组成异彩纷呈。绝大多数磷酸甘油酯 C-1 位上以饱和脂肪酸为主，而 C-2 位上不饱和脂肪酸居多。图 8-4 是一种 PE 磷脂分子的立体结构示意图。

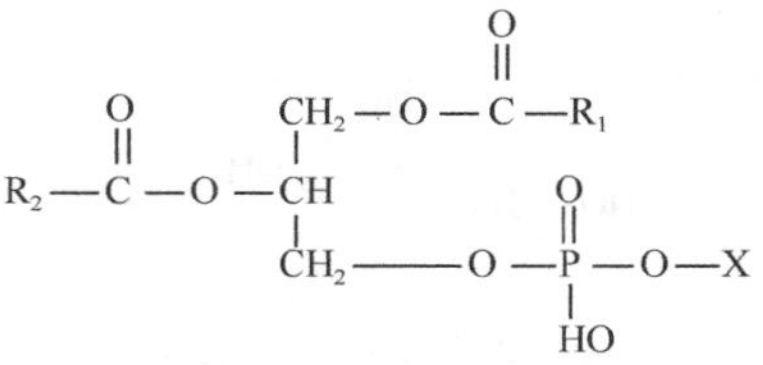

图 8-3 甘油磷脂的结构

表 8-1 几种主要磷酸甘油酯的极性头结构类别

X	名称
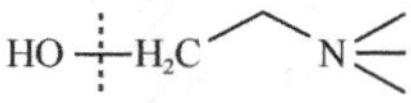	磷脂酰胆碱(卵磷脂) phosphatidylcholine (PC)
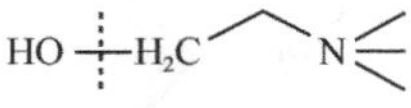 且 R_1=H 或 R_2=H	溶血磷脂酰胆碱(卵磷脂) lyso-phosphatidylcholine (lyso-PC)
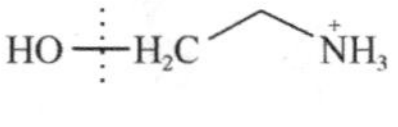	磷脂酰乙醇胺 phosphatidylethanolamine (PE)
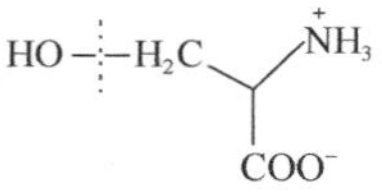	磷脂酰丝氨酸 phosphatidylserine (PS)

续表

X	名称
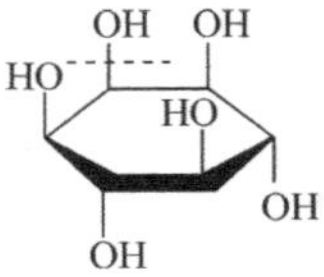	磷脂酰肌醇 phosphatidylinositol (PI)
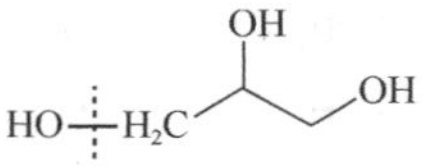	磷脂酰甘油 phosphatidylglycerol (PG)
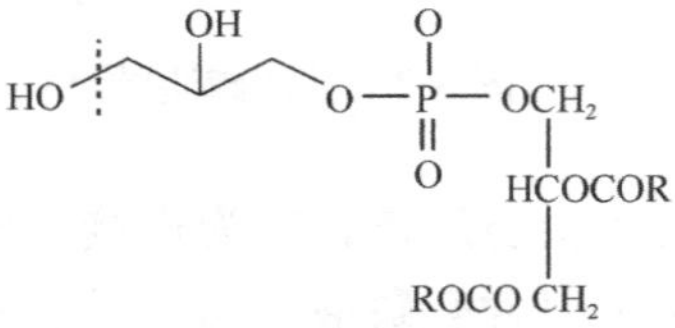	心磷脂 diphosphatidylglycerol,cardiolipin (CA)
HO-¦-H	磷脂酸 phosphatidic acid (PA)

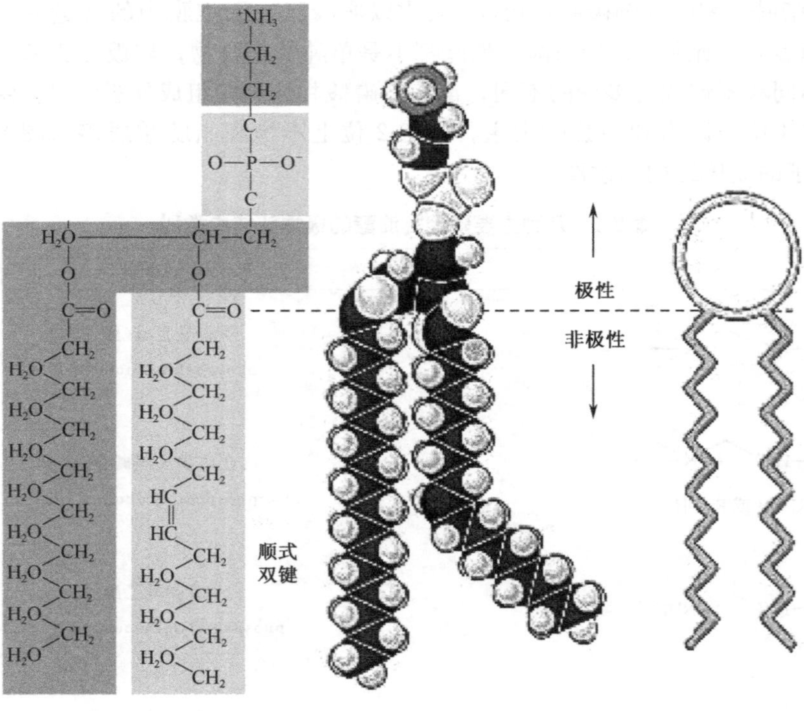

图 8-4　PE 磷脂分子的立体结构图

磷酸甘油酯分子中的碳氢链并不是无例外地以酯键连接在甘油的羟基上的。缩醛磷脂的甘油分子中第一个碳原子由顺式烯醚键连接碳氢链，第二个碳原子以酯键连接长链脂肪酸。另外还有一种醚磷脂是缩醛磷脂的还原产物，甘油分子的 C-1 以醚的结构连接碳氢链，这种化合物比较罕见。基于甘油骨架 *sn*-1 位连接的脂酰链的共价键类型，每种磷脂又可以分为三个亚种类，即二酰基式、缩醛式和烷酰基式磷脂（图 8-5）。这些亚种类主要发现于 PE 和 PC 类磷脂分子中。在多数细胞膜类脂分子中，二酰基式亚种类是主要的磷脂种类。然而在多数具电生理活性细胞的膜中，如肌纤维膜和神经原细胞膜中，缩醛式亚种类是主要的类脂分子[11]。磷脂失去一个脂肪酸后的产物叫溶血磷脂，溶血磷脂是一个表面活性物质，能够使红细胞溶解，对进入肠道食物中的脂质，它又是一个乳化剂。血液中以溶血磷脂酰胆碱为主。

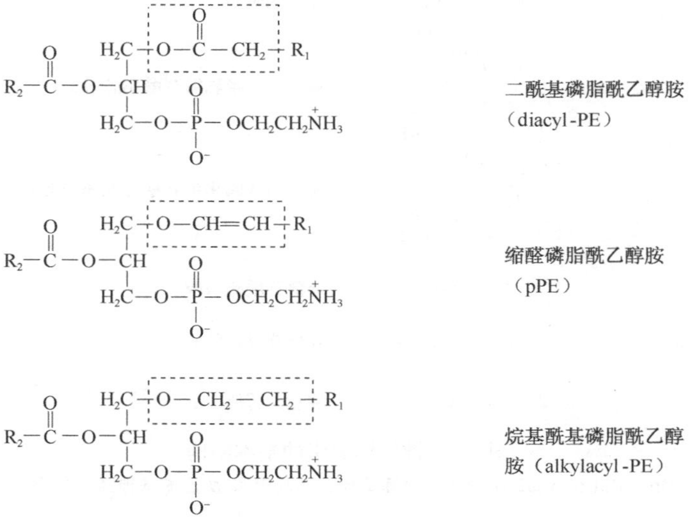

图 8-5　磷脂酰乙醇胺亚种类的基本结构[13]
其分类基于甘油骨架 *sn*-1 位脂肪链的连接

在多数真核细胞膜中，PC 和 PE 的比例约为 3∶2，二者之和占整个磷脂分子的 75%。在多数原核细胞膜中，PC 含量很低，甚至没有，而 PE、PG 和 CA 是主要的磷脂种类[14]。在膜上，磷脂分子呈不对称分布。例如，在质膜中，PC 主要位于胞外侧，而 PE 和 PS 主要位于胞内侧[15]。

磷脂分子的复杂性不仅仅与不同的极性头部和 *sn*-1 位脂酰链类型的多样性有关，而且与链长短、不饱和双键的数量和位置有关。从理论上讲，可以有数以千计的不同磷脂分子存在，老鼠 B 细胞中就存在 500 多种磷脂分子。

8.1.2.2　鞘脂类

极性类脂分子的第二大类是鞘脂类，它们包含一个鞘氨醇骨架或者其类似物，在多数脑细胞中，它们占整个类脂分子的 5%～10%。令人惊异的是，鞘脂类在人大脑白质中占整个类脂分子的 30%[16]。基于连接到神经酰胺（即 *N*-酰基鞘氨醇）上的极性头基不同，鞘脂类可分为鞘磷脂（SM）、脑苷脂、葡糖苷（脂）酰鞘氨醇、乳糖苷（脂）酰鞘氨醇、硫苷脂和其他包含多糖环的鞘糖脂（图 8-6）。对于含多糖环的鞘糖脂，其更为详细的结构见文献[17]。在哺乳动物中，含 18 个碳环骨架的鞘氨醇是主要的鞘脂类，但同时也含有少量的链长度为 14～22 个碳原子的鞘氨醇类似物。

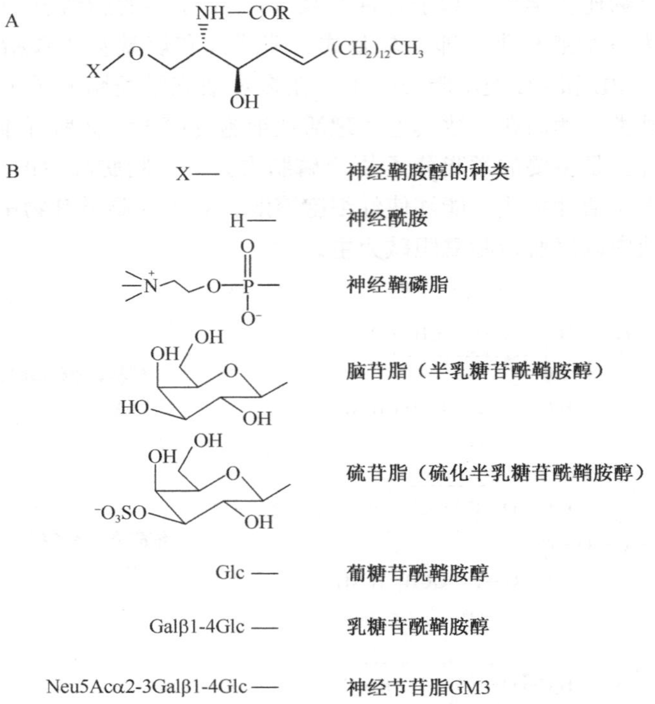

图 8-6　神经鞘磷脂的基本结构

Glc、Gal 和 Neu5Ac 分别代表葡萄糖、半乳糖和 *N*-乙酰基神经氨酸[13]

8.1.2.3　糖脂类

极性类脂的第三大类是糖脂类，包括鞘糖脂和糖甘油酯。这两类糖脂的主要区别在于疏水中心。前者包含一个神经酰胺骨架，后者包含一个二酯甘油骨架。在一些细胞中，糖脂类约占整个类脂分子的 10%。

8.1.3　类脂代谢物

类脂代谢物是类脂分子合成过程中或代谢过程中在酶的作用下产生的。在正常生理条件下，这些代谢物分子在整个类脂分子中所占比例不大，但数量还是不小的。通常的代谢物包括长链酰基辅酶 A、长链酰基肉碱、非酯化的脂肪酸、神经酰胺、溶血磷脂分子、类花生酸、甘油二酯、鞘氨醇-3-磷酸盐等。许多代谢物是具有生理活性的第二信使，并且在许多情况下与疾病的发生有关[18]。

8.2　类脂的分子生物学[19]

利用生物体模型，人们通过遗传方法、细胞学方法和生物化学方法实验了解了类脂分子的生物合成和功能。在过去的近二十年里，作用于类脂分子及其类脂效应分子的酶系统的特征引起了人们对类脂分子研究的关注。

8.2.1 表面化学和界面催化

在生物体中，许多类脂分子聚集形成大分子集合体，如人体水环境中的脂双层。这些聚集体除了类脂分子外，当然还包括蛋白质分子（如脂蛋白）。在这些集合体中，类脂分子的极性部分与水接触，而非极性脂酰部分则形成疏水中心（图 8-7）。这些独特的生物性质和表面化学对类脂功能的实现具有重要的意义。了解脂酶、脂激酶和磷酸酶这些水溶性酶结构和酶动力学及它们与非水溶性底物（如类脂分子）的识别是十分必要的。“界面催化”需要选择靶标分子，如与类脂分子表面结合的酶以及有效的识别底物。因作用酶的机制不同，表面化学的研究需要特殊考虑类脂酶的药理学靶标分子。

8.2.2 膜类脂分子是信号转导分子的前体

在很长一段时间内，人们对生物膜中类脂分子的认识仅限于其结构功能。实际上，通过测定几何特性，类脂分子聚集形成的大分子至少也是类脂分子的一部分。例如，PC 类磷脂分子在空间形成圆桶式的空间结构，当排列形成大分子集合体时，将采取双分子层的结构形式。而 PE 类磷脂分子通过减小极性头基的尺寸和水合作用倾向形成六角形相[20]。这些类脂分子聚集体的特征对生物膜的动力学，如膜融合[21]和形成特定的微区域[22]有着深远意义。

膜类脂分子作为第二信使前体的发现极大地改变了人们对类脂分子作用的看法。例如，磷脂酶能够将磷脂酰肌醇-4，5-二磷酸［PI（4，5）P2］水解产生第二信使分子二酰甘油（DG）、肌醇-1，4，5-三磷酸［IP（1，4，5）P3］和花生四烯酸，这些分子本身是生物活性分子的前体。DG 通过磷酸化形成磷脂酸（PA），而 PA 不仅是磷脂合成的一个重要中间体，还是酶功能和膜脂双层结构的调节器。IP（1，4，5）P3 通过复杂的酶系代谢产生不同聚磷酸化肌醇。花生四烯酸是炎症过程中有重要作用的类花生酸的前体。鞘脂类是另外一种高活性的膜类脂。神经酰胺调节着细胞的生长和凋亡[23]。鞘氨醇-1-磷酸通过结合特定的受体调节着免疫细胞的迁移。

8.2.3 类脂-蛋白质相互作用

除了是第二信使分子的前体，许多膜类脂分子还具有信号转导作用。磷酸肌醇分子（肌醇磷酸化的衍生物，PI）是一类重要的信号分子，参与了许多细胞过程，包括钙离子的动态平衡、膜运输和细胞骨架动力学[24]。实际上，了解类脂分子的生物学对了解类脂分子在生物体中的调节作用有很重要的指导意义。研究发现，一些蛋白质模块可特定地与磷酸化的肌醇头基作用，如血小板-白细胞 C 激酶底物同源物、PX 和 FYVE 域[25]（图 8-7）。在过去的 5～10 年间，尽管人们对类脂分子识别的准确机制（有可能涉及蛋白质-蛋白质相互作用、蛋白质-类脂相互作用）知之甚少，但有关这些模块的研究仍然取得了一定进展并成为研究活细胞中类脂分子动力学的一种有效工具[26]。利用这些新工具，开展包括酵母、果蝇、蠕虫和老鼠在内的一些生物模型的研究，大大拓宽了人们对 PI 的生物学认识，尤其是亚细胞膜的划分。

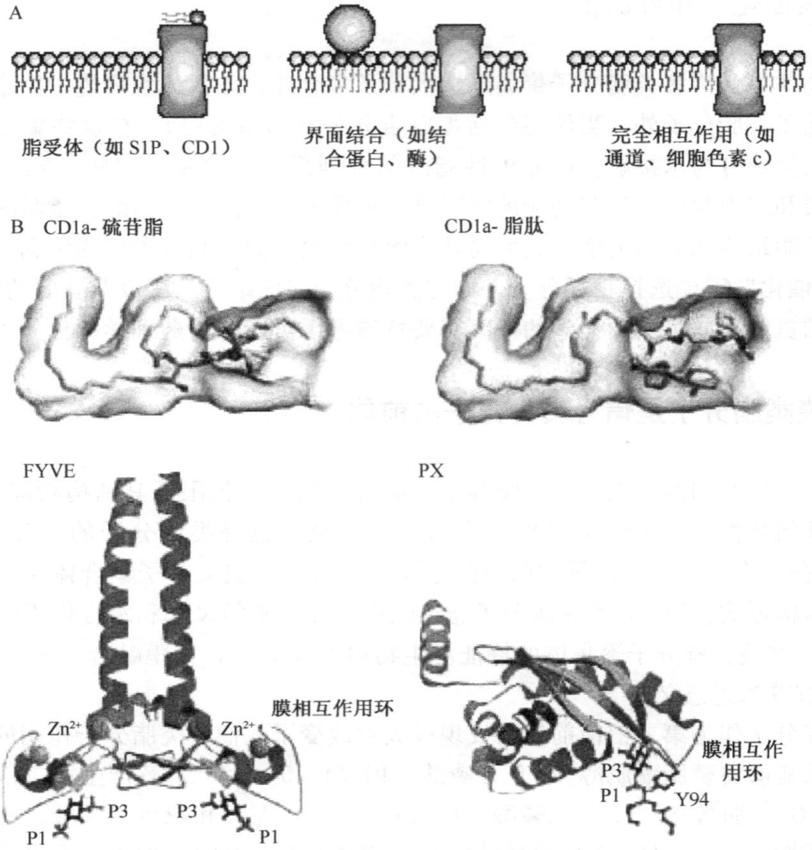

图 8-7 类脂的分子生物学

A. 类脂和蛋白质在膜双层内或双层外形成的单层聚集体，如脂蛋白和胶束。其中界面结合是类脂或类脂效应物和蛋白质（包括酶）相互作用的重要形式。B. 在分子水平上看类脂和蛋白质相互作用形式[19]

8.3 类脂研究中的分析方法

8.3.1 类脂的提取方法

很多提取方法，如正己烷/异丙醇体系[27]、异丙醇体系[28]、甲醇/氯仿体系[29]都可以用于类脂的提取，然而一般的提取策略是根据目标类脂化合物优选的提取技术。到目前为止，类脂提取最为常见的提取方法仍是甲醇/氯仿体系，这种提取方法是由 Floch 和他的合作者[29]首先使用的，后来 Bligh 和 Dyer 对该体系进行了修饰和优化。这种提取方法对于全组织、体液以及细胞中类脂的提取都是很方便实用的。对类脂提取过程进行更为细致调整的一个例子就是从红细胞中提取类脂，由于血红蛋白在甲醇溶剂中有一定的溶解度，因而在提取过程中为了降低血红蛋白，异丙醇代替了甲醇[30]。另外一个例子是从亲水神经节苷脂中分离类脂类化合物，为了降低提取过程中类脂的氧化，用氦对溶剂进行脱气[31]。提取系统的 pH 有时也需要考虑，某些类脂如缩醛磷脂在酸性环境中很不稳定[32]。而有时酸性的有机溶剂系统对提高一些酸性类脂的提取效率是必要的，如磷脂酸（PA）和溶血磷脂酸的提取[33]。

8.3.2 类脂的分析方法

8.3.2.1 薄层色谱（TLC）

在类脂分析中，TLC 是一种比较古老的方法，最早是由 Arvidson[34]提出的，它利用相对非专一性的检测技术如通过喷显剂对磷进行可视化，分离和检测各种各样的类脂种类。直到今天这种方法仍然被广泛采用，但样品需要量大，测定的灵敏度和分辨率都很低；并且 TLC 板上的斑点在切除过程中极易发生不饱和类脂的氧化，破坏了部分类脂的结构。

8.3.2.2 高效液相色谱法（HPLC）

HPLC 已经广泛地用于分离不同的类脂种类，检测方法有紫外吸收（UV）[35～37]、荧光[38]、折光率[39]、火焰电离[39]以及蒸发光散射（ELSD）[40]。由于类脂较弱的发色官能团只在 200～210nm 区域有吸收，因而大大限制了紫外检测的灵敏度。使用氯化甲氧萘丙酸作为衍生化试剂可以提高类脂在 UV 分析中的灵敏度[40]，但是这种方法费时费力，不适于类脂的高通量分析。ELSD 可用于梯度洗脱和定量分析，然而它的非线性响应需要很小心地校正。最近，E. Caudron 等[38]利用荧光探针辅助柱后检测脂类，不需要衍生这一繁琐的步骤，然而不同类脂的识别仍是建立在保留行为与已知标准物比较的基础上，从而限制了其在类脂脂酰取代基测定方面的应用。

8.3.2.3 质谱法

1. “传统”的电离技术

质谱（mass spectrometry，MS）以其较高的灵敏度、专一性、简单性，在类脂组分测定方面发挥了巨大的优势。在过去的几十年里，不同的 MS 电离方法在极性类脂的测定方面取得了一定进展，如场解吸电离（FD）[41]、化学电离（CI）[42]和快速原子轰击电离（FAB）[43]。然而，直到近年来 MS 才大量用于类脂方面的研究。其主要原因是实验方法的局限性，如由于程序的复杂导致较低的重现性（FD）、需要特定的衍生化步骤（CI）、产生过多的脂类分子片段、混合样品中基质背景信号的干扰导致较低的灵敏度（FAB），再加上生物样品本身的复杂性，这些都使得 MS 在类脂组分分析上的应用受到了很大限制。气相色谱-质谱联用（GC-MS）在类脂分析中是一种很重要的分析工具，但样品在分析之前需水解成游离脂肪酸，再将这些游离脂肪酸进行三甲硅烷基化或甲酯化以提高它们的挥发性，由于在实际分析中测定的是酯化的脂肪酸，脂肪酸的有关主要位点信息在测定过程中丢失了。

“软”离子源的引入，如电喷雾质谱（ESI-MS）、基质辅助激光解吸电离质谱（MALDI-MS），大大促进了 MS 在类脂研究中的应用。

2. 电喷雾质谱（ESI-MS）

ESI-MS 是由 Fenn 等[44]发展起来的，已经广泛应用于许多化合物的分析。ESI-MS 最初的应用主要集中在蛋白质和多肽的特征分析上，如今它已在糖蛋白、寡核苷酸、寡糖、药物和药物代谢、环境污染以及其他类型化合物的分析中得到了广泛应用。ESI-MS 的出现克服了 FAB 分析带来的问题，如样品基质离子的复杂性以及样品分子在电离过程中的分解，并且具有稳定的离子流，更易与液相色谱相匹配。ESI-MS 不仅能用于复杂生物样品中类脂分子的结构定性分析，最为重要的是，在定量分析方面与 FAB-MS 相比能够提高 2～3 个数量级[45]。

许多种类的类脂在中性 pH 下带有负电荷，因此这些种类的类脂在负离子模式 ESI-MS 下能够有效地得到 $[M-H]^-$ 分子离子峰（如 PS、PI 和 PA）。然而，PE、PC、SM 和 lyso-PC 属于兼性离子，它们在正离子和负离子 ESI-MS 下都可以得到相应的准分子离子峰。

3. 大气压化学电离质谱（APCI-MS）

APCI-MS 通过放电针产生的自由电子首先轰击空气中 O_2、N_2、H_2O 产生如 O_2^+、N_2^+、NO^+、H_2^+O 等初级离子，再由这些初级离子与样品分子进行质子或电子交换而使其离子化并进入气相。与 ESI-MS 相比，APCI-MS 更适合于非极性和中等极性类脂分子的分析。由于磷脂大多数是极性的，到目前为止，APCI-MS 用于磷脂分析的文献还很少，因为它的灵敏度比 ESI-MS 要低得多。

4. 基质辅助激光解吸电离质谱（MALDI-MS）

MALDI 电离源和 ESI 电离源是 20 世纪 80 年代末发展起来的两种“软”电离技术，并在质谱领域中得到了迅速应用，MALDI 电离源是继 ESI 之后用于类脂分析的又一电离方法。利用 MALDI 技术在类脂分析方面报道较少，它的优势是缓冲液和盐污染的问题大大降低，当它与飞行时间质量分析器联用时灵敏度有很大的提高。MALDI-TOFMS 是一种快速和方便的方法，样品可在不到 1min 的时间内得到分析，并且可进行多个样品的同时测定。在类脂分析方面利用该技术的报道近年来逐渐上升。利用 MALDI-FT-ICR-MS 对类脂结构进行定性是一种灵敏度很高的方法。

利用 MALDI-TOFMS 技术测定了 PC、PS、PA、TAG、DAG、胆固醇、SM、PE。然而，由于 MALDI-MS 技术要将化学基质和样品混合起来，脉冲激光影响待测物的解吸和电离，因而化学基质和激光两方面的综合影响限制了该技术在类脂分析方面的应用，尤其是在微生物的特征鉴定上。例如，由于干燥的样品制备基质是不均一的，需要在靶（target）上选择可接受的斑点以提供最好的离子形成，基质加合离子的形成降低了质谱的有效分辨率，减小了分析低分子质量（$m/z<1000$）物质的可能性。一些研究报道通过一些办法[46]解决了由于样品制备步骤带来的分析重现性差的问题，但谱图的重现性依然存在一些问题[47]。

将两者相比，ESI用于脂类分析比MALDI更为常见，而MALDI-TOF在蛋白质和肽类分析中更为常见。ESI用于脂类分析最为主要的优势是它能很容易与色谱柱“在线”联用。另外，ESI不需要额外的基质，因此，低质量分子端谱图很容易解释。从另外一个角度来说，MALDI比ESI更为灵敏，不易受高浓度的杂质干扰，并且多个样板的发明和使用使得测定样品更为快速。

将MALDI电离技术与傅里叶离子回旋共振质量分析器（FT-ICR）联用用于多种类脂结构分析，包括PS、PE、PI以及PC等都见报道[48]。由于各种类脂分子形成的与结构有关的产物离子能够被高分辨的质谱仪很容易地分辨出来，因而MALDI-FT-ICR-MS是一种高灵敏度和高分辨率的分析方法。

8.3.2.4 NMR

NMR波谱学是阐明纯化的类脂分子（^{1}H-NMR和^{13}C-NMR）结构和膜类脂动力学（^{1}H、^{2}H和^{31}P高分辨和固相NMR）的强有力的工具。^{31}P-NMR的线性响应和快速的分析速度能够准确和选择性地高通量分析样品。NMR在测定蛋白质-类脂相互作用的动力学方面发挥了巨大的作用，为揭示跨膜蛋白和离子通道的调节机制奠定了基础。NMR已经成功地用于代谢组学研究中。在大分子聚集体（如脂双层或脂蛋白）中类脂分子的有限运动使NMR活体测定受到了一定限制。除此之外，与质谱相比，NMR技术测定的灵敏度要低。

8.3.2.5 类脂研究中的新技术

随着近年来合成的纯类脂分子的商品化，生物体外酶活性的表征、生化结合研究和用于色谱和质谱的标准品得到了快速发展。荧光标记的类脂分子可以用来研究特定的亚细胞部分和膜微区中类脂分子的运输[49]以及类脂分子的跨膜运动[50]。用来研究蛋白质-类脂相互作用的新技术发展很迅速。尽管真正意义上的功能固定化面临着许多挑战，将类脂固定化仍然是研究蛋白质-类脂相互作用的一个很有价值的工具。基于脂质体与配体作用时其吸收特征发生改变的光学系统能够用于筛选和诊断[51]。基于细胞分析的探针，尤其当与荧光标记融合时，是研究类脂代谢的一个强有力的工具[52]。

8.4 ESI-MS在类脂分析中的定量方法

由于ESI-MS在类脂分析中应用最为广泛，本节针对其定量类脂分子的方法做一介绍。

8.4.1 内标化合物的选择

定量分析生物样品中的磷脂分子或者比较生物样品中磷脂轮廓，都需要将合适的内标化合物在提取磷脂分子前加入到需制备的样品中混匀。多数情况下，可将类脂的含量对组织或细胞蛋白质的含量进行归一化。另外，在一些研究中，人们也常常使用组织重量、细胞数目或DNA含量。每种“归一化”的优点和缺点取决于研究体系的生理或病理情况。对于多数生物样品来说，可使用14：0—14：0，15：0—15：0的PC、PE、

PS 和 PG、17：0 lyso PC、N16：0 硫苷脂、N17：0 神经酰胺、T17：1TAG 等类脂分子作为内标化合物。原因是这些化合物在多数类型的细胞中的含量<<1%。然而，在使用这些内标化合物之前，对细胞中内源性脂类分子进行总体扫描是必要的。而内标的选择取决于待分析类脂分子的种类以及样品来源，例如，^{2}H35-N18：0 GalC 和 N16：0 硫苷脂主要用于分析脑样品中的脑苷脂和硫苷脂，而内标 15：0/15：0 PG 主要用于定量含有 CA、PA、PG 和 PI 的阴离子磷脂样品。

8.4.2 MS 在定量分析类脂分子中存在的问题

将质谱用于组织、体液和细胞中复杂磷脂混合物的分析时，不仅可以得到类脂分子的定性信息，而且也能得到样品中类脂分子的绝对和相对定量信息。尽管利用 MS 进行定量分析比较成功，然而将 MS 应用于复杂体系类脂化合物的定量分析，存在许多问题。其中一个最主要的原因是人们有时关心的不是单独的某一类脂分子，而是复杂混合物中每一个类脂分子的相对量变化。在理想的分析条件下，理论上通过 MS 定量任一化合物必须准确地比较它本身的峰强度和稳定的同位素或化学性质相近的内标化合物的峰强度。这样的必备条件仅仅在定量少数已知类脂化合物时具备。例如，Murphy 和他的同事[53]利用稳定的同位素做内标化合物测定了混合物中的一种类脂分子。然而，利用数百个甚至数千个内标化合物去定量分析存在着数以千计的类脂分子混合物（如生物样品的粗提取液）显然是行不通的。影响类脂分子在 ESI-MS 中的灵敏度的因素很多，包括极性头基、链长短、不饱和度等[54]，使得利用 MS 定量分析类脂分子变得复杂起来。

利用 ESI-MS 定量分析复杂混合物中的类脂，一个最主要的假设就是离子强度与离子浓度呈正比。到目前为止，许多文献上采用了不同的方法来定量或者半定量类脂分子。Han 等[55]用代表性的内标化合物定量了血小板中主要的类脂分子，同样地，Lehmann 等[56]测定了老鼠胆汁中的 PC 分子，Liebisch 等[55]定量了血浆中的 lyso PC 分子。利用多种内标定量类脂分子也有不少报道，如 Brügger 等[57]利用多个内标母离子扫描 m/z 184 测定了 PC 磷脂分子，Welti 等[58]测定了植物中多种类脂分子，Blom 等[59]测定了 PC、PE、PS 和 SM。一些研究者[60,61]利用校准曲线的方法定量了一些类脂分子。利用某一种类脂分子的相对丰度比较由于刺激产生的类脂变化也有报道[62]。最近，有研究报道利用同位素标记的内源脂类分子的混合物作为内标物，测定了主要类脂种类的相对变化[63,64]。

在许多情况下，利用某一种类脂分子间的相对丰度[60]或者不同种类的类脂分子与其相应的内标物的相对丰度[65]来比较体系受外界刺激后类脂分子的变化解决生物问题更为可取。在这些研究中，研究者关注的是类脂分子与内标物的比值，很少甚至不用校正单个分子的响应[62,65]。

8.4.3 ESI-MS 在类脂研究中的定量方法[13]

目前，利用 ESI-MS 定量类脂分子主要有三种方法：内源分离 ESI/MS 方法、ESI 串联质谱方法和 HPLC-ESI/MS 方法。每种方法都有它的优点和缺点，在应用过程中选择哪种方法很大程度上取决于研究的需要（如样品量的多少、分析结果要求的准确性等）以及使用的仪器。下面将详细地讨论每种方法。

8.4.3.1 内源分离 ESI-MS 方法

内源分离（intrasource separation）ESI-MS 方法最早是由 Han 和 Gross[66]建立的，其方法是在将 Li^{3+} 加入到提取液中，在正离子模式下，ESI-MS 谱图用于定量磷脂酰胆碱（PC）、神经鞘磷脂（SM）及半乳糖苷神经酰胺；在负离子模式下，ESI-MS 谱图用于定量磷脂酰乙醇胺（PE）、磷脂酰甘油（PG）、磷脂酰肌醇（PI）、磷脂酰丝氨酸（PS）、磷脂酸（PA）及硫脂。分子组成的识别根据其质荷比 m/z 以及串联质谱的产物离子来估计，因为在没有经过样品预分离的情况下，相同质量数的分子有可能是一种以上的磷脂分子（如同质异构分子）。最近，Han 和 Gross[67,13]建立了一种内源分离和二维（2D）质谱（一维为 m/z，二维为自然界中存在的脂肪酸质量数）的方法测定类脂分子。他们通过极性头基质量数和脂肪酸质量数识别磷脂分子的结构，根据 *sn*-1 位（或 *sn*-2 位）脂肪链的离子强度估计磷脂分子脂酰链可能的组成结构。2D ESI-MS 从生物样品中定量脂类分子的原理利用了分析物-溶剂离子相互作用（这种相互作用的结果能够在离子源内有效地将不同种类的脂类分子区分开来）以及通过中性丢失或母离子扫描功能完成不同种类脂分子的测定[13]。如图 8-8 所示，PE 磷脂分子的识别可通过 Pre 扫描酰基羧酸离子[13]。

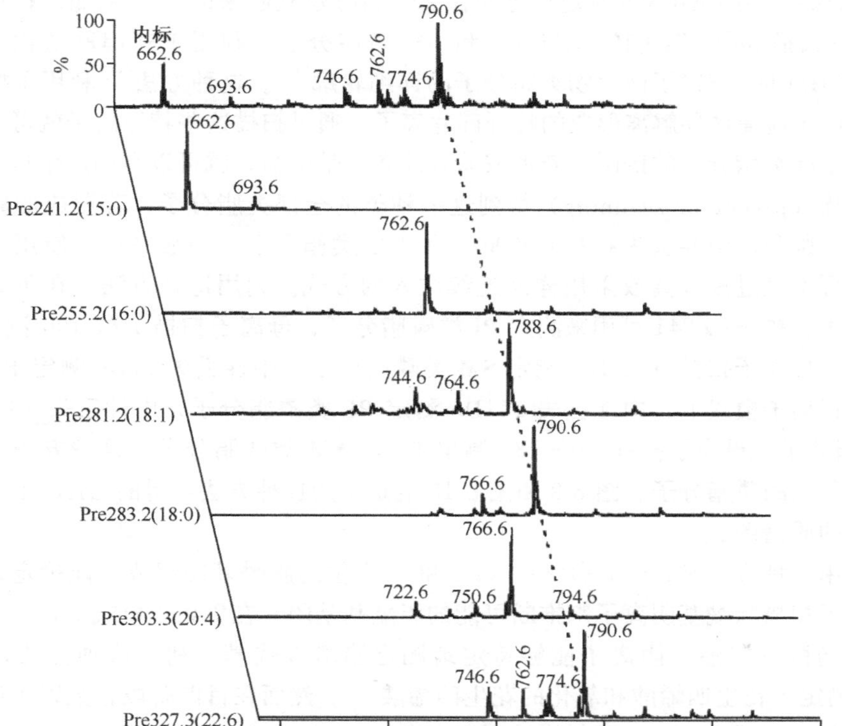

图 8-8 负离子模式下，Pre 扫描测定老鼠心肌细胞中 PE 类脂分子[13]

该方法的理论基础为：①分子离子强度与类脂分子的浓度呈线性关系；②同一种类脂分子具有近乎相同的电离效率，当其浓度范围在 pmol 甚至更小时，对酰基链的物理性质影响不大；③无论在正离子模式还是负离子模式，内标化合物的电荷能够反映待测类脂分子的电子得失倾向。除此之外，在这种方法中进行^{13}C 同位素校正是很必要的。Han 等[55]将这种方法首先用于凝血酶刺激活性血小板中脂类分子的变化。

这种方法有如下优点：①可通过选择合适的内标，定量电子得失倾向相近的类脂分子。②所需样品量小。当脂的浓度小于 1pmol/ml 时，只用不到 100μl 的样品即可测定其中的类脂分子。③能够同时对多个种类的类脂分子进行定量，因而这种方法迄今为止应用得最为广泛。④高效性。整个脂的粗提取液中类脂分子的测定能够在不到30min的时间内完成。

这种方法的缺点：①仪器易受 Li^+ 的污染，每隔 6～8 周要清洗一次离子源，并且需要经常校正仪器；②存在低丰度离子抑制作用。一般来说，当离子的丰度低于谱图中基峰的 3%时，这些离子峰要么掩埋在基线中，要么定量它们非常困难。这种方法的缺点可以通过 ESI 串联质谱和 HPLC-ESI/MS 克服。

8.4.3.2 ESI 串联质谱法

用于类脂测定的一个非常强有力的串联质谱扫描模式包括母离子扫描（precursor scanning，Pre）和中性丢失扫描（neutral loss scanning，NL）[68]。这项技术首先是 Cole 和 Enke 利用 FAB-MS 测定特定的甘油磷脂时建立起来的[69]。例如，在正离子模式下，Pre 扫描 m/z 184 能够识别 PC 和 SM 磷脂分子。利用 ESI 串联质谱，Smith、Snyder 和 Harden 获得了微生物类脂分子的详细轮廓[70]。这种方法[57]利用了极性头基在 MS 中由于碰撞诱导解离形成的特征碎片离子，通过扫描这些特征离子就可以获得这些种类的不同类脂分子的谱图。若形成的碎片离子带电荷，就可以利用产生这些碎片的母离子扫描（precursor scanning）得到这一种类的全部类脂分子；若形成的碎片离子不带电荷，则利用中性丢失扫描获得同一种类的类脂分子。一般来说，使用这种方法时，样品可不经过预分离或采用样品连续注入的方式。利用这种方法，在负离子模式下，母离子扫描 m/z 241 可用来测定 PI 类磷脂分子，母离子扫描 m/z 196 测定 PE 类类脂分子，母离子扫描 m/z 168 测定 SM 类磷脂分子，中性丢失 87Da 测定 PS 类磷脂分子；在正离子模式下，中性丢失 141Da 测定 PE 类磷脂分子，中性丢失 185Da 测定 PS 类磷脂分子，母离子扫描 m/z 184 测定 PC 和 SM 类磷脂分子。这种方法经常用来测定特定种类的磷脂分子。图 8-9 和图 8-10 就是利用这种方法获得的 CHO 细胞中不同种类磷脂的质谱图。

当使用这种方法时，磷脂分子中 *sn*-1 和 *sn*-2 位的脂酰基团组成不能确定，而只能通过母离子扫描脂酰基阴离子来推断可能的脂酰基基团。在负离子模式下，母离子扫描特定的脂肪酸（羧酸）阴离子能够特定地测定脂酰取代基。利用这种方法，Hall 和 Murphy 测定了花生四烯酸和氧化的花生四烯酸[71]。然而在目前阶段，数以千计的低丰度的类脂分子利用这种方法还不能被测定出来。

ESI 串联质谱方法的优点是它能够有效地对一些种类的类脂分子进行定性，并且可以消除基线噪声（这对用质谱测定低丰度的类脂分子很重要），因此这种方法能够提供

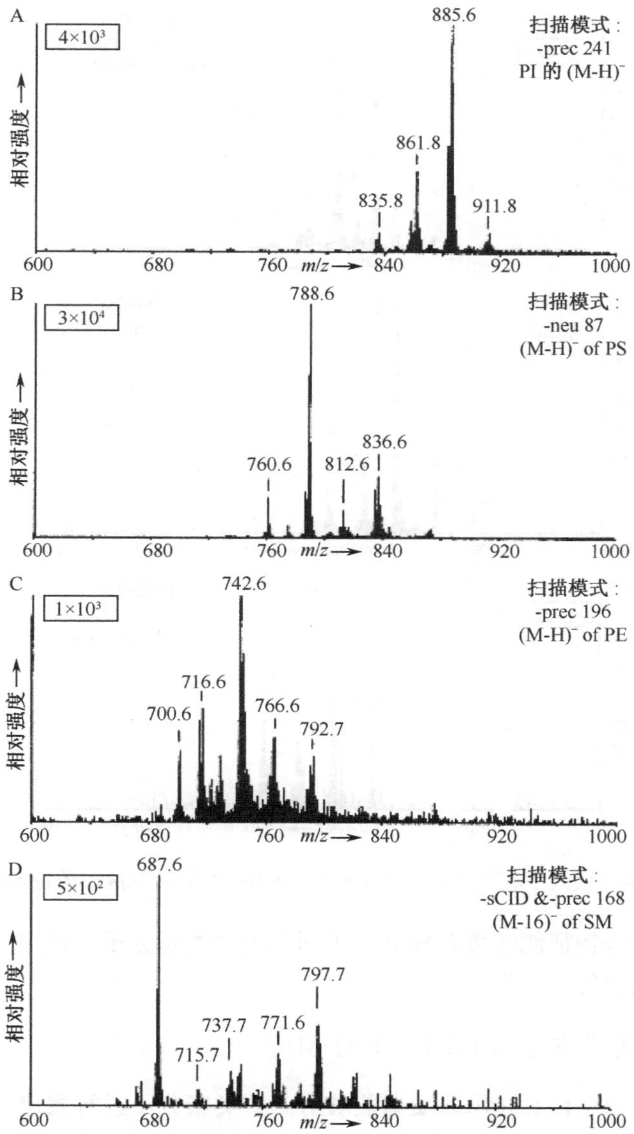

图 8-9 负离子模式下利用串联 ESI-MS 测定 CHO 细胞萃取液中的特定磷脂种类[57]

某一种类脂的一系列容易解释的分子图谱，而不像一级 ESI-MS 产生的是更为复杂的类脂图谱。这种方法的缺点是这项技术依赖于仪器，因为只有三重四极杆质谱[72]才能进行母离子扫描和中性丢失扫描，而离子阱质谱不具有这些扫描功能；其二是这种方法不能提供类脂分子更为详细的化学结构如酰基取代基的组成；其三是只能对样品中已知种类的类脂分子进行测定，而不能测定未知种类的类脂分子尤其是对一些功能上很重要但又没有特征性的扫描能够适合的类脂分子（如磷脂酸、溶血磷脂酸、心磷脂等）；最后，母离子扫描和中性丢失扫描中质谱信号的响应受许多因素的影响，如脂酰链的长短、不饱和度以及碰撞能的大小[73]，因此在使用这种方法准确定量类脂分子时，需要使用多

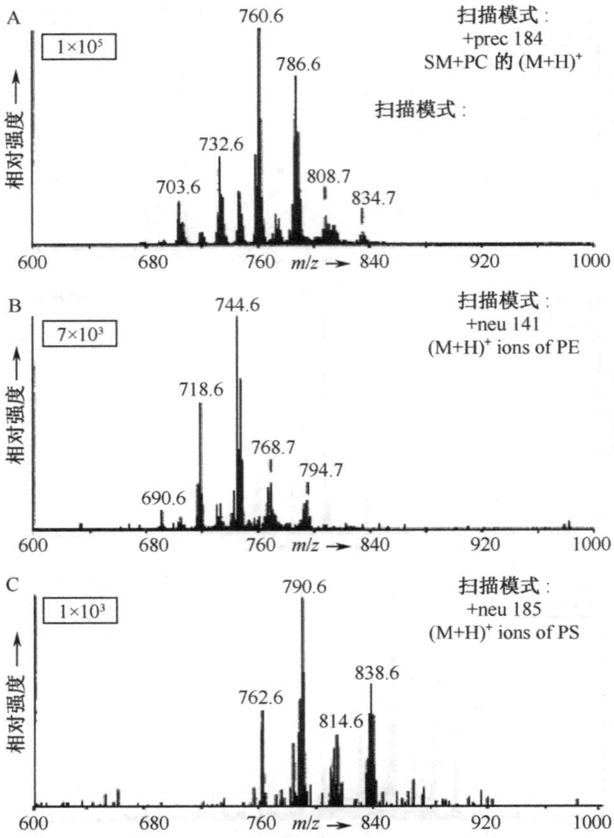

图 8-10 正离子模式下利用串联 ESI-MS 测定 CHO 细胞萃取液中的特定磷脂种类[57]

种内标物以使其结构特征能够覆盖样品中不同结构的类脂分子。使用这种方法，研究人员测定了生物样品中的多种类脂分子。

8.4.3.3 液质联用方法（HPLC-ESI-MS）

尽管利用 ESI-MS 和 ESI 串联质谱能够对一些类脂分子进行测定，但对一些功能上很重要但在样品中丰度很低的类脂分子来说，利用上述两种方法显得无能为力，并且在分析复杂样品中的类脂分子时有必要在类脂分析中引入色谱分离系统——通过色谱将不同种类的类脂分子进行预分离可避免质量数重叠带来的干扰，然后同一种类脂中不同的分子通过质谱来鉴定区分。目前 HPLC-MS 已成为类脂分析的一个强有力的工具。

利用 HPLC 对类脂进行预分离的一个明显优势是能够通过碎片分析测定类脂分子。并且，通过碎片分析能够对酰基取代基的 *sn* 位置进行测定。然而，真正对类脂分子的位置异构体进行测定非常复杂，因为 *sn*-1 和 *sn*-2 取代基的断裂在很大程度上依赖于酰基链的长短和不饱和度。

类脂的分离既可通过正相 HPLC，也可通过反相 HPLC。当使用正相色谱柱时，类脂的流出是按照从疏水性到亲水性的顺序。其中比较典型的例子是 Kim 和他的同事建立的正相色谱甲醇/正己烷体系分离系统[74]，Karlsson 等发展的正己烷/正丙醇分离系统[75]以及 Lesnefsky 等[76]的乙醇/正己烷/异丙醇分离体系。除此之外，氯仿/甲醇/氨水溶剂系统[73]、乙腈/甲醇溶剂系统[77]也可有效地正相分离脂类化合物。常用的 HPLC 柱有硅胶柱[76]、二醇基柱[73,78,79]。需要指出的是，利用硅胶柱分离脂类分子会导致部分脂类化合物的损失[60]。考虑到多种化学物质能够对硅胶产生催化作用、保留时间的波动性以及对水的不稳定性，利用硅胶柱对脂类分子进行定量分析需小心谨慎[13]。利用正相分离系统分离类脂分子，由于一个峰中包含着许多种类脂分子（即同一种类的类脂分子保留时间很接近），峰中类脂分子分布将表现出不均匀性，从而易产生拖尾现象[62]。在正相分离条件下，色谱系统能够将不同种类的磷脂大体上分开，脂酰链的长短不同和不饱和程度的差异使得同一种类的不同磷脂分子在保留时间上有一些差异。但这种差异比不同种类的磷脂分子保留时间的差异要小得多，即磷脂分子保留时间的长短在很大程度上决定于极性头基。在许多情况下，利用正相色谱分离系统对类脂分子按照不同种类分离出来，然后用 MS 识别同一种类的不同类脂分子。图 8-11 为利用正己烷/正丙醇分离体系在正相 HPLC 二醇基分离柱上分离人血中几种主要磷脂的总离子流图[80]。

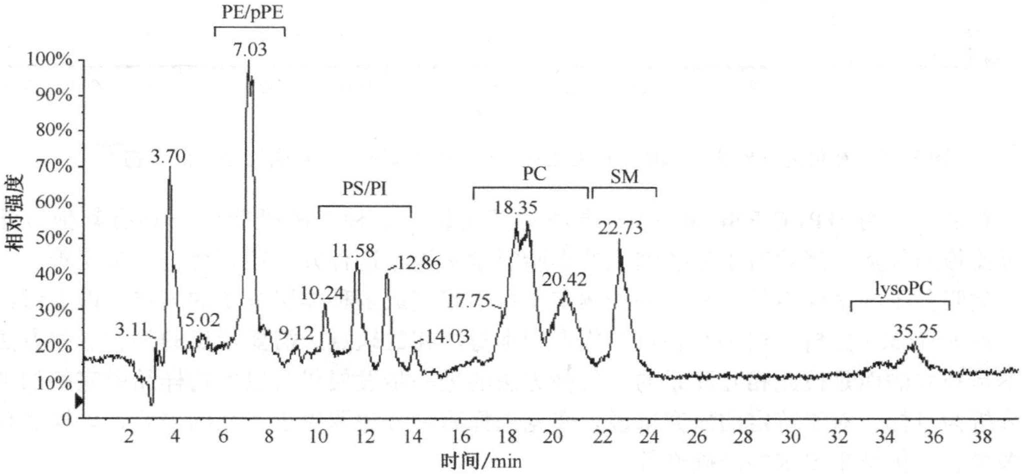

图 8-11　负离子 LC/ESI-MS 下，人全血中磷脂分子在正己烷/正丙醇[78]分离体系中的总离子流图（二醇基分离柱，柱温为 35℃）

反相 HPLC 也可用来分离类脂混合物[77,80]，脂类分子按照从亲水性到疏水性的顺序流出。在反相色谱分离中，类脂脂酰链的长度和不饱和度对其流出顺序起着主要作用[77]，如图 8-12 所示，磷脂分子脂酰链的长短和不饱和度影响着其流出顺序，如对于不饱和度相同而脂酰链不同的 PC 磷脂分子按照 32∶0、34∶0 和 36∶0 的顺序流出，对于脂酰链长短相同而不饱和度不同的 PC 磷脂分子按照 34∶3、34∶2 和 34∶1 的顺序流出。由于反相色谱通过亲脂性分离化合物，不同种类脂分子的重叠性很严重，从而导致“离子抑制”作用。并且，同一种类的不同类脂分子流出贯穿整个分析时间，如果不假定在离子强度和浓度之间存在着线性关系，对脂类分子进行定量将变得不可能[13]。与正相液相色谱-串联电喷雾质谱（NPLC-ESI-MS/MS）联用方法相比，反相色谱-串联电喷雾质谱联用（RPLC- ESI-MS/MS）能更准确地鉴定出类脂分子[77]。

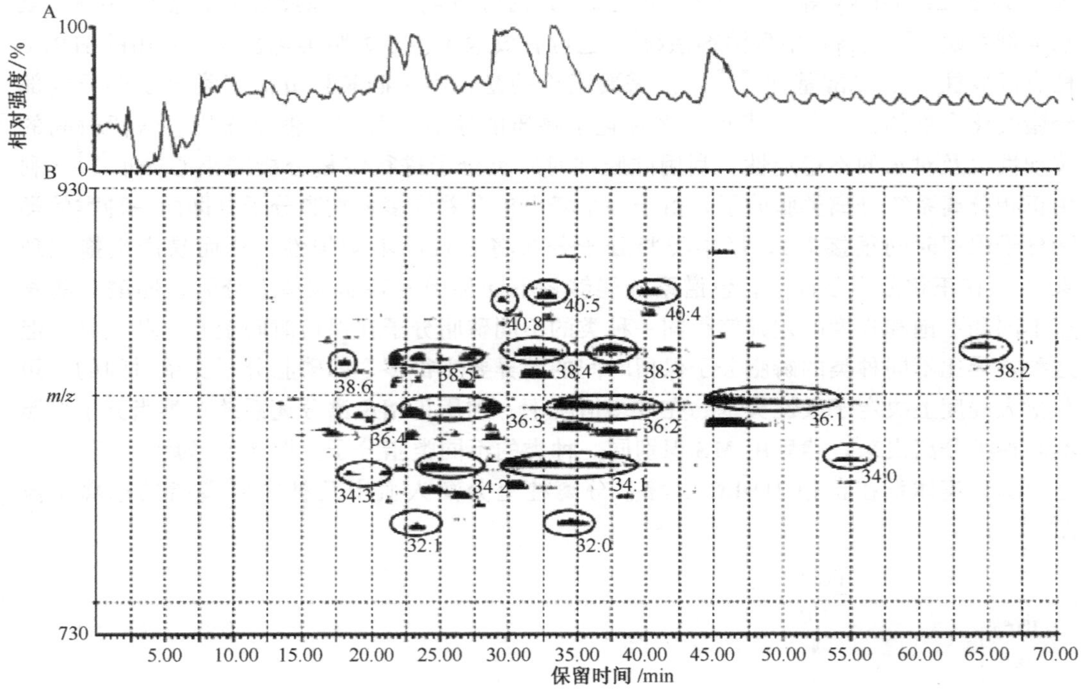

图 8-12 在负离子模式下利用 RPLC-ESI-MS 获得的猪肝中 PC 磷脂分子混合物[77]

总之，利用 HPLC-ESI/MS/MS 方法对于定量一些种类的类脂分子具有其他方法无可比拟的优势，当然对于完整细胞的类脂组学来说，这种方法还有待进一步完善。

类脂分子的多样性使得利用一个测定平台很难完成多种类脂分子的测定，以上讨论的几种 ESI/MS 分析方法都有各自的优点和本身内在的缺点。需要指出的是，这些方法并不是独立的而是彼此相互联系的，每种方法的进一步发展仍需以生物样品中完整的类脂分析为目标。对于特定的研究来说，究竟选择哪种方法取决于研究的需要，如样品量的多少、分析结果要求的准确性等。

8.5 类脂组学及其应用

8.5.1 类脂组学

类脂组学（lipidomics）主要研究生物体受外界刺激和疾病干扰后脂类、脂类代谢物以及与脂类分子相互作用的因子的变化[81,82]。随着电喷雾质谱（ESI-MS）应用的发展，它是继基因组学、蛋白质组学后又一个快速发展的领域。尽管类脂组学处于新生阶段，然而在 20 多年前，它的重要性，尤其是在研究疾病方面的重要性已经引起了人们的关注[83,84]。通过测定细胞内类脂分子的变化（如脂种类、亚种类和单个脂类分子）、类脂分子的动态代谢以及类脂与蛋白质的相互作用，人们对许多疾病有了新的认识。类脂分子（包括磷脂分子）不仅是构成生物膜的重要组分，而且参与了生物体的许多生物过程，因此类脂组学的发展为药物开发、标记物的发现以及疾病的早期诊断提供了新的机遇[19]。基于类脂组学的重要性，美国 NIH 下属的 General Medical Sciences 已在2003年批给加州大学3500万美元，用以一个做鼠巨噬细胞的类脂组学研究的5年计划；同时，Lipomics公司也投资90万美元用于研究与类脂分子代谢有关的药物开发、营养调节、疾病诊断及遗传修饰。

8.5.2 类脂组学中类脂分子识别的策略[85]

类脂组学中，正确地识别类脂组分，必须做到以下几个方面。

8.5.2.1 准确测定与分子质量相关离子的质量数

其中最重要的一个因素就是通过高分辨质谱获得类脂分子与分子质量有关的离子的准确的质荷比（m/z）。傅里叶变换-离子回旋共振质谱（FT-ICR-MS）是目前获得准确质量数的最好的仪器，其次是飞行时间质谱（TOF-MS）和四极质谱仪。四极质谱仪的分辨率能够达到小于100×10^{-6}的质量准确度，TOF-MS和傅里叶变换质谱（FT-MS）的分辨率分别能达到小于20×10^{-6}和小于3×10^{-6}的质量准确度。实际上，区分分子质量很接近的不同种类脂分子（它们的碳原子数、双键个数或者氧原子数不同）的质量峰很困难。例如，烷酰基或者烯酰基类脂分子和奇数碳原子的二酰基类脂分子仅相差0.03个质量数，而要区分它们需要质谱的分辨率达到60 000以上[86]。分辨质量数上的差异，需要小于20×10^{-6}的质量准确度。因此，为了完全可靠地鉴别质谱峰，FT-MS是必需的工具，而TOF-MS仅仅在分辨质荷比有差异时才能发挥作用。

8.5.2.2 获取与分子质量相关离子的碎片离子特征

为了准确地识别类脂分子，其次是要获得与分子质量有关离子的特征碎片离子。在这种情况下，即使碎片离子只能达到单位质量准确度，也能够有效地识别母离子的结构特征。在蛋白质组学研究中，一个共同并且有效的鉴定蛋白质的方法就是识别胰蛋白酶水解肽段中的碎片离子，如b型和y型系列离子。同样，负离子模式下，*sn*-1和*sn*-2位脂肪酰基阴离子，以及在负离子或正离子模式下的中性丢失烯酮类或脂肪酸，对于鉴别甘油酯类分子都是非常重要的[87~89]。对于未知或者尚未鉴定的脂类代谢分子，通过TOF-MS和FT-MS获取较高的质量准确度的碎片离子对鉴定非常有帮助。同样，磷脂分子和甘油酯类的极性头部基团的碎片离子或者特定的中性丢失碎片离子对鉴定极性脂类的种类具有重要作用。有些情况下，为了可靠地鉴定类脂分子，有必要获取其相应的MS^3或MS^4质谱图。

8.5.2.3 较好的液相色谱分离和可重复的保留时间

无论是为了准确地鉴定和定量具有相同的分子组成的同量异序类脂分子，还是为了鉴定分子组成相差在0.1质量单位的具有相近质荷比的类脂分子，液相色谱的分离都很重要，尤其是测定含量较低或者其离子化效率较低的类脂分子。通过液相色谱对类脂分子进行较好地分离，很大程度上改善了类脂分子的鉴定[65,77~79,86,90~93]。可重复的和准确的保留时间对于鉴定类脂分子起着至关重要的作用。最近有报道使用具有粒径不到2mm填料的整体柱在一次液相色谱进样中可获得100多个峰。即使没有MS/MS数据，质荷比相近的不同类脂分子或者同量异序类脂分子在LC-MS/MS轮廓中的洗脱顺序也能够用于预测类脂分子。

8.5.3 基于质谱技术的几种类脂组学方法

基于质谱的类脂分析方法[85]基本上可分为三种：非靶标分析（untargeted）、聚焦分析（focused）和靶标分析（targeted），如图8-13所示。

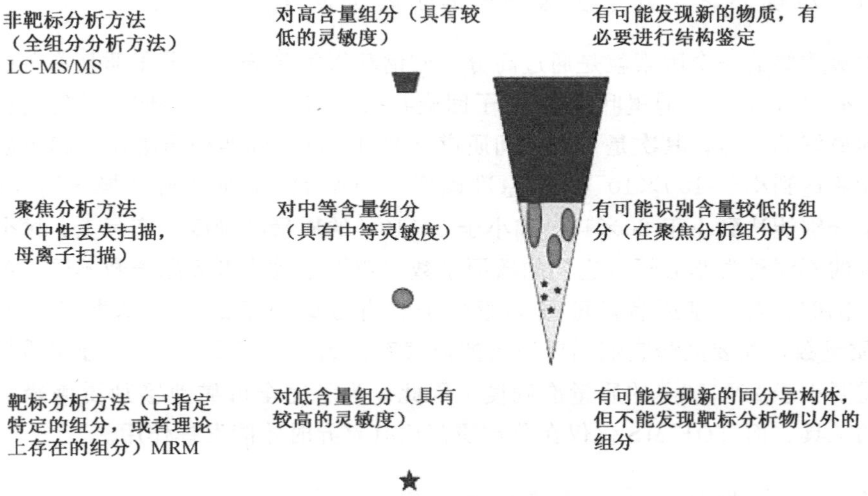
非靶标分析方法
（全组分分析方法）
LC-MS/MS
对高含量组分（具有较低的灵敏度）
有可能发现新的物质，有必要进行结构鉴定
聚焦分析方法
（中性丢失扫描，
母离子扫描）
对中等含量组分
（具有中等灵敏度）
有可能识别含量较低的组分（在聚焦分析组分内）
靶标分析方法（已指定特定的组分，或者理论上存在的组分）MRM
对低含量组分（具有较高的灵敏度）
有可能发现新的同分异构体，但不能发现靶标分析物以外的组分

图8-13 代谢组学中基于质谱技术的几种分析方法[85]

8.5.3.1 全组分和非靶标分析

在与分子质量有关的离子或者它们的碎片离子的相关信息未知的前提下，可通过全组分和非靶标分析方法测定类脂提取物中所包含的全部代谢物[77,86,93]。这种方法的策略就是检测所有的与分子质量有关的峰然后做进一步分析。这种非靶标分析方法曾经用于未经过液相色谱分离的，并且基于高分辨率的FT-MS的类脂组学[48,86,94,95]。然而，在多数情况下，这种方法是将四极或TOF-MS与LC-MS或者LC-MS/MS结合起来应用的[77,93]。将适当的液相分离与具有高分辨率的质谱（如FT-MS或者TOF-MS）结合起来是正确识别已知代谢物和诠释新发现的代谢物的首选。利用正相液相色谱，可以有效地将不同种类的磷脂分子分开，正负两种离子模式下的与分子质量有关的离子可用于鉴定[93]。其中，保留时间对鉴定同量异序类脂分子具有重要的作用。另外，就是MS/MS获得的碎片离子信息也可以用于鉴定。因此，将LC-MS/MS和相应的扫描模式结合起来是一种具有实践应用的类脂组学方法。MS/MS实验可作为一种与分子质量有关的具有高强度的离子峰的鸟枪策略[77]。与靶标类脂分子质量有关离子的碎片离子信息经常用于未知分子的结构确定和结构鉴定。

8.5.3.2 聚焦分析

聚焦分析方法用于测定具有特定结构的某些种类的类脂分子，可通过母离子扫描或者中性丢失扫描模式实现[64,96～100]。由于具有较好的选择性，当与液相色谱联用时，许多低含量组分能够被检测出来。这种方法在类脂组学中应用最多，尤其是甘油磷脂和甘油酯类[64,96～99]。

8.5.3.3 靶标分析

靶标分析方法将与分子质量相关离子的信息和其特定碎片离子的信息结合起来用于靶标分子的测定。这种分析方法可通过选择反应监测模式（SRM）和多反应监测模式（MRM ）实现，经常被药物公司用于定量靶标药物及其代谢物。同时，这种分析方法也可用于一些类脂分子代谢物的筛选。近年来发展的三重四极质谱在一次液相进样中，能同时测定近 100 个离子对。

8.5.4 类脂组学在微生物研究中的应用

利用微生物的质谱特征为研究各种各样的环境问题提供了一种可能。快速区分出致病的和未致病的微生物对于职业病预防、卫生保健、抵御细菌战和进行环境监测的意义重大[101]。早在 20 世纪 60 年代，脂类分子就用来区分微生物的种类[102,103]。在 1987 年，人们利用 FAB-MS 方法从菌体裂解物中成功地分离出脂类分子并进行了特征鉴定[104,105]。随着 ESI 和 MALDI-MS 的发展，微生物的识别也取得了很大进展。在未经过预分离的情况下，人们利用负离子 ESI 质谱研究了多种微生物中的甘油酯[106]。利用母离子扫描和产物离子扫描（MS/MS）能够显著地区分微生物提取液中不同种类的微生物。将 CE 和微柱 LC 与 ESI-MS 在线联用能够用于微生物类脂的详细研究。相反，利用 MALDI 技术研究微生物中的类脂分子尚未见报道。这或许是因为从微生物中分离出来的脂类混合物的复杂性需要在进入 MS 前进行脂类的预分离。因此，CE-ESI/MS 和 micro-LC-ESI-MS 的在线联用使得 ESI-MS 在类脂分析中比 MALDI 技术更具有优势。最近，HPLC-ESI-MS 已经用于微生物提取液中类脂的测定[107～109]。

研究微生物群体结构是目前微生物生态学者又一重要课题[110,111]。由于微生物中的类脂含量在宽泛的生长条件下相对恒定，因此定量分析类脂能够估计活体生物量[112]。固有的生物恢复是指微生物在自然条件下能够在位降解污染物，而不需要通过人工干预提高微生物的活性。评价固有的生物恢复效率的一个很有前途的方法就是利用微生物的脂类作为甲苯降解和底物利用[113～116]的一个指标。类脂是微生物细胞膜的主要组成部分，占生物膜总体的 40％～70％[117]。将类脂分析和 ^{13}C 标记追踪剂结合能够有效地跟踪底物的利用程度和生物降解污染物过程中的碳流。类脂分子的轮廓已经用于测定污染蓄水层中微生物群体结构的变化[118～122]。例如，Rüttersa 等[123]利用 HPLC-ESI-MS 分析微生物中类脂的变化，并将其作为研究活性微生物的生物标记物。实验发现，完整的微生物类脂分子位于沉淀物的表层，类脂分子的类型和脂肪酸模式暗含了真核藻类有较强的分布。从图 8-14 可以看出，在沉淀层的上层（10cm 以内），随着深度的增加，整个的磷脂分子和三甘油酯含量迅速降低，并且微生物类脂分子降解的产物（如二甘油酯和单甘油酯以及游离脂肪酸）也迅速降低。在沉淀层的 50 cm 深处，仍然可以检测到磷脂分子，暗含了在这个深度存在着微生物。

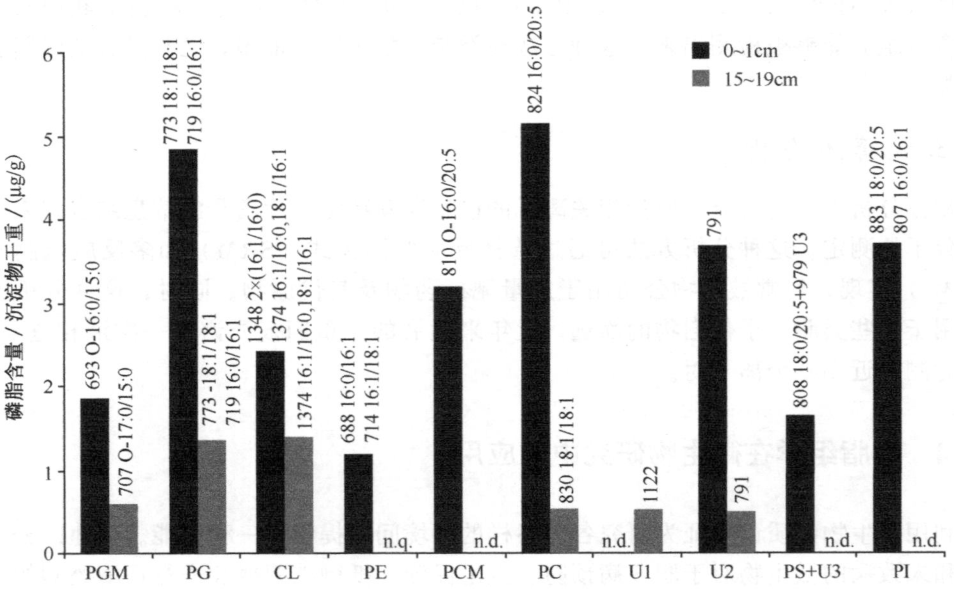

图 8-14 不同深度的沉淀物内不同种类磷脂分子的含量[123]

PG：磷脂酰甘油；DPG：二磷脂酰甘油；PE：磷脂酰乙醇胺；PCM：缩醛磷脂酰胆碱或烷基酰基磷脂酰胆碱；PC：磷脂酰胆碱；PS：磷脂酰丝氨酸；PI：磷脂酰肌醇；U1～U3：未识别的极性类脂分子。除此之外，图中还给出了大多数种类的磷脂分子准分子质荷比和酰基链组成。脂酰链的识别通过 MS/MS 实验确定（n. d.：未检测到；n. q.：未定量）

8.5.5 类脂组学在宿主-病原体相互作用研究中的应用

细胞内病原体（病毒、细菌、支原体）的细胞生物学信息提供了宿主-病原体相互作用的信息。有关宿主-病原体相互作用的不同阶段，类脂分子所起的作用越来越受到人们的关注。在病原体吸附、侵入和胞内运输中，类脂分子具有识别和宿主细胞信号转导的作用。在病原体复制和存活期间，脂代谢调节着细胞能量的动态平衡和生物膜的合成。化学组成复杂的类脂分子具有免疫调节因子的作用。因此，将新型的生化分析方法和细胞分子生物学结合起来为剖析类脂分子在宿主-病原体相互作用的机制开辟了新的途径。基于液相色谱-质谱联用的类脂组学研究是分析病原体类脂分子的一种主要生化分析技术平台。尽管目前还不可能通过一次试验就能捕捉到细胞或组织中所有的类脂分子，但这种分析平台可以对多种不同种类的类脂分子进行定性、定量。大量类脂分子的生化信息目前正在用来详细研究类脂分子相关生物合成酶及其运输载体[124]。

8.5.6 类脂组学在 *n*-3 多不饱和脂肪酸影响细胞膜微区域研究中的应用

多不饱和脂肪酸（PUFA），存在于海产鱼肝油中，能够调节机体的免疫反应，在临床上常常被用作免疫抑制剂治疗各种炎性疾病[125]。尤其是 *n*-3 系列的多不饱和脂肪酸在正常人和慢性病患者的生理过程有着不同的作用，如调节血浆类脂水平、心血管功能、胰岛素作用。最近研究表明，*n*-3 多不饱和脂肪酸在免疫反应尤其调节 T 细胞信号转导中起重要作用[126～128]。

人们以前认为质膜的模型是简单的流体镶嵌模型，现在被认为包含许多特定的微区域，如脂筏和膜小凹。脂筏是比较独特的膜亚区域，它不溶于非离子表面活性剂，大量的信号转导蛋白质都集中在这些功能性区域中。这些蛋白质是信号转导的平台，在活细胞中能够有效地和特定地进行信号传递。研究表明，*n*-3 PUFA 能够掺入到质膜中，从而影响脂筏和小凹的功能[129～132]。Pike 等利用 MS/MS 技术研究了脂筏中的类脂组分[133]。利用 LC-MS/MS 技术，Stulnig 等[129]用二十碳五烯酸（一种 *n*-3 PUFA）处理 T 细胞，发现脂筏区域类脂分子中 PUFA（20：5，22：5）显著升高。同样地，Li 等[126,127]用二十碳五烯酸（EPA）和二十二碳六烯酸（DHA）处理 T 细胞，利用 LC-MS/MS 技术测定了脂筏区域中类脂分子的变化，实验发现二者都使 T 细胞脂筏和可溶膜区域中脂酰链为 *n*-3PUFA 的磷脂分子含量不同程度地增加，尤其是在脂筏区域中。并且在 PC、PE、PS、PI 四种磷脂分子中，PE 磷脂分子脂酰链组成变化最为显著。图 8-15 为负离子 HPLC/ESI-MS 模式下人 Jurkat T 细胞中 18：0（对照）、20：5（EPA）、22：6（DHA）处理后脂筏中 PE 磷脂分子谱图。与对照组相比，EPA 和 DHA 处理后 PE 磷脂分子分布在丰度上发生了很大变化（图 8-15B，C)。图 8-15B 给出了 EPA 处理 T 细胞后 PE 分子的主要分布，其中脂酰链为 *n*-3 PUFA 的 PE 磷脂分子丰度较高，如 *m*/*z* 为 748.7（p16：0/22：5)、720.6（p 16：0/20：5)、764.7（18：0/20：5，16：0/22：5)、792.8（18：0/22：5)。同样，经 DHA 处理 T 细胞后，在脂筏膜区域中，脂酰链为 *n*-3PUFA 的 *m*/*z* 722.7（p 16：0/20：4)、744.8（16：0/20：1，18：0/18：1)、746.7（p16：0/22：6，p 18：1/20：5)、760.7（18：1/20：6，16：1/22：6)、766.8（p 18：0/20：4，p 16：0/ 22：4)、790.7（18：0/22：6，18：1/22：5）的 PE 磷脂分子丰度较大（图 8-15C)。与 DHA、EPA 处理 T 细胞后脂筏区域 PE 类磷脂分子分布不同的是，对照组中以脂酰链为 *n*-6 PUFA 的 *m*/*z* 750.7（p18：0/20：4，p16：0/22：4)、744.7（16：0/20：1，18：0/18：1)、766.7（18：0/20：4，16：0/22：4)、742.7（18：1/18：1，18：0/18：2)、722.7（p 16：0/20：4）的 PE 磷脂分子丰度较大。

然而，细胞膜中存在的许多脂筏类型是不同的，如肥大细胞中的脂筏与 T 细胞中的脂筏是两种不同类型的脂筏区域，即使是同类型细胞，脂筏的性质也不完全相同，它取决于细胞生长的阶段[134]。这些无疑为脂筏功能性区域的研究提出了许多挑战。

8.5.7 类脂组学在疾病和药物开发研究中的应用

由于类脂分子具有多种生物功能，包括膜的形成、能量储藏、信号转导和载体等，类脂代谢网络的紊乱可引起多种疾病的发生，如动脉粥样硬化[135]、冠心病[136]和阿尔茨海默病（Alzheimer's disease)[137]。测定类脂分子组成的改变、含量水平的变化、空间异质性和代谢转换（metabolic turnover）有助于揭示疾病中类脂的作用。

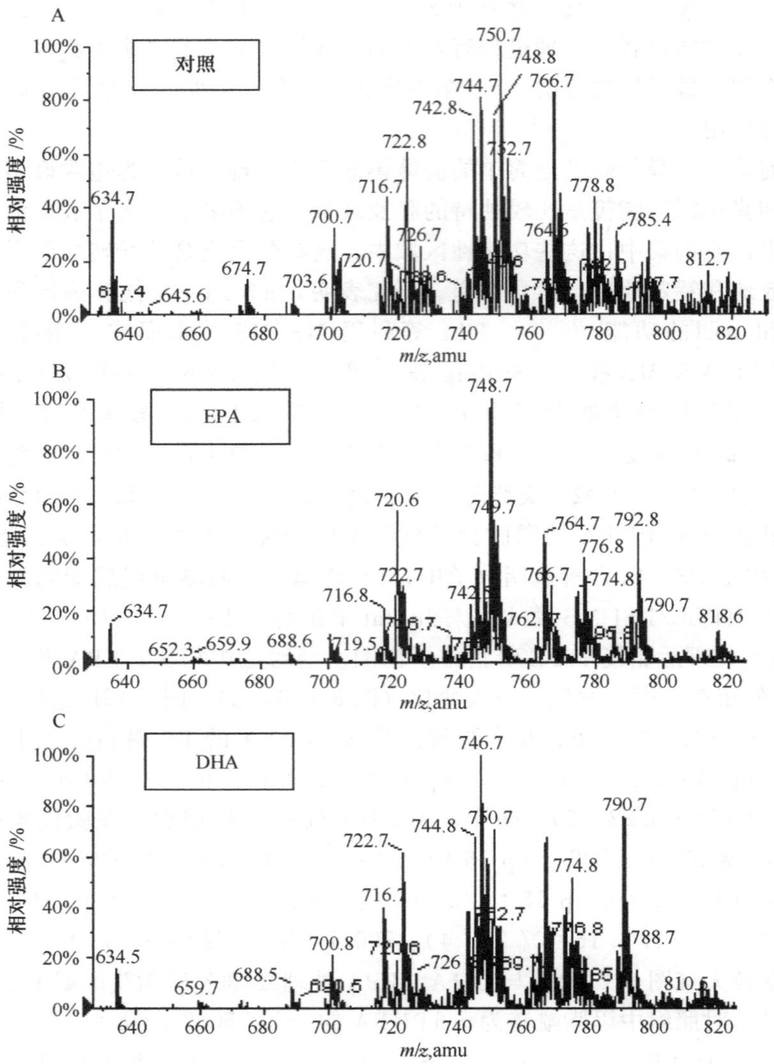

图 8-15　对照组、EPA 和 DHA 处理组中脂筏区域中
PE 磷脂分子在负离子模式下的 EMS 图谱

8.5.7.1　巴特式综合征

巴特式综合征患者不能有效地将亚油酸并入到心磷脂中[138]，心磷脂对线粒体的功能很重要[139]，从而导致肌肉组织功能的衰退，进一步诱发心肌病的产生。巴特式综合征患者血小板中的磷脂分子与正常人血小板中的磷脂分子存在的差异性可用来诊断巴特式综合征。Valianpour 等[140]在负离子模式下，利用正相 LC-MS 将心磷脂与其他磷脂分子分开进而检测心磷脂。如图 8-16 所示，健康人（对照组）血小板中的心磷脂中脂肪酸阴离子 *m*/*z* 279（对应亚油酸）的丰度很高，而在巴特式综合征患者中却几乎检测不到阴离子 *m*/*z* 279。利用质谱谱图的这种区别，Valianpour 等[140]建立了一种简单和灵敏的 HPLC-ESI-MS 分析方法，用于巴特式综合征的诊断。

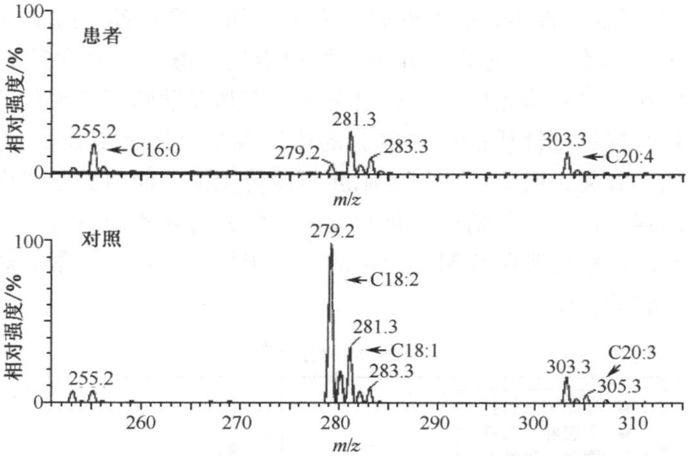

图 8-16 LC/MS/MS 测定 Barth Syndrome 患者和对照组血小板中的心磷脂[140]

8.5.7.2 疼痛

类脂分子是一类分布广泛的信使分子，参与了胞内信号转导、胞间信号传递，具有神经递质的作用。近年来许多研究发现类脂分子与疼痛、炎症有关[141,142]。6 种类型的类脂分子［类前列腺素、磷脂酰肌醇二磷酸盐、神经酰胺、花生四烯酸脂（肪）氧合酶代谢物 、脂肪酰多巴胺和酰基乙醇胺］通过与信号转导系统中的受体相互作用，在调解疼痛反应中具有重要的作用 。体外和体内的许多实验都证明了这一点[143]。液相色谱-质谱联用技术的发展为这些类脂信号转导分子的鉴定创造了条件[144]。

8.5.7.3 脑损伤及其相关疾病

除脂肪组织外，脂类分子在脑组织中含量最高，因而脂代谢对于神经系统起着尤为重要的作用。许多神经障碍，包括双相性精神障碍、精神分裂症、神经变性疾病（如阿尔茨海默病、帕金森氏症和尼曼-匹克病）都与脂代谢失调有关[19]。

局部缺血或再灌注时，线粒体内的磷脂分解能够影响细胞的能量代谢[145~147]。伴随磷脂酰胆碱和磷脂酰乙醇胺中脂肪酸组分的改变，短暂的脑缺血也会使磷脂酰胆碱、磷脂酰肌醇、磷脂酰丝氨酸、神经鞘磷脂和心磷脂显著损失[101]。目前组织纤维蛋白酶原激活剂（tPA）是美国食品与药品管理局批准的治疗急性脑缺血的药物，要求在发病 3h 内服用。然而，除了作为血栓溶解剂的有益作用外，tPA 有毒害神经的副作用[148]。因此，迫切需要寻找新的治疗靶标，开发新的脑缺血治疗药物。以研究脂类代谢相关因子变化为主的类脂组学为脑缺血药物开发提供了新的机遇[149,150]。

8.5.7.4 肥胖

肥胖增加了心血管和糖尿病的危险，尤其是向心性肥胖的脂肪堆积[151,152]。部分肥胖导致动脉粥样硬化、增加了心血管事件的危险性，其特征包括高密度脂蛋白胆固醇浓度降低、血浆中甘油三酯升高、大量的极低密度脂蛋白颗粒以及少量密集的低密度脂蛋白颗粒[153]。同时，由于脂类的过氧化反应，类脂功能改变和脂肪酸组分失调加剧了动脉粥样硬化和糖尿病的发生[19]。

考察 14 对单卵双胞胎青年，获得性肥胖症患者和非肥胖者血清中类脂分子轮廓明显不同（图 8-17A）。含量丰富的磷脂分子，如磷脂酰胆碱，其浓度升高或降低取决于其脂肪酸组成，而在肥胖双胞胎中，具有促炎症反应和促动脉粥样硬化的溶血磷脂酰胆碱的浓度升高，具有抗氧化性质的醚类磷脂的浓度降低（图 8-17B）。类脂分子的这种变化与胰岛素抵抗性有关。因此，获得性肥胖与遗传无关，而与类脂代谢失调有关，并且这种脂代谢失调容易促发动脉粥样硬化和炎症，使胰岛素不敏感性升高。因此，肥胖的正确治疗方案或许应指向类脂代谢途径中的一些靶标，而这些异常的矫正有利于防止糖尿病和心血管疾病的发生[154]。

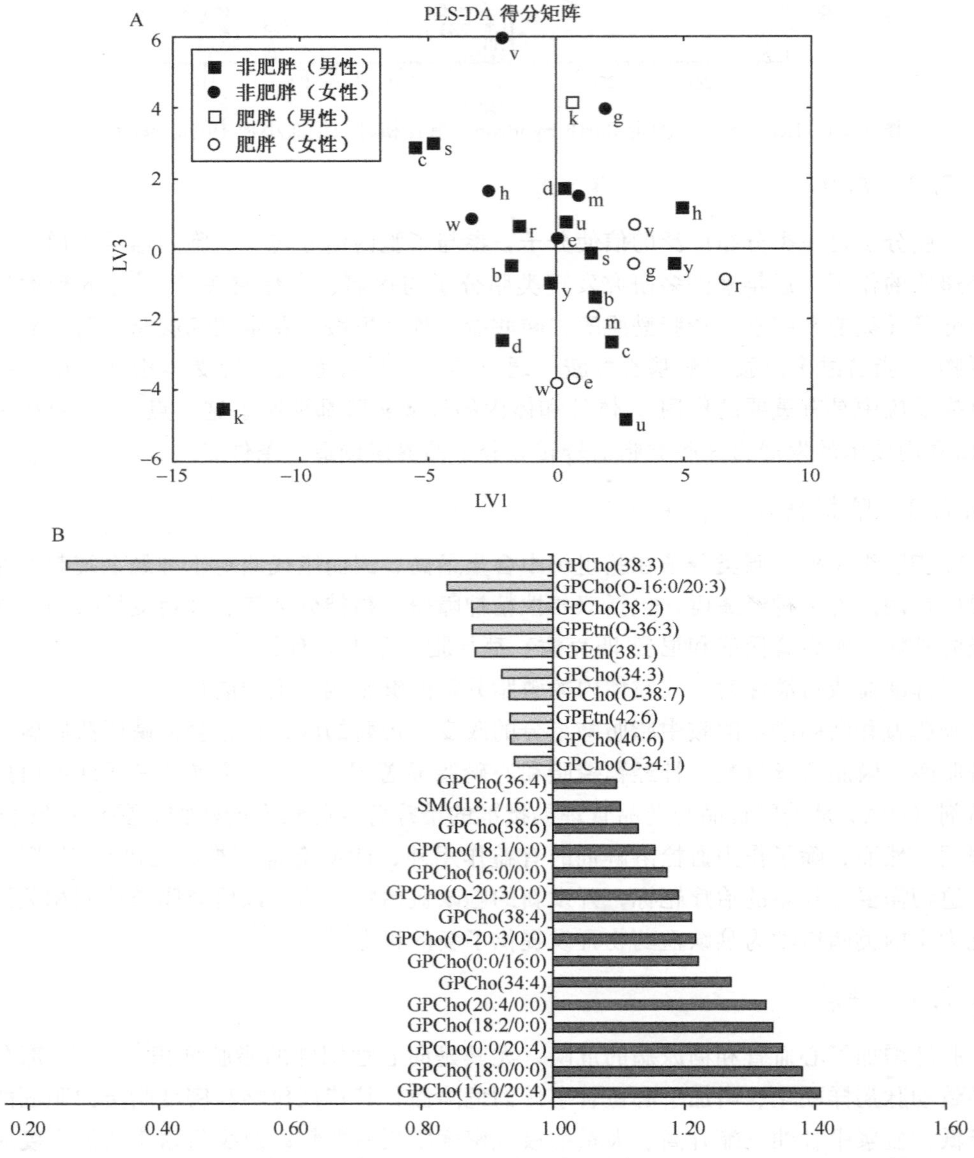

图 8-17　最小二乘判别分析法（PLS/DA）用于双胞胎非均匀性肥胖症类脂轮廓分析

A. PLS/DA 得分矩阵；B. PLS/DA 模型中 VIP 变量倍数的变化[154]

表 8-2 列出了类脂组学在其他疾病研究中的应用。

表 8-2 类脂组学在疾病研究中的应用

疾病	文献
阿尔海默氏病	[159～163]
癌症(包括卵巢癌)	[164～168]
糖尿病	[65,169,170]
神经元蜡样脂褐质沉积症(NCL)	[90]
鞘脂沉积症	[171,172]
高雪氏病	[173]
肾病	[174,175]

类脂分子的功能，包括细胞膜形成和代谢、能量储藏、类脂运输以及其他的许多生理功能都使得它们在药物开发中成为重要的评价指标[19]。作为信号转导分子前体的许多膜类脂分子正在成为癌症和呼吸疾病的药物靶标[155～158]。例如，神经酰胺升高与细胞凋亡有关，而鞘氨醇-1-磷酸能够促进细胞生长和迁移。在许多癌症疾病中鞘脂类的含量水平都会发生变化。因此，神经酰胺的合成和代谢成为新的和可能的癌症治疗靶标[176]。

在制药工业中，类脂靶标并不是新兴起来的。实际上，许多很成功的药物种类，包括降低胆固醇的制剂和环加氧酶抑制剂都是直接作用于有关类脂代谢酶。类脂功能的许多新模式在药物开发的不同阶段都有贡献，如监测细胞膜和组织中类脂分子的变化有助于评价药物毒性[177～180]。

8.5.8 类脂组学在功能研究中的应用

除了上述应用，类脂组学已经用于识别与植物生理有关的研究中[116]，包括识别在应激反应中的代谢途径、特定基因和酶的作用以及寻找与植物防御反应有关的脂代谢的酶[117,118]。磷脂酶 D 能够将磷脂水解成 PA，而 PA 在植物中含量尤其丰富。例如，利用 ESI 串联质谱的 pre 和 NL 扫描功能，Welti 等[181]测定了冷和冰冻（−8℃）环境中脂类分子的变化（图 8-18)。这些变化包括 PC、PE、PG 和 MGDG 的损失和 PA、lysoPC 和 lysoPE 的增加。PA 的增加以及 PC、PE 和 PG 的损失表明这 3 种磷脂被磷脂酶 D 水解了，而 lysoPC、lysoPE 的生成表明磷脂酶 A 被激活了。为了测定磷脂酶 Dα（因为磷脂酶 Dα 在植物中是一种常见的磷脂酶 D）在冰冻环境中在植物中的作用，他们还比较了磷脂酶 D 缺乏的拟南芥中脂类分子的变化。他们发现在冰冻环境中，PC 磷脂分子在野生型和磷脂酶 Dα 缺乏的植物中减少的程度有显著不同（45% ：22%)，而 PE 和 PG 在两者中的变化比较接近。同时，磷脂酶 Dα 缺乏的植物在冰冻过程中 PA 含量比野生植物中含量增加了 50%，从而证实了 PC 是磷脂酶 Dα 的主要活体底物，这种酶在 PA 的产生中具有关键的作用。

类脂代谢轮廓也有助于识别细胞生物工程中的基因和酶。Shan 和他的同事通过研究缺乏不饱和脂肪酸酶的突变等位基因所引起的植物叶子类脂代谢轮廓变化，识别出了两种抑制基因，阐明了类脂代谢在植物防御反应中的作用[182,183]。

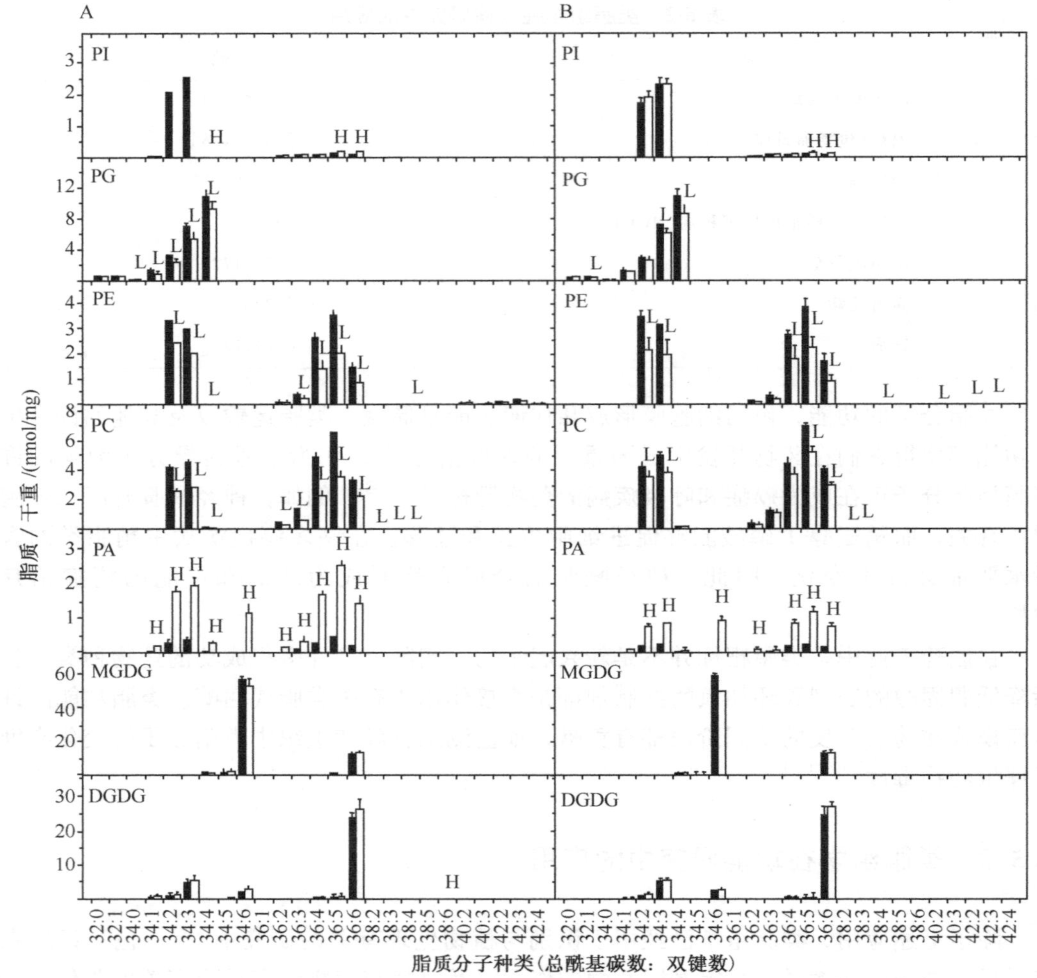

图 8-18　利用 ESI 串联质谱测定植物拟南芥在冰冻环境中的脂类分子变化[181]

8.5.9　类脂组学在药物滥用研究中的应用

国立药物滥用研究所（NIDA）进行动物和人的分子神经科学和行为研究始于 20 世纪 70 年代，主要是揭示脑在药物滥用中的作用。研究发现，脑内部的化学物质（脑啡肽）和外源性麻醉剂，如海洛因作用于脑的同样部位，调节着情绪和疼痛，从此也引发了药物滥用和脑功能的研究。滥用药物是一种可预防的行为，由于具有强迫性，药瘾是一种脑部疾病。中枢神经系统类脂组学有可能成为保健学和治疗学发展的关键领域。类脂组学在系统发现新的大脑信号转导分子和途径中扮演着重要角色。因此，NIDA 计划利用新发展起来的类脂组学来阐明滥用药物的作用机制，开发新的药物[184]。

最近有研究报道一些类脂分子的受体已被克隆，其中一些被证明是调节中枢神经系统功能的 G 蛋白偶联受体（GPCR）。令 NIDA 更感兴趣的是，这些受体有可能与调解药物滥用的神经功能有关。有关类脂信号转导分子一个重要的研究领域就是它们在调节免疫应答中的作用，尤其在药物诱导免疫抑制中的作用。脂筏和细胞膜小凹在细胞信号转导、病毒入侵和免疫调节中的作用日益受到人们的重视。因此了解脂筏的作用对于药物滥用研究人员显得尤为重要。此外，类脂信号分子在婴儿神经细胞发展、抑郁、应激、愉快、饮食调节和睡眠调节中的作用不仅是药物滥用研究人员，也是其他神经科学研究人员感兴趣的领域[26]。

8.5.10 与类脂组学相关的数据库[185]

类脂组学分析离不开各种代谢途径和生物化学数据库，几个有用的网站提供了类脂分子、类脂分析和类脂代谢的信息：

Cyberlipid（http://www.cyberlipid.org/）：除了包含类脂分子结构及其相关文献目录外，还包含了有关类脂分析方法的信息。

Kyoto Encyclopedia of Genes and Genomes（KEGG）（http://www.genome.jp/kegg/）：收集了基因、配体、生物系统的功能体系、途径，包含了很多与脂代谢相关的酶和配体途径。

Lipid Bank（http://lipidbank.jp/）：不仅包含了6000多种类脂分子相关的化学物理性质、生物活性信息、代谢、基因信息，还包含了结构式、色谱数据、紫外（UV）数据、红外（IR）数据、核磁共振（NMR）数据和质谱数据的图解数据。此外，还对类脂分子进行了分类，并提供了一些高级搜索工具。

Lipid Data Bank（LDB）（http://www.caffreylabs.ul.ie）：包含了LIPIDAT（类脂分子相关的热力学信息）、LIPIDAG（类脂分子的可混合性及其相关的约1600个相位图）和LMSD（包含约13 000个分子结构）数据库。

LIPID MAPS（http://www.lipidmaps.org/）：由美国国立卫生院（NIH）授予的协会建立。主要集中在类脂分子的代谢组，通过建立代谢系统研究类脂代谢物的全面的变化，即类脂组学研究。他们用12位数字代码对类脂分子进行了系统分类，体现了类脂分子的种类和亚种类。该网站包含：

（1）IPID MAPS结构数据库Structure Database（LMSD），目前包含了10 000多种类脂分子的化学结构。

（2）蛋白质组数据库（LMPD），包含了来自UniProt、EntrezGene、ENZYME、GeneOntology GO和KEGG注解的与类脂有关的蛋白质序列。

（3）多种搜索性能，绘制类脂分子结构的工具；质谱工具（质谱信息的运算法则，同位素模式的计算）。

Lipid Library（http://www.lipidlibrary.co.uk/）：由苏格兰作物研究所W. W. Christie创办，包含类脂分子分析（尤其是脂肪酸分析）的大量信息、最新的参考书目、数以百计的质谱数据、脂肪酸盐生物的^{13}C-NMR化学位移、分析方法的一些建议和类脂分子的生物化学和化学知识，并收集了一些有价值的与类脂分子有关的链接。

"Seed oil fatty acids"（SOFA）数据库（http://www.bagkf.de/sofa/）：德国营养和食品联合研究中心创办，主要收集了有关植物油及其类脂组成的信息。

小结

类脂研究得益于其他学科和领域的进展和成果。首先，基因和细胞生物学的发展揭示了类脂作用的分子机制。其次，类脂和类脂分子代谢物在许多疾病研究中具有重要作用。第三，新的分析技术（尤其是液质联用技术）的发展使得复杂生物样品中类脂的分析得到了快速发展。最后，类脂标准品合成技术、天然类脂提取技术以及类脂亲和探针等新技术的发展促进了活细胞内的类脂代谢研究和体外生化分析。类脂组学的发展能够为蛋白质和基因组学提供额外的数据信息，而蛋白质组学和基因组学的发展也进一步增强了我们对类脂功能的了解，扩大了类脂组学在微生物、分子生物学、医学，药物开发等其他领域研究中的应用。

参 考 文 献

[1] Alessenko A V, Burlakova E B. Bioelectrochemistry, 2002, 58: 13

[2] Ghosh S, Strum J C, Bell R M. FASEB J., 1997, 11: 45

[3] Spector A A, Yorek M A. J. Lipid. Res., 1985, 26: 1015

[4] Roberts II L J. Cell Mol. Life Sci., 2002, 59: 727

[5] Gross R W. Trends. Cardiovas. Med., 1992, 2: 115

[6] Zoeller R A, Morand O H, Raetz C R H. J. Biol. Chem., 1988, 263: 11590

[7] Murphy R C. Chem. Res. Toxicol., 2001, 14: 463

[8] Unger R H. Ann. Rev. Med., 2002, 53: 319

[9] Ma D W L, Seo J, Switzer K C, J. Nutri. Biochem., 2004, 15: 700

[10] Wilson J F. The Scientist, 2003, 17: 34

[11] Gross R W. Biochemistry, 1984, 23: 158

[12] Pak J H, Han X, Gross R W. Chem. Phys. Lipids, 1992, 61: 111

[13] Han X, Gross R W. Mass. Spec. Rev., 2005, 24: 367

[14] Rock C O, Jackowski S, Cronan Jr J E. In: Vance D E, Vance J, editors. The Netherlands: Elsevier, 1996, 35

[15] Cullis P R, Fenske D B, Hope M J. In: Vance D E, Vance J, editors. Biochemistry of lipids, lipoproteins and membranes. Amsterdam, The Netherlands: Elsevier, 1996, 1

[16] Han X, Holtzman D M, McKeel Jr D W, Kelley J, Morris J C. J Neurochem, 2002, 82: 809

[17] Merrill Jr A H, Sweeley C C. In: Vance D E, Vance J, editors. Biochemistry of lipids, lipoproteins and membranes. Amsterdam, The Netherlands: Elsevier, 1996, 309

[18] Han X, Gross R W. In: Aloia R C, Curtain C C, Gordon L M, editors. New York: Wiley-Liss, Inc., 1991a, 225

[19] Wenk M R. Nature reviews, 2005, 4: 594

[20] Duzgunes N, Straubinger R M, Baldwin P A, Friend D S, Papahadjopoulos D. Biochemistry, 1985, 24: 3091

[21] Chernomordik L, Kozlov M M, J Zimmerberg. J. Membr. Biol., 1995, 146: 1

[22] Feigenson G W, Buboltz J T. Biophys. J., 2001, 80: 2775

[23] Reynolds C P, Maurer B J, Kolesnick R N. Cancer Lett., 2004, 206: 169

[24] Takenawa T, Itoh T. Phosphoinositides, Biochim. Biophys. Acta, 2001, 1533: 190

[25] Hurley J H, Meyer T. Curr. Opin. Cell Biol., 2001, 13: 146

[26] Rapaka R S. Prostaglandins & other Lipid Mediators, 2005, 77: 219

[27] Hara A, Radin N S. Anal. Biochem., 1978, 90: 420
[28] Eder K, Reichlmayr-Lais A M, Kirchgeβner M. Clin. Chim. Acta., 1993, 219: 93
[29] Folch J, Lees M, Stanley G H S. J. Biol. Chem., 1957, 226: 497
[30] Rose H G, Oklander M. J. Lipid. Res., 1965, 6: 428
[31] Ladisch S, Gillard B. Anal. Biochem., 1985, 146: 220
[32] Kayganich K A, Murphy R C. Anal. Chem., 1992, 64: 2965
[33] Baker D L, Desiderio D M, Miller D D, Tolley B, Tigyi G J. Anal. Biochem., 2001, 292: 287
[34] Arvidson G A E. J. Lipid Res., 1965, 6: 574
[35] Tsai M Y, Shulta E K, Williams P P, Bendel R, Butler J, et al. Clin. Chem., 1987, 33: 1648
[36] Glass R L. J. Agric. Food Chem., 1990, 38: 1684
[37] Bonanno L M, Denizot B A, Tchoreloff P C, Puisieux F, Cardot P J. Anal. Chem., 1992, 64: 371
[38] Wand Y, Krull I S, Liu C, Orr J D. J. Chromatogr. B, 2003, 793: 3
[39] Moreau R A. In: T. Shibamoto (Ed.). Liquid Chromatographic Analysis, Marcel Dekker, New York: Wiley-Liss, Inc. 1994. 251
[40] Robinson J L, Macrae R. J. Chromatogr., 1984, 303: 386
[41] Lehmann W D, Kessler M. Biomed. Mass Spectrom., 1983, 10: 220
[42] Haroldsen P E, Murphy R C. Biomed. Environ. Mass Spectrom., 1987, 14: 573
[43] Lehmann W D, Kessler M. Chem. Phys. Lipids., 1983, 32: 123
[44] Fenn J B, Mann M, Meng C K, Wong S F, Whitehouse C M. Science, 1989, 246: 64
[45] Han X L, Gross R W. Proc. Natl. Acad. Sci. U. S. A., 1994, 91: 10635
[46] Saenz A J, Petersen C E, Valentine N B, Gantt S L, Jarman K H, Kingsley M T, Wahl K L. Rapid Commun. Mass Spectrom., 1999, 13: 1580
[47] Arnold R J, Reilly J P. Rapid Commun. Mass Spectrom., 1998, 12: 630
[48] Marto J A, White F M, Seldomridge S, Marshall A G. Anal. Chem., 1995, 67: 3979
[49] Mukherjee S, Maxfield F R. Traffic, 2000, 1: 203
[50] Kol M A, Kroon de A I, Killian J A, De K B. Biochemistry, 2004, 43: 2673
[51] Kolusheva S, Boyer L, Jelinek R A. Nature Biotechnol., 2000, 18: 225
[52] Balla T, Varnai P. Sci STKE, 2002: P L3
[53] Harrison K A, Clay K L, Murphy R C. J. Mass Spectrom., 1999, 34: 330
[54] Koivusalo M, Haimi P, Heikinheimo L, Kostiainen R, Somerharju P. J. Lipid Res., 2001, 42: 663
[55] Han X, Gubitosi-Klug R A, Collins B, Gross R W. Biochemistry, 1996, 35: 5822
[56] Lehmann W D, Koester M, Erben G, Keppler D. Anal. Biochem., 1997, 246: 102
[57] Bru¨gger B, Erben G, Sandhoff R, Wieland F T, Lehmann W D. Proc Natl Acad Sci USA, 1997, 94: 2339
[58] Welti R, Wang X, Williams T D. Anal. Biochem., 2003, 314: 149
[59] Blom T S, Koivusalo M, Kuismanen E, Kostiainen R, Somerharju P, Ikonen E. Biochemistry, 2001, 40: 14635
[60] Liebisch G, Drobnik W, Reil M, Trumbach B, Arnecke R, Olgemoller B, Roscher A, Schmitz G. J Lipid Res., 1999, 40: 1539
[61] Zacarias A, Bolanowski D, Bhatnagar A. Anal. Biochem., 2002, 308: 152
[62] DeLong C J, Baker P R S, Samuel M, Cui Z, Thomas M J. J. Lipid Res., 2001, 42: 1959
[63] Ekroos K, Shevchenko A. Rapid Commun. Mass Spectrom., 2002, 16: 1254
[64] Ekroos K, Chernushevich I V, Simons K, Shevchenko A. Anal. Chem., 2002, 74: 941
[65] Wang C, Kong H W, Guan Y, Yang J, Gu J, Yang S, Xu G. Anal. Chem., 2005, 77: 4108
[66] Han X, Gross R W. Proc. Natl. Acad. Sci. U. S. A., 1994, 91: 10635
[67] Han X, Yang J, Cheng H, Ye H, Gross R W. Anal. Biochem., 2004, 330: 317
[68] Ayorinde F O, Keith Q L, Wan L W. Rapid Commun Mass Spectrom., 1999, 13: 1762

[69] Cole M J, Enke C G. Anal. Chem., 1991, 63: 1032
[70] Smith P B W, Snyder A P, Harden C S. Anal. Chem., 1995, 67: 1824
[71] Hall L M, Murphy R C. Anal. Biochem., 1998, 258: 184
[72] Hager J W. Rapid Commun. Mass Spectrom., 2002, 16: 512
[73] Uran S, Larsen Å, Jacobsen P B, Skotland T. J. Chromatogr. B, 2001, 758: 265
[74] Kim H Y, Wang T C L, Ma Y C. Anal. Chem., 1994, 66: 3977
[75] Karlsson A Å, Michelsen P, Larsen Å. Odham G. Rapid Commun. Mass Spectrom., 1996, 10: 775
[76] Lesnefsky E J, Stoll M S, Minkler P E, Hoppel C L. Anal. Biochem., 2000, 285: 246
[77] Houjou T, Yamatani K, Imagawa M, Shimizu T, Taguchi R. Rapid Commun. Mass Spectrom., 2005, 19: 654
[78] Wang C, Xie S, Yang J, Yang Q, Xu G. Analytica Chimica Acta, 2004, 525: 1
[79] Wang C, Xie S, Yang J, Yang Q, Xu G. 色谱, 2004, 22, 316
[80] Ben L M, Van B. FEMS Microbiology Reviews, 2000, 24: 193
[81] Wilson J F. The Scientist, 2003, 17: 34
[82] Lagarde M, Geloen A, Record M, Vance D, Spener F. Biochim. Biophys. Acta, 2003, 1634: 61
[83] Gross R W. Biochemistry, 1984, 23: 158
[84] Gross R W. Biochemistry, 1985, 24: 1662
[85] Taguchi R, Nishijima M, Shimizu T. Methods Enzym, 2007, 432: 185
[86] Ishida M, Yamazaki T, Houjou T, Imagawa M, Harada A, Inoue K, Taguchi R. Rapid Commun. Mass Spectrom., 2004, 18, 2486
[87] Hsu F F, Turk J. J. Am. Soc. Mass Spectrom., 2000, 11: 986
[88] Hsu F F, Turk J. J. Am. Soc. Mass Spectrom., 2003, 14: 352
[89] Ramanadham S, Hsu F F, Bohrer A, Nowatzke W, Ma Z, Turk J. Biochemistry, 1998, 37: 4553
[90] Käkelä R, Somerharju P, Tyynelä J. J. Neurochem., 2003, 84: 1051
[91] Reis A, Domingues M R, Amado F M, Ferrer-Correia A J, Domingues P. Biomed. Chromatogr., 2005, 19: 129
[92] Merrill Jr A H, Sullards M C, Allegood J C, Kelly S, Wang E. Methods, 2005, 36, 207
[93] Taguchi R, Hayakawa J, Takeuchi Y, Ishida M. J. Mass Spectrom., 2003, 35, 953
[94] Fridriksson E K, Shipkova P A, Sheets E D, Holowka D, Baird B, McLafferty F A. Biochemistry, 1999, 38: 8056
[95] Ivanova P T, Cerda B A, Horn D M, Cohen J S, McLafferty F W, Brown H A. Proc. Natl. Acad. Sci. U. S. A., 2001, 98: 7152
[96] Ekroos K, Ejsing C S, Bahr U, Karas M, Simons K, Shevchenko A. J. Lipid Res., 2003, 44: 2181
[97] Houjou T, Yamatani K, Nakanishi H, Imagawa M, Shimizu T, Taguchi R. Rapid Commun. Mass Spectrom., 2004, 18, 3123
[98] Taguchi R, Houjou T, Nakanishi H, Yamazaki T, Ishida M, Imagawa M, Shimizu T. J. Chromatogr. B, 2005, 823: 26
[99] Han X, Gross R W. J. Lipid Res., 2003, 44: 1071
[100] Wang C, Yang J, Gao P, Lu X, Xu Guowang. Rapid Commun. Mass Spectrom., 2005, 19: 2443
[101] Rao A M, Hatcher J F, Dempsey R J. J Neurochem. 2000., 75: 2528
[102] Shaw N. in: Advances in Applied Microbiology, Academic Press: New York, 1974, 17 (Perlman, D., Ed.), 154
[103] Towner K J, Cockayne A. Chapman and Hall: London, 1993, 93
[104] Heller D N, Fenselau C, Cotter R J. Biochem. Biophys. Res. Commun., 1987, 142: 2806
[105] Heller D N, Cotter R J, Fenselau C, Uy O M. Anal. Chem., 1987, 59: 2806
[106] Smith P B W, Snyder A P, Harden C S. Anal. Chem., 1995, 67: 1824
[107] Fang J, Barcelona M J. J. Microbiol. Meth., 1998, 33: 23

[108] Black G E, Snyder A P, Heroux K S. J. Microbiol. Met., 1997, 28: 187
[109] Rütters H, Sass H, Cypionka H, Rullkötter J. J. Microbiological Methods, 2002, 48: 149
[110] Wang W, Liu Z, Ma L, Hao C, Liu S, Voinov V G, Kalinovskaya N I. Rapid Commun. Mass Spectroms. 1999, 13: 1189
[111] Muyzer G. Structure, Adv. Mol. Ecol., 1998, 77: 87
[112] White D C, Findlay R H. Hydrobiologia, 1988, 159: 119
[113] Pelz O, Chatzinotas A, Andersen N, Bernasconi S M, Hesse C. Arch Microbiol., 2001, 175: 270
[114] Abraham W R, Hesse C, Pelz O. Appl. Environ. Microbiol., 1998, 64: 4202
[115] Boschker H T S, Nold S C, Wellsbury P, Bos D, Graaf de W. Nature, 1998, 392: 801
[116] Pombo S A, Pelz O, Schroth M H, Zeyer J F. FEMS Microbiol Ecol., 2002, 41: 259
[117] White D C, Bobbie R J, King J D, Nickels J S, Amoe P. ASTM STP 673. Philadelphia, PA: American Society for Testing and Materials, 1979, 87
[118] Fang J, Barcelona M J, West C. In: Eganhouse RP, editor. Molecular markers in Environ geochemistry. Washington, DC: American Chemical Society, 1997, 65
[119] Fang J, Barcelona M J. J Microbiol Methods, 1998, 33: 23
[120] Macnaughton S J, Stephen J R, Venosa A D, Davis G A, Chang Y J. Appl. Environ. Microbiol., 1999, 65: 3566
[121] Rooney-Varga J N, Anderson R T, Fraga J L, Ringelberg D, Lovley D R. Appl. Environ. Microbiol, 1999, 65: 3056
[122] Fang J, Lovanh N, Pedro J J A. Water Research, 2004, 38: 2529
[123] Rüttersa H, Sass H, Cypionka H, Rullkötter J. Organic Geochemistry, 2002, 33: 803
[124] Wenk M R. FEBS Letters, 2006, 580: 5541
[125] Li Q, Zhang Q, Wang M, Zhao S, Xu G, Li J. Mol. Immunol., 2008, 45 (5): 1356
[126] Li Q, Tan L, Wang C, Shi Q, Li N, Li Y, Xu G, Li J. Eur. Journal Nutrition., 2006, 45 (3): 144
[127] Li Q, Tan L, Wang C, Shi Q, Li N, Li Y, Xu G, Li J. J. Lipid Res., 2005, 46: 1904
[128] 李秋荣，马健，谭力，王畅，李宁，李幼生，许国旺，黎介寿. 中国科学 C 辑生命科学，2005，35 (4)：373
[129] Stulnig T M, Huber J, Leitinger N, Imre E M, Angelisová P, Nowotny P, Waldhöusl W. J. Biol. Chem., 2001, 276: 37335
[130] Fan Y Y, McMurray D N, Ly L H, Chapkin R S. J. Nutr., 2003, 133: 1913
[131] Li Q, Zhang Q, Wang M, Zhao S, Ma J, Luo N, Li N, Li Y, Xu G, Li J. Biochimie, 2007, 8 (1): 169
[132] Li Q, Zhang Q, Wang M, Liu F, Zhao S, Ma J, Luo N, Li N, Li Y, Xu G, Li J. Archives of Biochemistry and Biophysics, 2007, 466: 250
[133] Pike L J, Han X, Chung K N, Gross R. Biochem., 2002, 41: 2075
[134] Cottingham K. Anal. Chem., 2004, 76: 403A
[135] Stein O, Stein Y. Atherosclerosis, 2005, 178: 217
[136] Tsironis L D, Katsouras C S, Lourida E S, Mitsios J, et al. Atherosclerosis, 2004, 177: 193
[137] Walter A, Korth U, Hilgert M, Hartmann J, Weichel O, et al. Neurobiology of Aging, 2004, 25: 1299
[138] Vreken P, Valianpour F, Nijtmans L G, Grivell L A, Plecko B, Wanders R J. Biochem. Biophys. Res. Commun., 2000, 279: 378
[139] Ostrander D B, Sparagna G C, Amoscato A A, McMillin J B, Dowhan W. J. Biol. Chem., 2001, 276: 38061
[140] Valianpour F, Wanders R J A, Barth P G, Overmars H, Gennip A H V. Clin. Chem., 2002, 48: 1390
[141] Walker J M, Krey J F, Chu C J, Huang S M. Chem. Phys. Lipids., 2002, 121: 159
[142] Huang S M, Bisogno T, Petros T J, et al. J. Biol. Chem., 2001, 276: 42639

[143] Malan Jr T P, Porreca F. Prostaglandins & other Lipid Mediators, 2005, 77: 123
[144] Walker J M, Krey J F, Chen J S, Vefring E, Jahnsen J A, Bradshaw H, Huang S M. Prostaglandins & other Lipid Mediators, 2005, 77: 35
[145] Han X, Yang J, Cheng H, Yang K, Abendschein D R, Gross R W. Biochemistry, 2005, 44: 16684
[146] Nakahara I, Kikuchi H, Taki W, et al. J. Neurochem., 1991, 57: 839
[147] Nakahara I., Kikuchi H, Taki W, et al. J. Neurosurg., 1992, 76: 244
[148] Siao C J, Fernandez S R, Tsirka S E. J. Neurosci., 2003, 23: 3234
[149] Adibhatla R M, Hatcher J F. Neurochem Res., 2005, 30: 15
[150] Adibhatla R M, Hatcher J F, Dempsey R J. The AAPS Journal, 2006, 8: E314
[151] Yusuf S, Hawken S, Ounpuu S, Dans T, Avezum A. Lancet, 2004, 364: 937
[152] Ohlson L O, Larsson B, Svardsudd K, Welin L, Eriksson H. Diabetes, 1985, 34: 1055
[153] Taskinen M R. Curr. Mol. Med., 2005 (5): 297
[154] Pietilainen K H, Sysi-Aho M, Rissanen A. PLoS ONE, 2007, 2: e218
[155] Finan P M, Thomas M J. Biochem. Soc. Trans., 2004, 32: 378
[156] Fruman D A. Biochem. Soc. Trans., 2004, 32: 315
[157] Schmid A C, Woscholski R. Biochem. Soc. Trans., 2004, 32: 348
[158] Wetzker R, Rommel C. Curr. Pharm. Des., 2004, 10: 1915
[159] Cheng H, Xu J, Mckeel D W J, Han X. Cell Mol. Biol., 2003, 49: 809
[160] Han X, Holtzman D M, McKeel D W J, Kelley J, Morris J C. J. Neurochem., 2002, 82: 809
[161] Han X, Cheng H, Fryer D J, Fagan A M, Holtzman D M. J. Biol. Chem., 2003a, 278: 8043
[162] Han X, Fagan A M, Cheng H, Morris J C, Xiong C, Holtzman D M. Ann. Neurol., 2003b, 54: 115
[163] Han X, Holtzman D M, McKeel D W J. J. Neurochem, 2001, 77: 1168
[164] Brachwitz H, Thomas Y, Bergmann J, Langen P, Berdel W E. Chem. Phys. Lipids, 1997, 87: 31
[165] Xie Y, Gibbs T C, Mukhin Y V, Meier K E. J. Biol. Chem., 2002, 277: 32516
[166] Xiao Y J, Chen Y, Kennedy A W, Belinson J, Xu Y. N Y Acad. Sci., 2000, 905: 242
[167] Xiao Y J, Schwartz B, Washington M, Kennedy A, Webster K. Anal. Biochem., 2001, 290: 302
[168] Yoon H R, Kim H, Cho S H. J. Chromaotogr. B, 2003, 788: 85
[169] Han X, Abendschein A R, Kelley J G, Gross R W. Biochem. J., 2000, 352: 79
[170] Hsu F F, Bohrer A, Wohltmann M, Ramanadham S, Ma Z. Lipids, 2000, 35: 839
[171] Fujiwaki T, Yamaguchi S, Sukegawa K, Taketomi T. J. Chromatogr. B, 1999, 731: 45
[172] Fujiwaki T, Yamaguchi S, Sukegawa K, Taketomi T. Brain and Development, 2002, 24: 170
[173] Fujiwaki T, Yamaguchi S, Tasaka M, Sakura N, Taketomi T. J. Chromatogr. B, 2002, 776: 115
[174] J L, Wang C, Zhao S, Lu X, Xu G. J. Chromatogr. B, 2007, 860 (1): 134
[175] J L, Wang C, Kong H, Cai Z, Xu G. Metabolomics, 2006, 2 (2): 95
[176] Reynolds C P, Maurer B J, Kolesnick R N. Cancer Lett., 2004, 206: 169
[177] Watkins S M, Reifsnyder P R, Pan H J, German J B, Leiter E H. J. Lipid Res., 2002, 43: 1809
[178] Robertson D G. Toxicol. Sci., 2005, 85: 809
[179] J L, Wang C, Kong H, Yang J, Li F, Lv S, Xu G. J. Pharm. Bioanal., 2007, 4 (2): 646
[180] Li Q, Zhang Q, Wang M, Zhao S, Ma J, Luo N, Li N, Li Y, Xu G, Li J. 2008, 126 (1): 67
[181] Welti R, Li W, Li M, Sang Y, Biesiada H, Zhou H E, Rajashekar C B, Williams T D, Wang X. J. Biol. Chem., 2002, 277: 31994
[182] Nandi A, Krothanpalli K, Buseman C M, Li M, Welti R, Enyedi A. Plant Cell, 2003, 15: 2383
[183] Nandi A, Welti R, Shah J. Plant Cell, 2004, 16: 465
[184] Rapaka R S. Life Sciences, 2005, 77: 1519
[185] Meer G, Leeflang B R, Liebisch G, Schmitz G, Goni F M. Methods Enzym., 2007, 432: 213

第 9 章　代谢组学在疾病分型和标志物发现研究中的应用

代谢组学的一个重要的应用领域是疾病的分型和标志物的发现研究。与其他组学相比，代谢组学由于与表型更为接近，因此更适于疾病分型和标志物发现的研究。本章主要介绍代谢组学在心血管疾病、肝脏疾病、恶性肿瘤研究中的应用，并对代谢组学在其他疾病的应用做简单的汇总。对癌症和糖尿病的研究将在后续的相关章节（第 10、11 章）中做详细的介绍。

9.1　引言

研究表明，大约有 200 种遗传性代谢紊乱与单个酶的缺陷有关[1]。这些遗传性疾病大都是由于蛋白质表达的异常导致酶活性的降低和缺失。如果这个有缺陷的酶在底物 A 的主要分解代谢途径中起着关键作用的话，该底物的代谢速率会显著降低，结果是底物 A 由于代谢受阻在生物体内郁积，而其代谢产物 B 缺乏。生物体为了趋于平衡，郁积的底物 A 将通过另外的非主要的替代（alternative）代谢途径进行分解代谢，生成代谢产物 C。而往往这些途径的产物 C 浓度过高时，对生物机体会产生毒性，对细胞有损害，影响细胞的功能或抑制其他的代谢途径。另一方面，与主要代谢途径相比，替代代谢途径的转化效率较低，因此在代谢异常时，底物 A 经常郁积。同样，高浓度的 A 也可能是有毒的。而代谢异常导致的 B 产物缺乏，通常也会对其参与的合成和代谢过程产生不利的影响[2]。

代谢异常导致的医学后果包括器官功能障碍、组织损伤、发育缓慢、反应迟钝、生理缺陷、神经紊乱、心血管疾病等[1,2]。这些异常的内源性代谢物的鉴定和定量测定对于识别和确诊内源性代谢产物的代谢紊乱有着极其重要的作用。虽然现阶段还不能治愈遗传性的代谢疾病，但很多情况下，可以通过改变饮食和补充维生素来预防严重的后果。如目前新生儿的早期筛查使我们可以在疾病的发作伊始，进行药物和饮食的干预治疗，从而更有效地控制疾病。

这些酶系统中的小分子底物和产物（分子质量小于 1000Da）与疾病有着很强的联系（它们是由缺陷基因表达的异常酶的底物和产物），对它们的分析对疾病的诊断有相当大的帮助。而对于较大分子质量的蛋白质来说，由于蛋白质往往承担着执行功能的角色，如血红蛋白执行将氧气运送到各个组织中去的功能，因此对这些蛋白质的分析也经常与疾病的检测相关，常常被作为是疾病的标志物，如血红蛋白 S 与镰状细胞贫血。类似于功能蛋白质（如血红蛋白）的分析，代谢产物的检测在代谢疾病的诊断中也起着较大的作用。

如图 9-1 所示，异常的基因不一定产生功能异常的蛋白质（在图 9-1 中，对应着从异常列到正常列的虚线）；类似地，异常蛋白质不一定会对代谢产物造成不利的影响。诱因和这些异常的蛋白质或代谢产物的相关程度决定了由诱因预测疾病的发生的准确率。一般来说，单个基因标志物不能反映产生一个特定疾病的所有突变情况，而且一些随机发生的基因突变往往检测不到。因此，目前的分子生物学诊断方法的假阴性很高。另一方面，基因片段的很多突变（良性的多态性）[1] 如果没有得到表达，不会产生不良的医学后果，这意味着使用基于基因的分子生物学方法容易导致较高的假阳性。

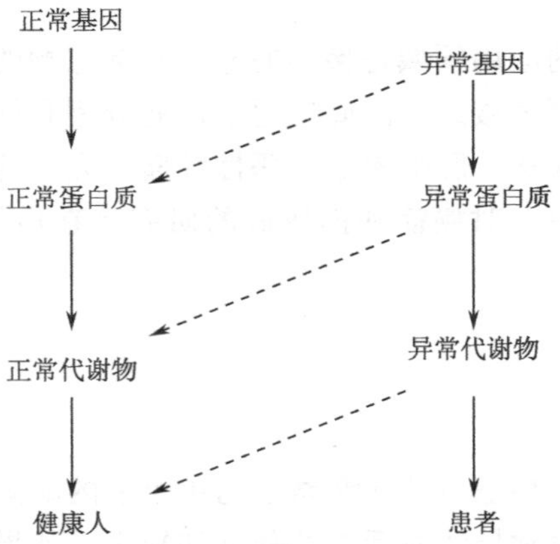

图 9-1　遗传疾病中基因型与表型之间的关系示意图

对代谢产物进行全面的测定，不仅仅可以用于疾病的诊断（即利用代谢物的标志物实现对疾病的诊断），而且可以对疾病从发病到疾病的加重过程进行整个过程的监测，分辨出疾病的严重程度，从而可在疾病的发病之前和之初，进行及时的预防和治疗。研究表明，大多数疾病的发病与酶活性的降低或失效（遗传、毒物）、不合适的底物比例（营养）或错误的代谢调节（遗传、营养、生活方式等）有关。所有这些因素的影响都归结于正常的代谢受到破坏。因此，通过对代谢产物的定量分析（即代谢组学的分析），不但能观察到代谢的变化，也能通过对特定代谢途径（生化代谢途径也是一个世纪以来生命科学研究的焦点）的分析，解析出疾病的机制。而一旦找到疾病的病因后，就可以针对不同的原因进行干预和治疗：如果代谢的紊乱是由底物的不平衡（营养不均衡）导致的，理所当然地将选择均衡营养进行治疗；如果发现是酶的活性发生了变化，那么就应当针对合适的靶点（或症状）用药。以胆固醇为例，胆固醇的含量被认为是检测心血管疾病患病风险的一个重要的指标，但胆固醇的浓度大小并不能反映出导致胆固醇积累的原因，这样也就不能给出合适的治疗方案。一般来说，血清中胆固醇升高主要有以下几个原因：①肠对胆固醇的吸收过度；②内源性的胆固醇生物合成过于旺盛；③胆固醇向胆汁酸的转化过缓。仅仅测量血中的总胆固醇含量并不能分辨出是哪种原因，但如果将检测的对象扩大为对固醇类化合物及其代谢产物的分析，那就可以得到需要的信息了。那些对胆固醇过度吸收的患者过度吸收胆固醇的同时，对植物中甾醇类化合物也过度吸收，在这些患者的血浆中植物甾醇类化合物的浓度也较高，由此可以认为这类患者是由于肠对胆固醇的过度吸收所致的，治疗时应针对胆固醇的肠吸收靶点用药。而对于那些肝脏和体内胆固醇合成旺盛的患者而言，其血浆中的甲羟戊酸的含量可以直接反映固醇类化合物的体内合成速率，因此治疗时应施与胆固醇生物合成的抑制剂。最后，对于那些由于胆固醇向胆汁酸转化不充分的患者，可以通过直接检测转化的反应产物 7-α-羟-4-胆甾烯-3-酮的含量而知。

针对在临床领域的这两个目标（诊断和机制研究），相应的代谢组学的研究方法略有不同。在进行诊断上，往往采用对已知标志物的靶标分析（target analysis），或是采用指纹分析（fingerprint analysis）的方法实现对疾病的诊断。在针对机制的研究中，往往采用代谢轮廓分析（metabolic profiling）和代谢组学（metabonomics 或 metabolomics）的分析来分析尽可能多的代谢产物，利用数据挖掘工具找出有重要意义的代谢产物，寻找新的标志物和更透彻地了解疾病的发生过程，并用于准确的诊断、治疗及其预后判断中。

在进行代谢轮廓分析和代谢组学的分析时，我们旨在分析生物样品中的所有代谢产物的全部或部分，并得到定量信息。正如在前面的章节中提到的那样，由于代谢组学研究对象的性质复杂，目前还没有能够完全满足代谢组学分析要求的技术。在当前的研究中，主要存在两种分析的策略：一种是“自上而下”（top down）的策略，利用代谢产物普遍具有的性质实现代谢组学分析，如 NMR 可以对有活性氢或碳元素的代谢产物进行分析；另一种是“自下而上”（bottom up）的策略，将代谢产物分成不同的种类，根据这些不同的种类分别使用合适的分析方法进行测定，最后整合成完整的数据库，在这种方法中，广泛采用质谱和色谱联用技术。

比较而言，自上而下的策略的通量较高，检测时预处理较少，对样品的原始信息保留较多，而问题在于，由于缺乏分离手段，很多低浓度的代谢产物往往检测不到，得到的结果常常难以进行准确的定性定量，从而在对结果的解析上存在一定的困难，而且目前 NMR 的谱图由于缺乏较好的数据库，也增加了结果解析的难度。而自下而上的策略，能够检测较多的化合物，色谱与质谱的联用可以提供结构信息，为结果的解析提供了一定的便利，由于分析方法有着很强的针对性，得到的代谢产物的定性定量结果较为准确，但问题主要在于其分析的通量较低，不适合于大规模的筛选。

9.2 代谢组学用于心血管疾病严重程度的诊断

心血管疾病是发达国家中发病率和死亡率最高的一种疾病，随着我国人民生活水平的提高，该病的发病率也随之提高了。近三十年的流行病学研究表明，这种疾病与很多环境和生化因素有关，例如，吸烟者比不吸烟的患心血管疾病的风险高 1 倍；血液中富含甘油酯的脂蛋白（主要是极低密度脂蛋白和低密度脂蛋白）中的胆固醇水平与心血管疾病的发病风险呈正相关，而高密度脂蛋白中的胆固醇水平与之负相关。这些流行病学的研究结果支持了公共健康政策和指导人们的生活方式，如在公共场合禁止吸烟、减少高胆固醇食物的摄入等；提供了导致动脉硬化和其他心血管疾病发病机制的重要分子生物学线索。而且，目前已经有综合致病风险因素（年龄、性别、脂蛋白水平、血压等）的方法用于鉴别心血管疾病发病的高危人群。但是，这些方法还很难有效地用于患者心血管疾病的诊断中。

英国帝国理工学院的 Jeremy K. Nicholson 教授等使用基于 NMR 技术的代谢组学方法对传统医学方法确诊的心血管患者的血清（或血浆）进行了分析，对该方法和传统的风险因子的诊断效果进行了比较[3]。该研究比较了 36 例严重的心血管疾病（triple vessel disease，TVD）患者和 30 例经血管造影确认冠状动脉正常的患者（normal coronary artery，NCA）的血清的 NMR 结果（图 9-2A，B）。从原始谱图中看不到明显的

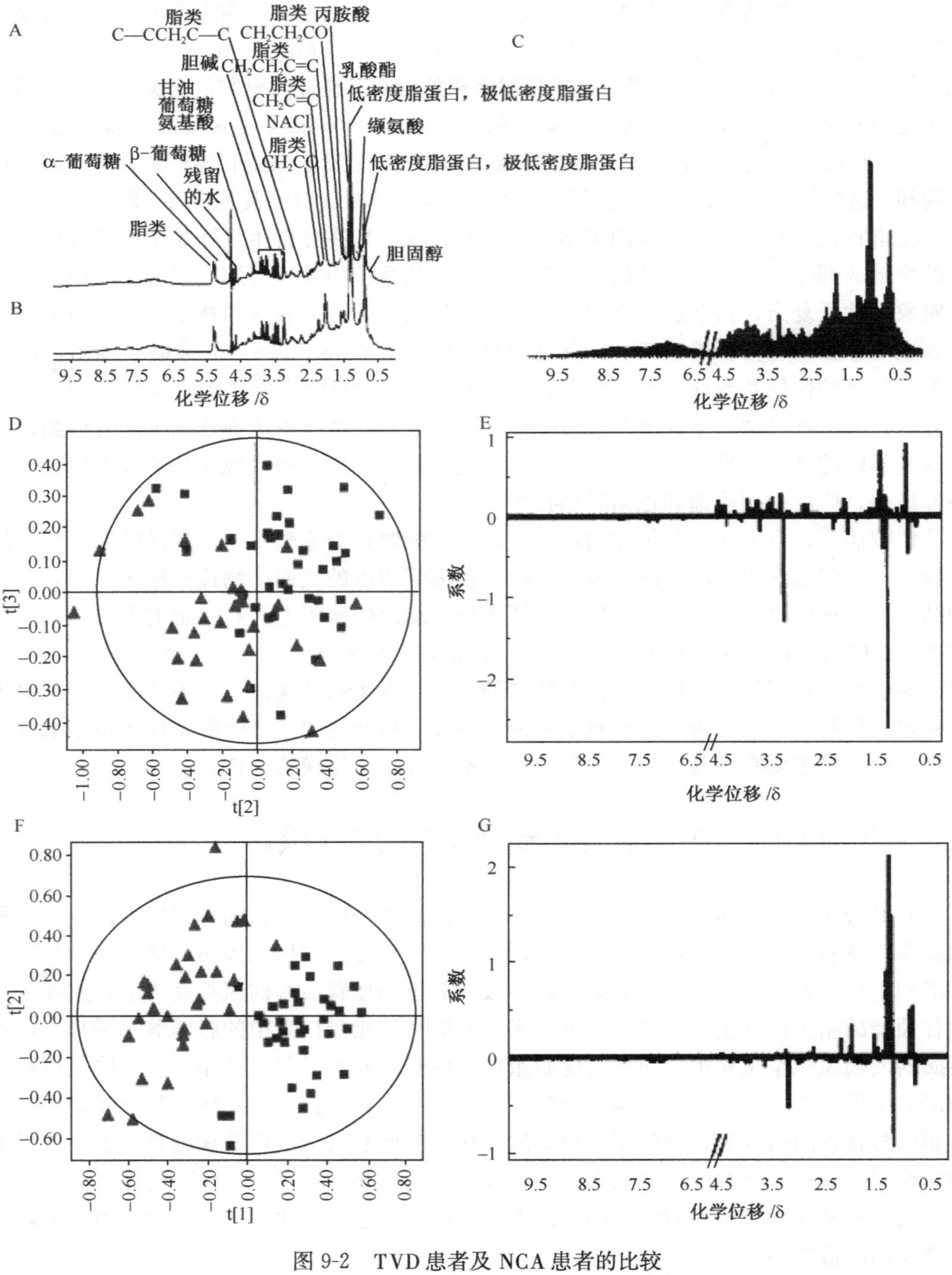

图 9-2　TVD 患者及 NCA 患者的比较

A. NCA 患者和 B. TVD 患者血清的典型 600MHz ^{1}H-NMR 谱图；C. TVD 患者血清典型谱图的数据消减后谱图，d4.5～d6 部分被消减来避免由水的信号导致的信号抑制；D. PLS-DA 得分图显示 NCA（▲）和 TVD（■）能够得到较好的区分。主要的区分来自于 t2 和 t3；E. 图 D 对应的回归系数图。正值意味着 TVD 样本比 NCA 样本高，负值意味着 TVD 样本比 NCA 样本低；F. 使用 OSC 去除噪音后的 PLS-DA 图，主要的区分来自于 t1 和 t2。G. 对应于图 F 的回归系数图差别。因此该研究应用化学计量学的方法对两组数据进行了比较。首先，为了减少NMR数据的复杂性和便于比较，将谱图自动地分成245个小的片段，分别对应着0.04×10^{-6}的数据值（图9-2C），这样数据就可以表示为一个66（样本，对应着分析对象的数目）×245（变量，对应样本在NMR谱图不同片段上的响应）的矩阵。然后，对这些数据进行主成分分析（principal components analysis，PCA）和偏最小二乘判别分析（partial least squares-discriminant analysis，PLS-DA）。PLS-DA的第二及第三个主成分的得分图结果（图9-2D）显示，虽然两类样本有少量的重叠，但是可以明显地看到聚类。相应的变量相关系数（coefficient）（图9-2E）给出了两类样品的NMR谱图的不同轮廓。图中横坐标对应245个宽度为0.04的化学位移的区间。其中，正值代表在该化学位移区间，TVD样本中对应的代谢物浓度有着较大的值；负值表示在该区间，与NCA样本相比，TVD中的代谢物浓度较低。相关系数（或loading plot）的结果表明，对TVD样品起重要作用的代谢物主要分布于δ0.86（主要由脂类特别是LDL和VLDL中的脂肪酸链中的CH_3基团产生）、δ1.3和δ1.4［主要由脂类特别是LDL和VLDL中的脂肪酸链中的$(CH_2)_n$基团产生］。而对NCA样品影响较大的变量则是δ1.22［主要由脂类特别是HDL中的脂肪酸链中的$(CH_2)_n$基团产生］和δ3.22［主要由胆碱-$N(CH_3)_3^+$产生］。其中胆碱为大部分来源于脂蛋白（主要是HDL）中的磷酸胆碱中的胆碱片段。

为了提高分类的效果，研究者采用了正交信号校正技术（orthogonal signal correction，OSC）来提高模式识别的效果和模型的预测能力。应用OSC后，TVD和NCA样本能在PLS-DA的得分图中得到良好的区分（图9-2F）。而回归得到的相关系数（图9-2G）的结果则与使用OSC前的结果相同。

之后，随机选择其中的80%的样本作为训练集用以建立PLS-DA的模型，剩下的20%的样本作为测试集用该模型进行预测，来评价模型的可信度和稳定性。该模型的相关系数结果与上述结果相一致，脂类（主要是VLDL、LDL和HDL）及胆碱对该模型有着重要的作用。使用该模型对冠状动脉性心脏病（coronary heart disease，CHD）进行了预测，灵敏度为92%，特异性为93%（图9-3）。图9-3中的y轴“1”表示TVD，“0”表示NCA，以0.5为分界点。

为了进一步发挥代谢组学的威力，研究者们进行了区分疾病的严重程度的研究。他们分别收集了一支（轻微患者，28例）、两支（中度患者，20例）、三支（重度患者，28例）冠状动脉狭窄的血清样本。对这76个样品按照上文中的方法进行分析，结果（图9-4）表明使用该方法可以区分该疾病的严重程度，而影响分类的主要因素仍为上文提及的代谢物。为了更好地说明问题，图9-4同时给出了三种不同严重程度的病历两两比较的结果。结果表明基于患者血清的代谢组学研究能够区分冠心病的严重程度。

研究者同时也对传统的风险因子的结果进行了相似的处理，包括年龄、血压、LDL和HDL胆固醇、总胆固醇、总甘油脂、纤维蛋白原、血浆纤溶酶原激活物抑制剂（plasminogen activation inhibitor，PAI-1）、白细胞数、肌酐和吸烟史。对不同严重程度组进行ANOVA分析，均无显著性差异。对其进行PLS-DA处理，也未能提取出具有统计学显著性的主成分。

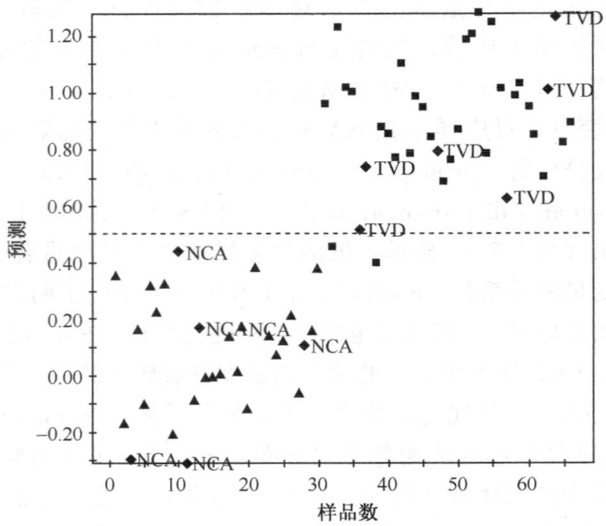

图 9-3　使用 PLS-DA 模型对疾病的预测图（▲）NCA（■）TVD

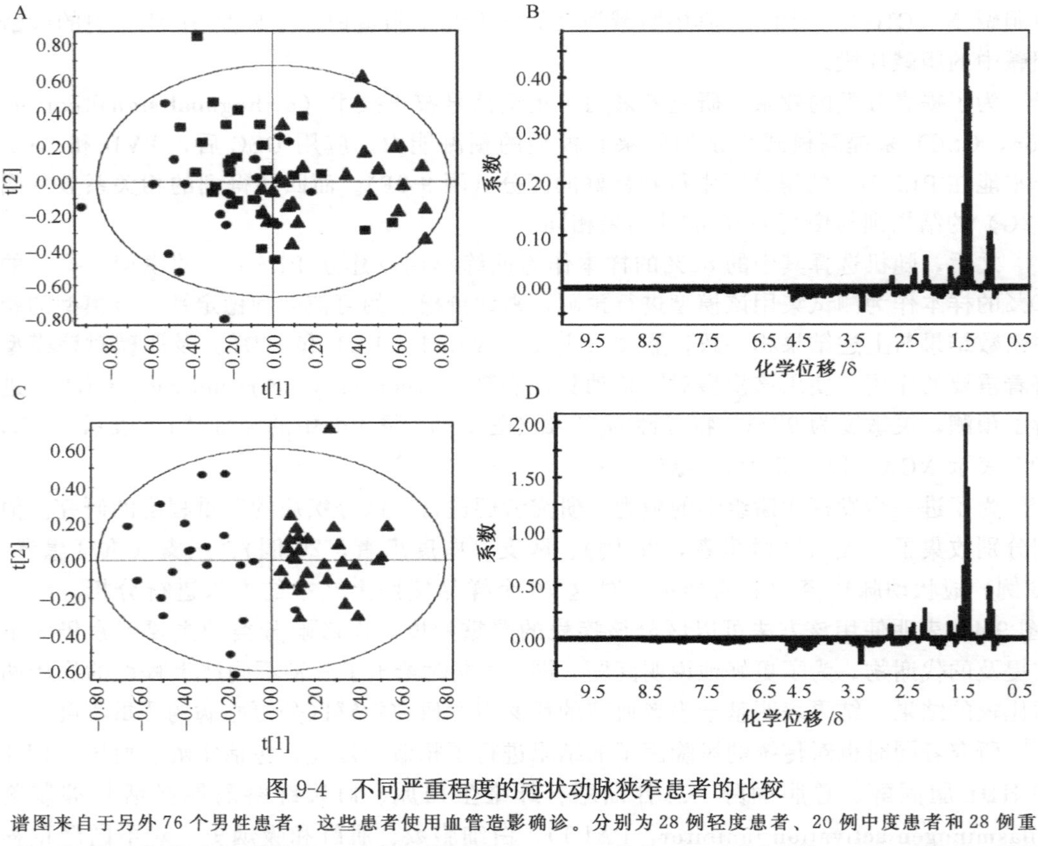

图 9-4　不同严重程度的冠状动脉狭窄患者的比较

谱图来自于另外 76 个男性患者，这些患者使用血管造影确诊。分别为 28 例轻度患者、20 例中度患者和 28 例重度患者。然后使用与图 9-2 相同的 OSC 变换对数据进行 PLS-DA 处理。A. 全部分组的 PLS-DA 的比较，轻度（▲）、中度（●）、重度（■）。在第一维上轻度患者能与其他分开；B. 对应于 A 图的回归系数图；C、D. 轻度患者与中度患者的对比；E、F. 中度患者与重度患者的对比；G、H. 轻度患者与重度患者的对比

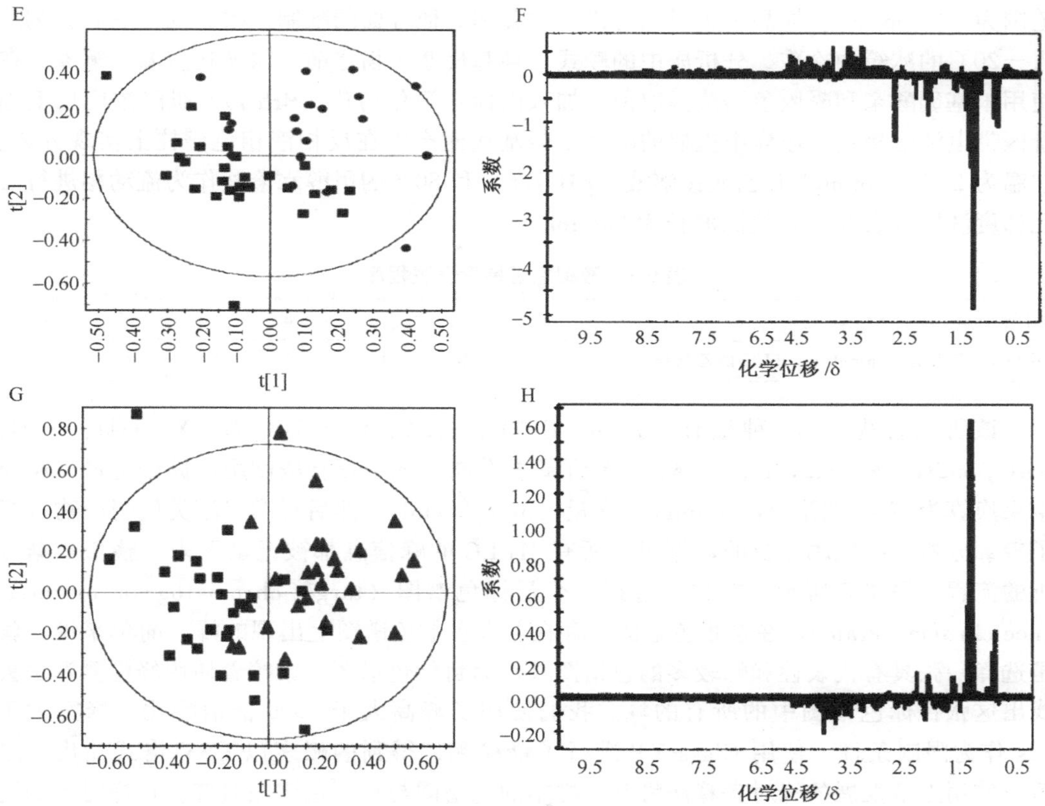

图 9-4　不同严重程度的冠状动脉狭窄患者的比较（续）

9.3　基于修饰核苷的代谢组学用于肝脏疾病的研究

修饰核苷是细胞增生时 RNA 代谢产物，从尿液中排出，恶性肿瘤均有细胞异常增生。因此不同类型恶性肿瘤患者尿中均可能出现修饰核苷含量的增高。如能证实这一推测，理论上讲，尿中修饰核苷就能成为一种普适性肿瘤标志物。这一标志物如能用于肿瘤临床检验，恰可弥补蛋白质与基因肿瘤标志物检测谱系过窄、诊断敏感性较低的缺陷。研究表明，癌症患者尿中修饰核苷的含量明显高于正常人。另有一些报道表明修饰核苷可用于监控癌症的进展和治疗效果。前期研究表明使用化学计量学的方法建立的核苷靶标分析方法可以实现对恶性肿瘤的高灵敏度检测，并可用于监控癌症的进展和治疗效果[4]。然而有些良性疾病，特别是炎症在该方法中呈阳性，阻碍了该方法的应用。许国旺研究组构建了尿样中顺二醇类代谢产物的代谢轮廓分析方法，并将其应用于肝脏疾病的诊断上，成功地区分了肝癌患者及其他肝脏疾病患者。将假阳性结果降到 7.4%，并给出了潜在的生物标志物[5]。

该研究从 50 例正常人、125 例肝脏疾病患者（27 例肝硬化患者、30 例急性肝炎患者、20 例慢性肝炎患者和 48 例肝癌患者）中收集随机尿样，年龄为 50.6±16.2（年龄范围为 20～58 岁）。样品采集时没有进行饮食和其他方面的限制。收集到样品后立刻放入－20℃的冰箱中冷冻。分析尿中的顺式二羟基代谢产物之前，尿样在室温下解冻。在使用苯基硼酸亲和凝胶色谱法提取前，加入内标 8-溴化鸟苷（Br8G）。肌酐浓度用毛细管区带电泳法测定。尿样中提取的顺式二羟基代谢产物在反相液相色谱柱上实现分离。柱温为 23℃，5mmol/L 乙酸铵溶液（pH 4.5）和 60％的甲醇水溶液作为流动相进行二元梯度洗脱（表 9-1），检测波长为 254nm。

表 9-1　液相色谱梯度洗脱程序

时间/min	0	5	20	35	50	55	70
甲醇％(其余为 5 mmol/L pH4.5 的乙酸铵	0	0	15	60	60	0	0

该研究首先对 15 种核苷（Pseu、C、U、m1A、I、m5U、G、X、m1I、m1G、ac4C、m2G、A、m2,2G、m6A）进行了靶标分析。尿中核苷浓度用内标法定量，所得结果换算为核苷/肌酐（creatinine）含量（nmol/μmol）。然后对顺二醇类代谢产物进行了轮廓分析，在轮廓分析的数据里，所有 HPLC 的峰信息都被记录下来。整个数据分析的流程如图 3-5 所示。首先，选择一个目标色谱图（target chromatogram or reference chromatogram），在这张色谱图上存在着大多数色谱图上出现的峰，简单来说，就是选择一张具有代表性和峰较多的色谱图来作为目标色谱图。紧接着使用峰检测算法去找出这张目标色谱图中的所有的峰。我们使用了峰高大于 1000 倍信噪比、峰宽大于 12s 作为限制条件，使用 Class-VP 进行了峰检测。得到的峰表以 CSV 格式输出。之后，使用上节发展的峰对齐算法将其他样本的色谱图与目标色谱图对齐，在峰对齐的过程中，使用了 6 个参考峰，分别试验了 k 和 $\log k$ 两种保留值的表达方式。经过峰对齐后，得到了 125×113 的矩阵，对应着 125 个样本，113 个顺二醇类代谢物的峰面积。然后使用这些样本对应的内标峰 Br8G 的峰面积对其进行校正，并除以相应的肌酐浓度。由于使用了肌酐校正，随机尿中的顺二醇类代谢物的浓度将与 24h 尿样中的浓度相似，减小了样本由于采样差异引起的系统偏差。许多在目标色谱图中检测到的峰在样品色谱图中并未出现。这主要是由于这些峰的高度低于所设的阈值——1000 倍的信噪比，这并不意味着这些化合物的浓度为 0，其真实的峰面积应该是介于 0 和阈值间的某个值。对于这样的峰面积，赋值为 1×10^{-6}。

需要指出的是，使用目标色谱图的优点在于生成的数据具有相同的变量数，是一个简单的二维矩阵，适合于很多的统计分析和模式识别方法。

9.3.1　代谢物的靶标分析

代谢物的靶标分析主要关注少数已知的生物标志物。该研究根据其生物学重要性和标样是否能购买到选择了 15 种核苷：假尿苷（pseudouridine，Pseu）、胞苷（cytidine，C）、尿苷（uridine，U）、1-甲基腺苷（1-methyladenosine，m1A）、次黄苷（inosine，I）、5-甲基尿苷（5-methyluridine，m5U）、鸟苷（guanosine，G）、黄苷（xanthosine，X）、1-甲基次黄苷（1-methylinosine，m1I）、1-甲基鸟苷（1-methylguanosine，m1G）、氮 4-乙酰基胞苷（N_4-acetylcytidine，ac4C）、2-甲基鸟苷（2-methylguanosine，m2G）、

腺苷（odenine，A）、2，2-二甲基鸟苷（dimethylguanosine，m2,2G）和6-甲基腺苷（6-methyladenosine，m6A）。

对健康对照组和肝癌患者的 t 检验数据表明，所有15种核苷的浓度均有显著性差别（C，$P<0.05$；其他核苷，$P<0.01$）。之后，对15种核苷的数据进行主成分分析，肝癌患者的阳性检出率为81.25%（表9-2），同时研究者也收集了这些患者的常规指标（如AFP，肝癌的常规标志物），AFP的阳性检出率仅为73%，说明使用15种核苷的代谢物靶标分析的检出率高于常规指标。

表9-2　使用传统标志物和15种核苷的代谢物的靶标分析方法，肝癌患者的阳性诊断率

基于15种核苷的PCA分析	AFP/(ng/ml)		CEA	CA199	CA125
	>20	>200			
39/48	34/46	27/46	2/33	10/26	13/25
81.25%	73.9%	58.7%	6.1%	38.5%	52.0%

但是，作为癌症临床诊断指标的另外一个要求是，其他良性疾病的假阳性干扰小。为了得到该方法的假阳性率，对急性肝炎患者、慢性肝炎患者、肝硬化患者的尿样中这15种核苷进行了分析。图9-5A给出了各类患者15种核苷的平均浓度，7种核苷（Pseu、C、U、X、m1G、ac4C、m2G）的平均浓度随着疾病的严重程度而增高，急性肝炎患者的平均浓度最小，慢性肝炎患者的平均浓度略高，肝硬化患者的平均浓度更高，癌症患者的平均浓度最高。这与期望的结果类似。

但作为诊断的生物标志物，需要考虑总体样本的分布。类似地，对肝硬化和肝癌患者的15种核苷数据做主成分分析。由于主成分分析是将高维的数据投影到低维（二维）的平面上，其二维显示可以反映样本在高维空间的分布。图9-5B给出了肝硬化和肝癌患者的二维分布。从图9-5中可以看出，使用15种核苷的数据仍不足以提供足够的信息来区分肝癌和肝硬化。换言之，15种核苷的代谢物的靶标分析不能解决肝硬化患者的假阳性。

9.3.2　顺二醇类代谢物的轮廓分析

为了减少假阳性结果，使用代谢轮廓分析对这些样本的谱图进行了分析，期望能从原始谱图中得到尽可能多的信息。

图9-6A给出了肝病患者进行顺二醇类代谢轮廓分析的主成分分析的得分图。从图9-6中可以看出，肝炎和肝硬化患者聚集在一起，而肝癌患者分布在另一个区域；有一些癌症患者落在了肝炎和肝硬化区域，几个肝硬化患者落在了肝癌的区域。这可能与肝癌患者有肝炎和肝硬化的部分症状，而肝炎和肝硬化患者很少有像肝癌患者那样高表达的RNA转录有关。另外，有些肝硬化患者有转化为肝癌的趋势，也可以部分解释这个区域出现的重叠现象。

一般认为，如果AFP浓度大于20ng/ml是肝癌的提示，也有使用200ng/ml的标准。如果以20ng/ml为标准，以上数据中50%（13/26）的肝硬化患者和52.2%（12/23）的慢性肝炎患者将被诊断为肝癌。如果使用200ng/ml为诊断标准，有11.5%（3/26）的肝硬化患者和17.4%（4/23）的慢性肝炎患者被诊断为肝癌。而图9-6A显示只

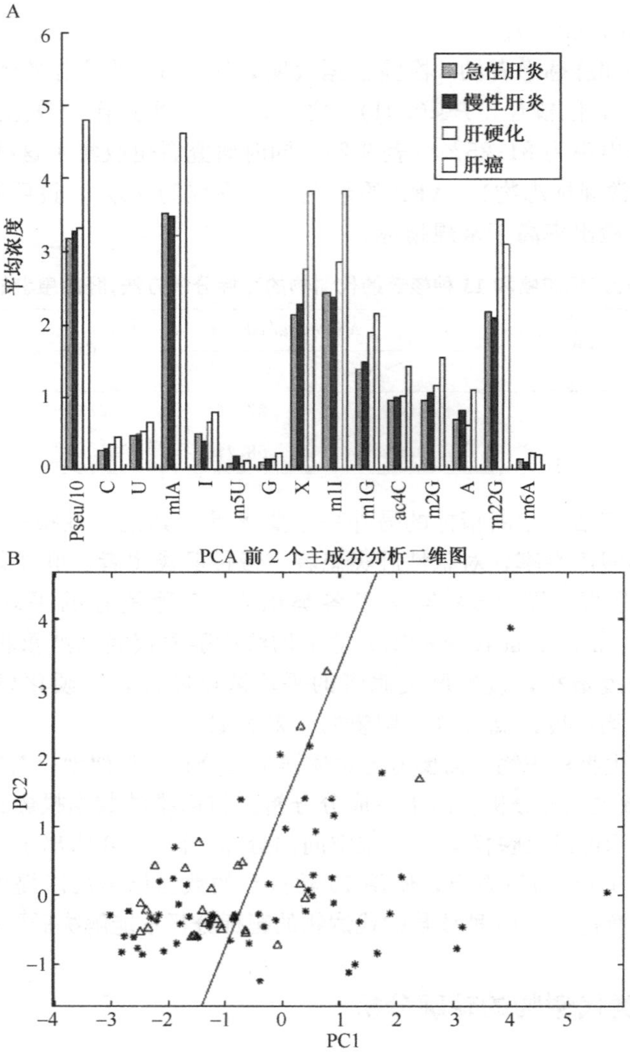

图 9-5　肝脏疾病患者的 15 种核苷的平均浓度（A）和肝硬化和肝癌患者基于 15 种核苷数据的主成分分析得分图（B）。△：肝硬化患者；*：肝癌患者

有 7.40％的肝硬化患者，没有肝炎患者被诊断为肝癌。结果表明，构建的代谢轮廓分析方法可以有效地降低假阳性率，将肝炎、肝硬化和肝癌有效地区分开来；同时，尿中的顺二醇类化合物的子集比传统的单个标志物（AFP）与癌症的诊断关联更好。

为了进一步区分肝硬化和肝癌患者，该研究做了另一个尝试。首先用与上面类似的方法分析肝炎患者和肝癌患者；然后将肝硬化样本投影到主成分分析的得分图上（图 9-6B）。这个过程类似于在肝炎和肝癌患者所得的基图上预测肝硬化患者的位置。可以看到 88.9％（24/27）的肝硬化患者落在肝炎区。

图 9-7 是同一组数据使用 OSC-PLS-DA 的结果。由于使用 OSC 去除变量中与分类无关的部分，PLS-DA 又是一种有师监督（supervised）的模式识别方法，因此得到了

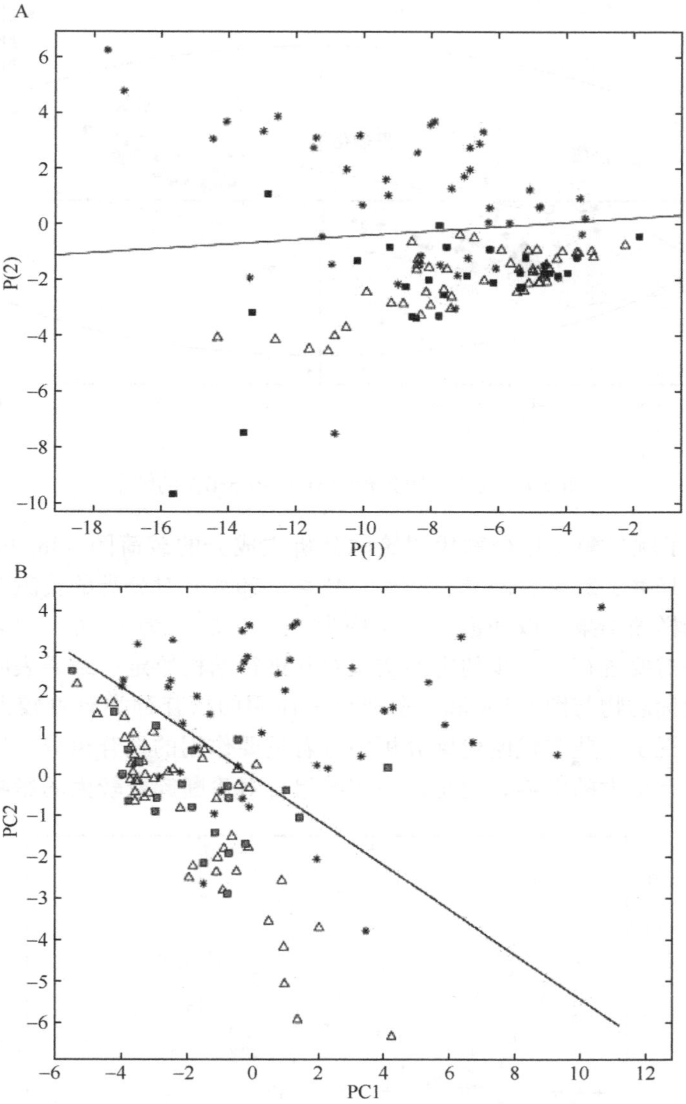

图 9-6　A 代谢轮廓分析数据的主成分分析得分图（A）（以 logk 为峰对齐算法中的保留值）和肝硬化患者通过回归投影到肝炎和肝癌患者的主成分分析得分图（B）。*：肝癌；△：肝炎；■：肝硬化

更好的分类结果。从图 9-7 中可以更清晰地看到由肝炎、肝硬化到肝癌的趋势。

9.3.3　潜在标志物的寻找

Borek 及其合作者的研究结果表明肿瘤模型动物的修饰核苷排放的增加是由 tRNA 的代谢加快所导致的，而不是由于细胞死亡或组织破坏所致。虽然这种排放的分子学机制尚不清楚，但已经开展了很多项将修饰核苷作为肿瘤生化标志物的研究。几种修饰核苷［如 Pseu、二氢尿嘧啶核苷（dihydrouridine，Dhu）、m1I、m2G、m1G］经常用来比较癌症患者和健康人的排放水平。

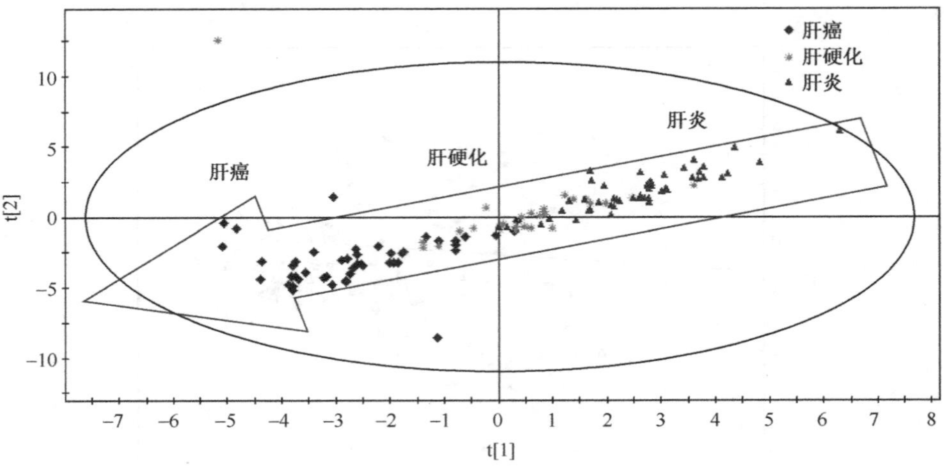

图 9-7 代谢轮廓分析的 OSC-PLS-DA 的结果

图 9-8 给出了顺二醇类化合物代谢轮廓分析主成分的载荷图（loading plot），外围的变量（14＃、15＃、23＃、25＃、32＃、48＃、59＃）对分类的贡献较大，即潜在的标志物。根据标样的结果可以知道：15＃峰为 Pseu，32＃为 m1A，59＃为 m1I。其他的潜在标志物还需要进行下一步的定性实验对其进行结构鉴定。结果表明，由代谢轮廓分析找到的生物标志物与图 9-5A 和以前研究中使用的核苷种类有着较大的不同。这说明以前的研究忽视了一些在代谢轮廓分析中有着重要作用的核苷组分。这些组分可能单个来看对诊断没有太大的影响，而是以一定的组合对诊断起着较大的影响。

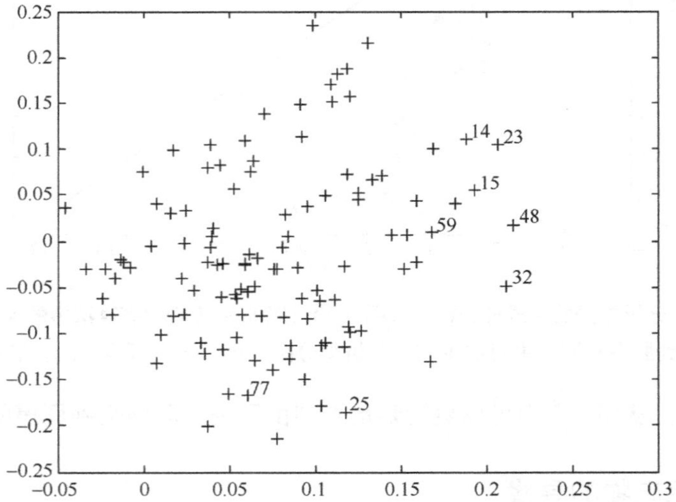

图 9-8 主成分分析的载荷图
反映了变量对分类的重要性

9.4 代谢组学用于恶性肿瘤的研究

恶性肿瘤（俗称癌症）是由控制细胞分化增殖机制的失常而引起的。癌细胞除了生长失控外，还会局部侵入周围正常组织（浸润，invasion），甚至经由体内循环系统或淋巴系统转移到身体其他部分（转移，metastasis）。美国每年病死的 5 个人当中有 1 人是由癌症致死的，这一数字在世界范围则是十万分之一百到十万分之三百五十。癌症在发达国家中已成为主要死亡原因之一[6]。伴随着我国经济的发展，环境在一定程度上遭到了破坏，加上生活方式的改变，我国癌症发生率也有所上升。

使用质谱（MS）和核磁共振（NMR）技术来监测恶性肿瘤中的代谢的变化远远早于代谢组学概念的提出，并不是最近几年才出现的。使代谢组学与之前的研究区别开来的是代谢组学的研究是针对细胞、组织或器官中代谢途径的整体网络意义上的代谢物变化[7～10]。最近的研究[7,10～15]显示在各种恶性肿瘤的样本（如培养的细胞、组织标本及活体肿瘤）中，代谢物的轮廓与肿瘤的类型、分化、代谢活性和细胞死亡均显示了较强的联系，说明代谢组学较适于恶性肿瘤的诊断、预后及其疗效的评价。

Carsten Denkert[16]等对原发性侵袭性卵巢癌（primary invasive ovarian carcinoma）进行了代谢组学的分析。在该项研究中，使用气相色谱飞行时间质谱对 66 例原发性侵袭性卵巢癌患者和 9 例交界瘤（borderline tumor）患者进行了分析，291 个代谢产物在 80％的样本中稳定出现。通过与标准样品的质谱图和保留指数比对，鉴定出其中 114 个化合物（少量化合物的通过与 NIST 数据库比对鉴定）。使用 Welch’s -t 检验，找到在交界瘤和原发侵袭性卵巢癌中有显著差异的 51 个代谢物（$P<0.01$）。作者使用 KEGG 数据库将这些代谢的变化与相关的代谢途径和关键酶相联系。如表 9-3 所示，这些代谢产物主要与嘌呤代谢、嘧啶代谢、甘油脂代谢及能量代谢有关。某些统计上区别非常显著的生物标志物特异性不高，如反映遗传压力的代谢物——脯氨酸和生育酚。但另一方面，如肌酐（creatinine）、乳酸（lactate）、1-磷酸葡萄糖（glucose-1-phosphate）及三羧酸循环的中间产物延胡索酸（fumarate）和苹果酸（malate）均发生了较大的变化，提示能量代谢发生了变化，这与恶性肿瘤代谢的周转速率加快相符，需要消耗更多的能量。

表 9-3 交界瘤和原发性侵袭性卵巢癌中鉴定的生物标志物及其相关代谢途径和关键酶

代谢物名称	变化倍数（卵巢癌/交界瘤）	P	代谢途径	涉及的关键酶(部分)
A-磷酸甘油	5.3	0.0058	甘油脂代谢	
尿酸	4.2	$6.20e^{-6}$	嘧啶代谢	1.3.1.2 二氢嘧啶脱氢酶
次黄嘌呤	3.8	0.0033	嘌呤代谢	2.4.2.4 胸苷磷酸化酶
2,5-二羟吡啶	3.4	0.0033		
肌醇-2-磷酸	3.3	0.0042	甘油脂代谢	
磷酸	3.2	0.0029	甘油脂代谢	
谷氨酸	3	0.00018	氨基酸代谢,碳/氮平衡	

续表

代谢物名称	变化倍数（卵巢癌/交界瘤）	P	代谢途径	涉及的关键酶(部分)
甘氨酸	3	$4.30e^{-8}$	甘氨酸/丝氨酸/苏氨酸代谢	
苹果酸	2.8	0.0028	三羟酸循环	1.1.1.37 苹果酸脱氢酶 1.1.3.3 苹果酸氧化酶
γ-氨基丁酸	2.7	0.0042	氨基酸代谢,碳/氮平衡	1.2.1.3 醛脱氢酶 2.6.1.19 GABA 转氨酶 4.1.1.15 谷氨酸脱羧酶
α-生育酚	2.5	0.0083		
1-磷酸葡萄糖	2.5	0.0025	甘油脂代谢	
脯氨酸	2.3	$3.80e^{-7}$	氨基酸代谢	
富马酸	2.2	0.0011	三羧酸循环	
肌酸	2.2	0.00069	磷酸肌酸分解	
半脱氨酸	2	0.006	氨基酸代谢	
2-羟丁酸	2	0.0051	丙酸代谢	1.1.1.27 乳酸脱氢酶
甘氨酸(minor)	2	0.00041	甘氨酸/丝氨酸/苏氨酸代谢	
谷氨酸胺	2	0.0083	氨基酸代谢,碳/氮平衡	3.5.1.2 谷氨酰胺酶
苏氨酸	1.9	0.00011	甘氨酸/丝氨酸/苏氨酸代谢	
天冬酸腰	1.6	0.00093	氨基酸代谢	
十九酸	−1.2	0.0014	游离脂肪酸	
硬脂酸	−1.4	0.0096	游离脂肪酸	
十七酸	−1.4	0.00073	游离脂肪酸	
苯甲酸	−1.6	0.00011	苯丙氨酸代谢	
乳酸	−2.2	0.0017	丙酸-糖酵解 丙酮酸代谢	1.1.1.27 乳酸脱氢酶

为了减少假阳性率，研究者进行了变换分析（permutation analysis），假阳性率为7.8％。使用有师监督模式的分类算法建立了预测模型，可从侵袭性卵巢癌中区分88％的交界瘤。

9.5 代谢组学在其他疾病分型和标志物发现研究中的应用

代谢组学自诞生以来，迅速地在疾病的临床和机制研究中充分展示了其威力。表9-4选取了文献中出现的代谢组学用于该领域有代表性的研究。从表9-4中我们可以看到，可供代谢组学的分析对象很广，既可从易于获得的尿液、血样等生物体液中获得有价值的信息，又可分析与疾病紧密相关的组织（如肝脏、皮质层等）得到对疾病更进一步的理解。代谢组学研究贯穿于近乎所有的疾病研究领域，从饮食的影响、（早期）诊断、生物标志物发现、疾病分型（严重程度的判断）、恶性疾病的预后、疗效的评价到疾病分子机制的探寻。

表 9-4　文献中代谢组学用于疾病研究的实例

样品	物种	疾病	检测方法	分析对象	目的	文献
血清	人	冠心病	NMR	全部代谢物	疾病严重程度诊断	[3]
尿液	人	线粒体疾病		有机酸	诊断	[17]
上皮	人	前列腺癌	NMR CA-IA（计算机辅助图像分析）	全部代谢物	诊断	[18]
尿液	人		NMR	全部代谢物	饮食影响	[19]
尿液	大鼠	糖尿病	F-NMR	6-脱氧-6-氟抗坏血酸	代谢途径及病理	[20]
皮质层、小脑及脑部其他区域	小鼠	神经元蜡样质脂褐质沉积病（NCL）	NMR	全部代谢物	病理	[21]
尿液	人	间质性膀胱炎及细菌性膀胱炎	MS NMR	全部代谢物	诊断	[22]
血清	大鼠		HPLC-库仑阵列		饮食影响	[23]
尿液	大鼠	有中风倾向的自发性高血压大鼠	NMR	全部代谢物	病理生理	[24]
血管	小鼠	动脉粥样硬化	NMR	全部代谢物	疾病的分子机制	[25]
血清	人	2 型糖尿病	GC-MS	脂肪酸	诊断	[5]
血清	人	肝脏疾病	HPLC	核苷	疾病严重程度诊断	[26]
脑脊液（腰椎穿刺）脑脊液（脑室穿刺）	人	脑膜炎及脑室炎	NMR	全部代谢物	早期诊断	[27]
尿液	人	先天性障碍	GC-MS	氨基酸、嘌呤、嘧啶、碳水化合物及其他	诊断	[28]
尿液	人	枫糖尿症	串级 MS	氨基酸、脂肪酸	代谢紊乱中基因功能的发现	[29,30]
肝脏	比目鱼	肝癌	FTICR	全部代谢物	病理	[31]
血浆	人	心肌缺血	LC-MS	全部代谢物	生物标志物的发现	[32]
大脑	小鼠	3 型脊髓小脑性共济失调	NMR	全部代谢物	诊断	[33]
尿液	小鼠	血吸虫病	NMR	全部代谢物	生物标志物的发现	[34]
脂肪组织	小鼠	2 型糖尿病		脂类	服药后代谢响应的临床评价	[35]
血清	人	卵巢上皮性癌	NMR	全部代谢物	诊断	[36]

由于代谢组学可以从生物体液中得到较以往多得多的代谢物信息，使得在不同疾病及疾病模型中采用相似的研究策略成为可能，最终将带来代谢组学在疾病相关研究领域的繁荣。而对其中丰富信息的挖掘，使得“个性化医疗”的实现更具现实性，最终代谢

组学的研究成果将给人类的健康带来质的提高和新的希望。

参考文献

[1] Scriver C R. 1995, New York, McGraw-Hill Health Professions Division.

[2] Chace D H. Chem. Rev., 2001, 101: 445

[3] Brindle J T, Antti H, Holmes E, Tranter G, Nicholson J K, Bethell H W, Clarke S, Schofield P M, McKilligin E, Mosedale D E, Grainger D J. Nat. Med., 2002, 8: 1439

[4] Yang J, Xu G, Kong H, Zheng Y, Pang T, Yang Q. J. Chromatogr. B, 2002, 780: 27

[5] Yang J, Xu G, Hong Q, Liebich H M, Lutz K, Schmulling R M, Wahl H G. J. Chromatogr. B, 2004, 813: 53

[6] www. wikipedia. org

[7] Griffin J L, Shockcor J P. Nature Reviews Cancer, 2004, 4: 551

[8] Griffin J L. Current Opinion in Chemical Biology, 2006, 10: 309

[9] Griffin J L, Kauppinen R A. Febs Journal, 2007, 274: 1132

[10] Griffin J L, Kauppinen R A. Journal of Proteome Research, 2007, 6: 498

[11] Thomas R S, O'Connell T M, Pluta L, Wolfinger R D, Yang L L, Page T J. Toxicological Sciences, 2007, 96: 40

[12] Ewens A, Luo L Q, Berleth E, Alderfer J, Wollman R, Hafeez Bin B, Kanter P, Mihich E, Ehrke J M. Cancer Research, 2006, 66: 5419

[13] Morvan D, Demidem A. Cancer Research, 2007, 67: 2150

[14] Griffin J L, Blenkiron C, Valonen P K, Caldas C, Kauppinen R A. Analytical Chemistry, 2006, 78: 1546

[15] Whitehead T L, Holley A W, Korourian S, Shaaf S, Kleber-Emmons T, Hakkak R. International Journal of Molecular Medicine, 2007, 20: 573

[16] Denkert C, Budczies J, Kind T, Weichert W, Tablack P, Sehouli J, Niesporek S, Konsgen D, Dietel M, Fiehn O. Cancer Research, 2006, 66: 10795

[17] Barshop B A. Mitochondrion, 2004, 4: 521

[18] Burns M A, He W, Wu C L, Cheng L L. Technol. Cancer Res. Treat., 2004, 3: 591

[19] Lenz E M, Bright J, Wilson I D, Hughes A, Morrisson J, Lindberg H, Lockton A. J. Pharm. Biomed. Anal., 2004, 36: 841

[20] Nishikawa Y, Dmochowska B, Madaj J, Xue J, Guo Z, Satake M, Reddy D V, Rinaldi P L, Monnier V M. Metabolism, 2003, 52: 760

[21] Pears M R, Cooper J D, Mitchison H M, Mortishire-Smith R J, Pearce D A, Griffin J L. J. Biol. Chem., 2005, 280: 42508

[22] Van Q N, Klose J R, Lucas D A, Prieto D A, Luke B, Collins J, Burt S K, Chmurny G N, Issaq H J, Conrads T P, Veenstra T D, Keay S K. Dis. Markers, 2003, 19: 169

[23] Vigneau-Callahan K E, Shestopalov A I, Milbury P E, Matson W R, Kristal B S. J. Nutr., 2001, 131: 924S

[24] Akira K, Imachi M, Hashimoto T. Hypertens. Res., 2005, 28: 425

[25] Mayr M, Chung Y L, Mayr U, Yin X, Ly L, Troy H, Fredericks S, Hu Y, Griffiths J R, Xu Q. Arterioscler. Thromb. Vasc. Biol., 2005, 25: 2135

[26] Yang J, Xu G, Zheng Y, Kong H, Pang T, Lv S, Yang Q. J. Chromatogr. B, 2004, 813: 59

[27] Coen M, O'Sullivan M, Bubb W A, Kuchel P W, Sorrell T. Clin. Infect. Dis., 2005, 41: 1582

[28] Kuhara T. Mass Spectrom. Rev., 2005, 24: 814

[29] Strauss A W. J. Clin. Invest, 2004, 113: 354

[30] Wu J Y, Kao H J, Li S C, Stevens R, Hillman S, Millington D, Chen Y T. J. Clin. Invest, 2004, 113: 434

[31] Stentiford G D, Viant M R, Ward D G, Johnson P J, Martin A, Wenbin W, Cooper H J, Lyons B P, Feist S W. OMICS., 2005, 9: 281

[32] Sabatine M S, Liu E, Morrow D A, Heller E, McCarroll R, Wiegand R, Berriz G F, Roth F P, Gerszten R

E. Circulation, 2005, 112: 3868
[33] Griffin J L, Cemal C K, Pook M A. Physiol Genomics, 2004, 16: 334
[34] Wang Y, Holmes E, Nicholson J K, Cloarec O, Chollet J, Tanner M, Singer B H, Utzinger J. Proc. Natl. Acad. Sci. U. S. A., 2004, 101: 12676
[35] Watkins S M, Reifsnyder P R, Pan H J, German J B, Leiter E H. J. Lipid Res., 2002, 43: 1809
[36] Odunsi K, Wollman R M, Ambrosone C B, Hutson A, McCann S E, Tammela J, Geisler J P, Miller G, Sellers T, Cliby W, Qian F, Keitz B, Intengan M, Lele S, Alderfer J L. Int. J. Cancer, 2005, 113: 782

第10章 修饰核苷在癌症诊断和随访中的应用

从第1章我们知道，根据研究对象的不同，代谢组学有四个层次，即代谢物靶标分析（metabolite target analysis）、代谢轮廓分析（metabolic profiling）、代谢组学（metabolomics）和代谢物指纹分析（metabolic fingerprinting）。在第4章和第9章中我们采用了以顺-二醇结构特征的代谢产物的轮廓分析对肝病进行了研究。严格意义上，第8章及第11章的第3节都是代谢轮廓分析的例子。本章作为靶标分析的典型例子，介绍修饰核苷在癌症诊断、随访中的应用。10.1节主要介绍癌症诊断方法、肿瘤标志物现状、修饰核苷的来源及作肿瘤标志物的可行性。10.2节介绍体液中核苷的毛细管电泳和高效液相色谱分析方法及多变量可视化数据处理方法。10.3节则介绍尿中修饰核苷在诊断、随访急发性、高毒性的恶性肿瘤（如白血病和淋巴瘤、乳腺癌、肺癌、大肠癌、肝癌、胃癌、间皮瘤、鼻咽癌、泌尿系统及女性生殖系统肿瘤、脑癌等）中的应用。

10.1 概论

10.1.1 癌症诊断的方法概况

恶性肿瘤是对人类危害最大的一类疾病。据世界卫生组织（WHO）报道，1997年全球恶性肿瘤死亡人数为620余万。居全球人类主要死因第三位。就全球而言，20世纪后期20年间癌症发病数呈逐年上升趋势。1990年癌症新病例数约为807万，比1975年的587万增加了37.5%[1]。我国1990年癌症新病例数约为139万，比1975年的121万上升了15.7%，占世界癌症发病总数的17.22%。1990年我国男性癌症发病率为每10万人中有179人，女性癌症发病率为每10万人中有105人。男性发病率明显高于女性[2]。因此可以预计在21世纪上半叶，恶性肿瘤仍将是对人类生命健康危害最大的疾病之一。

根据我国试点市、县恶性肿瘤的发病与死亡报告，1990年我国恶性肿瘤死亡发病比约为0.8[3]。这表明目前尚无治疗恶性肿瘤的有效方法。当前治疗肿瘤的主要方法有手术、化学药物治疗、放射治疗及生物治疗4种。其中，手术治疗是其他3种疗法的基础。应该说，治疗的成功与否取决于局部肿瘤是否能够在发生的早期被完全切除，如晚期胃癌手术治疗后的5年生存率仅有30%左右，而早期胃癌手术治疗后的5年生存率在我国达70%，在日本可达90%。乳腺癌是女性最常见的恶性肿瘤之一，但由于其发生位置表浅，容易被发现，因此在城市女性中虽然发病率很高，但死亡率排位却远远低于其发病率排位。宫颈癌曾经是威胁我国女性生命的最主要恶性肿瘤。近年来由于普查工作的有效进行，这一肿瘤可在早期被发现，其死亡率已明显下降。肺癌、肝癌等恶性肿瘤由于发生部位隐匿，加之这些实质性脏器的巨大的功能代偿能力，故在肿瘤较小时难以发现。然而这类肿瘤的发病率近年来却逐年上升，死亡率也随之上升。如能找到早期诊断这类肿瘤的有效方法，将对成功治疗恶性肿瘤、提高肿瘤患者治疗后的生存质量及提高肿瘤总体治疗效果具有重大意义。

对易感人群进行肿瘤普查是早期发现肿瘤的有效方式之一。目前用于普查的方法主要有以下几种。

1. 理学检查

这种检查包括医生常规的物理检体及用 X 射线、超声波等方法对患者多脏器进行扫描。优点是可以准确的定位。简单易行的物理检查方法在对女性乳腺癌体表易见肿瘤的早期诊断中取得了巨大的成功。但对体内肿瘤而言，由于位置深，在肿瘤体积较小时，脏器代偿功能强，患者症状和体征都不明显，且物理体检很难发现，必须应用很多设备进行检查，由于这些设备对机体常有一些损伤，所以没有症状和体征者难以接受这些检查。另外，其费用昂贵，使之在相当长的一段时间内仅能用于一些特殊人群的体检，难以在大样本人群中广泛应用。

2. 细胞学检查

利用脱落细胞进行肿瘤普查已有近百年的历史。用巴氏染色、显微镜检查发现子宫颈癌、肺癌等方法已在世界各国广泛应用。我国的食道拉网食道癌普查方法也在食道癌早期诊断中取得了很大的成功。其优点为：方法简便、对被普查者损伤很小、不需要昂贵的设备。缺点是该方法仅能检查与外界相通器官的细胞来诊断该部位的肿瘤，但对于体内脏器肿瘤，该方法难以实施。

此外，以上两种方法均以找到病灶为前提。实际发现的病灶一般在 $1cm^3$ 以上，但此时腺癌在体内已有 5 年，鳞癌已有 8～12 年，肿瘤已并非早期。这些普查方法虽可以提高患者的 5 年生存率，但除胃癌、子宫颈癌等少数恶性肿瘤外，并不能降低患者的死亡率。寻求早期发现的方法势在必行。

3. 肿瘤标志物

从 1846 年 Bence-Jones 发现 B-J 蛋白对多发性骨髓瘤的诊断作用以来，肿瘤标志物的研究已有 100 多年历史[4]。但直到 1963 年 Abelev 发现了甲胎蛋白（AFP）可作为原发性肝癌的实验室诊断依据，尤其是 1975 年，Kohler 等用杂交瘤技术制备单克隆抗体以后，肿瘤标志物才广泛应用于临床。1978 年 Heserman 在美国 NCI 召开的人类免疫及肿瘤免疫诊断会上首次提出肿瘤标志物的概念，此后人们对肿瘤标志物的认识逐渐完善，具有诊断价值的肿瘤标志物不断被发现。它对肿瘤的早期诊断、预后判断治疗指导及复发与转移的监测都有着相当重要的意义[5]。

肿瘤标志物是肿瘤组织产生的可以反映肿瘤自身存在的化学物质，具有以下特征：

(1) 在体液和组织提取液中可以检测出；

(2) 提示肿瘤负荷；

(3) 某一肿瘤标志物可在绝大多数恶性肿瘤或某类肿瘤患者中被检出，对恶性肿瘤具有特异性；

(4) 常具有肿瘤类别特异性；

(5) 可提示肿瘤复发及转移的出现。

可见，理想的肿瘤标志物应有灵敏度高、特异性强、表达与肿瘤出现相关等特点。肿瘤标志物的应用开辟了肿瘤诊断的新思路和新方法，它的简便、无创的特点使之成为肿瘤普查的工具，同时对于肿瘤的早期诊断、治疗后的监测、随访都具有重要意义。然而，目前所应用的标志物尚未达到以上全部要求。此外，应用于肿瘤普查的肿瘤标志物还需具有反映肿瘤谱系广的特点。只有具备这一特点的标志物才能在普查中指示不同类型肿瘤在体内的存在，适用于那些完全不知体内肿瘤是否存在的被检者，从而减少漏诊。

常用的肿瘤标志物有：蛋白质类、糖类及基因类等（表 10-1）。

表 10-1　肿瘤标志物的分类

类别	例子
I 肿瘤特异的标志物	B 细胞肿瘤免疫球蛋白个体基因型，SV40 "T" 抗原；T 细胞白血病的 T 细胞受体
II 肿瘤相关的标志物	
a．低分子质量标志物	多胺；核苷衍生物；（脂类相关的）硅铝酸；香草扁桃酸及儿茶酚胺类
b. 大分子标志物	
1. 酶/异酶	胎盘碱性磷酸酶；前列腺特异抗原（PSA）；前列腺酸磷酸酶；［胸（腺嘧啶脱氧核）苷激酶；神经元特异］烯醇酶
2. 激素，细胞质，生长因子，可溶性受体	［—IHCG；IL-2；EGF；］雌激素及孕酮受体
3. 癌基因和癌蛋白	c-myc，src，ras，erb，neu，sis
4. 癌胎蛋白	CEA，α-胎球蛋白（AFP），Lewis X，Lewis Y
5. 复杂糖配体	
i. 糖蛋白和黏多糖	CA 125（CA 125），CA 15.3（CA 15.3），SLX，碳水化合物抗原19.9（CA 19.9），TAG-72
ii. 糖类脂	Lewis X，Lewis Y，GM2，GD2，CA 19.9 糖脂类
6. 细胞标志物	Philadelphia 染色体，PSA 涂片上的癌前细胞

10.1.2　肿瘤标志物的概况

10.1.2.1　蛋白质类标志物

蛋白质类肿瘤标志物是目前研究最深入、应用最广泛的一类肿瘤标志物。它是肿瘤细胞特异分化的产物，如分泌蛋白、结构蛋白，或是肿瘤细胞失活在细胞分化途中产生的一种中间产物，如甲胎蛋白（AFP）等。由于这些蛋白质是肿瘤的特殊分化产物，因此可用来特异地提示某一类或几类肿瘤的存在。常用肿瘤标志物在各类癌症患者血清中的阳性检出率分别为：肝癌（AFP，65%）[6]，胃癌（CA72-4，52%）[7]，前列腺癌（PSA，84%）[8]，卵巢癌（CA125，44%）[9]，胰腺癌（CA19 9，75%）[10]，肺鳞癌（CYFRA21-1，67%）[11]，这些均可用于相应肿瘤的诊断和筛查，尤其对于那些已确定有某种标志物表达的肿瘤患者，应用该类标志物进行治疗后的随访，除能客观地评价疗效外，更能有效监测肿瘤的复发，特别是转移。但肿瘤是一种恶性增生的疾病，在增生过程中已部分甚至完全丧失了特定方向的分化功能。在恶性肿瘤中往往难以找到相当数量的分化蛋白；另外，即使是同一组织起源的同一类型肿瘤，细胞形态完全相同，蛋白质表达的种类和效率亦常常不同。肿瘤分化的这种不稳定性，使得蛋白质标志物用于肿瘤检测时，不仅在灵敏度上大打折扣，在特异性上也不尽如人意。据统计，在 APUD 系统来源的小细胞肺癌中，采用非特异神经烯醇化酶（neuron specific enolase，NSE）作为特异蛋白质标志物[12]，免疫组织化学方法在肿瘤细胞中的检出率不足 40%，血清的检出率则更低，而且，非肿瘤组织分泌的 NSE 也使得结果的分析变得更为复杂；消化道肿瘤的特异标志物癌胚抗原（CEA）在胃肠道腺癌中[13]，用免疫组织化学方法的检出率也只有 50%，实际血清检出率仅为 10%左右。这类分化型蛋白质类标志物虽然特异性较好，但在不同肿瘤中的阳性表达率差别甚大，缺乏广谱应用的可行性，如代表细胞角蛋白的标志物 CYFRA21-1，是普遍存在于上皮细胞中的结构蛋白，理论上是较为广谱的肿瘤标志物，但实际上除在肺鳞癌中阳性率可达 67%外，在结肠癌和肺转移癌等肿瘤中尚不足 35%，难以作为一种用于肿瘤筛查的广谱标志物。为解决这一问题，1996 年，美国临床肿瘤学会（American Society of Clinical Oncology，ASCO）选择在各肿瘤中出现频率较高的特异性标志物，联合应用于肿瘤的诊断和筛查，以提高阳性率[14]。这些特异的标志物包括：CA19.9、CA125、AFP、B2M、NSE、CYFRA21-1、CA72.4、PSA（男性）、CA15.3（女性）、β-HCG（女性）。对特定类型肿瘤的诊断和筛查也规定了相应的标志物组合，如乳腺癌的筛查包括 CEA、CA15.3、MUC-I、BCA225、erbB-2、PTHrP 等。多种标志物的联合使用，在一定限度内提高了诊断的阳性率，但仍难以在根本上解决漏诊率较高的问题。

目前，血清中肿瘤相关抗原的检测方法主要有：Western 杂交、酶联免疫、放射免疫、电化学发光等。这些方法的应用大大提高了蛋白质的检测灵敏度。随着分子生物学、计算机技术的发展，将多种肿瘤标志物的单克隆抗体集成制成肿瘤检测的蛋白质芯片，通过特殊软件的分析和处理达到诊断和筛查的目的。同时筛选多种抗原，已使人们看到了将肿瘤标志物用于大规模肿瘤筛查的希望。但我们还应清醒地看到：这种芯片的出现，只是一种方法的改进，并不是理论上的突破，即使最完美的组合也不能解决肿瘤诊断中的漏诊问题。总的来说，这些方法多以发现某一特定肿瘤为目标，这与并无特定目标的肿瘤普查的初衷相违背。因此，为达到肿瘤早期诊断，仍然期待着人们去继续寻找特异、有效的标志物。

10.1.2.2 基因类标志物

恶性肿瘤是一种多基因异常疾病。近年来，一些肿瘤相关基因（包括癌基因、原癌基因、病毒癌基因、抑癌基因、肿瘤转移相关基因和肿瘤耐药基因等）不断被发现[11,15]。一般认为：癌基因的过表达、抑癌基因的表达异常及肿瘤演进相关基因的表达异常与肿瘤的发生、演进有着密切关系。这些异常表达的基础是基因突变、基因放大、基因过表达、基因重排等基因水平的结构式功能异常。所以，这些表达异常的基因在一定程度上就可能成为肿瘤诊断的标志物。随着肿瘤分子生物学技术的迅速发展，可以通过检测体液中肿瘤相关基因的存在，分析肿瘤相关基因的缺陷和表达来推测体液中是否有肿瘤细胞的存在及机体是否荷瘤。其基本方法是用聚合酶链反应（PCR）扩增血液中可能存在的肿瘤细胞的肿瘤相关基因的片段，再用凝胶电泳、核酸杂交等技术检测所扩增DNA片段的含量。依据扩增量的差异或电泳带位置的改变发现血液中肿瘤细胞的存在。事实上，许多研究人员投入大量精力开发肿瘤分子诊断的技术手段，希望能够找到特异的基因标志物。令人遗憾的是，绝大多数肿瘤相关基因并非肿瘤细胞特有，正常细胞也有这些基因。为了弥补单一基因标志物检测特异性差的缺陷，同蛋白质类标志物的检出手段相似，人们开始了以“墙报”的方式联合检测多种基因标志物的变化，以推测肿瘤的存在。但总的来讲，基因标志物对肿瘤部位的指示作用比蛋白质标志物要差。表10-2是目前文献上应用基因标志物对各种肿瘤诊断的一些结果。

表10-2　检测基因突变用于癌症的诊断

癌症	标本	突变基因	检出率	文献
膀胱癌	癌组织	*p53*	61%	[16]
	癌组织	*ras*	47.6%	[17]
	尿的沉积物	*H-ras*	44%	[18]
结肠癌	粪便	*K-ras*	37.5%	[19]
	癌组织	*ras*	约50%	[20]
胰腺癌	癌组织	*ras*	75%～100%	[21]
	粪便	*K-ras*	55%，33%慢性胰腺炎	[22]
肺癌	唾液	*ras*，*P53*	67%，80%	[23]
乳腺癌		*c-erbB-2*	95%	[24]
		c-erbB-2	67%	[25]
		bFGF	71%	[26]

人类基因组计划被认为是生物学和医学科学中最重要的项目。该计划的完成产生了大量的人类基因序列数据。人们可以利用这些数据对肿瘤做基因水平的分析。其中，cDNA及高密度寡核苷酸微阵列（基因芯片技术）被认为是可用于早期诊断肿瘤的最重要的技术创新。该技术的基本原理如下[27]：将cDNA文库中查得的可用片段经PCR扩增后制成探针，用机械手将它们高密度、有序地固定在硅晶载片上制备成DNA微阵列，用于检测待测样品中是否有与它互补的DNA序列。提取待测样品中的mRNA通过反转录反应过程获得标记荧光的cDNA。与含有上千个基因探针的DNA微阵列进行分子杂交反应。30min～20h后，将载片上未互补结合的DNA片段洗去，用激光共聚焦扫描测定微阵列上各点的荧光强度，发现待测样品中各种基因表达差异，如已知癌基因、抑癌基因及其他肿瘤相关基因的突变、重排、过度表达等，进而推测标本中细胞基因表达的特点，判定细胞的基因表达状态，以血液或其他体液作为待测样品，利用基因芯片技术，可以发现体内肿瘤的存在。应该说该项技术的问世使人们能够大规模地获得肿瘤细胞基因表达的特点，对研究不同肿瘤的基因表达谱系、肿瘤发生机制及基因表达不稳定性，特别是对高通量肿瘤基因药物筛选等工作[28]，具有极大的推动作用，也为利用基因表达异常作为标志物、早期发现肿瘤提供了可能。在此基础上，产生了肿瘤功能分析和分子指纹印迹计划，以求早期诊断肿瘤，并进行有效的治疗、随访和疗效观察。但是，用这一方法来筛选肿瘤患者是建立在瘤细胞入血的基础上的。为了能尽早发现肿瘤，寻找到新的特异性肿瘤标志物，美国国立研究院制定了肿瘤基因功能分析计

划。该计划的核心是以人类的5种恶性肿瘤（肺癌、胃肠道癌、乳腺癌、卵巢癌、前列腺癌）为基础[29]，建立人类肿瘤的cDNA文库，以获得肿瘤的生物学信息，寻找有效的肿瘤检测探针，制备肿瘤检测芯片。毫无疑问，这种方法的应用将大大提高肿瘤筛选的成功率，但也存在着局限性，主要有以下几点：

（1）肿瘤基因与正常细胞基因多数相同，尚未发现肿瘤特有基因。因此，即使出现异常基因的表达，也难以确定肿瘤的存在。

（2）肿瘤的特点是基因表达的不稳定性。不同肿瘤（即使是同一类型肿瘤）基因表达也存在很大差异，难以用同一模式对不同肿瘤进行有效检测。

（3）用目前的生物学方法所检出的基因改变尚有限，难以与高通量的基因分析技术相匹配，即生物信息的滞后。

（4）血中的细胞是正常细胞与肿瘤细胞的混合物。所得信息有时难以区分是由正常细胞还是肿瘤细胞所产生。

（5）利用这一技术，需提取在血细胞中含量很低的mRNA，且提取过程要求条件高，如需低温冷冻保存标本等，就目前条件，还不适合用于大规模普查。

（6）价格昂贵，难以在正常体检中推广。

总的来说，现有的蛋白质与基因类标志物存在着肿瘤分化类别特异性过强、检出谱过窄、肿瘤整体敏感性较低、用检标本为血液难以反复采取、标本保存要求条件高等缺陷。如联合应用，上述缺陷虽可得到部分弥补，但难以从根本上解决。而且，该类方法价格昂贵，在我国现有条件下人们难以广泛接受。这也可能是我国利用肿瘤标志物进行肿瘤普查难以有效实施的原因。因此，有必要寻找能够弥补蛋白质及基因标志物应用缺陷的新型肿瘤标志物。

10.1.2.3 内源性小分子类标志物

在肿瘤标志物的研究工作集中于蛋白质类和基因类的同时，越来越多的应用开始向临床医学领域中的内源性小分子和离子方面渗透。离子及某些内源性小分子，是维持机体生存的重要物质，反映人体的正常新陈代谢情况，它们的变化与机体的生、老、病、死密切相关。近年来，一些与肿瘤相关的内源性小分子（如多胺[30]、唾液酸[31]、嘌啶类化合物[32]、RNA代谢产物等[33~35]）不断被发现，以期对癌症的诊断有所帮助。其中，RNA代谢产物主要包括DNA加合物、DNA氧化损伤产物和RNA修饰核苷等。图10-1以肺癌可能的发病过程来说明这几种核酸代谢产物的形成过程及相互关系。

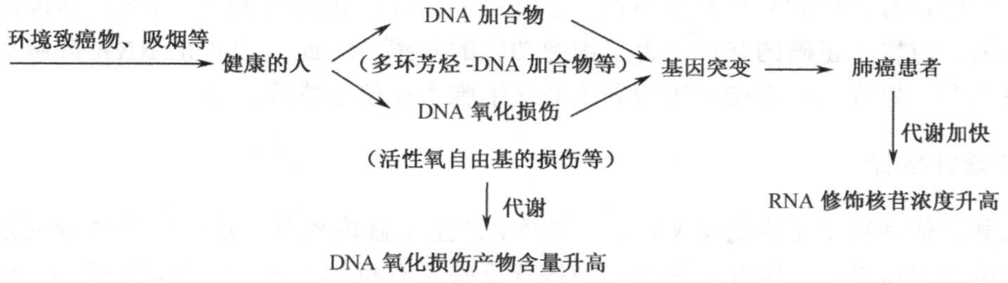

图10-1　肺癌的一种发病过程

10.1.3 修饰核苷的来源及在癌症患者中修饰核苷增高的根源

核苷检测在生物医学的研究中变得越来越重要。它存在于体液、组织液和细胞中，是核酸催化降解、组织酶解、饮食习惯和大量的再利用途径作用的结果。由于涉及细胞的增殖和代谢过程，核苷含量的改变可用于指示疾病的状态。

10.1.3.1 修饰核苷的来源

修饰核苷存在于 RNA 中，它是在转录后由多种特定的甲基转移酶和连接酶作用于多聚核苷分子而形成。在各种 RNA 中，tRNA 含量最多（79 种），其次分别为 rRNA（28 种）、mRNA（12 种）、snRNA（11 种）[36]。

1. RNA 在细胞代谢中的作用

RNA 在细胞代谢过程中起着重要的作用。蛋白质的合成基于转运 RNA（tRNA）、核糖体 RNA（rRNA）和信使 RNA（mRNA）的协同作用。其中，rRNA 具有结构和催化的功能，mRNA 为携带蛋白质信息的分子，而 tRNA 是联系 DNA 和蛋白质的纽带。基因的激活依赖于特定 mRNA 的翻译和它的准确结合、加帽和处理产生的功能 mRNA。mRNA 的结合过程中，需要大量与蛋白质因子结合形成复合体的小核 RNA（snRNA）来完成。snRNA 合成上的混乱引起了结合反应中速率的变化。显而易见，RNA 的代谢与 mRNA 的成熟、蛋白质合成及随后细胞的生长与转变紧密相连。在疾病状态，如快速生长的肿瘤，RNA 合成和转录的错误将可能发生。

2. RNA 中的修饰核苷

RNA 包括大量的修饰核苷，修饰核苷在多种修饰酶的作用下转录合成。已有超过 50 种的化学修饰被报道，其中任何一种化学修饰都需要特定的酶来完成[37,38]。修饰核苷的结构差异很大，图 10-2 为 RNA 中一些正常和修饰核苷的结构示意图。修饰核苷的独特性决定了真核细胞的修饰作用需要 100 多种功能各异的酶来完成。迄今为止，大多数 RNA 修饰的生物功能仍不清楚，它们的功能可能与影响 RNA 分子构象变化和促进蛋白质或核酸之间的相互作用有关。其中，tRNA 分子靠近反密码子的区域存在大量的修饰现象，它们主要用于调整蛋白质合成中密码子和反密码子的相互作用。原核生物和真核生物中，有机体的复杂程度越高，其 RNA 修饰的种类也越多。RNA 修饰的位置是固定的，位置不正确的修饰有害于细胞功能的发挥。因此，为防止 RNA 降解后随机的转录结合，修饰核苷不能被重新利用而从细胞中完整地释放出来。

3. 尿中修饰核苷

人和其他动物中正常的 RNA 转化和降解产生了修饰核苷。这些修饰核苷通过肾的过滤和浓缩随尿排出。因此，尿中修饰核苷反映了有机体中 RNA 的降解速率。Schoch 等[39]报道了食物对尿中核苷的排放影响很小。通过尿中核苷的排放水平计算 RNA 在婴儿和成年人的转化率，发现其与蛋白质的翻转率存在着定量关系。正常成年人修饰核苷

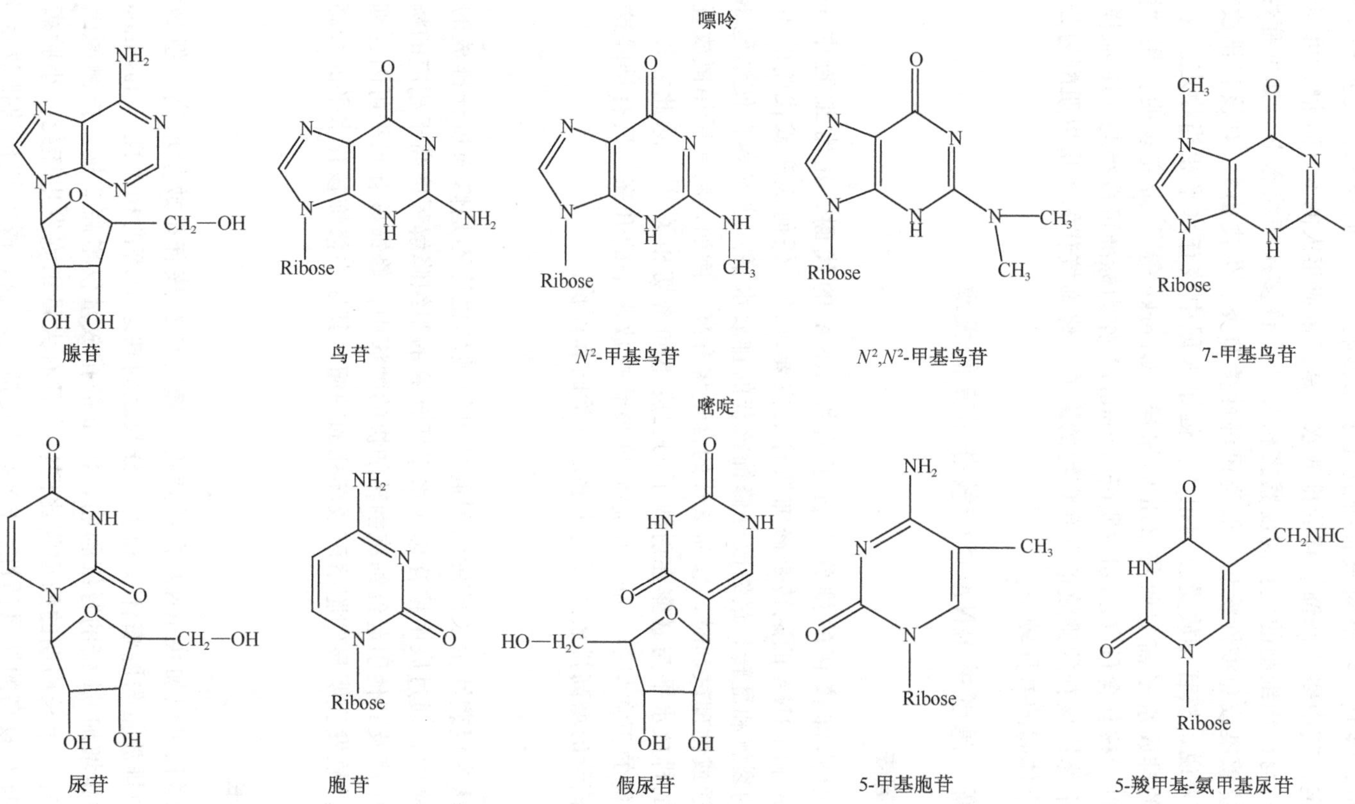

图 10-2 RNA中一些正常和修饰核苷的结构示意图

的排放相对稳定，性别、年龄对核苷排放几乎无影响[40,41]。而婴儿、儿童和孕妇的排放水平很不稳定，其中婴儿修饰核苷的排放水平是正常成年人的6～10倍，可能的原因为核苷的排放量与组织细胞的生长速度紧密相关[42]。许多疾病状态下，如炎症性疾病，尤其是泌尿系统感染或免疫性疾病（如类风湿性关节炎、牛皮癣），对核苷排放有一定影响[43]。整体来说，核苷排放受影响很小，健康人尿中核苷水平相当稳定。早期研究尿中修饰核苷的排放水平需要收集24h的尿样。Gherke等[44]研究表明，用“随机尿样”做试验，以“核苷含量（nmol）/肌酐（μmol）”作为标准可取得与24h尿样一样的结果，而且尿中修饰核苷的排放很少受食物的影响。修饰核苷的含量以肌酐为分母来表达时，正常人个体间的差异较小。

10.1.3.2 癌症患者中RNA修饰核苷增高的根源

1. 外在的干扰因素

正常个体中修饰核苷的排放来自于活性RNA的代谢。正常细胞中mRNA、tRNA、snRNA和rRNA的翻转是修饰核苷的主要来源。任何疾病或代谢的不平衡都将影响RNA的裂解和翻转，最终改变修饰核苷的排放水平。当暴露在使细胞RNA损伤或死亡的化学或物理试剂时，修饰核苷的含量将升高。例如，将实验用鼠放置于射线下，修饰核苷的排放水平与暴露在射线下的程度不同密切相关[45]。除此之外，细菌的感染[46]及肾功能的正常与否，都将引起修饰核苷排放水平的升高。只有排除这些因素的干扰，尿中核苷的增高排放才可用于癌症的诊断和评价。

2. 组织破坏

多数研究认为侵袭性生长的肿瘤引起的组织破坏也许不是修饰核苷排放的主要来源，在许多肿瘤中，通过尿中核苷排放水平所计算的组织降解程度高于相应的病理学检测值。但在白血病及其他引起红细胞翻转加快的肿瘤中，修饰核苷水平可因红细胞的溶解而显著升高。故发生明显细胞溶解或坏死的肿瘤，其尿中修饰核苷水平的升高，部分源于组织破坏。

3. 肿瘤迅速增长

肿瘤迅速增长可以加快RNA合成速度，随之修饰核苷排放量增高。但是实验发现核苷Pseu的排放量与肿瘤体积和生长分数之间缺乏显著的相关性。Rasmuson等报道[47]，一个体积增加64倍的肾细胞癌，Pseu的排放量仅增高2倍。推测原因可能为体积大的肿瘤进入生长周期的瘤细胞比例较小且有大量细胞发生坏死。小肿瘤的细胞群生长迅速，具有较高的转录活性，RNA转化速度较快，尿中核苷的排放水平较高。进入生长周期，总的瘤细胞数量及RNA转化速度也许是影响尿中修饰核苷水平的主要因素。

4. 全身RNA代谢的改变

肿瘤生长或肿瘤特定因素下所产生的代谢产物可能引起全身代谢的改变，它将引起组织 RNA 转化率的提高和降解速度的加快。这种假设的证据是间接的，即先前所指出的肿瘤体积和生长分数与核苷排放量之间缺乏整体相关性。此外，在化学物质诱导动物肿瘤的研究中发现，只有显微镜才能发现的肿瘤很难解释修饰核苷的大量排放[48]。曾有人提出，组织只有在受到肿瘤生长的直接或间接影响时，其核苷的排放量才会升高[49]。它的分子机制还未被实验所证实。

5. 肿瘤 RNA 代谢的改变

大量研究报道了肿瘤细胞 RNA 代谢的改变，早期一个最为重要的发现是在不同类型肿瘤中发现了独特的 tRNA。在发生转化的细胞或肿瘤细胞中，这些 tRNA 由于其异常的迁移在色谱系统中被发现。对这些 tRNA 进行分离发现其与正常 tRNA 的差别在于高度修饰化[50]。也有报道认为存在肿瘤特异性的 tRNA 高度修饰[51]。与此同时，实验发现肿瘤细胞中 tRNA 修饰酶活性增高[52~56]。Randerahth 等提出一个模型[51]，肿瘤细胞 tRNA 代谢的改变导致其不具有正常的修饰功能，正常状态下这些异常的 tRNA 优先降解，该降解通过反馈引起 tRNA 基因翻译、翻译后处理的速度加快及修饰酶水平的增高。新合成的 tRNA 又发生高度修饰并迅速转化。此过程导致了伴随 RNA 大量降解的无效循环，该循环解释了高度修饰 tRNA 的出现、tRNA 降解加速，以及随之而来的修饰核苷排放量的增加和 tRNA 修饰酶活性的增高。高度修饰产生的原因尚不明确，细胞代谢及营养供应的改变可能是造成肿瘤细胞某些高度修饰 RNA 片段的原因。由于许多增高的尿中修饰核苷在 tRNA 中识别，很多文章中认为 tRNA 是肿瘤相关修饰核苷的排放来源，而肿瘤细胞中 tRNA 的翻转率明显高于正常细胞的事实支持了这种假设。

10.1.4 修饰核苷作肿瘤标志物的可行性

从上述调查研究我们知道，修饰核苷的合成发生在 tRNA 翻译后的多聚核苷水平，在大量高度特异性的修饰酶的作用下，尤其是在甲基转移酶和连接酶的作用下，RNA 链上特定位置的核苷被修饰，如碱基甲基化、碳氮键发生重排、尿苷移位形成假尿苷等。修饰反应在每个 RNA 片段的精确位置上进行。转录修饰完成之后，RNA 分子在核酸酶作用下断裂释放出修饰核苷。正常核苷可被重新利用而重新生成核酸，或进一步降解为尿酸和β-丙氨酸排出体外，故尿中含量甚微；而修饰核苷十分稳定，既不能代谢也不能再被磷酸化再利用，因此在尿中被定量排放（图 10-3）。所以，在尿中，修饰核苷的含量相对来说比正常核苷的含量会稍高一些。但无论如何，对正常的成年人来说，个体间核苷的排放浓度差异较小，分布在一个较窄的范围。

当人体的某一部分发生癌变时，核糖核酸周转（turnover）加快，导致尿液或血液中修饰核苷的含量急剧增加。根据上述原理，人们可以通过尿液或血液中修饰核苷增加的程度，对癌症的发病进行早期诊断。

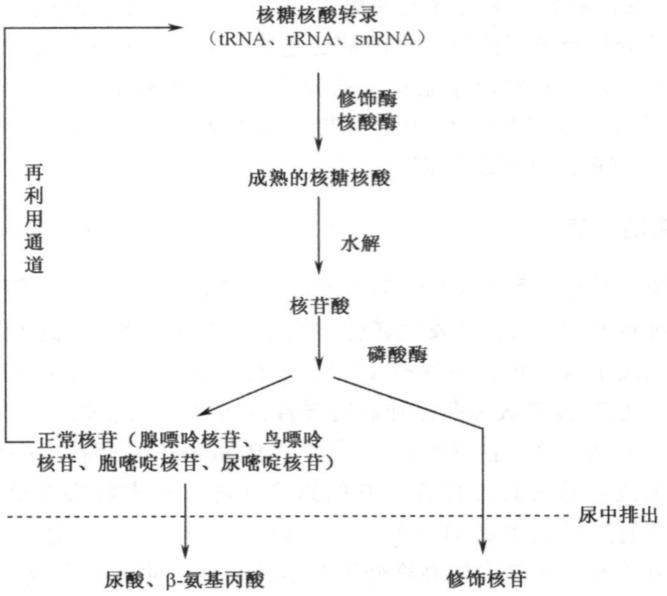

图 10-3　细胞中正常核苷和修饰核苷的形成机制

10.2　体液中修饰核苷的分析和数据处理

10.2.1　体液中修饰核苷的分析

分析尿和血中正常核苷和修饰核苷的方法有很多种，如免疫分析法、高效液相色谱法等[33,42,57～70]。尽管 Cohen 等建立了测定碱、核苷和低聚核苷的毛细管电泳法[71]，但核苷研究的毛细管电泳方法主要用在研究核酸组分的分离[72～74]，特别是同时测定核苷酸、核苷和碱[75～77]。1987 年 Terabe 等尝试了用毛细管电泳法（CE）对正常核苷标样的分离。到目前为止，硼酸凝胶浓缩法结合反相高效液相色谱法，是最为常用的一种分析方法。我们在前人的基础上，在国际上首次建立了胶束电动力学毛细管色谱法（MEKC）用于尿中 13 种正常和修饰核苷的分离分析[78～84]。同时优化了反相高效液相色谱法以分离和定量尿和血中 14～16 种核苷[85～91]。应用这些方法建立了健康人群尿和血中正常核苷和修饰核苷的排放水平的检测，并与我们自已建立的模式识别方法相结合，对癌症患者的排放特征进行了研究，取得了很好的结果。

10.2.1.1　仪器和试剂

Beckman Coulter P/ACE MDQ 和 DIONEX CS-I 毛细管电泳系统。高效液相色谱系统为 SHIMADZU LC-10AT 或 Merck-Hitachi HPLC 系统，后者由 L-6200 泵、二极管陈列检测器 L-3000、柱箱 655A-40 及 D-6000 界面器组成。旋转蒸发器来自于 Buchi (Saitzerland) 上海亚荣生化仪器厂。所用微滤膜为 φ25mm×0.45μm。

16 种核苷标准样品、十二烷基磺酸钠（SDS）、十水合四硼酸钠（$Na_2B_4O_7\cdot10H_2O$）为

Sigma (St. Louis. MO. USA) 产品。苯基硼酸亲和凝胶 (Affi-Gel 601) 购自 Bio-Rad。甲酸购自 Riedel-de Haeen (Germany)。乙酸铵 (NH_4Ac)、甲醇 (CH_3OH)、氨水 ($NH_3 \cdot H_2O$)、二水合磷酸二氢钠 ($NaH_2PO_4 \cdot H_2O$) 是 Merck (Germany) 分析纯试剂。所有溶液均用 Milli-Q 超纯水配制。

从健康人群中随机取样，癌症患者样品从相关医院中采取，收集到样品后立刻放入 −20℃的冰箱中冷冻。测定核苷之前，将尿样置于室温下解冻。

10.2.1.2 尿中和血中分离、浓缩核苷的亲和色谱预处理方法[85～88,92]

尿中化学成分有 1 万多种，尿液不但成分复杂，而且核苷含量很低。因此，要用专门的预处理方法将其从复杂的基体中分离富集出来。这里，我们采用苯基硼酸亲和填料，通过 pH 的改变，达到去除干扰和增加浓度的目的 (图 10-4)。

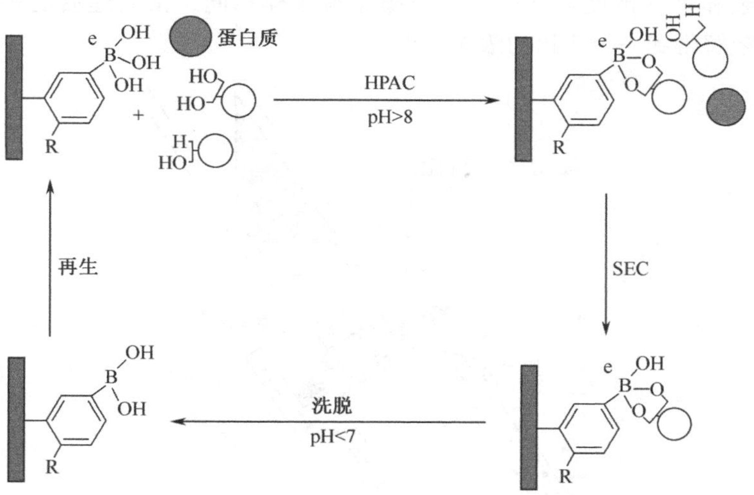

图 10-4 样品预处理过程的色谱特性

HPAC：高效亲和色谱，SEC：体积排阻色谱

(1) pH＞8.0 时苯基硼酸亲和填料对芳香族邻二醇和脂肪族顺-二醇化合物具有共价亲和作用。

(2) 被吸附的蛋白质等干扰物可用体积排阻色谱 (SEC) 进一步分离。

(3) 在酸性条件下，顺-二醇化合物可从亲和填料上洗脱下来。

(4) 改变 pH 至碱性，填料对顺-二醇化合物的亲和性得以恢复，因此填料可反复使用。

1. 尿样的亲和色谱预处理方法

用苯基硼酸凝胶色谱法来提取尿中核苷。凝胶活化后用 35ml 0.25mol/L 的 NH_4Ac (pH8.5)平衡。10ml 离心后的尿样加入内标 [内标：高效液相色谱法为异鸟苷 (IsoG)；毛细管电泳法为异鸟嘌呤核苷 (3-Dzu)] 到预处理柱。然后用 20ml 0.25mol/L 的 NH_4Ac 冲洗，3ml CH_3OH : H_2O (1 : 1, V/V) 洗 2 次柱子，核苷洗提物用 25ml 含 0.1mol/L CH_3COOH 的 CH_3OH : H_2O (1 : 1, V/V) 溶液洗提。洗提物

在真空旋转蒸发器中蒸发至干（温度大约 40℃），蒸发后的残留物用 1ml 25mmol/L 的 KH_2PO_4（HPLC）或水（CE）溶解。重复使用前凝胶用 25ml 含 0.1mol/L CH_3COOH 的 CH_3OH : H_2O（1 : 1，V/V）溶液和 25ml CH_3OH : H_2O（1 : 1，V/V）进一步冲洗。在两次提取间用 45ml 0.25mol/L 的 NH_4Ac（pH8.5）平衡凝胶。

预处理柱填料的使用寿命在分析尿样时可达 30 次以上而不降低其效能。

2. 血样的亲和色谱预处理方法[90]

血中核苷也用苯基硼酸凝胶色谱法来提取。1ml 血清中加入 0.1ml 浓度为 0.08mmol/L 的异鸟嘌呤核苷作内标，用 AMICO 公司的微分配单元（MPS）（图 10-5）用转子固定角度为 30°的离心机在 5～10℃、2000g 离心 1.5h 去除相对分子质量大于 30 000的蛋白质。在超滤液中加入 250μl 2.5mol/L 的 NH_4Ac 混合均匀。样品加入到活化后已平衡的亲和色谱预处理柱中。其他操作与尿样相同。预处理后的核苷用 200μl HPLC 缓冲液溶解得到一个 5 倍的浓缩效果。

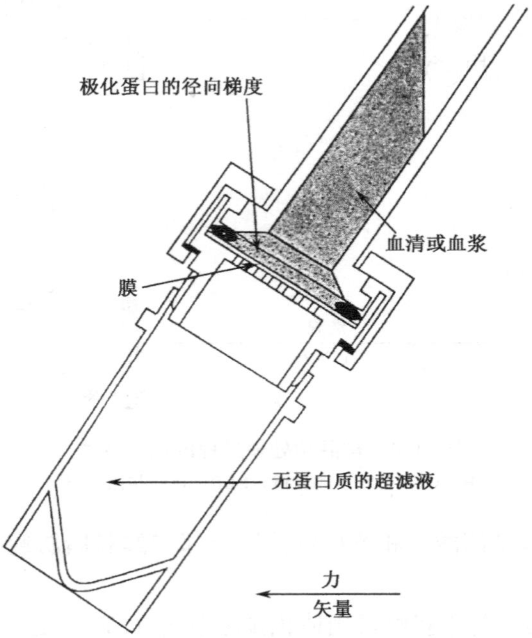

图 10-5　MPS 结构图

10.2.1.3　肌酐的毛细管区带电泳法测定

肌酐浓度用改进的 JAFFE 方法[93]或毛细管区带电泳法测定[84]。毛细管区带电泳法为：将尿样离心后，取 10μl 加入 15μl Milli-Q 超纯水振荡离心，取出 10μl，加入 10μl 3-deazauridine 内标振荡离心；在 Beckman Coulter 的 MDQ 毛细管电泳上，以 0.1mol/L pH 为 6.0 的磷酸盐为缓冲液，在 52μm×50μm i.d. 的未涂层石英毛细管（Grom，Herrenberg-Kayh，Germany）上，于 20kV 恒压、25℃下进行电泳分离，检测波长为 214nm，内标法定量。

10.2.1.4 毛细管电泳分析[78~84]

以 300mmol/L SDS-25mmol/L $Na_2B_4O_7$ · $10H_2O$-50mmol/L NaH_2PO_4 · $2H_2O$ 为缓冲液，50μm i.d. 未涂层石英毛细管为分离通道，在 7kV 恒压、29℃下电泳，检测波长为 254nm。毛细管柱使用前用 0.1mol/L NaOH、Milli-Q 超纯水分别冲 30min 和 20min。每次电泳后，毛细管分别用 0.1mol/L NaOH、Milli-Q 超纯水、缓冲液冲洗 100s、100s、120s。尿中核苷浓度使用内标法（内标：3-脱吖尿苷，3-Dzu）用 UV 定量，串行检测波长为 260nm 和 210nm。校正曲线由包含不同浓度的三个标样测得。所得结果转化为肌酐指数（nmol/μmol creatinine）。

10.2.1.5 高效液相色谱分析[89,94]

经苯基硼酸凝胶色谱法提纯后的尿中核苷用 250mm× 4mm，5μm LiChrospher 100 C_{18} 的反相液相色谱柱（Merck）在 30℃进行分离。缓冲液为 25mmol/L 的 KH_2PO_4（pH4.55）和 60%的甲醇水溶液，二元梯度淋洗程序见表 10-3。检测波长 260nm 和 280nm，内标法定量。所得结果转化为肌酐指数（nmol/μmol creatinine）。

表 10-3　二元梯度淋洗程序表

时间/min	KH_2PO_4/%	MeOH/H_2O/%	流速/（ml/min）
0	100	0	1.5
1	99	1	1.5
5	99	1	1.5
15	90	10	1.5
40	40	60	1.4
42	40	60	1.3
45	100	0	1.4
50～75	100	0	1.5

为了使标样中核苷浓度类似于尿中核苷浓度，含 16 种核苷的标准库存溶液制备如下：二羟基尿苷（DHU）0.32mmol/L，假尿苷（Pseu）1.28mmol/L，胞苷（C）0.008mmol/L，尿苷（U）0.016mmol/L，1-甲基腺苷（m1A）0.16mmol/L，次黄嘌呤核苷（I）0.032mmol/L，5-甲基尿苷（m5U）0.032mmol/L，鸟苷（G）0.008mmol/L，黄嘌呤核苷（X）0.032mmol/L，3-甲基尿苷（m3U）0.016mmol/L，1-甲基次黄嘌呤核苷（m1I）0.064mmol/L，1-甲基尿苷（m1G）0.032mmol/L，2-甲基鸟苷（m2G）0.032mmol/L，腺苷（A）0.032mmol/L，6-甲基腺苷（m6A）0.032mmol/L 和 5′-脱氧-5′-甲基硫腺苷（MTA）0.016mmol/L。4 个不同体积（0.625ml、1.25ml、1.563ml 和 2.5ml）的标准库存溶液与 0.5ml 内标异鸟苷（0.25mmol/L）混合，用水稀释到 10ml，然后与尿样一样预处理来制备不同浓度的标准溶液以绘制校正曲线。

血清中核苷的测定，除了标准溶液中核苷浓度不同和进样体积不同之外，其他条件与尿样分析相同。

电泳或色谱峰的识别方法为：①将未知峰的迁移时间或保留时间与核苷组分的迁移时间或保留时间相对照；②在尿样中加入标样。当标样核苷与尿样的预处理方式相同时，尿中核苷的浓度可以通过建立核苷标样的工作曲线推算而得。

作为最新的工作，我们利用柱切换技术，构建了一个样品预处理和分离一体化的液相色谱在线系统。该仪器分离分析尿中核苷实现了从样品预处理到分析全程的自动化。避免了繁琐、耗时的样品预处理步骤，提高了分析结果的精密度。大大缩减了分析时间，减少了所需的样品量[95]。同时，我们还发展了整体柱高效液相色谱法[96]和超高效液相色谱法[97]，使得核苷的分析时间大大缩短。

10.2.2 多变量可视化数据分类的方法

如上文对正常的成年人来说，个体间核苷的排放浓度差异较小，分布在一个较窄的范围。当人体的某一部分发生癌变时，核糖核酸周转加快，导致尿液或血液中修饰核苷的含量急剧增加[98,99]。根据以上的机制（图 10-3），人们可以通过尿液或血液中的修饰核苷的增加程度，对癌症的发病进行诊断[85~90,94,98~105]。

文献[106~108]报道的以修饰核苷为肿瘤标志物的研究方法是采用健康人尿中或血中的修饰核苷为基准，分布范围表达为平均值加上 2 倍标准偏差。若修饰核苷的排放量超过平均值加上 2 倍标准偏差则视为异常排放，以此为基础来对癌症患者和正常人进行区分，并辅助癌症的诊断。数据处理方法多采用孤立的对每个修饰核苷进行单独检验，找出排放水平超出平均值加 2 倍标准偏差的修饰核苷的个数，以此作为最后的结果对正常人和癌症患者进行分类。

由于肿瘤机制的复杂性，单用一种肿瘤标志物很难满足临床诊断灵敏性和特异性的要求。毛细管电泳（CE）和高效液相色谱法（HPLC）给利用多个修饰核苷作为肿瘤标志物提供了必要条件[87,89,90,94,98,101~109]，但目前的数据处理方法仍停留在传统的统计方法上，常常遇到的一个问题是，对同样的一种恶性肿瘤，由于患者的不同，各种修饰核苷的增加程度不同，有时还会发生同一个患者的尿中修饰核苷浓度与正常人相比有高有低的现象，给医生的判断增加了很大的难度。传统的方法一方面没有科学地综合考虑多个标志物的变化，浪费了大量的宝贵信息，另一方面无法将多个标志物的综合判断结果直观地图形化。

模式识别[110,111]是数据信息采掘技术的主要方法之一。其中，统计模式识别是计算机模式识别方法的重要组成部分。统计模式识别将每个样本用特征参数表示为多维空间的一个点，通过“物以类聚”的原理，同类或相似的样本间距离应该接近，不同类样本间的距离应该较远，这样可以通过根据各样本点的距离或距离函数来判别和分类。模式识别即通过对已知样本点（训练点）进行训练和计算，在多维空间找到一个超平面将不同类别的点分在不同的区域。化学模式识别是化学计量学研究的重要组成部分，它是从化学测量数据出发，进一步解释物质的隐含性质，为化学家提供有用的信息。

为辅助诊断恶性肿瘤，首先要建立正常人体液中核苷的排放范围，然后找出医生已确诊的恶性肿瘤患者，研究他们与正常人的区别。为此，要测量两批典型人群的核苷浓度，获得与肌酐的相对值。以上述相对值为原始数据，运用多元统计分析技术（如因子分析[94,112~114]、模式识别或人工神经元网络技术[100,115~121]等），将正常人与已知癌症患者进行分类建立“模式识别基图”。在“模式识别基图”基础上，可疑患者可根据高效液相色谱法等测量的核苷数据进行“归类”判断，看可疑患者落在哪一区域，达到辅助诊断癌症的目的。

10.2.2.1 方法原理

1. 因子分析

因子分析计算程序结构图见图 10-6。

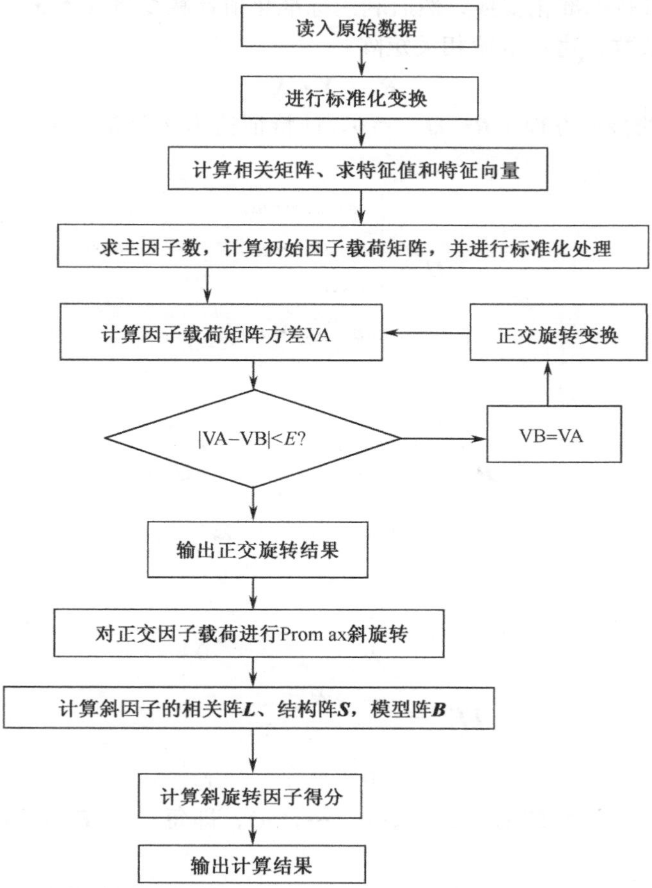

图 10-6 因子分析计算程序结构图

因子分析是研究相关矩阵的内部依赖关系，它将多个变量综合为少数几个“因子”，以再现原始变量与“因子”之间的相关关系。因子分析的主要应用有两个方面：①寻求基本结构、简化观测系统；②用于分类，将变量或者样本进行分类，根据因子得分值，在因子轴所构成的空间中进行分类处理。因子分析的结果不仅是要给出因子模型，而且还要得出变量和因子间的相关系数，这些相关系数构成“因子结构”。一个完全的因子解包括因子模型和因子结构两个方面，因子结构反映变量与因子间的相关关系，而因子模型则是以回归方程的形式将变量变为因子的线性组合。因子分析的基本问题是用变量之间的相关系数来决定因子载荷。

因子模型的求解过程如下。

设原始矩阵为：

$$X=\begin{bmatrix} x_{11} & x_{21} & \cdots & x_{1n} \\ x_{21} & x_{22} & \cdots & x_{2n} \\ \cdots\cdots \\ x_{p1} & x_{p2} & \cdots & x_{pn} \end{bmatrix}_{p\times n} \tag{10.1}$$

式中，p 表示变量数，n 表示样本数。

将原始数据进行标准化变换，然后利用标准化值计算变量 $\boldsymbol{x}_1$，$\boldsymbol{x}_2$，…，$\boldsymbol{x}_j$，…，$\boldsymbol{x}_p$ 两两之间的相关系数，建立 p 阶相关矩阵：

$$\boldsymbol{R}=\boldsymbol{X}\cdot\boldsymbol{X}' \tag{10.2}$$

求解 $\boldsymbol{R}$ 矩阵的特征方程 $|\boldsymbol{R}-\lambda\boldsymbol{I}|=0$，计特征值为 $\lambda_1>\lambda_2>\cdots\lambda_p\geqslant 0$，特征向量矩阵为：

$$\boldsymbol{U}=\begin{bmatrix} u_{11} & u_{12} & \cdots & u_{1p} \\ u_{21} & u_{22} & \cdots & u_{2p} \\ \cdots\cdots \\ u_{p1} & u_{p2} & \cdots & u_{pp} \end{bmatrix} \tag{10.3}$$

这样有关系：

$$\boldsymbol{R}=\boldsymbol{U}\begin{bmatrix} \lambda_1 & & & 0 \\ & \lambda_2 & & \\ & & \ddots & \\ 0 & & & \lambda_p \end{bmatrix}\boldsymbol{U}' \tag{10.4}$$

令 $\boldsymbol{F}=\boldsymbol{U}'\boldsymbol{X}$

于是：

$$\boldsymbol{F}\boldsymbol{F}'=\begin{bmatrix} \lambda_1 & & & 0 \\ & \lambda_2 & & \\ & & \ddots & \\ 0 & & & \lambda_p \end{bmatrix} \tag{10.5}$$

$\boldsymbol{F}$ 为主因子阵，并且 $\boldsymbol{F}_\alpha=\boldsymbol{U}'\boldsymbol{X}_\alpha$（$\alpha=1, 2, \cdots, n$），即每一个 $\boldsymbol{F}_\alpha$ 为第 α 个样品主因子观测值。

在因子分析中，通常只选其中 m 个（$m<p$）主因子。首先根据变量的相关选出第一主因子 $\boldsymbol{F}_1$，使其在各变量的公共因子方差中所占的方差贡献为最大，然后消去这个因子的影响，从剩余的相关中选出与 $\boldsymbol{F}_1$ 不相关的因子 $\boldsymbol{F}_2$，使其在各个变量的剩余因子方差贡献中为最大……这样直到各个变量公共因子方差被分解完毕为止。通常我们选取的主因子的信息量占总体信息量的 80%～90%。对于确定选取的 m 个主因子，$\boldsymbol{R}$ 矩阵的因子模型为：

$$\begin{cases} \boldsymbol{x}_1=a_{11}\boldsymbol{F}_1+a_{12}\boldsymbol{F}_2+\cdots+a_{1m}\boldsymbol{F}_m+a_1\varepsilon_1 \\ \boldsymbol{x}_2=a_{21}\boldsymbol{F}_1+a_{22}\boldsymbol{F}_2+\cdots+a_{2m}\boldsymbol{F}_m+a_2\varepsilon_2 \\ \cdots\cdots \\ \boldsymbol{x}_p=a_{p1}\boldsymbol{F}_1+a_{p2}\boldsymbol{F}_2+\cdots+a_{pm}\boldsymbol{F}_m+a_p\varepsilon_p \end{cases} \tag{10.6}$$

式中，F_1，F_2，…，F_m 为公因子；a_{ij} 为因子载荷；ε_i 为特殊因子，仅与变量 χ_i 有关；a_i 为特殊因子的载荷。

因子分析的目的不仅是找出主因子，更重要的是知道每个主因子的意义。但是上述方法所求出的主因子解、初始因子载荷矩阵并不满足“简单结构准则”，各因子的典型代表变量不很突出，因而容易使因子的意义含糊不清，不便于对因子进行解释。为此必须对因子载荷矩阵施行旋转，使得因子载荷的平方按列向 0 和 1 两极转化，达到其结构转化的目的。

采用方差最大旋转，使因子载荷矩阵中，各因子载荷值的总方差达到最大作为因子载荷矩阵简化的准则。方差极大旋转是使载荷按列向 0 和 1 两极分化，同时也包含着按行向两极分化。

在方差极大旋转过程中，因子轴相互正交，始终保持初始解中因子间不相关的特点。然而在科学领域内，斜交因子是普遍规律，原因是各种事物变化的各内在因素之间始终存在着错综复杂的关系。因此，需要将变量用相关因子进行线性描述，使得到的新因子模型最大程度地模拟自然模型。

Promax 斜旋转是旋转方法的一种，它是从正交因子解出发，经过斜旋转后，使其结构简化。其旋转步骤如下：

设正交因子矩阵为 $\boldsymbol{A}=(a_{ij})_{p\times m}$

将 $\boldsymbol{A}$ 按行规格化处理得矩阵 $\boldsymbol{A}^*$，将 $\boldsymbol{A}^*$ 的各元素取绝对值的 K 次幂，并保留原来符号，得矩阵 $\boldsymbol{H}$；建立 $\boldsymbol{A}^*$ 对 $\boldsymbol{H}$ 的最小二乘估计，即令

$$\underset{(p\times m)}{\boldsymbol{A}^*}\cdot\underset{(m\times m)}{\boldsymbol{C}}=\underset{(p\times m)}{\boldsymbol{H}}\tag{10.7}$$

将 $\boldsymbol{A}^*$ 左乘式两边，然后用 $(\boldsymbol{A}^{*\prime}\boldsymbol{A}^*)^{-1}$ 左乘方程两边，得

$$\boldsymbol{C}=(\boldsymbol{A}^{*\prime}\boldsymbol{A}^*)^{-1}\boldsymbol{A}^{*\prime}\boldsymbol{H}\tag{10.8}$$

将 $\boldsymbol{C}$ 列规格化，得斜交参考矩阵 Λ；将 Λ^{-1} 按行规格化，得斜交因子变换矩阵 $\boldsymbol{T}'$，分别计算出斜因子解的相关阵 $\boldsymbol{L}$、结构阵 $\boldsymbol{S}$ 和模型阵 $\boldsymbol{B}$，即

$$\begin{aligned}\boldsymbol{L}&=\boldsymbol{T}'\boldsymbol{T}\\ \boldsymbol{S}&=\boldsymbol{A}\boldsymbol{T}\\ \boldsymbol{B}&=\boldsymbol{A}(\boldsymbol{T}')^{-1}\end{aligned}\tag{10.9}$$

因子分析将变量表示为公共因子的线性组合。由于公因子能充分反映原始变量的相关关系，用公因子代表原始变量时，更有利于描述研究对象的特征。因而，反过来将公因子表示为变量的线性组合，即用

$$F_j=\beta_{j1}\boldsymbol{x}_1+\beta_{j2}\boldsymbol{x}_2+\cdots+\beta_{jp}\boldsymbol{x}_p\,(j=1,2,\cdots,m)\tag{10.10}$$

来计算各个样品的公因子得分。根据因子得分表，以 F_1 和 F_2 为因子轴作因子得分图，由因子得分图可提供一个样本分类的参考模型。此模型即是我们所要的模式识别图。

2. 人工神经元网络

人工神经元网络的基本思路是基于人脑细胞的工作原理来模拟人类的思维方式、已建立模型来进行分类与预测的。图 10-7A 给出了神经元及其连接的示意图，从图 10-7A 中我们可以看出，神经元通过神经纤维和突触与其他的神经元相联系，以接受来自其他的神经元的信息，并将信息继续传给其他的神经元。人工神经元网络方法即是借用神经

元来表示一个计算单元，通过网络与其他的计算单元相连。图 10-7B 给出了处理单元的结构。

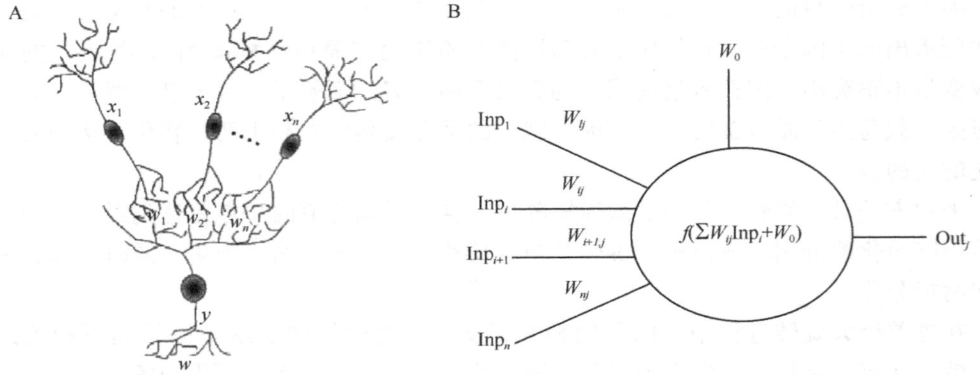

图 10-7　真实神经元及其连接示意图（A）和人工神经网络的计算单元（B）

1）输入和输出

第 j 个处理单元的第一个组成部分是输入矢量 **Inp**，其组成元素为 Inp_1，Inp_2，…，Inp_n，节点对这些输入或激活值进行处理，得到输出值 Out_j，此输出值即构成其他处理单元的一部分。

2）权重因子

影响处理单元的因素除矢量 **Inp** 的元素值外，还有如权重因子 w_{ij}（weight factor）这样的因素，它反映出第 i 个输入 Inp_i 对于第 j 个节点的影响。权重因子具有抑制或激活处理单元的作用。调整 w_{ij} 使 $a_i w_{ij}$ 的值为正，即可激活处理单元。如果 $\text{Inp}_i w_{ij}$ 的值为负，该节点将被抑制。如果 $\text{Inp}_i w_{ij}$ 在数量上与其他信号相比非常小，则 $\text{Inp}_i w_{ij}$ 对该节点的影响非常小或无影响。

3）内部阈值

第 j 个处理单元的内部阈值（internal threshold）记作 w_0，用来控制节点的激活值。将节点所有 $\text{Inp}_i w_{ij}$ 相加和，然后减去内部阈值得到总激活值（total activation）：

$$\text{总激活值} = \sum(\text{Inp}_i w_{ij}) - w_0 \qquad (10.11)$$

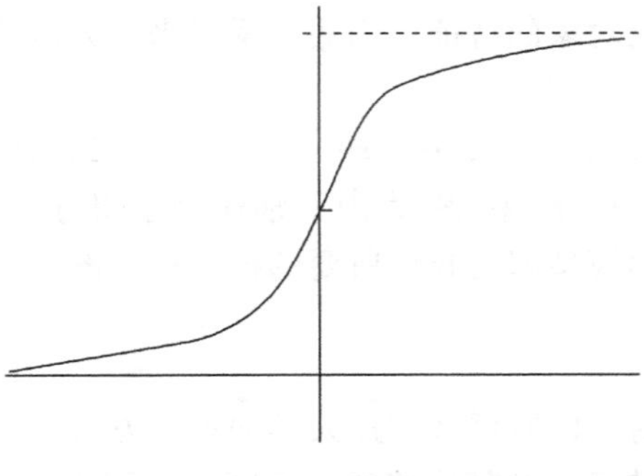

图 10-8　Sigmoid（S 形）函数

4）函数形式

处理单元根据其输入进行计算，得到具有各自权重的所有输入信号的点积，减去阈值，将此结果传给某函数形式 f，并将节点的计算向下传递。

已发现 Sigmoid（S 形）函数具有特殊的优点。典型的 Sigmoid 函数为：$f(x) = \frac{1}{1+e^{-x}}$。Sigmoid 函数如图 10-8 所示。

其极限值为 0（当 $x \to -\infty$）和 1（当 $x \to +\infty$）。Sigmoid（S 形）函数可得到较好的

人工神经网络行为。当采用 Sigmoid 函数时，可直接表达权重因子及抑制和激活作用（即 $w_{ij}<0$ 为抑制，$w_{ij}>0$ 为激活）。Sigmoid 函数为连续单调函数，即使当 x 趋于$\pm\infty$时，效果也很好，训练效果很好。

将若干个人工神经元作为有向图的节点，连成人工神经网络。图 10-9 中示出了一个典型的基于误差反传算法的三层前传网络，分别称为输入层、隐蔽层和输出层。可以将人工神经网络看成为一个通过输入层的所有节点输入特定信息的黑箱，人工神经网络通过节点之间的相互连接关系来处理这些信息。最后，从输出层的节点给出最终结果。

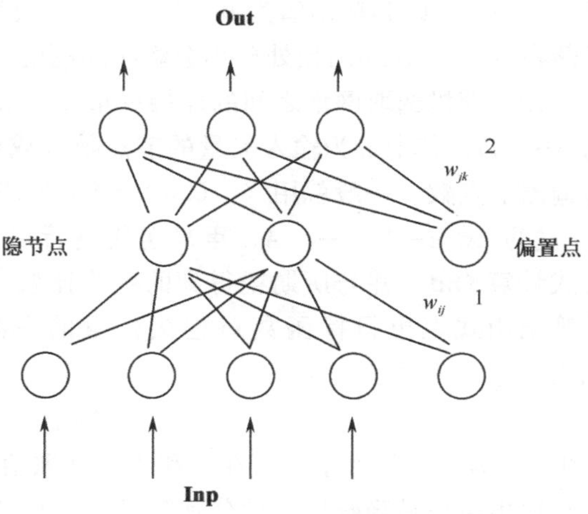

图 10-9　三层式前传人工神经网络示意图

在神经网络的计算中，输入层一般表示为 **Inp**，它的每一个计算单元将代表 **Inp** 中的一个元素，它们通过连接权重 w_{ij}^{me} 由下式与隐蔽层的计算单元 y^{me} 相连结，

$$y_j^{me} = f(\sum w_{ij}^{mel}\mathrm{Inp}_i + w_0^{wel}) \tag{10.12}$$

w_0^{mel} 称为偏置点，根据不同情况可取不同的值。隐蔽层 y^{me} 以相同的方式，也可以通过连接权重由式与输出层 **Out** 相连。

所以，整个三层前传人工神经网络可以由下式表出：

$$\begin{aligned}\mathrm{Ouk}_k &= f\left\{\sum w_{ki}^{me2}y_j^{me} + w_0^{me2}\right\} \\ &= f\left\{\sum w_{ki}^{me2}\left[f\left\{\sum w_{ij}^{me1}\mathrm{Inp}_i + w_0^{we1}\right\}\right] + w_0^{me2}\right\}\end{aligned} \tag{10.13}$$

从（10.13）式可以看出，三层前传人工神经网络实际是通过一个相当复杂的非线性函数将输入矢量 **Inp** 与输出矢量 **Out** 连在一起。实际上，这样的前传神经网络还可以多于三层，其结构可依次类推。从公式可以看出，网络的确定实质是连接权重的确定，因为 f（.）、**Inp**、**Out** 都可以预先确定，只要权重确定以后，网络也就唯一确定了。

人工神经网络的运行分为两个阶段：①训练或学习阶段；②预测（推广）阶段。

在训练或学习阶段，反复向人工神经网络提供一系列输入、输出模式对，通过不断调节节点的相互连接权重，直至特定的输出产生。通过这些活动，人工神经网络学会正确地输入-输出响应行为，从而对未知样本进行预报。

为了建立人工神经网络模型，也就是确定连接权重，Rumelhart 等[122]提出多层前传网络误差反传算法（BP）。所谓误差反传的基本思路就是定义一个误差函数作为训练网络的目标函数，然后采用一种方法根据误差反馈过来的情况以调节网络的连接权重，从而达到优化的目的。一般来说，采用最小二乘函数来作为目标函数，即使式极小化：

$$E = 1/2\left[\sum(\mathrm{Out}_k - \mathrm{Exp}_k)^2\right] \tag{10.14}$$

式中，Exp_k（1，…，l）为期望做得到的输出值，l 为输出矢量的元素个数。Out_k（1，…，

l）为实际得到的输出值。δ_k 为希望输入与实际输出的偏差。

BP 算法将由以下几步构成：

（1）数据预处理。因为一般大都采用 S 形非线性函数为其活性函数，即 $f(u)=(1+e^{-u})^{-1}$。因其输出值为 0～1，所以一般都需要对网络的数据进行预处理，使之同样落在 0～1。这样的预处理不会影响问题的一般性。

（2）随机选取网络之间的连接权重 w_{ki}^{me2} 和 w_{ij}^{me1}（$j=1$，…，n；$i=1$，…，m；$k=1$，…，l），其中 n 为输入矢量的节点数（或称输入矢量的维数）；m 为隐藏节点数；l 为输出节点数。一般就用（－0.5～0.5）的均匀分布的随机函数产生。

（3）设 $a=1$，…，A，重复迭代进行以下步骤，直至收敛。① 前传计算：按照公式计算 **Out**，并与所期望得到的数值比较，按式计算出误差函数 E。② 反传调节：计算出由式表出目标函数对连接权重的一阶导数，并以此来调节连接权重 w_{ki}^{me2} 和 w_{ij}^{me1}。

$$\Delta w_{ij} = \rho\delta_i u_j \tag{10.15}$$

式中，ρ 为一步长因子，可在 0 和 1 之间取值；u 为第 j 节点上的抽象变量，一般视其是在输出层环是隐蔽层，就分别等于 $f\left(\sum w_{ki}^{me2} y_j^{me} + w_0^{me2}\right)$ 或者 $f\left(\sum w_{ij}^{me1}\mathrm{Inp}_i + w_0^{we1}\right)$；$\delta$ 为梯度因子，对于不同层，它有不同的表达式：

$$\delta_i = \begin{cases} (u_i - \mathrm{Exp}_i)(u_i)(1-u_i) & \text{如果 } u_i \text{ 为输出节点} \\ \left(\sum w_{ij}^{me1}\delta_k\right)(u_i)(1-u_i) & \text{如果 } u_i \text{ 为隐蔽层节点} \end{cases} \tag{10.16}$$

在这里 $u(1-u)=u'$。实因，

$$u = f\left(\sum w_{ij}^{me1}\mathrm{Inp}_i + w_0^{me1}\right) = f(x) = 1/(1+e^{-x}) \tag{10.17}$$

所以有：

$$\begin{aligned} u' &= f'(x) = [1/(1+e^{-x})]/dx \\ &= -(1+e^{-x})^{-2}(e^{-x})^{-1} \\ &= [1/(1+e^{-x})]\{1-[1/(1+e^{-x})]\} \\ &= u(1-u) \end{aligned} \tag{10.18}$$

注意到式中的步长因子 ρ，它的取值大小对收敛速度有很大的影响，如果取值太大，则可能引起迭代过程的振荡；反之，若取值太小则会导致权重调节的迭代过程收敛太慢。一般在式中引入一个惯量因子 λ，即

$$\Delta w_{ij}(\alpha+1) = \rho\delta_i u_j + \lambda\Delta w_{ij}(\alpha) \tag{10.19}$$

以保证迭代收敛速度。

10.2.2.2 应用实例和讨论

本方法是希望通过基于体液中核苷含量的变化程度来判断个体是否是恶性肿瘤患者。图 10-10 给出了患者是否患有恶性肿瘤的判断流程。首先，要研究正常人和已知癌症患者的核苷浓度范围，采用 HPLC 或 CE 的方法获得正常人和典型恶性肿瘤患者的尿样或血清中核苷的含量。然后进入训练和学习阶段，即根据选定的模式识别方法对正常人和已知癌症患者的核苷数据进行分类分析（具体过程见方法原理），建立用于预测的模式识别的基图及各种计算参数（包括计算权重等）。对于未知患者，分析其尿样或血

清中核苷的含量，根据建立的模型对该数据进行计算，获得结果，并根据其在基图上的相对位置和结果判断其是否是恶性肿瘤的患者。

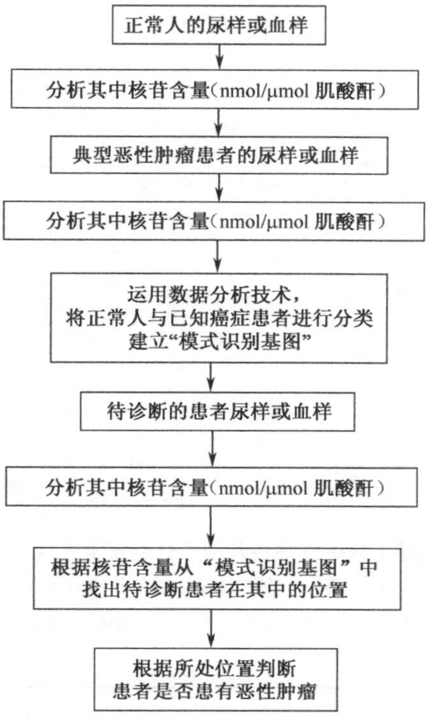

图 10-10　患者是否患有恶性肿瘤的判断流程

以 18 个正常人和 51 个癌症患者作为样本，用他们尿中 11 种核苷和修饰核苷的浓度（nmol/μmol 肌酸酐）为原始数据，按图 10-6 进行因子分析。原始数据经标准化处理，计算相关矩阵，求解相关矩阵的特征方程，得到特征向量矩阵和相应的特征值。选择两个主因子，设它们反映的信息已占总体信息量的 90%，得到因子载荷矩阵。对上述因子载荷矩阵进行方差极大正交旋转，正交旋转后的结果进一步进行 Promax 斜旋转，用相关因子进行线性描述，得到斜交因子相关矩阵和斜交因子得分值。用第一和第二斜交因子得分值作斜交因子得分图（图 10-11）。这个第一、二斜交因子得分图即是基于 18 个正常人和 51 个已知癌症患者用尿中 11 种修饰核苷作为原始数据所得的"模式识别基图"。由图 10-11 可知，正常人的位置在图中落到一个很窄的区域，而癌症患者的点则较分散，两区域的重叠非常少，与图 10-5 中的核苷代谢机制相吻合。

图 10-12 是以 23 个正常人和 19 个癌症患者为样本，以他们血清中 11 种核苷的含量为原始数据，经因子分析根据所得的第一和第二斜交因子得分作斜交因子得分图，即得到基于血清中核苷分析的"模式识别基图"。与图 10-11 非常类似，只有两个癌症患者的点落到正常人的区域。

有了上面两个基图后，我们即可对未知患者是否有癌症进行判断。首先，我们采集待诊断的患者尿样，测其中的核苷含量。患者尿中 5 种最重要修饰核苷的浓度与正常人

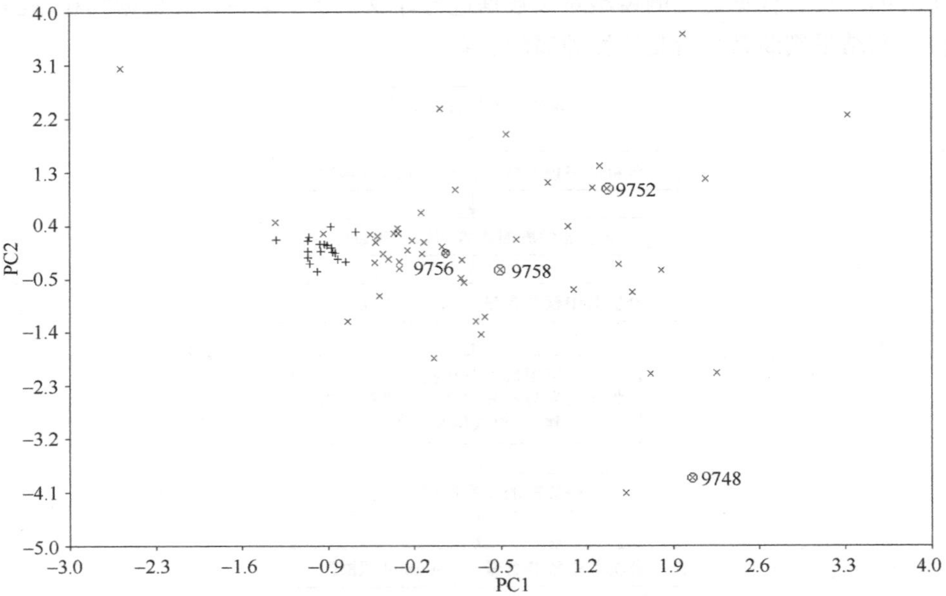

图 10-11　因子分析法基于尿中修饰核苷用于分类正常人（+，18 个）和癌症患者（×，51 个癌症患者，15 种癌症）

11 种修饰核苷为 Dhu、Pseu、m1A、I、m5U、X、m3U、m1I、m1G、M6A、MA

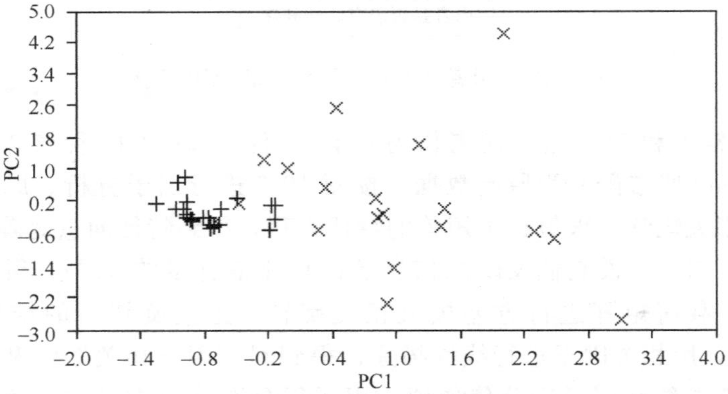

图 10-12　因子分析法基于血中 11 种修饰核苷用于分类正常人（+，23 个）和癌症患者（×，19 个）

11 种修饰核苷为 Dhu、Pseu、m1A、I、m5U、X、m3U、m1I、m1G、M6A、MTA

的浓度及其分布范围进行比较。9758 号和 9756 号患者，5 种修饰核苷的浓度与正常人比均显著增高（指超过正常人平均值+2 倍标准偏差），用常规方法也可以判断他们可能患有癌症。但 9752 号和 9748 号患者，尿中 Dhu、Pseu 的含量比正常人低，而 m1A、m1I 和 m1G 的含量又明显增高（图 10-13）。如果仅用 2 倍标准偏差的办法来判断，根本无法知道患者是否有恶性肿瘤。但用了本发明的模式识别技术后，根据样本尿中核苷和修饰核苷的含量，算出该样本的因子得分，根据因子得分，即可找到该样本在基图中的位置，即可对样本的类别进行判断。图 10-11 中用圆圈圈出了上述四个样本（患者）

在图中对应的位置。

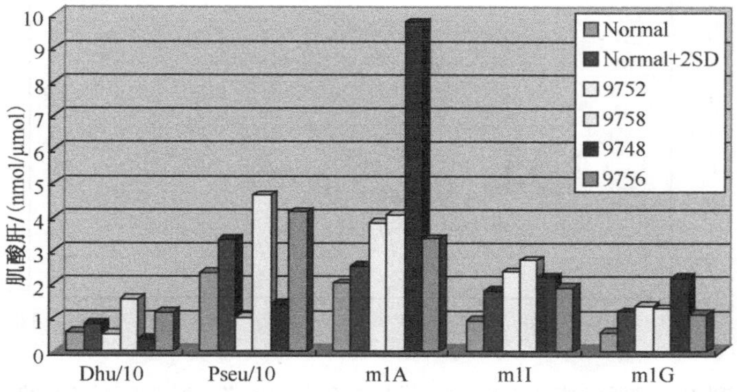

图 10-13 四个典型的患者尿中重要修饰核苷的浓度与正常人的比较

Normal 为正常人尿中核苷排放浓度的平均值，Normal+2SD 为正常人平均值+2 倍标准偏差。9752、9758、9748 和 9756 为患者编号。除 9752 为喉咽癌外，其他均为乳腺癌

作为另一应用实例，我们又采集了手术前一天患者的尿样。图 10-14 给出了三个典型乳腺肿瘤患者和正常人尿中重要核苷的测定结果。9717a 与正常人相比，尽管 m1I、m1G 增高不是太明显，但 Pseu、Dhu、m1A 显著增高。表明此患者很可能患有恶性肿瘤。

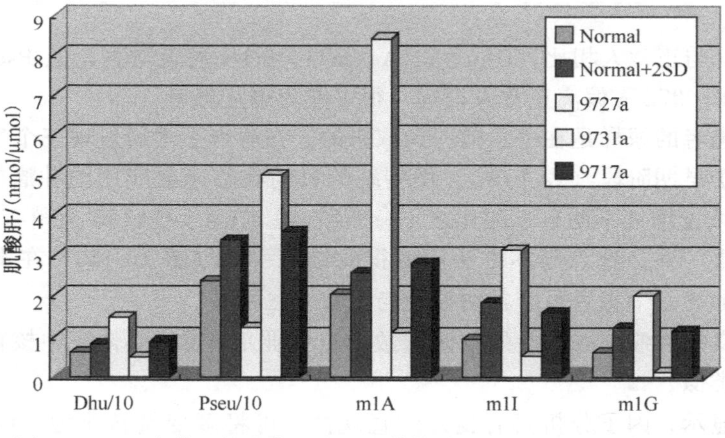

图 10-14 三个典型的患者尿中重要修饰核苷的浓度与正常人的比较

图中 9727a、9731a 和 9717a 为三个典型的患者（均为乳腺癌）。其他同图 10-13

9731a 与正常人相比，Pseu 明显增高，但 Dhu、m1A、m1I、m1G 反而降低。5 个最重要的修饰核苷只有一个增高。这个患者的数据就出现了修饰核苷有高有低的现象。用传统的 2 倍标准偏差法很难知道患者是否患有恶性肿瘤。从因子分析模式识别基图可见（图 10-15），此点离正常人很近，但又没有进入正常人的区域，此患者应为癌症初期。事实证明也如此（表 10-4）。

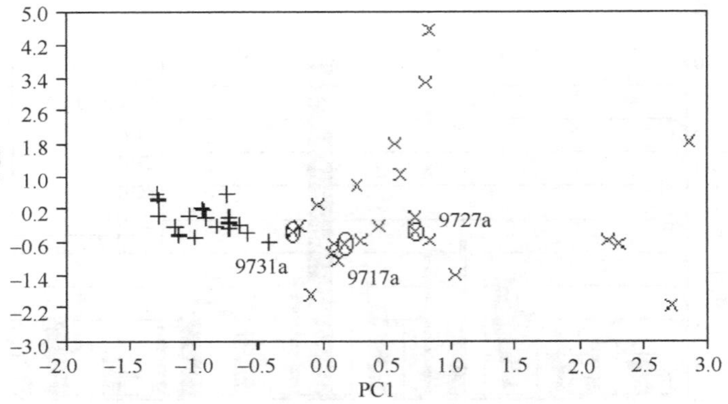

图 10-15 利用本发明的模式识别方法判断三个未知患者（乳腺癌模式识别基图）

正常人（+，18 个），乳腺癌患者（×，23 个）。11 种修饰核苷为 Dhu、Pseu、m1A、I、m5U、X、m3U、m1I、m1G、M6A、MTA

表 10-4 肿瘤患者的背景（乳腺癌）

样品号	性别	癌症阶段	CEA/（μg/L）	CA153/（V/L）
9727a	女	T1N1（II_A 期）	5.6	40
9731a	女	T2N1（II_B 期）	1.1	6
9717a	女	原位（0 期）	0.7	16

患者 9727a 与正常人相比，Dhu、m1A、m1I、m1G 显著增高，但 Pseu 明显降低。从图 10-15 可知，9727a 偏离正常人很远，很可能为癌症患者。

上述三个患者的尿样是在手术前一天取来的。在患者手术后发现三个患者都患有恶性肿瘤，且处于早期阶段（表 10-4）。用传统的目前在临床上应用的肿瘤标志物 CEA、CA153 检验，浓度增加不明显。相比之下，9727a 在 CEA、CA153 上稍有异常的反映，癌症应该更严重一些。这点与本方法所取得的结果一致（图 10-15）。在本方法的模式识别基图中，上述三个患者可非常明显地与正常人区别开。

我们也对良性肿瘤与恶性肿瘤的区别做了初步研究，发现其体液中核苷浓度与正常人相比，基本类似。

上述结果显示，因子分析具有良好的直观性，可将多变量转化为二维平面上的投影，并形成对应的区域用于类别的区分，但由于其只考虑了两个主因子，在识别率上有所损失。采用人工神经网络，可进一步提高识别率。

以 18 各正常人和 51 个患者作为样本（同因子分析样本），用他们尿中 11 种核苷和修饰核苷的浓度（nmol/μmol 肌酸肝）为原始数据。首先对原始数据进行标准化处理，使每一列数据（同一核苷变量）的均值为 0，方差为 1，选择其中的 2/3 作为训练集，其余 1/3 作为测试集。建立三层前传人工神经网络模型，输入节点为 11 个对应 11 个核苷浓度，隐含层包含 10 个节点，输出层为 1 个节点，并随机确定连接权重和内部阈值。采用训练集的数据对网络进行训练，根据 BP 算法调整连接权重和内部阈值，经过 1356 次迭代，直至误差累加值小于 10^{-2}，网络训练结束。利用建立的网络模型对测试集进行预测计算。与因子分析比较结果见表 10-5，其灵敏度、专一性、正确率均优于因子分析。图 10-16 上给出了训练集在迭代过程中的误差累加值的变化情况，表 10-5 给出了测试集的计算结果。

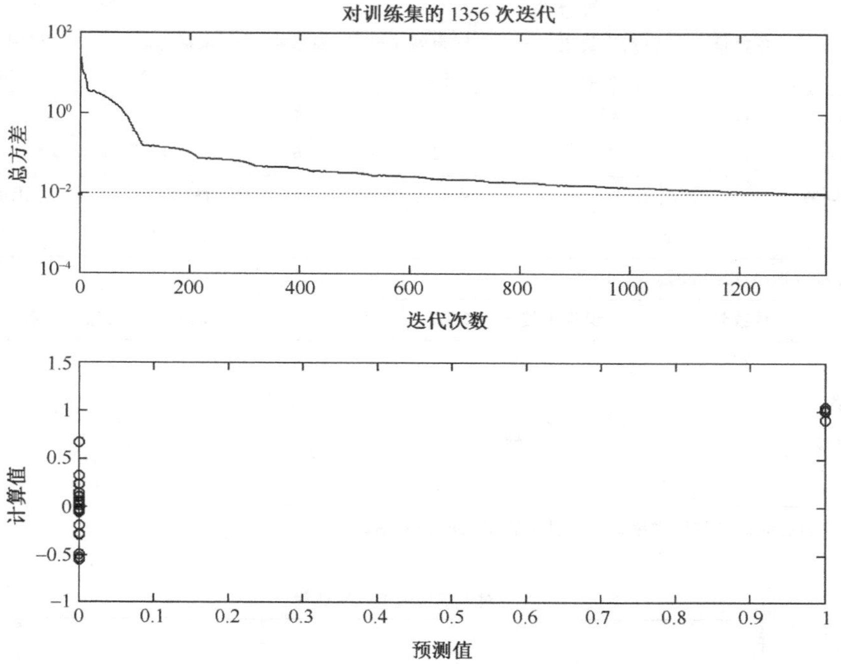

图 10-16　尿中核苷数据神经网络预测结果

表 10-5　基于人工神经网络和因子分析的尿中核苷数据分类结果*

人工神经网络方法（ANN method）

	训练集			测试集		
	总数量	识别为健康人个数	识别为癌症患者个数	总数量	识别为健康人个数	识别为癌症患者个数
健康人	12	12	0	6	6	0
癌症患者	34	0	34	17	1	16

训练识别率/%	预测率/%	灵敏度/%	专一性/%	正确率/%
100.0	95.7	98.0	94.7	98.6

因子分析方法（PCA method）

	总数量	识别为健康人个数	识别为癌症患者个数
健康人	18	14	4
癌症患者	51	4	47

灵敏度/%	专一性/%	正确率/%
92.2	77.8	88.4

* 灵敏度为癌症患者的识别率，专一性为正常人的识别率。

表 10-6 和图 10-17 给出了以 23 个正常人和 19 个癌症患者为样本，他们血清中 11 种核苷的含量为原始数据的人工神经网络的预测结果，与前者类似。

表 10-6　基于人工神经网络和因子分析的血清中核苷数据分类结果*

人工神经网络方法（ANN method）

	训练集			测试集		
	总数量	识别为健康人个数	识别为癌症患者个数	总数量	识别为健康人个数	识别为癌症患者个数
健康人	15	15	0	8	8	0
癌症患者	13	0	13	6	1	5

训练识别率/%	预测率/%	灵敏度/%	专一性/%	正确率/%
100.0	92.9	94.8	95.8	97.6

因子分析方法（PCA method）

	总数量	识别为健康人个数	识别为癌症患者个数
健康人	23	19	4
癌症患者	19	5	14

灵敏度/%	专一性/%	正确率/%
73.7	79.2	78.6

* 灵敏度为癌症患者的识别率，专一性为正常人的识别率。

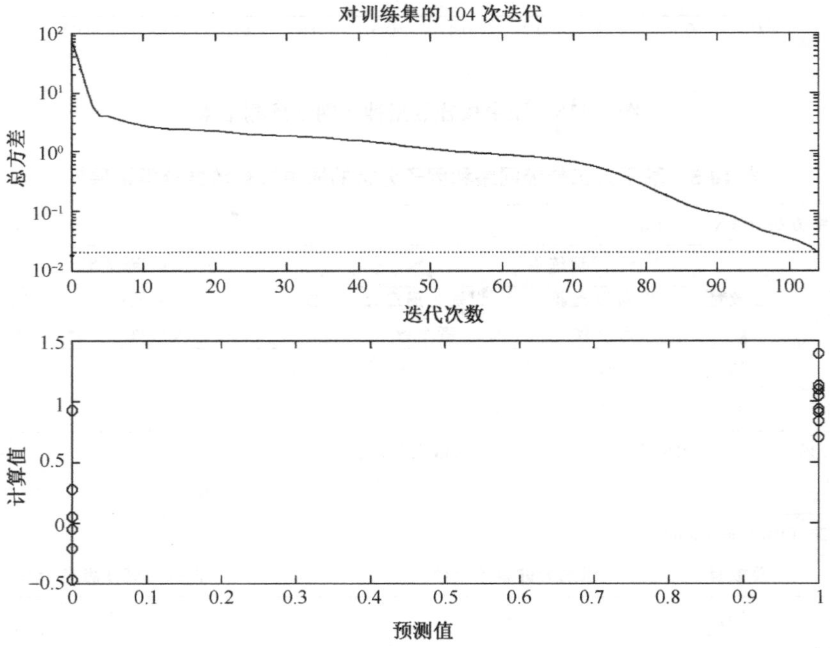

图 10-17　血清中核苷数据神经网络预测结果

与因子分析相同，有了上面两个基本模型后，我们即可对未知患者是否患有癌症进行判断，而结果的正确识别率较因子分析高。有兴趣的读者可继续参看我们发表的研究论文[94,100,123,124]。

10.3 尿中核苷在恶性肿瘤诊断、治疗随访中的应用

应用10.2.1节介绍的毛细管电泳（CE）、高效液相色谱（HPLC）方法测定体液中核苷浓度，并用主成分分析技术（PCA）和人工神经元网络分析软件（ANN）对数据进行处理，对比健康成人、良性肿瘤患者和不同类型恶性肿瘤患者尿中13～15种修饰核苷的分布差异，以考察修饰核苷作为广谱肿瘤标志物，用于肿瘤普查、早期诊断及治疗后随访的可行性。

健康成人的样品来自志愿者，根据年龄构成比例选择采集对象，恶性肿瘤患者和良性肿瘤患者的样品主要来自大连医科大学附属第一、第二医院和大连市肿瘤医院。尿样随机采集。收集的尿样于2h内放入－20℃的冰箱冷冻，核苷测定前，室温下解冻。健康成人尿样中54例用于CE分析，208例用于HPLC分析。肿瘤患者尿样中68例用于CE分析，296例尿样用于HPLC分析。CE同时测定13种核苷，HPLC同时测定15种核苷。所有肿瘤均经病理或不同种影像学技术确诊。所有健康志愿者尿样随诊一年内无肿瘤发生。本研究所采样品的类别给出在表10-7。

表10-7　核苷作为肿瘤标志物研究所做样品的分类

	CE	HPLC	总计
正常人	54	206	260
恶性肿瘤患者	68	296	364
恶性肿瘤患者手术前、后	22×2	24×2	46×2
其他非癌患者	38	19	57
儿童病患者	9（手术前后3）	—	9（手术前后3）

10.3.1 尿中修饰核苷分布模式的建立

为研究尿中核苷作肿瘤标志物的可行性，我们从不同医院专门采集了具不同特征的尿样，用毛细管电泳或高效液相色谱进行研究。

由于每人尿中均有核苷排放，要知道肿瘤患者发病后尿中核苷是否有异常，首先要了解正常人尿中核苷的排放水平。为此，我们采集了54例正常人（男女各半）尿，以建立正常人尿中修饰核苷水平基准。

正常人男、女各27例，尿中修饰核苷含量经统计学 t 检验未见性别间差异（$p>0.05$，图10-18）。54例正常人被分为三组：30岁以下组14人，30～50岁组26人，50岁以上组14人。分析各年龄组尿修饰核苷含量是否存在差异。由图10-19可知，3组正常人尿中13种核苷含量均值比较，各组间未见明显差异，在各组间不同种修饰核苷的两两比较中发现，1-甲基次黄嘌呤核苷（m1I）在30～50岁组和50岁以上组间均值差异最大，但 p 值仅为0.041。可见尿修饰核苷含量在不同性别和年龄成人之间不存在明显差异。因此，我们可以认为尿中核苷浓度与年龄和性别无关。

为进一步了解肿瘤患者尿中核苷排放水平，我们测定了68例恶性肿瘤患者尿中13

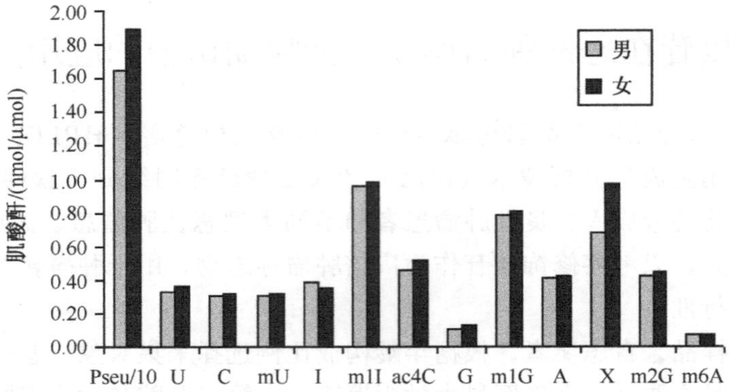

图 10-18　正常人尿中核苷排放水平的比较

图中数据用 CE 方法测量

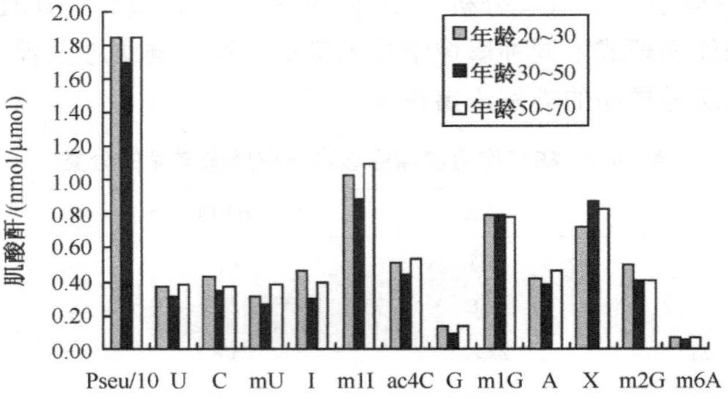

图 10-19　正常人不同年龄段核苷排放水平的比较

种核苷含量，临床背景信息见表 10-8。研究结果表明：除了 3-甲基尿苷、5-甲基尿苷（mU）和 6-甲基腺苷（m6A）以外，恶性肿瘤患者尿中其他 11 种核苷含量均明显高于正常人（$p<0.001$、表 10-9）。对正常人与肿瘤患者尿苷含量标准偏差进行比较，发现恶性肿瘤患者组标准偏差明显大于正常人组。这不仅表明恶性肿瘤患者尿中核苷含量大大增高，同时也反映了不同肿瘤患者个体间在修饰核苷的排放量上存在着明显的个体差异，且分布范围较广（图 10-20）。

表 10-8　毛细管电泳法测定的 68 个癌症患者的临床背景资料

患者编号	性别	年龄	肿瘤大小	分期	AFP	CEA	CA125	CA153	病理诊断
1	男	72							直肠中分化腺癌，浸润浆膜外
2	女	48	3×3×2	T2N2M0					乳腺单纯癌
3	男	71	10×9.8×2+3.2×.5	T4N2M0	9.65	3.9			胃黏液腺癌，肠中分化腺癌
4	男	25	d6	T3N0M0		9.2			黏液腺癌
5	女	35	16×9×5.5	T3N0M0					肾细胞癌
6	女	46	2×2	T2N0M0					左乳腺浸润性导管癌
7	女	53	4×3	T2N0M0					乳腺单纯癌，腋窝淋巴结无转移
8	男	53	5.5×6	T3N0M0					胃中分化腺癌

续表

患者编号	性别	年龄	肿瘤大小	分期	AFP	CEA	CA125	CA153	病理诊断
9	女	41		T1N3M1					乳癌术后转移扩散
10	女	32	广泛	T4N2M1					胃低分化腺癌，广泛转移
11	女	43	4×3×3	T2N1M0					乳腺单纯癌，腋窝淋巴结（3/9）
12	女	64	6×4	T4N0M0				9.94	乳腺浸润性导管癌
13	女	46	4×5×1.2	T2N0M0					乳腺浸润性导管癌（0/6）
14	女	53	3×2×2	T2N1M0				10.81	乳腺癌
15	女	40		T2N0M1					左乳腺髓样癌
16	女	47	4×3×1.5	T4N1M1					乳腺癌
17	男	67	6×5×3.5	T4N2M0	5.51	6.46			胃低分化腺癌
18	男	58	2×3	T2N0M0					腺样囊性癌（胃癌）
19	男	68	广泛	T4N1M1					胃低分化腺癌
20	男	38	7.5×5.5×4	T4N0M0		0			结肠年夜腺癌，浸润浆膜外
21	女	69	广泛	T4NxM1					胃腺癌
22	女	44	12×10.5×7	T4N1M0					左乳腺癌
23	女	54	4×2.8	T3N1M0					胃低分化腺癌
24	女	34	6×4.5×2.5	T4N1M1	3.48	11.2		17.3	恶性胸腺癌
25	男	47	4×4×5	T4N1M0					结肠中低分化腺癌
26	女	65	3×3	T1N0M0		3.39	2.03	7.52	左乳腺黏液腺癌
27	女	42	2×2	T1N0 M0		5.26	1.43	8.67	左浸润性导管癌无淋巴结转移
28	女	56	2×2.7×2.1	T1N1M0				6.77	乳腺浸润性导管癌
29	男	54	1×1×1	T1N0 M0					左甲状腺髓样癌
30	女	44	3.5×5	T3N2M0		5.58			胃低分化腺癌
31	女	63	5×3.8×1.0	T2N0M0					乳腺浸润性导管癌
32	女	57	d=2	T1N1M0	3.05	2.81			胃中分化腺癌，浸润黏膜下层
33	女	77	3×2.5	T1N1M0					乳腺单纯癌，腋窝淋巴结（0/5）
34	男	60	广泛		399.44	6.33			胆囊癌，肝转移
35	男	76		T4N2M1		5			胃印戒细胞癌，姑息
36	女	58	3.5×2×1.5	T1N0M0	4.1	0.59	0.01	7.73	乳腺浸润性导管癌
37	男	59	4	T3N0M0					食道中分化鳞癌
38	女	44	4×5	T4N1M1		1.96	8.68	17.3	右乳腺浸润性导管癌
39	女	63	d=3	T1N0M0					左上肺癌
40	男	78	d=4	T3N2M1	4.03	2.74			胃黏液腺癌
41	女	37	2.5×2.5	T2N1M0				6.94	乳腺浸润性导管癌
42	女	53	2×2×2	T2N2M0				10.81	乳腺浸润性导管癌
43	女	60	4×4×4	T3N1M0				9.54	乳腺浸润性导管癌
44	男	23	d=3	T3N0M0		3.19			升结肠中分化腺癌
45	女	70							甲状腺癌术后复发
46	男	59							白血病
47	男	66	4×3.5	T3N1M0					贲门中低分化腺癌
48	女	55	3×2	T1N0M0					右乳腺浸润性导管癌

续表

患者编号	性别	年龄	肿瘤大小	分期	AFP	CEA	CA125	CA153	病理诊断
49	男	53	6.5×6×3	T4N3M0					胃低分化腺癌
50	男	62	5×5×5	T2N2M1		0.12			肺癌脑转移
51	女	56	3×1	T1N1M0				26.54	乳腺浸润性导管癌
52	女	66	2.5×2.5	T2N2M0					乳腺癌
53	女	55	4×2×1.8	T4N0M0	10.51	14.89			肺中分化腺癌
54	男	60	2.8×1.2×1	T1N0M0					膀胱移行细胞癌
55	男	66	d2	T1N1M0		0.92			胃溃疡恶变
56	男	46	3.4×2.8×2.8	T2N0M0					肾细胞癌
57	男	45							白血病
58	男	46	5×3	T2N2M0					右肺下叶低分化鳞癌
59	女	58	8×4×2	T4N2M0				8.25	乳腺浸润性导管癌
60	男	65	*d*=5	T3N0M0	9.35	1.15			肝细胞癌
61	男	59	12	T3N2M0	15.48	3.6			直肠印戒细胞癌，浸润外膜层外
62	男	74	1.5×1	T1N0M0	0.1	0.1			胃腺癌，浸润黏膜固有层
63	男	57	2×d0.7	T1N2M0					小细胞肺癌
64	女	44	广泛						恶性间皮瘤
65	男	70	5×5×4	T2N1M0					肺低分化腺癌
66	女	42	4×3×.1.5	T1N1M0					乳腺浸润性导管癌
67	女	63	5×3.8×1.0	T2N0M0	7.02	2.74		5.36	乳腺浸润性导管癌
68	男	56	*d*=5	T3N1M0					胃印戒细胞癌，浸润浆膜外

表 10-9　正常人和癌症患者尿中核苷释放水平的均值和 *t* 检验

核苷种类	正常人 mean±sd/(nmol/μmol 肌酸酐)	癌症患者 mean±sd/(nmol/μmol 肌酸酐)	*P*
Pseu	17.73±4.42	44.40±33.74	<0.001
U	0.34±0.16	0.77±0.58	<0.001
C	0.31±0.19	0.79±0.89	<0.001
mU	0.31±0.18	0.43±0.57	<0.05
I	0.37±0.19	0.70±0.67	<0.001
m1I	0.97±0.25	2.45±1.80	<0.001
ac4C	0.49±0.14	1.31±0.93	<0.001
G	0.12±0.07	0.30±0.36	<0.001
m1G	0.79±0.20	1.97±1.54	<0.001
A	0.41±0.12	1.02±0.77	<0.001
X	0.82±0.39	1.41±1.12	<0.001
m2G	0.43±0.17	1.34±0.97	<0.001
m6A	0.06±0.08	0.19±0.40	<0.05

注：表中数据采用 CE 方法获得。

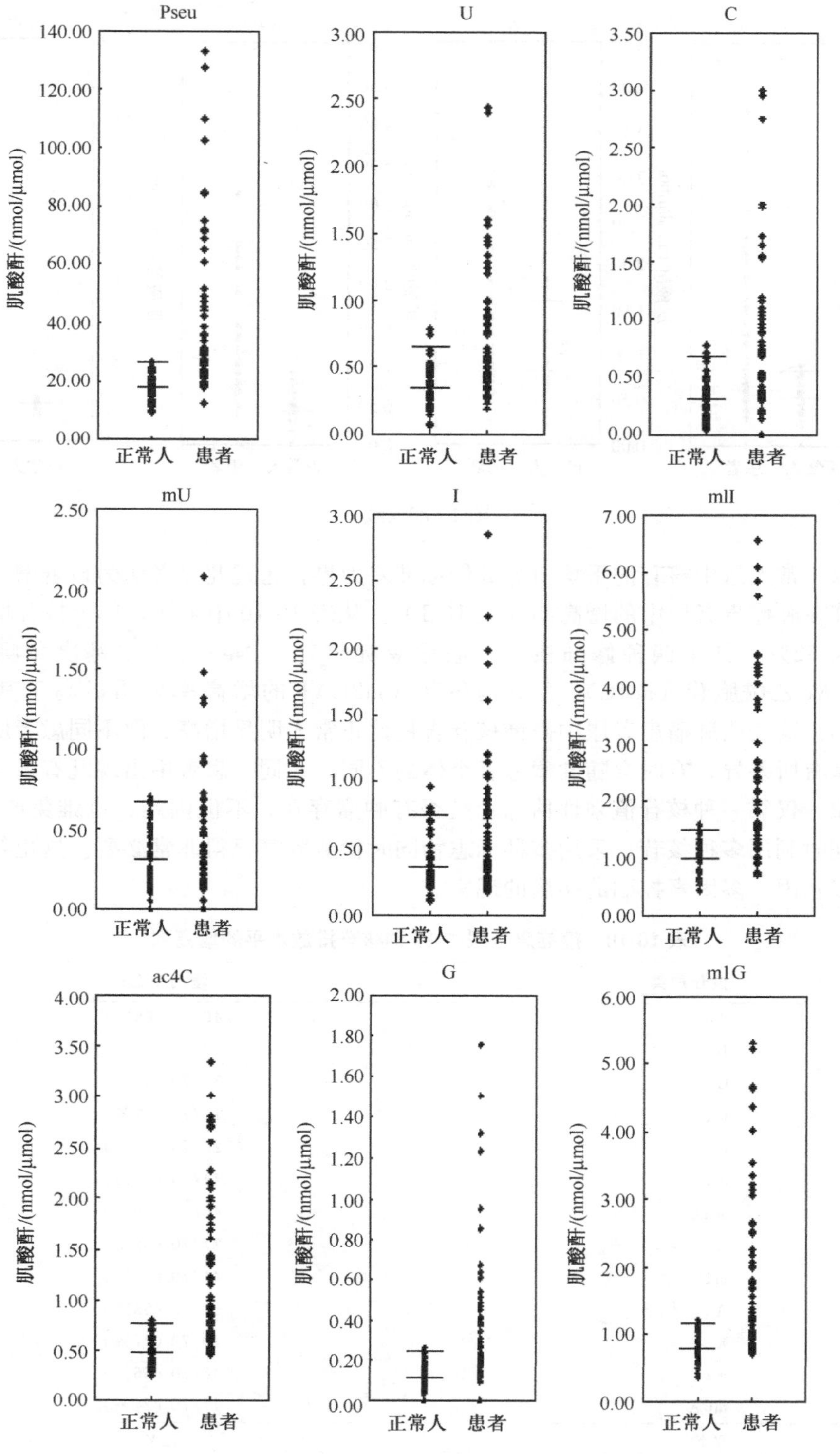

图 10-20　正常人和癌症患者尿中核苷浓度分布的散点

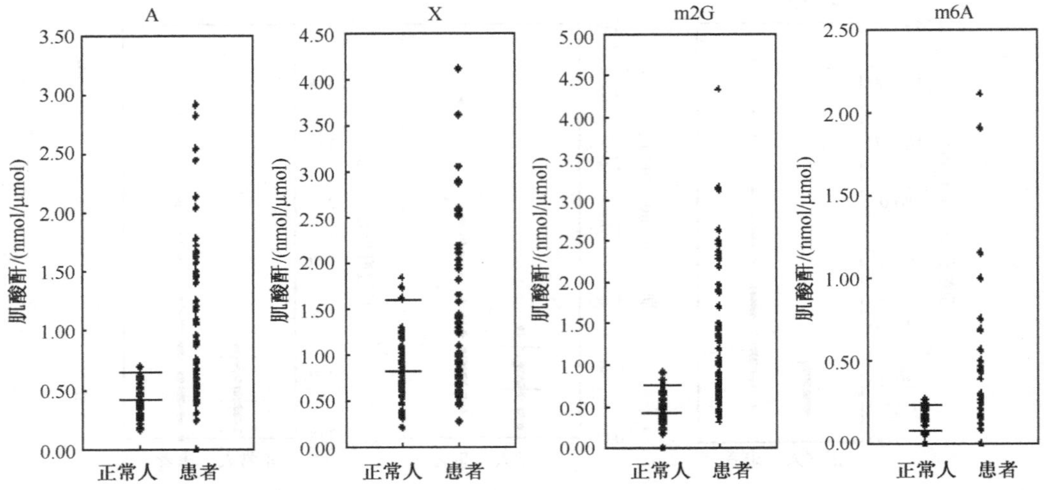

图 10-20（续）

如以正常人尿中核苷的平均值加 2 倍标准差为界，超过此界者认为显著增高，可得各个核苷在肿瘤患者尿中的增高率（表 10-10）。从表 10-10 中可知，单个核苷增高率的平均值为 52%。其中四种修饰核苷［假尿嘧啶核苷（Pseu）、1-甲基次黄嘌呤核苷（m1I）、N_4-乙酰胞苷（ac4C）、2-甲基鸟苷（m2G）］的增高率要明显高于其他核苷（>60%）。这表明肿瘤患者尿中修饰核苷含量比正常人明显增高。但不同患者所增高的核苷类型有所差异，有时会随肿瘤患者个体的不同，在同一患者中出现既有增高又有降低的现象，仅靠一种核苷值来评估患者是否有肿瘤存在，不但困难，也难免产生漏诊，因此，同时利用多种核苷，采用多种标志物同时检测肿瘤显得非常必要。这也符合肿瘤是一个多基因、多因素控制的疾病的现实。

表 10-10　癌症患者尿中 13 种核苷排放水平的增高率

核苷种类	增高率/%
Pseu	46/70 (66%)
U	28/70 (40%)
C	32/70 (46%)
mU	12/70 (17%)
I	26/70 (37%)
m1I	44/70 (63%)
ac4C	48/70 (69%)
G	27/70 (39%)
m1G	41/70 (59%)
A	37/70 (53%)
X	19/70 (27%)
m2G	46/70 (66%)
m6A	17/70 (24%)
平均	52%

注：表中数据采用 CE 方法获得。

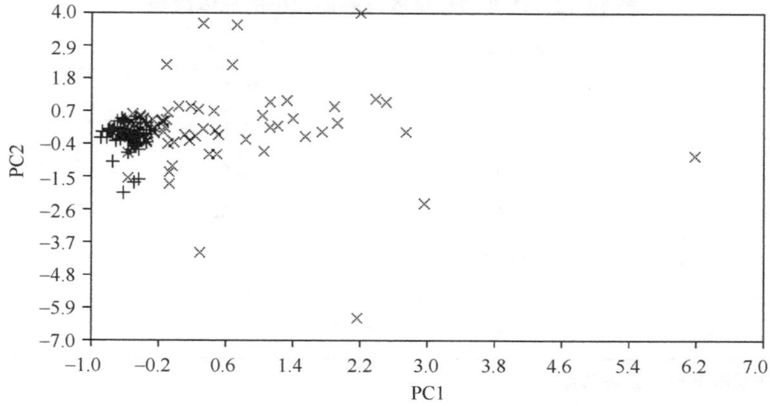

图 10-21 主成分分析技术（PCA）用于正常人（+）和癌症患者（×）的分类

为此，我们引用了分析化学的主组成分析（PCA）技术，以尿中 13 种核苷浓度为数据矢量，对分别患有 10 余种恶性肿瘤的 68 例患者和 54 例正常人进行分类研究（图 10-21），结果显示，72%的肿瘤患者的尿中核苷含量与正常人相比出现差异，即利用 PCA 多指标方法对肿瘤患者的识别率为 72%，而单个核苷作指标，平均识别率只有 52%（表 10-10）。

对尿中不同种核苷含量与肿瘤临床分期的关系进行研究发现：假尿苷（Pseu）、1-甲基腺苷（m1A）、N_4-乙酰胞苷（ac4C）与分期呈正相关性，随分期增加，这三种修饰核苷的排放水平逐渐增高（表 10-11）。

表 10-11 修饰核苷排放与临床分期的总体趋势

核苷种类	Ⅰ	Ⅱ	Ⅲ	Ⅳ
Pseu	30.10	36.48	39.97	46.41
m1A	3.00	3.72	3.90	4.72
m1I	2.07	2.46	2.36	3.05
m1G	1.07	1.41	1.30	1.55
ac4C	1.01	1.16	1.39	1.71
m2G	0.83	0.96	0.98	1.17
m2,2G	1.83	2.40	2.32	2.84

注：表中数据采用 HPLC 方法获得。

分析尿中修饰核苷含量与肿瘤体积关系，发现 Pseu、m1A、m1I、m1G、ac4C、m2，2G的含量与肿瘤大小存在相关性（表 10-12）。以上结果表明，我们可结合 PCA 和 ANN 技术研究、诊断不同类型的肿瘤。

表 10-12　修饰核苷排放与肿瘤大小的总体趋势

核苷种类	0～2cm	2～4cm	>4cm
Pseu	24.97	36.12	42.71
m1A	2.67	3.57	4.42
m1I	2.02	2.50	2.98
m1G	1.18	1.32	1.65
ac4C	0.76	1.23	1.38
m2G	0.91	0.89	1.27
m2,2G	1.78	2.22	2.86

注：表中数据采用 HPLC 方法获得。

10.3.2　核苷作为肿瘤标志物在多种肿瘤中的应用研究

1. 白血病和淋巴瘤

白血病是血液系统中最常见的恶性肿瘤，其死亡率分别为男性恶性肿瘤的第 6 位与女性恶性肿瘤的第 8 位，居儿童及青少年恶性肿瘤的首位，尤其是急性白血病。目前，临床上通常根据骨髓像对该病进行诊断及分型、观察治疗反应，判断病情是否缓解。由于瘤细胞广泛分布于全身血液中，瘤细胞代谢产物直接进入血液，因此血与尿中修饰核苷含量应与肿瘤的增生状况直接相关。理论上讲，白血病应是判断尿修饰核苷能否用于肿瘤诊断的理想范例。

早期研究证实[125]，Pseu 和 m2，2G 水平在白血病患者尿中升高，并认为患者尿中的这两项指标可以作为白血病的肿瘤标志物。此项研究激发了将核苷作为肿瘤标志物的探索。随着 HPLC 作为一种分离定性核苷的方法的出现[126]，可以对正常人及癌症患者尿中核苷水平进行更为精确的测定。将不同类型白血病患者和正常人相比较的结果表明[127～129]，所有慢性骨髓白血病患者尿中的修饰核苷水平都升高。Pseu、m1I 和 m2，2G在缓解期其水平是正常值的 1～2 倍，而在加速期其水平可达正常值的 12 倍。在急性淋巴细胞性白血病患者中也得到了相似的结果。还有报道介绍应用 ELISA 法测定 m1I[130]，这使得监测 CML 患者尿中核苷更为方便。Nielsen 等[131] 检测了急性骨髓性白血病（AML）和 CML 患者尿中 Pseu 的水平，研究未发现患者尿中 Pseu 水平与血中不成熟细胞的数量有关。

研究者们[132]在霍奇金病（HD）与非霍奇金淋巴瘤（NHL）之间进行了尿中 Pseu 水平的比较。结果表明：在低度恶性 NHL 和 HD 中，尿中 Pseu 水平与临床情况不存在相关性。而在高度恶性 NHL 中，尿中 Pseu 水平与临床情况有良好的相关性。尿中 Pseu 水平对于判断患者预后也有价值。Itoh 等[109] 报道了在 AML、CML、ALL（急性淋巴细胞性白血病）及多发性骨髓瘤患者中均能发现尿中 Pseu 和 m1A 的水平升高且化疗后缓解时恢复至正常，其改变反映了疾病的状况和化疗的效果。

Jurgen 等[133] 对 10 只经放射线照射后诱发淋巴瘤的小鼠其尿中 8 种修饰核苷（m1A、m1I、m1G、m2G、m2，2G、Pseu、m5C、ac4C）进行了监测，实验证实小鼠在临床确诊原始淋巴细胞性白血病很早以前，尿中修饰核苷的排放量即出现病理性升高。

核苷用于白血病和淋巴瘤诊断的一些实例列于表10-13。

表 10-13　核苷作为肿瘤标志物的应用

样品	疾病	检测方法	检测的核苷组分	文献
人尿液	白血病	柱色谱	Pseu、m2,2G	[125]
人尿液	白血病	液相色谱分析	Pseu、m1I、m2,2G	[127]
人尿液	成人急性白血病	液相色谱分析	Pseu、m1I、m2,2G、m1A、m1G、PCNR	[128]
人尿液	慢性骨髓白血病	液相色谱分析	Pseu、m1I、m2,2G、m1A、m1G、PCNR、A	[129]
人尿液	慢性骨髓白血病	酶联免疫分析	m1I	[130]
人尿液	急性和慢性骨髓白血病	酶联免疫分析	Pseu	[131]
人尿液	霍奇金病(HD)与非霍奇金淋巴瘤(NHL)	液相色谱分析	Pseu	[132]
人尿液	白血病和多发性骨髓瘤	酶联免疫分析	Pseu、m1A	[134]
小鼠尿液	淋巴瘤	液相色谱分析	Pseu、m1A、m1I、m1G、m2G、m2,2G、m5C、ac4C	[133]
人尿液	白血病和淋巴瘤	酶联免疫分析	Pseu、m1A	[109]
人血清	急性淋巴细胞白血病	液相色谱分析	Pseu	[103]
人尿液	白血病	液相色谱分析	Pseu、5-m-2′-dC	[135]
人尿液	急性白血病	液相色谱分析	Pseu	[136]
人血清	恶性淋巴瘤	液相色谱分析	Pseu、m1A、m1G、m1I、m2G、m2,2G	[137]
人尿液	乳腺癌	液相色谱分析	Pseu、m1I、m2,2G	[138]
人尿液	乳腺癌	液相色谱分析	m1A、m1I	[139]
人尿液	乳腺癌	液相色谱分析	Pseu、m1A、m1I、m1G、m2,2G	[140]
人尿液	乳腺癌	液相色谱分析	Pseu、Dhu、C U、m1A、I、G、X、m3U、m1I、m1G、m2G、A、m6A、MIA	[94]
人尿液	乳腺癌	放射性免疫分析	t6A	[141]
人尿液	乳腺癌	酶联免疫分析	Pseu、m1A、m1I、ac4C、m7G、m5C	[142]
人尿液	乳腺癌	液相色谱分析	Pseu	[143]
人尿液	小细胞肺癌	液相色谱分析	Pseu	[58]
人尿液	小细胞肺癌	液相色谱分析	Pseu、m1A、m1I、m2G、m2,2G	[61]
人尿液	支气管癌	液相色谱分析	Pseu	[144]
人血清	肺癌	液相色谱分析	Pseu、U、m1A、I、X、G、m1I、m1G、ac4C、m2,2G、t6A、m6A	[99]
人尿液	小细胞肺癌	液相色谱分析	Pseu、m1A、m1I、m2G、m2,2G	[145]
人尿液	肺癌	液相色谱分析	Pseu	[146]
人尿液	患间皮瘤的高危人群	液相色谱分析	Pseu、m1A、m1I、m2G、ac4C	[147]
人尿液	间皮瘤	液相色谱分析	Pseu、m1A、PCNR、m1I、m2G、m2,2G	[148]
人尿液	间皮瘤	液相色谱分析	Pseu、m1A、PCNR、m1I、m1G、m2G、m2,2G、ac4C	[149]
人尿液	间皮瘤	液相色谱分析	m1A、m1I、m1G、m2(2)G	[62]
人尿液	泌尿系统及女性生殖系统肿瘤	液相色谱分析	Pseu、m1I、m1A、m1G、PCNR、A、ac4C	[150]

续表

样品	疾病	检测方法	检测的核苷组分	文献
人尿液	子宫癌	毛细管电泳分析	Pseu、Dhu、U、C、m5U、m3U、I、ac4C、m1G、A、X、m2G+m2,2G、m6A	[151]
人尿液	卵巢癌	液相色谱分析	Pseu、m1I、m1A、m1G	[152]
人尿液	脑癌	液相色谱分析	Pseu	[153]
黏膜组织	结直肠癌	液相色谱分析	hypoxanthine、U、I、G	[59]
人尿液	结肠癌	酶联免疫分析	m1A	[154]
人尿液血清和组织	胃癌	液相色谱分析	Pseu	[155]
人尿液	肝细胞癌	液相色谱分析	Pseu	[156]
人尿液	肝癌	液相色谱分析	Pseu	[157]
人尿液或血清	肝癌	液相色谱分析	Pseu	[158]

应用 HPLC 方法，我们对 8 例白血病患者（临床背景资料见表 10-14）尿中 15 种核苷含量进行了研究。白血病患者尿中 15 种核苷与正常人相比较的结果见表 10-15 和图 10-22。白血病患者尿中多种核苷的浓度较正常人增高，其中 Pseu、m1A、G、X、m1I、m1G、ac4C、m2G、m2，2G 9 种修饰核苷的浓度显著增高（$P<0.001$）。以核苷浓度大于正常人的平均值加 2 倍标准偏差为上限标准时，100%的白血病患者 m1G 和 X 增高，87.5%的白血病患者 Pseu、m1I、ac4C、m2G、m2，2G 5 种修饰核苷增高（表 10-16），为表达方便，下面将其简称为增高率达 87.5%。

表 10-14 白血病患者的临床背景资料

患者编号	性别	年龄	病理诊断
1	女	44	急性粒细胞白血病
2	女	48	慢性粒细胞性白血病
3	女	36	急性淋巴细胞性白血病
4	女	76	急性淋巴细胞性白血病
5	女	46	慢性粒细胞白血病
6	男	42	急性非淋巴细胞性白血病
7	女	45	急性粒细胞性白血病
8	女	55	急性淋巴细胞性白血病

注：表中患者尿采用 HPLC 方法分析。

表 10-15 正常人和白血病患者尿中核苷释放水平的均值和 *t* 检验

核苷种类	正常人均值±标准偏差 /（nmol/μmol 肌酸酐）	白血病患者均值±标准偏差 /（nmol/μmol 肌酸酐）	*P*
Pseu	22.44±5.09	75.82±29.71	<0.001
C	0.19±0.15	0.32±0.23	<0.05
U	0.32±0.20	0.44±0.16	<0.01

续表

核苷种类	正常人均值±标准偏差 /（nmol/μmol 肌酸酐）	白血病患者均值±标准偏差 /（nmol/μmol 肌酸酐）	P
m1A	2.23±0.54	4.62±2.10	<0.001
I	0.26±0.12	1.11±0.97	<0.05
mU	0.06±0.05	0.08±0.06	<0.60
G	0.09±0.03	0.44±0.38	<0.001
X	1.18±0.37	8.60±6.50	<0.001
m1I	1.34±0.30	7.02±3.74	<0.001
m1G	0.81±0.23	3.52±2.58	<0.001
ac4C	0.73±0.24	2.04±0.89	<0.001
m2G	0.61±0.17	3.21±3.56	<0.001
A	0.58±0.18	0.57±0.38	<0.1
m2,2G	1.32±0.29	4.55±2.00	<0.001
m6A	0.04±0.04	0.09±0.08	<0.05

注：表中数据采用 HPLC 方法获得。

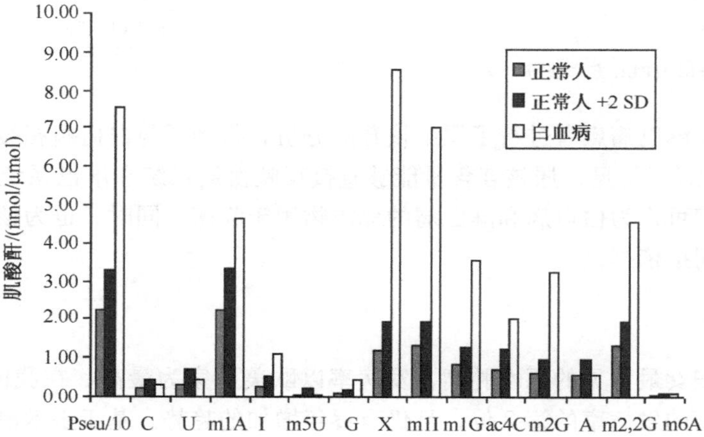

图 10-22 白血病患者和正常人尿中核苷浓度的比较

采用 PCA 技术进行分析时，其识别率达 100%（图 10-23）。

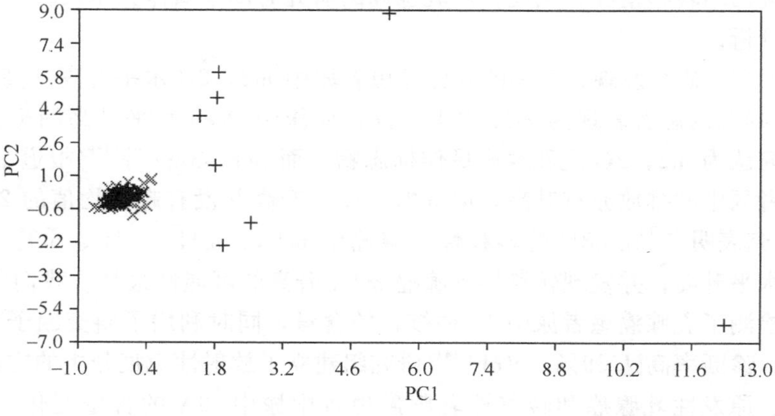

图 10-23 主成分分析技术（PCA）用于正常人（×）和白血病患者（+）的分类

表 10-16　白血病患者尿中 15 种核苷排放水平的增高率

核苷种类	增高率/%
Pseu	7/8 (87.5%)
C	1/8 (12.5%)
U	1/8 (12.5%)
m1A	5/8 (62.5%)
I	6/8 (75%)
mU	1/8 (12.5%)
G	7/8 (87.5%)
X	8/8 (100%)
M1I	7/8 (87.5%)
m1G	8/8 (100%)
ac4C	7/8 (87.5%)
m2G	7/8 (87.5%)
A	1/8 (12.5%)
m2,2G	7/8 (87.5%)
m6A	1/8 (12.5%)

注：表中数据采用 HPLC 方法获得。

对 8 位恶性淋巴瘤患者进行了尿中核苷的分析，得到了与白血病相类似的结果，其识别率也达 100%。可见，尿核苷含量能够直接反映血液系统和淋巴系统中肿瘤细胞的增殖状态，它们可作为白血病和淋巴瘤的标志物用于临床。同时，也为核苷用于其他肿瘤诊断提供了间接依据。

2. 乳腺癌

乳腺癌是妇女最常见的恶性肿瘤，发病率以欧美国家为最高，在我国一些城市中，是女性恶性肿瘤的发病率的第 2 位，且仍有逐年增加的趋势。基于手术治疗中的人文关怀，适应采取小切口和保留乳房等手术要求，需要在早期或肿瘤较小的阶段发现肿瘤。肿瘤标志物的应用有助于早期发现。此外，由于乳腺位于体表，通过触诊即可了解瘤体大小及腋窝淋巴结转移情况，因此，对乳腺癌的研究有助于瘤体大小及转移情况与尿核苷的相关性分析。

Tormey[138]等研究发现，57%的乳腺癌患者尿中 m2，2G 水平升高（高于平均值 2 倍标准差），44%的患者表现为 m1I 水平升高，而尿中 Pseu 水平升高的患者比例少于 25%。该研究认为 m2，2G 是乳腺癌最佳标志物。而 Schlimme 等[139]报道 m1A 和 m1I 在乳腺癌患者尿中的排放亦有升高，但 m2，2G 的升高并没有超过均值的 2 倍标准差。Vreken 等研究表明[140]在 88%的转移性乳腺癌中 m1A、m1I、m1G、m2，2G 及 Pseu 至少有一种水平升高，并发现转移性乳腺癌 m1A 升高的可能性最高。我们[94]利用高效液相色谱法检测了乳腺癌患者尿中 14 种核苷的含量，同时利用了斜交因子分析法对患者进行识别，诊断率高达 89%。Vold[141]研究组建立了放射性免疫分析的方法定量了良性乳腺疾病、原发性乳腺癌和转移性乳腺癌患者中尿中 t6A 的含量变化。结果表明：89% (16/18) 的转移性乳腺癌患者发生 t6A 排放水平增高的现象，而良性疾病和原发性肿瘤组未出现。这将有有助于转移性乳腺癌的诊断。核苷用于乳腺癌诊断的一些实例列于表 10-13。

我们应用 CE 方法检测了 26 例乳腺癌患者（临床背景资料见表 10-17）和 54 例正常人尿核苷含量[159]，结果见表 10-18。表明，乳腺癌患者尿中 13 种核苷均明显高于健康人，且乳腺癌患者尿中核苷水平的变异系数亦明显高于正常人。其中 65.4%的乳腺癌患者 Pseu、m1G、ac4C 三种修饰核苷单个指标显著增高，显著高于其他修饰核苷(表 10-19)。

表 10-17 乳腺癌患者临床背景资料

患者编号	年龄	肿瘤大/cm	分期	CA 153/（kU/L）	病理诊断
1	50	8×7	T4N1M0	—	浸润性导管癌
2	53	3×2×2	T2N1M0	10.81	黏液腺癌
3	47	4×3×1.5	T4N1M1	—	浸润性导管癌
4	34	6×4.5×2.5	T4N1M1	17.3	浸润性导管癌
5	58	3.5×2×1.5	T1N0M0	7.73	浸润性导管癌
6	66	2.5×2.5	T2N2M0	—	浸润性导管癌
7	46	2×2	T2N0M0	—	浸润性导管癌
8	42	2×2	T1N0M0	8.67	浸润性导管癌
9	65	3×3	T1N0M0	7.52	黏液腺癌
10	77	3×2.5	T1N1M0	—	浸润性导管癌
11	53	4×3	T2N0M0	—	浸润性导管癌
12	44	4×5	T4N1M1	17.3	浸润性导管癌
13	37	2.5×2.5	T2N1M0	6.94	浸润性导管癌
14	53	2×2×2	T2N2M0	10.81	浸润性导管癌
15	60	4×4×4	T3N1M0	9.54	浸润性导管癌
16	55	3×2	T1N0M0	—	浸润性导管癌
17	43	4×3×3	T2N1M0	—	浸润性导管癌
18	44	12×10.5×7	T4N1M0	—	浸润性导管癌
19	58	8×4×2	T4N2M0	8.25	浸润性导管癌
20	42	4×3×.1.5	T1N1M0	—	浸润性导管癌
21	63	5×3.8×1.0	T2N0M0	5.36	浸润性导管癌
22	48	3×3×2	T2N0M0	—	浸润性导管癌
23	56	2×2.7×2.1	T1N1M0	6.77	浸润性导管癌
24	56	3×1	T1N1M0	26.54	浸润性导管癌
25	64	6×4	T4N0M0	9.94	浸润性导管癌
26	46	4×5×1.2	T2N0M0	—	浸润性导管癌

注：表中数据采用 CE 方法获得。

表 10-18 正常人（1）、良性乳腺肿瘤患者（2）和乳腺癌患者（3）尿中核苷释放水平的均值和 t 检验

核苷种类	组号	mean±sd/（nmol/μmol 肌酸酐）	组间比较	P
Pseu	1	19.25±5.82	1－2	>0.05
	2	21.62±9.44	1－3	<0.001
	3	55.12±34.63	2－3	<0.01
U	1	0.35±0.14	1－2	>0.05
	2	0.43±0.23	1－3	<0.001
	3	0.94±0.64	2－3	<0.05
C	1	0.33±0.21	1－2	>0.05
	2	0.40±0.25	1－3	<0.001
	3	0.98±0.85	2－3	<0.05
mU	1	0.28±0.17	1－2	>0.05
	2	0.26±0.15	1－3	<0.05
	3	0.51±0.53	2－3	<0.05
I	1	0.35±0.19	1－2	>0.05
	2	0.38±0.32	1－3	<0.001
	3	0.82±0.67	2－3	<0.05
m1I	1	1.02±0.32	1－2	>0.05
	2	1.19±0.43	1－3	<0.001
	3	2.95±1.79	2－3	<0.01
ac4C	1	0.53±0.18	1－2	>0.05
	2	0.63±0.27	1－3	<0.001
	3	1.55±0.89	2－3	<0.01
G	1	0.12±0.08	1－2	>0.05
	2	0.13±0.12	1－3	<0.001
	3	0.50±0.48	2－3	<0.01
m1G	1	0.86±0.22	1－2	>0.05
	2	0.97±0.33	1－3	<0.001
	3	2.32±1.41	2－3	<0.01
A	1	0.44±0.17	1－2	>0.05
	2	0.51±0.23	1－3	<0.001
	3	1.19±0.83	2－3	<0.01
X	1	0.86±0.38	1－2	>0.05
	2	0.89±0.39	1－3	<0.001
	3	1.68±1.13	2－3	<0.05
m2G	1	0.49±0.19	1－2	<0.05
	2	0.71±0.29	1－3	<0.001
	3	1.47±0.83	2－3	<0.01
m6A	1	0.09±0.11	1－2	>0.05
	2	0.07±0.13	1－3	<0.05
	3	0.22±0.43	2－3	<0.05

注：表中数据采用 CE 方法获得。

表 10-19　乳腺癌患者尿中 13 种核苷排放水平的增高率

核苷种类	增高率/%
Pseu	17/26 (65.4%)
m1G	17/26 (65.4%)
ac4C	17/26 (65.4%)
m1I	16/26 (61.5%)
m2G	15/26 (57.7%)
A	15/26 (57.7%)
U	14/26 (53.8%)
G	14/26 (53.8%)
I	12/26 (46.2%)
C	12/26 (46.2%)
X	11/26 (42.3%)
mU	7/26 (26.9%)
m6A	6/26 (23.1%)

注：表中数据采用 CE 方法获得。

采用 PCA 技术分析，其识别率达到 72%（图 10-24）。同一批患者，用通常的肿瘤标志物 CA153 检验，识别率为 7%（1/14）（表 10-17）。

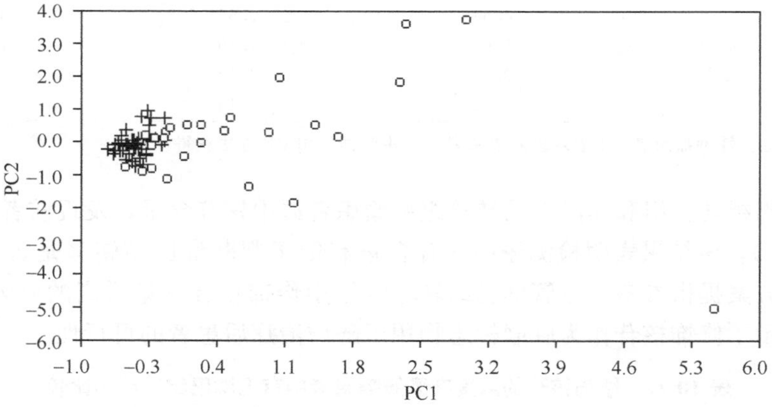

图 10-24　主成分分析技术（PCA）用于正常人（+）和乳腺癌患者（○）的分类

乳腺癌患者肿瘤大小与尿中 13 种核苷浓度关系（表 10-20）的研究表明，肿瘤大小与核苷含量之间不存在正相关。可能的原因为早期恶性肿瘤虽然很小，但是细胞增殖旺盛，修饰核苷产生较多，当体积增大时细胞增殖速度减慢，进入生长周期的瘤细胞比例减少，RNA 代谢速度减慢，修饰核苷产生相对减少。可见乳腺癌肿瘤体积并不能反映肿瘤细胞的增殖和核苷代谢状态。因此，尿中修饰核苷含量并不随肿瘤体积增大而增高。

表 10-20　核苷的浓度与乳腺肿瘤大小的关系图[a]

最大的肿瘤直径		<30mm	30～50mm	>50mm
		核苷水平/（nmol/μmol 肌酸酐）		
Pseu	2	20.77	15.45	28.62
	3	70.52	52.41	44.76
U	2	0.34	0.64	0.52
	3	1.27	0.94	0.53
C	2	0.33	0.51	0.48
	3	1.53	0.97	0.36
mU	2	0.25	0.39	0.20
	3	0.40	0.57	0.44
I	2	0.30	0.73	0.33
	3	1.18	0.71	0.70
m1I	2	1.11	0.98	1.59
	3	3.60	2.83	2.50
ac4C	2	0.55	0.61	0.86
	3	1.80	1.51	1.33
G	2	0.12	0.15	0.16
	3	0.64	0.47	0.40
m1G	2	0.94	0.80	1.16
	3	2.84	2.23	1.96
A	2	0.48	0.41	0.65
	3	1.01	1.28	1.16
X	2	0.97	0.77	0.78
	3	1.84	1.55	1.86
m2G	2	0.68	0.66	0.81
	3	1.67	1.49	1.16
m6A	2	0.06	0.12	0.05
	3	0.51	0.14	0.12

a. 2 表示乳腺良性肿瘤患者；3 表示乳腺癌患者。表中数据采用 CE 方法获得。

比较淋巴结转移组和非淋巴结转移组肿瘤患者尿中核苷含量，发现前者明显高于后者（表 10-21），该结果表明检测尿中核苷含量有助于判断淋巴结转移是否存在及为外科选择手术方案提供参考。尽管淋巴结转移致尿中修饰核苷含量增高的原因尚不明确，但该结果提示了修饰核苷作为肿瘤标志物用于随访治疗后患者的可行性。

表 10-21　修饰核苷的浓度在乳腺癌患者中有无淋巴结转移的比较

核苷种类		非淋巴结转移（10）	淋巴结转移（16）
Pseu	平均	45.66	61.03
	范围	20.96～102.12	20.04～133.15
m1I	平均	2.43	3.27
	范围	1.04～5.57	1.14～6.57
ac4C	平均	1.29	1.70
	范围	0.63～2.75	0.58～3.34
m1G	平均	1.96	2.54
	范围	0.80～4.65	0.76～5.31
m2G	平均	1.33	1.56
	范围	0.54～3.13	0.58～2.85

注：表中数据采用 CE 方法获得。

3. 肺癌

肺癌是最常见的恶性肿瘤之一。近十几年来，世界许多国家和地区肺癌的发病率和死亡率呈上升趋势，尤以人口密度较高的工业发达国家更为突出。据 WHO 统计，在发达国家 16 种常见肿瘤中肺癌居首位。在我国，肺癌发病率和死亡率近年也有明显上升趋势。以往报道男女发病之比为 4∶1，但近年来女性肺癌患者增多，男女发病之比为 2∶1，可能与女性吸烟者增多和环境污染有关。据国内外专家预测，在未来的 10 年中，我国肺癌发病率将会有明显的增加。

小细胞肺癌的一个特征为 70%的患者发生早期远处转移。由于这种典型的生物学行为，即使应用了现代的放射学手段，在确定肿瘤负荷、分级和治疗监测上还是存在问题。Tamura 等[58]报道了 Pseu 的水平与瘤负荷及患者病情存在相关性。Waalkes 等[61]认为 Pseu、m1A、m1I、m2G 和 m2，2G 的排放水平可作为预测患者生存期的指标。核苷用于肺癌诊断的一些实例列于表 10-13。

我们应用 HPLC 法比较检测了 42 位肺癌患者（临床背景资料见表 10-22）和 206 位正常人尿中核苷含量，结果见表 10-23、图 10-25。被检肺癌患者除 C、mU 外，其他 13 种核苷含量均显著高于正常人（$p<0.001$）。

表 10-22　肺癌患者的临床背景资料

患者编号	性别	年龄	肿瘤大小	临床分期	AFP	CEA	CA19-9	CA125	病理诊断
1	女	42	4×4	T2N2M0					周围型肺癌
2	男	63	4×3	T3N2M1					周围型肺癌
3	女	74	2×2	T2N0M1					肺泡细胞癌
4	男	46	5×5	T2N1M0					小细胞肺癌
5	男	49			3.11	1.89			小细胞肺癌
6	女	73	3×4	T3N2M1					周围型肺癌
7	女	55	5×6						鳞癌
8	男	53		CT4N3M0		0.97			中央型肺癌
9	男	56	10×9 肺内转移	CT3N1M0	2.35	1.27	3.86	44.01	鳞状细胞癌
10	男	49	4×4	T2N1M0					周围型肺癌
11	男	39	5×6	T2N3M1					中央型腺癌
12	男	60	3×4	T2N0M0					小细胞肺癌
13	男	78	5×5			3.84		0.18	
14	女	62	3×3	T3N2M1					周围型肺癌
15	男	57	5×4	T1N3M0					中央型肺癌
16	男	58	5×5	T1N3M0					中央型肺癌
17	男	47	14×5	CT3N3M3	2.5	4.67	2.93	121.12	鳞癌
18	女	49	3×2	T2N2M1					周围型腺癌
19	男	54		CT3N0M0		3.6			肺癌
20	男	72	2×1						
21	男	72	5×4.5 化疗	CT3N2M0	1.65	4.61	5.28	6.49	鳞状细胞癌
22	女	46	5×4	T2N1M0					周围型肺癌
23	女	68		T2N0M1					周围型腺癌

续表

患者编号	性别	年龄	肿瘤大小	临床分期	AFP	CEA	CA19-9	CA125	病理诊断
24	男	58	6×4		4.92				
25	男	68	5×5						中央型肺癌
26	女	42							
27	女	43	5×4	T2N1M1					周围型腺癌
28	男	62	4×5	T2N0M0					中央型肺癌
29	男	45	5×4	T2N2M1					中央型肺癌
30	女	69	3×4	T1N1M0					周围型腺癌
31	男	53	5×6	T3N2M0					中央型肺癌
32	女	68	6.8×5.1	T2N3M1		2.79			鳞状细胞癌
33	男	55	3×4	T2N2M0					中央型肺癌
34	男	66	4×3	CT2NXM1	2.83	86.94	>400	275.36	
35	男	44	3×3	T2N1M0					小细胞肺癌
36	女	47	2×2	T2N2M1					
37	女	70	12.6×7	T2N3M1		22.7			腺癌
38	男	49	2.5×3.5	CTN0M1					
39	男	52	边界不清	T4N2M0	1.74	2.35	3.27	24.21	
40	男	66	8×12		2.45	1.45	1.29	11.6	
41	男	49		T3N2M0					低分化鳞状细胞癌
42	男	54	5×4	T2N2M0					中央型肺癌

表 10-23　正常人和肺癌患者尿中核苷释放水平的均值和 t 检验

核苷种类	正常人均值±标准偏差 /（nmol/μmol 肌酸酐）	肺癌患者均值±标准偏差 /（nmol/μmol 肌酸酐）	P
Pseu	22.44±5.09	34.98±20.18	<0.001
C	0.19±0.15	0.23±0.14	<0.05
U	0.32±0.20	0.44±0.28	<0.001
m1A	2.23±0.54	3.58±2.01	<0.001
I	0.26±0.12	0.52±0.56	<0.001
m5U	0.06±0.05	0.06±0.11	<0.05
G	0.09±0.03	0.15±0.14	<0.001
X	1.18±0.37	1.99±1.23	<0.001
m1I	1.34±0.30	2.48±1.44	<0.001
m1G	0.81±0.23	1.21±0.76	<0.001
ac4C	0.73±0.24	1.16±0.67	<0.001
m2G	0.61±0.17	1.00±0.61	<0.001
A	0.58±0.18	0.94±0.68	<0.001
m2,2G	1.32±0.29	2.17±1.14	<0.001
m6A	0.04±0.04	0.06±0.05	<0.001

注：表中数据采用 HPLC 方法获得。

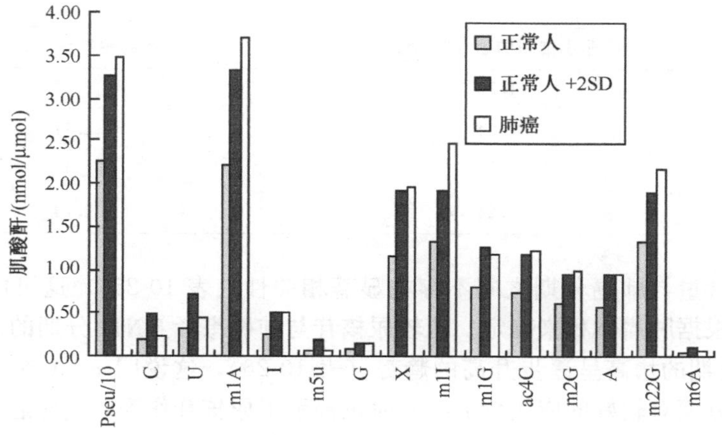

图 10-25　肺癌患者和正常人尿中核苷浓度比较

应用 PCA 分析，结果显示其识别率达 70%（图 10-26），采用 ANN 对数据进行分析时，该识别率达 81%。

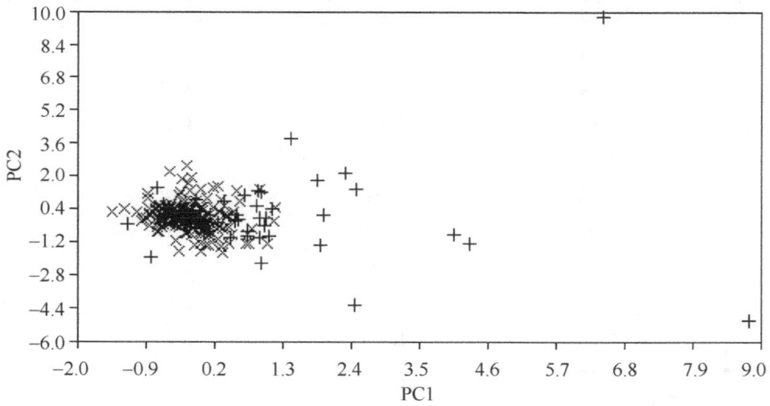

图 10-26　主成分分析技术（PCA）用于正常人（×）和肺癌患者（+）的分类

肺癌的组织学分类对治疗及预后非常重要，不同组织类型的肺癌的治疗方案有所不同。临床上通常简单分为非小细胞肺癌（鳞癌、腺癌及大细胞肺癌）和小细胞肺癌。本研究中 4 例小细胞肺癌患者 m1I、m1G、m2G 三种尿修饰核苷含量明显高于非小细胞肺癌患者（表 10-24）。小细胞肺癌核苷含量及增高种类与其他类型肿瘤患者不同，可能源于其发生于 APUD 细胞，且生长迅速。这表明 m1I、m1G、m2G 对肺癌的病理分类有一定的参考价值，同时有助于治疗方案的选择。

表 10-24　小细胞肺癌和非小细胞肺癌 7 种修饰核苷排放水平的比较

核苷种类	非小细胞肺癌（28 个）	小细胞肺癌（4 个）
Pseu	38.26	35.59
m1A	3.78	3.51
m1I	2.63	2.82

续表

核苷种类	非小细胞肺癌（28个）	小细胞肺癌（4个）
m1G	1.25	1.37
ac4C	1.24	1.17
m2G	1.01	1.17
m2,2G	2.24	2.24

尿中核苷含量与肺癌分期之间不存在显著相关性（表10-25），这可能由于肺癌的临床分期主要根据肿瘤体积来确定。比较尿核苷与肺癌患者TNM分期的关系发现，尿中m1A量随分期的增高呈逐步升高的趋势（表10-26），这说明m1A在判断肺癌患者肿瘤发展状态方面有较好的应用价值，同时也提示了尿核苷作为肿瘤标志物用于随访肿瘤患者复发转移的可能性。肺癌患者尿中核苷与其他肿瘤标志物同时测定的结果显示，核苷的敏感性明显高于传统肿瘤标志物CEA。

表10-25　肺癌患者尿中核苷浓度和分期的关系图[a]

核苷种类	Ⅰ（2个）	Ⅱ（5个）	Ⅲ（13个）	Ⅳ（14个）
Pseu	28.86	46.41	35.09	34.37
C	0.21	0.34	0.23	0.21
U	0.54	0.39	0.49	0.42
m1A	2.85	4.47	3.15	3.85
I	2.02	0.35	0.45	0.42
m5U	0.02	0.04	0.06	0.07
G	0.02	0.19	0.17	0.13
x	2.74	2.16	2.18	1.74
m1I	3.14	2.93	2.36	2.45
m1G	1.06	1.66	1.15	1.10
ac4C	0.97	1.55	1.17	1.14
m2G	1.02	1.27	0.99	0.89
A	0.92	1.53	0.85	0.87
m2,2G	1.73	2.77	1.99	2.21
m6A	0.05	0.08	0.05	0.06

a. 单位：nmol/μmol 肌酸酐。

表10-26　修饰核苷在肺癌患者中有无淋巴结转移时排放水平的比较

核苷种类	非淋巴结转移	淋巴结转移	远处转移
Pseu	28.86	38.24	34.37
m1A	2.85	3.52	3.85
m1I	3.14	2.51	2.45
m1G	1.06	1.29	1.10
ac4C	0.97	1.27	1.14
m2G	1.02	1.07	0.89
m2,2G	1.73	2.21	2.21

4. 大肠癌

大肠癌是发病率较高的恶性肿瘤，在世界范围内以经济发达的国家为高，可达每10万人中30～50人。但近年来由于饮食结构变化，大肠癌在我国的发病率有增加的趋势，在消化道癌中仅次于胃癌。此癌如能早期发现并及时治疗，其术后5年生存率可达90%。肿瘤标志物的应用在大肠癌的早期诊断中起着重要作用。

应用HPLC法比较检测了41例大肠癌患者（临床背景资料见表10-27）和206位正常人尿中核苷含量[160～164]，检测结果见表10-28、图10-27。被检大肠癌患者尿中核苷含量除C、U、mU以外，其他12种尿中核苷含量均显著高于正常人（$p<0.001$）。

表10-27 肠癌患者的临床背景资料

患者编号	性别	年龄	肿瘤大小	临床分期	AFP	CEA	CA19-9	CA125	病理诊断
1	女	38	3×4×5	T3N2M2					低分化腺癌
2	女	59		T2N1M0	2.7	1.04	11.03	17.12	中分化腺癌
3	男	48	8×8	T2N0M0	1.94	40.89	1.02	8.04	低分化腺癌
4	男	70	4×3	T3N2M1					低分化腺癌
5	女	59							结肠腺癌
6	女	68	5×5×6	T3N2M0	3.14	0.52	1.57	8.49	低分化腺癌
7	男	79	未手术	T2N0M0	1.56	1.64	1.23	0.54	中分化腺癌
8	男	73	4×5	T2N1M0	3.25	1.27	6.16	11.29	结肠腺癌
9	女	62	4×4	T2N0M0					中分化腺癌
10	女	39	4×5 环周	T2N0M0		1.69			腺癌
11	女	64	3×3	T2N2M1					高分化腺癌
12	女	65	6×6	T4N1M0	9.12	2.45	22.03	4.92	腺癌
13	男	71	3×2	T2N1M0	2.84	2.52	9.13	9.86	菌伞形中分化腺癌
14	女	42	2×3	T1N0M0					中分化腺癌
15	男	41	3×4	T2N0M1					腺细胞癌
16	女	77	3×3	T2N1M0					中分化腺癌
17	男	79	5×3		1.94	2.27	5.82	6.44	黏液腺癌
18	男	72	4×3						低分化腺癌
19	男	69	3×4	T2N1M0					中分化腺癌
20	女	54	4×4	T2N2M1					中分化腺癌
21	男	50	5×6	T3N2M1					印戒细胞癌低分化
22	男	66	4×3	T2N0M0					中分化腺癌
23	男	54	3×4	T2N1M0		1.64			腺癌
24	女	71	3×4	T2N1M0					低分化腺癌
25	女	44			6.51	>1054	58.2	13.28	
26	女	63	3.5×4	T2N0M0	2.32	6.03	5.02	0.25	溃疡型低分化腺癌
27	女	51	5×4×3	PT4N3M0	3.31	5.56	1.17	6.98	腺癌
28	女	75	3×5	T2N0M0					直肠腺癌
29	男	70							低分化腺癌
30	男	25	3×4	T2N0M0	1.88	0.53	0.53	0.35	中分化腺癌
31	女	66	3×2	T2N0M0	2.58	1.11	10.38	29.97	腺癌
32	男	77	3×4×5	T2N1M1					低分化腺癌
33	男	56				3.23	2.99	3.23	低分化腺癌

续表

患者编号	性别	年龄	肿瘤大小	临床分期	AFP	CEA	CA19-9	CA125	病理诊断
34	男	45	4×4	T2N0M0	1.5	3.81	6.03	317.3	中分化腺癌
35	男	62	4×5	T2N1M0					低分化腺癌
36	女	69	4×5	T2N1M0					低分化腺癌
37	女	40	3×3	T2N0M0	2.11	1.24	4.67	4.93	中分化腺癌
38	女	52	6×4.5	T2N0M0	3.45	1.28	0.96	1.4	中分化腺癌
39	男	42	6×5	ST4N2M0	20.84				中分化腺癌
40	女	71	3×3.5	T2N0M0	1.41	0.99	0.82	5.52	中分化腺癌
41	男	78	2×3		1.03	425.19			腺癌

表 10-28　正常人和肠癌患者尿中核苷释放水平的均值和 t 检验

核苷种类	正常人均值±标准偏差 /(nmol/μmol 肌酸酐)	肺癌患者均值±标准偏差 /(nmol/μmol 肌酸酐)	P
Pseu	22.44±5.09	35.25±16.62	<0.001
C	0.19±0.15	0.22±0.16	>0.05
U	0.32±0.20	0.34±0.15	>0.05
m1A	2.23±0.54	3.57±1.42	<0.001
I	0.26±0.12	0.39±0.23	<0.01
m5U	0.06±0.05	0.09±0.13	>0.05
G	0.09±0.03	0.12±0.05	<0.001
X	1.18±0.37	2.02±1.05	<0.001
m1I	1.34±0.30	2.29±1.10	<0.001
m1G	0.81±0.23	1.11±0.37	<0.001
ac4C	0.73±0.24	1.22±0.88	<0.001
m2G	0.61±0.17	0.85±0.25	<0.001
A	0.58±0.18	0.79±0.36	<0.001
m2,2G	1.32±0.29	2.15±0.90	<0.001
m6A	0.04±0.04	0.07±0.06	<0.001

注：表中数据采用 HPLC 方法获得。

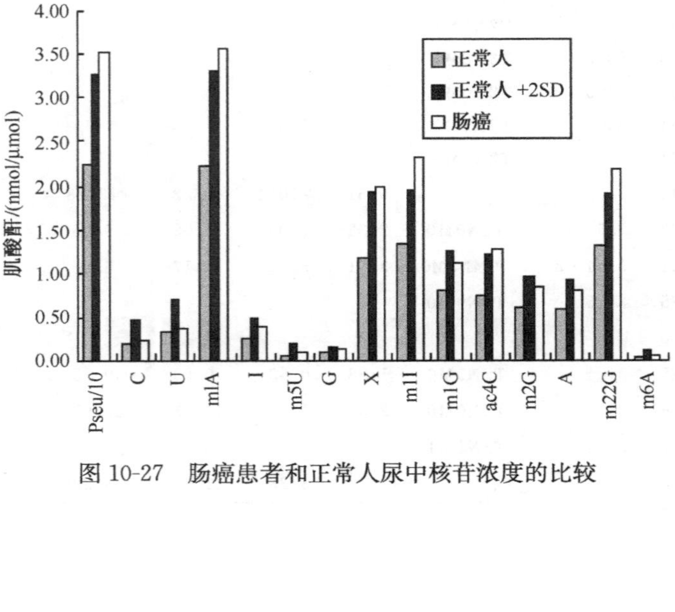

图 10-27　肠癌患者和正常人尿中核苷浓度的比较

PCA 分析识别率达 76%（图 10-28），ANN 对数据进行分析识别率达 83%。

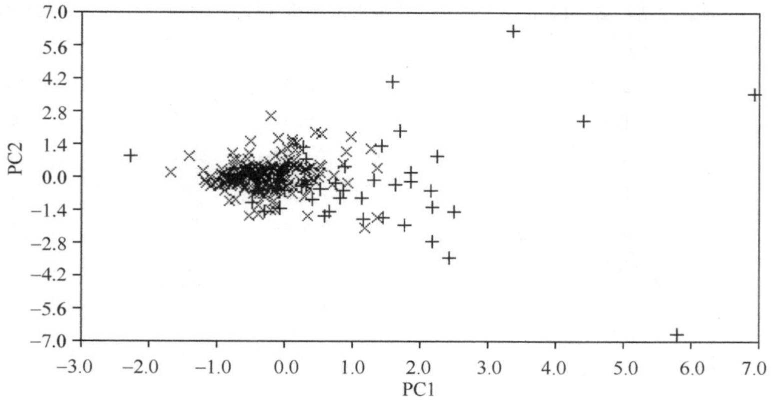

图 10-28　主成分分析技术（PCA）用于正常人（×）和肠癌患者（+）的分类

大肠癌多为腺癌，根据分化程度可分为低、中、高三类，在病历中可查到 29 个有明确病理诊断，其中，低分化腺癌 13 例，中分化腺癌 15 例，高分化腺癌 1 例。比较三组中各种尿核苷含量均值发现（表 10-29），低分化腺癌组患者 Pseu、m1A、I、m5U、X、m1I、m1G、ac4C、m2，2G 不同程度地高于中、高分化腺癌组患者。比较尿中核苷的均值与大肠癌 TNM 分期发现，随分期增高，Pseu、m1A、m1I、m1G、ac4C、m2G、m2，2G 这 7 种修饰核苷含量也随之增高（表 10-30），特别是 Pseu、m1I、m2，2G 三种修饰核苷增高明显。可见，尿核苷含量可用于判断肿瘤的演进状况，为选择治疗方案提供帮助。

表 10-29　核苷在高、中、低分化腺癌中排放水平的比较（肠癌）

核苷种类	低分化腺癌（13 个）	中分化腺癌（15 个）	高分化腺癌（1 个）
Pseu	43.75	34.15	30.72
C	0.27	0.19	0.33
U	0.35	0.30	0.51
m1A	4.12	3.31	4.02
I	0.45	0.39	0.22
m5u	0.13	0.05	0.05
G	0.12	0.13	0.12
X	2.51	1.83	2.03
m1I	2.76	2.14	2.26
m1G	1.23	1.04	1.17
ac4C	1.59	1.10	1.35
m2G	0.88	0.84	1.03
A	0.88	0.77	0.82
m2,2G	2.54	2.00	2.17
m6A	0.07	0.07	0.13

注：表中数据采用 HPLC 方法获得。

表 10-30 修饰核苷在肠癌患者中有无淋巴结转移的排放水平的比较

核苷种类	非淋巴结转移（14 个）	淋巴结转移（12 个）	远处转移（5 个）
Pseu	30.10	37.81	53.77
m1A	2.98	3.85	4.56
m1I	1.82	2.31	3.92
m1G	0.97	1.19	1.50
ac4C	1.07	1.20	2.05
m2G	0.79	0.86	0.98
m2,2G	1.79	2.30	3.10

5. 肝癌

肝癌是由肝细胞或肝内胆管上皮细胞发生的恶性肿瘤，简称肝癌。其发病率地区差异较大，在亚非国家较常见，我国发病率较高，尤以东南沿海多见。每年约有 11 万人死于肝癌，约占全世界肝癌死亡人数的 45%。

Tamura 等[156]对 23 位原发性肝癌和 13 位肝硬化患者尿中 Pseu 的含量进行测定。发现肝癌患者尿中 Pseu 平均浓度明显高于肝硬化患者和健康对照。70%的肝癌患者尿中 Pseu 浓度增高。此项研究还发现尿中 Pseu 浓度与血清甲胎蛋白水平之间的相关性并无统计学意义（$r=-0.35$）。联合应用这两种肿瘤标志物，19 名原发性肝癌患者可以得到诊断。核苷用于肝癌诊断的一些实例列于表 10-13。

应用 HPLC 法比较检测了 42 例肝癌患者（临床背景资料见表 10-31）和 206 例正常人尿核苷含量，见表 10-32、图 10-29。结果显示肝癌患者除了 mU 外，其他 14 种核苷含量均显著高于正常人（$p<0.001$）。

表 10-31 肝癌患者的临床背景资料

患者编号	性别	年龄	肿瘤大小	分期	AFP	CEA	CA19-9	CA125	病理诊断
1	男	43	12.5×10		2620.12	1.46	18.57	100.61	
2	男	45	3×2.5		7.13	3.29	109.4	136.1	
3	男	40	12×11		>3000				
4	男	51	3×2		187.3	1.76			
5	男	46	3.7×2.9　3.9×3.2		18.95				
6	男	51	5×6	T3N0M0					肝细胞癌
7	男	80	8×9　5×6		942.39	1.46			
8	男	73			>3000	0.96	31.12	135.6	
9	男	81			2111.96	1.75	10.84	17.38	
10	男	52	2×2	T2N0M1					肝细胞癌
11	男	68	9×10		22.35				
12	男	56	7×5.5		3.72	3.93	129.4	5.75	
13	男	81	10×8		>3000	2.57			
14	男	73			2539.19	4.66			
15	男	57			5.61	3.66	5.89	12.13	
16	男	47	8×3		3.58	2.01	63.7	140.4	
17	男	67	5.3×3.1DSA		9.59	5.64			

续表

患者编号	性别	年龄	肿瘤大小	分期	AFP	CEA	CA19-9	CA125	病理诊断
18	男	62	6×6	T3N0M0	1026.17	2.3			肝细胞癌
19	男	66	7×8		357.68	4.26			肝细胞癌
20	男	70			104.56				
21	男	55	5×6						肝细胞癌
22	男	62	2×3	T2N0M0					肝细胞癌
23	男	48	6.2×6		445.49	3.4	13.28	21.49	
24	男	62	6×7	T3N0M0	425.13	4.82			肝细胞癌
25	男	66			>3000	3.97	16.62	4.56	
26	男	70			>3000				
27	男	70	4×5						肝细胞癌
28	男	64							
29	男	47	12×13×14		1409.42	0.98	47.8	26	
30	男	70	10×7		1908.17	2.12	23.2	16.2	
31	女	69	4×5	T2N0M0					
32	男	60	0.5×3		1583.46	2.66	0.85	42.03	肝细胞肝癌
33	男	66	7×6						肝细胞癌
34	男	72	5×6	T2N0M0					肝细胞癌
35	女	51	5×3×3		>3000	1.8	50.57	469.9	
36	女	41	7×7×9		159.67	1.85	3.46	6.78	
37	女	50	7.0×6.3		>3000	2.11	7.76	11.44	
38	女	41			644.58	1.35	30.75	11.75	
39	女	63	14×8×12						
40	女	69	4×5	T2N0M0	234.86	3.11	56.32	23.44	肝细胞癌
41	女	46	7×7.5		10.09	45.35	301	78.56	
42	女	43	10.5×9		>3000				

表 10-32　正常人和肝癌患者尿中核苷释放水平的均值和 t 检验

核苷种类	正常人均值±标准偏差 /（nmol/μmol 肌酸酐）	肝癌患者均值±标准偏差 /（nmol/μmol 肌酸酐）	P
Pseu	22.44±5.09	49.23±37.10	<0.001
C	0.19±0.15	0.44±0.68	<0.001
U	0.32±0.20	0.57±0.64	<0.001
m1A	2.23±0.54	4.52±3.34	<0.001
I	0.26±0.12	0.82±0.73	<0.001
m5U	0.06±0.05	0.11±0.12	>0.05
G	0.09±0.03	0.23±0.18	<0.001
X	1.18±0.37	3.16±2.43	<0.001
m1I	1.34±0.30	3.79±3.22	<0.001
m1G	0.81±0.23	2.05±1.37	<0.001
ac4C	0.73±0.24	1.48±1.33	<0.001
m2G	0.61±0.17	1.45±1.02	<0.001
A	0.58±0.18	1.15±1.16	<0.001
m2,2G	1.32±0.29	3.04±2.22	<0.001
m6A	0.04±0.04	0.13±0.14	<0.001

注：表中数据采用 HPLC 方法获得。

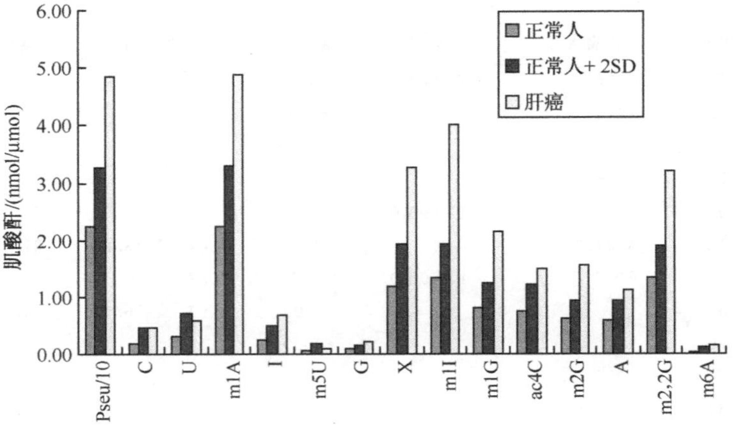

图 10-29 肝癌患者和正常人尿中核苷浓度比较

PCA 分析识别率达 80%（图 10-30），采用 ANN 对数据进行分析时，其识别率达 86%，高于 59%的 AFP 的识别率。

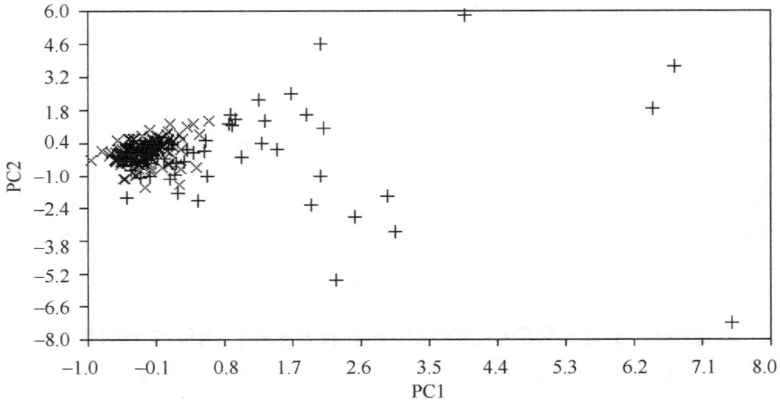

图 10-30 主成分分析技术（PCA）用于正常人（×）和肝癌患者（+）的分类

肝癌患者中尿核苷含量与肿瘤大小和分期都不存在显著的正相关关系。

AFP 是临床上诊断肝癌的重要肿瘤标志物，其特异性较高，肝癌患者的阳性表达率达 59%。但仍有 41%的患者肿瘤细胞无 AFP 表达。利用核苷作为标志物进行检测，将有可能填补 AFP 检测所遗留的空白。

6. 胃癌

胃癌是消化道最常见的恶性肿瘤之一。在我国不少地区的恶性肿瘤死亡统计中，胃癌居第一或第二位。目前临床应用的胃癌诊断技术主要包括影像学、内镜检查、病理学检查、肿瘤标志物检查等。在这些方法中，内镜检查是发现早期胃癌的主要手段，但由于此种方法给受检者带来的痛苦较大，且费用较高，难以作为普查形式在无症状时让人接受。

Nakano 等[59]发现结直肠癌患者的黏膜中 hypoxanthine 和 U 相比正常人存在显著

增高的现象，而胃癌患者黏膜中 I 与正常人相比有明显差别。Itoh 等[154]报道了 m1A 在结肠癌患者尿中有增高排放。核苷用于胃肠道肿瘤诊断的一些实例列于表 10-13。

我们应用 HPLC 法比较检测了 62 例胃癌患者（临床背景见表 10-33）尿中核苷的量[165]，结果详见表 10-34、图 10-31。结果显示胃癌患者尿核苷含量除 C、m6A 外，其他 13 种核苷显著高于正常人（$p<0.001$）。以大于正常人的平均值加 2 倍标准偏差为上限值，胃癌患者不同种核苷增高的阳性率为 8%～63%（表 10-35）。尿中各种核苷在同类肿瘤的表达阳性率差异性很大。

表 10-33　胃癌患者的临床背景资料

患者编号	性别	年龄	肿瘤大小	临床分期	AFP	CEA	CA19-9	CA125	病理诊断
1	女	79	2×1		3.43	1.06	4.51	1.85	
2	男	58	4×4	T3N2M0	3.49	1.84	6.1	9.56	中分化腺癌
3	女	64	3×4	T4N2M1	2.14	1.24	6.59	2.32	低分化腺癌 印戒细胞癌
4	男	45	3×3	ST3N3M0	3.06	2	2.23	2.3	低分化腺癌
5	女	46	2.5×3	T3N1M0	2.75	0.54	2.13	10.2	粘液细胞癌
6	男	56	2×1						低分化腺癌
7	女	55	2.5×2	T2N1M0		1.21	4.2	3.8	低分化腺癌
8	男	57	3×3	ST4N1M0	1.43	2.23	8.54	4.14	腺癌
9	男	53	3×3	T2N0M0	1.68	2.38	1.42	0.25	胃腺癌
10	女	67	4×4						黏液细胞癌
11	女	72	2×2	T2N0M0	2.77	1.74	0.06	5.89	低分化腺癌
12	女	67	3×3	T2N1M0					中分化腺癌
13	男	50	3.5×2						腺癌
14	女	65	3×3	T2N1M0					低分化腺癌
15	男	72	0.8×2.5		4.12	296.82			胃腺癌
16	男	52	1.5×1.5	ST2M0M0					中分化腺癌
17	男	46	7×5	T3N0M0					低分化腺癌
18	男	57	3×3	T2N0M0	2.03	4.51	2.04	5.38	低分化腺癌
19	女	62	4×4	T2N1M0	2.55	6.83	3.15	5.96	低分化腺癌
20	女	70	4×5	T3N2M1	2.1	0.86	3.52	135.33	低分化腺癌
21	男	67	10×10	T3N0M0	2.97	4.28	5.23	6.22	低分化腺癌
22	男	49		BⅣ	407.4	44.22	3.41	0.54	
23	女	77	4×4	T2N1M1	2.06	7.01	9.42	14.3	低分化腺癌
24	男	56	4×4.5	T3N0M0	3.12	3.75	0.31	0.95	低分化腺癌
25	男	60	5×4						
26	男	63	4×4	T2N1M0					低分化腺癌
27	男	56	3×3						
28	男	62	8×5×5	ST4N2M0	3.63	3.45	156.55	22.32	低分化腺癌
29	女	61	5×4	T4N1M0	6.12	2.94	1.2	65.3	腺癌
30	男	44	2×1		2.3	1.39			
31	女	70	3×3		4.87	2.65	4.63	8.52	中分化腺癌
32	女	65	复发骨转移	CT3N2M0	2.83	4.57	41.88	35.78	

续表

患者编号	性别	年龄	肿瘤大小	临床分期	AFP	CEA	CA19-9	CA125	病理诊断
33	女	67	10×6	T4N2M1	1.79	4.29	9.42	44.6	低分化腺癌
34	男	60	4×4	T2N1M0	3.85	4.31	6.23	5.55	低分化腺癌
35	女	69	3×2	T2N1M0	3.56	2.15	4.86	7.88	黏液细胞癌
36	女	63	4×3		2.35	1.27	4.38	5.49	低分化腺癌
37	女	72	2×3	T2N0M0					黏液细胞癌
38	男	45	1×2	ST2N1M0	2.93	2.6	3.64	17.59	黏液细胞癌
39	女	36	3×3		3.45	2.18	1.36	4.87	低分化腺癌
40	男	58	5×6		4.16	1.95	3.67	4.83	低分化腺癌
41	男	64	7×5	T2N1M0	6.35	4.16	3.85	5.73	低分化腺癌
42	男	72	3×4	T2N1M0					黏液细胞癌
43	女	67	4×4						低分化腺癌
44	男	55	3×4			0.76	4.49	8.31	低分化腺癌
45	男	76	2×1.5	ST4N2M1	6.44	43.64	14.73	24.22	中分化腺癌
46	女	76	散在多发						低分化腺癌
47	男	64	8×5	ST4N2M1	1.57	40.45	2	7.1	黏液细胞癌
48	女	63	5×5	PT2N2M0	3.38	0.92	3.6	6.2	低分化腺癌
49	男	55	4×3.5						低分化腺癌
50	男	63	6×6 肝转移	T4N4M1		1.04	7.74	7.19	腺癌
51	女	55	4×3						低分化腺癌
52	女	66							腺癌
53	女	43	5×4	T2N1M0	2.26	1.07	4.33	3.1	低分化腺癌
54	女	71	6×5	T3N2M0					低分化腺癌
55	男	68	4×5	T2N0M0					中分化腺癌
56	女	86	4×4			4.67			低分化腺癌
57	女	51	4×3	T2N1M0	2.01	1.15	1.4	4.67	低分化腺癌
58	女	56	化疗肝转移	CT3N2M1	7.94	14.59	23.91	6.69	低分化腺癌
59	男	55	4×5	T4N2M1					中分化腺癌
60	女	63	7×8	T3N2M1					低分化腺癌
61	女	42	5×5		8.19	1.36	>400	124.78	低分化腺癌
62	男	59	4×5	T3N2M1					中分化腺癌

表 10-34 正常人和胃癌患者尿中核苷释放水平的均值和 t 检验

核苷种类	正常人均值±标准偏差/(nmol/μmol 肌酸酐)	胃癌患者均值±标准偏差/(nmol/μmol 肌酸酐)	P
Pseu	22.44±5.09	34.57±19.25	<0.001
C	0.19±0.15	0.24±0.18	<0.05
U	0.32±0.20	0.58±0.72	<0.001
m1A	2.23±0.54	3.69±2.01	<0.001
I	0.26±0.12	0.44±0.36	<0.001
m5U	0.06±0.05	0.05±0.08	<0.001
G	0.09±0.03	0.13±0.09	<0.001
X	1.18±0.37	1.92±1.05	<0.001

续表

核苷种类	正常人均值±标准偏差 /（nmol/μmol 肌酸酐）	胃癌患者均值±标准偏差 /（nmol/μmol 肌酸酐）	*P*
m1I	1.34±0.30	2.41±1.29	<0.001
m1G	0.81±0.23	1.38±0.78	<0.001
ac4C	0.73±0.24	1.08±0.66	<0.001
m2G	0.61±0.17	0.99±0.63	<0.001
A	0.58±0.18	0.94±0.67	<0.001
m2,2G	1.32±0.29	2.21±1.24	<0.001
m6A	0.04±0.04	0.07±0.08	<0.05

注：表中数据采用 HPLC 方法获得。

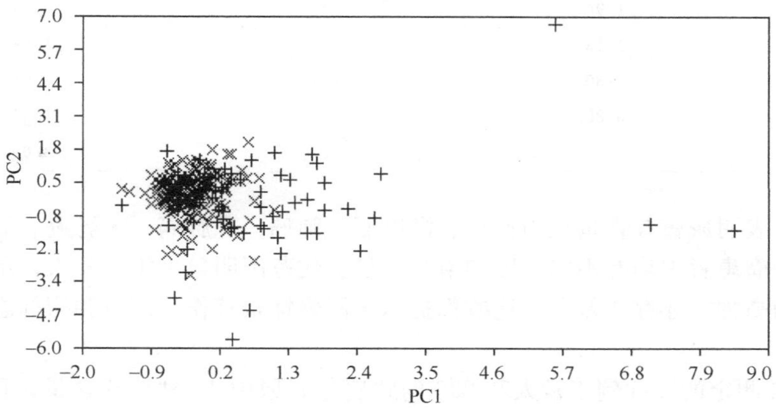

图 10-31 主成分分析技术（PCA）用于正常人（×）和胃癌患者（+）的分类

表 10-35 胃癌患者尿中核苷的增高率

核苷种类	增高率/%
Pseu	28/63（44.44%）
C	8/63（12.70%）
U	11/63（17.46%）
m1A	32/63（50.79%）
I	17/63（26.98%）
mU	5/63（7.94%）
G	16/63（25.40%）
X	25/63（39.68%）
m1I	40/63（63.49%）
m1G	28/63（44.44%）
ac4C	17/63（26.98%）
m2G	30/63（47.62%）
A	22/63（34.92%）
m2,2G	33/63（52.38%）
m6A	10/63（15.87%）

注：表中数据采用 HPLC 方法获得。

用 PCA 分析，其识别率达 62％（图 10-31），采用 ANN 对数据进行分析时，该识别率达 85％ 。

核苷和肿瘤大小的关系见表 10-36，发现随着肿瘤直径的增大，7 种修饰核苷的浓度逐渐增高。临床上常用的胃癌的肿瘤标志物 CEA、CA19-9 和 CA125 的阳性率分别为 15％、8％和 14％（表 10-37），尿核苷作为标志物的敏感性明显高于现有的肿瘤标志物。

表 10-36　胃癌患者中修饰核苷和肿瘤大小的关系

核苷种类	＜3cm（21 个）	3～5cm（26 个）	＞5cm（10 个）
Pseu	26.74	35.26	48.20
m1A	2.81	3.79	5.01
m1I	1.94	2.37	3.13
m1G	1.13	1.36	1.94
ac4C	0.80	1.11	1.51
m2G	0.80	1.02	1.41
m2,2G	1.75	2.23	3.09

以上结果表明尿核苷含量在白血病、淋巴瘤、肺癌、乳腺癌、大肠癌、肝癌、胃癌等多种恶性肿瘤患者中均有不同程度的增高，且变化范围明显大于正常人，不同肿瘤患者的尿核苷增高种类亦存在差异，这些都提示了尿修饰核苷作为广谱肿瘤标志物的应用可行性。

将 HPLC 测定的 206 例正常人和 296 例肿瘤患者尿中 15 种核苷含量，用 ANN 软件对数据进行处理，83％的肿瘤患者尿中核苷含量与正常人有差异，即 ANN 方法对肿瘤患者的识别率为 83％。PCA 和 ANN 的应用，使尿中修饰核苷作为肿瘤标志物对肿瘤的识别率大大提高，并使之成为可能用于普查的广谱性肿瘤标志物。表 10-37 总结了 PCA 和 ANN 及传统肿瘤标志物对各种肿瘤的识别率。

表 10-37　各种方法对各种肿瘤的识别率

癌症种类	患者个数	识别率		
		传统肿瘤标志物	PCA	ANN
白血病和淋巴瘤	7＋8		100％	100％
乳腺癌	26	CEA：7％	72％	
肺癌	42	CEA：18％	70％	81％
大肠癌	41	CEA：27％ CA19-9：6％	76％	83％
肝癌	42	AFP：59％	80％	86％
胃癌	62	CEA：15％ CA 19-9：8％ CA125：19％	62％	85％
总数	296 个患者 206 个正常人			83％

7. 间皮瘤

Solomon 研究组[147]测定了从事石棉业的男性工人（他们是患间皮瘤高危人群，但采样期间并未有临床特征）尿中 Pseu、m1A、m1I、m2G 和 ac4C 的排放水平。将这些指标作为变量用于识别正常人和这些男性工人，96%的正常人和 95%的工人被正确辨认。可见，分析尿中核苷的含量有助于为医学提供早期发现肿瘤易感人群及处于癌前病变的个体，从而有可能对之实施早期干预措施，并能在癌症预防和风险评价中及时地发挥效力。

核苷用于从事石棉业而患间皮瘤诊断的一些实例列于表 10-13。

8. 鼻咽癌

Trewyn 等[68]将尿中 Pseu、m1A、PCNR、m1I、m1G、A 和 m2G 的排出量作为提示鼻咽癌（NPC）发生和病情的标志物来研究，结果表明 m1A 和 Pseu 水平在患者被确诊时是正常值的 4～6 倍。如果在症状出现以前对患者进行这些核苷的检测，也许可以为早期诊断 NPC 提供一种手段。

9. 泌尿系统及女性生殖系统肿瘤

Koshida 等[150]对 31 名泌尿系统及女性生殖系统肿瘤患者治疗前后尿中 Pseu、m1I、m1A 和 m1G 的水平进行测定。结果表明：治疗前 m1I 是最普遍升高的核苷，77%的患者此种核苷出现升高。Pseu 与女性生殖系统肿瘤的临床及预后相关性最佳，而 m1I 则是泌尿系统肿瘤患者疾病状态的最好指标。

核苷用于泌尿系统及女性生殖系统肿瘤诊断的一些实例列于表 10-13。

10. 脑癌

Manjula 等[153]应用 HPLC 法对 93 名脑肿瘤患者尿中 Pseu 的水平进行检测。发现 Pseu 在良性肿瘤（n=41）、恶性肿瘤（n=52）和正常对照组未表现出明显差别。与此同时，Pseu 在术前和术后的变化不存在差别。该研究认为 Pseu 对于脑癌没有诊断价值。

10.3.3 良性、恶性肿瘤尿中修饰核苷排放差异的研究

为研究良、恶性肿瘤患者尿核苷排放水平的差异，我们又采集了 33 个良性肿瘤患者，分析其尿中修饰核苷的变化。表 10-38 结果显示，良性肿瘤患者尿中核苷的含量虽略高于正常人，但无统计学意义；与恶性肿瘤患者相比，除 C、mU、m6A 三种核苷外，其他修饰核苷的浓度明显低于恶性肿瘤患者（$P<0.05$）。可能的原因是良性肿瘤作为肿瘤性增生物，其细胞亦处于增殖状态，也不断有修饰核苷的产生，因此，尿中修饰核苷含量略高于正常人；但是，其细胞增殖速度远远低于恶性肿瘤，尿中修饰核苷含量也就明显低于恶性肿瘤。可见，尿中修饰核苷可用于鉴别良、恶性肿瘤。

表 10-38　正常人（1）、良性肿瘤患者（2）和恶性肿瘤患者（3）尿中核苷释放水平的均值和 *t* 检验

核苷种类	组号	mean±sd/（nmol/μmol 肌酸酐）	组间比较	*P*
Pseu	1	17.73±4.42	1-2	<0.01
	2	27.49±12.76	1-3	<0.001
	3	44.43±33.74	2-3	<0.01
U	1	0.34±0.16	1-2	<0.01
	2	0.48±0.20	1-3	<0.001
	3	0.77±0.58	2-3	<0.01
C	1	0.31±0.19	1-2	<0.01
	2	0.54±0.42	1-3	<0.001
	3	0.79±0.89	2-3	>0.05
mU	1	0.31±0.18	1-2	>0.05
	2	0.31±0.19	1-3	>0.05
	3	0.43±0.57	2-3	>0.05
I	1	0.36±0.19	1-2	>0.05
	2	0.43±0.30	1-3	<0.001
	3	0.70±0.67	2-3	<0.01
m1I	1	0.97±0.25	1-2	<0.01
	2	1.53±0.65	1-3	<0.001
	3	2.46±1.80	2-3	<0.05
ac4C	1	0.49±0.14	1-2	<0.01
	2	0.78±0.38	1-3	<0.001
	3	1.31±0.93	2-3	<0.001
G	1	0.12±0.07	1-2	>0.05
	2	0.15±0.16	1-3	<0.001
	3	0.30±0.36	2-3	<0.05
m1G	1	0.79±0.20	1-2	<0.01
	2	1.22±0.59	1-3	<0.001
	3	1.97±1.54	2-3	<0.01
A	1	0.41±0.12	1-2	<0.01
	2	0.64±0.34	1-3	<0.001
	3	1.01±0.77	2-3	<0.05
X	1	0.82±0.39	1-2	>0.05
	2	0.95±0.36	1-3	<0.001
	3	1.41±1.12	2-3	<0.05
m2G	1	0.43±0.17	1-2	<0.01
	2	0.95±0.57	1-3	<0.001
	3	1.35±0.97	2-3	<0.01
m6A	1	0.06±0.08	1-2	>0.05
	2	0.07±0.13	1-3	>0.05
	3	0.20±0.40	2-3	>0.05

注：表中数据采用 CE 方法获得。

以乳腺疾病患者为例，用 CE 检测了 41 例正常人、18 例良性乳腺病变患者和 26 例乳腺癌患者尿中核苷含量（表 10-18）。结果显示，良性乳腺病变患者尿中各种核苷含量与正常人相比，虽略有增高，但除 m2G 外，均无显著性差异（$p>0.05$）。

采用 PCA 技术处理数据，显示两者区域重叠，无法区分（图 10-32）。乳腺癌患者尿中核苷水平与良性乳腺病变患者相比，显著增高（$p<0.05$）。

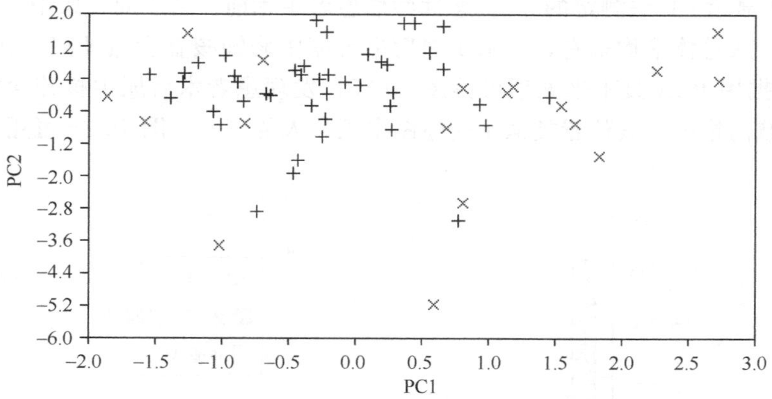

图 10-32　主成分分析技术（PCA）用于正常人（+）和良性乳腺癌患者（×）的分类

与良性肿瘤相似，炎症患者尿中核苷含量也略高于正常人，但明显低于恶性肿瘤患者。由于所考察的患者样本尚不充足，需进一步研究证明。

10.3.4　修饰核苷用于检测手术和治疗效果的评价

应用 CE 法和 HPLC 法分别检测了 22 例和 26 例手术前、后恶性肿瘤患者一星期尿核苷含量，以期观察荷瘤与否对尿核苷含量的影响。

图 10-33 为 2 位胃癌患者尿中 5 种修饰核苷在手术前、后 10 天内尿修饰核苷浓度的变化。图 10-33A 显示患者“1”在术后第 6 天时尿修饰核苷含量降至正常人水平，且在以后的几天维持相对稳定。随诊表明，半年内没有复发。图 18B 显示患者“2”手术后第 6 天尿修饰核苷含量仍未见下降，且在以后的几天缓慢升高。根据其临床病理信息，该患者为姑息性手术，肿瘤未被完全切除。

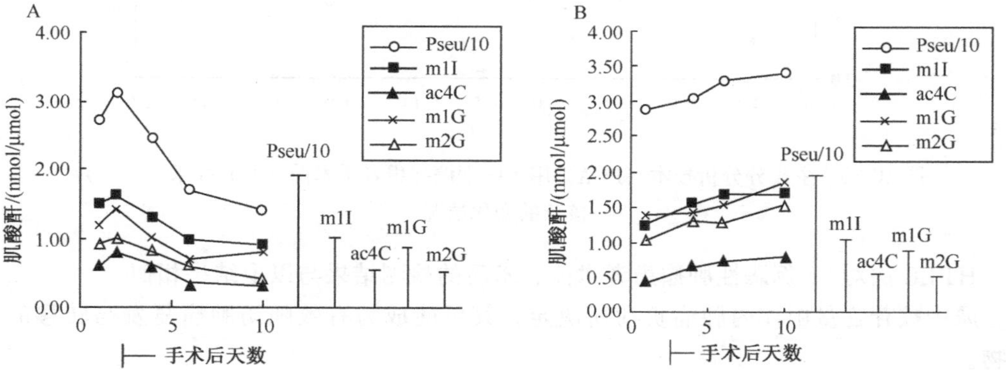

图 10-33　两个胃癌患者 10 天内 5 种修饰核苷排放的变化示意图

右边竖线表示在正常人尿中这 5 种修饰核苷浓度的均值

图 10-33 告诉我们，如果手术切除肿瘤彻底，术后一星期尿中核苷浓度就可回到正常水平，据此可利用尿中修饰核苷来判断患者的手术/治疗是否有效。

图 10-34 显示 CE 法测定的 22 例恶性肿瘤患者手术前、后 1 周，尿中 5 种修饰核苷含量的变化。从总体平均来看，手术 1 周后患者尿中修饰核苷含量即降至正常人水平。将图10-34数据用 PCA 技术来处理可得图 10-35，发现患者术后尿中核苷含量开始向正常人分布区域内集中，其位置类似于前述图中正常人的位置。图 10-35 可用于直观地判断治疗效果。

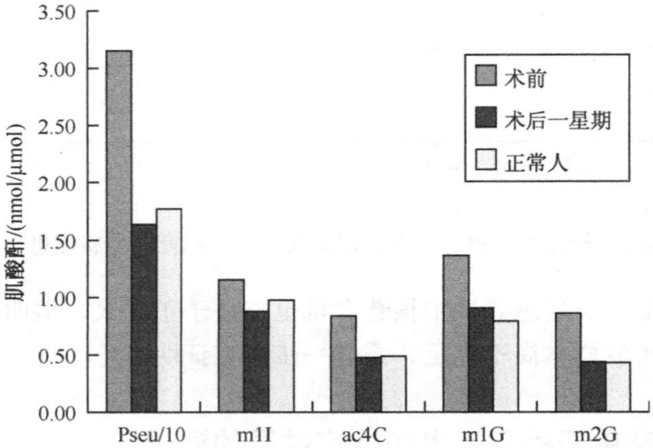

图 10-34　癌症患者手术前后 5 种修饰核苷变化的示意图

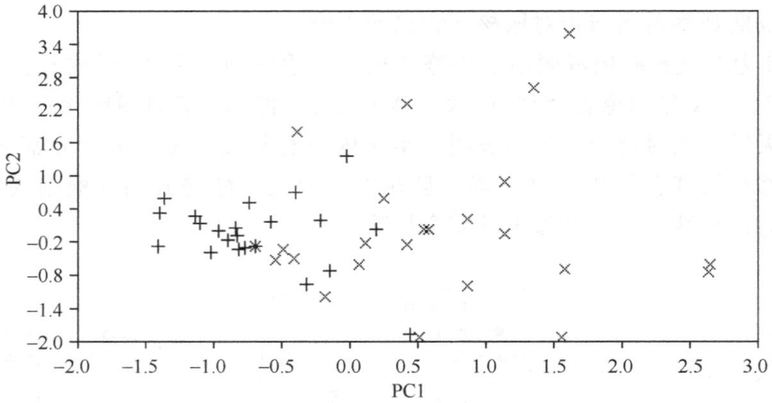

图 10-35　主成分分析技术（PCA）用于区别癌症患者手术前（+）和术后（×）核苷的变化情况

HPLC 法对 26 例恶性肿瘤患者术前、术后的检测结果与以上结果相似。

尿中核苷含量由体内肿瘤负荷所决定，其可能成为有效随访肿瘤复发与转移的标志物。

10.3.5 化疗对尿中核苷排放水平的影响

化疗疗效一般可分为以下几种情况：

(1) 完全缓解（complete response，CR）：病灶完全消失。

(2) 部分缓解（partial response，PR）：病灶缩小 50%以上。

(3) 病灶稳定（stable disease，SD）：指病灶缩小<50%，或增加<25%。

(4) 病灶进展（progressive disease，PD）：指病灶增加>25%，或出现新的病变。

本节我们跟踪测定了 15 名肺癌患者化疗前后尿中核苷含量的变化，其中化疗有效的患者有 9 位，化疗无效的患者有 6 位（表 10-39）。图 10-36 直观显示了 15 名肺癌患者在化疗前后尿中 Pseu 排放水平的变化。运用成组设计的配对 t 检验分析表明，9 位化疗有效的肺癌患者化疗后尿中 15 种核苷水平明显高低于化疗前，具有显著差异（$P<0.001$）；而 6 位化疗无效的患者化疗前后核苷的含量无显著性差异（$P>0.05$）。

表 10-39 不同病理类型肺癌患者化疗疗效

病理类型	化疗有效			化疗无效	
	PD-SD	PD-PR	PD-CR	无变化	恶化
腺癌	0	1	1	2	2
鳞癌	0	1	1	1	1
大细胞肺癌	1	0	0	0	0
SCLC	1	1	2	0	0
例数	2	3	4	3	3
总计		9		6	

采用 FA 处理数据，结果表明 15 种尿中修饰核苷的变化量与化疗后患者临床反应相平行（图 10-37 和图 10-38）。这可能是由于化疗药物作用于处于增殖阶段的肿瘤细

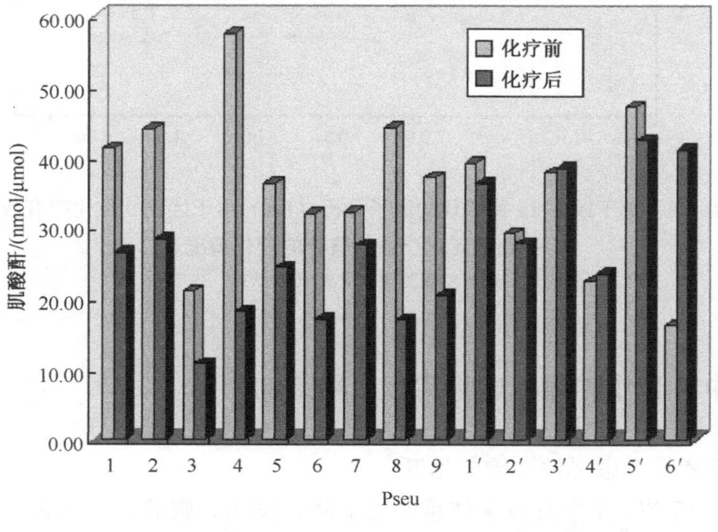

图 10-36 15 名肺癌患者尿中 Pseu 在化疗前后变化比较图

编号 1～9 是化疗有效的肺癌患者，1′～6′是化疗无效的肺癌患者

胞，通过抑制核酸代谢或影响细胞分裂等机制使存在于快速生长周期中的肿瘤细胞减少或消失，因此，尿中核苷量也随之下降。这一结果提示，修饰核苷可以作为一种广谱的肿瘤标志物，用于监测患者病情变化及对化疗药物敏感性筛选。

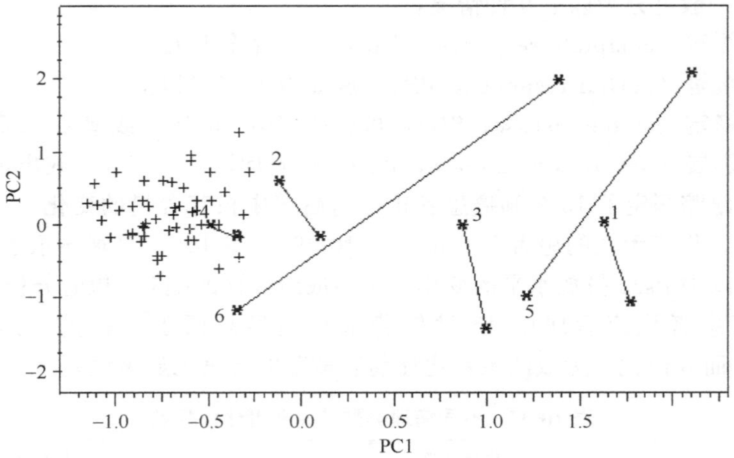

图 10-37 基于尿中 15 种核苷的因子分析（FA）用于区别 6 位化疗无效的肺癌患者化疗前后核苷的变化情况

编号位置为患者化疗前的状态

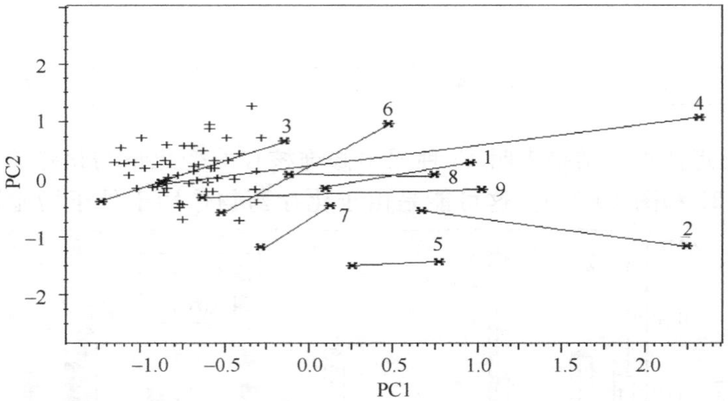

图 10-38 基于尿中 15 种核苷的因子分析（FA）用于区别 9 位化疗有效的肺癌患者化疗前后核苷的变化情况

编号位置为患者化疗前的状态

10.3.6 尿中核苷作肿瘤标志物实际应用范例

实例 1：患者是否患恶性肿瘤的诊断

患者，男，45 岁，1 个月以来体重明显下降，发热，腹痛，皮肤黄染，尿黄。

大连医科大学附属第一医院初查：疑诊为甲型肝炎或直肠癌。化验检查否定甲型肝炎。不排除恶性肿瘤。

在未明确诊断前，我们采集了患者的尿样，用我们建立的方法测定了尿中修饰核苷含量。通过与 28 例正常人尿中核苷的平均值相比较（图 10-39），各类修饰核苷水平无明显增高，从而排除患恶性肿瘤的可能。

大连医科大学附属第一医院复诊表明，患者症状为阑尾炎术后肠粘连引起，并非恶性肿瘤。现患者已经完全康复、健在，随诊 2 年无肿瘤发生。

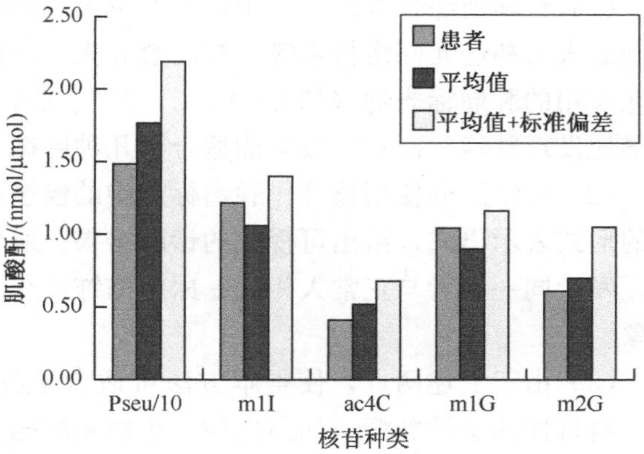

图 10-39 待诊断患者尿中核苷浓度与正常人尿中核苷浓度平均值的比较

实例 2：术后随访研究（肾母细胞瘤）

患者，女，2 岁，腹部肿瘤待查入院。2001 年 3 月 23 日行肿瘤切除手术。经病理证实为肾母细胞瘤。术前收集尿样，结果表明 7 种修饰核苷的含量明显增高。术后第 8 天，尿样显示尿中核苷含量下降（图 10-40）。术后第 20 天尿样显示，尿中核苷含量明显回升，提示体内肿瘤细胞存在并增殖。此后检查发现，肿瘤复发。该例表明，修饰核苷可提示患者术后体内肿瘤的存在，即修饰核苷可用于术后随访。

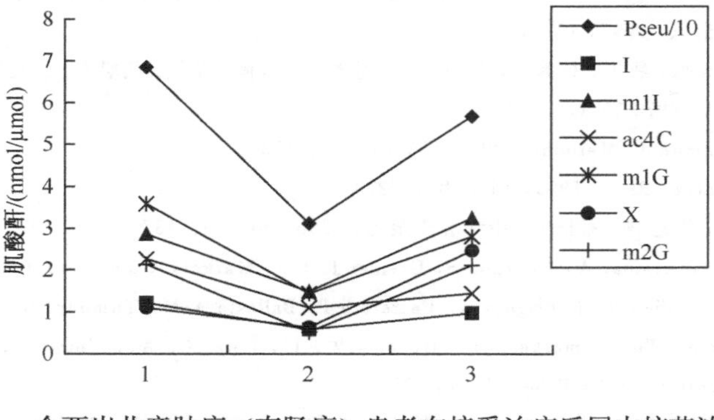

图 10-40 一个两岁儿童肿瘤（直肠癌）患者在接受治疗后尿中核苷浓度的变化

1：术前第 1 天，2：术后第 9 天，3：术后第 20 天

从前面可知，基于体液中核苷浓度，我们采用高级数据分析技术（如因子分析、模式识别或人工神经元网络技术等）来同时考虑癌症患者体液中多个修饰核苷类肿瘤标志物的浓度变化，据此来判断恶性肿瘤。尿中修饰核苷量的增高是宿主体内细胞增殖与代谢增高的结果。恶性肿瘤患者尿中修饰核苷含量的增高，提示了其作为恶性肿瘤标志物用于肿瘤诊断、良恶性肿瘤鉴别及治疗后随访的可能性。其肿瘤诊断阳性符合率超过 70%，且对不同类型的肿瘤均有良好的指示作用。这一结果表明修饰核苷是一类广谱性的肿瘤标志物。我们建立的检测分析系统可有效地用于尿中修饰核苷检测，能够有效地指示宿主的荷瘤状态。被检者以尿液为样本取材，取材方便、无损伤，加之标记谱系广

的特点，均提示了本方法用于肿瘤普查较现用肿瘤标志物具有更大的优越性和互补性。在肿瘤预防及诊断工作中有着良好、广泛的应用前景。

与以往的方法相比此法的优点如下：

（1）科学地综合考虑了多个变量的贡献，将高级数据分析技术（如因子分析、模式识别或人工神经元网络技术等）与高效分离分析技术紧密地结合起来。传统的现在正在临床应用的肿瘤标志物（如 CEA、CA 153、CA 125 等）都是单个地在使用，不但难以较早地发现肿瘤，而且一般只能适合于几种肿瘤，广谱性有限。

（2）与常规的使用核苷作肿瘤标志物的候选研究相比，本项目的结果可清楚地以图形的形式表示出来，给出可视化的诊断结果。避免了用“平均值加 2 倍标准偏差”方法时，发生同一患者与正常人相比，尿中修饰核苷浓度有高有低的现象、医生不易判断的现象。

（3）由于上述两点，使得本方法可适合于各种恶性肿瘤的诊断，尤其适用于急发性、高毒性的恶性肿瘤，如白血病、小细胞肺癌、胃癌、食道癌、子宫癌、咽喉癌、膀胱癌、卵巢癌、支气管癌、乳腺癌、直肠癌、前列腺癌等。对高危患者的普查尤其有用，与本方法的多变量数据分析技术相结合，体液中核苷可作为普适性肿瘤标志物来使用。

参考文献

[1] Holland J F, Feiv E Ⅲ, Rc Bast Jr. Maryland, USA: Williams & Wilkine, 1998

[2] 李连弟，鲁凤珠，张思维，牧人，孙秀娣，皇甫小梅，孙杰，周有尚，欧阳宁慧，饶克勤，陈育德，孙爱明，薛志福，夏毅. 中华肿瘤杂志，1997，19 (1)：3

[3] 李连弟，张思维，鲁凤珠，牧人，孙秀娣，皇甫小梅，孙杰，周有尚，夏毅，戴旭东，饶克勤，陈育德，孙爱明，薛志福. 中华肿瘤杂志，1997，19 (5)：323

[4] Magdelenat H. J. Immunol. Methods, 1992, 150 (1～2): 133

[5] Suresh M R. Anticancer. Res., 1996, 16 (4B): 2273

[6] 施先艳，周燕，夏琳，肖建群，邓长生. 中华肿瘤杂志，1998，20 (6)：437

[7] Chou M Y, Duffour J, Kramar A, Gourgou S, Grenier J. Dis. Markers., 2000, 16 (3～4): 105

[8] Filella X, Alcover J, Molina R, Rodriguez A, Carretero P, Ballesta A M. Tumour. Biol., 1997, 18 (6): 332

[9] Evans J R, Berchuck A. Tumor marker. In: Hosbins W. J., Perez C. A., Young R. C, eds. Principles and Philadelphia: Lippi-cott-raven Riblisher, 1997, 177

[10] Safi F, Schlosser W, Falkenreck S, Beger H G. Int. J. Pancreatol., 1996, 20 (3): 155

[11] Stieber P, Hasholzner U, Bodenmuller H, Nagel D, Sunder-Plassmann L, Dienemann H, Meier W. A Fateh-Moghadam. Cancer, 1993, 72 (3): 707

[12] 金炳文，赵兰，周彩存，李德仁，徐建芳. 中华结核和呼吸杂志，2001，24 (12)：722

[13] Ebeling F G, Stieber P, Untch M, Nagel D, Konecny G E, Schmitt U M, Fateh-Moghadam A, Seidel D. Br. J. Cancer., 2002, 22, 86 (8): 12～17

[14] Hayes D F, Bast R C, Desch C E, HFritsche Jr, Kemeny N E, Jessup J M, Locker G Y, Macdonald J S, Mennel R G, Norton L, Ravdin P, Taube S, Winn R J. J. Natl. Cancer. Ints., 1996, 88 (20): 1456

[15] Mulcahy H E, Lyatltey J, Lederrey C, Chen X Q, Anker P, Alstead E M, Ballinger A, Farthing M J, Stroun M. Clin. Cancer Res., 1998, 4 (2): 271

[16] Sindransky D, Von Eschenbach A, Tsai Y C, Jones P, Summerhayes I, Marshall F, Paul M, Green P, Hamilton S R, Frost P. Science, 1991, 252: 706

[17] Wood Jr D P, Anderson A E, Fair R, Chaganti R S. Urol. Res., 1992, 20 (4): 313

[18] Fitzgerald J M, Ramchurren N, Rieger K, Levesque P, Silverman M, Libertino J A, Summerhayes I C. J. Nat. Cancer Inst., 1995, 87 (2): 129
[19] Sidransky D, Tokino T, Hamilton S R, Kinzler K W, Levin B, Frost P, Vogelstein B. Science, 1992, 256: 102
[20] Fearon E R, Vogelstein B. Cell, 1990, 61 (5): 759
[21] Tada M, Omata M, Ohto M. Gastroenterology, 1991, 100 (1): 233
[22] Caldas C, Hahn S A, Hruban R H, Redston M S, Yeo C J, Kern S. Cancer. Res., 1994, 54 (13): 3568
[23] Mao L, Sidransky D. Cancer. Res., 1994, 54 (7 Suppl): 1939s
[24] Kerns B J, Jordan P A, Huper G, Marks J R, Iglehart J D, Layfied L J. Mod. Pathol., 1993, 6 (6): 673
[25] Inaji H, Koyama H, Motomura K, Noguchi S, Mori Y, Kimura Y, Sugano K, Ohkura H. Tumour. Biol., 1993, 14 (5): 271
[26] Takei Y, Kurobe M, Uchida A, Hayashi K. Clin. Chem., 1994, 40 (10): 1980
[27] Bassett D E, Eisen M B, Boguski M S. Nat. Genet., 1999, 21 (1 Suppl): 51
[28] Scherf U, Ross D T, Waltham M. Proceedings of the American Association for Cancer Research, March 1999, 40: 321
[29] Notterman D A, Alon U, Sierk A J, Levine A J. Cancer. Res., 2001, 61 (7) : 3124
[30] Zhou G, Yu Q, Ma Y, Xue J, Zhang Y, Lin B. J. Chromatogr. A, 1995, 717: 345
[31] Dong X, Xu X, Han F, Ping X, Yuang X, Lin B. Electrophoresis, 2001, 22: 2231
[32] Han F, Bryan H, Honglan S, Lin B, Ma Y. Anal. Chem., 1999, 71: 1265
[33] Nakano K, Nakao T, Schram K H, Hammargren W M, McClure T D, Katz M, Petersen E. Clin. Chim. Acta., 1993, 218 (2): 169
[34] Marshall C J, Vousden K H, Phillips D H. Nature, 1984, 310 (5978): 586
[35] Tagesson C, Kallberg M, Kintenberg, Starkhammer H. Eur. J. Cancer., 1995, 31 (6): 934
[36] Limbach P A, Crain P F, McClosey J A. Nucleic. Acids Res., 1994, 22 (12); 2183
[37] Bjork G R, Ericson J U, Gustafsson C E D, Hagervall T G, Jonsson Y H, Wikstrom P M. Annu. Rev. Biochem., 1987, 56: 263
[38] Gehrke C W, Kuo K C T. J. Chromatog. Elsevier, Amsterdam, 1990b
[39] Schoch G, Heller-Schoch G, Muller J, Heddrich M, Gruttner R. Klin. Padiatr., 1982, 194 (5): 317
[40] Sander G, Hulsemann J, Topp H. Ann. Nutr. Metab., 1986, 30 (2): 137
[41] Prankel B H, Clemens P C, Burmester J G. Clin. Chim. Acta., 1995, 234 (1~2): 181
[42] Schoech G, Sander G, Topp H, Heller-Schoch G. Chromatography and modification of nucleosides, Part C. Amsterdam: Elsevier, 1990; C389
[43] Waalkes P T, Gehrke C W, Zumwalt R W, Chang S Y, Lakings D B, Tormey D C, Ahmann D L, Moertel C G. Cancer, 1975, 36: 390
[44] Gehrke C W, Kuo K C, Waalkes T P, Borek E. Cancer. Res., 1979, 39: 1150
[45] Drahovsky D, Winkler A, Skoda J. Nature, 1964, 201: 411
[46] Itoh K, Konno T, Sasaki T, Ishiwata S, Ishida N, Misugaki M. Clin. Chim. Acta., 1992, 206: 181
[47] Rasmuson T, Bjork G R, Hietala S O, Stenling R, Ljungberg B. Acta. Oncol., 1991, 30: 11
[48] Clark I, MacKenzie J W, McCoy J R, Lin W. In: Recent Results in Cancer Research. Berlin: Springer-Verlag, 1983, 388
[49] Clark I, Lin W, Mackenzie J W. In: Chromatography and Modification of Nucleosides part C: Modified Nucleosides in Cancer and Normal Metabolism Methods and Applications. Amsterdam: Elsevier 1990, 341
[50] Randerath E, Gopalakrishnan A S, Randerath K. In Morris Hepatomas, Mechanisms of Regulation. New York: Plenum, 1978, 517
[51] Kuchino Y, Borek E. Nature, 1978, 271 (5641) : 126
[52] Randerath K, Tseng W C, Harris J S, Lu L J W. In: Recent Results in Cancer Research Modified Ucleosides and Cancer. Berlin: Springer-Verlarg, 1983, 283

[53] Fujioka S, Ting R C, Gallo R C. Cancer. Res., 1971, 31 (4): 451
[54] Mittelman A, Chheda G, Grace JT Jr. J. Surg. Res., 1971, 11 (1): 1
[55] Sharma O K, Loeb L A. Biochem. Biophys. Res. Commun., 1973, 50 (1): 172
[56] Waalkes T P, Adamson R H, O'Gara R W, Gallo R C. Cancer. Res., 1971, 31 (8): 1069
[57] Kuo K C, Phan D T, Williams N, nGehrke C W. In : C W Gehrke, K C Kuo, eds. Chromatography and Modification of Nucleosides, Part C. Amsterdam: Elsevier, 1990; C42
[58] Tamura S, Fujii J, Nakano T, Hada T, Higashino K. Clin. Chim. Acta., 1986, 154: 125
[59] Nakano K, Shindo K, Yasaka T, Yamamoto H. J. Chromatogr., 1985, 343: 21
[60] Koshida K, Harmenberg J, Stendahl U, Wahren B, Borgstroem E, Helstroem L, Andersson L. Urol. Res., 1985, 13: 213
[61] Waalkes T P, Abeloff M D, Ettinger D S, Woo K B, Gehrke C W, Kuo K C, Borek E. Eur J Cancer Clin Oncol., 1982, 18: 1267
[62] Fischbein A, Sharma O K, Solomon S, Buschman F, Apell G, Kohn M, Selikoff I J, Bekesi J G, Borek E. Cancer. Detect. Prev., 1984, 7 (4): 247
[63] Nakano K, Nakao T, Schram K H, Hammargren W M. Nucleic. Acids. Symp. Ser., 1991, No. 25: 125
[64] Nakano K, Yasaka T, Nakao T, Schram K H, Hammargren W M. Nucleic. Acids. Res. Symp. Ser., 1990, No. 22: 31
[65] Schoech G, Topp H, Held A, Heller-Schoech G, Ballauff A, Manz F, Sander G. Eur. J. Clin. Nutr., 1990, 44: 647
[66] Sander G, Topp H, Wieland J, Heller-Schoech G, Schoech G. Human Nutrition: Clin. Nutr., 1986, 40C: 103
[67] Masuda M, Nishihira T, Itoh K, Mizugaki M, Ishida N, Mori S. Cancer, 1993, 72: 3571
[68] Trewyn R W, Glaser R, Kelly D R, Jackson D G, Graham W P. Cancer, 1982, 49: 2513
[69] Gehrke C W, Kuo K C. J. Chromatogr., 1989, 471: 3
[70] Reynaud C, Bruno C, Boullanger P, Grange J, Barbesti S, Niveleau A. Cancer Lett., 1992, 61 (3): 255
[71] Cohen A S, Terabe S, John A Smith, Karger B L. Anal. Chem., 1987, 59: 1021
[72] Row K H, Griest W H, Maskarinec M P. J. Chromatogr., 1987, 409: 193
[73] Lecoq A F, Leuratti C, Marafante E, Di Biase S. J. HRC & CC, 1991, 14 : 667
[74] Lecoq A F, Montanarella L. J. Microcol. Sep., 1993, 5: 105
[75] Grune T, Perrett D. Adv. Exp. Med. Biol., 1995, 370: 805
[76] Krattiger B, Bruno A E, Michael Widmer H, Dandiker R. Anal. Chem., 1995, 67: 124
[77] Peng X, David Chen D Y. Eighth international symposium on high performance capillary electrophoresis, Orlando Florida, 1996, 115
[78] Liebich H M, Xu G, Di Stefano C, Lehmann R. Chromatographia, 1997, 45: 396
[79] Liebich H M, Xu G, Di Stefano C, Lehmann R. J. Chromatogr. A, 1998, 793: 341
[80] Xu G W, Zheng Y F, Zhang P D, Xiong J H. S Lv, PACE Setter, 2003, 7 (2): 1
[81] Zheng Y F, Xu G W, Liu D Y, Xiong J H, Zhang P D, Zhang C, Yang Q, Lv S. Electrophoresis, 2002, 23 (No. 24): 4104
[82] Liebich H M, Lehmann R, Xu G, Wahl H G, Haering H U. J. Chromatogr. B, 2000, 745: 189
[83] Liebich H M, Lehmann R, Di Stefano C, Xu G, Haering H U. GIT labor-Fachzeitschrift, 1997, special edition for Prof. Bayer, 92
[84] 郑育芳，张云，刘大渔，郭小亮，梅素容，熊建辉，孔宏伟，张朝，许国旺. 高等学校化学学报，2001，22：912
[85] Xu G, Liebich H M, Lehmann R, Mueller-Hagedorn S. In : "Methods of Molecular Biology, Vol. 162—Capillary Electrophoresis of Nucleic Acids, Volume 1: Introduction to the Capillary Electrophoresis of Nucleic Acids", Totowa, New Jersey: Humana Press, 2000, 459
[86] 许国旺，路鑫，郑育芳，孔宏伟，梅树荣，张普敦.《分析化学新进展》，科学出版社，2002，175
[87] Xu G W, Liebich H. American Clinical Laboratory, 2001, 20: 22

[88] 冯波，郑民华，朱正纲，许国旺．诊断学理论和实践，2005，4：240
[89] Xu G，Di Stefano C，Liebich H M，Zhang Y，Lu P. J. Chromatogr. B，1999，732：307
[90] Xu G，Schmidt H，Liebich H M，Zhang Y，Lu P. Chromatographia，2000，52 (3/4)：152
[91] Xu G，Lu X，Zhang Y，Lu P，Di Stefano C，Lehmann R，Liebich H M. 色谱，1999，17 (2)：98
[92] Li F L，Zhao X J，Wang W Z，Xu G W. Analytica. Chimica. Acta.，2006，580 (2)：181
[93] Bartels H，Boehmer M，Heierli C. Clin. Chim. Acta.，1972，37：193
[94] Xu G，Schmid H R，Lu X，Liebich H M，Lu P. Biomed. Chromatogr.，2000，14：459
[95] Zheng Y F，Xu G W，Yang J，Zhao X J，Pang T，Kong H W. J. Chromatogr. B，2005，819：85
[96] 赵欣捷，郑育芳，张普敦，孔宏伟，许国旺．色谱，2005，23：73
[97] Zhao X J，Wang W Z，Wang J S，Yang J，Xu G W. J. Sep. Sci.，2006，29 (16)：2444
[98] Gehrke CW，Kuo K C. Chromatography and Modification of Nucleosides，Part C. Amsterdam：Elsevier. 1990
[99] McEntire J E，Kuo K C，Smith M E，Stalling D L，Richens J W，Zumwalt R W，Gehrke C W. Cancer Res.，1989，49：1057
[100] Zhao R，Xu G，Yue B，Liebich H M，Zhang Y. J. Chromatogr. A.，1998，828：489
[101] Rasmuson T，Bjork G R. Acta. Oncol.，1995，34 ：61
[102] Sasco A J，Rey F，Reynaud C，Bobin J，Clavel M，Niveleau A. Can. Lett.，1996，108 ：157
[103] Pane F，Savoia M，Fortunato G，Camera A，Rotoli B，Salvatore F，Sacchetti L. Clin. Biochem.，1993，26：513
[104] Mitchell E P，Evans L，Schultz P，Madsen R，Yarbro J W，Gehrke C W，Kuo K. J . Chromatogr.，1992，581：31
[105] Reynaud C，Bruno C，Boullanger P，Grange J，Barbesti S. Cancer Lett.，1992，61：255
[106] Liebich H M，Di Stefano C，Wixforth A，Schmid H R. J. Chromatogr. A，1997，763：193
[107] Gehrke C W，Kuo K，Chrom J. 1992，581：31
[108] Pane F，Oriani G，Kuo K C，Gehrke C W，Salvatore F，Sacchettil. Cline. Chem.，1992，38 (5)：671
[109] Itoh K，Ishiwata S，Ishida N.，Mizugaki M. Tohoku. J. Exp. Med.，1992，168：329
[110] 边肇祺，张学工等．模式识别，北京：清华大学出版社，1999
[111] 梁逸增，俞汝勤．分析化学手册第十分册：化学计量学，北京：化学工业出版社，2000
[112] Baldovin A，Wu W，Centner V Jouan-Rimbaud D.，Massart DL，Favrettol.，Turello A. The Analyst.，1996，121：1603
[113] Wu W，Guo Q Massart DL. Chemom and Intell Lab Sys.，1999，45：39
[114] Wold S，Sjostrom M. Chemom and Intell Lab Sys.，1998，44：3
[115] Hopke P K，Song X. Anal. Chim. Acta.，1997，348：375
[116] Johnson S R，Sutter J M，Engelhardt H L. Anal. Chem.，1997，69：4641
[117] Zupan J. Anal. Chim. Acta.，1991，248 ：1
[118] Jalali-Heravi M，Fatemi M H. J. Chromatogr.，2001，915：177
[119] Jalali-Heravi M，Garkani-Nejad Z. J. Chromatogr.，2001，927：211
[120] Zhang H，Zhang R，Liu M，Hu Z. Chinese Journal of Analytical Chemistry，2000，28：1336
[121] Dong S，Yao J，Yu K，Tang H，Gao H. Chinese Journal of Analytical Chemistry，2000，28：1025
[122] Rumelhart D E，MeClelland J L. Cambridge M A：MIT Press，1986
[123] Yang J，Xu G W，Kong H W，Zheng Y F，Pang T，Yang Q. J. Chromatogr. B，2002，780：27
[124] 熊建辉，郑育芳，张普敦，石先哲，杨军，张玉奎，许国旺．高等学校化学学报，2003 ，24 (5)：803
[125] Adams W S，Davis F，Naktani M. Am. J. Med.，1960，28：726
[126] Mrochek J E，Dinsmore S R，Waalkes T P. J. Natl. Canc. Inst.，1974，53 (6)：1553
[127] Trewyn R W，Grever M R. Crit. Rev. Clin. Lab. Sci.，1986，24 (1)：71
[128] Heldman B A，Grever M R，Trewyn R W. Blood，1983，61：291
[129] Heldman D A，Grever M R，Speicher C E，Trewyn R W. J. Lab. Clin. Med.，1983，101：783

[130] D'Ambrosio S M, Gibson-D'Ambrosio R E, Trewyn R W. Clin. Chim. Acta., 1991, 199: 119
[131] Nielsen H R, Killmann S A. J. Natl. Canc. Inst., 1983, 71 (5): 887
[132] Rasmuson T, Bjork G R. Acta. Oncol., 1995, 34: 61
[133] Thomale J, Luz A, Nass G, J. Cancer. Res. Clin. Oncol., 1984, 108 (3): 302
[134] Itoh K, Konno T, Sasaki T, Ishiwata S, Ishida N, Misugaki M. Clin. Chim. Acta., 1992, 206: 181
[135] Zambonin C G, Aresta A, Palmisano F, Specchia G, Liso V, Pharm J. Biomed. Anal., 1999, 21: 1045
[136] 应江山，王学文，钱晓萍，刘海宁，吴兴中，许丹科．金陵医院学报，1994，7 (2)：199
[137] Rasmuson T, Bjork G R, Damber L, Holm S E, Jacobsson L, Jeppsson A, Littbrand B, Stigbrand T, Westman G. Recent. Results. Cancer. Res., 1983, 84: 331
[138] Tormey D C, Waalkes T P, Ahmann D, Gehrke C W, Zumwatt R W, Snyder J, Hansen H. Cancer, 1975, 35 (4): 1095
[139] Schlimme E, Boos K S, Wilmers B, Gent H J. In: Human. Tumor. Markers., Berlin, New York: Walter de Gruyter&Co., 1987, 503
[140] Vreken P, Tavenier P. UAnn. Clin. Biochem., 1987, 24: 598
[141] Vold B S, Kraus L E, Rimer V G. R C Coombes. Cancer Res., 1986, 46: 3164
[142] Sasco A J, Rey F, Reynaud C, Bobin J Y, Clavel M, Niveleau A. Cancer. Lett., 1996, 108 (2): 157
[143] Rasmuson T, Bjork G R, Damber L. Acta Oncol., 1987, 26 : 261
[144] Rasmuson T, Bjork G R, Damber L, Holm S E, Jacobsson L. Acta Radiol. Oncol., 1983, 22 : 209
[145] Waalkes P T, Abeloff M D, Ettinger D S, WOO K B, Gehrke C W, Kuo K C, Borek E. Cancer, 1982, 50 : 2457
[146] 吴逸明，周舫，吴拥军，曹书霞，刘一真．郑州大学学报（医学版），2002，37 (4)：433
[147] Solomon S J, Fischbein A, Sharma O K, Borek E. Br. J. Ind. Med., 1985, 42 (8): 560
[148] Fischbein A, Sharma O K, Selikoff I J, Borek E. Cancer. Res., 1983, 43: 2971
[149] Fischbein A, Sharma O K, Borek E. Mt. Sinai. J. Med., 1985, 52 (6): 480
[150] Koshida K, Harmenberg J, Stendahl U, Wahren B, Borgstrom E, Helstrom L. Urol. Res., 1985, 13: 213
[151] Kim K R, La S, Kim A, Kim J H, Liebich H M. J. Chromatogr. B., 2001, 754: 97
[152] Oerlemans F, Lange F. Gynecol. Obstet. Invest., 1986, 22 (4): 212
[153] Manjula S, Aroor A R, Raja A, Rao S, Rao A. Acta. Oncol., 1993, 32 (3), 311
[154] Itoh K, Mizugaki M, Ishida N. Jpn. J. Cancer. Res., 1988, 79 (10): 1130
[155] 符雪松，白文元，姚希贤，孙泽明，宋光辉．中国肿瘤临床，2002，29 (10)：706
[156] Tamura S, Amuro Y, Nakano T, Fujii J, Moriwaki Y, Yamamoto T, Hada T, Higashino K. Cancer, 1986, 57: 1571
[157] 袁成，张黎明，王景祥，李立君．肿瘤，1994，14 (4)：197
[158] 金晓明，陆俐丽，王小芹．福建医药杂志，1997，19 (5)：94
[159] Zheng Y F, Xu G W, Lv S, Kong H W, Liu D Y, Zhang P D, Xiong J H. Clin. Biochem., 2005, 38 (1): 24
[160] 郑育芳，陈英杰，逄涛，石先哲，孔宏伟，吕申，杨青，许国旺．色谱，2002，20 (12)：498
[161] 郑民华，冯波，陆爱国，郑育芳，毛志海，许国旺．中华普通外科杂志，2004，19 (10)：595
[162] Zheng Y F, Yang J, Zhao X J, Kong H W, Feng B, Chen Y J, Lv S, Xu G W. World J. Gastroenterol., 2005, 11: 3871
[163] 冯波，郑民华，郑育芳，陆爱国，李健文，王明亮，马君俊，许国旺，郁宝铭．中华外科杂志，2005，43：564
[164] Feng B, Zheng M, Lu A, Li J, Jiang W, Wang M, Ma J, Dong F, Shi X, Xu G. J. Shanghai Med. Uni., 2006, 18 (1): 20
[165] 陈英杰，郑育芳，王凝芳，吕申，逄涛，杨青，许国旺．癌症，2003，22 (5)：537

第 11 章　代谢组学在糖尿病研究中的应用

糖尿病是许多国家所面临的日益严重的健康问题，也是全球性医学难题。1997 年世界卫生组织（WHO）报道，全球范围内的糖尿病患者高达 1.25 亿，预计这一数字到 2025 年将增加到 2.99 亿，2 型糖尿病将是西方国家第一生命杀手。全世界大约有 1.46 亿人患有 2 型糖尿病，约占所有糖尿病患者的 90%～95%[1]。由诺和诺德亚太医学中心协助在中国进行的一项研究，自 1998 年共调查 2669 例患者，结果显示，糖尿病的患病率：2 型糖尿病占 93.7%，1 型糖尿病占 5.6%；平均发病年龄：1 型糖尿病为 16.6 岁，2 型糖尿病为 50.9 岁[2]。可以预计，随着我国国民经济的快速发展和人民生活水平的进一步提高，发病率还将继续升高。由于人口基数大，我国的糖尿病患者总数将会十分惊人，目前中国有 4000 万糖尿病患者。如不加以有效干预，今后 30 年内，我国糖尿病患病率将达到 5%～10%，届时全国糖尿病患者总数将逾 5000 万，占世界各国糖尿病新增人数的首位。以中国为例，因糖尿病导致的死亡逐年升高，1974 年中国城市人 121 糖尿病的死亡率仅 3.4/10 万人，至 1999 年时已上升到 15.4/10 万人，增长了近 5 倍。不仅如此，糖尿病所导致的治疗费用也逐年增高。在中国 2 型糖尿病导致的直接医疗费约为 188.2 亿元，占中国医疗总支出的 3.95%，其中治疗并发症的费用就占 81%。因此，2 型糖尿病及其并发症的治疗是中国社会沉重的经济负担。因此，糖尿病的防治是全世界面临的巨大挑战，尤其在中国更是迫在眉睫。

糖尿病的病因至今尚未完全阐明。目前认为主要是胰岛素抵抗、胰岛 β 细胞功能衰竭和胰岛素分泌障碍。其原因是多方面的，除遗传因素外，环境因素也有重要关系。社会经济发展、生活水平提高、饮食热量摄入过多、体力劳动减轻、心理应激增加及肥胖增加均与糖尿病密切相关。

目前认为，糖尿病是一种因胰岛素分泌绝对或相对不足而引起的以高糖血症为主要特征的代谢性疾病，长期的高血糖可导致眼、肾、神经、心脏及血管等多器官损害。临床上可将糖尿病分为 1 型糖尿病、2 型糖尿病、其他特殊类型和妊娠期糖尿病（GDM）等。

近年来代谢组学取得了很大发展，广泛应用于疾病诊断、药物毒性机制及生物标志物发现等方面的研究[3～10]。运用代谢组学研究糖尿病，包括诊断、药物评价和病理机制等的研究也引起科学家的注意。杨军等建立了针对血清中脂肪酸的毛细管气相色谱代谢靶标分析平台，并有效地区分了 2 型糖尿病患者和健康对照组。结果表明，通过使用一元和多元统计技术，可以选择一组脂肪酸的子集得到较好的分类结果。该方法将有助于 2 型糖尿病患者的标志物发现和发病机制方面的研究[11]。Granger 等应用 UPLC/TOF-MS基于尿样代谢谱来区分肥胖 Zuker 小鼠和对照[12]，Williams 等也建立了 1H NMR 和 HPLC-MS 方法以研究上述两种小鼠的代谢差异[13]。Watkins 等应用类脂组学评价 γ-受体激动剂对 2 型糖尿病的疗效，研究显示了药物能使体内特别是血液中脂类化合物浓度发生改变，心磷脂变化显著[14]。Hodavance 等综述了基于 NMR 的 2

型糖尿病代谢组学研究，其中以马为研究模型，运用NMR分析了马血中的代谢物[15]。Griffin等对代谢组学作为功能基因组学的工具研究糖尿病肥胖症和相关代谢紊乱疾病的工作做了综述[16]。van Doorn等评价了四氢噻唑对2型糖尿病患者和健康志愿者的药理学效应以发现标志物，他认为传统生化标志物不足以调查药物作用，通过建立的NMR代谢组学方法可快速检测血和尿中代谢物的变化，发现尿中马尿酸盐和芳香族氨基酸含量减少，血浆中支链氨基酸丙氨酸谷氨酰胺等上升[17]。1型糖尿病中最严重的形式是糖尿病肾病，传统的方法（如白蛋白排放率）不能很准确地进行早期预测，Makinen等运用建立的血清NMR方法区分了182例1型糖尿病患者和21例对照，得到了87.1%的准确度和87.7%的专一度，阳性和阴性的预测值分别为89.0%和83.6%[18]。

本章对糖尿病的代谢组学研究进行了概述，分为以下4节，第11.1节应用代谢轮廓分析于2型糖尿病尿样中有机酸的研究，11.2节将尿样“全”代谢指纹应用于药物对糖尿病的疗效评价，11.3节为2型糖尿病中血浆磷脂代谢轮廓分析和标志物的识别。11.4节为血清中脂肪酸的靶标分析方法用于2型糖尿病患者与正常人的区分。

11.1 基于GC的有机酸轮廓分析对2型糖尿病研究[19]

2型糖尿病是典型的代谢紊乱疾病，脂肪酸可以作为糖尿病患者脂类化合物代谢异常的生物医学标志物，当糖尿病患者在治疗时病情会在血和尿中反映出来，可以用GC分析检测血和尿的小分子变化以揭露糖尿病患者的生理生化变化[20]。我们应用代谢轮廓分析研究尿中有机酸和糖尿病的关系。

11.1.1 实验部分

11.1.1.1 样品收集及预处理

尿样采集于26例正常人和28例2型糖尿病患者（大连医科大学附属二院）。糖尿病患者年龄28～63岁（分别为43±15、46±17）。血中葡萄糖浓度均大于7.0mmol/L。样品收集后放到−20℃冰箱保存。

11.1.1.2 样品前处理

取尿样样品，室温解冻，混合均匀。第一步为固相萃取小柱（SPE）的老化：强阴离子柱（SAX）依次过2ml甲醇，2ml水，2ml pH 7磷酸盐缓冲液（0.336mol/L磷酸二氢钾和0.665mol/L磷酸氢二钠），最后2ml pH 7磷酸盐缓冲液（0.013mol/L磷酸二氢钾和0.020mol/L磷酸氢二钠）冲洗。2ml尿液中加入50μg/L山梨酸，过SPE小柱，小柱抽空10min后加1.5ml HCl /甲醇混合液（1ml浓HCl加入甲醇至25ml）洗脱柱中吸附的有机酸。

洗脱液氮气吹扫至干，残留物加140μl 6∶1 MTBSTFA［*N*-叔丁基二甲基硅-*N*-甲基三氟乙酰胺，*N*-(tert-butyldimethy-lsilyl)-*N*-methyltrifluoroacetamide］/DMF（*N*，*N*-二甲基甲酰胺，*N*，*N*-dimethyl formamide），50℃水浴加热衍生1h，冷却至室温后

GC-FID 分析。

11.1.1.3 GC-FID 和 GC-MS 分析

所用仪器为 Agilent 6890 GC-FID（Agilent，美国）和 QP 2010 GC/MS（Shimadzu，日本）。色谱柱 30m×0.25mm i.d×0.25μm DB 5ms（J. & W. Scientific，Folsom，CA）。色谱条件：进样 1μl，分流比 30∶1；柱温：100℃—2.5℃/min—285℃（6min），进样口 280℃，检测器 300℃，载气流速：He，30cm/s。MS：进样口 290℃，离子源 200℃，接口 285℃。*m*/*z*：40～500。

11.1.1.4 GC-FID 色谱数据的处理和模式识别

为了定量分析，所有信噪比（*S*/*N*）大于 10 的峰被选取，峰面积被内标校正后输入 SIMCA-P10.0 软件（Umea，Sweden）进行多变量分析（PCA 和 PLS-DA）[21,22]。

11.1.2 2 型糖尿病的有机酸轮廓分析

高通量代谢轮廓分析要求发展一个包含广泛范围代谢物的指纹图谱 GC 方法。相对 NMR，色谱分析需要解决不同样品或仪器可能导致的色谱峰保留时间迁移问题。针对这种情况发展了一个峰匹配的方法，峰匹配运算法则流程如图 11-1。

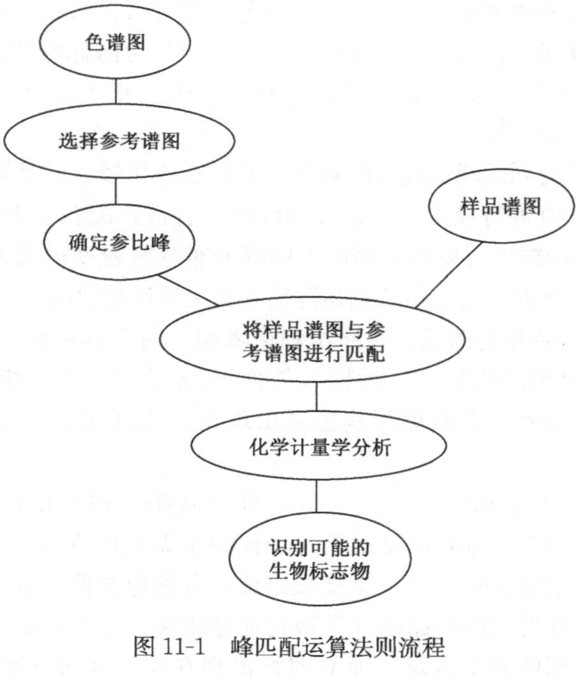

图 11-1 峰匹配运算法则流程

首先，选择一个典型的参比谱图（图 11-2）。这个色谱谱图必须符合以下条件：包含基本所有峰信息、包含所有参比峰、参比峰处于其他谱图的对应峰中间位置[23]。

其次，设定信噪比（*S*/*N*）大于 10，在参比谱图上找到 195 个峰。所有其他谱图以参比峰表为准对齐。算法的关键是在峰表中找几个容易鉴定的参比峰，谱图被参比峰

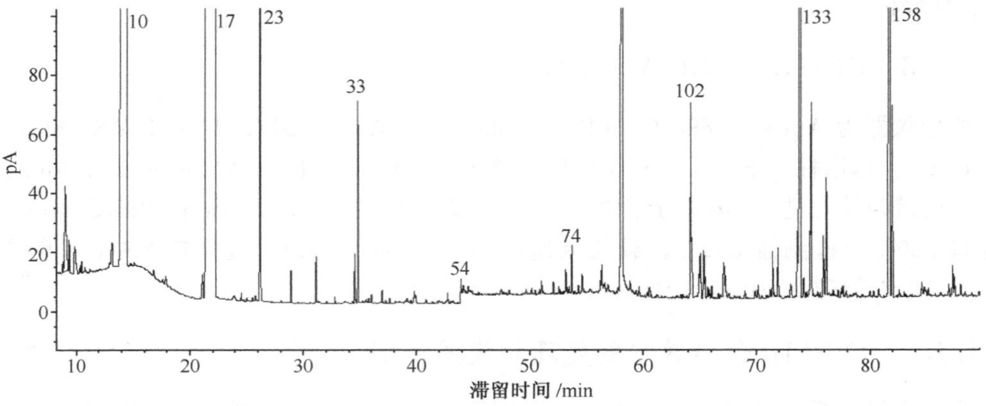

图 11-2 典型的参比谱图

分割成几段。比较谱图发现 10＃、23＃、33＃、54＃、74＃、102＃、133＃ 和 158＃峰出现在所有谱图上，而且峰值高，分布比较平均，将其设定为参比峰。内标 17＃峰也被选为参比峰。当参比峰保留值为一系列预设值时，其他峰保留值（ari）基于调整保留指数被标准化，这与 Kovats 保留指数类似，计算公式如式（11.1）

$$ari_i = \frac{tr_i - tr_j}{tr_{j+1} - tr_j} \times (ARI_{j+1} - ARI_j) + ARI_j \quad tr_j < t_i \leqslant tr_{j+1} \tag{11.1}$$

式中：ari_i 是峰 i 的调整保留指数（i 是峰号，等于 1，2，3，…，195）；tr_i 和 tr_j 分别为峰 i 和 j 的保留时间；$tr_0=0$，j（$j=0$，…，C）为内标峰的峰号。本研究中，C 等于 9；ARI_j 是参比峰的调整保留时间，值为 $j\times100$。基于式（11.1），参比峰的 ari 值在不同色谱峰中应非常稳定。

最后根据上述 ari 得到的峰值进行峰对齐。通过逐步比较，样品谱图的每个峰根据参比谱图中最接近的 ari 值进行校正。根据参比峰的最合适匹配在一个预先设定的范围内，峰对齐完成。ari 的匹配窗口可以根据谱图上的峰分布疏密程度得到调整。具有更多参比峰区域的 ari 更稳定，峰匹配完成后数据矩阵输入到化学计量学软件中进行多变量分析。

本实验中 54 个样品分为两类：对照组和患者组，每个样品包含 195 个变量（峰的数目）。色谱峰的峰面积经内标校正后输入软件 PCA 分析，得分矩阵图如图 11-3A 所示，从图 11-3A 中可看到大多数糖尿病患者出现在左边区域，相对的大多数正常人出现在右区域。

采用 PLS-DA 可以改善正常人和患者的分离效果。PLS-DA 中数据集模型近似 PCA，但主要是分类分析，其目的是找到一个模型根据上面方法尽可能分离（区分）x 轴数据集。附属的 $\boldsymbol{Y}$ 点矩阵由一个虚拟变数组成，分别包含值 1 和 0，最大主成分由正交变量决定。如此处理后两组样品的分类得到很好改善，所有样品得到完全分离，糖尿病组出现在得分矩阵图的右上区域，而对照组出现在左下区域（图 11-3B）。满意的分离效果在实施 PLS-DA 时得到改善，原因是 PCA 为降维技术，在输入数据矩阵 $\boldsymbol{X}$ 不丢失任何有价值信息情况下，能利用最大数目的变量。PLS 近似 PCA 处理，但它只保留了 $\boldsymbol{X}$ 和 $\boldsymbol{Y}$ 之间的最大正交变量，这样减少输入和输出数据矩阵（$\boldsymbol{X}$ 和 $\boldsymbol{Y}$）的维数，最后得到 $\boldsymbol{Y}$ 的最佳预测。

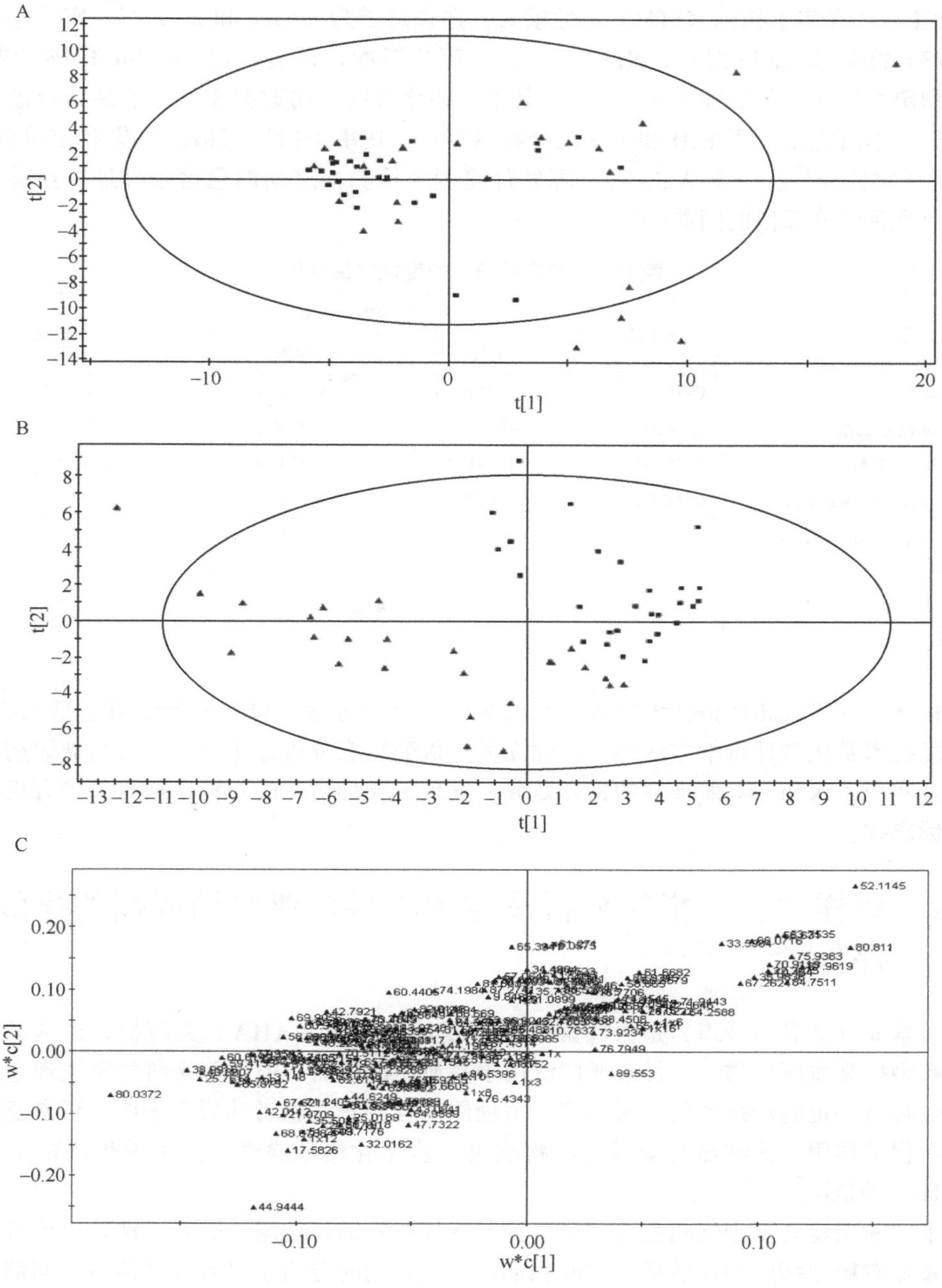

图 11-3　A. PCA 得分图；B. PLS-DA 得分图（■：糖尿病患者，▲：正常对照）；C. PLS-DA 载荷图

PLS-DA 模型载荷矩阵图（图 11-3C）反映了输出变量对样品分类的影响。这些变量对“得分矩阵”影响越大，其距离载荷矩阵图中心的距离越远，这样可以认定它们为可能的生物标志物。这些标志物的分子结构通过质谱鉴定列于表 11-1，表 11-1 中还有其分子式和定量结果。被定性的化合物大部分是被衍生为 tert-bu-TMS 结构的有机酸。

结合 CI 和选择离子扫描（SIM）定性模式，选择离子为 m/z73 和 m/z115。定性结果输入 NIST 数据库（NIST147，NIST27）进行碎片匹配，最后给出 tert-bu-TMS 有机酸衍生物定性结果（相似度大于 85%）。其中一些化合物采用数据库和标准品结合进行定性验证。本研究中应用 FID 和 MS 两个检测器：FID 用于指纹图谱的采集和定量分析，MS 用于定性分析。一个 Agilent 计算软件将两个检测器之间的色谱条件进行换算，这样能保证色谱峰保留时间的一致。

表 11-1　潜在标记物的定性定量结果

化合物	分子式	平均值（内标）		t 检验[a]
		DM2	对照	
顺丁烯二酸	$C_6H_8O_4$	2.80E-05	8.20E-05	0.0325*
二甲酯羟基乙酸	$C_2H_4O_3$	4.31E-05	1.67E-4	0.0232*
4-氨基-苯甲酸	$C_7H_7NO_2$	4.24E-4	9.78E-05	0.0008**
2，5-二羟基-苯乙酸	$C_8H_8O_4$	2.61E-4	9.53E-04	0.0002**

a. * $p<0.05$，** $p<0.001$。

小结

构建了基于气相色谱技术的尿中有机酸轮廓分析方法，包括尿液中有机酸的提取、峰匹配技术及化学计量学方法等。将建立的有机酸轮廓分析方法应用于 2 型糖尿病的诊断中，实现了疾病和对照样本的良好区分，发现了 4 种潜在的与糖尿病有关的有机酸类生物标志物。

11.2　尿样“全”指纹分析及应用于科素亚对糖尿病的疗效评价[24]

科素亚（又名洛沙坦）是血管紧张素 II 受体拮抗剂（AIIA）类药物，也是世界领先的新型抗高血压药物[1]。科素亚广泛用于高血压的控制，但近年来科学家发现它对糖尿病也具有一定的治疗效果。对治疗 2 型糖尿病合并肾病患者的研究表明，科素亚对肾脏具有保护作用，能够显著降低肾脏疾病进一步恶化的危险性，减少发生终末期肾病（ESRD）的危险[25～28]。

本实验拟建立基于气相色谱“全”挥发性代谢物的代谢组学分析方法，以评价降压药科素亚对糖尿病的治疗效果、时间和剂量效应，同时分析了患者服药前后不同剂量和不同时间的生化指标。

11.2.1　实验部分

11.2.1.1　样品临床资料和用药方法

高血压病伴 2 型糖尿病患者 18 例，符合 WHO 诊断标准，采集自上海华山医院。研究中所有患者均患有 2 型糖尿病（血糖>7.5mmol/L）。科素亚（默沙东制药）治疗，

5例患者剂量100mg/天每日1次，清晨口服，服药8周，停用一段时间，等各项指标恢复到服药前，再口服50mg/天，并于服药前和8周后观测血压、尿蛋白、尿中8-OHdG含量和血肌酐浓度。3例患者剂量100mg/天，每日1次，清晨口服，服药8周和12周，并于服药前和8周后观测血压、尿蛋白、尿中8-OHdG含量和血肌酐浓度。试验中尿中8-OHdG含量由本实验室的毛细管电泳电化学检测器CE/ECD（自制）检测[29,30]。14例正常人对照样品（采集于本实验室），与上面采集的18例糖尿病患者尿样收集后放于−20℃冰箱保存。

11.2.1.2 样品前处理

上述尿样室温解冻混合均匀。取150μl，蒸发干燥，残留物加入5μl葵酸标准液（内标），外加100μl DMF和100μl BSTFA，超声5min溶解，80℃水浴加热衍生30min，静置10min进样，每个样品进样3次。

11.2.1.3 仪器与方法

所用仪器为Agilent 6890 GC/FID（Agilent，美国）和QP 2010 GC/MS（Shimadzu，日本）。色谱柱30m×0.25mm i.d×0.25μm DB 5ms（J. & W. Scientific，Folsom，CA）。色谱条件：进样1μl，分流比15∶1；柱温：80℃（1min）— 5℃/min — 285℃（6min），进样口280℃，检测器300℃，载气流速：He，35cm/s。MS：进样口260℃，离子源200℃，接口280℃。*m*/*z* 40～500。

11.2.1.4 数据分析

同11.1.1.4。

11.2.2 科素亚对糖尿病的疗效

11.2.2.1 代谢组学方法的建立

为建立基于气相色谱的“全”挥发性代谢物的代谢组学分析方法，尿样去蛋白质后蒸发至干，加入内标采用硅烷化衍生试剂，形成硅烷基产物。本实验选用*N*，*N*-二甲基甲酰胺作溶剂，经实验优化衍生试剂与溶剂的比例以1∶1为宜。80℃衍生30min，使得尿样中含羟基、羧基、氨基、巯基等基团的化合物转化为挥发性物质。

图11-4给出气相色谱分析正常人和患者尿样的指纹图谱。本研究采用脱蛋白后冷冻干燥衍生的处理方法，可以检测到比有机酸代谢轮廓分析更多的色谱峰[19]。从图11-4中可以看出，这两类样品存在一些差异，其中20～30min区域大量代谢物出现。

在选定条件下平行进样5次，选取共有的7个典型色谱峰，考察重复性。如表11-2所示，这些峰的保留时间和峰面积的RSD值分别小于0.40%和3.0%。这些结果均表明所建立的指纹图谱具有良好的重复性和稳定性。

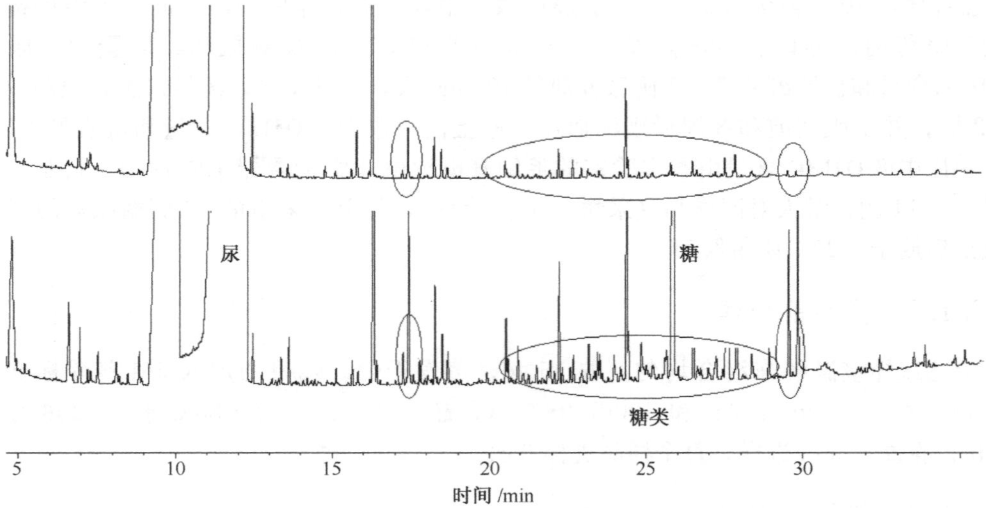

图 11-4　正常人和患者的尿样的 GC/FID 指纹图谱比较（上图为正常人，下图为患者）

表 11-2　保留时间（T_m）和对峰面积（Area）的重现性

峰号	T_m/min	RSD/%	Area	RSD/%
1	11.34	0.207	511.9	2.72
2	17.44	0.330	57.13	1.36
3	18.27	0.318	48.16	1.57
4	20.93	0.287	25.29	1.23
5	24.38	0.259	48.20	2.14
6	25.83	0.187	83.88	2.35
7	29.57	0.173	70.92	1.44

11.2.2.2　模式识别分析

代谢组学基于指纹谱图中包含的所有代谢物的信息，化学计量学方法处理前要对指纹数据进行预处理，通过选择参比谱图、确定内标对照峰、将样品谱图和参比谱图进行峰匹配，然后才能用化学计量学进行数据处理[22]。32 个样品包括两类（正常人和糖尿病患者），每个样品有 180 个变量（色谱峰数）。在 PCA 分析之前数据被 Par scaling 处理以减少绝对浓度对分类的影响。图 11-5A 是 PCA 三维得分矩阵图，$\boldsymbol{R}^2\boldsymbol{X}=0.838$，$\boldsymbol{Q}^2\boldsymbol{Y}=0.771$。患者位于图右后方较大区域，患者之间代谢差异相对较大，这和病情的发展程度不同相关。正常人处于前方区域，基本聚在一个较小区域。

PCA 线性载荷矩阵图（图 11-5）中，具较高 pH 的化合物为潜在的生化标志物，经定性结果列于表 11-3 中。t 检验结果显示患者尿样中大部分的代谢物含量增加，其中尿素和糖类大量增加，特别是葡萄糖，这和患者的病情是一致的。尿素氮由尿素生成与排泄的均衡决定，是人体蛋白质代谢的主要终末产物，尿素氮是反映肾脏功能的指标之一，上调显示可能的糖尿病肾病的发生[31,32]。2 型糖尿病患者中，酮症酸中毒非常常见，D-3 羟丁酸是诊断糖尿病酮症酸中毒的一个重要指标，2 型糖尿病患者血糖控制不

A

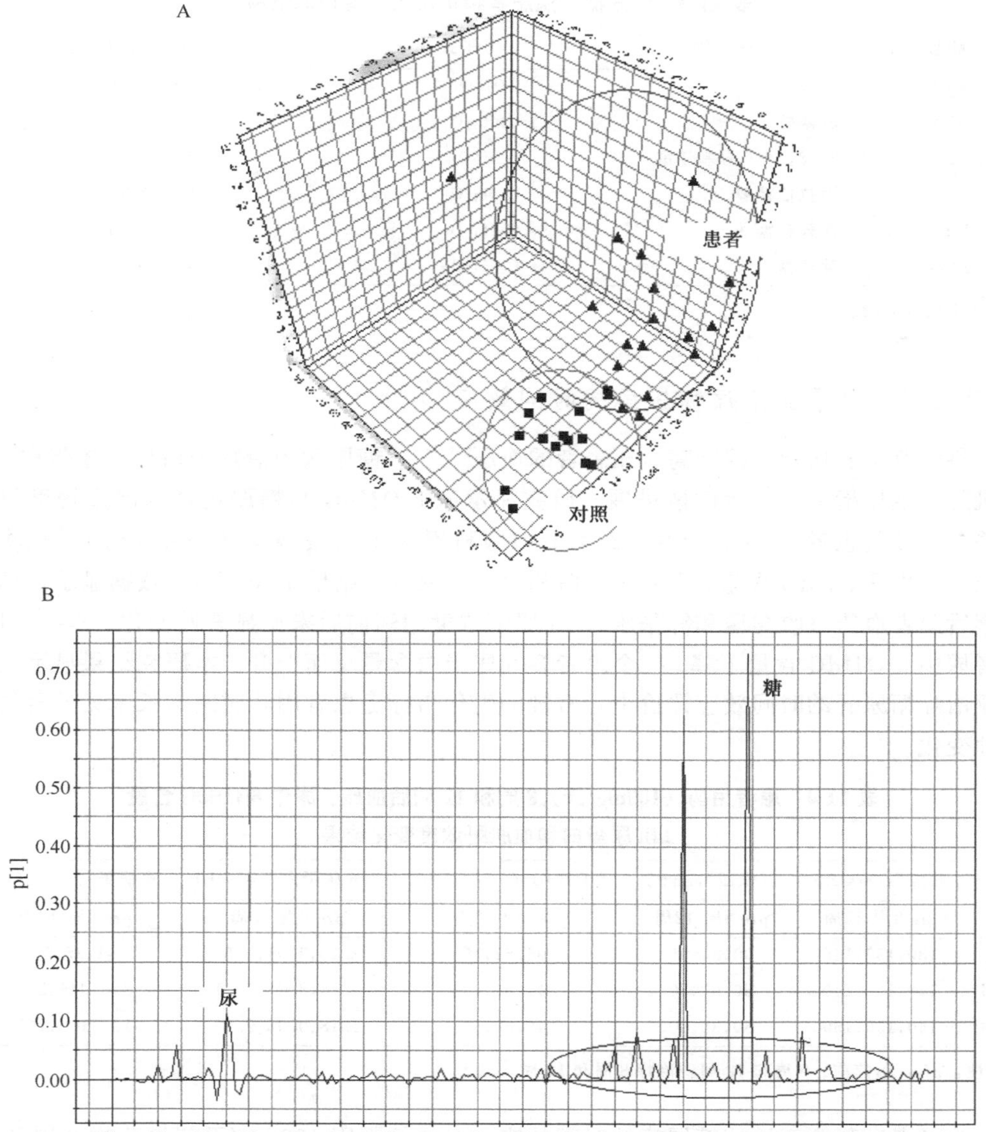

图 11-5　糖尿病患者与对照组尿样 PCA 分析

A. PCA 的三维得分矩阵图（■：对照，▲：DM2 患者）；B. PCA 的线性载荷矩阵图

良，常会引发血糖升高、脂肪代谢紊乱，导致酮症酸中毒血中酮体以 D-3 羟丁酸为主。我们发现的潜在标记物 2，3，4-三羟基丁酸是 D-3 羟丁酸的前体，与 D-3 羟丁酸正相关，其检测对糖尿病酮症酸中毒的及时诊断和早期治疗十分重要[33,34]。D-葡萄糖酸是葡萄糖氧化的产物，与葡萄糖对应，是糖尿病的生物标志物之一[35]。其中有些含量较低的物质也呈增加的趋势，由于浓度较低，定性上较困难，但仍可说明糖尿病患者由于各种原因特别是肾脏器官受到损坏导致体内代谢异常。

表 11-3　区分糖尿病患者和正常人的潜在标记物

峰号	化合物	分子式	患者相对对照变化*
23#	尿素	CON_2H_4	+（$p<0.01$）
57#	苏糖醇	$C_4H_{10}O_4$	+（$p<0.01$）
63#	2，3，4-三羟基丁酸	$C_4H_8O_5$	+（$p<0.01$）
82#	阿拉伯糖醇	$C_5H_{12}O_5$	+（$p<0.01$）
139#	D-葡萄糖酸	$C_6H_{12}O_7$	+（$p<0.01$）
125#	葡萄糖	$C_6H_{12}O_6$	+（$p<0.01$）

*＋代表上调。

11.2.2.3　科素亚治疗糖尿病的时间效应

科素亚主要功能是控制高血压患者的血压[36,37]。糖尿病的治疗中血压、尿蛋白[38]、血肌酐等生化指标可表示病情进展。研究显示尿 8-OHdG 与糖尿病肾病严重程度呈正相关[28]。3 例患者（6#、21#、22#）口服科素亚 100mg/天，8 周和 12 周后观测到血压、尿中 8-OHdG 含量、24h 尿蛋白和血肌酐浓度，结果见表 11-4。数据显示，药物治疗后患者血压（收缩压和舒张压），血肌酐浓度用药前后未见显著性变化。6#、21#患者尿中 8-OHdG 含量下降。三个患者 24h 尿蛋白含量反而上升。本研究结果显示在科素亚治疗糖尿病的时间效应评价中，常规的生化指标随患者用药时间增长未见显著的规律性变化。

表 11-4　患者用药（100mg/天）8 周和 12 周后血压、尿中 8-OHdG 含量、24h 尿蛋白和血肌酐浓度变化结果

	收缩压/mmHg	舒张压/mmHg	8-OHdG/(nmol/24h)	24h 尿蛋白/(g/24h)	血肌酐/(mmol/L)
	pre 8周 12周	pre 8周 12周	pre 8周 12周	pre 8周 12周	pre 8周 12周
6#	130,150,135	90,84,85	106,82,75	2.20,3.01,4.51	41,35,50
21#	150,150,140	80,90,80	41,24,42	5.74,8.21,8.91	246,235,250
22#	140,150,150	80,80,80	45,39,55	1.18,0.98,2.72	170,160,147

注：pre：治疗前；8 周和 12 周：治疗 8 周和 12 周。

为了考察科素亚治疗糖尿病的时间效应，对 3 例服用 100mg/天剂量药物 8 周和 12 周后的患者尿样进行处理分析。得到的 PCA 三维得分矩阵图（图 11-6A），R^2X=0.934，Q^2Y=0.649，可看到这 4 类样品分布在椭圆形散点图（95%的置信区间）内的 2 个区域。对照位于右方较小的独立的区域，与其他三类患者样品没有重叠。左面很大的区域分布服药不同时期的三类样品，可看到 3 个患者服药后，尿液代谢组发生变化并随着时间改变而单独表现一定的轨迹特征。总的看来服药 12 周后患者相对 8 周更趋近于对照，显示了患者病情的变化情况。

PCA 的线性载荷矩阵见图 11-6B，我们对其中一些标志物做了定性，它们大部分被衍生为 TMS 结构。结合化学电离（CI）和选择离子扫描（SIM）定性模式，选择离子 m/z=73，定性结果输入 NIST 数据库（NIST147、NIST27）进行碎片匹配最后给出 TMS 衍生物结果（相似率大于 85%）。其中一些化合物采用数据库和标准品结合进行定性。

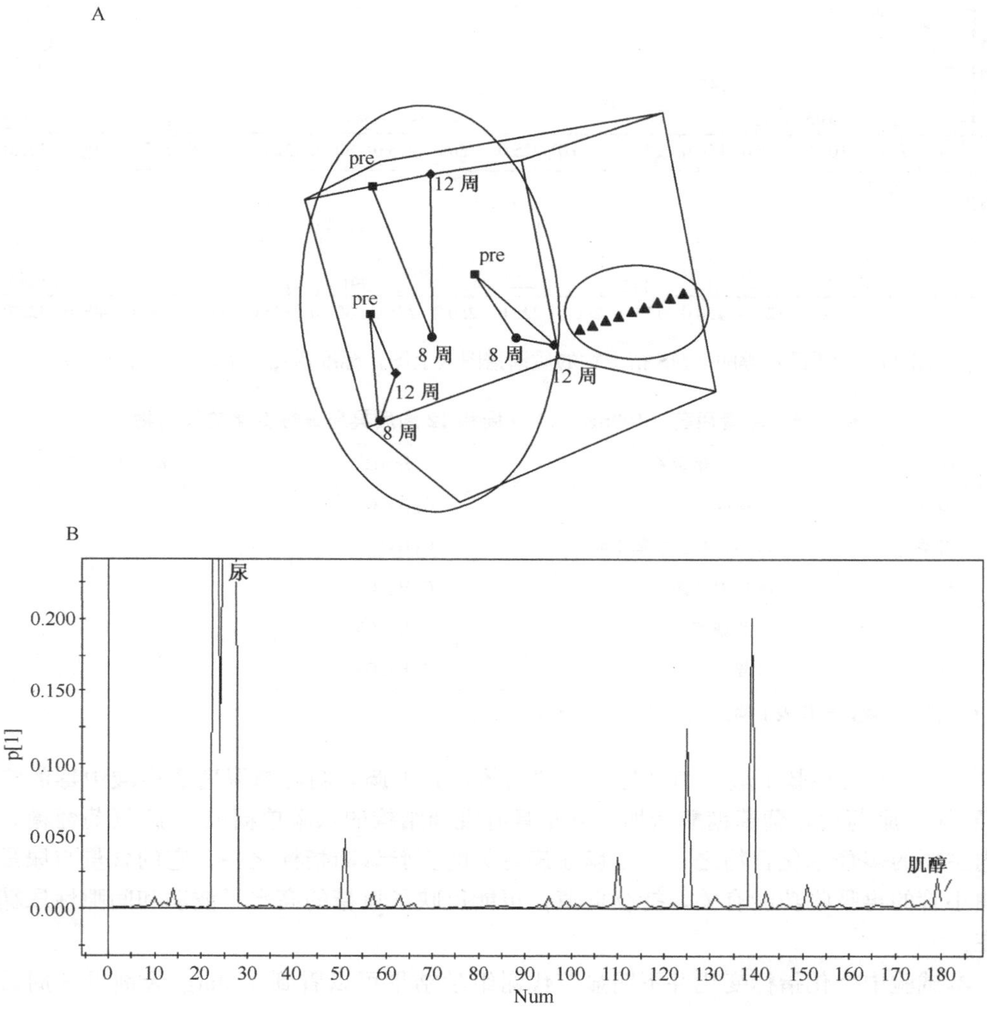

图 11-6 患者用药不同时间（100mg/天）PCA 分析

A. PCA 的三维得分图（■：治疗前；●：治疗 8 周后；◆：治疗 12 周后；▲：正常人）；

B. PCA 的线性载荷矩阵图

图 11-7 是 180＃化合物的 TMS 衍生物的质谱谱图，它的 6 个羟基均被衍生成 TMS，其相对分子质量是 612，从标准谱图可以看到主要的碎片离子的 m/z 为 73、217、305 和 318。其中 m/z 73 是 TMS（三甲基硅）碎片，由于有 6 个 TMS 碎片，所以成为峰度最大的碎片离子峰。m/z 217 是分子失去 3 个 TMS 碎片形成 3 个硅甲基聚合体碎片。m/z 318 是分子的 4 个 TMS 被断裂后余下的碎片峰。这个碎片峰再失去一个氧就得到了 m/z 305 碎片峰。这个断裂规律在肌醇（inositol）的实际谱图上也很明显的显示出来，两者的相似度高达 90%以上，吻合度很好，最后定性为肌醇。采用上述方法共定性 6 个潜在标记物，这几个标记物主要是治疗前后发生了一些变化。分子式和治疗前后变化情况列于表 11-5 中，其中肌醇的变化趋势图见图 11-5，从图11-5中可以看出患者服药后含量上升，8 周和 12 周比较变化不大。

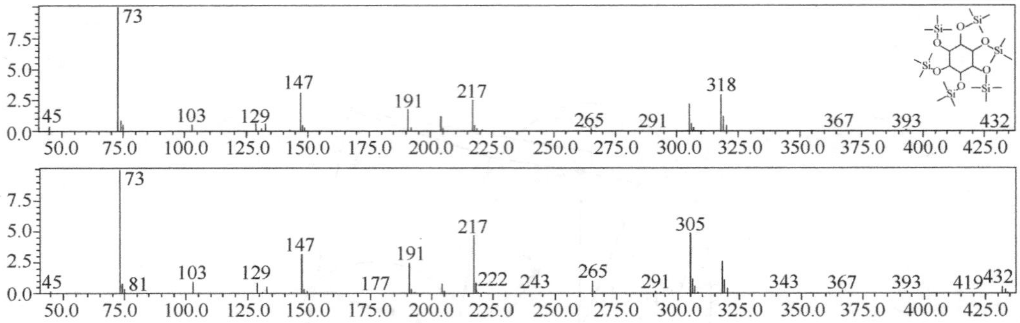

图 11-7　环已六醇的 TMS 衍生物的质谱谱图（上图：标准谱图；下图：实际谱图）

表 11-5　患者用药（100mg/天）8 周和 12 周后具显著性变化的代谢物

峰 号	化合物	分子式	治疗后变化*
57＃	苏糖醇	$C_4H_{10}O_4$	+
63＃	2，3，4-三羟基丁酸	$C_4H_8O_5$	−
82＃	阿拉伯糖醇	$C_5H_{12}O_5$	−
103＃	葡萄糖醇	$C_6H_{14}O_6$	+
180＃	肌醇	$C_6H_{12}O_6$	+

* ＋代表上调，－代表下调。

2，3，4-三羟基丁酸是 D-3 羟丁酸的前体，其下调表明对糖尿病酮症酸中毒的症状减轻[33]。服药后，葡萄糖醇增加。它是具有吡喃结构的六碳单糖或Ⅰ-脱氧葡萄糖，是体内主要的多羟基化合物之一，是糖尿病有关的实验诊断指标之一，它的含量与尿量及近曲小管的再吸收功能有关，持续低值，可能反映了血糖的高水平波动和间隙性尿糖的存在。

本试验中生化指标变化并不明显，代谢组学结果可以看到 100mg/天剂量 8 周后的患者经过治疗有向对照变化的趋势。这里除了患者自身的因素（如病程等），另一个因素可能是治疗时间较短。

小结

本实验建立了尿样全挥发性代谢物的代谢组学分析方法，处理方法简单快速，指纹图谱信息量大，可有效区分正常人和糖尿病患者。为了评价降压药科素亚在糖尿病上的治疗效果，考察了患者服药前后不同剂量和不同时间的血压、尿蛋白、尿中 8-OHdG 含量和血肌酐浓度等生化指标，比较了代谢组学数据的分析结果。发现服药后科素亚对糖尿病的治疗效果不明显，大部分生化指标没有发生显著性变化，代谢组学上发现葡萄糖醇和肌醇等标志物有变化。这可能与疗程较短及样品数较少有关。

上述结果表明，代谢组学能应用于科素亚对糖尿病的治疗过程中内源代谢物变化机制研究，还能利用机体不同时间点代谢组的变化轨迹描绘药物疗效的发生和发展的过程。作为下一步的工作，增加样品量、延长治疗疗程和监测时间对科学合理的评价科素亚对糖尿病的疗效非常重要。

11.3 2型糖尿病中血浆磷脂代谢轮廓分析和标记物的识别

糖尿病是一种复杂的多基因中间代谢失调疾病。1型糖尿病是由于胰岛素分泌不足，2型糖尿病是由于胰岛素利用不足，许多研究表明该疾病与脂代谢（包括磷脂代谢）和脂肪酸代谢紊乱有着密切的关系[39~43]。磷脂是细胞膜构成的一种重要组分，磷脂组分的改变影响着膜双层的物理和化学性质。膜磷脂组分复杂，主要是由一系列不同的脂肪酸链和极性头部组成的。除了它们的结构功能，一些磷脂也参与了多种代谢通道的生物过程。其他磷脂（如聚磷脂酰肌醇）在细胞信号转导中起着重要作用[44,45]。本工作中，我们将 LC/MS 技术和多变量统计分析结合起来研究 2 型糖尿病患者的磷脂代谢轮廓并发现了其可能的生物标记物。为了改善分类效果，我们试验并比较了单位方差（Uv）和正交信号校正（OSC）两种数据预处理方法。在串联电喷雾质谱中，准分子离子峰通过碰撞诱导解离（collisionally activated dissociation，CAD）来识别磷脂生物标记物的分子组成。

11.3.1 实验部分

11.3.1.1 试剂

1，2-二豆蔻酰-*sn*-甘油-3-磷酸胺（C14：0/C14：0 PE）、1，2-二豆蔻酰-*sn*-甘油-3-磷酸胆碱（C14∶0/C14∶0 PC）、1，2-二豆蔻酰-*sn*-甘油-3-磷酸 L 型色氨酸钠（C14∶0/C14∶0 PS，钠盐）和 1-月桂酰-2-氢-*sn*-甘油-3-磷酸胆碱（C12∶0 lysoPC）购自 Avanti Polar Lipids（Alabaster，AL，USA）；其他的磷脂标样 购自 Avanti Polar Lipids 或 Sigma 公司（St. Louis，MO，USA）；2，6-二叔丁基-4-甲基酚购自 Aldrich-Chemie（Steinheim，Germany）公司；甲酸和其他所有溶剂都是色谱纯级（TEDIA，USA）；氨水（25%）为分析纯级，购自沈阳联邦试剂公司（沈阳，中国）。

11.3.1.2 仪器及参数设置

HP1100 液相色谱仪（Agilent Technologies，Palo Alto，CA，USA）。液相色谱 diol 分离柱（Nucleosil，100-5 OH，Germany），250mm×3.0mm i. d. ×5.0μm，particle size。流动相流速为 0.4ml/min，柱温为 35℃。流动相组成 A：正己烷/正丙醇/甲酸/氨水（79∶20∶0.6∶0.06，*V*/*V*/*V*/*V*）；流动相 B：正丙醇/水/甲酸/氨水（88∶10∶0.6∶0.06，*V*/*V*/*V*/*V*）。

线性离子阱质谱 QTRAP MS/MS 系统（Applied Biosystems/MDS Sciex，USA），从色谱流出的磷脂样进入质谱在“EMS”扫描模式下进行总离子扫描，在“EPI”扫描模式下进行结构鉴定。HPLC 流出物直接进入不锈钢电喷雾针，电喷雾电压为＋5500V（正离子模式）或－4200V（负离子模式），加热温度为 375℃；雾化气压 Gas1 与辅助加热气压 Gas2 分别为 45psi、40psi；气帘气（curtain gas）压力为 30psi；去簇电压 DP 及聚焦电压 FP 分别为 80V、300V；在 EMS 扫描模式下扫描速度为 1000Da/s；质量扫

描范围 m/z 为 414～917；离子阱捕集时间为 20ms；在 EPI 扫描模式下扫描速度为 1000Da/s，离子阱捕集时间为 150ms，正离子模式下碰撞能为＋35eV，负离子模式下碰撞能为－55～－40eV，Q0 捕集始终处于“on”状态。

11.3.1.3 血浆来源和血浆中磷脂样品的提取

磷脂标样溶解在氯仿/甲醇（2∶1，V/V），浓度约为 1mg/ml，使用前用正己烷/正丙醇（3∶2，V/V）稀释。从 35 例正常人和 34 例 2 型糖尿病患者中收集血浆，年龄分布在 30～80 岁。所有样品均来自大连医科大学附属第二医院，糖尿病患者血浆葡萄糖浓度均大于 7.0mmol/L。收集到样品后立刻放到－20℃的冰箱中冻存。

提取磷脂前，血浆在室温下解冻。500μl 血浆中磷脂的提取参照文献[46]，一定浓度的内标［如 C14∶0/C14∶0 PE，C14∶0/C14∶0 PC，C14∶0/C14∶0 PS，C12∶0 lysoPC］在提取磷脂前加入到血浆中。分析前，提取的磷脂溶解在 500μl 氯仿/甲醇（2∶1，V/V）中，进样前用正己烷/正丙醇（3∶2，V/V）稀释 10 倍。

11.3.1.4 数据采集和标准化

由于在负离子 ESI-MS 模式下获得的数据信息比在正离子模式下要丰富得多，血浆中磷脂代谢轮廓分析是在负离子 LC/MS 模式下进行的。从血浆样品的 LC/MS 图谱中提取出 83 个 m/z 离子强度超过 4500cps（扣除背景后）的磷脂分子，这些磷脂分子在所有 2 型糖尿病患者和正常人中都稳定地出现。将这些磷脂的保留时间和准分子离子峰的质量（PE、PS 和 PI 类为 $[M-H]^-$ 阴离子，PC、SM 和 lyso-PC 类 $[M-15]^-$ 阴离子）记录下来形成数据库。这些峰的匹配基于各自磷脂的质荷比和保留时间（具有相同极性头基，即同一种类的不同磷脂分子的保留时间很相近，详见 LC/MS分析部分）。每种磷脂分子保留时间的定位基于其质荷比（m/z）和保留时间的相对稳定性（即虽然保留时间具有波动性，但在相同的分析条件下这种波动性不大）。峰匹配后，用我们自制的软件将提取离子色谱峰用相应的内标标准化后做 PCA 或 PLS-DA。

11.3.2 2 型糖尿病中血浆磷脂代谢轮廓和标志物

11.3.2.1 LC-MS 分析

血浆中磷脂的全扫描是在负离子模式下进行，因为在此模式下大多数磷脂分子具有较高的灵敏度，而血浆中磷脂分子的鉴定则是在正、负两种离子模式下进行的。血浆中磷脂的流出模式采用了二维（2D）映射的方法，一维设置为保留时间，二维设置为质荷比，如图 11-8 阐明了 2 型糖尿病患者血浆中磷脂的复杂性。然而，并非所有的斑点都代表不同的磷脂化合物，因为其中有许多斑点是由离子源裂解产生的片段或离子加合物形成的。在我们的分离条件下，PE 类磷脂分子首先流出，接着 PS（PI）、PC、SM 和 lysoPC 类磷脂分子顺序流出。由于同一种类的磷脂有着相同的极性头基，因而它们在 HPLC 中的保留时间非常接近。同一种类的不同磷脂分子的保留时间的差别比不同种类磷脂保留时间的差别要小得多，这一点可用来调整提取离子流图 11-8 中磷脂分子的保留时间，从而避免了由于不同进样之间的保留时间的波动所带来的误差。在负离子模式下，PE、PS 和 PI 类磷脂分子的准分子离子峰主要是［M-H］$^-$ 阴离子，PC、SM 和 lysoPC 类磷脂分子主要是［M-H］$^-$、［M-15］$^-$ 和［M＋45］$^-$ 阴离子。内标化合物（C14∶0/C14∶0 PE，C14∶0/C14∶0 PS，C14∶0/C14∶0 PC 和 C12∶0 lysoPC）的选择是基于它们的溶解性及通过质谱扫描证明它们在血浆中的含量≪1%。通过比较血浆中内源磷脂分子的峰强与其对应的内标磷脂化合物的峰强进行血浆中磷脂分子的半定量。对于 PI 和 SM 类磷脂分子，由于缺少商品化的内标，并且它们的保留时间分别与 PS 和 PC 类磷脂分子的保留时间比较接近，因而它们的半定量分别基于 PS 和 PC 内标化合物（也就是 C14∶0/C14∶0 PS，C14∶0/C14∶0 PC）。经相应的内标化合物校正后，从 LC-MS 谱图中归纳出的 83 变量设置为 ***X*** 矩阵的行，69 个血浆样品（35 例正常人和 34 例 2 型糖尿病患者）设置为 ***X*** 矩阵的列，然后将 ***X*** 矩阵用于 PCA 和 PLS-DA 分析。

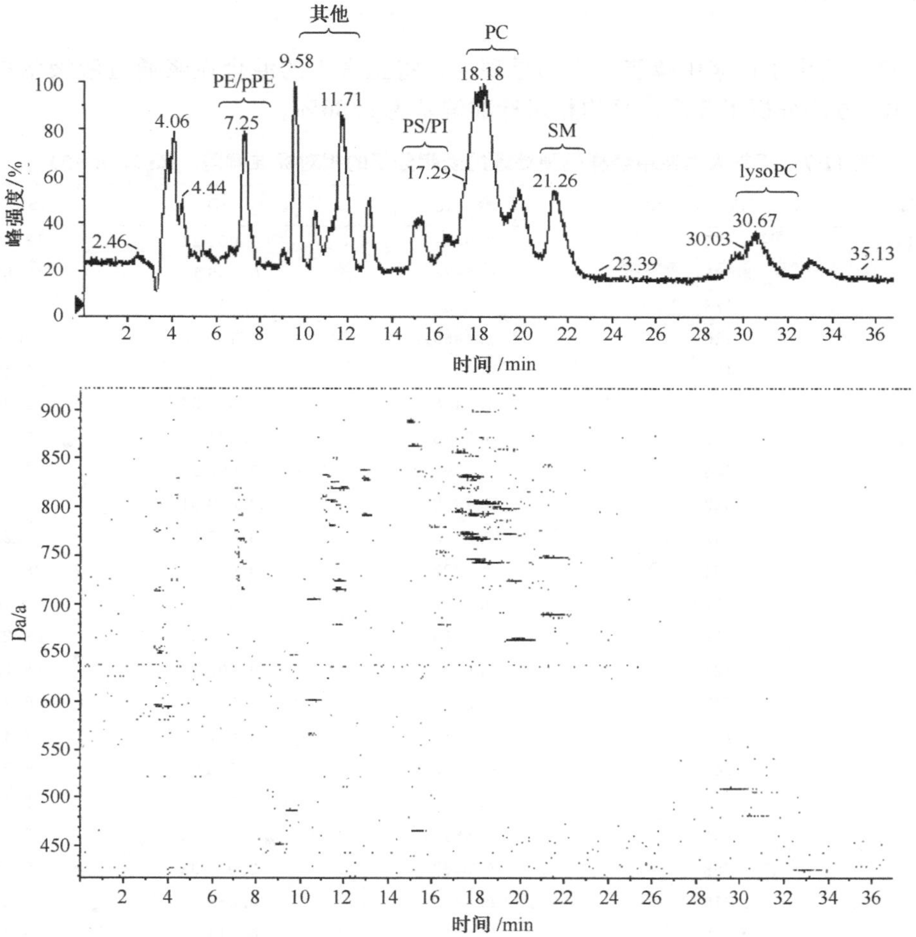

图 11-8　负离子模式下 2 型糖尿病患者血浆中磷脂的 LC-ESI/MS 总离子流图谱和二维质谱图

PE：磷脂酰乙醇胺；pPE：缩醛磷脂酰乙醇胺；PI：磷脂酰肌醇；PS：磷脂酰丝氨酸；PC：磷脂酰胆碱；SM：神经鞘磷脂；lysoPC：溶血磷脂酰胆碱

11.3.2.2 方法的分析特性

在选定的条件下分析磷脂标样。连续进样 6 次，对 HPLC/MS 方法的重现性进行考察，其数据列表 11-6。从表 11-6 可知，保留时间的 RSD 小于 1%，ESI-MS 峰强比值（与相应的内标相比）的 RSD（变动系数）小于 5%。

表 11-6 磷脂标样迁移时间（T_m）和对内标峰高比值（R_h）的重现性

	T_m	SD	RSD/%	R_h	SD	RSD/%
PE	7.22	0.034 06	0.47	1.606	0.049 26	3.07
PI	15.71	0.034 45	0.22	1.449	0.041 34	2.85
PS	16.83	0.064 83	0.39	0.8763	0.042 18	4.81
PC	19.32	0.041 31	0.21	1.698	0.031 11	1.83
SM	22.44	0.1135	0.51	0.5657	0.014 58	2.58
lysoPC	31.82	0.1005	0.32	1.087	0.035 02	3.22

表 11-7 给出了血浆中磷脂分析的重现性。将正常人的混合血浆通过液液萃取，用 HPLC-MS 方法分析了 5 次，平均相对标准偏差为 9.66%。

表 11-7 正常人血浆中经样品预处理的磷脂分子的相对标准偏差（RSD，n=5）

PL-class	m/z（四舍五入值）	峰高比	SD	RSD/%
lysoPC	452	0.0317	0.004 24	13.38
	466	0.0388	0.006 15	15.85
	478	0.0431	0.002 95	6.85
	480	1.4865	0.134 82	9.07
	494	0.0470	0.002 91	6.19
	504	0.3426	0.018 36	5.36
	506	0.2548	0.024 06	9.44
	508	0.7792	0.092 22	11.84
	528	0.1358	0.010 31	7.59
	552	0.0426	0.007 35	17.25
PC	704	0.0222	0.001 88	8.47
	716	0.0437	0.006 86	15.70
	718	0.0616	0.017 38	28.21
	722	0.0236	0.003 83	16.23
	742	1.3604	0.085 34	6.27
	744	0.4980	0.037 32	7.49
	746	0.1028	0.006 91	6.72
	764	0.1024	0.006 25	6.10
	766	0.4512	0.034 26	7.59
	768	0.3469	0.019 98	5.76
	770	0.6952	0.065 40	9.40
	790	0.2552	0.014 73	5.77
	794	0.3506	0.028 71	8.19
	796	0.1627	0.015 38	9.45
	818	0.1295	0.025 19	19.45

续表

PL-class	*m/z*（四舍五入值）	峰高比	SD	RSD/%
PE	714	0.2252	0.018 86	8.37
	716	0.0983	0.011 83	12.03
	720	0.0728	0.012 85	17.65
	722	0.6915	0.032 86	4.75
	726	0.3300	0.014 69	4.45
	728	0.0925	0.011 36	12.28
	736	0.0650	0.004 64	7.14
	738	0.3037	0.023 64	7.78
	740	0.1577	0.008 85	5.61
	742	0.4226	0.015 59	3.69
	744	0.1393	0.010 27	7.37
	750	0.9410	0.037 63	4.00
	760	0.0502	0.010 61	21.14
	762	0.4851	0.025 07	5.17
	764	0.2238	0.022 76	10.17
	766	0.6530	0.030 46	4.66
	778	0.0987	0.015 90	16.11
	788	0.0672	0.005 67	8.44
	790	0.3518	0.027 15	7.72
	746	0.0252	0.003 10	12.30
	748	0.4370	0.024 63	5.64
	772	0.2164	0.009 33	4.31
	774	0.0857	0.005 28	6.16
	776	0.1093	0.011 31	10.35
PI	833	0.5749	0.021 38	3.72
	857	0.4359	0.064 28	14.75
	859	0.3370	0.018 08	5.37
	861	1.5910	0.227 62	14.31
	863	0.4699	0.034 34	7.31
	883	0.2728	0.015 69	5.75
	885	4.2314	0.525 88	12.43
	887	1.3887	0.185 42	13.35
	909	0.2796	0.030 76	11.00
	911	0.2644	0.074 04	28.00
	913	0.1325	0.006 44	4.86

续表

PL-class	m/z（四舍五入值）	峰高比	SD	RSD/%
PS	788	0.4271	0.035 63	8.34
	790	0.334	0.024 48	7.33
	810	0.7605	0.126 30	16.61
	838	0.774	0.051 44	6.65
SM	685	0.2192	0.021 96	10.02
	687	1.2348	0.076 62	6.21
	701	0.0378	0.004 01	10.61
	713	0.1202	0.009 67	8.05
	715	0.2000	0.011 14	5.57
	741	0.0400	0.004 24	10.60
	745	0.0612	0.004 99	8.15
	785	0.1055	0.008 00	7.58
	815	0.2136	0.012 63	5.91
其他	780	0.0184	0.002 28	12.39
	800	0.0348	0.003 05	8.76
	804	0.0477	0.007 86	16.49
	806	0.3046	0.016 94	5.56
	808	0.2154	0.014 85	6.89
	820	0.0896	0.011 09	12.38
	824	0.1269	0.010 81	8.52
	826	0.5237	0.023 93	4.57
	836	0.0326	0.005 13	15.74
	848	0.8532	0.060 62	7.11

11.3.2.3 多变量分析

我们的目的是将多变量分析方法用于磷脂数据分析，通过与健康人血浆样品对比，识别出 2 型糖尿病的磷脂代谢轮廓特征。首先，将 35 例正常人和 34 例 2 型糖尿病患者血浆中提取出的 83 个变量（磷脂分子）用于 PCA 分析。从图 11-9A 中不难看出，纯粹的 PCA 分析分类效果很差（只有 69.1%的正确率）。然而，当这些变量经过 fisher 权重筛选后，PCA 分析对两组（正常人和 2 型糖尿病患者）的分类效果有很大的改善，正确率达到 88.2%（图 11-9B）。主要原因是 PCA 是一种非监督性的分类方法，过多的不必要的变量会给样品分类带来较大的误差。相反，对变量进行特征抽取对无监督的多变量分析方法很有利。这些变量的 fisher 权重列于图 11-9C 中。

简单的无监督的化学计量学方法对于有限数目已定义好类别的分类效果比较好。生物系统大多数很复杂，生物流体产生的代谢数据库更为复杂，因而需要更为完善的统计分析方法。因此，基于主成分分析、偏最小二乘法和神经网络方法已用于优化疾病或毒性的分类[47]。在这项研究中，我们将 PLS-DA 用于 2 型糖尿病患者和健康人的分类研究中。变量标度化是多变量分析中的一部分，它调整着每个变量的相对重要性[48]。在对变量信息未知的情况下，单位方差（Uv）是常用的方法。在 PLS-DA 模型中，从均

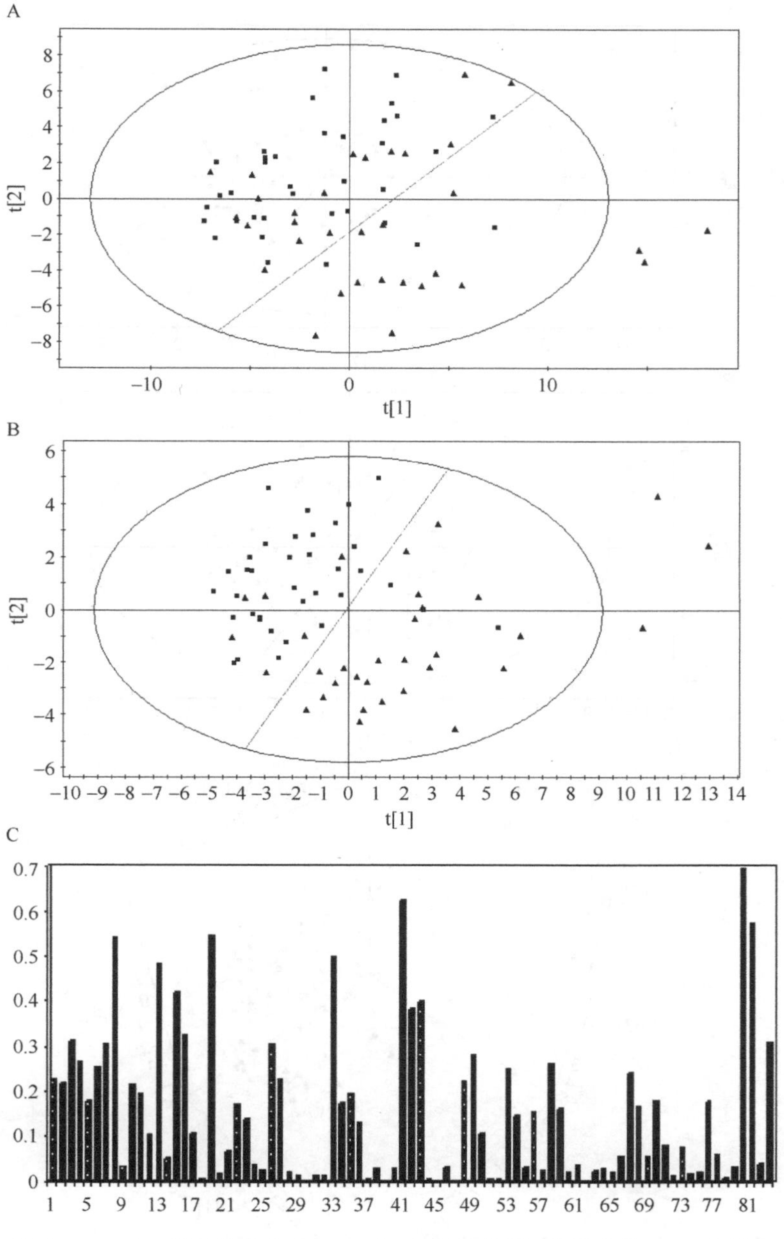

图 11-9　fisher 权重筛选前后 PC 正常人和 2 型糖尿病患者的 PCA 分类和各个变量的 fisher 权重（■：对照；▲：DM2）

值中心化（图 11-10A）到单位方差标度化（图 11-10B），再到 OSC 标度化（图 11-11A），类别分类效果有很大的改善。利用 Uv 标度化，磷脂轮廓在三维矩阵中的空间映射如图 11-10C 所示。换句话说，PLS-DA 对 2 型糖尿病患者和正常人分类的效果好于 PCA。

为了评价不同的数据预处理过程对模型的预测能力，随机选择约 2/3 的样品数据（作为“训练组”）用于构建 PLS-DA 模型，然后用该模型预测剩余的 1/3 样品数据（“测试组”）类别关系。表 11-8 列出了分类结果。从表 11-8 中可以看出，在均值中心

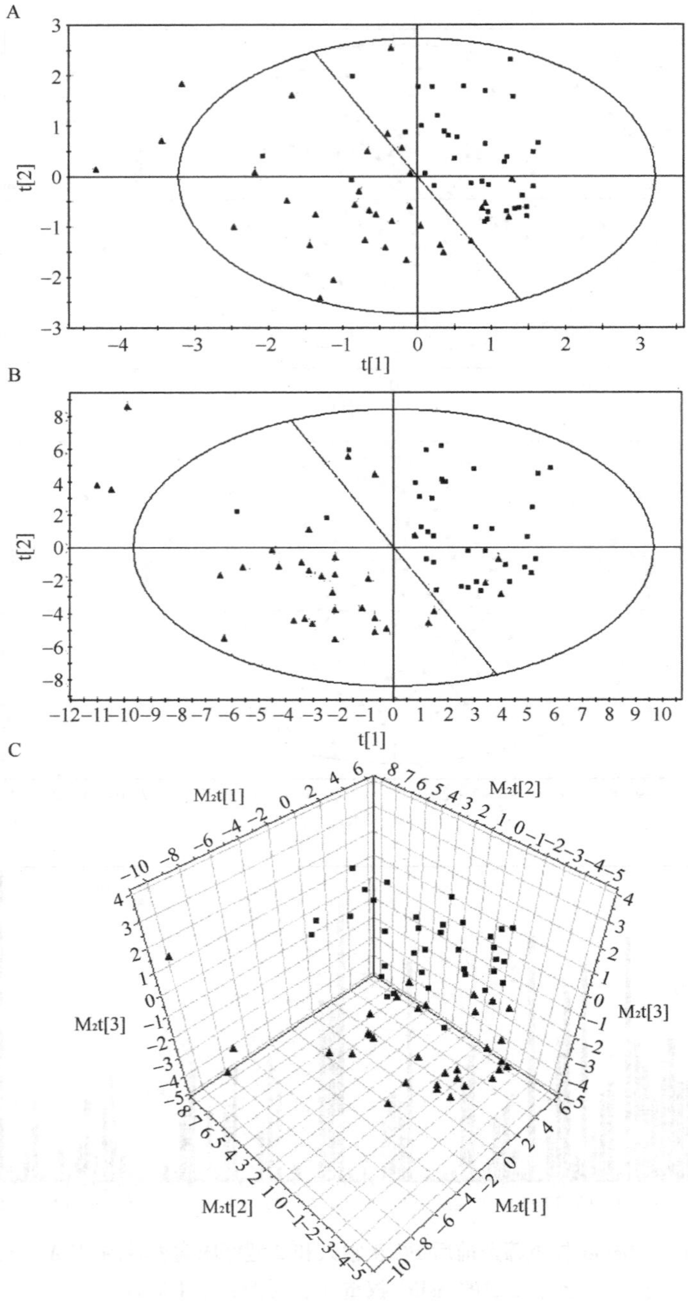

图 11-10　PLS-DA 模型对 2 型糖尿病患者和正常人的分类（■：对照；▲：DM2）

A. Ctr 模型；B. Uv 模型；C. 三维 Uv 模型

化模型预测能力较低，只有 78.3%的预测率。尽管与 OSC 模型相比，单位标度有着相同的预测率和专一性，但它的识别率（89.2%）和正确率（87.0%）都低于相应的 OSC 模型（95.6% 的识别率，91.3% 的正确率）。可见，OSC 算法能够明显改善多变量模式识别分析及模型预测能力。

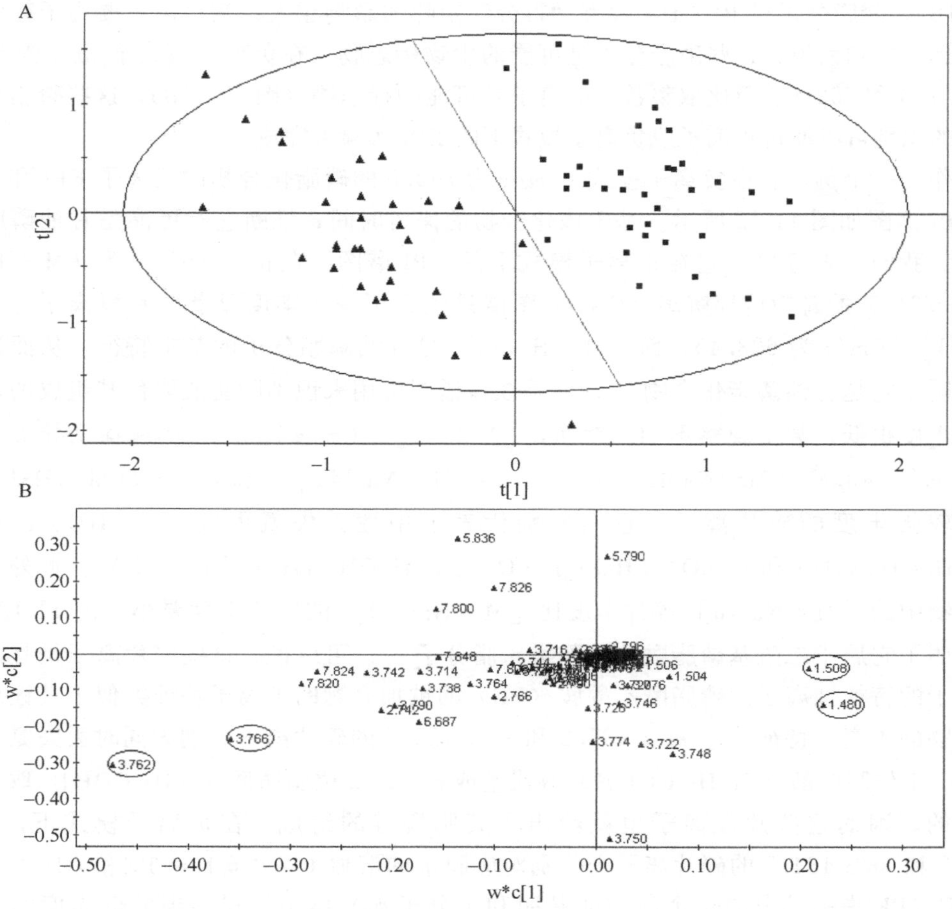

图 11-11　经 OSC 过滤后，PLS-DA 模型 2 型糖尿病患者和正常人分类的“得分”（score）矩阵（**t**）和“荷载”（loading）矩阵（***p***）（▪：对照；▴：DM2）

表 11-8　PLS-DA 方法对血浆磷脂样品的分类

	预处理方法	识别率	预测率	灵敏度	特异性	修正率
PLS-DA	Ctr	87.0% (40/46)	78.3 (18/23)	90.0% (27/30)	88.6% (31/35)	84.1% (58/69)
	UV	89.2% (41/46)	82.6% (19/23)	93.3% (28/30)	91.4% (32/35)	87.0% (60/69)
	OSC/Ctr	95.6% (44/46)	82.6% (19/23)	93.9% (31/33)	91.4% (32/35)	91.3% (63/69)

11.3.2.4　可能的标记物

“载荷矩阵”反映了输出变量（不同磷脂分子）对样品类别分离的影响（图

11-11B)，磷脂分子对 PLS-DA 模型“得分”矩阵的影响越大，其距离主要离子簇的位置越远。换句话说，这些磷脂分子是可能的生物标志物。在负离子模式下 m/z 为 508、480、766 和 762（质荷比取整数）的离子是可能的标志物（图 11-11B），这些磷脂分子结构的识别可以通过正离子或负离子模式下的 EPI 实验来完成。

作为一个例子，在负离子模式下 m/z 为 762.5 的磷脂化合物的正离子 EPI 和负离子 EPI 谱图如图 11-12 所示。基于该化合物的保留时间，推断它有可能是甘油磷脂化合物。我们首先考察了它在正离子模式下的 EPI 谱图。在正离子模式下，$(M+H)^+$（m/z 764.5）的碰撞诱导解离（CAD）图谱只包含了一个丰度显著的片段离子 $[M+H\text{-}141]^+$（m/z 为 623.4），而 $[M+H\text{-}141]^+$ 是甘油磷脂分子的基本特征，从而进一步证明了它是甘油磷脂化合物[49]，但是在该谱图中用来识别脂肪酸取代基组成的片段离子丰度很低，甚至观察不到。然而，$[M+Na]^+$（m/z 786.5）的碰撞诱导解离图谱在 m/z 743.4（$[M+Na\text{-}43]^+$）、645.4（$[M+Na\text{-}141]^+$）和 623.4（$[M+H\text{-}141]$）处有较强丰度的碎片离子，它们分别代表了中性丢失氮丙啶、$(HO)_2P(O)(OCH_2CH_2NH_2)$ 和 $(NaO)(HO)P(O)(OCH_2CH_2NH_2)$（图 11-12A）。此外，该化合物中的 $[M+Na\text{-}43]^+$ 碎片丰度比 $[M+Na\text{-}141]^+$ 的碎片丰度要小（图 11-12B），这表明了它属于二酰基磷脂酰乙醇胺类磷脂分子[50]。可以说，这些碎片离子是甘油磷脂分子的特征性离子。磷脂酰乙醇胺（PE）的钠加合物的子离子特征类似于其锂离子加合物的子离子特征[51]。m/z 487.2 和 m/z 415.2 的碎片离子分别为同时丢失氮丙啶和 *sn*—1 位脂肪酸（$C_{15}H_{31}COOH$）取代基或者 *sn*—2 位脂肪酸($C_{21}H_{31}COOH$)取代基形成的，因而这些片段离子也就给出了其脂酰链的组成。在负离子模式下，m/z 506.3 和 m/z 434.5 的碎片离子则分别对应脱水的溶血 C22：6 lyso-PE和 C16：0 lyso-PE（PE 失去其中的 1 个脂肪酸基团和 1 分子水）离子。观察到的低丰度的 m/z 452.4 离子峰为去质子化的 C16：0 lyso-PE 离子。m/z 327.3 和 255.4 则分别相应于 C22：6 和 C16：0 的脂肪酸取代基（羧酸阴离子片段）。磷脂分子甘油骨干的酰基链位置对它们解离的程度有重要影响。这里我们仍旧采用了动物体上的磷脂分子大多在 *sn*—2 位的脂肪酸不饱和程度要大于在 *sn*—1 位的脂肪酸不饱和程度[52]这一规则。因此，我们推断 m/z 762.5（$[M-H]^-$）为 C16：0/C22：6 二酰基 PE。图 11-12C 给出了这种磷脂分子的可能结构。

其他磷脂分子的生物标记物的识别同样是通过正离子或负离子的 EPI 实验完成的，表 11-9 列出了这些可能的磷脂生物标记物的组成。

表 11-9　2 型糖尿病中可能的磷脂生物标志物

磷脂	负离子		正离子		组成
	准分子离子	m/z	准分子离子	m/z	
PE	$[M-H]^-$	762.5	$[M+Na]^+$	786.6	C16：0/C22：6
PE	$[M-H]^-$	766.5	$[M+Na]^+$	790.5	C18：0/C20：4
Lyso-PC	$[M-CH_3]^-$	480.4	$[M+H]^+$	496.4	C16：0
Lyso-PC	$[M-CH_3]^-$	508.4	$[M+H]^+$	524.4	C18：0

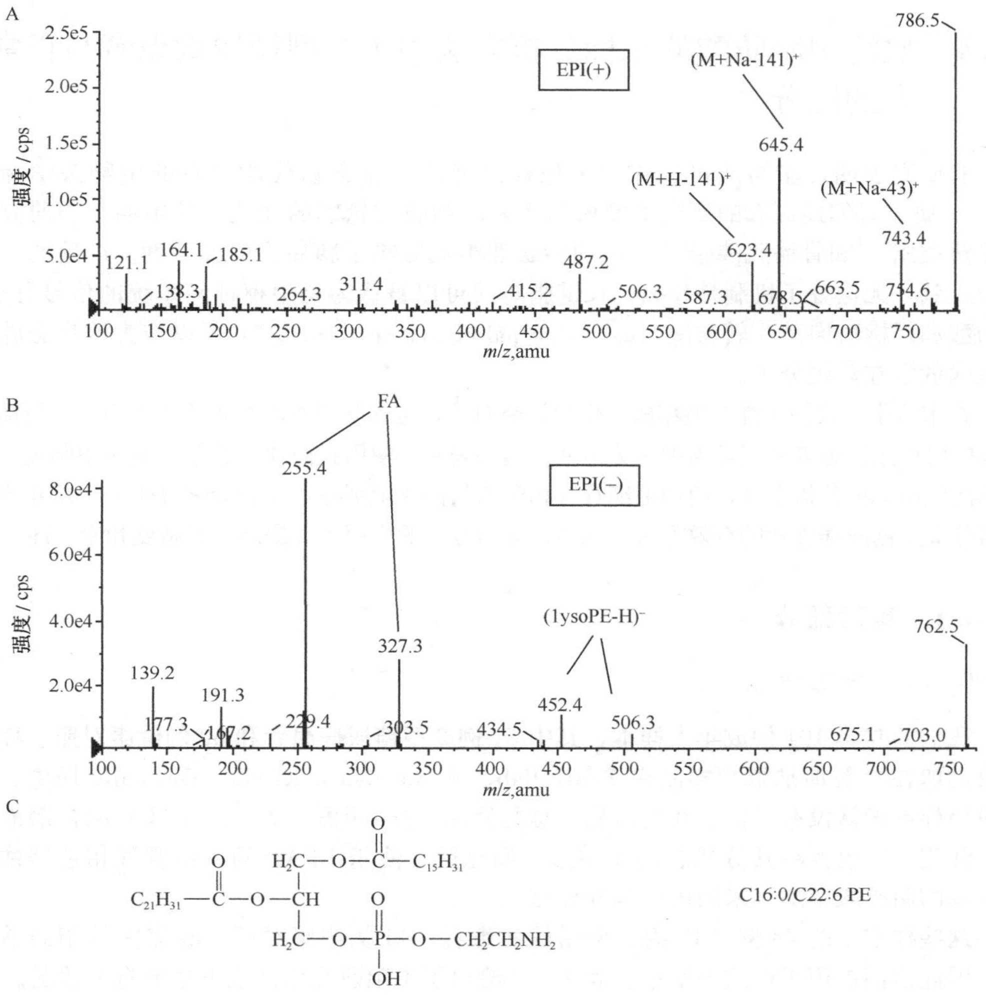

图 11-12　*m*/*z* 763.5 在正负离子模式下的 EPI 图谱和其结构组成

小结

本工作将 LC-MS 和多变量统计分析成功地用于磷脂轮廓分析。无监督的 PCA 和有监督的 PLS-DA 同时用于 2 型糖尿病患者和健康人的分类。对于无监督的数据分析技术，如 PCA，过多的不必要的变量会给样品分类带来错误；相反，对变量进行特征抽取对样品的分类有很大益处。有监督的数据统计分析技术 PLS-DA 则有效利用了样品类别信息，放大了样品类别（2 型糖尿病患者和健康人）的差异。在 PLS-DA 模型中，比较了单位标度和 OSC 两种数据预处理技术，结果表明 OSC 能显著改善样品的分类。同时也说明了 LC-MS 技术和经过 OSC 过滤校正的 PLS-DA 多变量数据统计分析结合起来，可用于 2 型糖尿病患者和健康人的分类，而可能的磷脂分子标记物结构的识别通过 MS/MS 实验来实现。可以说，将多变量数据统计分析技术和 LC-MS/MS 分析技术结合起来在代谢组学研究中是一种强有力的工具[53]。

11.4 血清中脂肪酸的靶标分析方法用于2型糖尿病患者与正常人的区分[54]

有研究表明，脂肪酸可以作为糖尿病患者脂类化合物代谢异常的生物医学标志物[55]。研究者们还深入的研究了糖尿病患者的脂肪酸轮廓的变化。其中的几项研究表明血清类脂[56]和骨骼肌磷脂[56,57]中的脂肪酸组成影响了胰岛素的灵敏度。最近的一项研究提到，无论分子机制是什么，长链脂肪酸可以被认为是中枢神经系统的信号分子，脂肪酸和棕榈酰肉碱-1转移酶（carnitine palmitoyltransferase-1）可以作为治疗肥胖和糖尿病的潜在药靶分子。

在本节中，我们选择2型糖尿病作为研究对象，考察基于血清中脂肪酸的靶标分析能否正确的将糖尿病患者从正常人中区分出来。结果表明，使用我们建立的基于血清中脂类代谢产物的代谢靶标分析方法，使用毛细管气相色谱与模式识别技术结合能够提供一个从正常人中区分2型糖尿病患者的有效方法。化学计量学方法的应用大大提高了灵敏度和专一性。

11.4.1 实验部分

11.4.1.1 数据采集

我们共收集101例成年人样本，其中51例2型糖尿病患者和50例健康对照。样本采集选取在早餐前抽取。样品由Zentrallab、Medizinishce Klinik、Germany提供。健康对照样本确认没有任何潜在的疾病。总脂使用氯仿-甲醇（2∶1，V/V）混合溶液提取，使用薄层色谱将其分成各类脂肪酸。酯化后，使用FFAP的毛细管气相色谱柱分析生成的脂肪酸甲酯。采用内标和外标定量[58]。

这些样本中的78例（34例2型糖尿病患者，44例健康对照）有完整的脂肪酸数据，因此他们被用于模式识别中。表11-10给出了本项研究中的数据集的有关情况。

表11-10 本研究中使用的数据集

成分	患者组	对照组	总计
胆固醇酯	45	45	90
游离脂肪酸	51	50	101
磷脂	40	49	89
三脂酰甘油	49	48	97
结合数据	34	44	78

11.4.1.2 数据处理

图11-13给出了本研究的数据处理流程。简单地讲，所有脂肪酸的数据都使用主成分分析（PCA）进行预处理。然后使用一种单变量和多变量混合的特征提取策略来选择与分类信息相关的脂肪酸。基于选择的变量，使用线性判别分析（linear discriminant analysis，LDA）和人工神经元网络（ANN）区分2型糖尿病患者和对照。并使用leave-n-out和single splitting方法对建立的模型进行检验。为了对比的需要，特征提取

前的原始数据也使用 LDA 和 ANN 进行了分析。

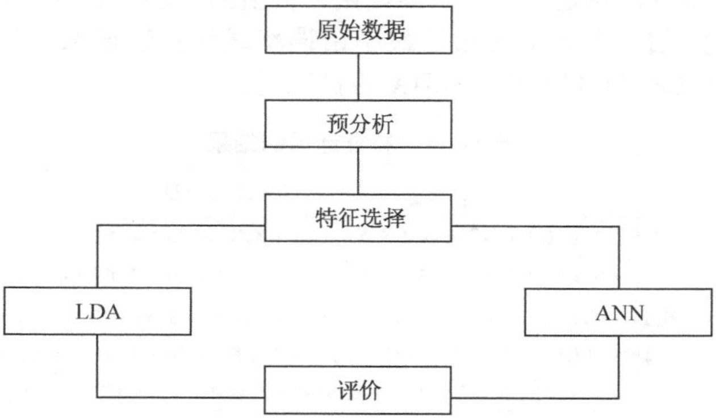

图 11-13　数据处理的流程图

1. 特征选择

特征选择的目的在于找到变量的最佳组合，以得到最好的分类结果。消除与分类无关的变量。在本研究中，采用了一种单变量和多变量混合的特征提取策略来达到这个目标。

单独一个变量（脂肪酸）对分类的贡献，我们采用它们在训练集中的方差权重（variance weight）来表示，即训练集中该变量类间方差和类内方差的比值。对于两类样品（K 类和 L 类），第 j 个变量的权重可以通过公式（11.2）计算得到：

$$\text{Weight}_j = \frac{\dfrac{n_K \cdot n_L}{n^2}\sum_{k=1}^{n_K}\sum_{l=1}^{n_L}(x_{kj} - x_{lj})^2}{\dfrac{n_K}{n}\sum_{k=1}^{n_K}\sum_{k'=1}^{n_K}(x_{kj} - x_{k'j})^2 + \dfrac{n_L}{n}\sum_{l=1}^{n_L}\sum_{l'=1}^{n_L}(x_{lj} - x_{l'j})^2} \tag{11.2}$$

式中，n_K 和 n_L 分别是 K 类和 L 类的样本数，($n_K + n_L = n$)；x_{kj} 是对应的第 k 个样本，第 j 个变量的值。

结合 LDA 和方差权重的逐步向后策略进行特征选择。在每一步中，依次去掉其中的一个变量，对剩余的变量进行线性判别分析计算相应的正确识别率。选择具有最高正确识别率和最大方差权重加合的变量子集进入下一步的处理。之后一直重复这个过程直至发生正确识别率开始下降时终止。

2. 分类

1）线性判别分析

首先，我们采用了一种较为经典的分类方法——LDA。LDA 是一种根据自变量将样本分成互相独立而又完备的不同类别的统计学方法。它首先假定判别函数 $g(x)$ 是 x 的线性函数，即 $g(x) = w^T x + w_0$，对于 c 类问题，可以定义 c 个判别函数，$g_i(x) = w_i{}^T x + w_{i0}$，$i=1, 2, \cdots, c$。我们要用样本去估计各 w_i 和 w_{i0}，并把未知样本 x 归到具有最大判别函数值的类别中去。这里关键的问题是如何利用样本集求得 w_i 和 w_{i0}。一个基本的考虑是针对不同的实际情况，提出不同的设计要求，使所设计的分类器尽可能好地满足这些要求。当然，由于所提要求不同，设计结果也不相同，这说明上述“尽可能好”是相对于所提要求而言的。这种设计要求，在数学上往往表现为某个特定的函数形式，我们称之为准则函数。“尽可能好”的结果相应于准则函数取最优值。这实际上是将分类器设计问题转化为求准则函数极值的问题了，这样就可以利用最优化技术解决模式识别问题。本节中使用了最小错误率线性判别函数准则。使用了选择的10个脂肪酸的组合（表 11-11）作为 LDA 的自变量。

表 11-11 特征选择的结果

组分	选择的变量
胆固醇酯(CE)	C16∶0,C18∶1 N7,C18∶3 N6,C18∶3 N3,C20∶4,C20∶5 N3,C22∶6
游离脂肪酸(FFA)	C12∶0,C18∶1 N9,C18∶1 N7,C18∶3 N3,C20∶2,C20∶5 N3,C22∶5,C22∶6
磷脂(PL)	C14∶0,C16∶1,C18∶1 N9,C18∶1 N7,C20∶3 N6,C20∶5 N3,C22∶5,C22∶6
组合	C16∶0(CE),C18∶3 N3(CE),C20∶4(CE),C18∶1 N9(FFA),C18∶1 N7(FFA),C20∶5 N3(FFA),C22∶6(FFA),C16∶1(PL),C18∶1 N9(PL),C22∶5(PL)

2）人工神经元网络

本研究中的人工神经元网络采用三层前馈网络，输入节点数等于选择的脂肪酸的变量数，5个隐层节点，2个输出节点分别对应患者组和对照组。在人工神经元网络训练前，我们按公式 11.3 将脂肪酸的浓度变换为［0，1］区间的值

$$\text{Factor}=\frac{x_{i,\max}-x_{i,\min}}{l_{\text{high}}-l_{\text{low}}}\quad x_{i,\text{new}}=\frac{x_{i,\text{old}}-x_{i,\text{new}}}{factor+l_{\text{low}}}\tag{11.3}$$

式中，$x_{i,\max}$、$x_{i,\min}$分别是输入值 $x_{i,\text{old}}$的最大值和最小值；l_{high}和 l_{low}是间隔的两个极值，本例中是 1 和 0。

ANN 训练前，偏置设为 1，连接权重设为较小的随机值。糖尿病患者的输出定义为［1，0］，健康对照的输出定义为［0，1］。当糖尿病的样本输出处于［>0.75，<0.25］时，这时我们认为该样本得到了正确的分类；当输出处于［<0.25，>0.75］时，我们认为该样本错误的分类为健康人；当输出落在其他区间时，我们认为该样本没有得到确定的分类。类似地，正常人样本也分别得到定义。

对人工神经元网络进行优化，得到在我们定义的结构下，当学习速率为 0.9，动量项为 0.7 时能得到较好的结果。

3. 模型的评价

模式识别中，特别是有监督（supervised）的学习方法中，我们需要对训练得到的模型进行评价（evaluation）或称之为验证（validation）以免出现过拟合（overfitting）和局部最小的情况。

一种常用的方法是“leave-n-out”，当 n 等于 1 时，就是我们常说的留一法。本节中，我们选择 n 等于样本数 78 的 1/3 即 26 例。具体实现为：将 78 例样本随机分成三个子集，每次取其中的两个作为训练集，一个作为测试集；循环 3 次，使每个子集都曾经作为过一次测试集、两次训练集；分别计算每次的识别率（recognition rate）、预测率（prediction rate）、灵敏度（sensitivity）和专一性（specificity）；最后将这些指标平均即得到该模型的识别率、预测率、灵敏度和专一性。

在人工神经元网络中，我们还使用了单分裂方法（single splitting），即将各组（糖尿病患者和健康对照组）的样品随机分成相等的 3 个子集，使用其中的 2 个子集作为训

练集，一个作为训练集。

对原始数据，我们只使用了单分裂方法对预测率做了评价。

11.4.2 结果与讨论

11.4.2.1 预分析

首先，对所有种类的脂肪酸都使用主成分分析（PCA）-非线性映射（non-linear mapping，NLM）进行了分析。图 11-14 给出了这几类脂肪酸的结果。从图 11-14A～C 中可以看出，对于胆固醇酯，游离脂肪酸和磷脂中的脂肪酸结果，糖尿病患者和健康对照组均呈现出很好的聚类结果。而对于甘油三酸酯（图 11-14D），两类样本并未呈现较好的分类。结果表明除甘油三酸酯外的其他三类脂肪酸对区分糖尿病患者较为适合。

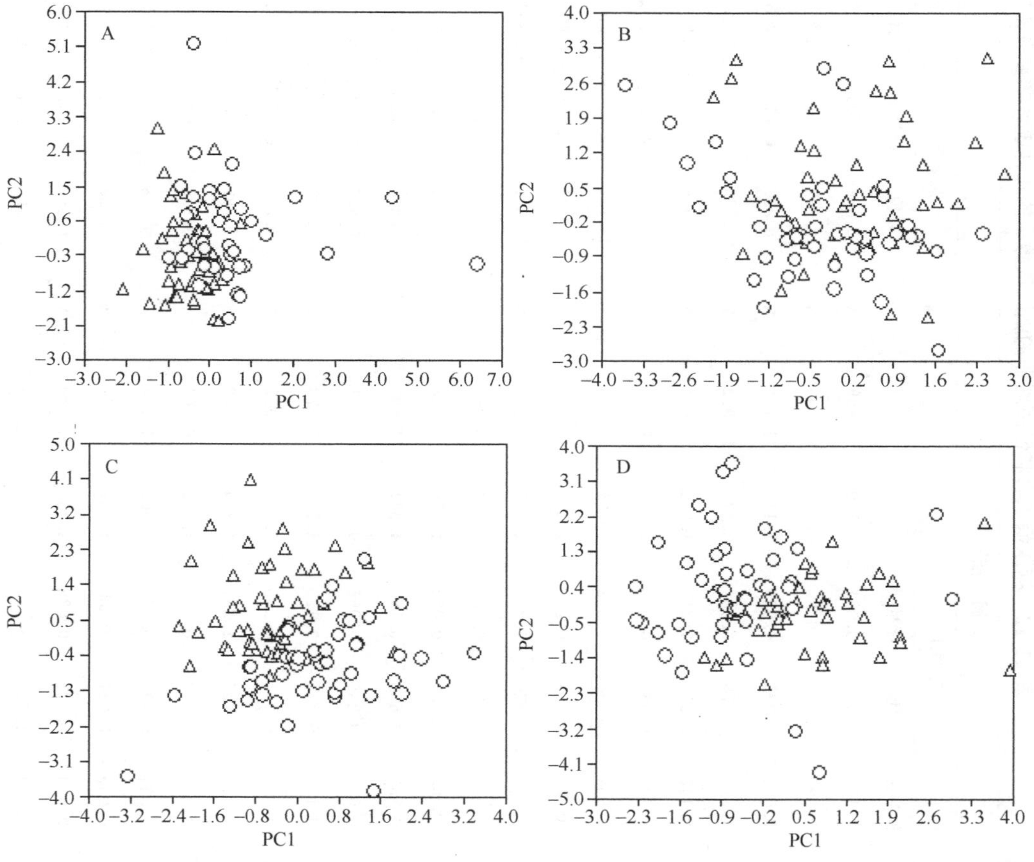

图 11-14 胆固醇酯（A），游离脂肪酸（B），磷脂（C），甘油三酸酯（D）中的脂肪酸的 PCA-NLM 结果。○：2 型糖尿病患者；△：健康对照

11.4.2.2 特征选择

表 11-12 给出了所有 4 类脂肪酸数据的统计参数。从表 11-12 中可以看出，胆固醇酯中的棕榈酸（palmitic acid）、二十碳四烯酸（eicosatetraenoci acid）、二十碳五烯酸

表 11-12　糖尿病患者和健康对照的脂肪酸数据的几种统计学参数和权重

脂肪酸	胆固醇酯							游离脂肪酸						
	患者组		对照组		权重	t	显著性	患者组		对照组		权重	t	显著性
	均值	标准差	均值	标准差			(α=0.05)	均值	标准差	均值	标准差			(α=0.05)
C12∶0	0.163	0.155	0.198	0.081	1.179	1.899	N	0.388	0.803	1.123	1.668	0.971	2.830	Y
C14∶0	0.948	0.298	0.997	0.3	0.979	1.099	N	2.942	1.386	3.452	1.315	1.052	1.896	N
C15∶0	0.238	0.093	0.225	0.055	1.118	1.141	N	0.298	0.163	0.395	0.173	1.117	2.901	Y
C16∶0	13.43	1.372	11.75	0.804	**2.37** *	**10.022**	Y	26.777	4.188	27.988	3.958	1.025	1.493	N
C16∶1	4.155	2.148	3.919	1.717	1.031	0.814	N	2.998	1.111	3.2	1.574	0.902	0.746	N
C18∶0	1.037	0.336	0.944	0.162	1.22	2.365	Y	12.685	2.639	13.515	2.908	0.987	1.503	N
C18∶1 N9	19.634	2.589	18.493	1.843	1.194	3.406	Y	33.16	9.818	29.804	5.882	1.195	2.079	Y
C18∶1 N7	1.058	0.31	0.916	0.205	1.235	3.625	Y	2.025	0.567	1.459	0.803	1.195	**4.098**	Y
C18∶2 N6	48.98	5.488	49.899	4.226	1.052	1.259	N	11.899	3.509	12.806	4.071	0.959	1.200	N
C18∶3 N6	1.179	0.494	1.475	0.528	1.114	3.884	Y	0.147	0.123	0.175	0.118	1.003	1.167	N
C20∶0	0.067	0.06	0.056	0.022	1.236	1.633	N	0.301	0.26	0.246	0.125	1.192	1.350	N
C18∶3 N3	0.484	0.157	0.652	0.188	**1.371**	**6.507**	Y	0.814	0.305	1.208	0.812	0.985	3.240	Y
C20∶2	0.219	0.054	0.236	0.066	0.958	1.891	N	0.42	0.236	0.56	0.244	1.125	2.931	Y
C20∶3 N6	0.663	0.135	0.726	0.123	1.112	3.273	Y	0.321	0.104	0.335	0.547	0.784	0.180	N
C22∶0	0.013	0.02	0.037	0.245	0.782	0.926	N	0.264	0.255	0.293	0.345	0.905	0.481	N
C20∶4	5.597	1.914	6.793	1.237	**1.384**	4.979	Y	1.799	0.678	1.693	1.895	0.812	0.376	N
C20∶5 N3	0.481	0.253	0.777	0.329	1.383	6.766	Y	0.807	0.694	0.366	0.216	**1.682**	**4.294**	Y
C24∶0	0.075	0.051	0.091	0.079	0.901	1.614	N	0.476	0.341	0.447	0.376	0.947	0.406	N
C22∶4	0.017	0.039	0.021	0.03	1.037	0.771	N	0.157	0.093	0.128	0.166	0.877	1.086	N
C22∶5	0.015	0.019	0.029	0.025	1.063	4.230	Y	0.253	0.107	0.195	0.131	1.034	2.439	Y
C22∶6	1.546	0.403	1.766	0.488	1.038	3.298	Y	1.068	0.504	0.611	0.523	**1.348**	**4.472**	Y

续表

脂肪酸	胆固醇酯							游离脂肪酸						
	患者组		对照组		权重	t	显著性	患者组		对照组		权重	t	显著性
	均值	标准差	均值	标准差			(α=0.05)	均值	标准差	均值	标准差			(α=0.05)
C12:0	0.079	0.396	0.053	0.081	1.266	0.449	N	0.749	0.824	1.418	1.405	1.136	2.898	Y
C14:0	0.522	0.497	0.373	0.077	**1.389**	2.071	Y	2.581	0.99	3.48	1.165	1.069	4.141	Y
C15:0	0.209	0.086	0.212	0.055	1.082	0.199	N	0.368	0.143	0.398	0.117	0.129	1.141	N
C16:0	25.73	5.999	26.512	1.55	1.262	0.878	N	29.515	5.065	28.188	4.805	4.887	1.337	N
C16:1	1.129	1.026	0.773	0.289	1.374	2.321	Y	4.031	1.376	4.29	1.472	1.410	0.905	N
C18:0	15.23	4.676	15.746	1.137	1.262	0.747	N	4.536	0.932	4.941	1.098	1.007	1.980	N
C18:1 N9	12.664	4.543	10.229	1.199	**1.582**	**3.605**	Y	37.62	3.603	36.97	4.481	4.019	0.796	N
C18:1 N7	1.359	0.311	1.195	0.183	1.336	3.095	Y	1.835	0.827	1.668	0.734	0.774	1.062	N
C18:2 N6	22.466	8.124	21.745	2.232	1.245	0.595	N	14.934	5.439	14.273	3.814	4.657	0.699	N
C18:3 N6	0.173	0.191	0.139	0.077	1.216	1.139	N	0.437	0.284	0.495	0.283	0.281	1.018	N
C20:0	0.282	0.09	0.318	0.053	1.236	2.347	Y	0.091	0.044	0.118	0.084	0.066	2.010	Y
C18:3 N3	0.217	0.22	0.201	0.071	1.223	0.480	N	0.79	0.37	1.018	0.504	0.437	2.570	Y
C20:2	0.079	0.118	0.097	0.106	1.007	0.757	N	0.431	0.091	0.454	0.106	0.098	1.159	N
C20:3 N6	2.781	0.95	3.179	0.546	1.259	2.476	Y	0.263	0.099	0.267	0.071	0.085	0.231	N
C22:0	1.196	0.434	1.304	0.236	1.176	1.493	N	0.018	0.019	0.028	0.036	0.028	1.734	N
C20:4	10.173	3.092	10.979	1.902	1.146	1.509	N	1.045	0.41	1.125	0.349	0.377	1.045	N
C20:5 N3	0.687	0.472	0.9	0.334	1.203	2.488	Y	0.173	0.18	0.175	0.085	0.140	0.070	N
C24:0	1.406	0.586	1.637	0.353	1.226	2.297	Y	0.02	0.025	0.023	0.037	0.031	0.474	N
C22:4	0.463	0.325	0.534	0.287	1.025	1.094	N	0.163	0.101	0.184	0.152	0.127	0.811	N
C22:5	0.441	0.15	0.591	0.128	**1.604**	**5.090**	Y	0.161	0.074	0.166	0.058	0.066	0.374	N
C22:6	2.715	0.871	3.283	0.845	1.193	**3.111**	Y	0.397	0.467	0.398	0.222	0.363	0.014	N

注:黑体表示此列中的一些最大值。

(eicosapentaenoic acid)，游离脂肪酸中的二十碳五烯酸（eicosapentaenoic acid）、二十二碳六烯酸（DHA）（docosahexaenoic acid），磷脂中的油酸（oleic acid）、二十二碳五烯酸（docosapentaenoic acid）可能与分类有着更密切的联系。另外，t检验的结果也得到了类似的结果。

与其他几个组分中的脂肪酸相比，几乎所有甘油三酸酯中的脂肪酸都只得到了很低水平的方差权重，这意味着在本研究中，它们只有很差的分类能力。这与之前的预分析结果一致。因此，在之后的分析中不再考虑甘油三酸酯中的脂肪酸数据。

从表 11-12 还可以看出，与其他组分中的脂肪酸相比，磷脂中的脂肪酸有着更高的方差权重，似乎意味着其拥有更好的分类能力。然而由于在糖尿病患者和健康对照组间两者的标准偏差有较大的不同，导致两类样本呈现明显不同的分布（图 11-14C）。在这样的情况下，应用线性统计判别方法（LDA）将导致分布更分散的类别（糖尿病患者）的样本非常容易被认为是分布相对集中的类别（健康对照组）。

按照前文所述的单变量和多变量混合的特征提取策略，表 11-11 给出了选择的变量的子集。将这些子集组合在一起，生成了有 10 个脂肪酸组成变量的新的数据集，这些脂肪酸对区分糖尿病患者和正常对照更有利。

11.4.2.3 分类结果

表 11-13 给出了分类的结果。LDA 正确地区分了样本中的 96.2%，灵敏度和特异性分别为 85.3%和 90.9%。ANN 得到了略高于 LDA 的结果，特别是使用单分裂方法（single splitting）时。

表 11-13 特征选择后 LDA 和 ANN 的评价结果

方法		识别率	预测率	灵敏度	特异性
LDA		96.2% (75/78)	88.5% (69/78)	85.3% (29/34)	90.9% (40/44)
ANN	留 n 法	97.4% (76/78)	89.7% (70/78)	88.2% (30/34)	90.9% (40/44)
	单分裂法	96.2% (50/52)	96.2% (25/26)	90.9% (10/11)	93.75% (14/15)

尽管 LDA 和 ANN 得到了稍有不同的分类结果，但是它们在本节的实例中都显示出了很强的分类能力。这可能是由于在特征的提取步骤中采用了线性的统计方法导致的。同时，可以得出结论：血清的脂肪酸组成和 2 型糖尿病可能存在着某种线性关系。

11.4.2.4 方法评价

表 11-13 也给出了使用 leave-n-out 和单分裂方法（ANN 中使用）计算的评价结果。无论 LDA 还是 ANN 都得到了很好的预测率，分别为 88.5%、89.7%、96.2%。模型的识别率和预测率没有太大的不同，说明没有发生经常影响有师监督学习模型的过拟合现象。

11.4.2.5 与原始数据的比较

为了验证选择的特征（变量），原始数据也用 LDA 和 ANN 进行了处理。表 11-14 给出了处理的结果。与表 11-13 相比，可以看出经过特征选择，尤其是 LDA 方法，能够得到更好的结果。这说明对于LDA来说，特征选择是十分必要的，而对于ANN方法来讲，由于其强大的分类能力，受特征选择的影响很小。

表 11-14 原始数据经 LDA 和 ANN 处理后的评价结果

方法	预测率	灵敏度	特异性
LDA，单分裂法	65.4%	36.4%	65.0%
ANN，单分裂法	80.8%	90.9%	91.67%

小结

在本节的研究中，建立了针对血清中脂肪酸的毛细管气相色谱代谢靶标分析平台，并有效的区分了2型糖尿病患者和健康对照组。结果表明，通过使用一元和多元统计技术，可以选择一组脂肪酸的子集得到较好的分类结果。该方法将有助于2型糖尿病患者的标志物发现和发病机制方面的研究。

实际上，这里只是4个关于代谢组学用于糖尿病研究的具体例子。由于糖尿病的发生发展必定与脂类的代谢紊乱相关，所以类脂组学（lipidomics）的研究非常重要，有兴趣的读者可参看第8章。

参考文献

[1] Ruilope L M, Segura J. Therapeutics, 2003, 25: 3044

[2] 潘长玉. 糖尿病最新进展, 2001, 2: 5

[3] Nicholson J K, Wilson I D. Prog. Nucl. Mag. Reson. Spectrosc., 1989, 21: 449

[4] Nicholson J K, Connelly J, Lindon J C, Holmes E. Nat. Rev. Drug. Discov, 2002, 1: 153

[5] Nicholson J K, Lindon J C, Holmes E. Xenobiotica, 1999, 29: 1181

[6] Lindon J C, Nicholson J K, Holmes E, Everett J R. Prog. NMR. Spectrosc., 2002, 12: 89

[7] Yang J, Xu G W, Kong H W, Zheng Y F, Pang T, Yang Q. J. Chromatogr. B, 2002, 780: 27

[8] Yang J, Xu G W, Kong H W, Pang T, Lv S, Yang Q. J. Chromatogr. B 2004, 813: 59

[9] Holmes E, Nicholson J K, Tranter G. Chem. Res. Toxicol., 2001, 14: 182

[10] Pham-Tuan H, Kaskavelis L, Daykin CA, Janssen H G. J. Chromatogr. B, 2003, 789: 283

[11] Yang J, Xu G W, Kong H W, Liebich H M, Lutz K, Schmulling R M, Wahl H G. J. Chromatogr. B, 2004, 813: 53

[12] Plumb R S, Granger J H, Stumpf C L, Johnson K A, Smith B W, Gaulitz S. Analyst, 2005, 130: 844

[13] Williams R E, Lenz E M, Evans J A, Wilson I D, Granger J H, Plumb R S. J. Pharm. Biomed. Anal., 2005, 38: 465

[14] Watkins S M, Reifsnyder P R, Pan H J, German & E H Leiter J B. J. Lipid. Res., 2002, 43: 1809

[15] Hodavance M S, Ralston S L, Pelczer I. Anal. Bioanal. Chem., 2007, 387 (2): 533

[16] Griffin J L, Nicholls A W. Pharmacogenomics, 2006, 7 (7): 1095

[17] van Doorn M, Vogels J, Tas A, van Hoogdalem E J, Burggraaf J, Cohen A, van der Greef J. Br. J. Clin. Pharmacol., 2007, 63 (5): 562

[18] Mäkinen V P, Soininen P, Forsblom C, Parkkonen M, Ingman P, Kaski K, Groop PH, Ala-Korpela M. MAGMA, 2006, 19 (6): 281

[19] Yuan K L, Kong H W, Guan Y F, Yang J, Xu G W. J. Chromatogr. B, 2007, 850: 236

[20] Liebich H M. HRC&CC, 1983, 6: 640

[21] Wunderlin D A, Diaz M P M, Ame V, Pesce S F, Hued A C, Bistoni M A. Water. Res., 2001, 35: 2881
[22] Liu C W, Lin K H, Kuo Y M. Sci. Total. Environ., 2003, 313: 77
[23] Johnson K J, Wright B W, Jarman K H, Synovec R E. J. Chromatogr. A, 2003, 996: 141
[24] 袁凯龙，石先哲，路鑫，高鹏，许国旺. 中国医学科学院学报，2007，29：719
[25] Wiwanitkit V J. Diabetes and its Complications, 2007, 21: 164
[26] 韩静，杜寿龙. 中西医结合心脑血管病杂志，2006，4：744
[27] Wong P C, Chin A T. J. Hypertens., 1995, 13: 1
[28] De Z D, Gansevoort R T, De J P E. Can. J. Cardiol., 1995, 11: 41
[29] Mei S R, Yao Q H, Xu G W, Wu C Y. Electrophoresis, 2003, 24: 1411
[30] Xu G W, Yao Q H, Weng Q F. J. Pharm. Biomed. Anal., 2004, 36: 101
[31] Wohl P, Krušinová E. Physiol. Res., 2007 May 30, in press. [Epub ahead of print]
[32] Guirguis A F, Taylor HC. Endocr. Pract., 2000, 6 (4): 324
[33] Eckfelde J H, Leindecker F C, Kershaw M. J. Clin. Chem., 1984, 30: 1116
[34] Dolink V, Bocek P. J. Chromatogr., 1981, 225: 455
[35] Tharandt L, Hübner W, Hollmann S. J. Clin. Chem. Clin. Biochem., 1979, 17 (4): 257
[36] Wong P C, Chin A. J. Hypertens., 1995, 13 (Suppl 1): 1
[37] Breyer J A, Hunsicker L G, Bain R P. J. Kidney. Int., 1994, 45 (Suppl): 156
[38] 黄宇峰，林善锬，吴永贵. 肾脏病与透析肾移植杂志，1998，7（3）：216
[39] Han X L, Abendschein D R, Kelley J G, Gross R W. Biochem. J., 2000, 352: 79
[40] Tan K C, Shiu S W, Wong Y. Eur. J. Clin. Invest., 2003, 33 (4): 301
[41] Perassolo M S, Almeida J C, Pra R L, Mello V D, Moulin C C. Diabetes Care, 2003, 26 (3): 613
[42] Zendzian-Piotrowska M, Bucki R, Gorska M *et al*. J. Horm. Metab. Res., 2000, 32 (10): 386
[43] Hsu F F, Bohrer A, Wohltmann M, Ramanadham S, Ma Z. Lipids, 2000, 35 (8): 839
[44] Berridge M J. Nature, 1993, 361: 315
[45] Exton J H. Biochim. Biophys. Acta., 1994, 1212: 26
[46] Uran S, Larsen A, Jacobsen P B, Skotland T. J. Chromatogr. B., 2001, 758: 265
[47] Jackson J E. A User's Guide to Principal Components, New York: Wiely, 1991
[48] Hsu F F. J. Mass Spectrom, 2000, 35, 596
[49] Wang C, Xie S G, Yang J, Yang Q, Xu G. Anal. Chim. Acta., 2004, 525: 1
[50] Han X, Gross R W. J. Am. Soc. Mass Spectrom, 1995, 6: 1202
[51] Gehrke C W, Kuo K C, Amsterdam Elservier, 1990.
[52] Yorek M A. New York: Marcel Dekker, 1993, 745.
[53] Chang Wang, Hongwei Kong, Yufeng Guan, Jun Yang, Jianren Gu, Shengli Yang, Guowang Xu. Anal. Chem., 2005, 77: 4108
[54] Jun Yang, Guowang Xu, Qunfa Hong, Hartmut M. Liebich, Katja Lutz, R.-M. Schmülling, Hans Günther Wahl, J. Chromatogr. B, 2004, 813: 53
[55] Seigneur M, Freyburger G, Gin H, Claverie M, Lardeau D, Lacape G, Lemoigne F, Crockett R, Boisseau M R. Diabetes Research and Clinical Practice, 1994, 23: 169
[56] Vessby B, Aro A, Skarfors E, Berglund L, Salminen I, Lithell H. Diabetes, 1994, 43: 1353
[57] Vessby B, Tengblad S, Lithell H. Diabetologia, 1994, 37: 1044
[58] Liebich H M, Jakober B, Wirth C, Pukrop A, Eggstein M. J. HRC & CC., 1991, 14: 433

第12章 代谢组学在营养学研究中的应用

营养学是一门研究人体的营养规律及改善措施的科学。作为一门研究食物与健康之间关系的学科，营养学在医学体系中一直占有重要的地位。合理的饮食调配不仅有益于身体健康，而且可以早期预防一些疾病的发生，从而提高人们的生活质量[1~5]。随着现代分析技术的不断发展，代谢组学通过对体液中或组织中的代谢物的分析，不但提供了一个了解机体内物质代谢途径及其调控的机制的重要研究平台[6~9]，也为营养学提供了新的研究方法，即通过代谢组学方法研究食物中各种营养物质、生物活性物质的摄入对于机体内代谢途径的影响、干预，同时也可以通过代谢组学的方法来评估营养的摄入过程（包括肠道菌群的作用）及环境、行为等因素所带来的健康影响[1]。本章从代谢组学的不同研究层次出发，简要介绍代谢组学的技术方法在营养学研究的不同领域中的应用。

12.1 简介

传统的营养学研究的内容包括机体对营养的需要、饮食营养成分的生物学功能及营养与健康之间的关系等。其中对于营养成分功能及对于健康的影响的探讨多是利用营养物质的纯品通过体外实验来研究进行的。然而，在我们日常摄入的食物中的营养物质不仅种类繁多，而且成分复杂，这些物质满足着机体不同的需求：能量物质的摄入、各种微量元素的获取、各种体内无法合成的物质的吸收等，并且同疾病的发生、发展有着密不可分的联系。例如，对细胞分化、凋亡及细胞周期的影响，对 DNA 修复的调控，对各种激素分泌的调节，对致癌物质代谢的作用及在炎症应答中的作用等（图 12-1）。可是，由于机体内环境的复杂性，我们对所摄入的营养物质的功能、与机体之间的作用、相互之间的影响等尚未有一个完整的认识。随着系统生物医学的发展，现代的营养学更加注重于如何通过饮食的调节来使机体内环境平衡，以预防疾病的发生。因此，在对食物中的一些确切的营养成分的功能进行单独研究的同时，也需要一种能够从整体的、系统的角度了解食物与机体相互作用的研究方法。在后基因组学时代里，转录组学、蛋白组学及代谢组学等研究平台都在不同层次上为营养学的研究提供了新的技术平台，以探索食物中的生物活性物质对于基因表型的影响。

基因组学的研究表明：个体间基因的千差万别是导致不同个体对营养的不同需求的决定性因素，基因决定了不同的个体对各种营养物质的吸收、转化及代谢的潜在能力。基因组差异的通常的表现为单核苷酸多态性[10]，即在 DNA 序列内的单个碱基的变化。可以说，基因多态性是各种生命形式之间差异的根源。基因多态性在营养相关的疾病中的表现已有相关的报道[11]。在营养性相关疾病的研究中，基因水平上的变异可能是其中一些疾病发生的根本原因。由于基因对生命过程的调控是通过它所表达的蛋白质来最终实现的，蛋白质组学可以通过对蛋白质的表达状态的研究来探索营养物质与机体的相

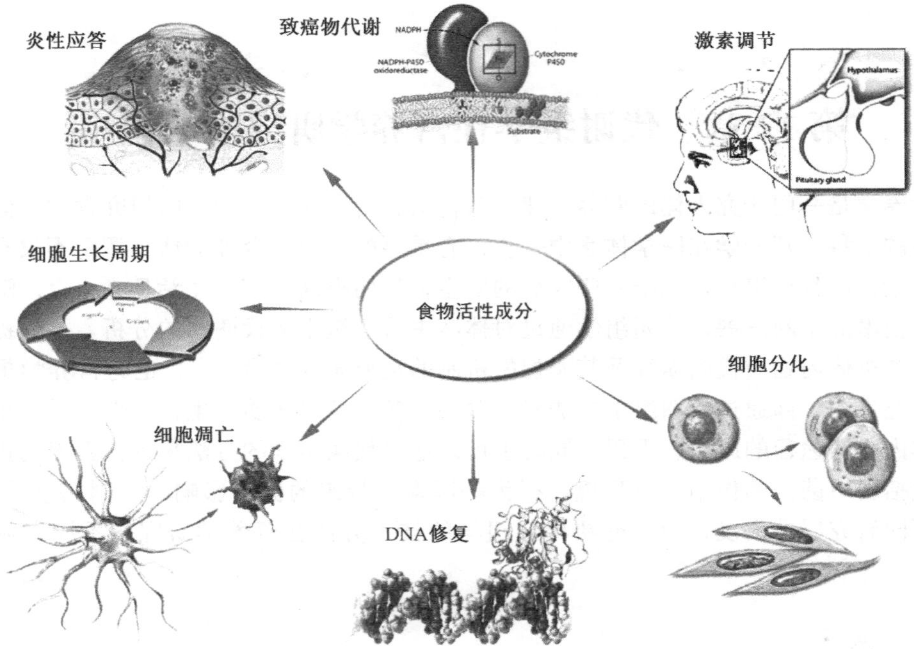

图 12-1　食物中的活性成分与基因及疾病的发生过程的关系[4]

互作用及其调控机制，是目前营养学研究的重要平台。与基因组学、蛋白质组学相比，代谢组学的研究通过表征体液、组织内的代谢物浓度的变化清晰地反映出机体内的代谢途径已经发生的变化[4]，在反映疾病的发展状态，尤其是研究营养物质的代谢方面更加具有优势。许多多病因性疾病（如糖尿病、肿瘤等）发生、发展的过程往往十分漫长，基因及基因表达产物的变化及它们与环境的相互作用等因素，共同导致疾病的发生及发展。上述的几种组学可以从不同的水平上对疾病的发生过程进行监控，从而来实现对疾病的预防、早期发现及干预等目标（图 12-2）。对于营养学研究而言，食物中的生物活性物质的吸收、转化及降解等代谢过程是其主要的研究目标，尤其是一些小分子的营养物质，如氨基酸、类脂、维生素等。这些都与代谢组学的研究内容相吻合。可以说，代谢组学为营养学的研究提供了一个系统生物学水平上的视角及一个全新的研究的平台。利用代谢组学的研究方法从整体的角度评估个体的饮食习惯、营养状况及不同的食物成分等与慢性疾病的发生之间的关系，研究探索体内代谢途径的改变，已经在营养学的研究实践中得到了广泛的应用。

12.2　代谢组学全组分分析在营养学中的应用

在代谢组学研究的 4 个不同的层次[7]中，以代谢组学“全组分分析”的方法在营养学研究的应用最为广泛，而针对特定目标化合物的靶标分析及针对某一类物质的代谢轮廓分析也有许多相关的报道。在营养学研究中，系统的研究机体代谢途径中的小分子一直是其主要的研究方向。以前由于技术的限制，营养学家只能对少数的营养物质的活性

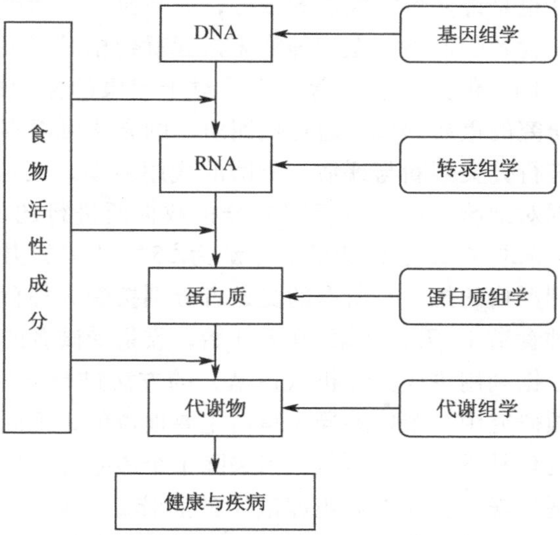

图 12-2 功能基因组学平台用以研究食物中的营养成分同基因表达过程，以及疾病发生的关系

成分进行分析，判断其对细胞功能的影响及与疾病的发生之间的可能关系等。随着现代分析手段的不断进步，同时、大量的分析体液或组织内的小分子化合物成为可能，这个新的研究领域也就是我们所说的"代谢组学"。可以说，代谢组学与营养学研究之间的关系非常密切。在过去的 10 年中，通过连续地测量体液中复杂的代谢物浓度，代谢组学实现并很好地完成了对食物及营养在复杂的机体内环境下所发挥的作用的评估[1]。有许多科学家都对人体或者动物体内的代谢同食物之间的关系进行了深入的探讨。这样，科学家们就可以从代谢的角度去解释食物的营养同人体健康之间的关系。

12.2.1 代谢组学用于食物和营养对机体影响的评价

最早发表的对于食物作用的代谢评价起始于 1984 年，Bales 等利用核磁共振谱分析了饥饿及剧烈运动后研究对象的尿样[12]。结果表明，激烈运动后人尿中的乳酸明显升高，而饥饿的时候人尿中的酮体会显著升高。在随后的 20 年里，代谢组学的概念在毒性及药物的研究等领域得到了迅速的发展，在对体液进行"全组分"分析的基础上，通过化学计量学的应用，可以在整体上对药物作用的效果、毒性等加以评价，并且可以作为诊断疾病及判断预后的一个工具。而食物及其营养成分与人体的作用过程与药物的作用过程十分类似，因而代谢组学全分析的方法也很快应用到食物及营养的作用评价中。

12.2.1.1 评价不同的饮食习惯所带来的代谢组差异

代谢组学全组分分析的方法可以用来判断由不同的饮食习惯所对应的不同代谢表型，这也是代谢组学方法应用于营养学研究的代表性的研究之一。Stella 等在 2006 年发表了利用核磁共振的代谢组学分析来判断素食者、少量肉食者及大量肉食者之间的代谢表型的差别[13]。西方的饮食结构常常是以红肉为主，而蔬菜、水果、膳食纤维的摄入量相对较少，这往往也是许多慢性疾病的根源，如高血压、糖尿病、心脑血管疾病及癌症等。相比之下，素食者的血糖、血脂等临床指标就会相对好很多。可见饮食习惯与疾病的关联是显而易见的。但是，某些营养物质对于健康的保护机制尚有待于深入研究——这也是营养学研究的重要领域。通过代谢组学的方法可以实现对具有不同饮食习惯的人群的代谢表型进行分类判断与评估。所谓的代谢表型，其定义为："对生物体在某一生理条件下，依据对细胞、体液或组织的分析数据所进行的多参数系统描述。"[14]在 Stella 等的研究中，选取了 12 名健康的、年龄为 25～74 岁的男性作为研究对象，食物摄入的质和量都受到严格的控制。所有的受试者分别接受 3 种食谱，包括素食、少量肉食及大量肉食。每种食谱 15 天，从第 10 天开始，收集受试者的 24h 尿样，进行核磁共振的分析。所得的数据利用主成分分析（PCA）的方法进行分析。在 PCA 分析结果中，可以看到，在这项研究中，个体差异还是占主要地位的，不同的个体在不同的食谱之下所产生的代谢组变化是不同的。但是，当去除了个体差异之后，高肉食组同素食组间的代谢组差异就显现出来了：高肉食组尿液中的肌苷、肉碱、牛磺酸、氧化三甲胺、甲基组氨酸等物质呈现升高的趋势。其中肉碱、甲基组氨酸等物质在更早的报道中可以作为食谱中肉类含量的标志物。当采用 OPLSDA（正交偏最小二乘法判别分析）的方法进行数据处理的时候，不同食谱的人群得到很好的区分，尤其是素食组与高肉食组之间。通过分析，可以发现肌酸/肌苷在高肉食者的尿内明显的升高。可以据此推断，尽管肌酸的分泌取决于体重，但是每日摄入的肉食量还是对肌酸的排泄量具有明显的影响。同时该研究还发现，肉碱及甲基肉碱在高肉食者的尿液内也明显的高于素食者。因为肉碱是长链脂肪酸转运的重要辅助因子，而肉食又是外源性的肉碱的主要来源，因此，严格素食者的肉碱可能会有一定的短缺，同时，内源性肉碱合成的增加，也可能进一步导致一些营养因子的缺乏。

在素食者组中，该研究发现了 p-羟基苯乙酸这种标志性的代谢物。这种物质虽然是食物中的酪氨酸的代谢产物，但并非来源于人体自身的代谢途径，而是由肠道菌群代谢所产生的。在素食者的尿液中有另一种化合物——N^6,N^6,N^6-三甲基赖氨酸（TML）出现了明显的缺乏，这是因为，TML 是真核生物内源性肉碱合成的主要化合物，由于素食者外源性肉碱摄入的不足，导致内源性肉碱合成的增加，从而使 TML 的消耗增加，引起尿中的 TML 减少。该代谢途径如图 12-3 所示。

通过对于尿液中代谢物的分析，不同的营养条件对正常人群代谢组的影响可以通过代谢组学的方法得到系统的展现：代谢组学不仅可以通过尿样的代谢轮廓分析区分不同食谱下人群的代谢表型，而且可以从其中纷繁复杂的代谢组中找出与不同食谱相关的特征性的代谢物，并且可以通过相关代谢途径的研究推测体内的相关生理学变化。通过这项研究，代谢组学表现出其在营养学的研究中具有极大的潜力与应用前景。

12.2.1.2 食物中生物活性成分与机体的相互作用

在机体所必需的营养物质中，许多都是只能由食物供给而机体所不能合成的，如必需氨基酸、必需脂肪酸等。这类物质的代谢及与机体的相互作用的研究也是营养学研究中的重要课题。Griffin 等利用代谢组学的方法研究运动神经元退行性变的小鼠模型由于维生素 E 的摄入量不同而引起的系统代谢组变化[15]。通过对小鼠血液的 NMR 代谢

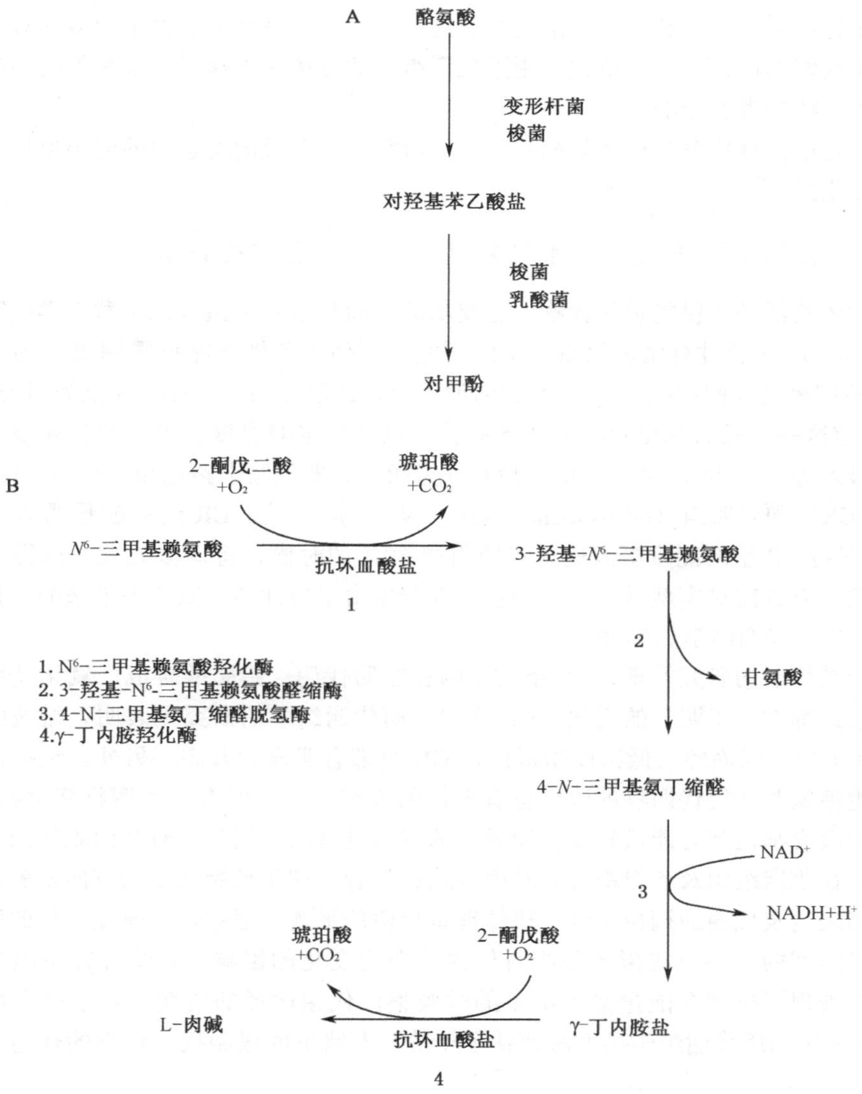

图 12-3　酪氨酸代谢途径（A）和 L-肉碱合成代谢（B）[13]

轮廓分析，研究者们发现在维生素 E 严重缺乏的老鼠模型的血液中，葡萄糖、乳酸盐等物质明显升高。而在模型的脑提取物中，β-羟基丁酸盐、牛磺酸、谷氨酸盐、苯丙氨酸等代谢物明显升高，而肌苷、天冬氨酸、谷氨酰胺、γ-氨基丁酸等代谢物浓度降低。食物中的维生素 E 与机体内小分子物质代谢的关系可以通过代谢组学的方法系统的体现出来。由于运动神经元退行性变是儿童时期一种比较常见的改变，代谢组学的方法可以通过对体液的分析来判别这种维生素缺乏的发生，并可以在疾病标志物的研究上提供新的线索。

而对于另外的一些人体非必需的食物活性成分，如表儿茶酸，一种在绿茶、可可和巧克力中广泛存在的植物类黄酮物质，Solanky 等利用老鼠模型对这一类物质的作用进行了研究[16]。通过在鼠的饮水中添加表儿茶酸，随即对鼠尿进行代谢组学轮廓分析，结果发现了柠檬酸、二甲胺等物质浓度的升高，并将结果解释为饮食中的多酚对肾功能及能量物质代谢的影响。这一研究利用了代谢组学的方法深入探讨了食物中的多酚类物质对于机体代谢的潜在影响。

对于食物中活性成分与机体间相互作用的研究在营养代谢组学中的应用也见于许多其他的文献报道[17~20]。

12.2.1.3 食物卡路里摄入的限制对动物代谢组影响的评价

为生物体的活动提供能量是食物的主要功能，而且卡路里摄入也是营养学研究的领域之一。Selman 等通过对血浆代谢组学的研究，评估了急性卡路里限制摄入的过程对 C57BL/6 模型鼠的代谢影响[21]。在实验的设计上，选取 20 只 C57BL/6 鼠为研究对象。在 14 周之前这些小鼠的在相同的条件下喂养，包括恒定的温度、固定的日夜节律、定量的食物摄入等。在 14 周之后，将实验鼠分为两组，即限制卡路里摄入组（caloric restriction，CR）和对照组（ad-libitum，AD）。从 14 周开始，CR 组的能量摄入每周减少 10%，直到 CR 组的能量摄入达到对照组的 30%的时候，将老鼠处死，取得血液样本进行检测。取血前对模型鼠不采取禁食，以避免由于急性的饥饿状态带来的干扰。血浆以 NMR 进行代谢组学轮廓分析。

通过转录组学的研究发现，CR 组的基因在脂肪代谢、脂肪酸合成、氧化及糖异生等方面的表达都发生了明显的变化（图 12-4）。而代谢组学的研究则表明，血液中的乳酸、3-羟基丁酸、胆固醇及低密度脂蛋白在 CR 组都有明显的升高。另外，包括血清肌苷、一些生糖氨基酸等代谢物的浓度也有增加的表现。上述所有的代谢物变化都表明，体内代谢的改变都是朝着能量转换及糖异生的方向进行的。同时，对基因表达的研究也同时表明，在肌肉组织及肠组织内，基因表达也朝着不利于细胞增殖的方向发展，机体通过对基因表达及代谢的调控来维持机体能量代谢的平衡。通过这个研究，代谢组学很好地解释了短期的卡路里的摄入限制对体内代谢物变化的影响，并结合转录组学的研究，很好地展现了机体在能量摄入不足的时候整体代谢途径的转变。对于这方面的研究，Wang 等还利用代谢组学的方法评估了年龄及卡路里的限制摄入对狗的代谢组学的影响[22]。

12.2.1.4 全胃肠外营养患者的代谢组学研究

全胃肠外营养是治疗某些严重的疾病（如肠瘘等）的重要手段。肠瘘多数是手术后的并发症（大概 80%）、肠道疾病、外伤、感染及严重的胰腺疾病等病因所导致。在早期曾经是一种死亡率非常高的疾病，随着治疗手段的不断进步，主要是营养支持治疗的不断发展，死亡率也逐年降低，但仍然是一种危险的疾病。我们研究组利用超高速液相色谱/飞行时间质谱（UPLC/QTOF）联用的代谢组学分析系统分别对肠瘘患者的血样进行代谢组学的研究[23]。从数据的 PLS-DA 的分析结果我们可以看出：正常人与肠瘘患者之间在血液的代谢组上存在着明显的差异。通过 SIMCA-P 软件的参数“VIP”（variable importance in the projection）我们分别从正负离子数据中各选了 20 个潜在的标记物，对于其中经过 t 检验证明在患者与正常人之间存在显著差异的部分标记物进行

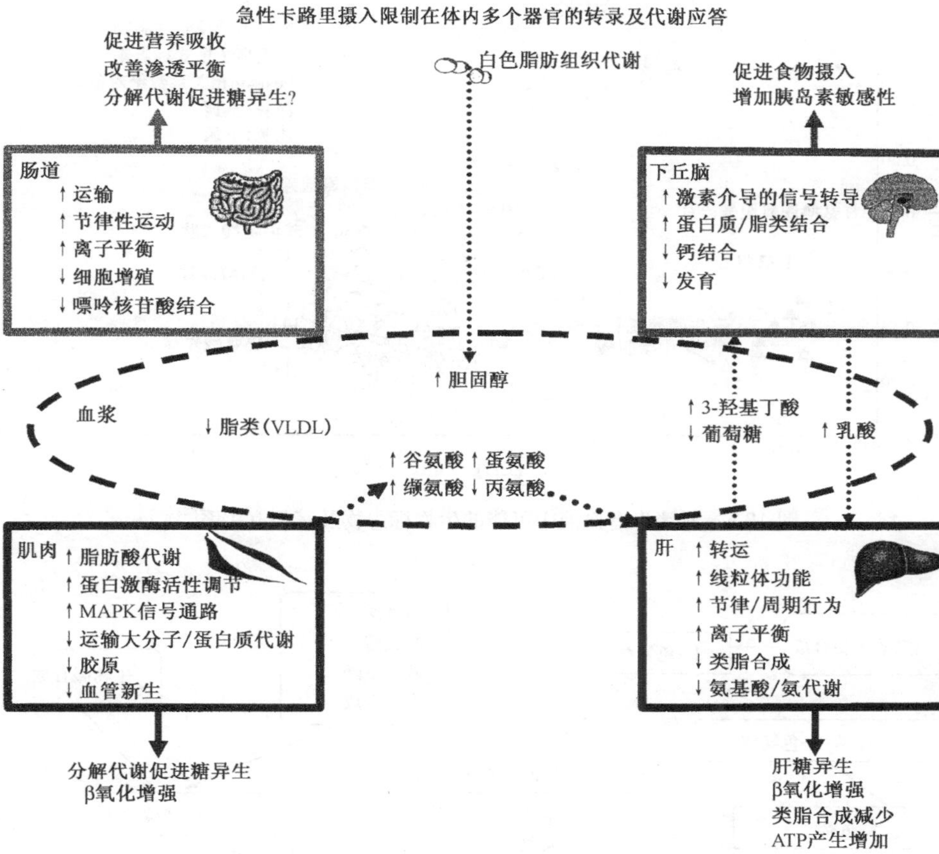

图 12-4 不同组织对限制能量摄入的转录及代谢应答[21]

鉴定。最终找出了 9 种潜在的生物标记物，包括 4 种结合型胆汁酸、1 种肉碱、2 种氨基酸，以及 2 种溶血磷脂酰胆碱等。我们将全部的 31 个标记物进行 PCA 分析，并将它们的浓度变化信息及相关性等信息加入，如图 12-5 所示。

在患者的血清内，色氨酸及苯丙氨酸的含量低于正常人，因为这两种氨基酸属于必需氨基酸，只能从食物中获取，不能体内合成，因此我们可以发现患者体内的营养物质吸收的不足还是普遍存在的。而且，由于色氨酸还是体内重要的活性物质——5-羟色胺的前体物质，而苯丙氨酸则是合成酪氨酸的原料（图 12-6），后者是体内很多激素的合成的原料，由此可见，这两种氨基酸的缺乏对机体有着重要的影响，需要引起足够的重视。另外，肉碱是体内脂肪酸合成及β氧化的重要中间物质。肉碱在患者体内的缺乏则可能预示着患者体内的营养物质及能量代谢的障碍。而结合型的胆汁酸常常是作为肝脏损伤的标记物，我们发现在患者体内，4 种结合型的胆汁酸的异常升高也可能预示着患者体内存在肝损伤。虽然这种损伤并不一定有着明显地临床表现，但是，如果不加以关注，也可能造成严重的后果，如器官系统的衰竭等。

通过代谢组学的研究可以发现，代谢组学在监控机体的营养物质代谢方面有着很好的应用潜力，尤其对于全胃肠外营养的患者来说，代谢组学的方法对于营养治疗的指导或者器官功能衰退的早期发现都具有一定的应用前景。

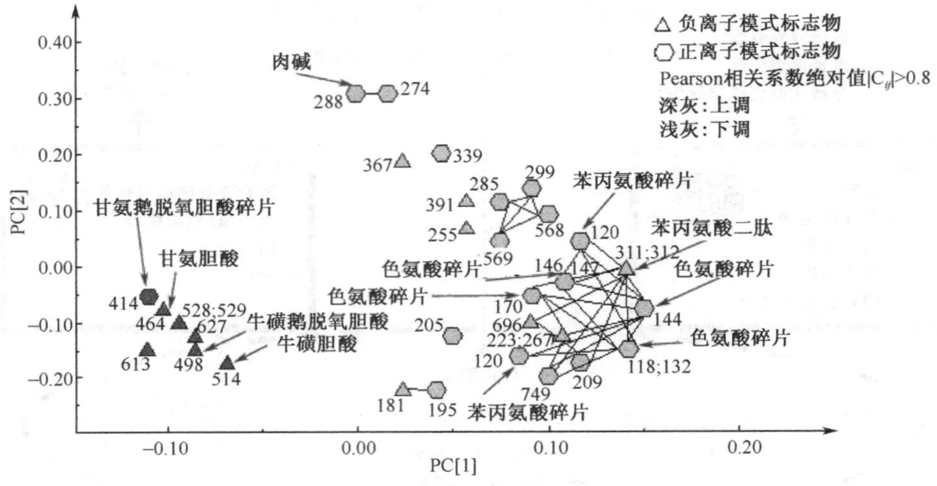

图 12-5 肠瘘患者血液中可能的生物标志物及其相互关系[23]

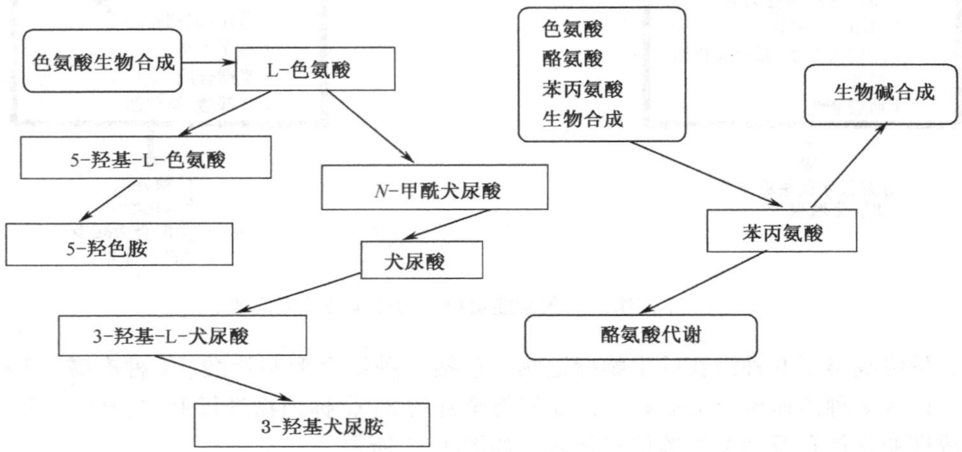

图 12-6 色氨酸及苯丙氨酸的代谢途径[23]

12.2.2 肠道菌群与宿主的相互作用

作为一个复杂的生物体，人类肠道内还有许许多多的微生物——通常被称作肠道菌群。这些与人类共生的细菌同机体之间相互依存，很多研究表明，肠道菌群的代谢与人体的代谢有着密切的联系[24,25]。而食物对于肠道的微生物环境有着极大的影响，同时，肠道微生物的状态也影响着食物中活性成分的吸收及代谢。因此，研究肠道微生物与宿主之间的关系就显得尤为重要。代谢组学在这个研究中可以发挥重要的作用，尤其是以尿液为研究对象时，肠道微生物与宿主间的代谢作用产物可以通过代谢组学的研究反映出来。

Nicholls 等[26]以无菌小鼠为对象，在实验室条件下，模拟了鼠肠道内微生物环境的形成过程，并以基于 NMR 的代谢组学平台对不同时间点的尿样加以分析。

代谢组学的研究结果表明，在无菌鼠肠道菌群形成过程中，在 21 周左右鼠尿内的排泄物已经基本接近普通非无菌鼠的水平了（图 12-7）。代谢物的浓度也表现出了开始阶段 3-羟基苯丙酸的及后期马尿酸的升高，尤其是 TMAO 在后期的增加，可以据此将其推断为肠道菌群的代谢产物。通过代谢组学的研究，可以清晰地了解到在肠道菌群形成的过程中，机体代谢及同微生物相互作用后的共代谢变化。

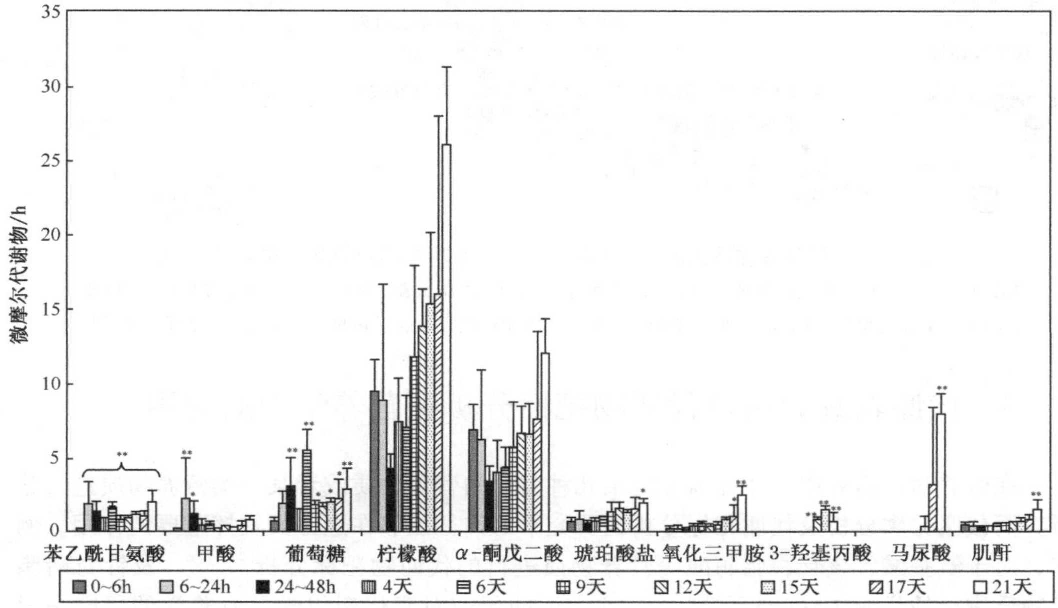

图 12-7　尿中部分代谢物在无菌小鼠肠道菌群形成过程中的浓度变化

相对于 0～6h 的显著性改变以 * 标出[26]

Dumas 等进行了关于肠道菌群与宿主的共代谢的研究[27]。在老鼠模型中，低脂饮食与高脂饮食之间的代谢差异可以通过血浆及尿液的代谢组学研究体现出来，而且饮食与胰岛素抵抗及非酒精性脂肪肝等代谢疾病之间的关系也得以从代谢的角度加以深入探讨。通过比较鼠血中的三脂酰甘油及胆碱的水平，及食物中的胆碱的作用等因素，不仅找出了传统的胰岛素抵抗的标志物，如高血脂、高血糖及磷脂等，还发现了与肠道菌群共代谢产生的新的生物标志物，如细菌源性的甲胺等。食物中的胆碱有 3 条代谢通路，包括在血液内转变为磷脂酰胆碱（PC）、代谢为肌苷等经尿排出，及由肠道微生物代谢产生甲基胺等物质，再经尿液排出。肠道微生物对胆碱的利用不足可能使体内的胆碱来源不足，从而引发 PC 的合成减少，直接导致极低密度脂蛋白（VLDL）的合成不足，而后者是三脂酰甘油（TG）运输到肝外的主要载体，从而使 TG 在肝内堆积，导致非酒精性脂肪肝（NAFLD）的发生（图 12-8，见彩版）。这项研究表明了饮食习惯对于肠道微生物的影响及可能会进一步的导致 NAFLD、胰岛素抵抗等慢性疾病的发生。

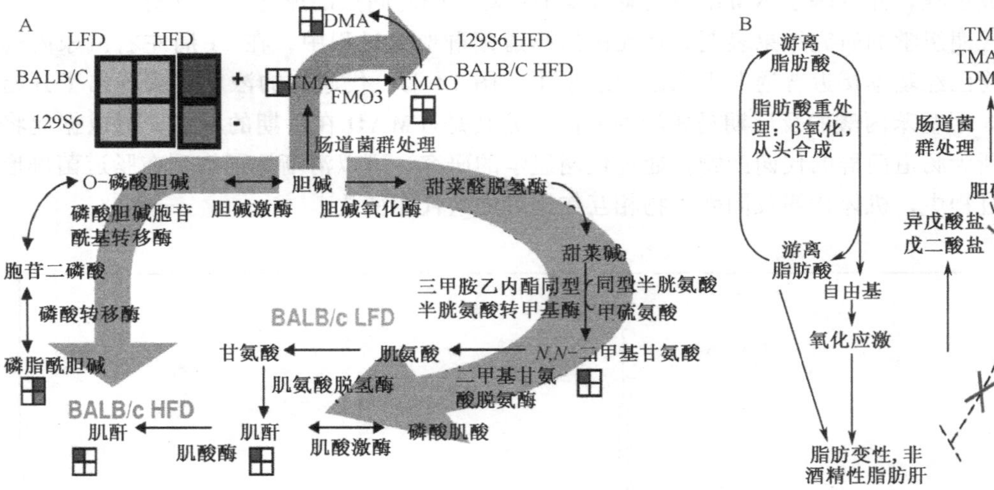

图 12-8　甲基胺在体内的代谢通路（A）和甲基胺可能的肝损伤途径（B）

BALBlc 和 129S6 为小鼠种系名。LFD：低脂饮食；HFD：高脂饮食；DMA：二甲胺；TMA：三甲胺；TMAO：氧化三甲胺；FMO3：黄素单胺氧化酶。A 图中红色方块表示正相关，绿色方块表示负相关[27]

12.3　代谢轮廓分析及代谢物靶标分析在营养学中的应用

在营养学的研究中，往往需要对某几种重要的营养物质或者某一类营养物质进行分析，而代谢轮廓分析及代谢靶标分析的研究平台往往能够在这方面发挥重要的作用。例如，对于氨基酸、核苷、脂肪酸等营养物质进行的代谢物靶标分析[28~30]，及针对磷脂等物质进行的代谢轮廓分析等[31,32]，这方面的研究对于代谢组学及营养学的研究来说都是比较重要的内容，我们在前几章的内容中已经做了详尽的介绍，本章就不再赘述。在这一领域国内外的研究小组已经开展了大量的工作，包括发展了代谢组学的重要分

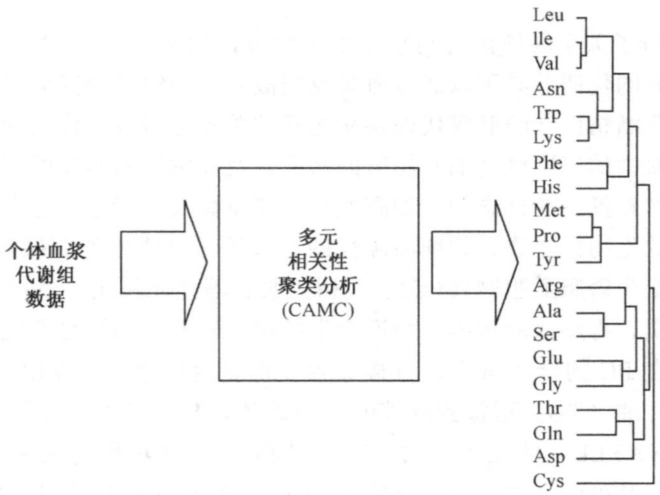

图 12-9　CAMC 流程示意图

最后的系统树状图来源于对于体内（鼠）18 种氨基酸的靶标分析所得[33]

支——类脂组学等（详细内容见第 8 章）。另外，在应用于营养学研究的靶标分析的研究中，Noguchi 等发展了一种多元相关性聚类分析（cluster analysis of multivariate correlation，CAMC）的数据分析方法[33]，如图 12-9 所示，通过对各种氨基酸浓度的分析及它们之间相关性的研究，可以对食物中的蛋白质消化后的氨基酸的吸收、合成、分解等过程有一个系统的理解，从而对氨基酸的合理摄入进行有效的评估。

靶标分析的另一个特殊运用就是基于示踪剂的代谢组学研究，即通过对示踪剂（如^{13}C）的应用来研究代谢通路及考察代谢流量[34]。这种方法虽然由来已久，但是结合代谢物靶标分析及代谢组学研究方法，在营养学研究，尤其是一些重要营养物质的代谢途径的研究可以发挥重要的作用。

12.4 代谢组学在营养学研究中的应用展望

营养学的研究一直着眼于食物中的活性成分及其在体内的代谢过程及与机体间的相互作用，其中小分子代谢物在营养学的研究中占有非常重要的地位。在从前，这方面的研究一直受制于分析技术的落后，随着分析仪器的高速发展、核磁共振、质谱的分析能力日益增强，分析能力的瓶颈已经有所缓解。因此，合理的方法学平台在营养学的研究中显得尤为重要。代谢组学作为后基因组时代重要的系统生物学研究平台，在营养学研究中已经逐渐显现出优势。尤其以针对体液的代谢组学全分析技术结合多维统计分析的方法，在营养学研究的许多方面都能发挥重要的作用。

对于人体来说，影响机体内环境稳定的因素有很多，包括内源性因素和外源性因素等。食物、药物、微生物、运动等都是影响人体代谢组稳定的重要外在因素[2]，而食物及其相关的生活方式对于机体内环境的平衡、健康的维持显得尤为重要。食物由于含有极其复杂的成分，并且每种成分有可能在体内有不同的作用靶点，因此对食物中的营养成分的作用评价也是一个极其复杂的过程。而这方面正是代谢组学的优势所在，即以系统的角度，通过对体液的代谢组进行全分析并辅以相应的数据分析方法，系统地评价食物对于机体的影响作用。

当应用于疾病的研究中时，代谢组学所选择的标志物往往是一组小分子物质，这一点与传统的有关标志物的观点并不相同。这样，代谢组学所发现的标志物组不仅可以应用于疾病的诊断及预后判断上[35~37]，而且可以作为机体代谢稳态的一个多参数的判断指标。在未来的研究中，代谢组学的方法可能更多地用于某些疾病的营养干预治疗的疗效评价之中。在中欧合作的 TULIP 项目中，研究人员就对肥胖和胰岛素抵抗人群进行饮食及生活方式的干预，并通过代谢组学的方法对其效果进行评价。基于代谢组学在药物的毒性及疗效的评价中的应用，个性化药物的概念已经被提出[38]。同样在营养学的研究过程中，个性化的营养干预也是未来的一个重要的研究方向。通过代谢组学的方法对具有不同代谢表型的个体进行个性化的营养指导，将可能会成为今后营养代谢组学研究的重要课题。

参 考 文 献

[1] Rezzi S, Ramadan Z, Fay L B, Kochhar S. J. Proteome Res., 2007, 6 (2): 513

[2] Gibney M J, Walsh M, Brennan L, Roche H M, German B, van Ommen B. Am. J. Clin. Nutr., 2005, 82: 497

[3] German J B, Roberts M A, Watkins S M. J. Nutr., 2003, 133: 4260

[4] Trujillo E, Davis C, Milner J. J. Am. Diet Assoc., 2006 , 106 (3): 403

[5] Zeisel S H, Freake H C, Bauman D E, Bier D M, Burrin D G, German J B, Klein S, Marquis G S, Milner J A, Pelto G H, Rasmussen K M. J. Nutr., 2005, 135 (7): 1613

[6] Nicholson J K, Lindon J C, Holmes E. Xenobiotica, 1999, 29: 1181

[7] Fiehn O. Comparative and Functional Genomics, 2001, 2: 155

[8] Yang J, Xu G, Zheng Y, Kong H, Pang T, Lv S, Yang Q. J. Chromatogr., B, 2004, 813: 59

[9] Nicholson J K, Connelly J, Lindon J C, Holmes E. Nat. Rev. Drug. Discov., 2002, 1: 153

[10] International SNP Working Group. Nature, 2001; 409: 92833

[11] Block G, Patterson B, Subar A. Nutr. Cancer, 1992, 18: 129

[12] Bales J R, Higham D P, Howe I, Nicholson J K, Sadler P J. Clin. Chem. 1984, 30 (3): 426

[13] Stella C, Beckwith-Hall B, Cloarec O, Holmes E, Lindon J C, Powell J, van der Ouderaa F, Bingham S, Cross A J, Nicholson J K. J. Proteome Res., 2006, 5: 2780

[14] Gavaghan C L, Holmes E, Lenz E, Wilson I D, Nicholson J K. FEBS Lett., 2000, 484 (3): 169

[15] Griffin J L, Muller D, Woograsingh R, Jowatt V, Hindmarsh A, Nicholson J K, Martin J E. Physiol. Genomics, 2002, 11 (3): 195

[16] Solanky K S, Bailey N J, Holmes E, Lindon J C, Davis A L, Mulder T P, Van Duynhoven J P, Nicholson J K. J. Agric. Food Chem., 2003, 51: 4139

[17] Astle J, Ferguson J T, German J B, Harrigan G G, Kelleher N L, Kodadek T, Parks B A, Roth M J, Singletary K W, Wenger C D, Mahady G B. J. Nutr., 2007, 137: 2787.

[18] Solanky K S, Bailey N J, Beckwith-Hall B M, Bingham S, Davis A, Holmes E, Nicholson J K, Cassidy A. J. Nutr. Biochem., 2005, 16 (4): 236

[19] Van Dorsten F A, Daykin C A, Mulder T P, Van Duynhoven J P. J. Agric. Food Chem., 2006, 54 (18): 6929

[20] Wang Y, Tang H, Nicholson J K, Hylands P J, Sampson J, Holmes E. J. Agric. Food Chem., 2005, 53 (2): 191

[21] Selman C, Kerrison N D, Cooray A, Piper M D, Lingard S J, Barton R H, Schuster E F, Blanc E, Gems D, Nicholson J K, Thornton J M, Partridge L, Withers D J. Physiol. Genomics, 2006, 27 (3): 187

[22] Wang Y, Lawler D, Larson B, Ramadan Z, Kochhar S, Holmes E, Nicholson J K. J. Proteome Res., 2007; 6 (5): 1846

[23] Yin P, Zhao X, Li Q, Wang J, Li J, Xu G. J. Proteome Res., 2006, 5 (9): 2135

[24] Goodacre R. J. Nutr., 2007, 137 (1 Suppl): 259S

[25] Nicholson J K, Holmes E, Lindon J C, Wilson I D. Nat. Biotechnol., 2004, 22 (10): 1268

[26] Nicholson J K, Holmes E, Lindon J C, Wilson I D. Chem. Res. Toxicol., 2003, 16 (11): 1395

[27] Dumas M E, Barton R H, Toye A, Cloarec O, Blancher C, Rothwell A, Fearnside J, Tatoud R, Blanc V, Lindon J C, Mitchell S C, Holmes E, McCarthy M I, Scott J, Gauguier D, Nicholson J K. Proc. Natl. Acad. Sci. USA., 2006, 103 (33): 12511

[28] Guowang Xu, Hartmut Liebich, American Clinical Laboratory, 2001, 20: 22

[29] Jun Yang, Guowang Xu, Hongwei Kong, Yufang Zheng, Tao Pang, Qing Yang, J. Chromatogr. B, 2002, 780: 27

[30] Jun Yang, Guowang Xu, Qunfa Hong, Hartmut M. Liebich, Katja Lutz, R. -M. Schmülling, Hans Günther Wahl, J. Chromatogr. B, 2004, 813: 53

[31] Chang Wang, Hongwei Kong, Yufeng Guan, Jun Yang, Jianren Gu, Shengli Yang, Guowang Xu. Anal. Chem., 2005, 77: 4108

[32] Lewen Jia, Chang Wang, Hongwei Kong, Zongwei Cai, Guowang Xu. Metabolomics, 2006, 2: 95
[33] Noguchi Y, Sakai R, Kimura T. J. Nutr., 2003, 133: 2097S.
[34] Lee W N, Go V L. J. Nutr., 2005, 135: 3027S
[35] Brindle J T, Antti H, Holmes E, Tranter G, Nicholson J K, Bethell H W, Clarke S, Schofield P M, McKilligin E, Mosedale D E, Grainger D J. Nat. Med., 2002, 8 (12): 1439
[36] Yan S K, Wei B J, Lin Z Y, Yang Y, Zhou Z T, Zhang W D. Oral. Oncol., 2007 Oct 11; [Epub ahead of print]
[37] Marchesi J R, Holmes E, Khan F, Kochhar S, Scanlan P, Shanahan F, Wilson I D, Wang Y. J. Proteome Res., 2007, 6 (2): 546
[38] Clayton T A, Lindon J C, Cloarec O, Antti H, Charuel C, Hanton G, Provost J P, Le Net J L, Baker D, Walley R J, Everett J R, Nicholson J K,. Nature, 2006, 440: 1073

第 13 章　代谢组学与药物研究

医药科学研究的是疾病的发生发展及如何治疗，一般而言引起机能紊乱的内外因素可以通过 3 个层面来影响机体，作用于基因、作用于蛋白质或直接参与机体的生化代谢，不论通过何种途径，最终这一影响会通过内源性代谢物的相对比例、浓度表现出来。代谢组学因为可以精确而全面地测定这些变化而在医药科学领域内有广阔的应用。本章介绍的是代谢组学在药物研究开发中的应用现状、特点及前景。

13.1　药物开发现状

药学科学研究的最终目的是不断开发出用于疾病诊断、预防及治疗的药物。新的疾病不断发生，现有的许多疾病也远未能达到彻底治疗，人们为了健康的生活，迫切期待更为安全有效的新药。近 20 年，生命科学的迅速发展也使人们对于预防和治疗严重疾病充满了希望。然而，药物研发的效率却未能如人所愿，药物研发费用逐年递增，研发周期不断延长，与此同时投放到市场上的新药却呈现减少的趋势。以美国为例，1993～2003 年 10 年中，制药工业及美国国立卫生研究院（National Institutes of Health，NIH）投入研发的费用在成倍的增长，然而，新药研发成功率却是呈下降的趋势（图 13-1）[1]。

目前研发成功一个新药投入市场所需的费用数以亿计，成为药物开发的巨大障碍，如此高昂的费用也使得制药行业期望得到高额的市场回报。制药行业将更多的注意力集中在开发治疗常见病和多发病的药物，许多罕见病种用药、个体化医疗用药及公共卫生用药未能得到应有的重视。高昂的研发费用也是导致医疗费用上涨的原因之一。

药物研发似乎走入了一个困境，投入越来越大，但却越来越不能满足需求。客观来说，随着对生命科学的认识不断加深，对药物的有效性与安全性的要求越来越高，相应的药品管理法规也越来越严格。临床前与临床试验项目内容增加，范围扩大，监测手段的提高，对开发新药进行广泛的比较试验等，使开发时间明显延长，既推迟了新药上市时间，又增加了开支。但这并不是造成药物研发困境的根本原因，根本原因还是在于现有的药物研发方法未能充分及时地对新药进行评估。开发一个新药，自始至终要经过：基础研究（包括疾病流行趋势、市场需求、技术水平现状等基本情况调查）；开发项目立题论证、确定立项研究，开展包括筛选、合成、提取、发酵等创新药物的研究；创新药物理化性质及其化学结构的研究；临床前研究（动物筛选试验，发现候选化合物，开展包括药效药理、一般药理、一般毒性、特殊毒性、代谢、工艺与制剂研究等）；临床研究；申请承认许可，新药上市（图 13-2）。至此，漫长而多风险的过程宣告完成。

为了提高药物研发的效率，制药工业采用了包括组合化学和高通量筛选的方法，但即使是这样研发效率的提高还是很有限。一旦新药在临床试验阶段或进入市场后才发现有难以容忍的缺陷，造成的损失将是巨大的。目前使用的药物开发方法的主要缺点是不

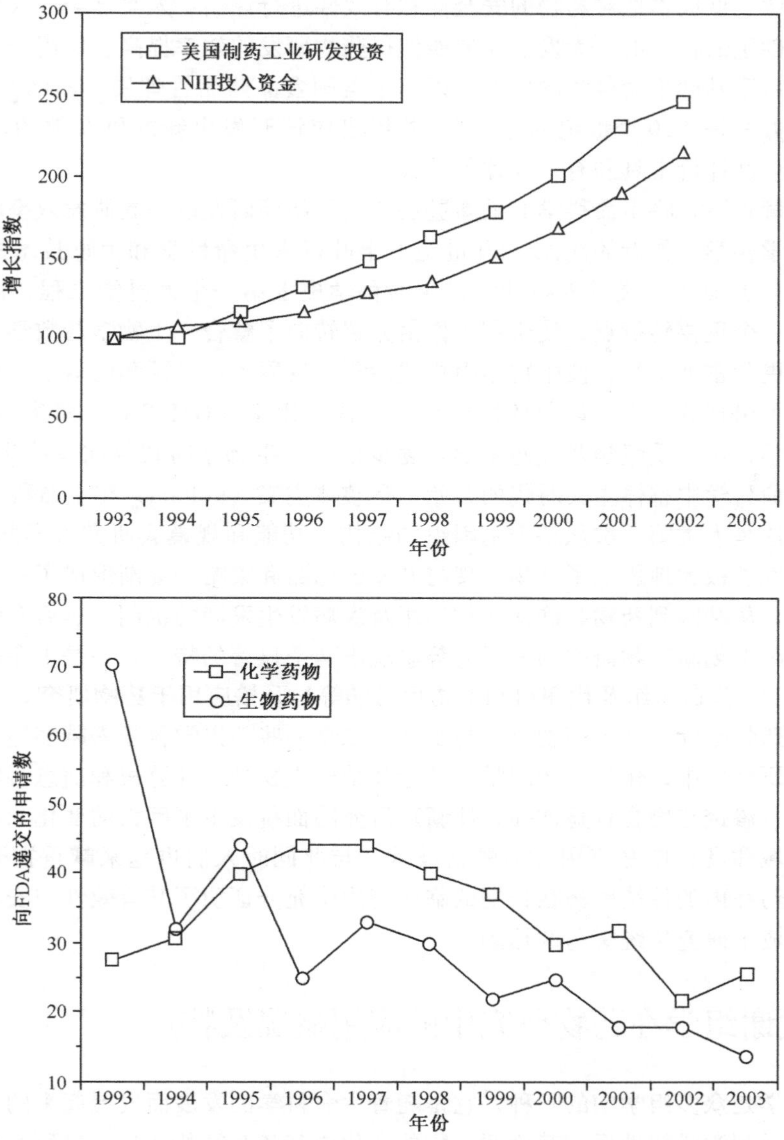

图 13-1　1993～2003 年美国药物研发投入资金及申请上市新药数量变化趋势图[1]

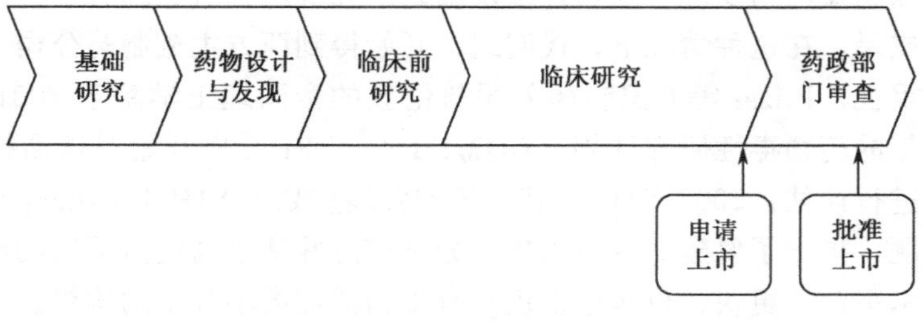

图 13-2　药物开发的一般程序

能快速、有效、低成本地对药物的安全性和有效性进行评估。人类已经进入后基因组时代，但是基础生命科学的巨大发展还未能使得药物研发的效率提高、费用降低。药物研究的方法滞后于基础生命科学的发展，以至于美国食品药品管理局（FDA）[1]认为现有的药物研究方法是“20个世纪的方法”，并提出应该开发出新的更有效的药物评价工具，包括安全性评价工具和有效性评价工具。

在这种背景下，将生命科学的最新进展应用于新药研发以提高研发效率降低研发费用引起了药学科学工作者的注意。20世纪下半叶以来生命科学和生物技术的发展日新月异，1990年启动的人类基因组计划是生命科学史上第一个大科学工程，该计划是生物学发展的一个重要转折点，使研究工作由分解转向了整合。生物学与数学、物理、计算机科学将更紧密地交叉，使生物学由描述性科学发展为定量预测的科学。在人类基因组计划带动下出现的一系列以整体性研究为特征的组学（OMICS），如功能基因组学、结构基因组学、蛋白质组学及代谢组学，逐步把分子生物学时代推向系统生物学时代，这标志着生命科学中整体主义时代的开始，是整体主义（holism）在生命科学研究中的重要体现。这是人类第一次从整个基因组的结构、功能和规模去研究人类的全部基因。生命科学的发展极大地影响了药物发现与开发的思路和策略，逐渐形成了一种崭新的药物研究模式，从基因到药物，确证药物作用及疾病发生发展的机制，然后有的放矢地寻找新药。国际上创新药物研究的发展趋势呈现出两个显著的特点：一是生命科学前沿技术（如基因组、蛋白质组及代谢组和生物信息学等）开始应用于药物研究，紧密结合以发现和验证药物靶标、评价药物疗效与毒性；二是一些新兴学科越来越多地参与到新药发现和前期研究之中，化学、物理学、理论和结构生物学、计算机和信息科学等与药物研究的交叉、渗透与融合日益加强，使新药研究的面貌发生了巨大的变化，出现了一些新的研究领域和具有良好应用价值的新技术。与此同时人们也越来越重视开发传统医药，包括中药在内的传统医药在长期的临床应用中充分证明了其有效性与安全性，在全球范围内形成了研究传统医药的热潮。

13.2 代谢组学在药物研究中的应用概况及特点

代谢组学是众多组学中的一种，它是随着生命科学的发展而发展起来的，是通过考察生物体系受刺激或扰动后，其代谢产物的变化或其随时间的变化，来研究生物体系的一门科学[2]；代谢组学的重要应用领域之一就是药物研究。近年来，这方面的进展相当迅速，应用范围涵盖药物发现、药物开发及临床研究等药物研究的各个方面，并取得了一系列的研究成果，在这种情况下，代谢组学开始得到西方主流制药公司、药政管理部门及学术界的重视，Pfizer等6家制药公司与伦敦的帝国理工学院于2001年1月启动了一个为期3年的药物毒性研究计划（COMET）[3]，FDA也开始对这项技术在药物研发方面的应用进行评估；2003 NIH在其中长期发展规划（NIH Roadmap）中，专门设立代谢组学专题，提出了要建立专门收集小分子信息并从事高通量筛选的研究中心，发展代谢组学技术平台，更快、更多地发现具有生物活性的小分子的构想。

代谢组学能在药物研究领域取得如此重要的地位是与这门技术的特点分不开的。生命是一个完整的系统，在这一系统中，各种生物分子（基因、蛋白质及代谢物）的相互作用、相互关联使生命过程得以正常运转，保持一种动态平衡，即自稳态。一旦这一复杂体系中的某一部分的平衡偏离了自稳态，就会表现为疾病。安全有效的药物能将出现的偏移回复到自稳态，同时对生命体其他部分的功能影响最小。基因组学、蛋白质组学及代谢组学在不同的层面上研究着生命现象，并都在药物研究领域有着广泛的应用。与基因组学和蛋白质组学相比较，代谢组学有着一些独特的优点。

对一个完整的生命体来说，外源或内源的刺激都会使生命体产生相应的反应，首先使相关的功能基因产生表达，然后是一系列的细胞信号转导及蛋白质合成改变，最终生命体的新陈代谢发生变化。这一系列的过程在时间和空间上相互关联而又有着显著的区别。基因、蛋白质及代谢物都是随时间在动态变化。对于代谢物而言，测定生命体受扰动后其代谢物水平随时间变化的模式是非常重要的，因为新陈代谢网络中，代谢流量的变化是非常迅速的，即使在动态平衡时，认为代谢物的含量是一个固定值也是一种误解。对于转录组和蛋白质组而言，甚至于酵母[4]和细菌[5]这样的单细胞生物其 mRNA 的转录水平与相应的蛋白质表达水平的相关性也是欠佳的。事实上，由于许多基因表达和蛋白质合成是非线性的关系，在生命体受到扰动后的某个单一时间点来考察转录组与蛋白质组数据的相关性也许是不合适的。对于多细胞的生物体，情况则更为复杂，更难以预测。因此，采用转录组与蛋白质组来研究机体对药物的响应时，选择合适的时间窗口是非常重要的。代谢组学的一个重要的潜在用途就是有利于确定蛋白质组学和基因组学研究的时间窗口，以便于观测到生物过程的变化和预测生物功能。以药物毒性的研究为例（图 13-3），单剂量毒性可逆的药物引起的生物体的扰动模式是随着时间在变化的，如果以理想化的曲线来表示这种变化，可以观察到首先是上升然后是回复自稳态的一个趋势线，扰动后基因的表达水平、蛋白质及代谢物的量取决于测定的时间。

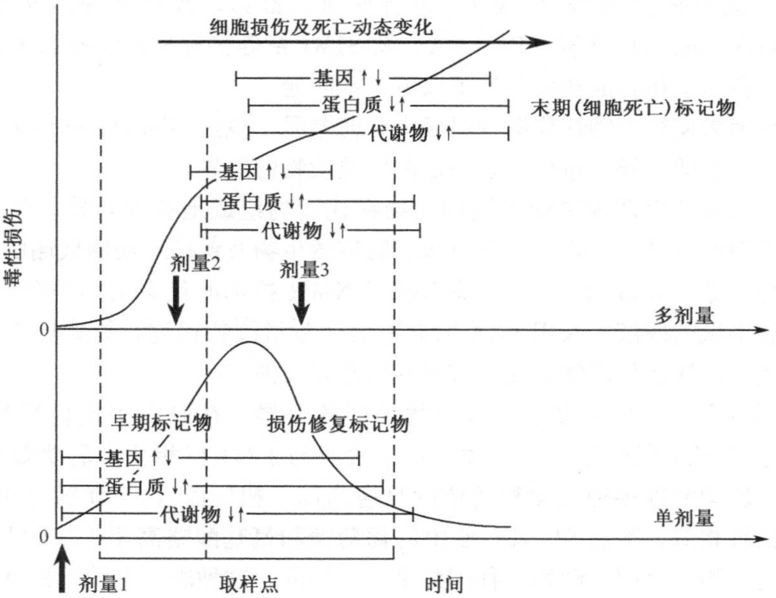

图 13-3　药物毒性引起生命体基因、蛋白质及代谢物变化示意图

如果给药较长时间后测定生物体的变化，这时得到的显著变化的生物标志物很可能

是细胞修复或机体回复自稳态时的标志物。对于多次给药而言，由于毒性效应的累加，生命体不能回复自稳态，曲线呈现不断上升的趋势，在这时观测到的就是有关细胞死亡的生物标志物。可见时间窗口的选取对于生命现象的研究非常重要。然而，对于基因组和蛋白质组研究而言，实验样本通常采用的是组织样本，取样方式是侵入性的，破坏性比较大，难以实现从同一个生物体进行连续的取样观测。而代谢组学研究使用的样本通常是体液，如尿液和血液，可以实现无损的连续取样，可以观察诸多内源型代谢物的动态变化。

当然，代谢组学还有许多特点，如代谢组学更接近于表型、技术的通用性及长期积累的有关代谢通路的知识有助于结果的阐明，这些在本书相关章节会有详细的介绍，在这里不再赘述。

13.3 代谢组学在动物模型评估方面的应用

在药物研究中大量使用各种实验动物研究药物的毒性、药效及疾病的机制。对实验动物本身的研究是代谢组学研究的一个重要领域。

生理和环境等诸多因素都会对生物体内代谢物的含量及相对组成产生影响，并会在血液和尿液等体液中得到反映。这些变化包括比较明显的变化，如动物在摄食后会有一些食物成分的代谢产物出现在体液中，更多的是体液中多种内源性代谢物含量相对细微的改变，这种细微变化的幅度取决于动物的生理状态。很明显，在研究药物对动物新陈代谢的影响时，首先要排除动物本身生理上的变化和环境因素的影响。同时，不同种系的实验动物本身差异也是需要考虑的。这方面的研究进行的比较多，采用的样本多为尿液，技术平台既有核磁共振（NMR）也有质谱（MS），数据处理涉及主成分分析（PCA）、偏最小二乘判别分析（PLS-DA）及 SIMCA 等多种模式识别技术。通过代谢组学的方法，科学工作者成功的回答了以下一些问题。

(1) 遗传因素使得生物在代谢物组成上有何差异，包括不同物种间的差异、遗传背景不同的同类动物的差异、遗传背景相近的同类动物的差异。

(2) 环境因素和生理因素使得同种动物在代谢物组成上有何差异，包括性别的差异、生长发育期的差异、食物、生理节律、肠道微生物及疾病对动物代谢的影响。

对于遗传因素，Robertson 等[6]采用基于 NMR 技术的代谢组学平台研究了人类、家兔、大鼠和小鼠的尿液，采用 PCA 的方法对代谢指纹数据进行模式识别处理，研究表明不同种生物的尿液代谢物组成具有明显的差异（图 13-4）。

Holmes 等[7,8]进一步考察了实验动物种间的差异，在研究中他们采用 SD 大鼠、F344 鼠及非洲多乳头鼠的尿液为样本，结果表明与 F344 鼠相比多乳头鼠尿液中甘氨酸、肌氨酸、琥珀酸等多种代谢物的浓度显著增高。相比而言，SD 鼠与 F344 鼠的尿液代谢指纹比较相似，不过 SD 鼠尿液中的葡萄糖和氨基酸略高于 F344 鼠。代谢组学研究表明不同动物乃至同类动物的种间都是有差异的，这种表型上的差异有可能反映出遗传基因的差异，并有助于了解基因的功能。

更进一步的研究表明，即使是遗传和新陈代谢非常相似的动物，其尿液代谢指纹也还是会有区别的[13]。Han Wistar（HW）和 SD strains 是两种在药物研究中经常用于毒

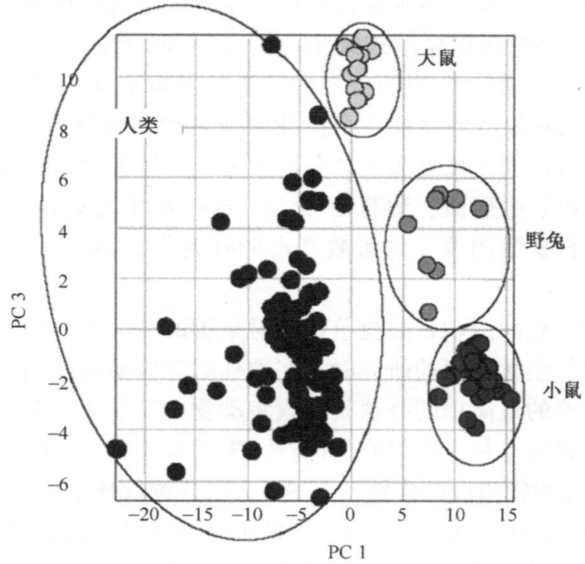

图 13-4 采用 PCA 模式识别方法区分人类及不同种类的动物[6]

性评估的遗传和代谢上非常相似的动物，虽然如此，两者的 NMR 指纹经过 PCA 分析，依然能够得到部分的分离；采用有监督的（SIMCA）方法，预测准确率可以达到 86%，比较两者的 NMR 谱图可以发现，HW 鼠尿液中乙酸、乳酸及牛磺酸含量较高，SD 鼠中马尿酸含量较高。进一步采用基于神经元网络的模式识别方法对代谢指纹数据进行分析，可以将两组实验动物完全区分。

食物和生长环境也会对尿液中代谢物的组成产生影响。野生的三种哺乳动物岸鼠（bank vole)、地鼠（shrew）和木鼠（wood mouse）的食物是有区别的，采用 NMR 技术得到三者的尿液代谢物指纹图谱，并且与常用的实验动物 SD 大鼠相比较，四组动物之间存在显著的区别。例如，岸鼠的尿液相对于 SD 鼠含有更高浓度的芳香族氨基酸和相对低的马尿酸。这项研究还表明，实验用 SD 大鼠由于具有相同的遗传背景和严格控制的饲养条件，个体差异比较小[9]。类似的研究也表明[10,11]食物和肠道菌群的改变会使尿中马尿酸和绿原酸发生相应的变化。更早的研究表明，喂食酪蛋白和喂食标准饲料（chow diets）的大鼠尿中马尿酸、琥珀酸、柠檬酸、氧化三甲胺、甜菜碱及牛磺酸等代谢物都会有相应的变化[12]。

雄性和雌性动物由于激素种类和激素水平上的差异会使得两者在新陈代谢方面表现出不同。Plumb 等采用 LC-MS 的技术研究了 AlpK：Apf CD 鼠和 57BL107 鼠的尿液，对这两种种系的实验动物采用 PCA 的模式识别方法均能对雄性和雌性样本得到很好的分类[16]。

不同生长发育时期的动物会具有不同的代谢模式。对鼠类实验动物而言，尿中芳香族类物质、柠檬酸及牛磺酸等物质会随着动物年龄的改变而变化。对于幼鼠（<1 月），尿中排泄的甜菜碱和氧化三甲胺（trimethylamine-*N*-oxide）要显著高于老龄鼠。对 NMR 数据采用 PCA 的模式识别方法也可以将 8 周龄鼠和 13 周龄鼠样本清楚地进行区分[6,10,12]。

雌性动物的生理周期的变化会使新陈代谢产生扰动，这种扰动也可以通过代谢组学的方法体现出来。雌性 SD 大鼠尿液连续 10 天，每天取样 2 次，结果表明雌性大鼠每 3～4 天为一个发情周期，在一个周期内先后经历了发情前期、发情起、后情期及间情期。采用 NMR 的方法对发情周期的各个阶段的尿液代谢物进行分析，并采用 PCA 的方法进行分类，各阶段的样本能够得到部分的区分，发生变化的代谢物包括柠檬酸、氧化三甲胺、肌酸、肌酐、牛磺酸、葡萄糖等[17]。这一结果与以前的研究是一致的，更早一些的研究表明，柠檬酸的改变与雌激素水平有关[18]，氧化三甲胺与三甲胺的比值与月经有关[19]。

鼠类动物的习性是夜间活动，昼夜节律会对鼠类的活动产生影响。在使用鼠类动物进行毒性研究或者其他生化方面的研究时，在取样时应该要考虑到这种影响。避免昼夜节律对分析结果的影响的最简单的办法就是收集动物 24h 尿液。昼夜节律对动物代谢物组成究竟会产生何种影响也是人们关心的问题。采用基于 NMR 技术的方法，考察昼夜节律对 SD 大鼠尿液代谢物组成的影响。对 SD 大鼠连续取样 10 天，分别收集日间尿样（6 点至 18 点）和夜间尿样（18 点至 6 点）。采用 PCA 的模式识别方法可以很容易地将两类样本进行区分。相对夜间尿样，日间尿样中牛磺酸、马尿酸和肌酐的量较低，而葡萄糖、琥珀酸、二甲基甘氨酸、甘氨酸、肌酸和甜菜碱的量较高[17,20]。对于 HW 大鼠也得到了类似的结果[21]。类似的研究还包括采用 NMR 和 MS 方法来研究 AlpK：Apf CD 鼠和 C57BL107 鼠尿液代谢物昼夜节律的变化[16,22]。

肠道菌群对药物的吸收、代谢和转化有着重要的影响，同时肠道菌群的失调也与许多种疾病有关。肠道菌群对尿液中代谢物的影响也是代谢组学感兴趣的方面之一。将无菌动物从无菌的环境中取出，暴露于“正常”的环境中，在这一过程中，环境中的微生物会进入无菌动物体内并繁殖，观察尿液代谢物随这一过程的变化是一项有趣的工作[23]。在最初的 17 天可以观测到尿中葡萄糖增高，与三羧酸循环有关的代谢物降低，同时氧化三甲胺、马尿酸、苯乙尿酸和间羟苯基丙酸增加。在第 21 天，尿中代谢物的指纹图谱与正常动物的谱图相似。这种尿液代谢物的变化反映了肠道微生物的增殖及再分布的过程。这项研究有助于识别给药后动物尿液哪些代谢物的变化有可能是由肠道菌群引起的，以便观测到真正由药物引起的变化。

通过使用 NMR 技术，并结合模式识别的数据处理方法，代谢组学也可用于疾病动物模型的研究，通过与正常动物的代谢指纹图谱比较可以知道疾病模型动物的代谢物的变化。这对于了解疾病机制是有益的。杜氏营养不良的疾病动物模型是 mdx 鼠，对于这种动物模型采用魔角旋转核磁共振（MAS NMR）技术得到的心脏和脑组织的代谢物指纹图谱与正常鼠的代谢指纹图谱通过 PCA 的方法可以得到区分。观察表明两者的差别在于肌氨酸、磷酸胆碱与牛磺酸之间的相对浓度的变化。在疾病动物模型中，牛磺酸的含量增高。牛磺酸含量增高也曾报道为骨骼肌营养障碍的生物标志物，并认为这种标志物是生物体对营养不良的一种适应性反应。进一步采用 1-D 和 2-D 高分辨 MAS NMR 进行测定，表明脂类物质有变化，同时乳酸和苏氨酸也有增高[14,15]。

13.4 代谢组学在药物安全性研究中的应用

13.4.1 代谢组学在药物毒性研究中的应用概况及其特点

在药物研究中，药物的毒性是一个非常重要的研究内容，然而因为安全性问题而被淘汰的候选药物占相当大的比例，使得新药安全性评价工作越来越重要。传统的药物安全性评价方法是基于实验动物对药物的反应，然后评估药物对人类的毒性。这种评价手段还存在着许多固有缺点，如毒性反应的种属差异；动物数量有限，对发生率低的毒性反应灵敏性差等问题。在药物毒性研究方面，基因组学和蛋白质组学都有应用，但是都很难与传统意义上的毒理学及疾病的终端效应联系起来。

当毒性物质与细胞或组织发生作用时，毒性效应会扰乱生物体内许多代谢通路中的一些关键的生化反应，使得内源性代谢物的浓度、流量及相互之间的比例发生变化。在毒性效应比较弱的时候，组织或细胞试图维持其自稳态，通过调节体液中代谢物的组成来对新陈代谢进行控制。在毒性效应比较强的时候，细胞的死亡导致器官功能障碍，细胞中代谢物的泄漏使得体液中代谢物的变化更为显著。因此，无论对强毒性还是弱毒性，体液中代谢物都会显示出与特定器官和特定机制有关的变化。

代谢组学能够灵敏而全面地测定给药后生物体内源性代谢物对药物的反应，从而给出生物体对药物毒性的整体信息，能够系统的研究毒性与体内代谢物组成的关系，有利于全面认识和评价药物的价值和开发前景并发现新的生物标志物。采用代谢组学的方法进行药物毒性研究具有非常重要的实用价值。

简单来说，采用代谢组学的方法研究药物安全性就是采用各种分析平台（包括NMR、GC-MS、LC-MS等）得到内源性代谢物指纹图谱，并从谱图差异中得到药物对特定靶部位的损伤信息，研究毒性机制，进而对毒性未知的候选新药的毒性靶部位和毒性机制进行预测，加快药物开发的步伐。

早在19世纪80年代末科学工作者就开始采用代谢组学的方法来研究药物的安全性。当然，在当时代谢组学这一概念还没有被提出，但研究者的理念和所使用的方法即是我们现在所称的代谢组学。Gartland等首次试图采用NMR技术获取尿液中代谢物的指纹图谱并结合模式识别的方法来对化合物毒性进行研究[24,25]。采用NMR图谱中17个预设的内源性代谢物的信号强度构建成多维数据集，并采用模式识别的方法进行降维和分类。采用的模式识别的方法是无监督分级聚类、非线性映射及PCA。采用这种方法成功地对不同类型的毒性物质（肝毒性物质、肾皮层毒性物质及肾乳突毒性物质）进行了分类。进而又进行了更为精细的研究，包括给予实验大鼠6种不同的肾毒性物质，并在给药后3个不同的时间收集大鼠尿液进行NMR的分析。将这一包含时间维的数据进行分析，能够很好地将6种不同肾毒性物质进行分类。同时也对给药剂量、动物营养状态、性别差异等多种因素对分类的影响进行了考察。

上述的这种方法经过改进，用于15种具有肾皮层或肾髓质毒性的化合物所引起的生化效应[25]。H-NMR谱中16种尿中代谢物的信号强度分别代表几种主要生化途径的重要中间产物。将NMR给出的信息进行模式识别能够很好地将肾皮层毒性和肾髓质毒性进行区分。近一步将临床化学的数据与 NMR 的数据结合进行模式识别，发现仅仅基于 NMR 的数据就已经能够得到很好的分类，加入临床化学的数据并不能提高分类的效果[26]。药物的毒性是随着时间发生发展的，是一个动态的变化过程。仅仅考察给药后某一时间点的生化改变是不够的。在这种情况下，代谢轨迹（metabolic trajectory）这一概念被提出来了，代谢轨迹是指新陈代谢发生扰动后内源性代谢物组成在多维空间中随时间的变化曲线。下面是一个代谢轨迹的应用范例[27]。

$HgCl_2$和 2-溴乙胺（BEA）都是肾毒性物质，前者具有肾近曲小管毒性，后者具有肾髓质毒性。将两者给药诱导肾毒性。收集连续 9 天的尿液，并用 NMR 来分析尿中的代谢物以研究毒性化合物对动物生化过程的影响。从代谢轨迹可以看到由毒性所引起的损伤的发生、发展及恢复整个过程。不同毒性化合物引起的损伤具有不同的轨迹，对$HgCl_2$来说，毒性发生发展的曲线与毒性消退后的曲线具有相似性，而 BEA 产生的代谢轨迹中毒性发生与毒性消退曲线差异比较大，这表明两者在毒性损伤机制上是不同的。$HgCl_2$是一种损伤机制单一并且损伤可逆的毒物，而对于 BEA，这种毒性化合物可以造成两种不同类型的损伤。开始是对线粒体的毒性作用，然后是破坏肾乳突改变肾脏的渗透性，因此毒性消退后的回归曲线较为复杂。代谢轨迹也被应用于肝毒性化合物 α-萘异硫氰酸酯（ANIT）、半乳糖胺（GalN）和丁羟甲苯（butylated hydroxytoluene，BHT）的研究中[28]。尿液样本的 NMR 图谱表明，对每一种肝毒性化合物引起的损伤，尿中代谢物随时间的变化都各具特点。将代谢轨迹降维并投影在二维图上，各种毒性化合物都有各自的代谢轨迹，毒性损伤开始发生时代谢轨迹是向远离对照组的方向变化，距离对照组越远表明损伤越严重。到达最远点后，代谢轨迹开始向对照组的方向回复，表明毒性效应开始消退，细胞进入修复期（图 13-5）。在每个时间点显著变化的尿液代谢物可以用来区分不同类型的肝损伤。这种非侵入性的方法不仅可以用于研究肝损伤的机制还可以用来发现新的肝损伤的标志物以用于药物开发中安全性的评价。

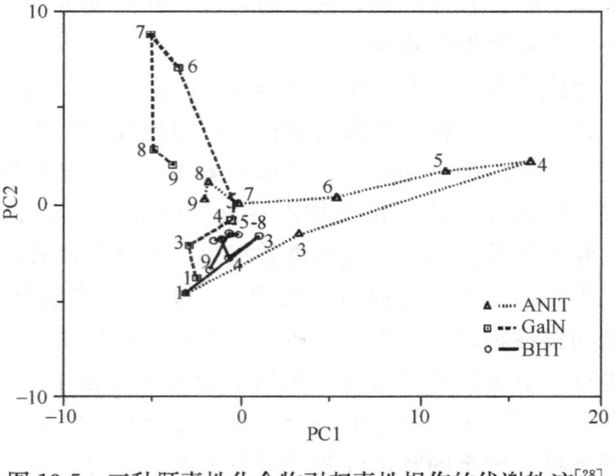

图 13-5　三种肝毒性化合物引起毒性损伤的代谢轨迹[28]

尿液和血液样本易于得到，并可以取得损伤随时间变化的趋势。如果与毒性作用靶器官的原位代谢物的变化相联系更能够深入阐明毒性的发生发展及机制。在这方面，采用基于魔角技术的 NMR（MAS-NMR）可以对损伤的肝肾等器官代谢的变化进行研究[29~31]，进而可以将组织和体液的相关代谢组学信息结合起来，更有助于阐明毒性损伤的过程和机制。对扑热息痛造成的大鼠肝损伤动物模型的肝组织、血浆及肝组织提取液分别采用 MAS NMR 和 H-NMR 获取代谢组学的数据，并采用模式识别的方法进行数据分析。高剂量动物组肝组织及肝组织提取物中甘油三酯和单不饱和脂肪酸增加，同时多不饱和脂肪酸降低，这表明线粒体功能障碍并伴随着过氧化物酶活性的代偿性增高。另外，肝组织中磷脂的降低表明毒性效应可能会抑制相关磷脂的合成酶。同时观察到的现象还包括组织中葡萄糖、肝糖原的降低及组织提取液中乳酸、丙氨酸的升高和葡萄糖的降低。血浆样本显示，葡萄糖、乙酸、丙酮酸和乳酸增高。这些数据都表明，糖酵解反应速率的加快。同时，数据也表明线粒体由于功能障碍在三羧酸循环中不能利用丙酮酸及脂肪酸β氧化过程出现障碍。

对于药物研究而言，对已知毒性化合物通过代谢组学的方法对其造成的机体损伤机制进行研究，并通过损伤造成的代谢改变对毒性药物进行分类是很重要的。但更能促进新药研发进程的是能够对新发现的候选药物的毒性进行预测。代谢组学在毒性预测方面已经展开并取得了很大的进展。在药物肝脏和肾脏毒性预测中，给予雄性大鼠能够引起特定器官（肝或肾）毒性的化合物，收集尿液并使用 NMR 技术得到尿液代谢物的指纹图谱。给药后 24h、24～32h 和 32～56h 的数据采用 PCA 分析。此外，对于阿霉素和嘌呤霉素 120～144h 的尿样也被收集，因为这两种药物会引起滞后的肾毒性。通过前 3 个主成分可以得到不同毒性化合物的聚类模式，将一部分数据用于构建 SIMCA 模型，并利用剩余的数据对模型进行检验。在 61 个样本中，仅有 3 个样本归类错误[32,33]。有监督模式识别方法在药物毒性预测应用的发展也比较快。对大鼠给予不同剂量的能够引起肝、肾或者睾丸毒性的化合物，采用 NMR 的方法得到尿液代谢物的数据，并用神经元网络对数据进行分析[34]。化合物毒性引起的 18 种内源性小分子代谢物的变化输入人工神经元网络，仅依靠这种非常有限的数据集，神经元网络能够预测化合物的毒性靶器官。神经元网络的使用被进一步扩展，对大鼠给予 13 种具有肝或肾毒性的化合物，采用 NMR 的方法得到不同时间尿液代谢物的指纹图谱[35]。将谱图数据进行简化后采用随机神经元网络（probabilistic neural network，PNN）的方法进行分析，构建了一个具有 1310 张谱图的数据库，583 张用作训练集，727 张用来检验数学模型。采用 PNN 的方法，对照组动物和 4 种毒性组动物（肝、肾、肝肾混合及线粒体）之间的区分度高于 90%，采用常规的多层神经元网络能够得到类似的结果，不过分类的准确度要低一些。

对于大样本量的研究还需要发展新的化学计量学的方法以完成数据的保存和比较的任务。CLOUDS（classification of unknown by density superposition）是一种由随机神经元网络发展的归类方法[36]。采用 19 组动物连续 8 天尿样的 NMR 数据可以构建一个含有 2844 个样本，每个样本含有 205 个光谱变量的数据集。首先对光谱数据进行预处理，即归一化排除尿液浓度的干扰，将非内源性代谢物（约占整个谱图数据的 0.4%）从谱图中去除并以缺省值替代。按照药物毒性的靶器官对数据建立模型，50%的数据用作训练集，其余数据用于检验模型。结果显示 90%的样本归类正确。这表明 CLOUDS 技术有利于复杂多维变量的建模，采用一种概率而不是一种绝对的分类方法来描述数据。

数学模型的成功应用使得安全性评价的专家系统成为关注的重点之一。基于有监督模式判别的专家系统可以在几个层次上得到应用，第一层次是专家系统能够判别一个样本是否是“正常”的样本，也就是说由于毒性效应、疾病、饮食及基因改变造成代谢改变的样本应该能够与对照样本得到较好的区分，专家系统可以自动识别异常样本并判别是何种因素引起样本的异常；第二个层次是专家系统能够对毒性进行判别归类，对于与对照动物不同的样本采用一系列的数学模型与已知毒性化合物进行对比，对新药毒性靶器官、毒性机制进行预测；第三个层次是生物标志物的发现，能够筛选出与毒性或功能障碍相关的代谢物。

代谢组学数据与转录组学数据的整合也在发展着[37]。用扑热息痛对大鼠给药造成肝损伤的模型，采用基因阵列芯片技术获取肝组织转录组数据，并采用 NMR 技术获取肝组织、肝提取物及血浆的代谢组学数据。两组数据经过整合，从代谢通路的角度来研究肝毒性引起的能量代谢的改变。代谢组学数据表明，在肝组织中葡萄糖和肝糖原含量降低，脂类物质含量增高；在血浆中葡萄糖、丙酮酸、乙酸及乳酸增高；在肝组织提取物中丙氨酸和乳酸增高。这一研究结果表明糖酵解速率的增加。代谢组学的数据是与转录组学的数据相一致的，在转录组数据中与脂类和能量代谢相关基因的表达也发生了显著的变化。研究结果表明，这两种互补技术的结合可以更全面地认识细胞、组织对于毒性化合物的应答。

13.4.2 COMET 计划介绍

代谢组学的不断发展及在药物安全性研究中的不断成熟，引起西方主流的大制药公司的重视。在 1999 年 1 月，相关的制药公司与英国帝国理工学院建立了一个筹划指导委员会对代谢组学在药物安全性方面的应用进行评估。在 2001 年 1 月，6 家制药公司（Bristol-Myers-Squibb、Eli Lilly and Co.、Hoffman-La Roche、NovoNordisk、Pfizer Incorporated 和 Pharmacia Corporation）与英国帝国理工学院共同组建了毒物代谢组学研究小组（consortium for metabonomic toxicology，COMET）开始了一个为期 3 年的详细的研究计划。这也标志着采用代谢组学研究药物安全性得到制药工业界的认可，并走出实验室向着实用性方面迈进[3]。以下对这一研究计划的目标、采用的方法做一介绍。

13.4.2.1 COMET 计划的主要目标

主要目标：①采用 H-NMR 技术对实验动物的尿液、血清和组织中代谢物在正常生理情况下的变化进行详细的多维描述；②建立毒性化合物引起肝肾损伤后，实验动物体液和组织代谢产物的 NMR 谱图数据库；③采用化学计量学方法对谱图数据进行处理，建立毒性预测的专家系统；④找寻与毒性相关的各类组合生物标志物；⑤通过对有毒和无毒类似物的分类，测试所建立的专家系统。

研究小组首先采用雄性鼠类动物的尿液和血清来构建 NMR 图谱数据库，样本均采用 NMR 进行分析。组织样本也被采集并建立谱库，以作为后续建立更全面数据库的基础。整个研究计划需要研究约 150 种化合物。对体液和组织的 NMR 分析及数据的模式识别首先在帝国理工学院进行，研究方法和研究结果将逐步提交给其他合作伙伴，并对合作伙伴进行必要的应用培训。

13.4.2.2 COMET 计划的实验方法

1. 动物实验和样品采集

所有的动物实验均符合有关法律和法规的要求。组织病理学检查数据和临床化学数据也被采集并收入数据库。实验动物随机分为对照组、低剂量组及高剂量组，每组有 10 只 Sprague-Dawley 大鼠或者 8 只 B6C3F 鼠。实验动物可以自由进食和饮水。

给药 48h 后各组中半数动物被处死，给药 168h 后剩余动物也被处死。尽可能采用生理盐水和玉米油作为药物的溶剂。高剂量组动物给予的剂量是指单剂量给药能够产生明显的毒性效应；低剂量组是指给予能够产生毒性效应的阈值剂量。

动物实验的数据和尿液样提交给帝国理工学院。血液样本在给药 24h、48h 和 168h 通过动物尾静脉抽取、离心得到血清样本并测定有关临床化学参数。剩余血清样本保存于－70℃以备 NMR 分析，尿液样本在－2～2℃收集并加入叠氮化钠防腐，尿样采集后置于－70℃保存。动物组织样本保存于 10%的甲醛溶液中。用于 MAS NMR 分析的组织样品采用液氮速冻并保存于－70℃。其余样品经处理后切片做组织学检查。

2. 样本制备和 NMR 分析

尿液分析使用的分析仪器为 600MHz NMR，组织样本采用基于 MAS 技术的 400MHz 或 600MHz NMR。大鼠和小鼠尿液样本采用自动化的样品制备系统以确保样品制备的一致性。尿液样本与缓冲液混合均匀后，取样约 500μl 用于 NMR 分析，在分析中采用脉冲序列抑制水峰，每个样品的分析时间约为 4min。对于血清样本，测定 4 种不同类型的 NMR 谱，即水峰抑制谱、自旋-回波谱、二维相关谱及扩散-编辑谱(diffusion-edited spectrum)。

3. 数据结果及相关问题的讨论

显然，COMET 计划要取得成功在计划实施前期就应该充分考虑到研究过程中有可能出现的问题及其解决方案，确保各实验室实验操作程序的标准化。

首先是化合物的选择，需要具有特定毒性并且毒性重现性良好，化合物所造成的损伤可以得到毒理学和病理学的解释。参与研究的各部门采用优化的标准操作程序，并充分考虑到实验动物种系、食物、环境、昼夜节律等多种因素的影响。同时也应考虑到药物及其可能代谢物出现在体液中的可能性。通过这些方法使不同部门的动物实验和采样具有较高的一致性。

对于这种多方参与的研究，样品分析技术的重复性也是非常重要的。NMR 技术是 COMET 计划中使用的分析平台，这种技术具有较高的准确度、精密度和重复性。为取得良好的重复性，样品制备方法也经过了精心的设计。例如，为降低由于 pH 引起的化学位移的偏差，样品采用强缓冲溶液稀释以确保 pH 的稳定性。另外，尿液中需添加叠氮化钠以防止微生物的污染。NMR 谱图中会出现药物或药物代谢物的谱峰，为避免这些峰对模式识别的影响，药物及其代谢物的峰在进行模式识别前应从谱图中去除。因此需要建立能够自动从大量谱图中将药物及其代谢物从谱图中去除的方法。如果仅仅研究少数几个药物并且其相关的代谢物比较少时，可以简单地将相关的化学位移区域从数据集中去除。然而，一旦需要研究的药物数量庞大并且相关代谢物比较多的时候，就会发现几乎在所有的化学位移处都有药物及其代谢物的峰，这时通过简单将某些化学位移区域去除是不可行的。这个问题需要发展能够尽量保留更多的谱图信息，同时也能将药物及其代谢物去除的软件。具体而言，有以下工作需要完成。

1）*对照组动物尿液的统计模型*

如果能够得到数以千计的对照动物的尿液，COMET 计划将建立一个统计模型以深入了解正常生理状态下尿液代谢物的变化情况。临床化学检测值异常的对照组动物在这一统计模型应能与其他动物相比有较大的偏离，这样可以早期发现不正常的样本，并通过专家系统将这些样本去除。

2）*体液样本差异性的考察*

为使来自不同实验室的谱图数据具有可比性，关键的一点是各实验室之间动物实验的误差尽可能的小。为考察实验数据是否一致，各实验室采用标准的操作程序用肼作为模型药物进行两项研究，一是本实验室内的一致性研究，另一个是实验室间的一致性研究。采用标准操作程序采集的尿样和血样被送到帝国理工学院，并进行 NMR 分析和模式识别。研究结果表明，来自不同实验室的样本的一致性程度很高，给药组和对照组能够得到清楚的分类。代谢轨迹表明，低剂量组在给药 0～8h 变化达到最大，在 8～48h 缓慢变化，在 72h 后毒性消退，回到起始状态。对于高剂量组，药物诱导的毒性效应一直持续达 168h，并且未能完全回复起始状态。在这一模型中，各实验室提供的样品之间的差异小于对照组和给药组之间的差异。在研究中也可以看到一些动物明显地区别于其他大多数动物，造成这一差别的主要生物标志物是柠檬酸、牛磺酸及马尿酸等，这些内源性代谢物易受激素、压力及食物等多种因素的影响，具有较高的个体差异。不同实验室的给药组动物间有比较小但是可以观察到的差异，这可能是由于一些外部因素的影响，如食物摄取、温度、光强等的影响。即使存在这些差异，各实验室样本的平均代谢轨迹是相似的。这一研究结果表明，相对于毒性效应引起的生化改变而言，不同实验室样本之间的差异是非常小的。

3）*NMR 测定的一致性*

同一样本分成数份，分别在帝国理工学院、Pfizer 和 Roche 进行 NMR 分析，并比较分析结果的一致性。这表明不同实验室测得的图谱一致性非常好，甚至在不同品牌的仪器上采用不同的场强依然能够得到一致性很好的图谱[38]。

4. COMET 计划的小结及面临的问题

现在，COMET 项目已经顺利完成，参与该项目的研究人员对 147 个化合物的单剂量 7 日毒性和多剂量 28 日毒性进行了研究，总共得到了约 140 000 张体液的指纹谱图。在 COMET 项目顺利完成的基础上，后续项目 COMET2 的前期筹备工作正在开展。由 Nicholson 等建立的 Metabometrix 公司与 Waters 公司于 2002 年 3 月 10 日签署了一个为期 3 年的协议，由 Waters 提供 LC/MS 仪器，Metabometrix 帮助 Waters 开发代谢组学技术，包括基于 LC/MS 和 NMR 的数据处理方法、信息学和化学计量学模型等。双方合作的重点放在疾病诊断和药物毒性的代谢组学研究。由于代谢组学在药物安全评价方面的出色表现，FDA 正在考虑接受代谢组学这一新的药物评价工具。

从以上所述，可以看到代谢组学在毒性评价方面取得了有目共睹的成就。但这并不表明在安全性评价方面已经是完美的了。就目前来看，代谢组学要在药物安全性评价方面扮演更重要的角色还需要在以下方面取得进展。

首先，如何将药物引起的毒性效应与药物本身的治疗效应区分开。例如，乙酰唑胺是一种利尿药，其本身的药理效应会使得与柠檬酸循环有关代谢物排泄的减少，较容易与某些毒性效应相混淆。这一问题的解决有赖于对相关效应进行研究并且建立模型。其次，药物引起的某些损伤。例如，肝脏的纤维化，仅仅引起体液代谢物组成的细微变化，只有在器官产生严重损伤时才会在体液代谢物组成发生较为显著的变化。对于这类药物，要将药物诱导的器官损伤与机体正常的生理变化相区分是非常困难的。不过即使如此，研究表明，基于 NMR 技术的代谢组学方法对这类药物引起的损伤的检测灵敏度还是与常规方法相当的[39～41]。其三，体液的选择上的局限性。例如，研究神经系统的损伤时，尿液可能就不如脑脊液合适。另外，如果药物具有混合毒性时该如何处理。例如，如果一个药物同时可以造成肝损伤和肾损伤，这种多位点多机制的损伤会使得生物标志物的确定变得复杂。可喜的是这种混合毒性通常具有不同的时间维度，即对同一生物体而言，两种或更多的毒性效应并不是同时发生、发展和消退的，而是有一个时间差。这对同一实验动物连续重复取样测定并对数据进行去卷积处理会获得有关不同毒性的信息。

生命机体功能障碍时，通常会有代偿机制。如何将代偿效应与毒性效应区分是所有“组学”技术都面临的挑战，代谢组学也不例外。器官或组织损伤时，能够引起内源性代谢物变化的因素有很多，包括与药物毒性机制有关的作用、维持自稳态的代偿作用、细胞坏死导致胞内物质的流出。在一个复杂的机体中，这些效应有可能是同时发生的，使得数据的解析变得困难。虽然如此，在内源性代谢物随时间变化的过程中，在不同的时间点不同的作用对代谢物变化的贡献是不同的，这使得通过去卷积运算将各种不同的效应区分开成为可能。

13.5 代谢组学在中药研发中的应用

由于研制开发化学药的高昂费用及西医在疾病治疗中的一些固有缺陷（如化学药毒副作用强、对某些疑难病缺乏行之有效的药物及药源性疾病的不断增多），人们健康观念也在发生变化，在世界范围内，回归自然、重视传统医药已经成为重要的趋势，传统医药由于其在长期应用中表现出来的安全性与有效性，在全球日益受到更多的关注。针灸、植物药在一些国家和地区已逐步取得合法地位，并纳入医疗保险体系，越来越多的国家政府机构对传统医药陆续通过立法途径加以管理和规范，世界草药市场也在逐年扩大。不仅亚洲国家对传统医药的接受程度较高，欧美等发达国家对传统医药的接受程度也在不断提高，FDA 发布的《植物药研制指导原则》（*Guidance for Industry：Botanical Drug Products*）标志着西方发达国家对传统医药的认可。

我国是中草药的发源地和最大生产国并具有数千年临床实践和民间应用历史，中药材种类达 12 807 种，其中药用植物 11 146 种，药用动物 1581 种，药用矿物 80 种，包括可以确定的中草药 5000 余种。中药产业是我国的传统产业，中医中药理论无论是在诊断、药理或者毒理方面都凝聚着历史的智慧。中药是一个复杂的系统，无论是复方还是单方其药效都是多种化学成分相互作用所产生的综合效果。这些化学成分相互协同或相互拮抗，从而产生中药的药理作用。辨证论治、君臣佐使等原则是中医用药的精髓，因而整体观思想是中草药药理研究的一大特点，也使中药区别于一般的植物药。

中药的现代化一直是医药界、学术界和国家有关部门关注和倡导的发展方向，同时也是一个非常庞大和系统的创新工程，对于如何实现中药的现代化，近年来众多学者从不同的角度做了不同的阐述。归根结底，中药的现代化就是使传统的中药与现代科技相融合，实现中药产品的“安全、有效、稳定、可控”。在这一过程中有两大问题需要面对，其一是中药本身的复杂性，其二是中药与人体作用的复杂性。众所周知，中药材来源于自然界的植物、动物、菌类、矿物等，其中 90%以上为生物体或其一部分，这使得不管是单方还是复方中药，其化学成分大都是非常复杂的，一味中药都可能会有成百上千种化学成分，并且这些化学成分的含量处于动态变化，并受多种因素的影响，包括药材的基源、产地、环境、采收、加工；中药所含成分的复杂性使得其治疗作用也是一种多系统、多靶点、多层次的作用，即这些化合物之间也有个“君臣佐使”的相互协同的作用关系，往往不是用一个或几个模型和指标所能反映的。中药的现代化亟待解决的问题就是如何使得本身为复杂体系的中药质量“稳定、可控”，如何阐明中药的“安全、有效”，特别是如何证明中药的协同作用。

中药发挥作用的物质基础就是中药在生长过程中产生的种类繁多的代谢物，代谢组学可以全面考察各种因素（如光照、产地）对中药本身代谢物含量、组成的影响而有利于中药的质量控制。同样，代谢组学也可用于研究炮制、组方对中药成分的影响。在中药作用机制研究中，代谢组学的核心思想是通过内源性代谢物的变化来观测中药对机体所产生的整体效应，其思想具有与中医理论整体观念相一致的特点，并可根据代谢物组图谱的变化，发现生物标志物，阐明中药的整体效应，包括协同作用。

13.5.1 代谢组学在中药质量研究中的应用

在本书的其他章节已经提到，根据研究的对象和目的的不同，代谢组学可以分为 4 个层次[42]，即代谢物靶标分析（metabolite target analysis）、代谢轮廓（谱）分析（metabolic profiling analysis）、代谢组学及代谢指纹分析（metabolic fingerprinting analysis）。从这个意义上来讲，代谢组学早已应用于中药质量研究了。例如，《中国药典》中已经广泛采用薄层色谱作为中药的鉴别方法，并且对多种中药采用单指标或多指标的化学成分的测定来控制质量。虽然这种把已知的主要成分或有效成分作为指标予以检测控制的方法比过去有很大突破和进步，但从中医药的观点看，指标成分的控制难以真正控制中药的功效。人们总是力求把中药这一综合的复杂的“整体”分解成为便于观察和研究的简单的“单元”或“分子”，以便清楚明确的研究。这种方法对于化学药品而言，由于其分子结构清楚，构效关系明确，有效性和安全性与该药品的成分直接相关也许适用，而对于中医理论指导下的中药，尤其是复方制剂，检测任何一种活性成分均不能反映其所体现的整体疗效，这是中药与化学合成药品质量标准的根本区别。也就是说分析的越细，目标越缩小，离中药的整体疗效距离越远。中医辨证施治用的是药味而非某个化学成分，麻黄素与麻黄、甘草酸与甘草、人参皂苷与人参对中医来说完全是两回事。又如黄连和黄柏均含小果碱，但测定小果碱的含量说明不了两味药中医用药的不同，中医也决不会将两者相互替用；六味地黄丸中鉴别熊果酸含量不能证明里面有山茱萸，倘以山楂投料也可鉴别出熊果酸且绝对合格。可见中药的功效是药材饮片，中成药方剂内含物质群的整体作用结果，只针对某一两个化学成分，显然远远不够[43]。在这种情况下，采用代谢组学的方法最大限度地从中药中获取有关化学成分的信息，从整体上评价中药的质量成为趋势。中药化学指纹图谱即是这一趋势的具体体现，中药化学指纹图谱系指采用光谱、色谱和其他分析方法建立的用以表征中药化学成分特征的指纹图谱[44]，与传统质量控制模式的区别在于：指纹图谱是综合地看问题，也就是强调化学谱图的“完整面貌”即整体性，反映的质量信息是综合的。由于植物药的次生代谢产物，即各种化学成分天然潜在的不稳定性，如同日常许多模糊现象一样，它的化学指纹图谱具有无法精密度量的模糊性。“整体性”和“模糊性”是指纹图谱的基本属性，指纹图谱的相似性是通过其基本属性来体现。指纹图谱分析强调准确的辨认，而不是精密的计算，比较图谱强调的是相似，而不是相同。在不可能将中药复杂成分都搞清楚的情况下，指纹图谱的作用是反映复杂成分的中药内在质量的均一性和稳定性，指纹图谱应满足专属性、重现性和实用性的技术要求。从代谢组学的角度来看，中药化学指纹图谱是一种代谢指纹分析。以下我们将对这一技术在中药（植物药）研究中的研究概况、研究方法及如何解决中药质量问题做一个介绍。

13.5.1.1 国内外研究概况

目前指纹图谱已成为国内外公认的鉴别中药品种和评价中药质量的最有效手段，FDA 在 1996 年制定的《植物制品指南（试行）》中对植物制品补充品和植物药进行了规范化，要求对植物原料、植物药中间品和植物药产品提供相应的指纹图谱。2000 年，美国 FDA 允许草药保健品申报资料可以提供色谱指纹图作为鉴别资料，在 2004 年定稿的《植物药研制指导原则》中，指纹图谱被作为质量控制的主要手段[45]。英国草药典、印度草药典、加拿大药用及芳香植物学会、德国药用植物学会也接受色谱指纹图谱。此外，WHO[46]在 1996 年植物药评价指导原则有关章节中都提到“如果不可能鉴别有效成分，则鉴别一种或几种特征成分（如色谱指纹图谱）以保证制剂和产品质量的一致”。欧洲国家[47]在草药质量指南的注释中提到“草药的质量稳定性单靠测定已知的有效成分是不够的，因为草药及其制剂是以其整体作为有效物质，因此，应该通过色谱指纹图谱显示其所含的各种成分在草药及其制剂中是稳定的，其含量比例能保持恒定”。日本汉方药主要生产企业在 20 世纪 80 年代就已经在企业内部采用高效液相指纹图谱控制质量。他们把传统方剂采用地道药材，按饮片配方煎煮得到的煎汁作为标准指纹图谱。对大规模生产的原料、配方和工艺严格控制，使成品指纹图谱与标准指纹图谱一致。欧洲一直比较重视草药的医疗作用，对草药的质量控制也殊途同归，采用了指纹图谱方法。德国、法国联合开发的银杏叶提取物是一个典范。他们在研究中发现银杏叶提取物的医疗作用是提取物所得物质群的整体作用结果。德、法联合集团的技术负责人说，提取物是一个“整体”，正是这样一种混合物保证了其所具有的治疗作用。他们进行了长期的研究，把混合物所含内酯和黄酮相互分离，则“都不具备全部提取物整体的功效”。我国国家药品监督管理部门也于 2000 年发布了《中药注射剂的指纹图谱研究的技术要求(暂行)》，明确要求对新申报的中药注射剂和已上市的中药注射剂实行指纹图谱标准。

13.5.1.2　指纹图谱的要求与应用

中药本身的复杂性使得如何构建满足特征性、重现性和可操作性的指纹图谱本身就是一个需要深入研究的问题。指纹图谱的建立涉及药材的采集、样品预处理、样品分析、数据处理等一系列的步骤。国家药品监督管理部门发布的《中药注射剂的指纹图谱研究的技术要求（暂行）》[48]是基本的框架。近年随着中药指纹图谱研究的深入，国内学者也纷纷就研究中出现的一些问题进行了探讨，并对如何构建指纹图谱提出了诸多建议。

近年来指纹图谱在中药研究中的应用越来越广泛，不仅中药注射液而且原药材、饮片及各种类型的中药制剂也纷纷采用指纹图谱的方法进行质量控制。分析技术的发展也非常迅猛，从常用的色谱（包括薄层、液相、气相等）及其联用技术到核磁共振、紫外、红外等光谱技术都得到了应用。此外，X 射线衍射法、热分析法、电化学法、化学振荡技术等诸多方法也有文献报道。数据处理技术也相应地从直观数据比较发展到基于计算机软件的模式识别技术。关于分析技术平台（包括采样、分析仪器及数据处理）的原理、特点在本书的其他章节中会有较为详细的阐述，在本章节中不再赘述。本章重点讨论基于代谢组学的指纹图谱分析是如何解决中药研究中遇到的实际问题。

图 13-6 是从原药材到中药制剂的一个流程图，在整个过程中有诸多因素影响着中药质量的稳定和可控。以下我们将对指纹图谱在这一流程中的应用做一介绍（图 13-6）。

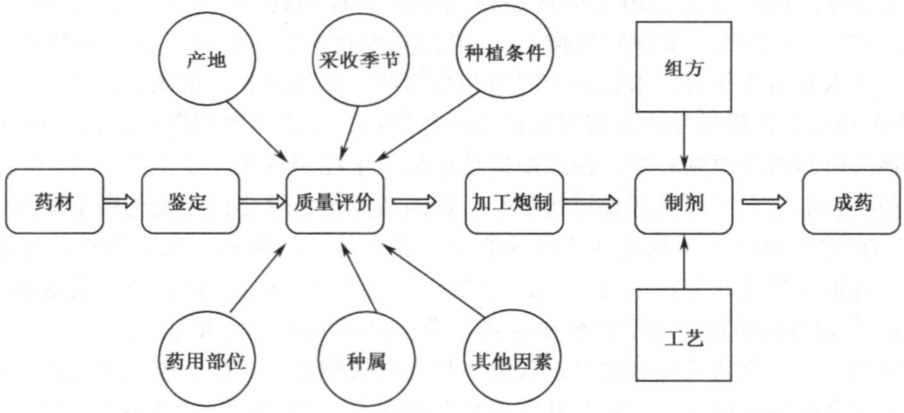

图 13-6　中药制药流程图

1）中药鉴别

中药由于药材本身质量良莠不齐、在长期应用流通中存在着大量的代用品及同名异物和异名同物的现象，同时还存在掺杂造假和伪品等问题，严重地影响了用药的安全性与有效性。在我国长期的中药使用历史中，对于中药的鉴别一直采用，而且大部分靠主观经验来判断，如对原药材检验主要是看外形、闻气味、尝口感。对于制剂则可谓“丸散膏丹，神仙难辨”。建国后，我国对中药的质量标准进行整理，然而由于技术上的限制对于药物的真伪主要是以外观性状及理化、显微特征进行鉴定。薄层色谱法的应用使得这一状况得到了改变，薄层色谱法便宜、快速、灵活性强，从薄层色谱提供的指纹信息中不仅可以对药材的真伪进行判别，而且可以在同板上形象地比较各个样品的异同。这使得基于薄层色谱的指纹图谱广泛地应用于中药的鉴别，2000年版中国药典中采用薄层色谱法做鉴别的品种达602种。近年，王爱芹等采集了29个南葶苈子及易混药材样本，对TLC指纹色谱图像分析，南葶苈子提取液色谱中，在与对照品色谱相应的位置均显亮黄荧光斑点，在北葶苈子及易混药材样本的色谱中均未见该荧光斑点，这显示了较好的专属性[49]。基于其他分析方法的指纹图谱也应用于中药的鉴别，如采用傅里叶变换红外光谱技术快速准确地鉴别酸枣仁与其伪品滇枣仁[50]。采用NMR的方法对同科同属不同种植物中药、同科不同属植物中药、同科同属同种不同来源植物中药进行鉴别，指纹图谱具有明显的特征性和很好的重现性[51]。

2）中药质量研究

人们在长期使用中药的过程中就早已发现不同产地、不同采收时期的中药质量存在着差异。限于当时的条件，古人无法对这个问题进行深入研究，为控制中药的质量提出了以“道地药材”为优质药材，并相应地对采收和加工炮制做了一些经验性的规定以确保药物的安全和有效。长期以来，中药质量的稳定和可控一直未能解决，由于对药材的需求量越来越大，中药的引种和人工栽培更为普遍，使得这一问题更加突出。中药发挥药效的成分主要是其中所含的代谢物，包括初生代谢产物和次生代谢产物，这些代谢产物在植物体内的分布、组成及浓度是随着各种内外条件的变化而动态变化的。对于次生代谢产物而言，受环境的影响更大。指纹图谱技术可以完整地反映代谢物随着产地、采收时间等条件的不同而发生的变化，因而可以用于研究环境对中药质量的影响、评价和控制中药的质量。近年来中药指纹图谱在这方面的应用是一个热点。

“道地药材”一直都被视为优质药材，这体现了古人对环境对药材品质影响的认识，采用指纹图谱技术了解不同产地药材之间的异同是对中药质量控制的一个环节。近年来大量的研究工作表明不同产地的药材在代谢物指纹方面既有着共性也有着差异。对于生长范围较广的中药，在地理上相隔较远的地区在自然环境上差别较大，这一点会在中药的质量上得到反映。密蒙花为常用中药，采用HPLC色谱法建立中药密蒙花指纹图谱，测定10份来源不同省市密蒙花商品药材的指纹图谱，可以看出不同来源的药材虽然出现了相应的主成分峰，但峰面积比值不尽相同，有的相对峰面积差别在8倍以上[52]。不同产地的野葛药材指纹图谱有明显不同，8个共有峰相对保留时间符合程度较好。但相对峰面积相差较大[53]。采用水蒸气蒸馏法提取不同产地羌活的挥发油，用毛细管气相色谱技术测定指纹图谱，选用聚类法分析比较12种不同来源的羌活的指纹信息，12种羌活挥发油出峰数基本一致，但峰面积比值有所不同，个别样本差异较大[54]。也有的药材品种对于产地的要求不高，不同产地药材的相似程度比较高，红花为菊科植物红花的干燥花，采用RP-HPLC方法控制药材的指纹图谱，用于红花的质量评价，不同产地31批次红花药材化学组成相似，其相对比例较稳定，但仍有少数产地的药材指纹图谱中有明显差别[55]。研究人员也对一些分布区域比较窄的（如一个省内）药物质量采用指纹图谱的方法进行了研究。黄花倒水莲是远志科远志属植物黄花倒水莲的干燥根，为广西民间常用草药，采用 RP-HPLC-ELSD 法对其总皂苷部位的指纹图谱进行研究，12 个广西各产地指纹图谱与其均值相比较，采集的 12 个地区样品相关性均在 0.9 以上，都有一定相关性。相应共有指纹峰均已在色谱图上体现，但是各峰面积有所不同，说明各地药材其成分含量有一定差别[56]。毛脉酸模（*Rumex gmelini* Turcz）为蓼科酸模属多年生宿根草本植物，广泛分布于黑龙江省大、小兴安岭及张广才岭等地区，是黑龙江省、吉林长白山地区的重要药用植物资源。对 12 个野生毛脉酸模样品（采自黑龙江省各林区）进行指纹图谱的分析和比较，研究表明不同产地毛脉酸模药材共有指纹峰的峰面积之和大于 95%，共有峰基本都存在，但各色谱峰之间的相对峰面积不同，由此可以看出它们之间的内在质量存在一定的差异，并初步推测其中一个样品中酸模素的相对高度较其他样品均高，可能与样品采于水湿洼地有关，怀疑酸模素的积累可能受水分的影响较大[57]。也有研究表明，在江苏四个产区的一年生栽培品太子参 HPLC 指纹图谱具有较高的相似性[58]。值得注意的是，样品预处理和分析方法的选择对于指纹图谱所含信息量的影响是很大的，任何一种方法建立的指纹图谱都不可能反映药材的全部代谢物的信息，而仅仅是一部分（也可能是非常有限的一部分）信息，因此单一方法的指纹图谱并不一定能够对中药的质量进行评价。例如，栀子是茜草科植物山栀的成熟干燥果实，用作药物，对分别产于江西、广西、浙江、湖南和海南栀子果实建立药材栀子水提部分的 HPLC 指纹图谱，脂溶性成分和挥发油的 GC-MS 联用指纹图谱，不同产地栀子的挥发油和脂溶性部分具有很好的相似性，而水提部分的相似性较前两者为差。通过比较不同产地栀子相似系数的关系，以及对主要药效成分定量结果的分析，对不同产地栀子的指纹图谱做了整体性评价。结果表明，只有全面测定成分及整体性评价后，药材的质量才能得到有效评价[59]。

中药的采收期在传统上都有一些经验性的规定。采用指纹图谱的方法也表明这些规定有着合理性。采用 HPLC-DAD 方法比较江苏道地药材那州银杏叶在不同采收期的指纹图谱。同一树龄不同采收期的银杏叶中，2～4 年生银杏叶分别在不同采收期指纹图谱相似度较高（>0.90）；5 年生和 6 年生银杏叶分别在不同采收期指纹图谱相似度变化范围较大（0.86～0.97）。同一采收期不同树龄的银杏叶中，5～7 月不同树龄银杏叶指纹图谱相似度较高（>0.90）；8～10 月不同树龄银杏叶指纹图谱相似度变化范围较大（0.84～0.99），研究结果为银杏叶的合理采收提供了科学依据[60]。对山麦冬应用 HPLC/ESI-MS 技术对不同批次和采集点的药材建立指纹图谱，采用聚类分析对数据进行处理，结果表明采集时间相同的药材相似程度相对较高[61]。荭草为蓼科植物荭草的干燥果穗及带叶茎枝，为贵州少数民族用药，采用反相高效液相色谱法建立荭草药材的指纹图谱，对贵州省内数个采集地的多批药材进行分析，结果表明不同产地、同一采收期的指纹图谱差异不大，而同一产地不同采收期的药材指纹图谱差异较大，因此需固定采收季节[62]。青皮为常用中药主要分为四花青皮和个青皮两类，5～6 月收集自落的幼果，晒干，习称“个青皮”；7～8 月采收未成熟的果实，习称“四花青皮”，采用 GC 法和 HPLC 法对 10 个青皮样品进行测定，并对获取的指纹图谱采用加权相似度计算和进行基于主成分分析的投影法研究。气相色谱和液相色谱的结果均表明四花青皮和个青皮之间存在明显差异[63]。不仅是采收期，甚至在同一天内不同时间采样，药材中含有的化学成分也是有一定的变化的，在清晨和傍晚分别采集银杏叶，从 TLC 指纹上可以发现多种化合物的含量都发生了变化，这也表明中药的质量控制的确是个艰巨的任务[64]。

中药需求量的不断增加使得人工栽培得到了广泛的应用，采用药材生产质量管理规范（good agriculture practice，GAP）来得到质量稳定的药材也是中药现代化的一个重要的组成部分。人工种植常以植株生长健壮、快速生长作为优质药材栽培的田间管理标准，以“高产优质”为优质植物药材种植的目标，以追肥改土和改良栽培环境作为提高药材质量的主要管理技术措施。然而，对大多数植物而言，次生代谢产物的合成与积累往往受制于所处环境的变化。它们根据所处环境的变化来决定合成次生代谢产物的种类和数量，只有在特定的环境下才合成特定的次生代谢产物，或者显著地增加特定的次生代谢产物在体内的产量。目前，各方面的研究都认同，有利于初生代谢的环境条件不利于次生代谢，不利于初生代谢的条件反而增加次生代谢，也就是相对于生长的胁迫环境可提高次生代谢。初生生长与次生代谢存在一定的平衡关系，生物量过高时单位质量植物体中的次生产物的量下降；单位质量植物体中的次生产物的量升高，生物量下降[65]。这使得至少对于许多以次生代谢产物为药效成分的中药存在着“高产”和“优质”之间的矛盾。采用核磁共振的方法得到野生高山红景天和栽培高山红景天指纹图谱，通过比较发现特征提取物的回收率不同，说明野生和栽培高山红景天之间存在差异[66]。

中药在长期的使用过程中，经常存在种属相近或形态相近的植物当作同一种药材使用的情况。这种药材之间的混用是否具用科学性、同一药材的不同植物质量是否有差异、差异又有多大都是需要研究的问题。黄芩为常用中药，除了药典规定的黄芩，其同属近缘植物（如粘毛黄芩、滇黄芩、甘肃黄芩等）在临床上也作黄芩入药。对不同来源的黄芩药材进行 HPLC 指纹图谱的比较研究，以系统聚类分析进行分类，系统聚类分析将样品分为 5 类，正品黄芩、滇黄芩、甘肃黄芩各分为一类；2 份粘毛黄芩各分为一类。滇黄芩与正品黄芩的指纹图谱差异较明显，而粘毛黄芩、甘肃黄芩与正品黄芩指纹图谱无明显差异，不同产地的正品黄芩间指纹图谱无明显差异[67]。

从近几年的文献来看，基于代谢指纹分析的中药指纹图谱已经广泛的应用于中药药材的质量研究，并取得了一系列的研究成果。

药材的质量控制只是中药质量控制的一个方面。从药材到可供使用的中药制剂（包括传统汤剂和中成药等）还需经过药材的加工炮制和制剂等多道工序，指纹图谱技术在这方面也有广泛的应用。原药材在使用之前常需经过干燥、炮制等加工过程。中药三七为五加科人参属植物田七的根，在商品中存在晾干（晒干）或烘干的产品。不同的干燥方法对三七化学成分会造成什么影响？采用 HPLC 指纹谱的方法来分析不同干燥方法得到的三七样品及不同干燥程度和不同保存时间的三七样品，结果显示在不同干燥方法下，有的组分受到干燥温度和时间的影响较大，干燥方法、药材干燥程度及保存时间均可对三七 HPLC 指纹谱造成一定的影响[68]。

传统的汤剂经常采用的工艺是多味药材的混合煎煮，从理论上说，在混煎过程中会有一些复杂的物理和化学的变化，而在现代的工业化的制剂工艺中由于种种原因常常采用各味药材分煎后再调配的方法，这种工艺上的不同会造成中药制剂内在质量上的差异，如何测定这种差异并且对这种差异进行评价是人们所关心的问题。首先是混煎过程中是否有新的化合物出现；其次是混煎与分煎过程对药材中成分的提取率有何影响。从文献来看，第一个问题与复方药物的配伍有关，茵陈蒿汤由茵陈蒿、栀子、大黄三味药组成，利用 HPLC 法分析茵陈蒿汤与茵陈蒿、栀子、大黄的指纹图谱，比较茵陈蒿汤合煎与分煎的成分考察中药复方中其化学成分的来源。结果显示，茵陈蒿汤出峰共 47 个，其中，19 个峰来源于茵陈蒿，31 个峰来源于大黄，6 个峰来源于栀子，认为茵陈蒿汤合煎与分煎，两者无明显成分变化[69]。而对于另外一个中药复方当归补血汤却是另外一种情况，利用 HPLC-DAD 提供的色谱和光谱信息，对相同实验条件下提取的当归补血汤及其单味药当归、黄芪的色谱指纹图谱流出组分进行对比分析，结合光谱与色谱方法，比较了复方与组成该复方的单味药中各组分的异同，当归补血汤色谱指纹图谱中的 18 个色谱峰，10 个组分来源于当归，11 个组分来源于黄芪，其中 5 个组分为当归和黄芪的共有组分，2 个组分为新物质[70]。对第二个问题，也在采用指纹图谱技术进行考察。以常规方法制备补肾方分煎和合煎的提取物，采用 HPLC 法进行测定，比较两者指纹图谱的差异、分煎和合煎提取物中化学成分组成存在差异，分煎提取物中主要化学成分的提取率大于合煎提取物，且共有化学成分的组成比例也不同，这表明补肾方分煎和合煎提取物质量上有差异[71]。当然，这些差异是否会使药物在临床疗效上有变化还需进一步验证，但在改变工艺时通过指纹技术与传统工艺相比较还是必要的。工业化的生产中同一种制剂通常并不是只有一种工艺。例如，参麦注射液由红参、麦冬提取而成，在制剂上是采用单味药材分别提取然后混合的生产路线，然而在具体的工艺上存在提取溶剂和提取时间的差别，用 HPLC 测定红参药材及 3 种工艺制备的红参中间体和参麦提取液的指纹图谱，结果显示不同制备工艺对参麦注射液中总皂苷含量和各皂苷比例均有影响[72]。指纹图谱技术不仅是药品质量均一性保证，而且还可以反映从药材一直到制剂整个流程的稳定性。目前，许多研究都采用指纹图谱的方法来研究从原料、中间体一直到制剂的整个流程的变化，为工艺优化和质量控制服务。例如，对肿节风注射液从原料一直到制剂都采用 HPLC 得到指纹图谱，对工艺进行了评价，并且采用聚类分析的方法分析制剂、中间体及原料之间的相关性[73]。类似的研究还包括银杏叶片剂和银杏叶注射液等多种中药制剂。

从以上所述可以看出，基于代谢物指纹分析的中药指纹图谱已经成为中药质量研究和质量控制的重要手段，并在发挥着越来越重要的作用。随着分析科学的发展，越来越多新技术也不断用于指纹信息的获取，如在中药挥发性组分的分离分析中采用了全二维气相色谱技术，过去采用 GC-MS 研究连翘挥发油，鉴定的组分在 100 种之内。而使用 GC ×GC/TOF-MS，通过优化色谱条件，鉴定出匹配度大于 800 的组分有 220 种，共有 66 种物质的相对含量（体积分数）大于 0.02%[74]。又如莪术挥发油[75]，过去主要采用 GC-MS 分析，鉴定的组分也在 100 种之内，而用 GC ×GC/ TOF-MS 方法，得到匹配度大于 800 的组分有 249 种，共有 70 种组分的相对含量（体积分数）大于 0.02%。但是在中药研究中指纹图谱技术还面临着一些需要解决的问题。目前指纹图谱采用的分析平台种类较多，每一种方法都是从不同的侧面体现中药中所含化合物的信息，如何将各种技术结合起来综合反映中药的内在质量是需要进一步研究的问题；即使是同一类型的分析平台（如液相色谱仪），型号及性能也差异较大，数据之间的比较较为困难，指纹图谱中得到的海量数据在数据的标准及数据的分析方面还需加强。这些问题都需要在实践中不断的完善，并且确定标准操作规程。国外在植物代谢组学方面也进行了大量的工作，值得中药指纹研究参考和借鉴，植物代谢组学详细的研究概况和进展在本书其他章节有详细介绍，在此不再赘述。

13.5.2 代谢组学在中药药效研究中的应用

如前所述，中药所含成分的复杂性使得其治疗作用也是一种多系统、多靶点、多层次的作用，具有整体、综合、动态及多样性特点，即这些化合物之间也有个“君臣佐使”的相互协同的作用关系，如何将中医的独特疗效转化为有效证据，阐明这种复杂的作用机制是中药研究的一个难点和重要任务。对于中医药来说首先是证明有效。然而在什么方面有效、有效的标准如何确定是当前中医药走向世界最需迫切解决的问题，而中药的“质量控制”技术也必须与“药效的优劣”相联系才有意义。许多研究者长期使用西药的指标评价体系来衡量中药的疗效，以此来表明中药的有效性和科学性，然而由于中药的特殊性使得采用这一体系出现的诸多问题，如中药作用的温和性和多靶点性使得中药很可能在单一的关键药效指标上无法与西药相比，如果据此认为中药无效或疗效不好，这就忽视了中药的整体性，对中药很不公平。认识到这个问题的严重性后，医药工作者试图建立符合中医中药特色的药效评价体系。中医学通过症候对个体功能状态进行描述和划分，作为中药治疗的依据，药物疗效评价以症候的改善为指标，然而中医症候诊断主要是定性描述，缺乏定量指标。这给临床诊断和疗效评价带来很多困难，也影响了新药研究的质量和水平。近年来，医药工作者一方面将症候标准化定量化，另一方面也积极借鉴西医的药效评价指标，试图建立量化的、综合性的中药疗效评价体系。

在前文中已经提到，生命科学的发展特别是系统生物学的出现使得生命科学进入整合性研究的时期。系统生物学认为在生命过程中更重要的是生命各个单元（基因、蛋白质、代谢物等）之间存在的相互影响和相互关系，将生命体割裂成一个个彼此孤立的单元去考虑是片面的，生命体是有着复杂的调控网络的整体（图 13-7）。中药在用药过程中注重整体平衡，而不局限于某一种症状或整个网络中的某一单一靶点，而是多层次、

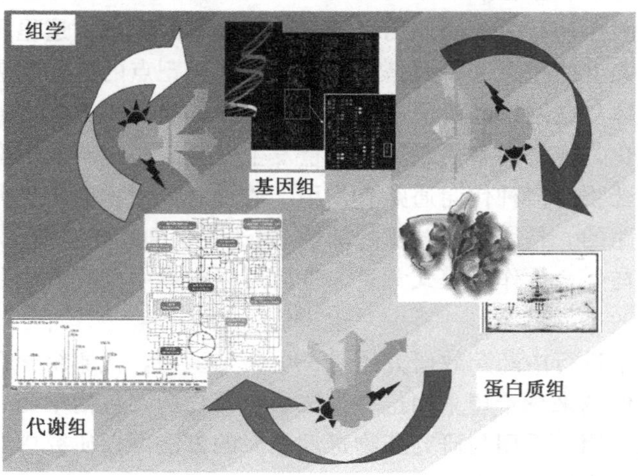

图 13-7 生命调控网络

多靶点，从整体上调节人体的平衡和内环境的稳定。中药配方则讲究配伍，不同种药物的配合使用要符合“君臣佐使”的指导思想体现了系统论的思想，而在治疗上也十分注重个体的差异及人与环境间的关系，因人而异用药，达到个性化的治疗。系统生物学正是为了从系统的角度去了解生命体，从而为系统水平的治疗手段提供基础，这与中医药的治病机制是不谋而合的。采用系统生物学的方法研究中药的作用机制，将有可能从系统的角度诠释中医药多靶点、平衡调理、标本兼治的治病机制和分子机制。

代谢组学是研究生命网络重要组成部分代谢物的一门学科，代谢处于生命活动调控的末端，因此代谢组学比基因组学、蛋白质组学更接近表型。基因组学、蛋白质组学研究一般是发现和鉴别潜在的可能性，而代谢组学研究则是发现和鉴别真实的变化。中药作用生命网络的不同层次、不同靶点都会引起与之相关的一系列代谢物在浓度及相对组成上发生变化，通过现代分析手段测定这些相互关联的变化可以从整体上把握中药的作用特点，并进而通过代谢物的变化追溯到相关的蛋白质及基因表达的变化，从更高的层次上阐明中药的作用机制。

中药进入体内发挥作用的基本环节是药物分子与细胞之间各种组分（包括基因、蛋白质、代谢物等）的直接或间接的相互作用。中药所含化学成分非常复杂，单味药材就是一个化学分子库，复方是单味药材按照特定组织原则组织起来的多个化学分子库的组合，目前单味药材的化学研究尚未解决，中药复方的化学研究由于其复杂性和整体性，更加难以确定其中的有效成分，多味药相互作用过程的化学成分研究更是有待进一步深入，进行多组分同时分离筛选存在很多困难，这是从传统化学成分研究角度研究中药所遇到的难题。从机体角度看，机体本身是一个极其复杂的巨系统，每个系统中都包含着多因素的问题。疾病的发生大多也是多种病因通过多种途径导致整体功能紊乱的过程。研究这样两个多因素系统的相互作用，其复杂程度可想而知。中药有效成分进入人体进而发挥多成分、多靶点、多途径的作用，必然会引起整个生命网络从遗传信息到整体功能实现中的分子、细胞、器官、整体多个层面的结构与功能状态的变化，这些变化会体现在相关代谢物在量上的改变。因此，可以以内源性代谢物表达为指标进行中药复方有效成分多组分、多环节、多靶点治疗调整作用的研究。从具体操作上来讲，以代谢组学理论为指导，可以对中药有效成分作用模式进行大规模的识别，这里我们提到的作用模式已经不是传统意义上的靶点了，而是药物对众多作用靶点的协同效应，中药中的多种成分作用与生命机体复杂网络的不同层次的不同靶点，使得相关代谢通路中的内源性代谢物的流量发生变化，使得诸多代谢物的含量发生变化，通过对发生变化的代谢物进行定性分析可以知道药物对何种代谢通路有作用，通过对代谢物的定量分析可以知道药物是如何影响代谢通路的，是增强相关酶的活性/表达还是抑制相关酶活性/表达等，从而建立系统化的中药与生命体作用模式背景，进而可以指导中药有效成分的发现及中药作用机制的阐明。

采用代谢组学来进行中药药效研究还是一个新生事物，代谢组学在化学药物研究中取得的成就使得人们越来越希望采用这一方法研究植物药（包括中药）这种复杂的多组分体系对生命体的作用。采用与研究药物毒性相似的方法可以研究中药提取单体乃至于复杂中药提取物对生命机体的作用。

类黄酮是茶叶中含有的一类具有保健功能的化合物，包括抗炎和预防癌症等功效。

但这类多酚对生命机体的生化效应目前还知之不多。代谢组学的方法可以从整体上研究这类化合物的生化效应。Solanky[20]对10只SD大鼠给予22mg剂量的表儿茶酸，并收集给药前后大鼠的尿样，采用基于NMR技术的代谢组学技术平台，并结合主成分分析的数据处理方法研究了表儿茶酸（一种类黄酮）对大鼠生化代谢的影响。研究表明，给药后大鼠尿液中牛磺酸、柠檬酸盐及二甲胺等内源性代谢物的浓度降低。对给药后不同时段收集的尿液进行分析表明给药后8h对代谢的影响明显，而且表儿茶酸对生化代谢的影响是可逆的。这一研究结果表明，代谢组学技术是可以检测到天然产物对生命机体新陈代谢的细微影响。然而表儿茶酸虽然来源于天然植物，但毕竟还是一个单一化合物。中药要复杂得多。甘菊作为功能食品和药物使用已经有比较长的历史了，甘菊的花具有抗炎、轻微镇静及抗溃疡的功效。对于甘菊的药用功能人们一直采用从中提取某类或某个单体成分测定生物活性的方法。这种方法不能从整体上反映甘菊的药效。Wang等[76]采用代谢组学的方法研究了甘菊对人体生化代谢的影响，采用高分辨的NMR技术集合模式识别的方法，进行了为期6周的研究。对志愿者分别收集给药前、给药期间及给药后各两周的每日尿样。结果显示，给药前尿样与给药期间尿样中内源性代谢物的含量有比较大的差别（图13-8）；代谢轨迹分析表明，甘菊对人体生化代谢有比较持久的影响，停止给药后，药效依然持续了较长的时间（图13-9）。这一研究结果表明，虽然环境因素及志愿者个体差异较大，代谢组学的方法依然能够有效的评估甘菊这种含有多种成分的复杂体系对人体生化代谢的影响。

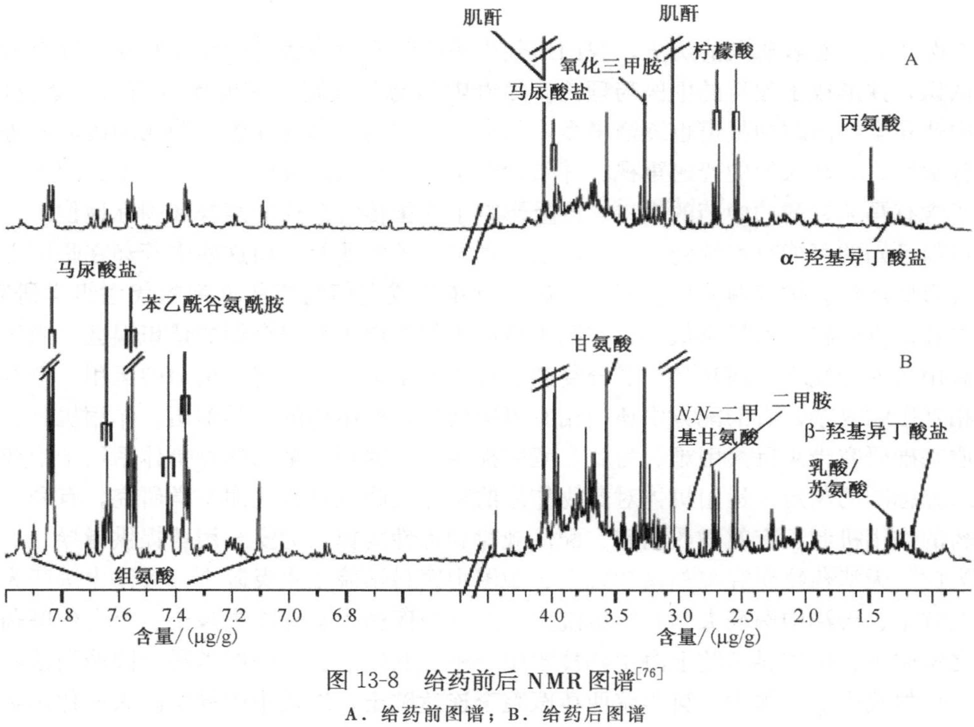

图13-8　给药前后NMR图谱[76]

A．给药前图谱；B．给药后图谱

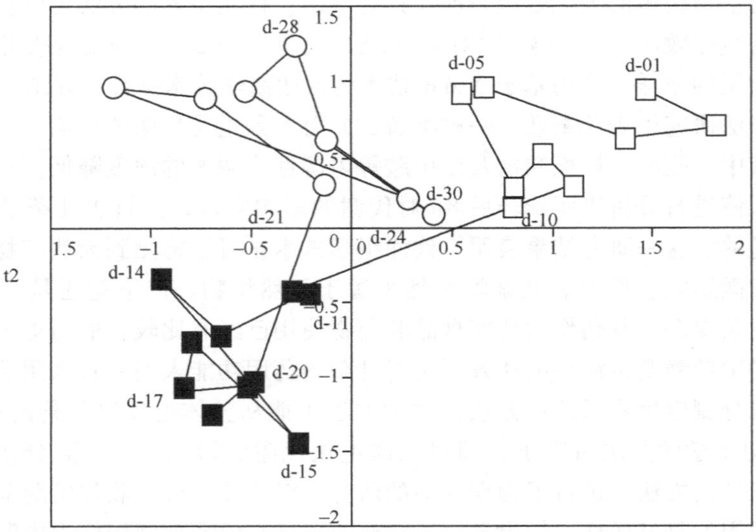

图 13-9　代谢轨迹图谱[76]

d0～d10 表示给药前；d11～d20 表示给药期间；d21～d30 表示停止给药后的回复期

13.5.3　代谢组学在中药安全性研究中的应用

中医药应用有着悠久的历史，我国历代中医药学家对中医药的疗效和安全性有着深刻的认识，并形成了独特的中医药理论。随着中草药及其制剂在世界范围的广泛应用，关于中药安全性问题的报道也逐渐增多，如众所周知的关木通和中成药龙胆泻肝丸等引起的肾毒性，引起人们的普遍重视，并致使美国、加拿大、英国、日本等不少国家先后限制了含有马兜铃酸的中药的进口，严重影响了我国传统医药的声誉和国际地位。

目前已知的可能有毒性的中药有防己、木通、关木通等，而这些中药却在临床上一直占有重要地位，被普遍使用。因此，进行单味药或它们组成的方剂的代谢组学研究，将为中药复方的科学性提供依据，有利于帮助人们走出中药安全性的认识误区。由于中医临床用药多为复方，药味多、成分复杂、可变因素多，加上辩证论治的运用，还有药味的相互影响复杂，有的配方中还使用有毒中药等，给中药的科学配伍、作用机制、有效物质基础研究带来巨大困难。为此，亟待提供一套客观、全面的评价体系用于中药的科学组方标准的制定。运用机体对药物作用的整体反映性进行代谢组学研究，有利于认识中药的作用机制、有效物质基础、配伍规律和毒性规律，为安全用药提供指导。

为此，天津药物研究院刘昌孝院士、中国中医科学院王永炎院士、天津中医药大学张伯礼院士、天津中医药大学石学敏院士、上海中医药大学陈凯先院士、上海中医药大学胡之璧院士、中国科学院上海生物技术中心杨胜利院士、中国医学科学院药用植物研究所肖培根院士、中国中医科学院西苑医院李连达院士，以及中国科学院大连化学物理研究所许国旺研究员和中国药科大学王广基教授共同联合撰写了《关于开展中药代谢组学研究的建议》[77]，认为运用具有反映整体思想的、先进的代谢组学方法来研究中药，对搞清中药的物质基础、作用机制、作用靶标、药效作用、组方依据、配伍规律和毒副作用及对中药种质资源等进行的研究都是十分必要的，它有可能使有着几千年历史的、以经验为基础的中药治病向以科学的方法和标准为基础的现代化的中药治病转变，从而对中医药事业的长远和健康发展产生十分深远的积极作用。建议国家尽快启动基于代谢组学的中药现代化研究。

代谢组学是后基因时代出现的一门新兴“组学”学科，它能用反映整体的代谢物图谱直接认识生理和生化状态。代谢组学是新药研究开发的重要组成部分，其应用涵盖了新生物标志物的发现、新药筛选、安全性实验等。在现代中药研究中，代谢组学在药物有效性和安全性、中药资源和质量控制研究等方面具有重要的理论意义和应用价值。

参考文献

[1] U S Food and Drug Administration. Innovation or stagnation: challenge and opportunity on the critical path to new medical products. http://www.fda.gov/oc/initiatives/criticalpath/whitepaper.html

[2] Nicholson J K, Connelly J, Lindon J C, Holmes E. Nat. Rev. Drug Discov., 2002, 1 (2): 153

[3] Lindon J C, Nicholson J K, Holmes E, Antti H, Bollard M E, Keun H, Beckonert O, Ebbels T M, Reily M D, Robertson D, Stevens G J, Luke P, Breau A P, Cantor G H, Bible R H, Niederhauser U, Senn H, Schlotterbeck G, Sidelmann U G, Laursen S M, Tymiak A, Car B D, Lehman-McKeeman L, Colet J M, Loukaci A, Thomas C. Toxicol. Appl. Pharmacol., 2003, 187: 137

[4] Gygi S P, Rochon Y, Franza B R, Aebersold R. Mol. Cell. Biol., 1999, 19: 1720

[5] Tweeddale H, Notley-McRobb L, Ferenci T. J. Bacteriol., 1988, 180: 5109

[6] Robertson D G, Reily M D, Lindon J C, Holmes E, Nicholson J K, Comprehensive Toxicology, 2002, 14: 583

[7] Holmes E, Bonner F W, Nicholson J K. Comp Biochem Physiol C Pharmacol Toxicol Endocrinol., 1996, 114: 7

[8] Holmes E, Bonner F, Nicholson J K. Comp Biochem Physiol C Pharmacol Toxicol Endocrinol., 1997, 116: 125

[9] Griffin J L, Walker L A, Garrod S, Holmes E, Shore R F, Nicholson J K. Comp Biochem Physiol B Biochem Mol. Biol., 2000, 127: 357

[10] Phipps A N, Stewart J, Wright B, Wilson I D. Xenobiotica., 1998, 28: 527-537

[11] Gavaghan C L, Nicholson J K, Connor S C, Wilson I D, Wright B, Holmes E. Anal. Biochem., 2001, 291: 245

[12] Bell J D, Sadler P J, Morris V C, Levander O A. Magn. Reson. Med., 1991, 17: 414

[13] Holmes E, Nicholson J K, Tranter G. Chem. Res. Toxicol., 2001, 14: 182

[14] Griffin J L, Williams H J, Sang E, Clarke K, Rae C. Anal. Biochem., 2001, 293: 16

[15] Griffin J L, Williams H J, Sang E, Nicholson J K. Magn. Reson. Med., 2001, 46: 249

[16] Plumb R, Granger J, Stumpef C, Wilson I D, Evans J A, Lenz E M. Analyst., 2003, 128: 819

[17] Bollard M E, Holmes E, Lindon J C, Mitchell S C, Branstetter D, Zhang W, Nicholson J K. Anal. Biochem., 2001, 295: 194

[18] Zuppi C, Messana I, Forni F, Rossi C, Pennacchietti L, Ferrari F, Giardina B. Clin. Chim. Acta., 1997, 265: 85

[19] Zhang A Q, Mitchell S C, Smith R L. Lancet, 1996, 348: 1740

[20] Solanky K S, Bailey N J, Holmes E, Lindon J C, Davis A L, Mulder T P, Van Duynhoven J P, Nicholson J K. J. Agric. Food Chem., 2003, 51: 4139

[21] Tate A R, Damment S J, Lindon J C. Anal. Biochem., 2001, 291: 17

[22] Gavaghan C L, Wilson I D, Nicholson J K. FEBS Lett., 2002, 530: 191

[23] Nicholls A W, Mortishire-smith R J, Nicholson J K. Chem. Res. Toxicol., 2003, 16: 1395

[24] Gartland K P, Bonner F W, Nicholson J K. Mol. Pharmacol., 1989, 35: 242

[25] Gartland K P, Sanins S M, Nicholson J K, Sweatman B C, Beddell C R, Lindon J C. NMR Biomed., 1990, 3: 166

[26] Gartland K P, Beddell C R, Lindon J C, Nicholson J K. J. Pharm. Biomed. Anal., 1990, 8: 963
[27] Holmes E, Bonner F W, Sweatman B C, Lindon J C, Beddell C R, Rahr E, Nicholson J K. Mol. Pharmacol., 1992, 42: 922
[28] Beckwith-hall B M, Nicholson J K, Nichollos A W, Foxall P J, Lindon J C, Connor S C, Abdi M, Connelly J, Holmes E. Chem. Res. Toxicol., 1998, 11: 260
[29] Garrod S, Humpher E, Connor S C, Connelly J C, Spraul M, Nicholson J K, Holmes E. Magnetic Resonance in Medicine, 2001, 45: 781
[30] Waters N J, Holmes E, Williams A, Waterfield C J, Farrant R D, Nicholson J K. Chem. Res. Toxicol., 2001, 14 (10): 1401
[31] Coen M, Lenz E M, Nicholson J K, Wilson I D, Pognan F, Lindon J C. Chem. Res. Toxicol., 2003, 16: 295
[32] Holmes E, Nicholls A W, Lindon J C, Ramos S, Spraul M, Neidig P, Connor S C, Connelly J, Damment S J, Haselden J, Nicholson J K. NMR Biomed., 1998, 11: 235
[33] Holmes E, Nicholson J K, Nicholls A W. Chemometrics and Intelligent Laboratory Systems., 1998, 44: 245
[34] Anthony M L, Rose V S, Nicholson J K, Lindon J C. J. Pharm. Biomed. Anal., 1995, 13: 205
[35] Holmes E, Nicholson J K, Tranter G. Chem. Res. Toxicol., 2001, 14: 182
[36] Ebbels T, Keun H, Beckonert O Analytica Chimica Acta , 2003, 490: 109
[37] Coen M, Ruepp S U, Lindon J C, Nicholson J K, Pognan F, Lenz E M, Wilson I D. J. Pharm. Biomed. Anal., 2004, 35 (1): 93
[38] Keun H C, Ebbels T M, Antti H, Bollard M E, Beckonert O, Schlotterbeck G, Senn H, Niederhauser U, Holmes E, Lindon J C, Nicholson J K. Chem. Res. Toxicol., 2002, 15: 1380
[39] Griffin J L, Walker L A, Troke J, Osborn D, Shore R F, Nicholson J K. FEBS Lett., 2000, 478 (1-2): 147
[40] Nicholls A W, Lindon J C, Farrant R D, Shockcor J P, Wilson I D, Nicholson J K. J. Pharm. Biomed. Anal., 1999, 20 (6): 865
[41] Nicholson J K, Timbrell J A, Sadler P J. Mol. Pharmacol., 1985, 27 (6): 644
[42] Taylor J, King R D, Altmann T, Fiehn O. Bioinformatics, 2002, 18 (Suppl 2): S241
[43] 谢培山. 中药新药与临床药理, 2001, 12 (3): 141
[44] 罗国安, 王义明. 中国新药杂志, 2002, 11 (1): 46
[45] U S Food and Drug Administration. Guidance for industry: Botanical drug products. http://www.fda.gov/cder/guidance/4592fnl.pdf
[46] WHO technical report series, No. 863. Guidelines for the assessment of herbal medicines, 1996, 13
[47] EMEA. Final proposals for revision of the note for guidance on qulity of herb remedies, 1998, 44
[48] 国家药品监督管理局. 中成药, 2000, 22 (10): 671
[49] 王爱芹, 王秀坤, 崔翔宇, 赵海誉. 中草药, 2004, 36 (11): 1307
[50] 李彦文, 周凤琴, 王丽萍, 任小娟. 中医药学刊, 2005, 23 (4): 713
[51] 王玉华. 内蒙古医学院学报, 2005, 27 (3): 215
[52] 韩澎, 崔亚君, 郭洪祝, 果德安. 中国中药杂志, 2004, 29 (10): 938
[53] 何春年, 李敏, 曹志高, 郭红英, 王春兰, 余世春. 中国中药杂志, 2003, 28 (12): 1141
[54] 高广慧, 邓捷圆, 王秀敏, 赵春杰, 刘禹. 沈阳药科大学学报, 2004, 21 (6): 438
[55] 赵明波, 邓秀兰, 王亚玲, 卢敏, 屠鹏飞. 药学学报, 2004, 39 (3): 212
[56] 王洪兰, 冉启琼, 刘峻, 朱丹妮. 中国药科大学学报, 2004, 35 (5): 453
[57] 王振月, 左月明, 康毅华, 李瑞明, 崔红花. 中草药, 2005, 36 (9): 1385
[58] 唐宝莲, 辛绍祺, 蔡宝昌, 刘训红, 陈斌. 南京中医药大学学报, 2005, 21 (3): 171
[59] 曹进, 徐燕, 张永知, 王义明, 罗国安. 分析化学研究报告, 2004, 32 (7): 875
[60] 鞠建明, 段金廒, 钱大玮, 朱玲英, 张绍君, 郭巧生. 中草药, 2005, 36 (9): 1388
[61] 韩凤梅, 李紫, 蔡敏, 张玲, 陈勇. 中草药, 2005, 36 (9): 1395
[62] 王爱民, 王永林, 兰燕宇, 刘丽娜, 何迅, 李勇军, 郑林. 世界科学技术, 2005, 7 (2): 107

[63] 易伦朝，谢培山，梁逸曾，赵宇. 中药新药与临床药理，2004，15 (6)：403
[64] Wang M，Lamers R J，Korthout H A，van Nesselrooij J H，Witkamp R F，van der Heijden R，Voshol P J，Havekes L M，Verpoorte R，van der Greef J. Phytother. Res.，2005，19 (3)：173
[65] 苏文华，张光飞，李秀华，欧晓昆. 中草药，2005，36 (9)：1415
[66] 王思宏，金香淑，姚艳红，吴信子. 延边大学学报（自然科学版），2001，27 (4)：274
[67] 肖丽和，王红燕，李发美，徐绥绪，王路宏，张箭. 沈阳药科大学学报，2004，21 (1)：28
[68] 李静，王璇，马付勇，贾秀虹，蔡少青，梁鑫森，小松かつ子. 中国天然药物，2004，2 (1)：33
[69] 闵春艳，李晓东，樊宏伟，洪敏，朱荃. 上海中医药杂志，2004，38 (2)：53
[70] 王亚丽，梁逸曾，李博岩，胡芸，胡黔楠. 中草药，2005，36 (10)：1457
[71] 史万忠，徐德生，刘力，石印玉. 中成药，2004，26 (1)：7
[72] 吴永江，崔勤敏，程翼宇. 中国中药杂志，2005，30 (9)：662
[73] 王钢力，郑笑为，陈道峰，林瑞超. 中草药，2004，35 (10)：1119
[74] 武建芳，路鑫，唐婉莹，孔宏伟，许国旺. 中国天然药物，2003，1 (3)：150
[75] 武建芳，路鑫，唐婉莹，廉晓红，孔宏伟，阮春海，许国旺. 高等学校化学学报，2004，25 (8)：1432
[76] Wang Y，Tang H，Nicholson J K，Hylands P J，Sampson J，Holmes E. J. Agric. Food Chem.，2005，53 (2)：191
[77] 潘锋. 代谢组学研究助中药"脱困"，科学时报，2007-7-24

第 14 章　代谢组学在植物研究中的应用

植物代谢组学是代谢组学的一个重要分支，可以定义为以植物为研究对象的代谢组学。具体地讲，植物代谢组学研究不同物种、不同基因类型或不同生态类型的植物在不同生长时期或受某种刺激前后的所有小分子代谢产物，对其进行定性、定量分析，并找出代谢变化的规律。本章简要介绍植物代谢组学的概念、植物代谢分析技术的进展及植物代谢组学的应用。

14.1　功能基因组时代的植物代谢组学

14.1.1　植物功能基因组学

随着人类基因组计划（HGP）的提前告捷，基因组学的研究从结构基因组学（structural genomics）过渡到功能基因组学（functional genomics）。结构基因组学是基因组分析的早期阶段，以建立生物体高分辨遗传、物理图谱为主。功能基因组学代表了基因分析的新阶段，是利用结构基因组学提供的信息，发展和应用新的实验手段系统地研究基因功能，它以高通量、大规模实验方法及统计和计算机分析为特征，又被称为后基因组（postgenome）研究。目前人类、酵母的功能基因组研究已全面展开，植物的功能基因组研究起步较晚，现正处于结构基因组学和功能基因组学并重的时代。

植物功能基因组学[1]是植物后基因时代研究的核心内容，它强调发展和应用整体的（基因组水平或系统水平）实验方法分析基因组序列信息、阐明基因功能，其特点是采用高通量的实验方法结合大规模的数据统计计算方法进行研究。基本策略是从研究单一基因或蛋白质上升到从系统角度研究所有基因或蛋白质。在植物功能基因组学的研究中，拟南芥和水稻是两种最常用的模式植物，它们的基因草图已完成[2,3]。

14.1.2　植物代谢组学

14.1.2.1　植物代谢组学的概念

随着生命科学研究的发展，人们已经把目光从基因的测序转移到了基因的功能研究。在研究 DNA 的基因组学、mRNA 的转录组学及蛋白质的蛋白质组学后，接踵而来的是研究代谢物的代谢组学[4]。

与传统植物化学研究相比，植物代谢物组学[5]研究不再以分离鉴定植物中的某一单一成分为研究目的，而是从整体出发，系统地、全面地研究植物中的所有小分子物质，并研究其随时间的变化关系。

14.1.2.2 植物代谢分析的必要性

为了在不断地变化和恶劣环境下生存，植物进化出复杂的、多细胞结构的不同功能的器官。这些器官（叶、根、茎、块根等）包含了多种细胞类型（表皮、保卫细胞、软组织、腺毛等），这些不同类型的细胞有专一的代谢机制来精确实现它们特定的功能。当地环境、温度和季节的影响通过代谢变化得到补偿。另外，由于非生物（光、紫外线、水）和生物（虫害、寄生虫病和病菌侵袭）的胁迫影响，植物派生出一个复杂的代谢化合物库。这些代谢物有些是常见的，但相当一部分有种属特异性。粗略估计，植物中代谢产物大约 20 万种，既有维持植物生命活动和生长发育所必需的初生代谢物，也有利用初生代谢物生成的与植物抗病和抗逆关系密切的次生代谢物。在基因型、显形、组织和细胞任意一个水平上这种复杂性可以用来定义植物。当我们对植物组织的代谢成分有了更深入全面的了解，这些知识可以有效地运用于植物的判断和预测。因此对植物代谢物进行分析十分必要[6]。

14.1.2.3 植物代谢组学的分析思想

与其他代谢组学思想方法类似，植物代谢组学的思想方法是从整体角度考虑问题，设定多层次、多结构的分析层面，以全面了解植物中代谢产物的成分、结构、合成途径与相关的基因功能，判断基因表达水平的变化，从而推断基因的功能及其对代谢流的影响[7,8]。植物代谢组学还可与转录组学和蛋白质组学技术整合，从整体研究植物系统对基因或环境变化的响应。

根据不同的分析目的，代谢分析主要由以下四个层次组成：代谢靶标化合物分析、代谢轮廓分析、代谢指纹图谱分析、代谢组学分析。

14.1.2.4 植物代谢组学的分析过程

简要地说，植物代谢组学分析流程包括样品制备、代谢物成分分析鉴定和数据分析（图 14-1)。由于植物中代谢物的种类繁多，而目前可用的成分检测和数据分析方法又多种多样，所以根据研究对象不同，采用的样品制备、分离鉴定手段及数据分析方法各不相同。

植物代谢物样品制备分为组织取样、匀浆、抽提、保存和样品预处理等步骤。植物代谢物千差万别，其中很多物质稍受干扰结构就会发生改变，因此目前还没有适合所有代谢物的抽提方法，通常只能根据所要分析的代谢物特性及使用的鉴定手段选择合适的提取方法。而抽提时间、温度、溶剂成分和质量及实验者的技巧等诸多因素也将影响样品制备的水平。

对获得的样品中所有代谢物进行分析鉴定是代谢组学研究的关键步骤，也是最困难和多变的步骤。与原有的各种组学技术只分析特定类型的物质不同，代谢组学分析对象的物化性质差异很大，要对它们进行无偏向的全面分析，单一的分离分析手段往往难以保证。色谱、质谱、核磁共振、红外光谱、紫外吸收、荧光散射、发射性检测和光散射等分离分析手段及其组合都被应用于代谢组学的研究[10]，一般根据样品的特性和实验目的，可选择最合适的分析方法。目前最常用的是气相色谱和质谱联用（GC-MS)、液

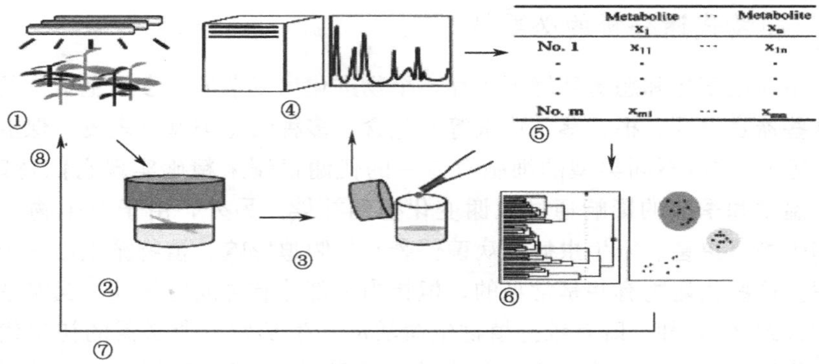

图 14-1　代谢组学分析流程图[9]

注释：①活组织样品；②取样（提取糖、酯、氨基酸、有机酸或次级代谢产物）；③衍生化；④分析；⑤数据转换；⑥数据挖掘；⑦功能未知基因的功能阐明；⑧对生物学的反馈

相色谱和质谱联用（LC-MS）、核磁共振（NMR）及傅里叶变换红外光谱与质谱联用（FTIR-MS）。

样品成分分析鉴定之后，需要对所获得的数据进行相应的整合处理，也是代谢组学研究中十分关键的步骤。可应用模式识别和多维统计分析等方法从这些大量的数据中获得有用的信息，这些方法能够为数据降维，使它们更易于可视化和分类。目前常用的两类算法是基于寻找模式的非监督方法（unsupervised method）和有监督方法（supervised method）。

14.1.2.5　几次重要的植物代谢组学国际会议

随着代谢组学研究的开展，越来越多的人投身于植物代谢研究领域。第 1 届植物代谢组学大会于 2002 年 4 月在荷兰举行，期间成立了国际植物代谢组学委员会（International Committee Plant Metabolomics，ICPM）并建立了该委员会的国际官方网站（http://www.metabolomics.nl），此次会议的召开大大促进了全世界此领域研究者的交流。第 2 届植物代谢组学大会于 2003 年在德国柏林的戈尔姆举行。第 3 届植物代谢组学大会于 2004 年 6 月在美国的爱荷华州举行，会议就分析技术的发展、代谢数据的生物信息和数据统计分析、代谢组学在解决生物技术问题中的作用和发展农作物等方面进行了讨论。第 4 届国际植物代谢组学大会于 2006 年 7 月在英国的雷丁举行，会议在生物信息学、标准化及数据库等方面的新方法及应用进行了广泛的探讨。2008 年 7 月，第 5 届国际植物代谢组学会议将在日本的横滨召开。这些国际性的会议极大地促进了植物代谢组学的研究，为未来的发展指明了方向。

14.1.3　植物代谢工程简介

20 世纪 70 年代以来，基因重组技术取得了突飞猛进的发展，利用基因重组技术对细胞的代谢网络进行修饰和改造，使其按照人类所期望的方向运行，从而获得所需产物的大量积累。这不仅在理论上可行，在实践上也有许多成功的事例。与此相应，作为基因工程的重要分支——代谢工程便应运而生[11,12]。1996 年，在美国正式召开了第一届代谢工程大会，美国的 Mendes 教授和 Kell 教授在大会上做了题为“代谢工程——让细胞为人类服务的报告”，确立了代谢工程的地位和研究方法。1998 年在德国召开了第二届代谢工程大会，与会者从代谢途径的分析、限速步骤相关酶的确定、方法及应用等方面探讨了代谢工程几年来所取得的进展。代谢工程最早的发展始于对微生物代谢网络的研究。经过 20 多年的发展，代谢工程在植物细胞代谢网络的修饰和改造上也显示了巨大的潜力。

代谢工程是利用基因工程技术强化改变或重组细胞的代谢系统，设计和构建新的代谢系统，以改变代谢流，提高目的代谢物的产量、产生新的代谢产物和降解某些污染物，提高能量代谢效率。目前，植物代谢工程的热点集中在次生代谢途径的研究上。植物次生代谢基因工程是利用基因工程技术对植物次生代谢途径的遗传特性进行改造，进而改变植物次生代谢产物。植物次生代谢基因工程的出现是人类对次生代谢途径的深入了解和分子生物学向纵深发展的结果，同时它又促进了次生代谢分子生物学的发展。

随着植物基因工程的发展，植物代谢途径基因的发现、克隆、转化及表达工作进展的速度惊人，许多代谢途径的基因解剖已经有了重大突破。但是，试图使用这些工具对植物的代谢进行工程操作的成功事例极为有限。大多数的工作主要集中在对影响代谢途径的单个基因的表达进行积极或消极的修饰。由于细胞中代谢网络是由数千种酶、膜传递系统、信号传递系统构成，它们之间受到相互精密地调控，对代谢的影响决非单一因素所能左右，因此在较广范围从分子水平到蛋白质水平对植物生理及代谢进行深入研究，透彻了解植物体内的相互作用与相互制约的因素，以整体系统的观念来研究细胞的代谢变化显得尤为重要。植物代谢组学正是运用了系统思想，综合了植物生理学、分析化学、生物信息学等多种学科的综合性的边缘学科，植物代谢组学与植物代谢工程的结合必将为植物基因组学做出更加巨大的贡献。

14.2 植物代谢组的分析

由于植物代谢物尤其是次生代谢物种类繁多、结构迥异，且产生和分布通常有种属、器官、组织及生长发育时期的特异性，难于进行分离分析，因此植物代谢分析的方法、手段也因分析的目的、对象不同而不同（图 14-2)。本节对植物代谢分析方法中常用的样品保存、提取、纯化与衍生化预处理方法、分离分析与检测方法、数据处理方法进行概括。

14.2.1 植物样品的保存和预处理方法

14.2.1.1 植物组织的保存——超低温保存

样品的保存条件通常有室温、4℃、－20℃、－80℃、液氮温度和冻干。对于不能在取样后立刻提取代谢产物的植物组织样品，超低温保存显得格外重要。

冰冻生物材料的研究是从低温保护附加剂的有效利用开始的[14]。1959 年，应用二甲基亚砜（DMSO）作为冷冻保护剂初次成功，但直到 1968 年 Ouatrano 才用它作为冷

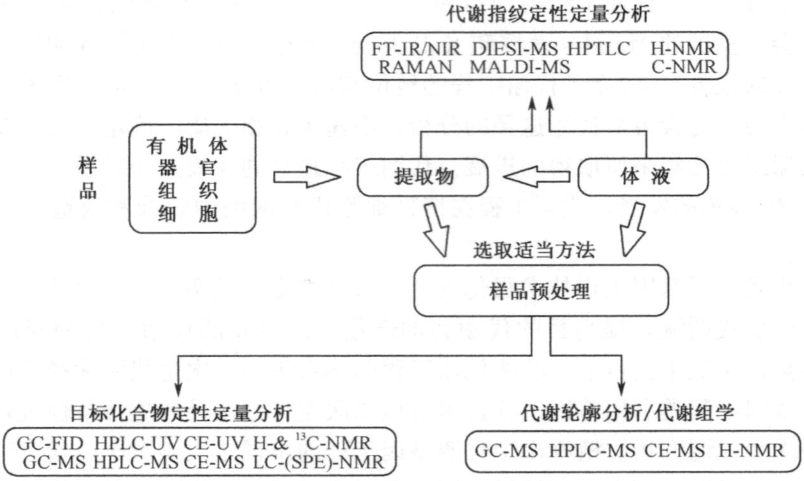

图 14-2 应用于不同层次代谢分析的样品预处理和分析技术概述图[13]

冻植物组织培养细胞的低温保护剂。1973 年，Nag 和 Street 将胡萝卜悬浮培养细胞保存在液氮中一段时间后再培养时，观察到细胞仍可生长，这是超低温保存植物材料的首次报道。自此以后，许多国家的有关实验室相继开展了植物组织和细胞保存及种质库建立的研究，并取得了一定进展，超低温保存技术也日趋完善。

超低温保存是指在－80℃以下的极低温度环境下保存种质资源的一整套生物科学技术。常用冷源有干冰（－79℃）、深冷冰箱及液氮（－196℃）。在超低温条件下保存材料，可以大大减慢甚至终止代谢和衰老过程，保持生物材料的稳定性，最大限度地抑制生理代谢强度，减少遗传变异的发生。超低温保存的两大理论基础是细胞冰冻结冰与伤害理论和溶液的玻璃化理论，它们为防止植物组织在冰冻过程中受到伤害提供了指导作用。从理论上讲，植物材料在液氮中的保存期可以无限延长，植物的生长处于完全停止的状态。因此超低温冷冻保存技术可望成为植物代谢研究中保存样品的最佳办法。关于组织培养物的超低温保存方法，有兴趣的读者可参看文献［15］。

14.2.1.2 植物次生代谢产物的提取方法

植物代谢物常见的提取技术有溶剂萃取技术[16]、微波辅助提取[17]、水蒸气蒸馏法、超临界萃取等。近年来植物中次生代谢产物的研究成为了热点。现将次生代谢产物的分类及部分产物的提取方法进行简单介绍。

1. 植物次生代谢产物的概念与分类[19]

1891 年，Kossel 明确提出了植物次生代谢（secondary metabolism）的概念。与初生代谢产物相比，植物次生代谢产物（secondary metabolite）是指植物体中一大类并非生长发育所必需的小分子有机化合物，其产生和分布通常有种属、器官、组织和生长发育期的特异性。

次生代谢是植物在长期进化过程中对生态环境适应的结果，有许多特定的功能。许多植物在受到病原微生物浸染后，产生并积累次生代谢产物，用以增强自身的抵抗力，这样的小分子物质称为植保素（phytoalexin)。很多萜类、生物碱和酚类成分都是植保素。有些次生代谢产物与植物异种相克、种子传播、吸引昆虫及防御捕食有关。次生代谢产物在整个代谢活动中的占重要地位。在植物的某个发育期或某个器官里，次生物质甚至成为代谢库的主要成分，橡胶树大量产生橡胶就是其中一个典型例子。中草药和香料的有效成分，绝大多数为植物次生代谢产物。

植物次生代谢产物种类繁多，包括酚类、黄酮类、香豆素、木质素、生物碱、糖苷、萜类、甾类、皂苷、多炔类和有机酸等，一般可分为酚类化合物、萜类化合物、含氮有机碱三大类。

1）酚类

广义的酚类化合物分为黄酮类、简单酚类和醌类。黄酮类是一大类以苯色酮环为基础，具有C6、C3、CH6结构的酚类化合物，可分为2-苯基衍生物（黄酮、黄酮醇类)、3-苯基衍生物（异黄酮）和4-苯基衍生物（新黄酮)。简单酚类是含有一个被烃基取代苯环的化合物，某些成分有调节植物生长的作用，有些是植保素的重要成分。醌类化合物是有苯式多环烃碳氢化合物（如萘、蒽等）的芳香二氧化物。醌类的存在是植物呈色的主要原因之一，有些醌类是抗菌、抗癌的主要成分，如胡桃醌和紫草宁。

2）萜类化合物

萜类是由异戊二烯单元（5碳）组成的化合物，通过异戊二烯途径（又称甲羟戊酸途径)。由2个、3个或4个异戊二烯单元分别组成产生的单萜、倍半萜和二萜称为低等萜类。单萜和倍半萜是植物挥发油的主要成分，也是香料的主要成分，许多倍半萜和二萜化合物是植保素。一些萜类成分具有重要的药用价值，如倍半萜成分青蒿素是目前治疗疟疾的最佳药物，抗癌药物紫杉醇是二萜类生物碱，存在于裸子植物红豆杉中。甾类化合物和三萜的合成前体都是含30个碳原子的鲨烯，为高等萜类。甾类化合物由1个环戊烷并多氢菲母核和3个侧链基本骨架组成，植物体内三萜皂苷元和甾体皂苷元分别与糖类结合形成三萜皂苷，如人参皂苷和薯蓣皂苷等。

3）含氮有机化合物

含氮有机化合物中最大的一类次生代谢物质是生物碱，是一类含氮的碱性天然产物，已知的达5500种以上。按其生源途径可分为真生物碱、伪生物碱和原生物碱。真生物碱和原生物碱都是氨基酸衍生物，但后者不含杂氮环。伪生物碱不是来自氨基酸，而是来自萜类、嘌呤和甾类化合物。许多生物碱是药用植物的有效成分，如小檗碱、莨菪碱等，还有些是植保素。含氮有机化合物还有胺类（是NH_3中的氢的不同取代产物)、非蛋白氨基酸（即蛋白质氨基酸类似物)、生氰苷（即植物生氰过程中产生HCN的前体物质，如苦杏仁苷和亚麻苦苷)。

除了上述的主要三大类外，植物还产生多炔类、有机酸等次生代谢物质，多炔类是植物体内发现的天然炔类，有机酸广泛地分布于植物各个部位。

2. 植物中次生代谢产物的提取方法

1）植物中多酚的提取[20]

植物多酚也称单宁，是一类广泛存在于植物体内的多酚类物质，主要存在于植物的皮、根、木、叶、果中。其结构复杂，化学性质活泼，并且常以大量性质相似的同系物的混合物形式存在。植物多酚由于其内部成分结构和性质的差异在提取时通常采用溶剂法、络合沉淀、层析法等方法进行提取分离。

溶剂提取法 由于多酚物质在结构中都含有羟基，具有一定极性，所以水、低碳醇、乙酸乙酯、丙酮都是可被选择的溶剂。通常可按以下原则提取：按主体酚类的含量、调节溶液的 pH、根据酚类分子质量。

沉淀分级法 分为冷却沉淀（根据植物多酚在热水中溶解；大分子质量多酚在低温下产生沉淀的性质而达到粗分离的目的）和金属离子沉淀法（根据金属离子如 Al^{3+}、Zn^{2+}、Ca^{2+}、Mg^{2+}，各自在一定的 pH 条件下可使水溶液中单宁发生沉淀而得以分级，然后沉淀物再经酸处理使多酚溶出）。

其他方法 超临界流体色谱、超滤技术等。

2) *甾醇的提取方法*[21]

甾醇（sterol）因其呈固态又称固醇，是以环戊烷多氢菲（甾核）为骨架的一种醇类化合物。甾醇通常为片状或粉末状白色固体，经溶剂结晶处理的甾醇为白色鳞片状或针状晶体，甾醇熔点较高，都在 100℃以上，最高达 215℃。甾醇的相对密度略大于水，不溶于水，可溶于多种有机溶剂。天然甾醇广泛分布在自然界中，其种类繁多，植物甾醇主要包括谷甾醇、豆甾醇和菜油甾醇等，存在于植物的种子中。

去除非甾醇类物质提取甾醇的方法很多，其原理一般基于原料的物理化学性质及生化反应方面的差异，如物质在碱存在下的可皂化性、有机溶剂中的溶解度差异；甾醇和其他物质的可络合性及其络合物的溶解度差异；表面活性剂存在下的亲水性差异；高真空条件下物质的蒸汽压及分子自由程的差异；物质吸附力的差异等。提取甾醇通常分两步进行，先从原料中提取甾醇为主的不皂化物（粗甾醇），然后从不皂化物中精制甾醇。工业精制有溶剂结晶法、络合法或两种方法结合，还有采用湿润剂乳化分离法。实验室精制采用吸附法、酶法、分子蒸馏分离法等。

3) *多糖的提取方法*[22]

多糖（polysaccharides，PS）又称多聚糖。其存在于动物、高等植物、微生物（细菌和真菌）及海藻等机体中。多糖具有复杂、多方面的生物活性和功能，可作为广谱免疫促进剂，具有免疫调节功能；抗感染、抗放射、抗凝血、降血糖、降血脂作用；促进核酸与蛋白质的生物合成作用；控制细胞分裂和分化，调节细胞的生长与衰老，而且多糖作为药物其毒性极小，因而多糖的研究已引起人们的极大兴趣。

多糖可存在于植物的根、茎、叶、花、果及种子中。大部分植物多糖不溶于冷水，在热水中呈黏液状，遇乙醇能沉淀。这样从植物中分离、提取较为单一的植物多糖并鉴定其纯度则极为困难。故提取时需注意对一些含脂较高的根、茎、叶、花、果及种子类，在用水提取前，应先脱脂。科学家曾采用经水或甲醇等有机溶剂的水溶液浸泡、低温减压浓缩、流水透析、凝胶柱层析、冷冻干燥等途径得到较单一的多糖成分。粗多糖中往往混杂着蛋白质、色素、低聚糖等杂质，必须分别除去。

3. 植物天然色素的提取方法[23]

天然色素在植物体中大量分布，并广泛参与植物体的生理活动。植物的根、叶、茎、花、果实、种子中均发现有色素存在。从细胞水平看，色素主要存在于质体、液泡等细胞器及细胞壁内，分别称质体色素、胞液色素和膜色素。

天然色素的提取技术主要经历了直接破碎原料、溶剂浸提、物理技术辅助浸提及现代仪器提取分离等几个阶段。

1）直接破碎原料

某些植物色素富含于果实、种子等外皮或外壳中，粉碎原料即可使色素从破坏的表皮组织中透出，直接收集利用。

2）溶剂浸提

以冷水或热水浸提并经过滤、蒸发浓缩处理的原始浸提法可用于收集色素粗产品，其成品纯度偏低，原料损耗大，直接用于工业化生产，经济性较差。浸提前后的其他工艺条件主要包括除杂、干燥、过滤、浓缩、结晶等。

3）物理技术辅助浸提

对于易溶出的色素成分，采用溶剂浸提法即可，但对溶解度较低的色素成分则常常效率偏低，因此现代浸提多在溶剂萃取的同时加上各种辅助提取技术，以改善和增强浸提效果。常用的方法有微波辅助浸提、超声波辅助和大孔树脂吸附提取。

4）现代仪器提取分离

溶剂法生产的色素常存在纯度差、有异味和溶剂残留等缺点，各种辅助浸提方式虽能加速成分溶出、增加产品得率，但对色素纯度的提高、颗粒的均匀微细化分布等要求仍难以实现。目前，超临界流体萃取等现代仪器提取分离技术克服了传统溶剂萃取色素纯度低及溶剂残留等缺点，已在辣椒红色素、番茄红素、β-胡萝卜素提取等技术上成功应用。

14.2.1.3 植物代谢物的分离纯化

上节涉及的提取方法所得到的天然产物提取液或提取物仍然是混合物，有时需进一步纯化、分离并进行精制。具体的方法随各天然产物化学成分的性质不同而异，现分述如下。

1. 溶剂分离法

一般是将植物总提取物，选用三四种不同极性的溶剂，由低极性到高极性分步进行提取分离。水浸膏或乙醇浸膏常常为胶状物，难以均匀分散在低极性溶剂中，故不能提取完全，可加入适量惰性填充剂，如硅藻土或纤维粉等，然后低温或自然干燥，粉碎后，再选用溶剂依次提取，使总提取物中各组成成分依其在不同极性溶剂中溶解度的差异而得到分离。利用天然产物化学成分，在不同极性溶剂中的溶解度进行分离纯化是最常用的方法。

向天然产物提取溶液中加入另一种溶剂，析出其中某种或某些成分，或析出杂质，也是一种溶剂分离的方法。天然产物水提液中常含有树胶、黏液质、蛋白质、糊化淀粉等，可以加入一定量的乙醇，使这些不溶于乙醇的成分自溶液中沉淀析出，而达到与其他成分分离的目的。目前，提取多糖及多肽类化合物多采用水溶解、浓缩、加乙醇或丙酮析出的办法。此外，也可利用其某些成分能在酸或碱中溶解，又在加碱或加酸变更溶液的 pH 后，成不溶物而析出以达到分离。

2. 两相溶剂萃取法

两相溶剂提取又简称萃取法，是利用混合物中各成分在两种互不相溶的溶剂中分配系数的不同而达到分离的方法。萃取时如果各成分在两相溶剂中分配系数相差越大，则分离效率越高。

3. 沉淀法

在提取液中加入某些试剂或物质使沉淀产生，以获得化合物或除去杂质的方法。

4. 盐析法

在水提液中，加入无机盐至一定浓度，使某些成分在水中的溶解度降低沉淀析出，而与水溶性大的杂质分离。

5. 透析法

透析法是利用小分子物质在溶液中通过半透膜，而大分子物质不能透过半透膜的性质，达到分离的方法。此法常用以分离和纯化皂苷、蛋白质、多肽、多糖等物质，可用以除去无机盐、单糖、双糖等杂质。

6. 重结晶法

在常温下，天然产物的化合物一般为固体物质，都具有结晶化的通性，可以根据溶解度的不同，用结晶法来达到分离精制的目的。纯化合物的结晶有一定的熔点和结晶学的特征，有利于进行进一步的结构鉴定。

7. 固相萃取（SPE）[24,25]

1）原理

固相萃取是一个包括液相和固相的物理萃取过程。在固相萃取中，固相对分离物的吸附力比溶解分离物的溶剂更大。当样品溶液通过吸附剂床时，分离物浓缩在其表面，其他样品成分通过吸附剂床；通过只吸附分离物而不吸附其他样品成分的吸附剂，可以得到高纯度和浓缩的分离物。

2）固相萃取的简要过程

①活化萃取柱；②一个样品包括分离物和干扰物通过吸附剂；③吸附剂选择性的保留分离物和一些干扰物，其他干扰物通过吸附剂；④用适当的溶剂淋洗吸附剂，使先前保留的干扰物选择性的淋洗掉，分离物保留在吸附剂床上；⑤纯化、浓缩的分离物从吸附剂上淋洗下来。

影响 SPE 效果的主要因素有吸附剂类型及用量、水样体积、洗脱剂类型。正相吸附剂保留极性有机物，反相吸附剂保留非极性或弱极性有机物，而离子交换树脂则适用于离子型的有机物；在吸附剂和洗脱剂选定的条件下，回收率随吸附剂量增大而提高；水样流速对回收率的影响不明显。

3）固相萃取的类型

固相萃取技术经过二十多年的发展，主要有以下类型：石墨碳（反相）、离子交换树脂、金属配合物吸附剂、键合硅胶、聚合物吸附剂、免疫亲和吸附剂、分子嵌入聚合物。

SPE 技术操作简便、快速、溶剂用量少，重现性好，易与 GC、GC-MS、HPLC 等仪器联用。

14.2.1.4 植物样品的衍生化预处理

对目标化合物的衍生[26]、不同的分析仪器要求不同。但是选择性和效率是重要的考虑因素，试剂和反应条件的选择等都要仔细考虑到并要验证方法的重复性。另外，衍生量的稳定性也要被评价。

只有挥发性化合物适合气质联用（GC-MS）的分析方法，大部分亲水化合物需要衍生化降低极性增加挥发性。硅烷化是最常用的气相色谱衍生方法，近年的植物代谢文献中多用 *N*，*O*-双三甲基硅三氟乙酰胺（BSTFA）、*N*-甲基-*N*-三甲基硅三氟乙酰胺（MSTFA）和 *N*-甲基-*N*-叔丁基二甲基硅三氟乙酰胺（MTBSTFA）作硅烷化衍生试剂。另外，酯化衍生化方法（甲醇法、重氮甲烷、三氟乙酸酐法等）、酰化衍生化方法（乙酰化法、多氟酰化法）等也有一定应用。

使用紫外或荧光检测器的高效液相色谱（HPLC）也需要衍生化。为了使一些没有紫外吸收或紫外吸收很弱的化合物能被紫外检测器检测，要通过衍生化的方法往这些化合物的分子中引入有强紫外吸收的基团。常用的紫外衍生化反应有苯甲酰化反应、苯基磺酰氯的反应等。液相色谱中荧光检测器的灵敏度要比紫外检测器高出几个数量级，但是液相色谱能分离的对象，多数没有荧光，主要依靠荧光衍生化试剂在目标化合物上接上能发出荧光的生色基团，达到荧光检测的目的。常用的荧光检测试剂有丹磺酰氯、丹磺酰肼、荧光胺等。

对于全定量分析，利用稳定同位素是很重要的方法，因为在代谢研究中质谱使用频率很高。质谱在定性和定量中都被使用，但是，如果离子源被污染，离子化效率就会大大降低，这种现象被称为“离子抑制”。离子抑制的主要原因是分离阶段的失败导致污染物与目标化合物的共流出，它会发生在任何类型的质谱（包括 GC-MS、LC-MS 和 CE-MS）。基于全定量分析的同位素稀释是最合适的解决方式。这种方法的原理是将同位素标记的目标化合物作为内标。代谢物从测试样中提取出来。用同样的方法，代谢物都被同位素标记并从这种控制样本中提取出来。测试样与控制样混合。混合物用联用技术分离检测。在色谱和电色谱中，目标化合物和相应的同位素标记物是共流出的。每种目标代谢物的比率取决于目标化合物和同位素标记物的峰的比率。这种技术用于蛋白质技术的研究。在线同位素仪常用稳定同位素稀释。硫代谢物用 S^{34} 作标记物，C^{13} 和 N^{15} 也被用于同位素标记技术。在未来，费时的样品采集与全定量的稳定同位素稀释的结合会成为动力代谢分析中的标准方法之一。

14.2.2 植物代谢组的分析检测

详细的检测技术请见第 2～6 章。简单地说，植物代谢的分析检测一般采用色谱、NMR 和质谱技术等。气相色谱（GC）技术[27～29]是最先发展起来的色谱技术，也是最成熟、应用最广泛的色谱技术。其现状和发展趋势凸现以下几个方面：快速分析、新色谱柱的研发、多维气相色谱技术、统计学对复杂多组分重叠峰解析。19 世纪 90 年代发展的全二维气相色谱（GC×GC）是目前气相色谱中最具有高峰容量和高分辨率的技术，它将会在复杂体系的样品分离分析中占有越来越重要的地位[29]。质谱将成为气相色谱仪的一个标准检测器，气相色谱-质谱联用技术[6,30]是目前在植物代谢分析中应用最广泛的分离检测手段。

液相色谱（HPLC）技术[27,28]具有分离效率高、分析速度快、检测灵敏度高和应用范围广泛的特点，特别适合于高沸点、大分子、强极性和热稳定性差的化合物的分离分析。毛细管电泳（CE）技术[31]和高效液相色谱分离模式类似，是以毛细管为分离通道、以高压直流电场为驱动力，根据样品中各组分之间迁移速度的差异而实现分离的技术。

质谱技术[32]是天然产物结构解析的重要技术之一，可以方便地获得化合物的分子质量、分子式和部分结构信息，易于与色谱、毛细管联用[33,34]，和核磁共振技术一起是天然产物结构解析最为主要的技术。傅里叶变换离子回旋共振质谱（FT-ICR-MS）虽然在质谱联用技术中较为常见，但在植物领域中较广泛的应用还在 2002 年以后。这种技术的优势在于通过高分辨的能力提供更精确的质量数信息。但是这种技术不能对同分异构体（在植物中大量存在的）进行很好的区分。最新推出的静电场轨道阱傅里叶变换质谱仪（Orbitrap FTMS），不仅能提供快速和灵敏的分析能力，而且价格相对回旋傅里叶质谱便宜了很多，有人预言这种技术在代谢组学应用上有很广泛的市场，它理应得到更多的关注。

核磁共振与色谱联用技术是近些年发展的热点，主要涉及 HPLC-NMR 联用，甚至出现了色谱-质谱-核磁（HPLC-MS-NMR）联用技术[35]。HPLC-NMR 联用使得天然产物的在线分析与其中成分的结构确定成为可能。对于植物粗提样品进行 LC-NMR 联用分析根据分析目的不同可采用“流动”（on flow mode）方式和“静态”方式。“流动”操作是指在液相洗脱不停顿的情况下，对流出峰进行 NMR 测定。“静态”操作是指当对流出峰进行测定时，流动相洗脱暂时停止。实际上，在“流动”操作过程中，由于样品在流动相中浓度太低，加之 NMR 本身的低检测灵敏度，使得这种方式主要适用于粗提物的主成分分析。“静态”操作由于液相色谱峰在 NMR 仪中停留时间增加，因此可以提高检测限。但“静态”分析要求预知样品中被分析化合物的保留时间。HPLC-MS-NMR 联用使得在线获得天然产物中更多化合物的结构信息成为可能。

傅里叶红外光谱[36]是一种稳定的、持续发展的分析技术，它能够快速、无损、无溶剂、高通量分析不同类样品。傅里叶红外光谱的原理是当一个样品被光（或电磁波辐射）照射时，化学键就会在特定波长吸收光线，并且以某种特定的方式振动，如伸缩振动或者弯曲振动。这种吸收/振动可以和单键或者分子的官能团相关，以鉴定出未知化合物。它也是一种通用型技术，只需要很少的样品预处理和少量的背景知识训练。有些代谢组学的研究工作也用到拉曼光谱和近红外光谱。

14.2.3 代谢组学研究的数据处理

14.2.3.1 数据处理方法

代谢物数据采集之后，需要对所获得的数据进行分析，这是代谢组学研究中十分关键的步骤。目前数据分析常用的两类算法是基于寻找模式的非监督方法（unsupervised method）和有监督方法（supervised method）。植物代谢数据处理中常见方法是主成分分析（principal component analysis，PCA）、聚类分析和K矩阵法（hierarchical cluster analysis and K-means clustering）、自组织图（self-organizing map，SOM）和偏最小二乘法（partial least square）等[37]，在第7章有详细的描述。

14.2.3.2 数据库[33]

1. 生化数据库

生物化学的内容在清晰地阐述代谢数据方面是十分有用的。这些内容由存在于组织内部的反应网络组成。生化内容也包括催化每个反应的已知酶的活性，执行这种活性的蛋白质和它们密码的基因。简而言之，需要这种描述已知生物化学的数据库。尽管它们都不完善，没有一种可以广泛用于代谢组学，但这些数据库已有部分存在（表14-1）。

表14-1 互联网上的部分生化数据库[30]

数据库/单位名称	网址
KEGG	http://www.genome.ad.jp/kegg/kegg2.html
BRENDA	http://www.brenda.uni-kocln.de/
The EMP Project	http://www.empproject.com
Institute of Biological Science, University of Wales, Aberystwyth	http://www.aber.ac.uk/biology/research/abml.html
Douglas Kell's Group	http://qbab.aber.ac.uk/home.html
Virginia Bioinformatics Institute	http://www.vbi.vt.edu/
IUBMB Enzyme Nomendature	http://www.chem.qmul.ac.uk/iubmb/enzyme/
The University of Arizona Natural Products Database	http://www.npd.chem.arizona.edu/about.asp
Iowa State University	http://www.public.iastate.edu/～botany/wurtele.html
Platform Plant Metabolomics	http://www.metabolomics.nl
EcoCye	http://biocyc. org: 1555/ECOLI/class-subs-instances? object =Pathways

2. 代谢途径数据库

代谢途径是度量精确状态下生物系统代谢物的方法之一。实验可以由不同的代谢途径组成，而它又是一种实时的过程，在相同状态下的突变比较，或者相同生化系统在不同环境下的比较。这些数据等价于微阵列结果和蛋白质途径。

14.3 植物代谢组学的应用

早些年对植物代谢产物的分析多是靶标物分析，鉴定的化合物相对少，方法也比较简单。近年来对植物样品的指纹图谱和代谢轮廓图谱的分析是研究的热点。特别是一些转基因和受环境因子影响的植株分析大量报道，多维色谱和联用技术大大扩展了植物代谢组学的应用领域。下面就对这些内容做简要的介绍。

14.3.1 植物代谢指纹图谱及轮廓分析应用实例

14.3.1.1 代谢指纹图谱分析实例

1. 使用 HPLC-电喷雾离子阱质谱对紫花苜蓿和蒺藜苜蓿皂角苷的指纹图谱分析

Huhman 等[33]采用负离子反相液相色谱/二极管阵列检测器/电喷雾离子/质谱联用（HPLC/PDA/ESI/MS，HPLC/PDA/ESI/MS/MS）的分析方法，分离定性苜蓿中三萜烯皂角苷（图 14-3）。结合文献数据，紫花苜蓿（*Medicago sativa*）中 15 种皂角苷被鉴定；另外还发现两种新的丙二酸皂角苷。上述方法与 HPLC 保留时间结合在蒺藜苜蓿（*Medicago truncatula*）中发现 27 种皂角苷，见图 14-4。蒺藜苜蓿中的皂角苷成分远比紫花苜蓿复杂。

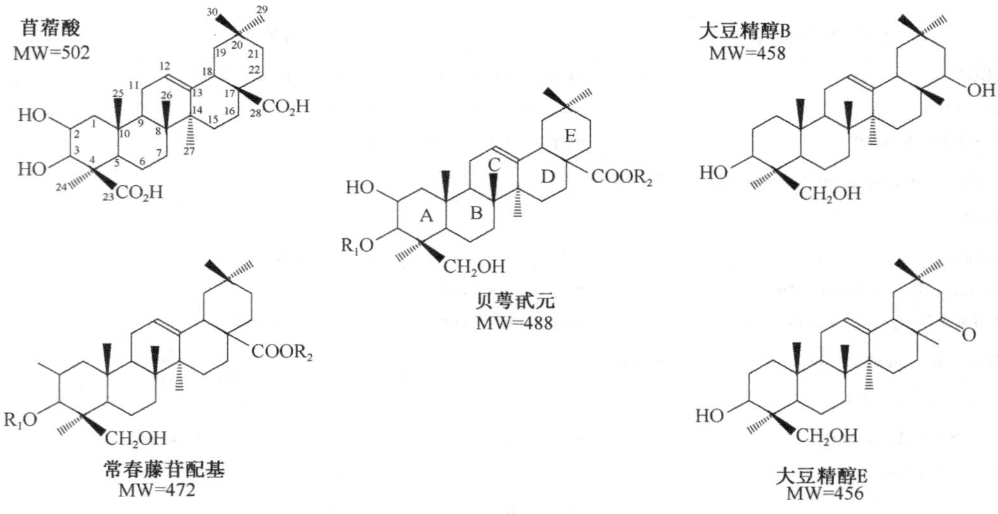

图 14-3 常见豆科植物中皂角苷糖苷配基的化学结构[33]

2. 用气质联用方法同时检测杏中糖、糖醇/酸、氨基酸化合物

Katona 等[38]采用 GC-MS 方法，发展了一个在果汁存在下的直接衍生化方法，同时定量分析单糖、二糖、三糖、糖醇和糖酸的三甲基硅烷肟化产物。检测方法既可基于总离子流，也可基于选择性碎片离子（SFI）扫描（图 14-5），保证了方法适合于一个

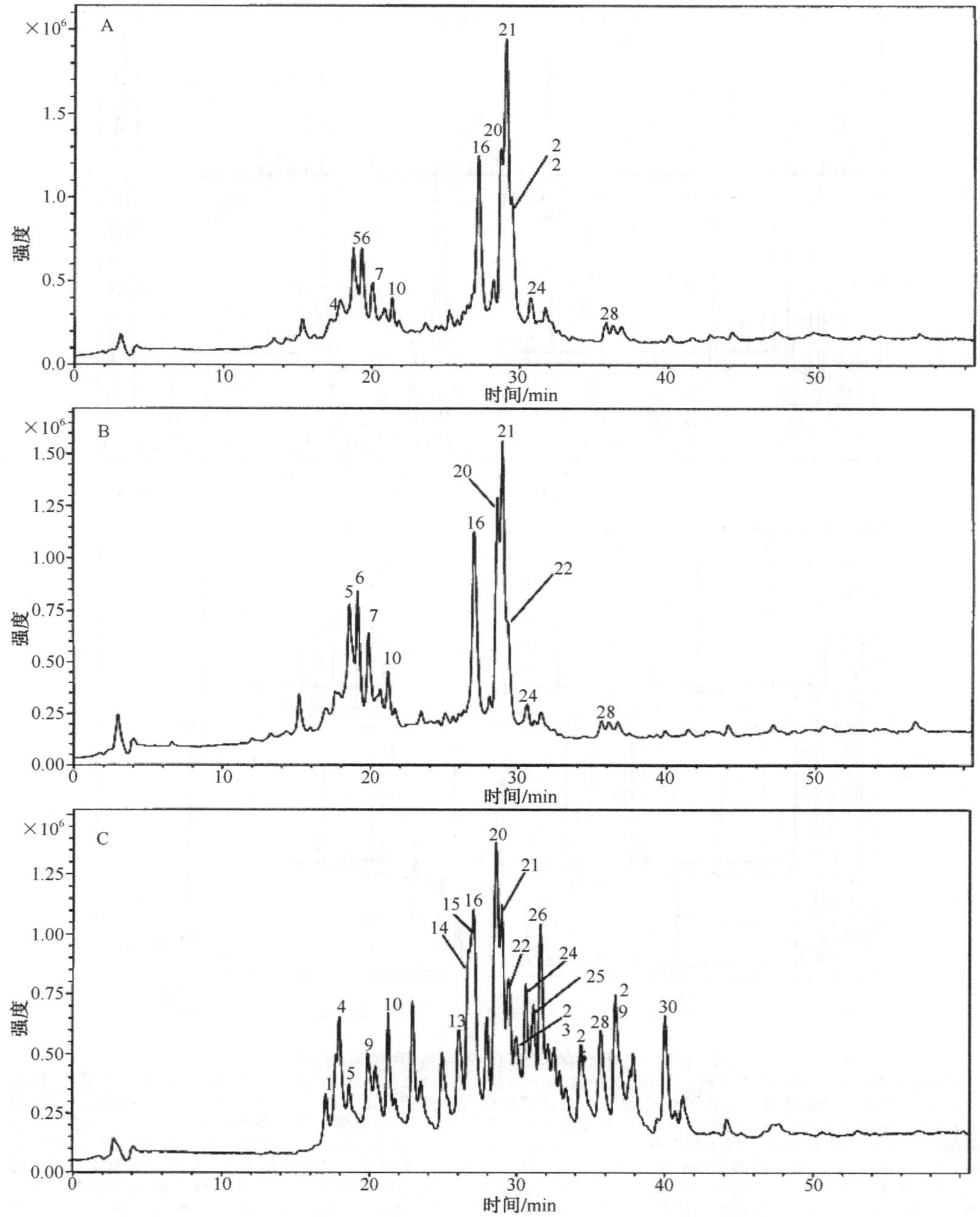

图 14-4　负离子模式反相液相色谱-二极管阵列检测器-电喷雾离子阱质谱总离子流图[33]

A．紫花苜蓿（*M. sativa*，cultivar Radius）；B．紫花苜蓿（*M. sativa*，cultivar Kleszczewska）；C．蒺藜苜蓿（*M. truncatula*，cultivar Jemalong A17）。峰号标出的是已鉴定的化合物

较宽的浓度范围。重现性相对标准偏差小于 3.6%（总离子流）和 4.3%（选择性离子）。上述方法被用于检测不同收获时间和储藏条件的两种杏中的糖、糖醇/羧酸和氨基酸组成。

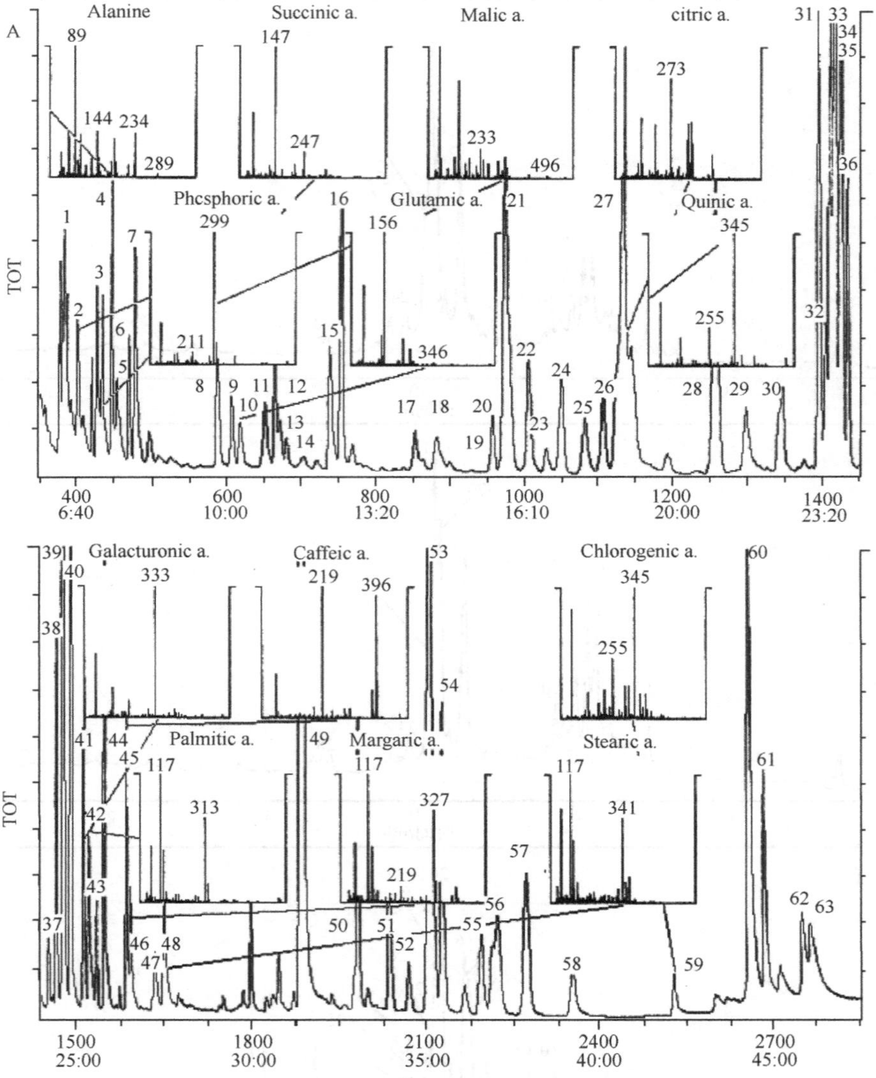

图 14-5　衍生后的待测化合物气质联用图谱[38]

A．对照标准样品，上图-总离子流，下图-选择性离子扫描；B．A-1/1 杏树样品，上图-总离子流，下图-选择性离子扫描。谱图中的峰号为可定性的化合物，小图是部分化合物的质谱图。峰：1＝安息香酸；2＝正磷酸；3＝琥珀酸；4＝丙胺酸；5＋7＝菊芋酸 1，2；6＝丝氨酸；8＝苹果酸；9＝水杨酸；10＝谷氨酸；11＝苯乙烯酸＋羟甲基糖醛；12＝3-羟基苯甲酸；13＝脯胺酸；14＝β-苯基乳酸；15＝4-羟基苯酸；16＝酒石酸；17＝3，5-双甲羟苯甲酸；18＝黎芦 3，4-双甲羟苯甲酸；19＝γ-间二羟苯基-2，6-双羟苯甲酸；20＝戊醛糖 1；21＝戊醛糖 2＋树胶醛糖 1，2＋香草 3-甲氧基-4-羟基苯乙烯酸；26＝β-间二羟苯基 2，4-二羟苯甲酸；27＝莽草酸＋原儿苯醛酸＋4-甲基苯乙烯酸＋3，5-二羟基苯甲酸＋柠檬酸＋岩藻糖 1，2；28＝奎宁酸；29＝m-香豆酸 3-羟基苯乙烯；30＝丁香 3，5-二甲氧基-4-羟苯甲酸；31＝甘露醇；32＝4-羟基苯乙烯酸；33＝山梨醇；34，35＝果糖 1，2；36＝3，4，5-三羟基苯甲酸；37＝咖啡酸 1＋3，5-二羟基苯甲酸；38＝半乳糖 1；39＝半乳糖 2＋葡萄糖 1；40＝葡萄糖 2；41＝半乳糖酸；42＝棕榈酸；43＝葡萄糖醛酸；44＝阿魏酸；45＝咖啡酸 2；46＝珍珠酸；47＝油酸；48＝硬脂酸；49＝蔗糖；50＝海藻糖；51，52＝纤维二糖 1，2；53＝松二糖 1，2＋麦芽糖 1；54＝麦芽糖 2；55＋57＝帕拉金糖；58＝龙胆二糖 2＋蜜二糖；59＝绿原酸；59＊＝咖啡酰奎尼酸；60＝蜜三糖；61＝松三糖；62＝麦芽三糖

3. 核磁共振共振和多变量分析用于野生型和转基因型烟草的代谢指纹图谱分析

Choi 等[39]应用核磁共振（^{1}H NMR）和多变量分析技术，对野生型烟草和过表达水杨酸合酶（CSA）的转基因烟草进行了代谢组学分析（图 14-6）。基于核磁共振数据

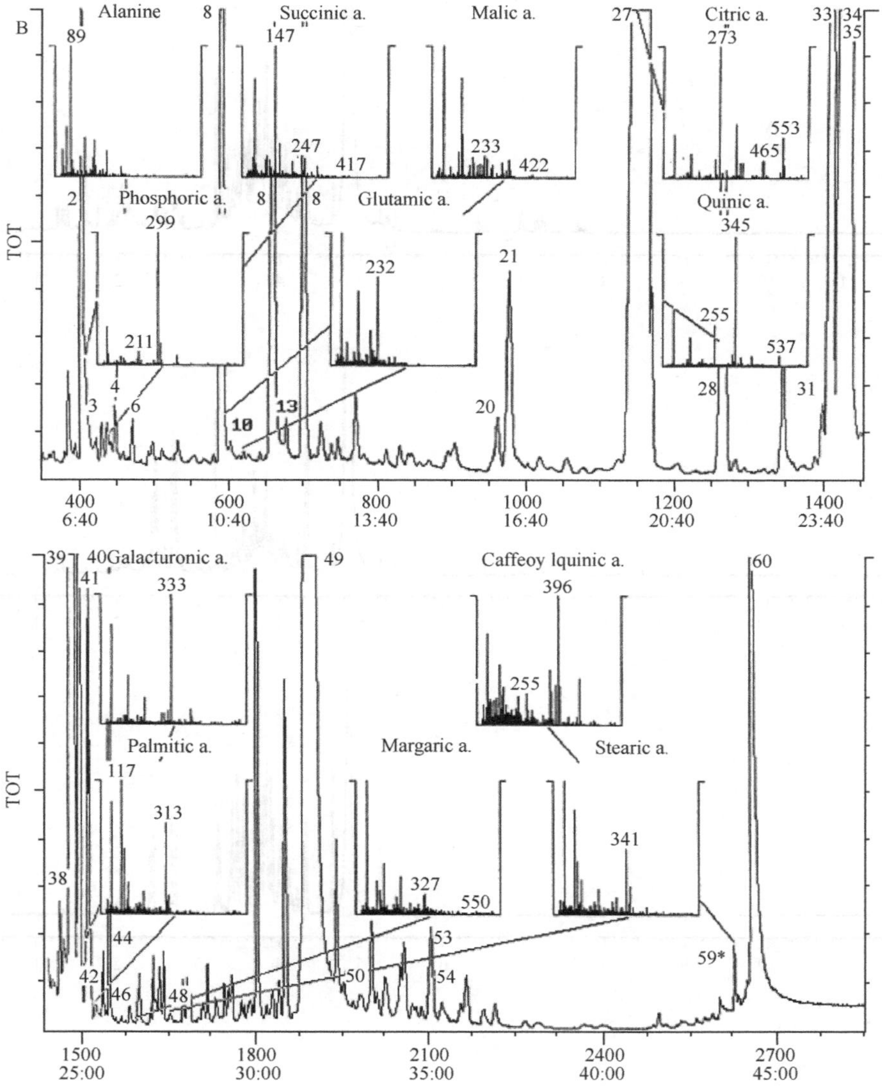

图 14-5　衍生后的待测化合物气质联用图谱（续）

的主成分分析（PCA），在 PC1 和 PC2 上，这些样品可以得到清楚的区分（图 14-7）。非接种、接种烟草花叶病病毒（TMV）、全叶（整体烟叶）和叶脉（vein）也可达到区分。对分类起主要贡献作用的化合物被定性为叶绿酸、苹果酸和糖类。这种方法不需要预纯化步骤就可以区分野生型和转基因烟草。

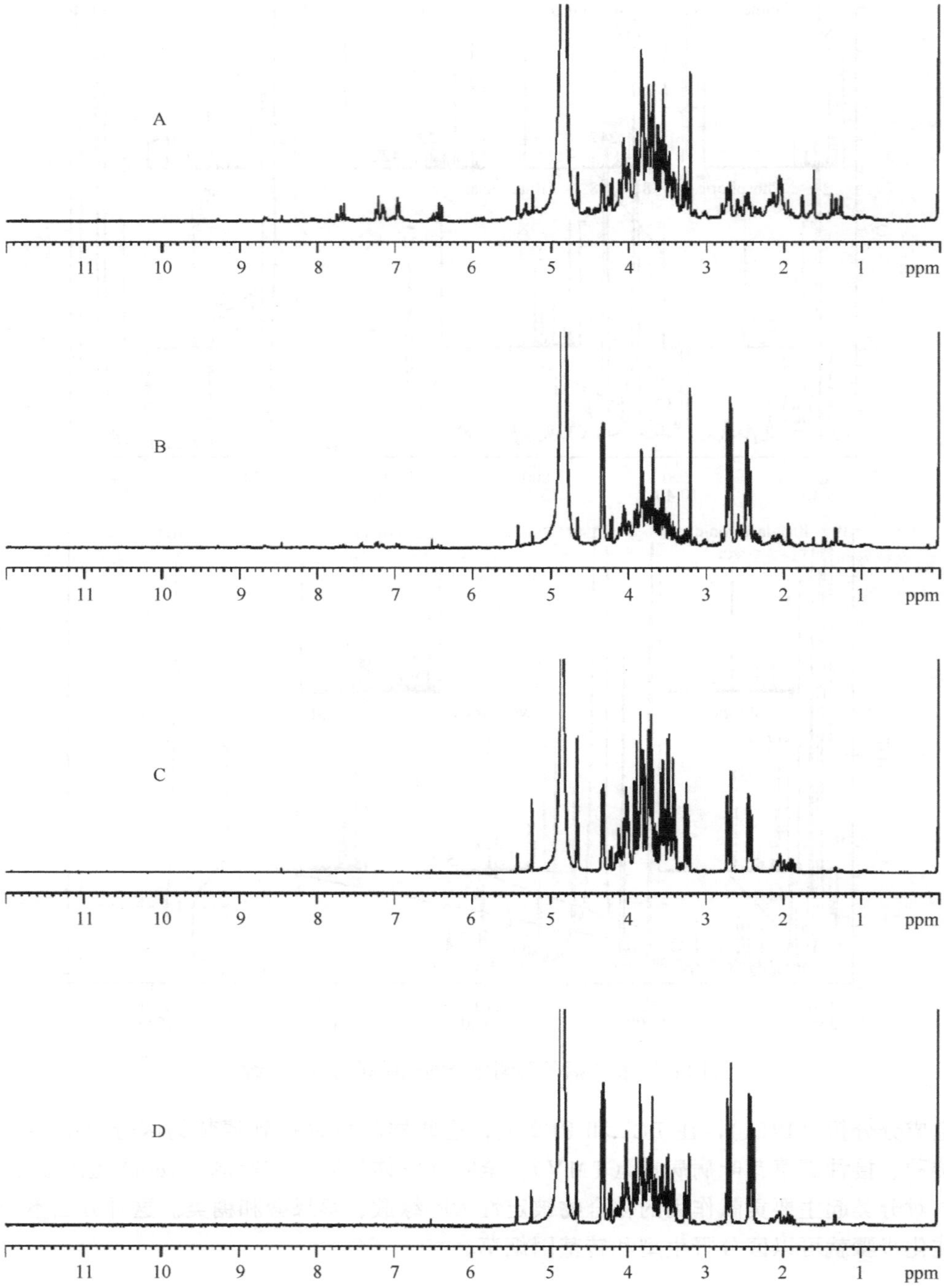

图 14-6　样品亲水部分的^{1}H NMR图谱[39]

A. 野生型叶片；B. 过表达水杨酸合酶的转基因烟草叶片；C. 野生型叶脉；D. 过表达水杨酸合酶（CSA）的转基因烟草叶脉

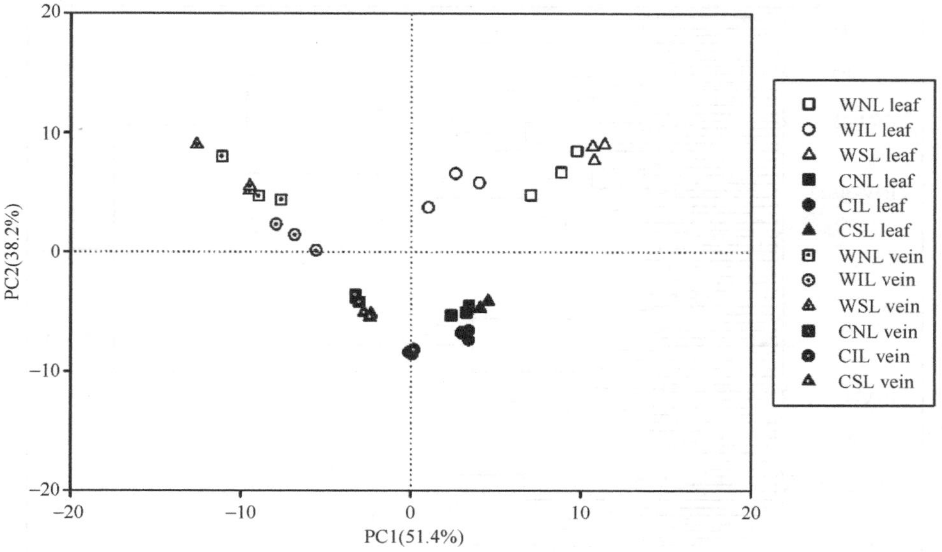

图 14-7　野生型和转基因烟草的叶片/叶脉核磁共振数据 PCA 得分矩阵图[39]

WNL leaf：野生型非接种烟叶；WIL leaf：野生型接种烟叶；WSL leaf：野生型整体烟叶；CNL leaf：CSA 非接种烟叶；CIL leaf：CSA 接种烟叶；CSL leaf：CSA 整体烟叶；WNL vein：野生型非接种叶脉；WIL vein：野生型接种叶脉；WSL vein：野生型整体叶脉；CNL vein：CSA 非接种叶脉；CIL vein：CSA 接种叶脉；CSL vein：CSA 整体叶脉

14.3.1.2　代谢轮廓分析实例

1. 代谢轮廓分析用于表征基因或环境改良的植物系统

Roessner 等[40]将 GC-MS 代谢轮廓分析方法应用于对蔗糖代谢修饰的四种不同基因型马铃薯的表型研究。使用两种数据处理方法：分级聚类分析（HCA）和主成分分析（PCA）可以使它们分别聚类（图 14-8），并可测定类与类间的相互距离。聚类中起重要作用的化合物也被鉴定。关联分析可以揭示代谢物谱间的密切联系（图 14-9 和图 14-10）。另外，将野生型马铃薯组织进行环境操作处理，这些实验的代谢轮廓数据和上述转基因马铃薯的数据进行对比，由此可以说明代谢轮廓分析在评估一个基因修饰如何被环境条件拟表型（phenocopy）方面的潜力。这个研究说明代谢轮廓分析与数据挖掘工具联用可作为植物基因型的综合性表征技术。

2. 应用核磁共振的番茄代谢轮廓图谱用于检测基因修饰后的潜在影响

Le Gall 等[41]着眼于^{1}H NMR 用于番茄代谢轮廓图谱的研究（图 14-11）。样品是转过表达玉米中 *LC* 和 *C1* 基因的番茄。与非转基因番茄比较，发现转基因番茄从不成熟到成熟阶段，谷氨酸、果糖和一些核苷和核酸显著增高，但同时一些氨基酸（如缬氨酸、γ-氨基丁酸）在不成熟阶段含量反而很高。在两种成熟的红番茄中，6 种主要的类黄酮配糖体有显著增加，而且至少还有 15 种其他代谢产物有差异，包括柠檬酸、蔗糖、苯基丙氨酸等。虽然在统计学上有差异（图 14-12），但这种差异仍

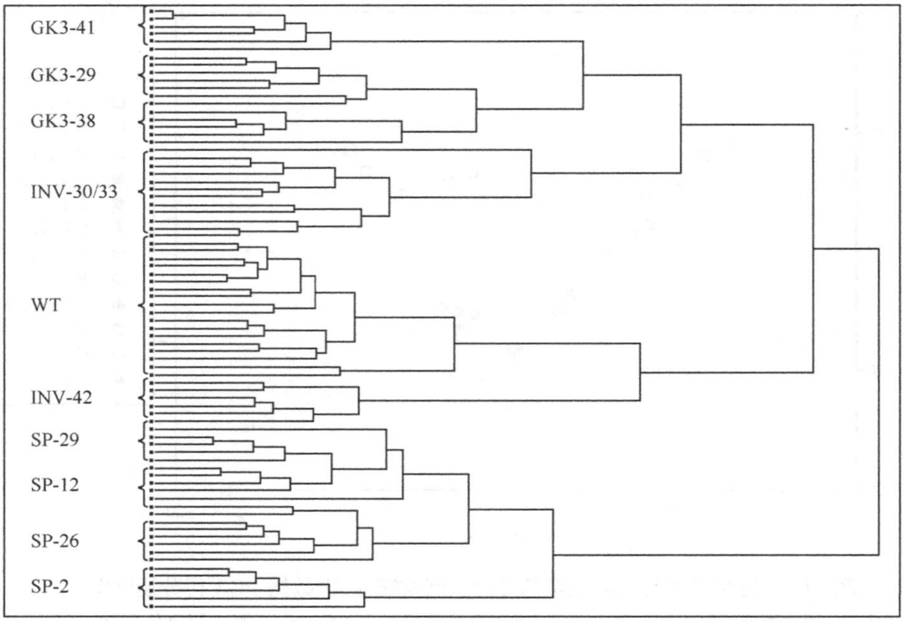

图 14-8　转基因系统的代谢轮廓聚类分析[40]

然在田间种植番茄的自然变化范围内。这个方法清楚地说明^{1}H NMR 结合化学计量学和单变量分析可以揭示代谢物的微小变化，从而检测农作物基因修饰后的潜在影响。

3. 葫芦韧皮部的代谢网络研究

Fiehn[42]运用气质联用（GC-MS）和液质联用（LC-MS）对葫芦韧皮（*Cucurbita maxima* Duch.）脉管分泌物中的代谢物进行分析，400 多种化合物可以被检测，但只有约 90 个化合物被初步识别。发现许多氨基化合物在叶柄脉管分泌物中的含量比相同叶片的组织花盘（tissue disk）中高几个数量级，而已糖和蔗糖的含量很低。为了找出这种在糖含量上的差异原因，在 4.5 天内，4 种植物中 8 片叶子中的总韧皮部组成被研究。令人惊奇的是，8 片叶子没有发现韧皮部代谢物变化的昼夜节律。相反，每片叶子有它自己的独特的脉管分泌物模式（类似于同一植物的不同叶片），而且明显不同于处于相同发育阶段的植物的叶片。各叶片 30%～50%的代谢物水平不同于所有代谢轮廓的平均值（图 14-13、图 14-14）。使用代谢共调节分析分泌物轮廓间的区别和联系，尤其是氮代谢，可通过网络计算精确地表征（图 14-15）。

14.3.2　植物代谢分析应用实例——多维色谱/联用技术

多维技术（全二维气相色谱、液相色谱-气相色谱、二维液相色谱）的发展在植物代谢分析领域产生了深远的影响。这些技术使得整体地、全面地研究植物中小分子代谢产物变成了可能。与质谱和核磁共振等检测技术的联用，可以进一步揭示代谢产物之间的内在联系。

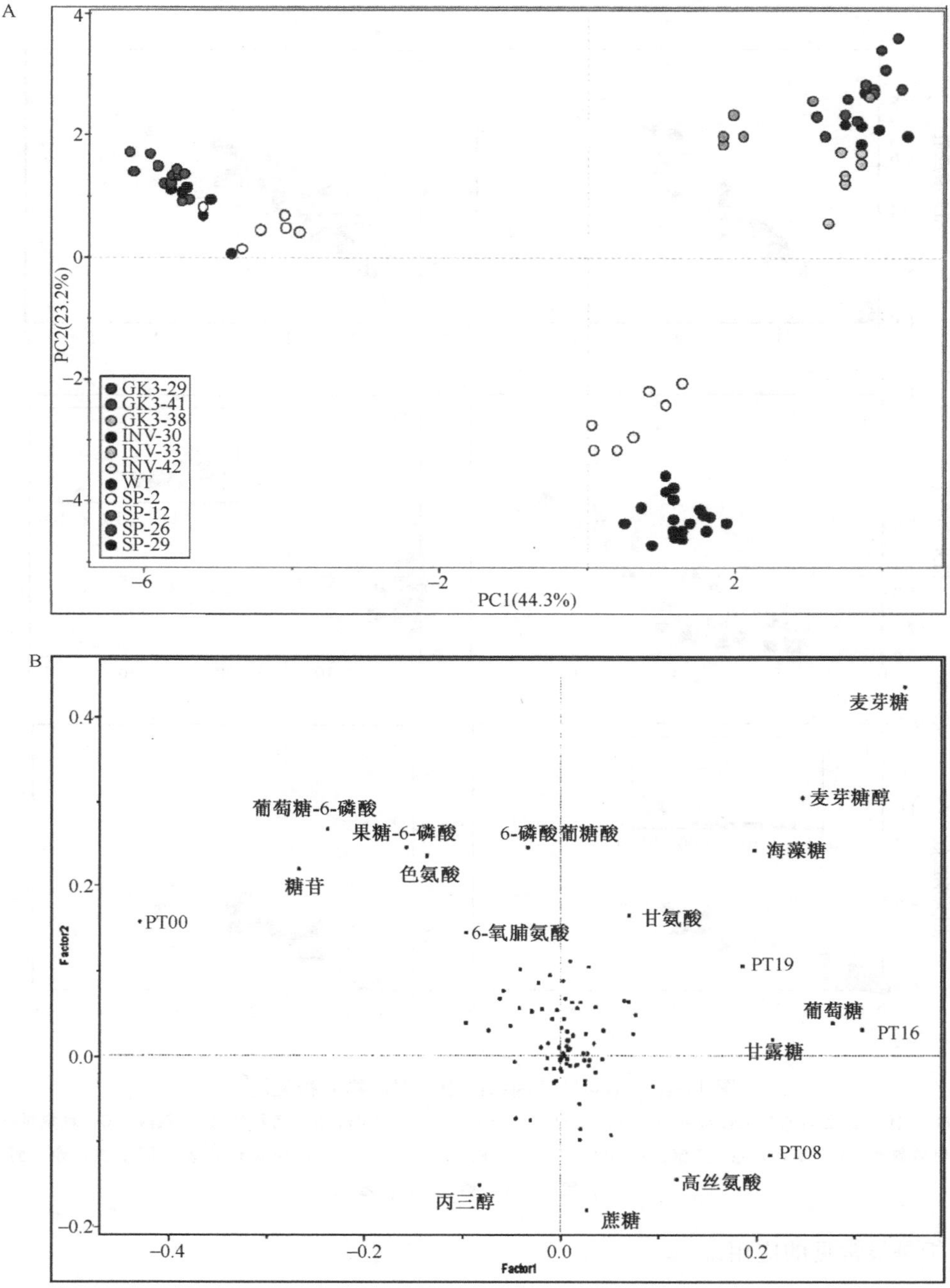

图 14-9 转基因系统的代谢轮廓主成分分析图[40]

A．得分矩阵图；B．荷载矩阵图

14.3.2.1 全二维气相色谱-飞行时间质谱的应用

全二维气相色谱技术是目前最为成熟的多维色谱技术，其应用领域由最初的石油馏分扩展到农药、复杂环境样品、烟气、体液（血、尿）等方面。在植物的分析中，挥发

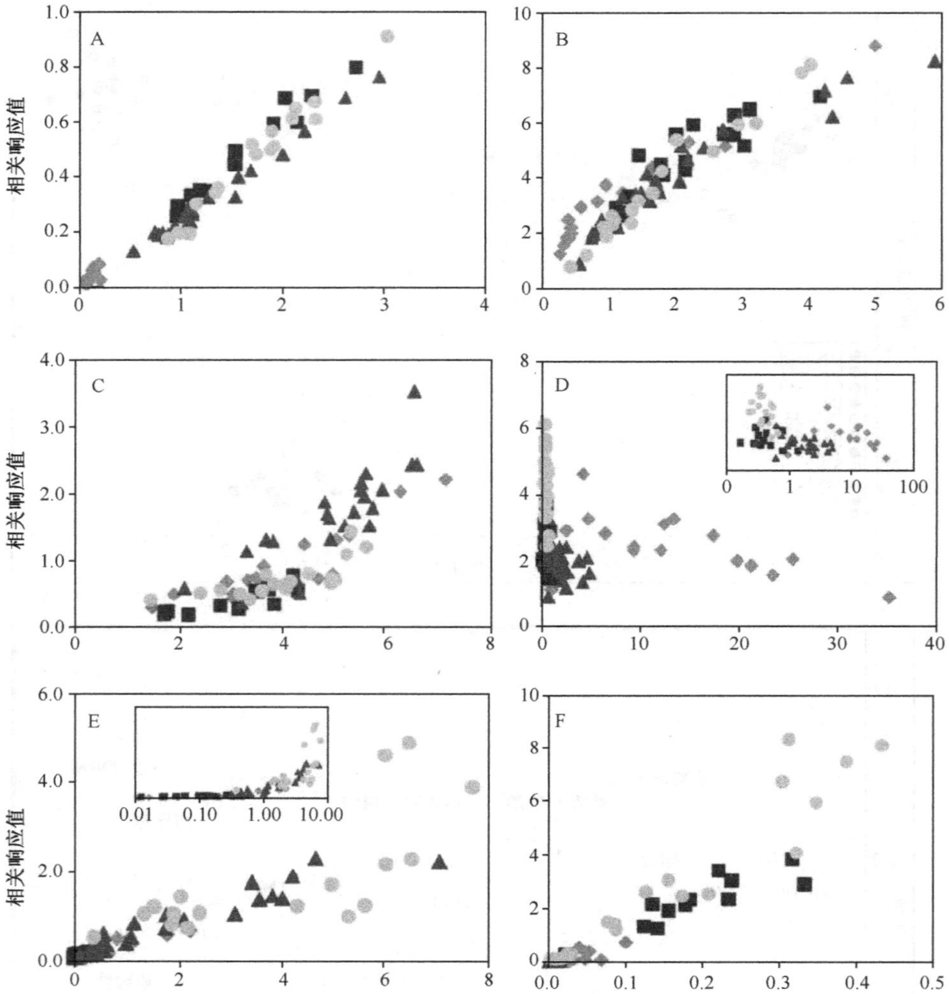

图 14-10　不同转基因系统中代谢产物的相关性[40]

88 个代谢物之间的相关性被评价。A. 葡萄糖（G6P)-果糖（F6P)；B. 亮氨酸-异亮氨酸；C. 赖氨酸-甲硫氨酸；D. 氨基乙酸-蔗糖；E. PT07-PT15；F. 甘露糖-PT19。图中标识代表不同植株：◆：野生型；■：INV；●：GK3；▲：SP

油分析是最常见的应用。

1. 全二维气相色谱-飞行时间质谱分析青蒿中挥发油[43]

马晨菲等应用全二维气相色谱-飞行时间质谱分析了青蒿挥发油的成分，并和一维气质联用做了比较。定性出 303 个化合物，其中大部分是萜类化合物。在选定的条件下，青蒿挥发油成分可达到族分离的效果，分为烷烃、单萜、单萜含氧衍生物、倍半萜、倍半萜含氧衍生物这 5 部分，见图 14-16。与青蒿素合成密切相关的青蒿酸被初步鉴定（图 14-17）。

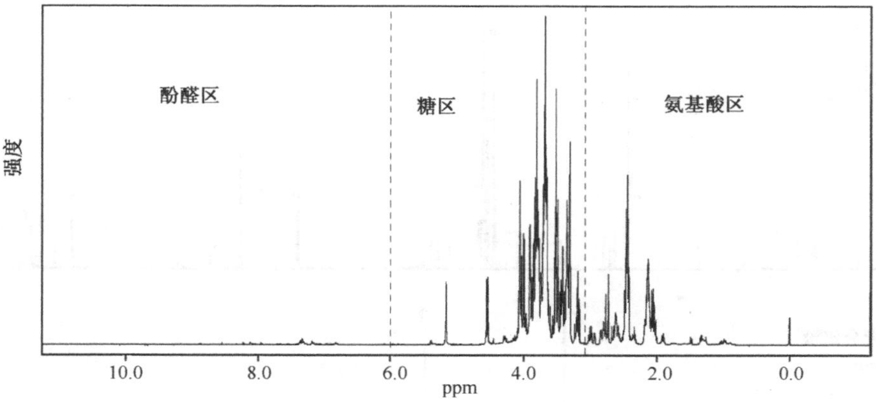

图 14-11　番茄中化合物的^{1}H NMR 谱图[41]

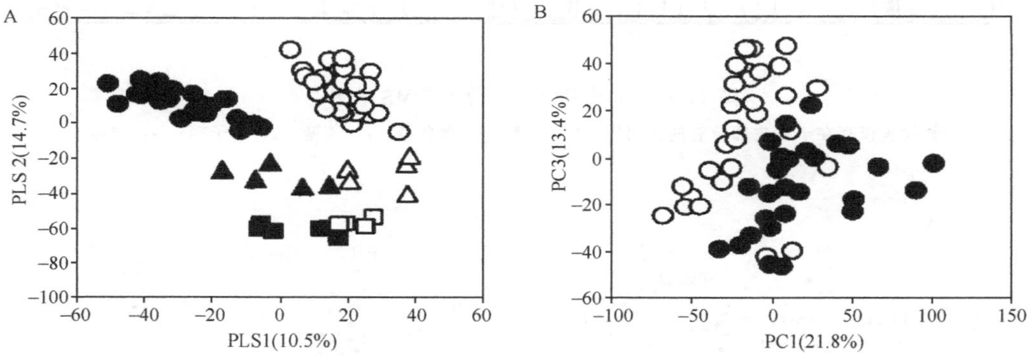

图 14-12　成熟期三个阶段的 80 个转基因和对照番茄的 PLS 得分矩阵图（A）和转基因和对照成熟番茄的 PLS 数据[41]（B）

○：成熟转基因样品，●：成熟对照样品，△：半成熟转基因样品，▲：半成熟对照样品，□：未成熟转基因样品，■：未成熟对照样品

2. 单萜的全二维气相色谱-飞行时间质谱方法——追溯葡萄品种的有力工具

Rocha 等[44]报道了基于顶空固相微萃取-全二维气相色谱-飞行时间质谱的白葡萄单萜代谢轮廓谱，在显示的图中选取了 m/z 91、121、136 这三个离子。研究发现葡萄中含有 56 种单萜，其中 20 种文献从未报道过。这些单萜根据化学结构可分为两类：单萜烯和含氧衍生物，再细分可以发现它们由醇、醛、酯、酮组成（图 14-18、图 14-19）。他们还建立了这些组分的 GC×GC 保留指数数据库。同时也发现，化学结构相似的化合物在二维图上分布是有规律的，这一信息对将来未知样品的研究非常有用。这个方法不仅仅可以用在葡萄分析上，还可以用于葡萄酒的分析。由于单萜的合成是由物种相关基因决定的次生代谢产物，因此单萜轮廓谱可以被用作追溯物种起源的方法。

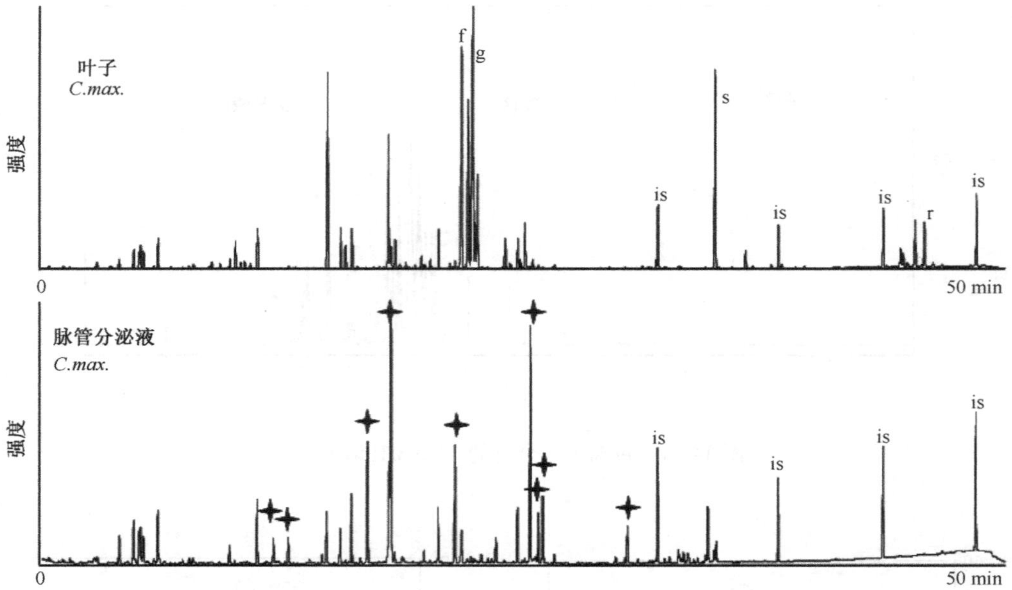

图 14-13　韧皮和叶子部分 GC-MS 谱图[42]

✦代表仅存在于韧皮部分有的代谢物。f：果糖；g：葡萄糖；s：蔗糖；r：棉子糖；is：内标

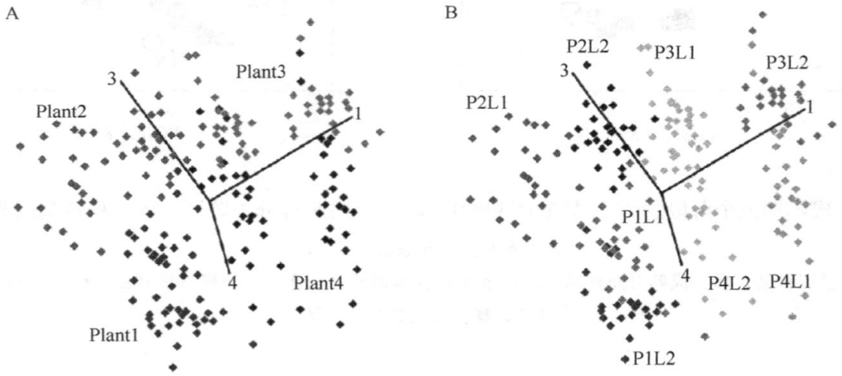

图 14-14　根据韧皮部内在的代谢物变化，使用向量 1、3 和 4 的主成分分析[42]

A．不同颜色代表不同植株；B．不同颜色代表不同植株叶片。P1L1 表示植物 1 叶片 1，其他类推

14.3.2.2　液相-气相色谱联用技术的应用

液相-气相色谱联用快速分析水稻油脂中的 γ-谷维醇

Miller 等[45]发展了一个液相色谱-气相色谱在线联用技术（LC-GC）用于稻米中 γ-谷维醇的分析。首先将稻米中的总类脂提取出来，没有经过任何预处理，直接进入液相色谱-气相色谱系统分离。γ-谷维醇在液相色谱中首先被预分离，在线转移到气相色谱

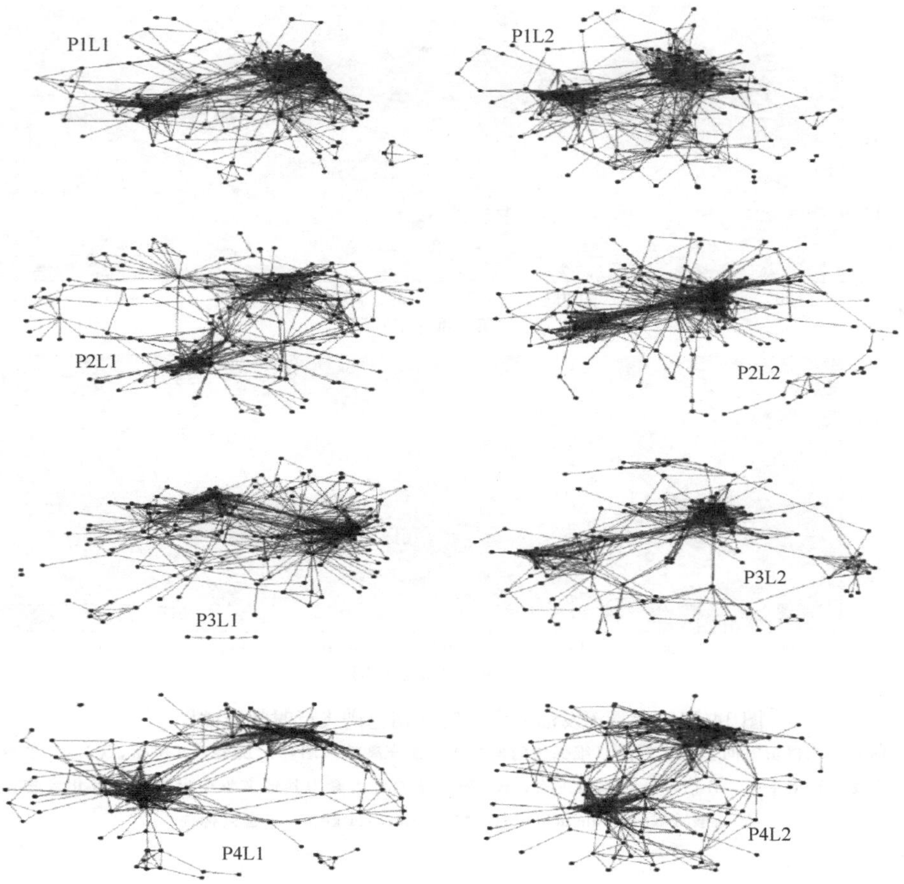

图 14-15　依据各自叶片根据 Pearson 计算获得的代谢关联网络[42]
图中节点为代谢物，通过边与其他代谢物连接成群

上进一步分离（图 14-20）得到其主要成分：24-亚甲基环木菠萝醇类阿魏酸酯、环木菠萝醇类阿魏酸酯、菜油甾醇阿魏酸酯、β-谷甾醇阿魏酸酯和氢化菜油甾醇阿魏酸酯。这些化合物的定性经离线的 GC-MS 确认，总 γ-谷维醇的含量由液相色谱-紫外检测器测定，其详细分布可由在线联用的 GC 来分析。这种方法为高通量测定不同种水稻中 γ-谷维醇含量及其组成变化铺平了道路。

14.3.2.3　二维液相色谱技术的应用

全二维正相-反相色谱分析柠檬油成分

Paola Dugo 等[46]报道了一个正相模式微孔硅胶柱为第一维、反相模式 C18 整体柱作第二维的全二维液相色谱系统。两维间以一个十通阀和两个定量环连接（图 14-21）。在分析过程中，每一分钟由第一维流出的组分，在线转移到第二维进行分离。在第二维柱后接光电二极管阵列检测器。这套系统被用于分离由豆香素和补骨酯素组成的冷压柠檬油中的氧杂环馏分（图 14-22）。这些化合物含有羟基、甲氧基、异戊烯基、异戊烯

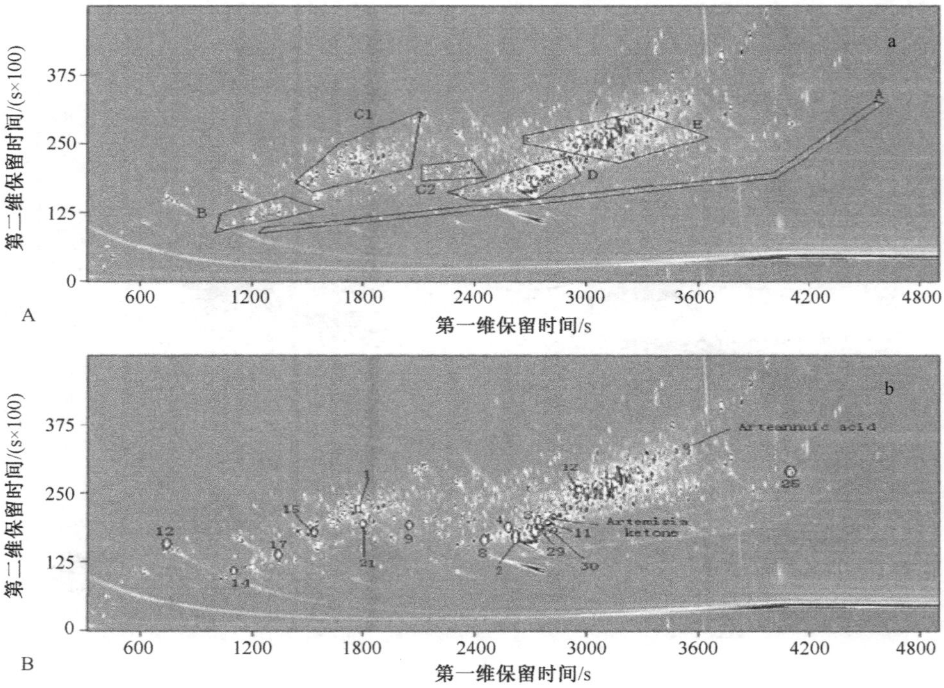

图 14-16　青蒿挥发油的全二维气相色谱飞行时间质谱图[43]

横坐标为一维保留时间，纵坐标是二维保留时间。A．族分离效果图：A 烷烃，B 单萜，C1/C2 单萜含氧衍生物，D 倍半萜，E 倍半萜含氧衍生物；B．被标注的色谱峰为其他文献中报道过的且化合物，青蒿酸（arteannuic acid）和蒿酮（artemisia ketone）也被标注

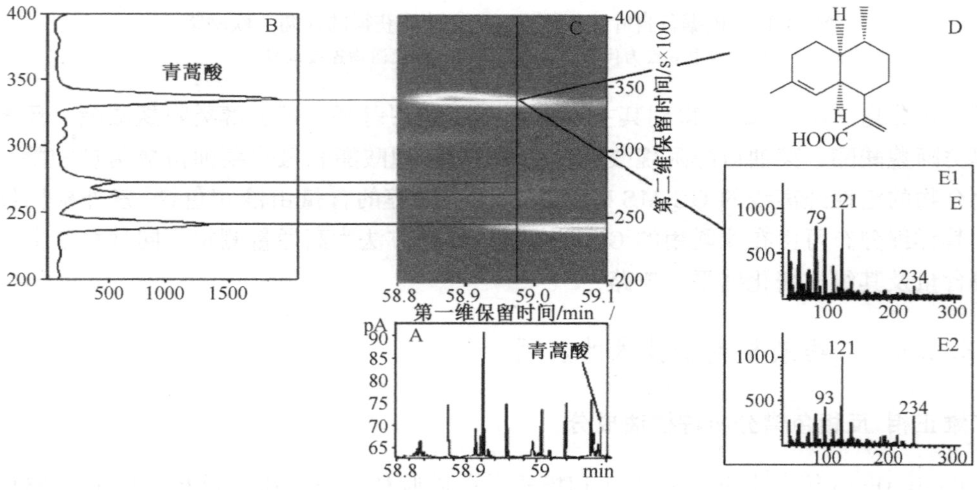

图 14-17　青蒿酸的局部放大图[43]

A．青蒿酸第一维色谱图；B．青蒿酸第二维色谱图；C．青蒿酸二维效果图；D．青蒿酸结构图；E．E1：样品中青蒿酸质谱图；E2：NIST 库中的标准质谱图

氧基、香叶氧基和带侧链的含氧萜类。这些化合物在二维平面上的相对位置随着化学结

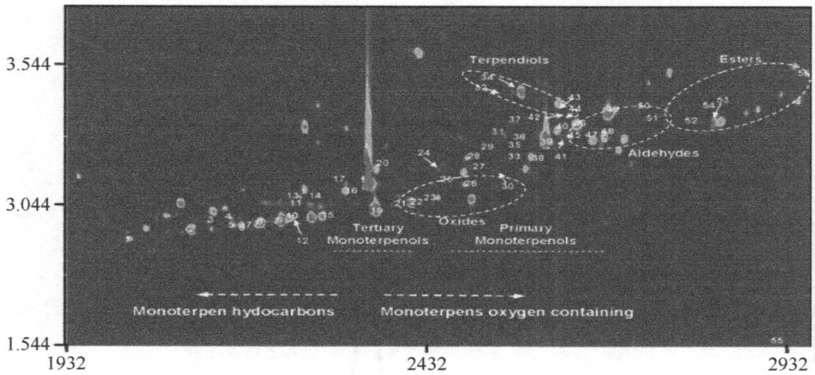

图 14-18 选择离子的二维谱图[44]（m/z 91、121、136）。横纵坐标分别代表了第一、二维保留时间

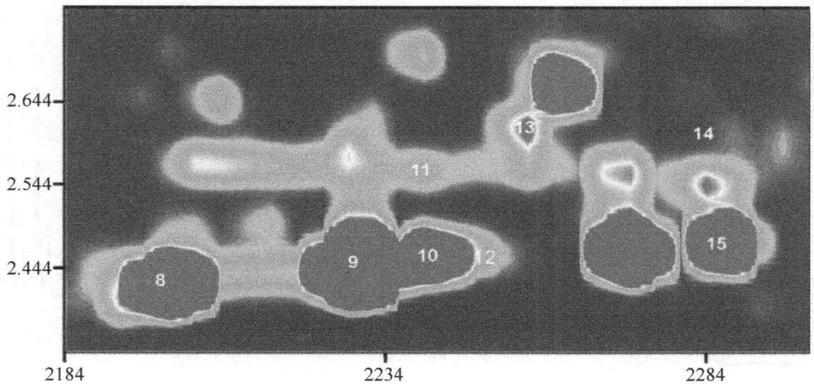

图 14-19 图 4-18 中 m/z 93、121 和 136 的选择离子色谱图的局部放大[44]

编号的化合物是文献中已定性的化合物；横纵坐标分别代表了第一、二维保留时间。峰：8＝1*R*-α-蒎烯；9＝柠檬烯；10＝β-水芹烯；11＝β-罗勒烯；12＝1，8-桉树脑；13＝2，6-二甲基-2，6-辛二烯；14＝二氢月桂烯醇；15＝γ-萜烯

构的不同而不同。光电二极管阵列检测器提供了用于描述被研究样品的新信息。

14.3.3 转基因植物及受环境影响植物代谢分析应用实例

14.3.3.1 分级代谢质谱方法论证转基因马铃薯和普通马铃薯成分的实质相似性

现在，对转基因植物在总代谢组成上是否含非预期的化合物存在争论。组成类似性比较的分析技术和可接受的总代谢组成的衡量标准需要发展。Gareth S. Catchpole 等[47]建立了一种全面比较转基因和普通马铃薯所有化学成分的方法。首先是“无选择”的应用流动注射电喷雾质谱的快速“代谢指纹图谱”分析，随后是更详细的气相色谱-

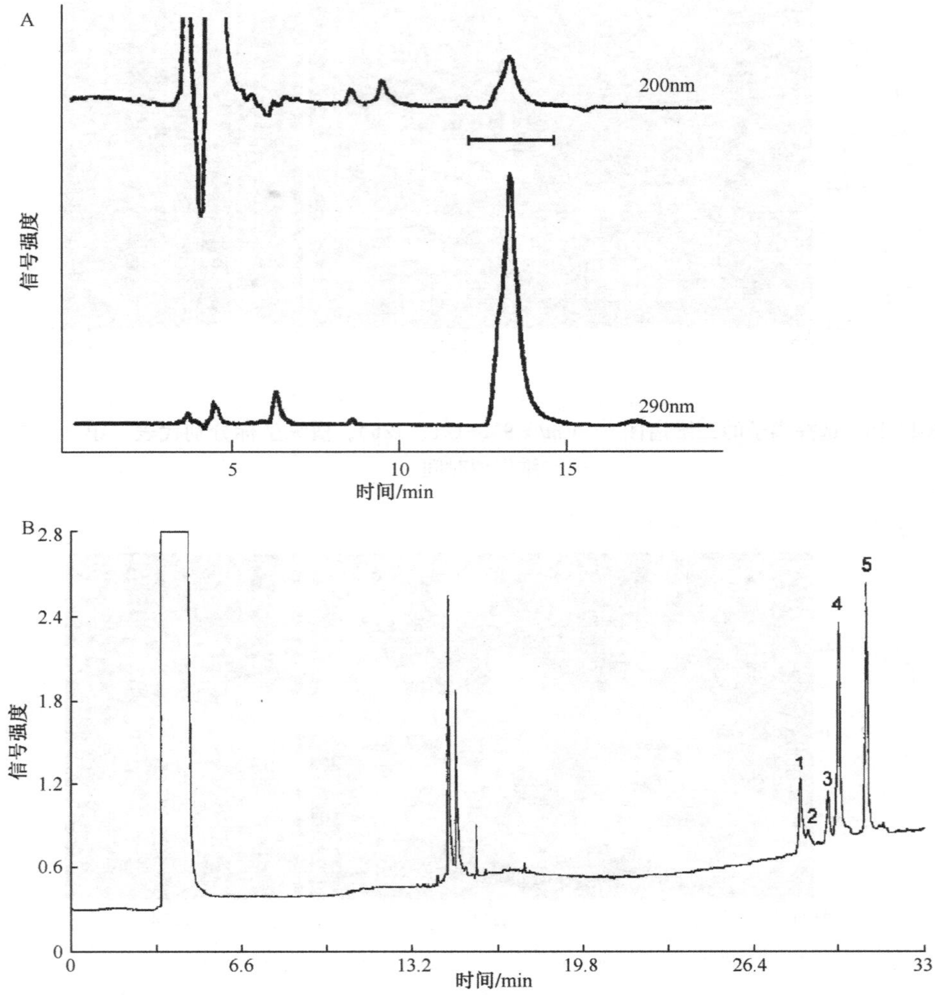

图 14-20 正相液相色谱-紫外检测器 200nm 和 290nm 色谱图（A）[45] 和转移到气相色谱上的甾醇阿魏酸酯的色谱图（B）

1：菜油甾醇阿魏酸酯；2：氢化菜油甾醇阿魏酸酯；3：β-谷甾醇阿魏酸酯；4：环木菠萝醇类阿魏酸酯；5：24-亚甲基环木菠萝醇类阿魏酸酯

飞行时间质谱对怀疑有明显区别的代谢物的轮廓分析，最后是应用液相色谱-三重四极杆质谱对可以区分转基因基因型的化合物的靶标分析（配糖生物碱和低聚果糖）。几种不同的数据处理方法［主成分分析（PCA)、线性判别分析（LDA)、决策树状分析(decision tree analysis)］的应用得出这样的结论：相似程度的度量方法独立于特殊的统计学方法之外。研究发现，除了 6 个靶向化合物有变化外，转基因马铃薯和普通马铃薯是实质等同的。

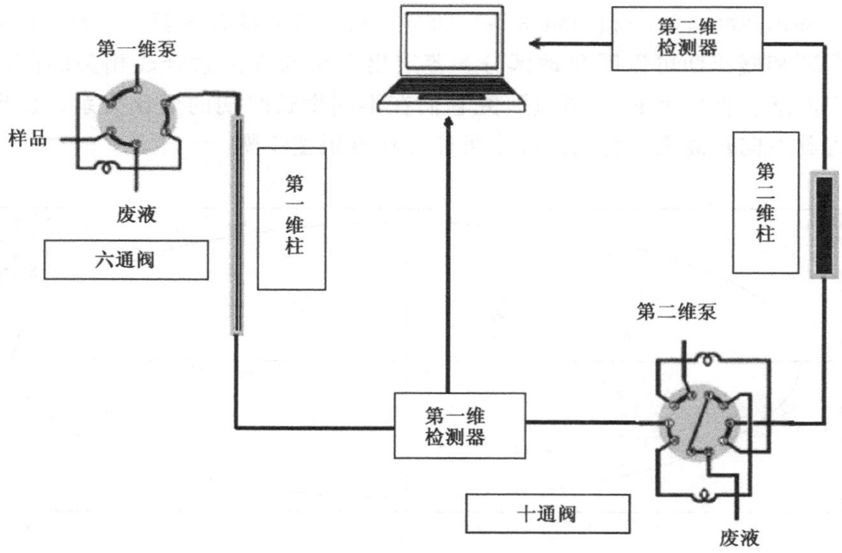

图 14-21　二维液相系统示意图[46]

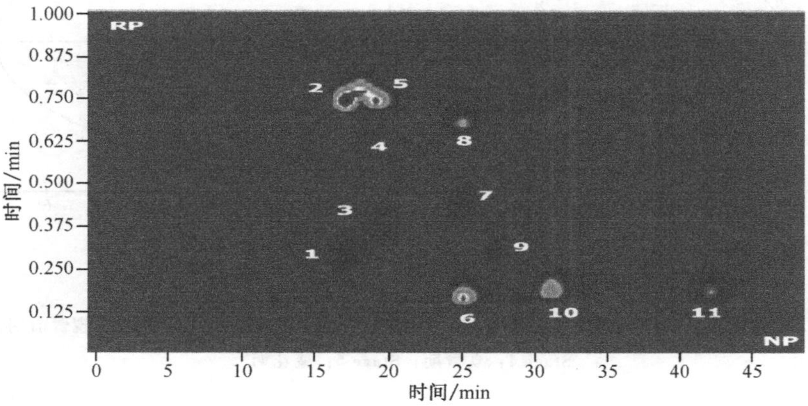

图 14-22　含氧杂环柠檬油的正相-反相全二维液相色谱示意图[46]

1：未知化合物；2：5-牻牛儿醇基补骨脂素-佛手素；3：5-欧前胡素氧化前胡素；4：5-牻牛儿醇基-8-甲氧基补骨脂素；5：5-牻牛儿醇基-7-甲氧基香豆素；6：5,7-二甲氧基香豆素珊瑚菜素；7：5-甲氧基-8-欧前胡素；8：8-牻牛儿醇基补骨脂素；9：5-异戊氧基-8-环氧欧前胡素；10：5-环氧欧前胡素氧前胡素；11：5-甲氧基-8-（2，3-环氧欧前胡素）补骨脂素白当归脑

14.3.3.2　基于气相色谱和气-质联用的不同生长时期（转基因）青蒿指纹图谱研究[48]

马晨菲等与植物所合作，建立了一种基于三甲基硅烷衍生化的气相色谱和气-质联用方法，它可以考察青蒿中整体代谢物的指纹图谱。主成分分析和偏最小二乘法判别分

析用来区分5个生长时期青蒿的气相色谱数据（图14-23、图14-24）。结果显示，转基因（转法呢基焦磷酸合酶）和对照样品在幼苗期和成苗期没有显著性差异，但是在现蕾前期、现蕾期和盛花期可以明显地区分。鉴定出3个与青蒿素合成相关的前体（青蒿酸、二氢青蒿酸、青蒿素B)，通过研究它们在不同生长时期的变化关系，发现在青蒿酸或二氢青蒿酸向青蒿素转化的过程中可能存在着限速步骤。

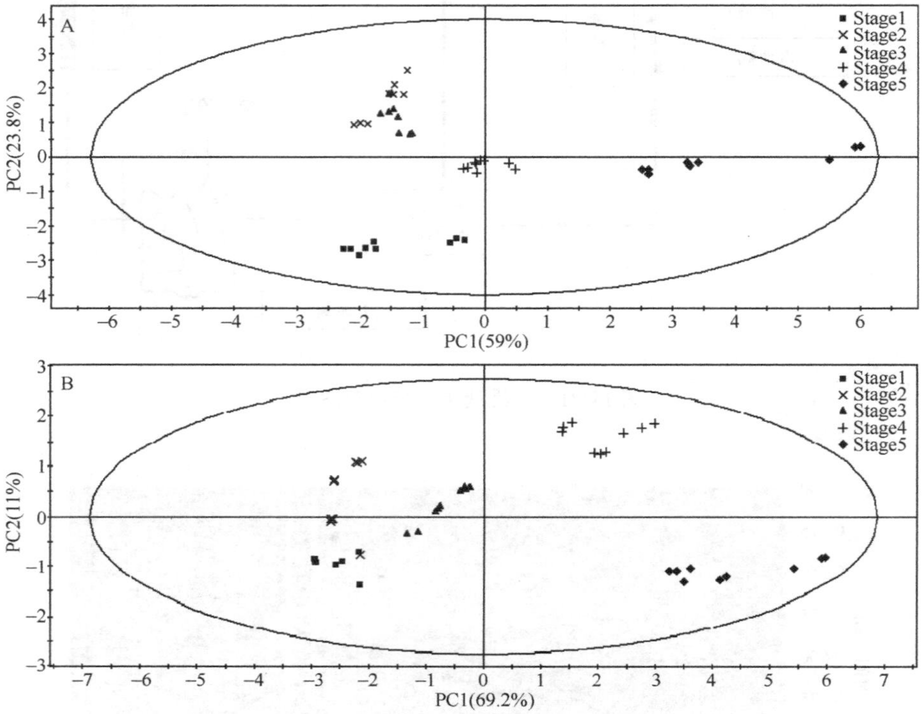

图14-23 不同生长阶段青蒿的主成分分析图[48]

A．对照样品；B．转基因样品。Stage 1：幼苗期；Stage 2：成苗期；Stage 3：现蕾前期；Stage 4：现蕾期；Stage 5：盛花期

14.3.3.3 盐胁迫番茄的代谢指纹图谱研究

Helen E. Johnson等[49]提供了一种基于傅里叶变换红外光谱和化学计量学的方法研究盐分对番茄果实的影响。选取了Edkawy和Simge F1这两个株系作为研究对象。盐分处理明显地减少了Simge F1的相对生长，但对Edkawy没有影响。盐处理也明显减少两种番茄果实的鲜重和大小，但对果实总数没有影响。由于花梢腐烂，这两种盐分处理番茄的市场收益减少。

对照组和盐分处理的番茄果实提取物用傅里叶变换红外光谱分析（图14-25）。每个样品的光谱含有吸光值在不同波长的882个变量。采用主成分分析方法，对照组和盐处理的果实样品不能明显区分。用判别功能分析（DFA）可以将对照组和盐处理的样品分组（图14-26）。遗传算法（GA）模型也可以将对照组和盐处理的样品分类，但有

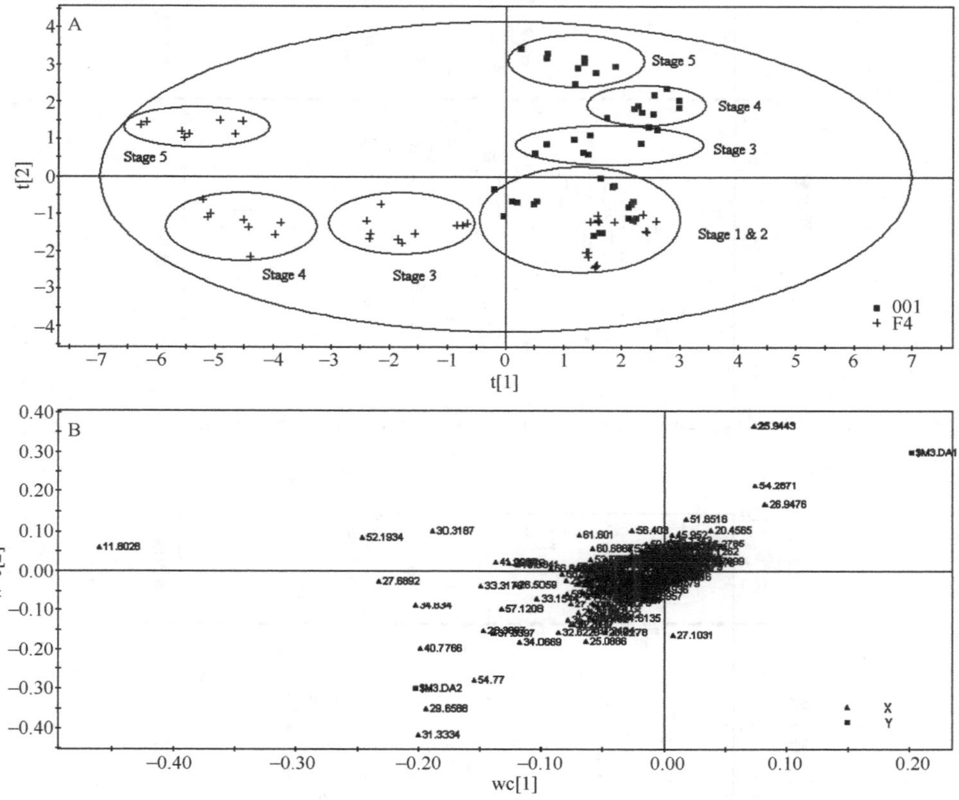

图 14-24 对照样品和转基因样品的偏最小二乘法判别分析结果[48]

A．得分图；B．载荷图。001 对照样品；F4 转基因样品

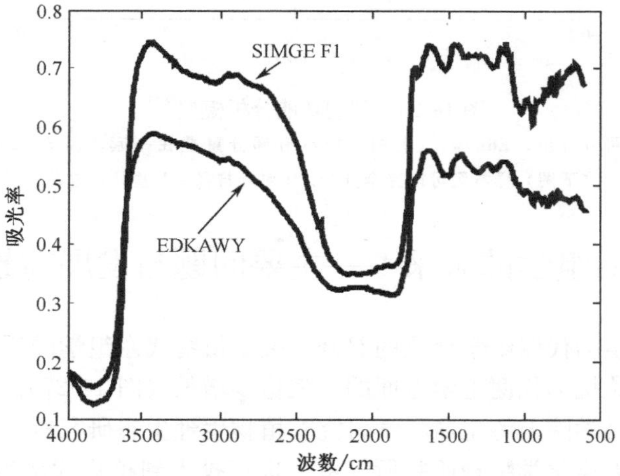

图 14-25 典型的番茄果实样品傅里叶变换红外光谱图[49]

一定的误差率。应用遗传算法可以鉴定番茄对盐效胁迫应答的可能的重要功能团。

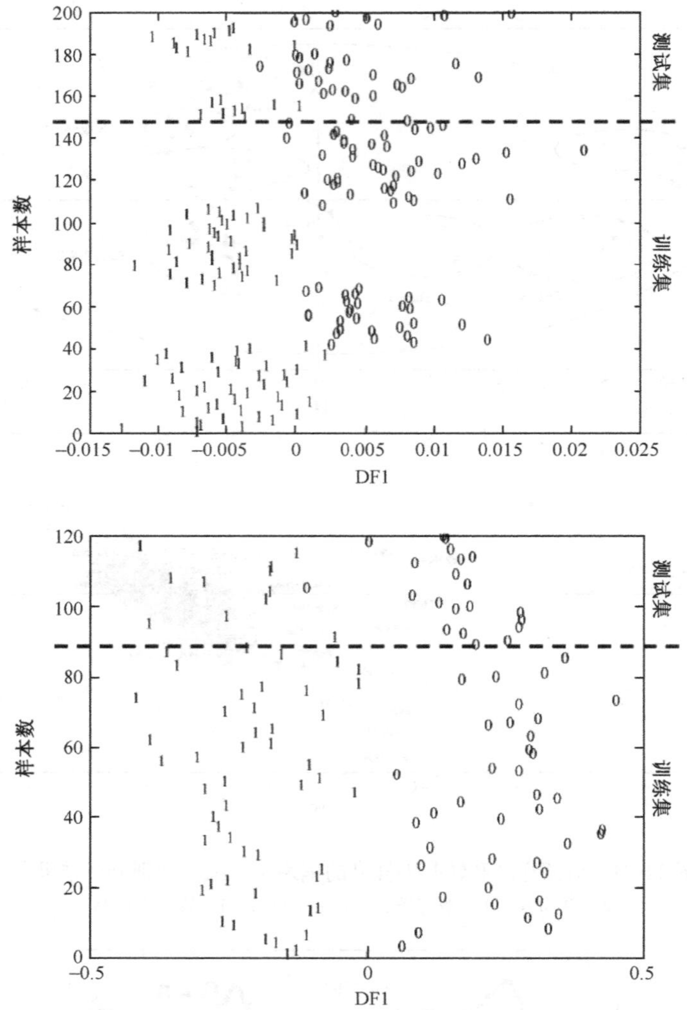

图 14-26 判别功能分析模型[49]

由图可以看出，Edkawy（上图）样本有部分重叠在一起，而 Simge F1（下图）样本则可以完全分开。0 对照样品；1 盐处理样品

14.4 植物代谢组学的未来——主要问题与发展前景

随着四届国际植物代谢组学会议的召开，关于植物代谢组学的研究也正在国内外逐步展开。近些年有关植物代谢组学方面的文献稳步增长（图 14-27）。

在我国，中国科学院上海生命科学研究院植物生理生态研究所、中国科学院植物研究所、中国科学院大连化学物理研究所等单位也正投入到植物代谢组学的研究浪潮中，并取得了一定的进展[50]。

2006 年 4 月，第四届国际植物代谢组学会议在英国的雷丁举办。会议的主办者宣称“如果说基因组学关心系统中所有基因的测量、蛋白质组学关心所有蛋白质的测定，代谢组学就是尝试测定所有给定细胞（或者说体系）中的代谢产物。”作为生化通路的

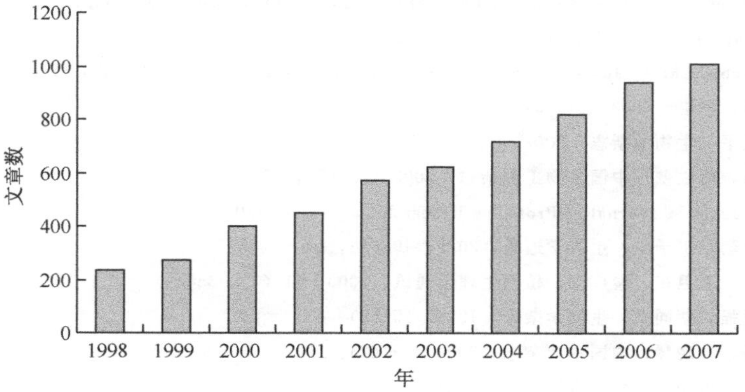

图 14-27　近 10 年发表的植物代谢文献增长趋势图

数据来源：http://www.pubmed.com

终端表达和植物显形的“结果”，代谢组学是极其重要的。测量这些代谢产物是极其复杂的科学，需要多种技术和系列数据工具的综合应用。与会者讨论的内容将涵盖在代谢组学中广泛应用的技术和可以解释生物学问题的资料数据。另外，最新方法学、现有方法学的最新应用，生物信息学和数据统计分析等领域也是会议涉及的热点。这次会议是最新的植物代谢组学方向研究成果的汇总，也是今后发展方向的展望。

目前代谢组学面临的主要问题主要有以下几个方面[37]：①分离分析工具的偏差和局限性；②大量数据中提取有用信息的方法；③数据归一化和数据库的建立；④代谢组学技术和其他组学技术的联用。植物代谢组学分析技术不仅能分析单个代谢物，更能帮助了解生物体中的代谢途径、生物体中各种复杂的相互作用及生物系统对环境和基因变化的响应，它最终着眼于将植物代谢组学和其他组学技术整合，阐述植物从基因到表型的复杂系统的运行方式。相信随着更先进的分析技术平台的使用、更多种分离检测手段的联合、更强大的数据处理工具的出现、更完善的代谢组数据库的建立，植物代谢组学将在生物、农业、医药及环境等研究领域产生深远的影响。

参 考 文 献

[1] 王景雪，孙毅，徐培林，仪治本，杜建中．孙丹琼．生物技术通报，2004，1：18

[2] Pereira A. Transgenic Research，2000，9：245

[3] Yu J，Hu S N，Wang J，Wong G K S，Li S G，Liu B，Deng Y J，Dai L，Zhou Y，Zhang X Q，Cao M L，Liu J，Sun J D，Tang J B，Chen Y J，Huang X B，Lin W，Ye C，Tong W，Cong L J，Geng J N，Han Y J，Li L，Li W，Hu G Q，Huang X G，Li W J，Li J，Liu Z W，Li L，Liu J P，Qi Q H，Liu J S，Li L，Li T，Wang X G，Lu H，Wu T T，Zhu M，Ni P X，Han H，Dong W，Ren X Y，Feng X L，Cui P，Li X R，Wang H，Xu X，Zhai W X，Xu Z，Zhang J S，He S J，Zhang J G，Xu J C，Zhang K L，Zheng X W，Dong J H，Zeng W Y，Tao L，Ye J，Tan J，Ren X D，Chen X W，He J，Liu D F，Tian W，Tian C G，Xia H G，Bao Q Y，Li G，Gao H，Cao T，Wang J，Zhao W M，Li P，Chen W，Wang X D，Zhang Y，Hu J F，Wang J，Liu S，Yang J，Zhang G Y，Xiong Y Q，Li Z J，Mao L，Zhou C S，Zhu Z，Chen R S，Hao B L，Zheng W M，Chen S Y，Guo W，Li G J，Liu S Q，Tao M，Wang J，Zhu L H，Yuan L P，Yang H M. Science，2002，296（5565）：79

[4] Hall R，Beale M，Fiehn O，Hardy N，Sumner L，Bino R. The Plant Cell，2002，14：1437

[5] 刘祥东，罗国安，王义明．中成药，2006，28（10）：1515

[6] Hall R D. New Phytologist，2006，169：453～468

[7] Stitt M, Sonnewald U. Annual Review of Plant Physiology and Plant Molecular Biology, 1995, 46: 341
[8] Stitt M. Current Opinion in Plant Biology, 1999, 2: 178
[9] Fukusaki E, Kobayashi A. Journal of Bioscience and Bioengineering, 2005, 100 (4): 347
[10] 许国旺，杨军. 色谱，2003，21：316
[11] 黄小龙，谢达平. 生物学杂志，2003，20 (2)：11
[12] 赵淑娟，刘涤，胡之壁. 中国生物工程杂志，2003，23 (7)：52
[13] Christoph S, Sonja S. Journal of Proteome Research, 2007, 6: 480
[14] 裴冬丽，胡金朝，王子成. 生物学通报，2005，40 (3)：19
[15] 苗琦，谷运红，王卫东，秦广雍. 植物生理学通讯，2005，41 (3)：350
[16] 孙爱东，葛毅强，蔡同一. 生物学杂志，1998，15 (5)：4
[17] 张英，俞卓裕，吴晓琴. 中国中药杂志，2004，29 (2)：104
[18] 严伟，李淑芬，田松江. 化工进展，2002，21 (9)：649
[19] 董妍玲，潘学武. 生物学通报，2002，37 (11)：17
[20] 韩丙军，彭黎旭. 华南热带农业大学学报，2005，11 (1)：21
[21] 彭莺，刘福祯，高欣. 化工进展，2002，21 (1)：49
[22] 叶凯贞，黎碧娜，王奎兰，谭志伟. 广州食品工业科技，2004，20 (3)：144
[23] 郑华，张弘，张忠和. 林业科学研究，2003，16 (5)：628
[24] 刘长武，翟广书，买光熙，刘潇威，陈勇. 农业环境与发展，2003，1：42
[25] 马娜，陈玲，熊飞. 上海环境科学，2002，21 (3)：181
[26] 王立，汪正范，牟世芬，丁晓静. 色谱分析样品处理，北京：化学工业出版社，2001：149
[27] 黄志兵，李来生. 江西化工，2002，3：14
[28] 孙守成. 现代仪器，2003，1：36
[29] 许国旺，叶芬，孔宏伟，路鑫，赵欣捷. 色谱，2001，19 (2)：132
[30] Sumner L W, Mendes P, Dixon R A. Phytochemistry, 2003, 62: 817
[31] Dunn W B, Baileyb N J C, Johnson H E. The Analyst, 2005, 130: 606
[32] 陈彬，孔继烈. 化学进展，2004，16 (6)：863
[33] Huhman D V, Sumner L W. Phytochemistry, 2002, 59: 347
[34] Sato S, Soga T, Nishioka T, Tomita M. Plant Journal, 2004, 40 (1): 151
[35] 郭跃伟. 天然产物研究与开发，2003，15 (5)：456
[36] Dunn W B, Ellis D I. Trends in Analytical Chemistry, 2005, 24 (4): 285
[37] 尹恒，李曙光，白雪芳，杜昱光. 植物学通报，2005，22 (5)：532
[38] Katona Zs F, Sass P, Molnar-Perl I. J. Chromatogr. A, 1999, 847: 91
[39] Choi H K, Choi Y H, Verberne M, Lefeber A W M, Erkelens C, Verpoorte R. Phytochemistry, 2004, 65: 857
[40] Roessner U, Luedemann A, Brust D, Fiehn O, Linke T, Willmitzer L, Fernie A R. The Plant Cell, 2001, 3: 11
[41] Le Gall G, Colquhoun I J, Davis A L, Collins G J, Verhoeyen M E. J. Agric Food Chem., 2003, 51: 2447
[42] Fiehn O. Phytochemistry, 2003, 62: 875
[43] Ma C F, Wang H H, Lu X, Li H F, Liu B Y, Xu G W. J. Chromatogr. A., 2007, 1150: 50
[44] Rocha S M, Coelho E, Zrostl'kov'a J, Delgadillo I, Coimbra M A. J. Chromatogr. A., 2007, 1161: 292
[45] Miller A, Frenzel T, Schmarr H G, Engel K H. J. Chromatogr. A., 2003, 985: 403
[46] Dugo P, Favoino O, Luppino R, Dugo G, Mondello L. Analytical Chemistry, 2004, 76 (9): 2525
[47] Catchpole G S, Beckmann M, Enot D P, Mondhe M, Zywicki B, Taylor J, Hardy N, Smith A, King R D, Kell D B, Fiehn O, Draper J. Plant Biology, 2005, 102 (40): 14459
[48] Ma C F, Wang H H, Lu X, Xu G W, Liu B Y. J. Chromatogr. A, 2007, in press
[49] Johnson H E, Broadhurst D, Goodacre R, Smith A R. Phytochemistry, 2003, 62: 919
[50] 邱德有，黄璐琦. 分子植物育种，2004，2：165

第 15 章　代谢组学在微生物学中的应用

微生物在地球上已经存在了至少 38 亿年，几乎遍及生物圈的各个角落，微生物的代谢能力和代谢形式的多样性是地球上的其他生物所无法比拟的。它们是地球上最丰富的氮和碳源的储存库，构成地球生物质的 60%以上。在某种程度上，细菌可以用来作为模式生物进行多细胞生物的生理生化研究。据估计，人类基因组中大约有 40%的基因与酵母的基因互补。截至 2007 年，已经有 479 株 352 种细菌完成了基因组测序任务，但是仍有许多基因的功能还不清楚，而且即使像糖酵解这样已经研究的比较透彻的代谢过程，在酿酒酵母中将基因表达与其功能相对应起来亦十分困难。单凭基因表达信息已很难去理解基因型与表型间的复杂关系。虽然通过结构与功能的分析比较，人们认识到蛋白质组比基因组更加复杂、蕴涵的信息更加丰富，但是作为系统理解生物功能的依据，蛋白质组信息仍然显得不够充分。代谢组学是功能基因组学研究技术家族的新成员，它借助细胞代谢物全组分分析用以反映细胞对环境和基因变化的反应。由于研究对象不同于前几章所述的高等生物，根据研究目的和范围的差异，微生物代谢组学研究涉及的概念见表 15-1 和图 15-1。

表 15-1　微生物代谢组学研究涉及的概念和定义[1]

概念	定义
代谢物（metabolite）	微生物生化网络中涉及的所有生物活性小分子
代谢组（metabolome）	微生物细胞内所有代谢物
胞外代谢组（exo-metabolome）	培养基内细菌产生的代谢物总体
胞内代谢组（endo-metabolome）	细胞内的所有代谢物
代谢淬灭（metabolic quenching）	使代谢活动立刻停滞
代谢组学（metabolomics）	对代谢组的定量分析
靶标分析（target analysis）	对某一目标蛋白（酶）的底物和产物的定量分析
轮廓分析（metabolic profiling）	对某一类型、途径或相关代谢物的定量分析
指纹分析（metabolic fingerprinting）	胞内代谢组的定量分析
足迹分析（metabolic footprinting）	胞外代谢组的定量分析

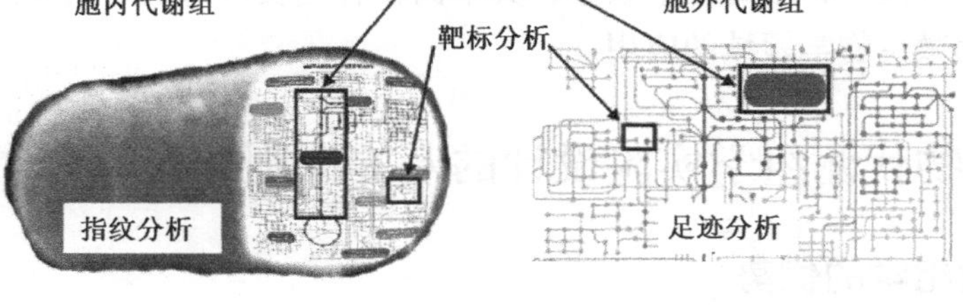

图 15-1　微生物代谢组学研究涉及的内容示意图[1]

15.1 概述

一个细胞内的总代谢物的种类目前尚无法确切得知，EcoCYC 数据库中收录的大肠埃希菌代谢物数目已超过 1170 种；酿酒酵母胞内至少有 600 种，其中大部分代谢物的相对分子质量小于 300。至今，微生物的代谢物已被阐明的大约有 20 000 种，其中绝大部分都是次生代谢物，一般仅在少数几种微生物内存在。通过已公布的微生物全基因组序列推断，微生物细胞内普遍存在的代谢物种类为 241～794 种。这一推断也说明，通过基因组计划的实施，我们对细胞功能的了解还是相对有限，至少在代谢物水平对细胞的认识还是不完全的。微生物细胞内大约 40%的基因或者是与其他生物同源的未知功能基因，或者是孤儿基因——尚未发现其同源基因。在基因解析和代谢途径研究中，一个被忽视了的问题是酶具有广泛的底物特异性，这或许说明了为什么从基因组数据推断出的代谢物数量远少于代谢组分析中实际出现的代谢物种类。以枯草芽孢杆菌为例，利用基因组数据进行的计算机模拟推断出的代谢物为 576 种，但以葡萄糖为碳源的矿物盐培养基中的培养物的代谢组学分析发现只有 300～350 种化合物峰。其中已知化合物为 80 种（其中的 57%可获得商品化合物），约占 25%。这一数值甚至低于计算机模拟的代谢组学数据，原因主要出自于检测、分析手段的局限；假设枯草芽孢杆菌的代谢组学分析中可测的已知和未知化合物各占一半，那么枯草芽孢杆菌内的总化合物种类应该为 1200～1400，约是基因组推断数据的 3 倍。

生命科学的研究过程中，同一问题从一个生化角度转向另一角度进行研究时，在获得新信息的同时也会常常会发生另一些信息的丢失，例如，通过转录组和蛋白质组改变所观察到的数据推断出的结论与实际细胞的生理状态或功能之间的相关性通常不是很好（$r^2=0.6$～0.8）（图 15-2）。由于代谢组学更接近于细胞功能的反映，所以代谢组学技术被认为是研究细胞功能较好的手段。这一点从来自代谢工程领域的例子很容易被证实，大量的通过基因工程使某代谢酶量增加的操作通常对代谢通量的影响较小，却显著影响代谢物的水平。

代谢组学分析技术平台一旦建立几乎可以应用到所有生物研究中，从而成为真正的功能基因组学技术平台。这意味着即使没有相应的全基因组数据也可对生物进行功能研究，避免了投入大量的人力、物力对感兴趣的微生物进行测序和微阵列分析。微生物的代谢组学研究中，第一篇关于微生物代谢组学分析的报道是利用 3 种不同分析模式的 GC-MS 监测明串珠菌污染发酵过程时的脂肪酸、氨基酸和糖类化合物的代谢，但是随后的研究已经涉及微生物学的各个领域，其中比较有代表性的就是工业微生物学、环境微生物学和医学微生物学领域的应用。

15.2 微生物代谢组学实验设计的基本原则

15.2.1 代谢组学的优势

在进行微生物功能基因组学研究的过程中，之所以选择代谢组学作为研究工具除前

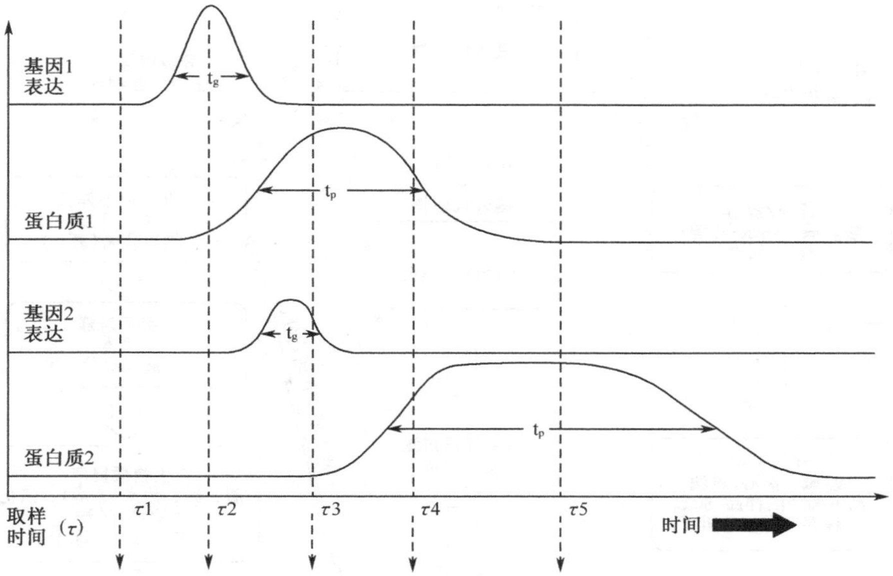

图 15-2　两对假想的基因（t_g）与蛋白质（t_p）事件之间的时间差异性

基因 1 的开启到蛋白质 1 的表达所需时间明显少于基因 2 到蛋白质 2 所需时间。但蛋白质 2 事件发生的时程明显长于蛋白质 1。如果在时间点 T_3处取样同时进行转录组和蛋白质组研究，很容易得出基因 2 与蛋白质 1 相关的错误结论（假定基因的开启或关闭是全或无的形式）[2]

面已经提到的原因以外，还出于以下几方面的考虑。首先，微生物由于形体微小、结构简单、培养条件相对容易满足、多数微生物可在相对较短时间内获得大量培养物、很容易将代谢过程与细胞功能或表型相联系，所以对功能的关注更盛于真核细胞生物的研究。其次，从代谢组学得来的数据明显不同于从基因组学、转录组学和蛋白质组学所得到的数据，因为后三者都关注于细胞功能的某个侧面：基因组学数据适用于反映细胞中可能发生的，转录组学代表了可以发生的，蛋白质组学反映了赖以发生的，代谢组学则反映了已经发生的。另外，相对于真核生物来说，细菌的基因组较小，相关的基因组学、转录组学、蛋白质组学等数据比较丰富，而且代谢组学的生化水平表征最接近于细胞功能状态的反映，诸多代谢物的变化处于基因和蛋白质变化的下游，所以借助相关系统生物学分支，利用代谢组学来全面理解微生物生理功能是最有效的[3]。

15.2.2　实验设计原则

虽然分析目的和方法有所差异，但进行微生物代谢组学分析的总的流程可归纳为图 15-3 所示[4]。

15.2.2.1　样品要具有代表性

代谢组学分析的主旨是分析代谢组中的所有信息，虽然目前还不能达到全分析的水平，但从生理学角度看，收集具有包含足够信息和变量的代表性样品需要考虑诸多因素，如基因背景、环境条件、样品来源等。总之样品必须能够反映所要研究问题的全

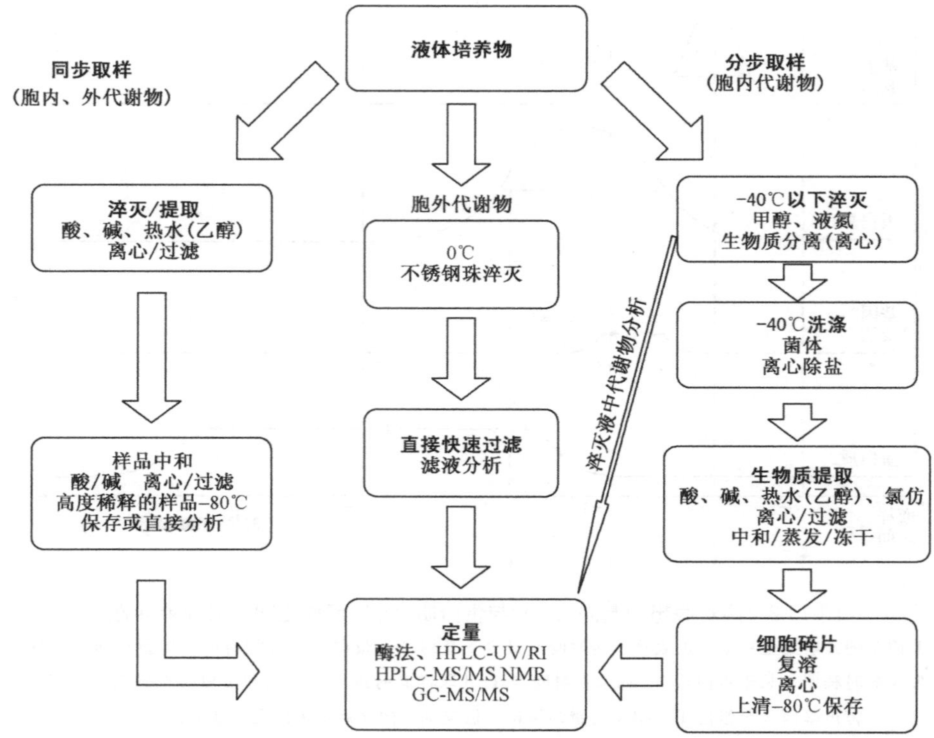

图 15-3 微生物代谢组学分析流程[4]

貌，至少不会干扰核心问题的解决，如酿酒酵母在供氧充分条件下全部葡萄糖几乎都转化成菌体，而在厌氧条件下却要转化成乙醇和 ATP。由于大多数细菌可以在短时间内获得大量的培养物，而且通过控制一定条件还可以实现恒化培养，所以与其他真核生物细胞的取样相比，获得代表性的原核微生物样品通常不是十分困难。一般情况下恒化培养物具有相对好的代表性，因为该条件下的细菌个体之间具有较稳定的特征。批次培养和流加培养细菌的外环境存在很大变化；不同生长时期的菌体内代谢差异也十分显著。

15.2.2.2 实验设计

实验设计是代谢组学分析的第一重要步骤。为了改善信息的获取质量，一定要在系统统计分析后精确选择各研究参数。在确保实验技术可靠的前提下一定要进行最优化实验设计，这源于对实验要解决问题的准确界定。与传统的微生物实验设计相比，代谢组学研究由于需要考察的参数众多，而且真正有意义的参数通常在进行具体实验前无法准确预知，所以一般要借助一定的统计学知识协助进行实验设计。数理统计中的具体实验设计方法很多，常用的有部分因子设计、正交设计、均匀设计、中心组合设计等。尽管各有特点，但主要目的还是通过少数有代表性的组合试验推断整体变化规律和筛选重要因素。目前也有一些商用软件可使该问题简单化，具体内容可参照相关专著。为有效利用统计学工具，一定要抛弃诸如“在正常参考值范围前提下寻找两者量的区别”这样的思维定式去确定定量实验结果所反映的真正问题，正如前面章节所提到的，某一变量在特定代谢组分析中的权重才是十分重要的，或者更为重要的可能是代谢物之间变化的协同性。通常绝对量的变化十分显著的参数并不一定代表了对扰动应答具有特征意义的指标，细胞内由不同代谢物和各种调控机制组成的复杂代谢网络具有一定的刚性和韧性，某个代谢物量的微小波动可能引起某关键酶的激活或抑制，进而影响到下游代谢物的水平，如别构调节，受该种机制调节的酶的活性变化往往只需很少量的调节因子存在。即便如此，该酶下游代谢物的水平可能还受多种因素的影响，单从其量的波动来看可能忽视了具有调节作用的那个关键代谢物在细胞应答中的作用。代谢工程领域内，在许多转录组与蛋白质组研究中，通常要对两种不同条件下的结果进行比较。通常表现最大幅度的成倍变化的分子被筛选出，其相关基因或蛋白质被认为与特定的条件相关。在提高某组分产量时，随着产率提高而浓度大增的代谢物并不一定是问题的瓶颈所在。而浓度锐减的组分可能与产量相关，因为它可能是生物合成过程中某酶的抑制剂。仅靠比较两个代谢组学数据无法确定与某条件下最相关的代谢分子。量的变化很小，但却十分显著，则可能与提高产率最相关，因为它极有可能对关键酶施加正或负调控而与产量相关。所以这些组分量上的微小变化可能极大地影响产率。因此浓度变化的量或方向并不能说明该分子对某一表型的重要程度，而是特定代谢物变化与表型的相关性程度决定了该代谢物的地位。应通过多因素分析找到哪种代谢物的变化与产量总是相关的。所以设计实验时，应考虑到至少需要考察多少代谢物的数据和多少组样本才能在统计学上反映出实验数据的真实意义[3]。依据通常的统计学实践，计量资料至少需要 20 例样本；计数资料至少需要 30 例样本才有统计学意义。除非极有价值的个案报道，多数情况下样本例数少于 5 的统计分析不利于提供特别准确的推断结果。

一旦确定了要比较的标本的数目，下一步就是如何准备标本。正如前文所述，从纯数学的角度出发，多因素分析最为经济和有效，但往往可行性受到限制。微生物学家多不愿意采用这种随机性很大的组合方式。例如，现今的微生物生产过程优化研究中多一次只改变一个参数，但是改变哪个参数呢？比较产生同一产物的不同株？改变培养条件？或在培养过程中间歇取样？这是一个以时间为代价的尝试，在没有可借鉴经验的基础上，借助适当的数理统计分析是十分必要的，因为毕竟所要研究的参数众多[3]。

15.2.2.3 微生物生长的重复性

微生物培养技术直接影响实验结果。由于生理条件的重复性远不如分析条件的重复性好（植物分析中生理重复性比分析重复性低 4 倍左右），所以必须比较多组数据才能真实反映所研究的生理过程。微生物代谢组学研究的前提是微生物生长状态的重复性，恒化器培养是最理想的，它能使微生物在尽可能恒定和精细控制的条件下生长，但工业发酵都采用分批补料培养。在这样复杂的培养体系内，底物间歇添加，使实验变数增加，特别是比较不同营养源的复杂培养基的结果时，往往容易使问题复杂化。即使是恒化培养，搅拌速率、菌体老化、质粒丢失等问题也往往会干扰微生物生长的重复性。对真核微生物来说，菌丝的形成也是不容易实现重复性的限制条件。实际研究往往需要在权衡各种利弊的基础上使微生物生长的重复性保持相对恒定。

15.2.2.4 快速取样与代谢淬灭

微生物生长多数很快速，特别是工业上常用的微生物。在最适条件下，大肠埃希菌增殖一代仅需要 20min 左右。为获取具有代表性的样品，分析时的样品的代谢组成分必须保证与取样时一致，才能反映样品当时的代谢活动，因此这一反映特定生理状态的代谢状态必须要被“固定”住，直到分析完成。这要求方法学上的有效性，以确保分析的结果确实反映细菌刚被取样时的状态，避免发生生物和非生物学改变导致部分代谢物外流或污染外来化合物分子。

理想的条件是取样到分析之间为零时差，现有的分析手段通常很难达到，但至少要保证取样迅速，特别是在需要大量菌体和众多样本时，这一点往往很难实现。在不得不牺牲零时差的情况下，可选择保证取样方法的标准化的策略，保证所有取样过程对标本的影响是一致的。

使代谢活动被固定（代谢淬灭）是取样的关键环节。这是因为代谢物的转化比 mRNA 和蛋白质还要快。例如，ATP 的半衰期还不到 0.1s，所以要求菌体在被收获的同时就停止代谢活动。文献上有许多可用的方法，包括细菌冷冻后立即滤膜超滤、高氯酸稀释细胞、用－45℃甲醇溶液稀释、快速离心。其中甲醇方法比较适合代谢组分析，方法温和而且可以通过离心富集细胞。但有些细菌（如乳酸乳球菌）可能会发生菌体裂解。在此基础上对甲醇淬灭方法有过许多研究，但针对的菌株不同往往效果也有差异[5]。综合来看，由于不同细菌的细胞壁结构不同，对渗透压的耐受程度不同以及膜的通透性差异，代谢淬灭所选择的方法不可能统一。革兰氏阳性菌由于细胞壁较厚，因此往往较耐受剧烈条件而不至于导致菌体裂解；某些酵母菌也比真细菌表现出较好的有机溶剂稳定性。实际工作中应该针对不同的菌株优化出不同的方法。由于大多数代谢组学分析不会兼顾各种酶的分析，所以某些剧烈一些的化学或物理条件都可以被采用，如果确实受实验条件所限，至少也要保证样品处于低温、代谢不活跃状态。惯用的参照标准是①淬灭步骤能够快速使细胞代谢活动停滞；②不破坏细胞膜导致代谢物外漏[3]。

15.2.2.5 细胞间液和区域化

细菌经过离心后，沉淀物中不但包含菌体和细胞内液，还混有细胞间液。这些细胞间液中不仅包含培养基成分而且还有细胞外代谢产物，沉淀物经过提取后细胞内外液将无法区别。据估计，酿酒酵母细胞湿重的 50％是细胞间液。提取前仔细洗涤菌体沉淀将有助于解决混有细胞间液问题，但是缺点是容易使一些自由出入细胞膜的组分浓度降低（如小分子有机酸）并容易导致细胞破碎。而且，由于无形中增加了操作时间，会使某些不稳定成分发生改变；如果引入了本身不易精确控制的操作，甚至有可能造成比细胞间液带来的影响还大的误差。由于真核微生物细胞内存在区域化，转录、翻译、酶活性和生理过程都受区域化（图 15-4）影响，所以代谢物浓度的确定最好按不同区域分开测量，这要求能够实现有效的亚细胞成分分离，但该分离步骤一致性本身就是一个巨大挑战。就目前而言，由于受分析方法的敏感性和分离过程的复杂性所限，通常对菌体量的需求很高，所以真正实现区域化测量仍难实现。虽然大多数原核微生物细胞内几乎不存在细胞器成分，即区域化现象几乎没有，但是某些内化形式的膜结构仍然存在，如中间体，这会对代谢物测定带来一定影响，必要时可通过控制培养条件加以消除。

15.2.2.6 代谢物提取

细胞内代谢物样品制备通常为易出问题的步骤。蒸馏的方法一般不适合代谢组学分

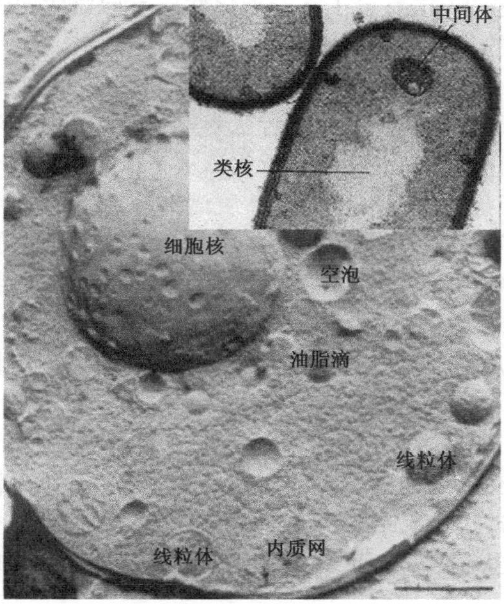

图 15-4　酵母菌细胞内的细胞器结构与细菌（右上）比较

由于细胞器的存在，真核细胞内普遍存在代谢物的区域化分布。原核生物也有类似的情况，如局部细胞膜内陷形成的中间体

析因为分馏步骤越多，组分丢失越严重，代谢组学分析的重复性越差。所以标本预处理通常要简化以防止组分丢失，这本身就是一个矛盾的过程。另外标本处理过程中要保证代谢活动处于停滞状态以防残留的酶活性使代谢物成分发生改变。对微生物代谢组学样品，可考虑如下几种样品处理方法：①将细胞在乙醛溶液内煮沸然后通过旋转蒸发器去处多余水分；②以高氯酸稀释样品；③−45℃氯仿抽提。特别是氯仿抽提，该法较为温和并且具有代谢淬灭作用，还能防止挥发性成分（如丙酮酸）的挥发。总的来说代谢物提取要保证提取到的代谢物足够多，不导致代谢物性质发生变化，适合于下游采用的分析技术。除非是专业的分析机构，就具体实验室而言，由于所研究的菌株相对固定，所以不妨彻底优化出一个好的样品预处理流程，这是个一劳永逸的办法。

15.2.3　分析平台

关于代谢组学的分析技术在相关章节内已有详细描述，这里只对微生物样品分析中使用的各种技术的优缺点进行比较，在进行实际样品分析时可根据分析目的不同加以选择。但是从未来代谢组学技术发展趋势来看，任何的单一分析技术都不能满足代谢组学分析需要，集成或所谓的联用技术将是未来发展的主流。

能够实现体内无损区域化检测是代谢组学研究的首选方法，但是现在所用的 NMR 和 IR 方法灵敏度较低，而且不具备分离能力，因此需要峰的拆分。所以目前建立起来的代谢组学分析平台大多是有创检测技术为依托。虽然第一个完成的微生物代谢组学研究是基于二维薄层色谱，但是起主导作用的还是各种联用技术，如 GC-MS、LC-MS 和

LC-二极管阵列检测。这些方法整合了基于理化性质不同对代谢物的色谱分离过程和基于峰（质）谱模式不同的化合物鉴定技术。

分析化学领域内的 GC、LC 联用技术已应用数十年。但时至今日，代谢组学分析中一次可分析的仍然限于特定条件下研究者认为重要的几个化合物，即所谓的代谢标靶分析。代谢组学的出现在方法学上正使分析化学从靶标分析转向全组分分析。

GC-MS 的优势在于与高敏感性和选择性质谱结合后分离效率高，保留时间重现性好。传统的 GC-MS 已应用于顶空挥发性和中极性化合物分析。但是许多代谢物包含极性官能团，在所用分离条件下热稳定性好，甚至不具挥发性。含有极性基团的化合物由于与色谱柱的相互作用或吸附常导致峰形不佳，所以 GC 柱前衍生化常是必需的。过去数十年的经验证实肟化反应对醇、醛、酸和氨基代谢物的衍生化效果较好，峰容量可达 200。

全二维 GC×GC-MS 技术将在代谢组学分析中会有更广泛的用途。该技术利用两根串联的色谱柱，并在交接处配以低温调制器，这使得第一维的洗脱峰通过低温聚焦后在很短时间内由温度脉冲送入第二维再通过另一分离机制加以区分。第二维的分离时间通常为 4～7s。据悉，这一技术甚至在分离生理复杂体系中的对映体时也显示良好的稳健性和敏感性。

GC 具有高分辨、稳定和动态分析特性。LC 在分析难挥发化合物、热不稳定化合物（如核苷和脂酰辅酶 A）和分子质量为 500～700Da 大分子代谢物时更有优势。而且可以配备多种类型的检测器，如紫外或荧光检测就比 LC-MS 使用的电喷雾质谱针对某些化合物的检测灵敏度高。LC 的另一优势是通常不需要衍生化而且标本用量可降低到微升或更低。LC-MS 的主要缺陷是离子抑制，影响定量准确性。当与被检代谢物存在共洗脱化合物时，由于共洗脱化合物的离子化程度高于待测物时，就常会发生离子抑制。由于多数代谢物在极端条件下通常不稳定，液体流动相应尽可能接近中性，而且柱箱温度不能太高。目前利用各种方法实现全组分分析的 LC 方法仍不是很多。

最近也有利用毛细管电泳技术进行代谢物全组分分析的。与 LC-MS 相比，CE-MS 的敏感性和分离效率都比前者高。只是衍生化效果和重复性都不及 LC-MS，而且 CE 与 MS 的耦合比较复杂，当有肽类和盐存在时，稳健性也不如 LC-MS。但 CE 技术却是芯片实验室技术用于代谢物分析的重要手段，相关技术仍处在不断发展中[3]。

15.2.3.1 稳健性与稳定性

建立全组分分析方法并不是最大的挑战，代谢组学分析的主要挑战来自于分析平台的稳定性，能够自动分析组分量上的差异，达到代谢组学分析的真正目的。代谢组学分析更要求分析技术具有稳健性，如保留时间和响应因子等参数，以保证对每一代谢物的分析精确可靠，能够正确区分代谢物量上的微小差异。为有效控制所有步骤的精确性与准确性，在标本处理和分析过程中引入定量内标十分必要，这样可以确保实验误差控制在可接受范围内。分析过程中还要保证不因实验过程引入代谢物成分变化，无论是生理或非生理改变。所以样品的总分析时间不可能太长[3]。

15.2.3.2 敏感性

由于代谢组学要分析全组分代谢物，所以敏感性要求较高。目前常用的全组分分析的 GC-MS 技术为电子轰击（EI）离子化技术。在全扫描模式中对洗脱组分具有较高的响应因子。利用 GC-EI-四极杆-MS 技术的检测限可达 0.025～2.0μg/ml。新近出现的 GC-TOF-MS 技术的检测限可比前者高 5～20 倍。如果应用 GC×GC-TOF-MS 技术，敏感性更高，因为第二维分离峰的宽度很小，通常可使灵敏度提高 5～10 倍。

如果是广泛地对化合物进行筛选，常用离子阱 LC-MS 系统。依靠传统的 LC 系统，离子阱 LC-MS 的灵敏度常可与利用四极杆的 GC-EI-MS 相媲美。现在满足全组分扫描的 MS 平台也不断被开发出来，如线性离子阱 LC-MS 系统比传统的离子阱 LC-MS 系统灵敏 10～20 倍。

一个方法的总体灵敏度并不完全取决于所用仪器的灵敏度，通过提高样品中待测组分的浓度，使之达到仪器的检测限也能实现痕量组分的分析，通过冷冻干燥或小体积的衍生化浓缩步骤也可以提高分析能力，但样品的损失也不可避免[3]。

15.2.3.3 定量

利用多变量数据分析理论（MVDA）分析代谢组学数据时，绝对定量通常并不总是必要的，组分浓度比较可以通过峰面积所反映的相对含量进行比较。但要求分析方法对待测组分的线性响应范围要宽，而且分析方法的相对标准偏差（RSD）要尽可能小。因为不同样品中同一组分或同一样品中的不同组分浓度差异极大（生物样品中，代谢物浓度变异系数超过 1000 倍），而且为了使分析结果具有可靠性和可比性，样品中引入内标十分必要。有条件的情况下应对不同类别化合物选择相应内标。利用 EI 的 GC-MS 的线性范围为 10^4～10^5，而电喷雾离子化的 LC-MS 可达 10^3～10^4。实际分析过程中要根据实际情况选择分析方法，一般来说，分析方法的检测限越低，该方法对微量组分的检测 RSD 可能越高。

代谢组学的代谢物的标靶分析和全组分分析一次可产生大量的数据，对任何一种分析，都要采取质控措施以保证诸如提取、衍生化和分析的可靠性并使检测响应信号或进样量的误差在允许范围内。为了保证良好的定量准确性，质控措施的采用是值得提倡的。如仪器的定期校正、在待测样品间随机插入标准品等。为保证结果的可比性，不同实验室之间还可以建立室间质控机制。

15.2.3.4 代谢物鉴定

通过 LC-MS 检测的化合物常可借助 NMR 定性。但由于待测组分含量较低，直接检测通常较难实现，所以 LC 联合 MS/MS 甚至多极 MS 和高分辨 MS 常很必要。新近开发的线性离子阱联合 FT-MS 效果较好，虽然流式注射 FT-MS 已有应用，但对异构体效果不佳。对于 GC-MS，化学电离用于 MS 定性比较可取，配合多极 MS 可进一步用于结构鉴定[3]。相关内容可参见本书有关章节。

15.2.3.5 数据前处理

大多分析仪器提供的检测数据需要一定的前处理才能利用 MVDA 工具进行分析，数据前处理需要考虑诸多因素，如为了除掉干扰，GC、LC 数据应进行保留时间、基线漂移和噪音阈值校正；不同样品的定量数据可能还需要一定的变量变换才能进行下一步分析；在进行复杂体系分析时常会遇到共洗脱问题等，相关问题在各有关章节已经描述过，此不赘述。目前由于缺少相应的应用软件，所以数据处理的方法学进展比较缓慢。但许多仪器开发商已经开始注意这一点了，随机附带相应的适合于代谢组学分析软件的分析平台已经到达用户手中。

15.2.3.6 生物信息学

代谢组学像其他功能基因组学一样会产生大量数据，因此需要一个生物信息学平台储存、处理和保存这些数据。这样一个平台需要许多辅助系统[3]。

1. 实验室信息管理系统（LIMS）

LIMS对于解决如何选择、提取、分析标本和结果预处理十分必要。对于判断数据质量十分有效。每个实验室应建立一套适合本实验室特征和分析能力的标准化样品采集处理等方法，各种分析数据管理要有相应规范，便于实验室内使用和查阅。这是进行系统生物学中任何一项“组学”研究所必备的条件，如建立实验室环境条件下的空白色-质图，可以帮助排除干扰因素的影响。

2. 数据集

不同分析方法产生的数据十分庞大，如一个 LC-MS 文件大约为 40Mb，但并非所有文件都含有有用数据。经过数据前处理，可以获得一个信息量不变但格式缩小了的文件。原始数据和经处理过的数据需要妥善保存以备分析，该数据集最好包含基因组、蛋白质组和转录组等所有数据以利于系统生物学分析。虽然许多商用软件提供了该功能，但通常不是服务于分子生物学研究目的的，根据研究领域和应用范围的不同实验室数据集的建立也不尽相同。

3. 参考数据库

代谢组学面临的比较迫切的挑战是如何对代谢物进行鉴定。例如，计算机模拟出的576个枯草杆菌的代谢物中，由于自身不稳定或商业价值不足，43%没有商品参照品。对细菌代谢物来说，缺少标准参照化学品现象尤为严重，所以导致化合物和代谢物鉴定工作十分艰难。保留指数、质谱峰、同系物、分子质量等相关信息统统应予保存在参考数据库中。目前 GC-MS 数据库已初步建立（http://www.webbook.nist.gov/chemistry/），LC-MS 目前还没有可用的标准数据库，但一定规模的数据库已经被许多研究机构建立起来。理想的数据库应独立于所用的分析方法而且在代谢组学各种分析方法之间具有普适性。

4. 生物统计分析工具

数据经过初步处理后，应将数据转化成有用信息。许多 MVDA 商用软件可以用来进行数理统计分析，如 Matlab。当确定下来一组代谢物与要研究的问题相关后，下一步就是要解决这些代谢物的生理作用问题，需要有一个强有力的工具帮助微生物学家解释经统计分析发现与研究问题相关的代谢物的隐含意义。通过查阅与相关代谢物有关的代谢途径能帮助微生物学家找到某代谢物的作用，互联网上有许多代谢途径的数据库可供使用，如KEGG、EcoCyc、UM-BBD和WIT等。这些数据库由于都过于追求全面所以可能并不能简单地用来解决代谢组学中的标志物发现等问题。因此也就不一定能简便地给出问题的直接答案。

理想的数据库最好是能直接表述出感兴趣的代谢物的生理意义，如为什么某物质的升高在某种情况下是合理的。代谢途径最好以生理学家熟悉的方式呈现，而且在代谢的每一步中最好将相关类似物、能量、附因子的需求及消耗情况一起标出，每一途径的反应步骤也不要太多，以便一目了然。只反映代谢物浓度改变的生物信息学工具并不是最佳研究工具，目前的代谢途径数据库大多不完整，如谢曼丙酸杆菌的三羧酸（TCA）循环与经典的TCA循环完全不同，至少KEGG中就没有收录该条特殊的途径。微生物中大量存在非经典代谢途径，而且有些途径还具有冗余性，有的还存在副反应和底物协同作用，因此有的学者建议引入“代谢域”（metabolic neighborhoods）的概念，其定义为以一个代谢物（底物或产物）为中心的所有代谢途径及所有参与各途径的反应集合。该形式可反映与某代谢物有关的所有反应途径，比现有数据库的反应形式更全面和直观，但是要建成这样一个数据库的工作绝对不亚于要完成人类基因组计划。虽然像Compound KB 和LIGAND数据库还提供化合物化学特性信息，但目前还没有一个数据库提供代谢物在细胞内功能的信息。

除了以图形形式表现代谢途径外，针对许多微生物还建立了许多代谢模型。最近利用大肠埃希菌和酿酒酵母的全基因组数据已建成了限制模型，包含了基因组数据解析出来的所有基因组成的400多种代谢物和700多个反应，同样也适用于代谢组学研究。但由于分析工具的不同所以使建立起来的代谢网络无法偶联或进行直接比较，而且网络构建耗时费力。最近科学家试图利用新的手段解决不同软件构建的网络之间缺乏可比性的问题，以便合作开发和资源共享。

由于微生物代谢组学分析的发展，基于代谢组学数据重构生化网络和调节网络的工具也相继被开发出来，其开发基础是代谢组中互相关联的代谢产物之间的联系是建立在代谢过程或调节过程中的，而相互之间没有关联的代谢物通常相互作用较少。该研究一定程度上有利于发现未知基因的功能，其中受益最大的领域就是工业生物技术中的代谢途径优化设计。

目前有两种方法可以用来进行代谢组学信息与基因功能的偶联。第一种方法是直接法，即通过未知功能基因编码的酶所催化的化学反应判断基因功能。例如，通过构建表达谷胱甘肽S-转移酶标签的蛋白质质粒的文库，酵母内的未知基因功能得到鉴定，并可发现一些蛋白质的新的活性[6]。该方法存在的问题是，由于通过序列同源性判断基因功能，因此出发点只是借助机制而不是功能，有一定的基因组数据依赖性。另一种方法是通过对某已知基因的敲除或过表达后的细胞代谢组变化，与某未知基因敲除后的代谢组变化相比较发现未知基因功能。这种方法也被用来进行酿酒酵母的研究，并被称为FANCY（functional analysis by co-responses in yeast）法。该方法需要应用MS或NMR并将所得结果进行复杂的化学计量学计算[3,7]。

5. 文献和资源

虽然互联网上可供利用的各种数据库越来越多，但是内容的准确性通常不能完全保证。而且本来属于推断性的结论一旦被广泛引用就会被当成事实接受下来。因此必须注意对引用的部分进行交叉验证。特别是随着电子计算机技术的发展，基于理论的推断产生的结论的数量会越来越多于实验结论。互联网上越来越多的文献无疑为科学研究提供了巨大帮助，但如何选择重要文献同样重要。Cytoscape 软件能够提供适合生物信息学要求的文献检索功能，在一定程度上可以帮助科学家减轻文献检索负担。

15.3 代谢组学在工业微生物学中的应用

资源匮乏、能源短缺、环境恶化决定了 21 世纪对人类社会将产生深远影响的主要有两方面内容：①社会发展将转向以可持续供给的资源为基础；②建立在对生命过程的系统理解和能力发掘基础上的技术革命。以生物友好过程取代传统加工工艺、以可再生的生物质资源取代不可再生的化石资源，是工业可持续发展的必然趋势，相应地，工业生物技术应运而生并被喻为未来社会经济发展中最有前途的技术产业之一。微生物是地球上最丰富的物种资源之一，是最丰富的氮源和磷源的储库。微生物具有多样性的合成能力和丰富的代谢产物，由于其结构简单，体外培养相对容易，进行各种改造比较容易，所以是工业生物技术中的主要利用和依靠对象。随着各种基因操作技术的不断成熟，微生物在工业发酵和工业生物技术中扮演着越来越重要的作用，也是代谢组学技术应用比较成功的领域之一。自然进化出来的代谢过程从大量生产产品化合物的角度来说不是最适的，虽然转基因技术成熟的时候，曾一度被认为是能够领导工业生物技术走向成功的希望，但随后的研究很快证实，仅仅限于个别基因的操作往往达不到提高目标化合物产量的目的甚至适得其反。

工业生物技术发展强调解析与组合两个特定的步骤，关注怎样辨认能反映细胞生理状态的主要参数，怎样利用这些信息组织一个代谢网络的设计和控制，确定合理的靶点以修饰构建特定物种，进一步评估基因或酶的真实修饰效果，达到最佳生产要求。代谢途径的组合成为达到上述目的的最佳手段已被广泛接受，代谢组学技术目前已成为这一领域内最活跃、最有效的研究方法。转录组和蛋白质组数据可以用来对未知的途径进行推测，但是当基因序列或蛋白质结构等信息不全的情况下进行途径分析则通常比较困难。代谢组学分析对基于蛋白质组和基因组数据模拟出的代谢途径的可靠性验证有着无可比拟的优势[8]。早期的尝试是针对大肠埃希菌的分析，采用了薄层色谱方法，虽然没对代谢物进行任何鉴定，但是发现了在氧化压力下缬氨酸代谢池的升高，而且这是原代谢过程中不存在的代谢物。经验认为同一克隆的所有菌株具有完全一致的遗传背景，因此应该具有一致的代谢特征，但是最近通过对 10 个相关克隆而来的大肠埃希菌不同菌株的代谢组学比较研究发现，在葡萄糖限制培养基上生长的这些原本认为具有一致表现的菌株在物质转运和代谢速率方面具有很大差异，其中 177 种被研究代谢物中，仅 68 种无明显差异，其余均表现出受到不同程度影响（图 15-5）[9]。利用 NMR 对酿酒酵母的分析同样发现了新的代谢物，并且利用细胞内代谢物浓度的差异区别出了许多基因敲除突变株。对枯草芽孢杆菌和谷氨酸棒杆菌也做过许多代谢组学分析。这两种细菌在工业生物技术中具有重要作用。

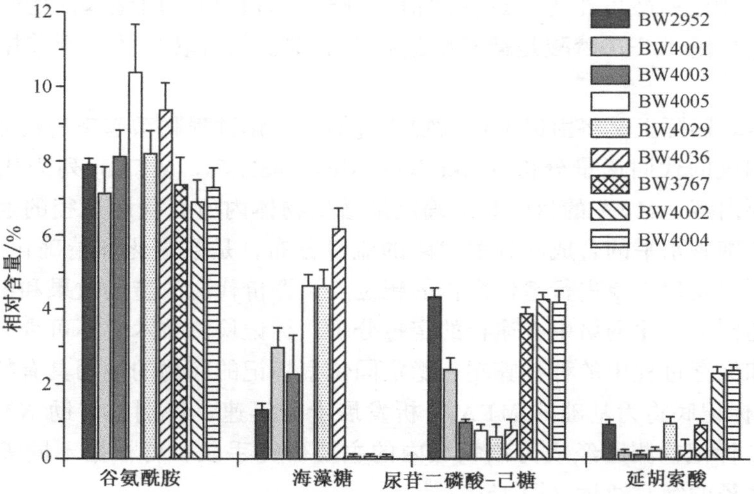

图 15-5　9 株大肠杆菌内部分差异代谢物占总代谢物相对含量比较[9]

代谢物在微生物代谢中对基础代谢和次生代谢起着重要的调节作用，它们同时也可作为指示和感受外界环境变化的信号分子，最简单的代谢物参与代谢调节的例子就是酶的别构调节。它们可在不同水平作为调节因子调节代谢途径，包括从基因、转录、翻译和蛋白质水平。其中多数研究侧重于转录后的调节，如在酿酒酵母中碳源依赖性的代谢流调节主要就是通过转录后调节实现的。在对酸性条件下乳杆菌的生理活动研究过程中，糖酵解的调节在代谢物水平和转录水平同样重要。而且代谢水平的调节尤为重要，即使是翻译水平的调节也比转录水平重要。

通过多种细菌的代谢组学分析发现，在菌体内的中心碳代谢途径中，磷酸烯醇式丙酮酸（PEP）是个重要节点，对细胞生理极为重要。大肠埃希菌在葡萄糖为碳源的培养基中生长时，通过磷酸烯醇式丙酮酸羧激酶对代谢流的调节是通过代谢物 PEP 和草酰乙酸浓度的改变来实现的。兼性化能自养菌富氧产碱菌中 PEP 还作为负调节因子，调节中心碳代谢的转录过程。核苷酸能够作为许多酶的别构效应剂对酶活性进行调节。通过对核甘酸代谢池的改变也能够发挥代谢调节作用。NAD 的合成过程中喹啉酸也作为别构效应剂发挥作用。谷氨酰胺作为氮代谢的抑制因子和氨、谷氨酸作为氮储量的信号分子已被阐述，随着研究的深入，许多过去认为只是代谢中间物和终产物的分子相继被发现具有调节与自身代谢过程不相关的代谢途径的作用。

除了作为代谢过程的调节因子发挥作用以外，许多代谢物在基因表达和信号传递过程中也发挥重要作用。通过双组分磷光依赖信号转导系统，微生物可对外界刺激做出反应并调节相应基因的表达。大肠埃希菌中许多转录调节因子都有潜在的小分子代谢物的结合位点，某一特定代谢物浓度的变化都能通过全局或局部调节被激活或抑制。在棒杆菌中转录因子 NtcA 控制着氮的稳态。α-酮戊二酸作为调节因子将信号传递给 NtcA，从而调节与氮的同化有关的基因的转录。ArcA、ArcB 双信号系统是大肠埃希菌和其他兼性厌氧菌中调节有氧呼吸状态的双组分系统，在刺激生长的条件下，D-乳酸可作为ArcB激酶的效应因子发挥生理作用。大肠埃希菌中硫同化途径的早期代谢产物之一——腺苷-5′磷酰硫酸可作为硫过量的信号分子，抑制相关同化基因的转录。在枯草芽孢杆菌中，果糖-1,6-二磷酸是糖酵解过程中的重要信号转导体，调节糖酵解有关基因的转录。

最近几年，国际上又将由诸多代谢物通过不同催化过程联系起来的代谢途径的反应速率和流量构成的代谢通量分析（metabolic flux analysis，MFA）列为代谢工程领域内研究的重要内容，MFA的目的是准确定量微生物体内所有代谢途径的通量，其结果是提供一张全细胞水平的合成和分解代谢的流量分布，是数量化和精确化的生化网络。基于该网络可以发现需要进行遗传操作的靶位点，评价代谢改造的效果和细胞内的能量分布状态。达到对生化网络中各途径的定量分析，标记检测技术必不可少，由于放射性核素在使用和保存过程中的种种弊端，稳定同位素标记的底物的使用具有特殊优势，国际上，以^{13}C标记底物为基础的MFA分析发展十分迅速，特别是借助NMR和MS技术的改进，^{13}C标记检测已经成为该领域内的主要研究手段，可根据不同需要定量分析出不同代谢途径的绝对通量（图15-6）[10]。

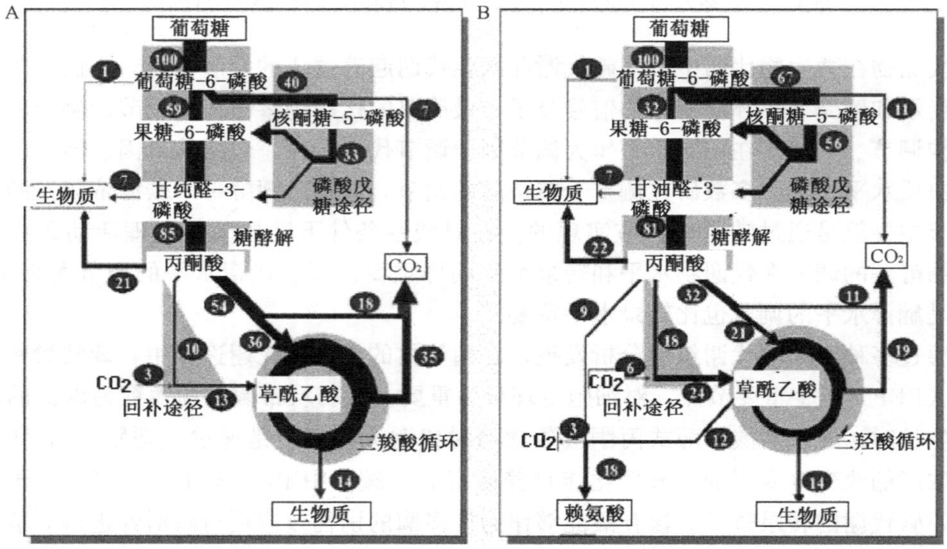

图15-6 谷氨酸棒杆菌在生长（A）和产赖氨酸（B）条件下同位素标记代谢通量分析示意图

引自 http://www.uni-siegen.de/fb11/simtec/software/13cflux/

工业生物技术中由于对产品即目标代谢物极为关注，所以相关的技术也受其影响发展很快[11,12]。目前由于NMR的无损检测优势所以在微生物代谢组学研究中得到了广泛的应用，在代谢分析中常用的核素包括P、C、H和Na等。生物技术领域，^{13}C标记的碳代谢流分析已经广泛用于指导细胞操作。过去几年中，工业微生物中心碳代谢通量分析已经被深入研究，为了使以NMR技术为核心的碳代谢通量分析成为日常分析工具，分析方法、数据处理和数学模拟都得到了极大发展。结合GC、MS等技术的应用，许多关键酶缺失的大肠埃希菌突变株都被详细地分析，为代谢网络结构和功能的关系研究提供了不可多得的资料。NMR代谢组学分析技术已经分析了经过基因工程改造的血红素和核黄素生产菌。对以酿酒酵母为代表的真核生物的研究也层出不穷。除了用于定量代谢通量，许多工业微生物的生理功能也需要利用代谢组学技术进行详尽分析。通过代谢工程改造和途径重组进行菌株改良和次级代谢改造，可提供种类繁多的化学品。近几年来，以工业微生物为对象的基因组学、蛋白质组学和代谢组学的研究非常活跃，目前已经完成或正在进行的全基因组规模测序的微生物接近400多种。随着高通量分离分析技术的发展，已经开始具备对细胞内的基因、转录本、蛋白质和代谢物的大规模并行测定的能力，加之生物信息学和化学生物学的快速发展，从系统和整体的水平观察、研究细胞的网络结构组成和动力学行为已经成为可能，对生化网络的研究已成为学科前沿热点，并在代谢工程领域发挥了巨大作用。根据代谢组学数据可以重建完整的生化网络(图15-7，见彩版)，发现细胞内目标产物相关途径的热力学可行性、代谢流量及其调控，进而通过计算还能推测理论最大产率和最佳（发酵）培养、最优化改造条件。

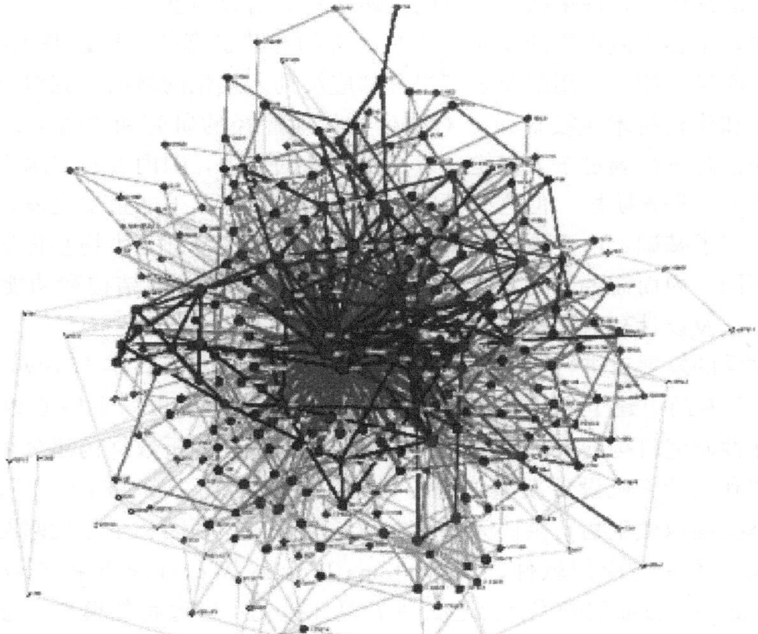

图15-7　大肠埃希菌的代谢网络示意图

图中的点代表不同代谢物，代谢物之间的连线代表生化反应途径，连线的颜色代表了反应途径的通量大小(引自 http://www.lce.hut.fi/publications/annual2004/nodel8.html)

微生物的代谢组学研究将为我们从多角度理解微生物的生理特性与生命特征提供巨大帮助。目前重构的大肠埃希菌代谢网络已包括了931个生化反应，对酿酒酵母重构的网络中已包括1149个反应。随着相关数据的剧增许多可供代谢分析使用的数据库也纷纷建立起来，其中日本的KEGG包含了至少5437个生化反应；BRENDA数据库中收录的代谢物多达47630个。借助NMR、GC-MS和LC-MS等技术，许多大肠埃希菌关键酶突变株的代谢网络结构与功能关系被揭示出来。Price等[13]在2004年11月的Nature Reviews/microbiology 上总结了最新的基因组规模上重构的生化网络。上述研究成果的积累催生了利用代谢组学进行通量组（fluxome）的研究。

在后基因组时代，通过高通量技术可产生描述网络组分（基因、蛋白质及代谢物）及其相互作用的大量生物数据，从而将大大推动大规模生化网络的构建及其拓扑结构分析。生化网络的大规模分析可以揭示细胞的总体组织结构，最新的科学研究表明，在宏观水平所观察到的细胞表型取决于构成网络基础的共同特征。随着系统生物学的发展和大量细胞内分子反应动力学、热力学等数据的获得，催生了一门新的生物学分支——计算生物学，它涉及生物数据的收集及处理技术（包括分析的及理论的方法、数学模型和计算机模拟技术）的开发，并将这些数据用于功能发现和预测。由于网络重构的复杂性和对数据量的巨大需求，所以已有的生化网络研究主要限于模式生物，如大肠埃希菌及酿酒酵母等，而且，重构生化网络的内容一般只是涉及碳及能量的代谢，对微生物的蛋白质组数据利用不是很完全，只能算作代谢网络而非真正意义上的生化网络，因此研究工作存在一定的片面性，许多碳及能量的代谢网络的研究是基于细胞的物质平衡和拟稳态假设进行的，事实上微生物的物质代谢是动态的和非稳态的，所以基因组、转录组、蛋白质组、代谢组、相互作用组及表型组等都应被列入生化网络的研究对象。已有的生化网络的调控和优化技术主要侧重于对微生物代谢途径的研究和改造上，研究方法单一，所得到的信息不能满足于人们定向改造微生物的需求，国内外对多水平生化网络的调控和优化还处在摸索阶段。但这些模式生物网络的研究取得的重要进展，为其他生物网络的研究奠定了基础。由于生物的多样性及所处环境（特别是生物基化学品的工业生产条件）的不同，因而需要对这些化学品生产菌的生化网络的结构和功能进行仔细研究，才能为优化及设计高产菌株奠定坚实的基础。

系统生物学的发展对进行大规模的细胞模拟提出了要求，日本于 1996 年提出了 E-CELL 计划，并专门组建了由代谢组、生物信息学和基因工程 3 个中心组成的研究机构，这一国际性研究机构的目标是基于高通量的代谢组学分析数据构建全细胞水平的生化模型，达到利用计算机设计新型细胞的目的。美国推出了 V-CELL 计划，能源部计划开发出计算机虚拟微生物，供研究使用。为了准确描述基因和生化代谢网络，许多研究机构相继推出了一些应用软件，如 Systems Biology Workbench 和 Systems Biology Markup Language，目前的开发焦点已经涉及具体生化反应过程的模拟。总的来看，为适应工业生物技术发展的需要，细胞代谢研究已经从以往的静态研究过渡到动态研究，从活体实验研究发展到计算机虚拟模拟。

15.4 代谢组学在医学微生物学中的应用

微生物与人体之间有着相互依赖的关系，如肠道内的大肠埃希菌既能产生对人体有益的物质（维生素等）又可以通过易位导致感染。肠道菌群对宿主的代谢过程也会产生重要影响并在其栖生部位发挥着各种生理作用，包括免疫防御、肠道微生态平衡的建立、消化食物中未被分解的食物纤维及分解各种蛋白质和肽类。发现微生物在宿主体内的定植能力、微生物如何逃避宿主的免疫防御机制并能在其中增殖和导致功能损害对解释微生物的致病性十分重要。以铜绿假单胞菌为例的许多革兰氏阴性菌的毒力基因并不是组成型表达，而是受控于菌体数目即群体感应（quorum sensing，QS）的一种机制。相关的信号机制和调控机制目前还未完全明了。由于该机制中的主要作用分子为小分子代谢物所以代谢组学研究无疑要优于蛋白质组和转录组研究。目前许多革兰氏阳性和阴性菌中的 QS 作用分子已经得到鉴定，许多为氨基酸、小肽及脂肪酸衍生物，特别是乙酰同型丝氨酸内酯（AHL），目前已经在海藻中发现了其抑制物，这种卤代呋喃类化合物能够抑制细菌间的 QS 识别。作为革兰氏阴性菌的外膜的主要成分之一的肽聚糖（LPS）是抵抗抗生素和去污剂作用的主要成分，它的合成影响细菌的生理，而且也是诸多抗生素和抗细菌药物作用和开发的靶位点。代谢组学同样能够帮助理解 LPS 的合成和调节。许多病原菌与宿主的相互作用研究表明细菌具有干扰宿主分泌途径的复杂机制，代谢组学是一个极有价值的手段。

蜡样芽孢杆菌是一种机会致病菌，通常能够引起胃肠炎、脑膜炎或败血症。Bundy 等人[14]通过研究发现，利用代谢组学分析可以实现致病株与非致病株的区分。他们选择了 3 株非致病株和 3 株致病株，通过对 11 个致病基因的比较发现有 7 种基因在两组中都能检出并且经统计学区分无明显差异；通过对生长速率的比较也无法将两组分开。但是当利用 400MHz ^{1}H-NMR 对细胞内的代谢物分析，然后经多变量分析后发现致病株与非致病株能够得到很好区分（图 15-8）。这种区分效果的达到并不需要解析多种化合物，事实上作者仅仅利用了在 NMR 谱中 30 几个代谢物峰。相对于基因组学、蛋白质组学和转录组学的比对而言，代谢组学在解决这类问题时显然要经济有效许多，而且不需要太多的背景资料的支持。利用 NMR 技术分析微生物的代谢过程对人类健康也有极大的用处，既可用来进行基础研究也可用来进行药物和食品在人体内的代谢研究。利用 ^{31}P 和 ^{13}C 对引起人类胃肠炎的邻单胞菌的研究证实，该菌在甘露糖存在下生长不利

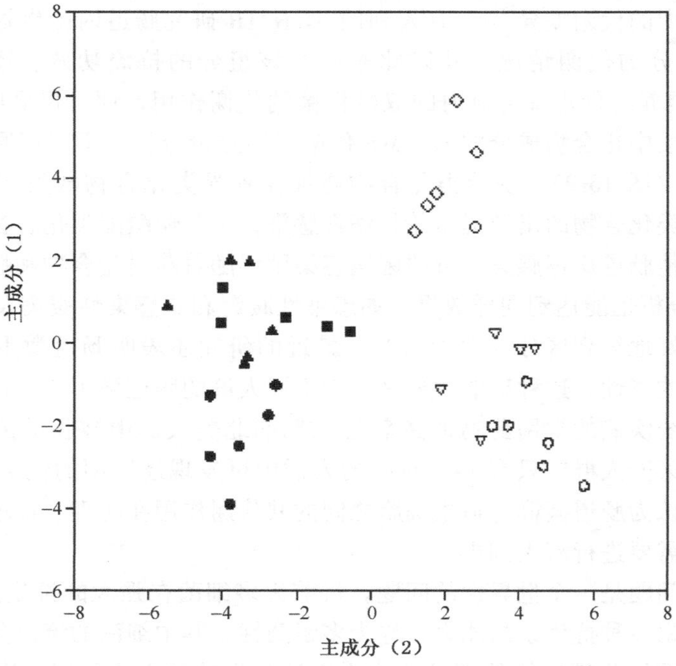

图 15-8　蜡样芽孢杆菌致病株（实心标志）与非致病株（空心标志）的区分[14]

并不是因为能量耗尽所致，而是因为甘露糖的代谢产物甘露糖-6-磷酸对该菌的毒性作用所致，即该菌对甘露糖的代谢不是十分完善[15]。

结核分枝杆菌的感染在全球又有蔓延之势，Mougous 等[16]利用遗传手段结合质谱技术成功对结核分枝杆菌和耻垢分枝杆菌的细胞内 S 代谢进行了分析。他们首先将结核分枝杆菌培养在含$^{34}SO_4^-$的培养基上，然后对细胞内的含硫化合物进行 MS 分析；随后他们又用了一株 S 营养缺陷型的耻垢分枝杆菌培养在含^{32}S的蛋氨酸培养基中，因为该菌的硫还原途径的一个基因被删除，所以大量的含还原硫的化合物的硫来源只能是从培养基中获得，利用 MS 比较两者的硫代谢物的差异就能判断硫还原代谢谱的全貌。据此，作者发现了至少 7 种新的含还原硫的代谢物。由于通过遗传操作技术获取营养缺陷型比较容易，所以作者认为这是一种实用的进行代谢途径研究的手段。

在药物代谢研究领域，微生物可以作为真核细胞的替代物用来进行药物代谢研究，因为大多数的解毒酶类在原核和真核细胞中都有着极为相似的作用。虽然目前为止只有^{19}F-NMR 的研究报道，但多数人认为^{1}H-NMR 在将来的药代动力学研究中会发挥越来越大的作用。因为人和动物体内的 H 元素含量是十分丰富的。另外利用 NMR 分析了解人类肠道内的正常菌群的代谢作用也是代谢组学应用较有效的领域之一。人结肠内栖生有超过人体细胞数倍的大量微生物，据估计成人每克新鲜粪便中含有 10^{12}～10^{14} CFU 的细菌，其中主要为厌氧菌。利用^{13}C-NMR 分析，Wolin[17]等发现，给予药物和非药物处理前后，肠道菌的代谢途径会发生明显的变化。通过考察人、动物体内的微生物的代谢变化，也可以用来评价食品安全和营养状态。寡糖和多糖常被用来当作益生素使用，其在体内的代谢过程需要肠道微生物的参与，通过对动物体内的共生菌的糖代谢研究可以发现糖类的水解酶特点。通过跟踪葡萄糖的 C4 信号，还能了解结晶和无定形纤维素在动物体内的代谢差异[18]。有人利用^{1}H-NMR 研究肠道内微生物对一种芥类植物的抗结肠癌组分的代谢情况，并以此来证实该组分的抗癌功效。还有人利用^{13}C-NMR 分析母乳喂养的婴儿胃肠道内的双歧杆菌的代谢作用，评价母乳喂养效果[19,20]。通过对腹泻患者便中化合物成分的 GC-MS 代谢组学定量分析，不同病原感染也能得到相对准确的判断（图 15-9），呋喃类化合物增加伴吲哚类化合物缺失提示难辨梭菌感染；十二烷酸酯类化合物的出现提示轮状病毒感染；十二烷酸酯类化合物缺失伴胺类化合物增加提示其他肠道病毒感染；弯曲菌属感染则伴随着萜类化合物和烃类化合物的缺如[21]。LC-MS 分析也能达到同样效果，如感染性腹泻和非感染性腹泻及不同病原菌引起的感染都能很好地得到区分（图 15-10）。最近的研究还表明肠道微生物的代谢作用还会影响到药物的毒性，这种影响主要来自于不同人群的肠道微生态结构和菌群的组成不同。心血管系统疾病的常用药物地高辛在 36%的北美人群中被肠道菌代谢成还原型产物，而南美印第安人群中只有 14%左右的人群中可发现还原型的代谢产物[22]。目前的代谢组学研究认为肠道菌群与宿主细胞之间的共代谢作用在药理、毒理、营养和健康方面的关系仍然需要进行深入剖析。

细菌的耐药问题是一个世界性的问题，目前许多细菌在强大的抗生素压力作用下，已经具备了同时耐多种抗生素的能力，称为多耐药性，其中细菌的流出泵机制是导致许多阳离子抗生素被细菌排出体外而导致抗生素治疗失败的主要原因，通过代谢组学研究，阐述细菌的与耐药有关的代谢过程对新药的开发和新的靶位点的确定都是十分必要

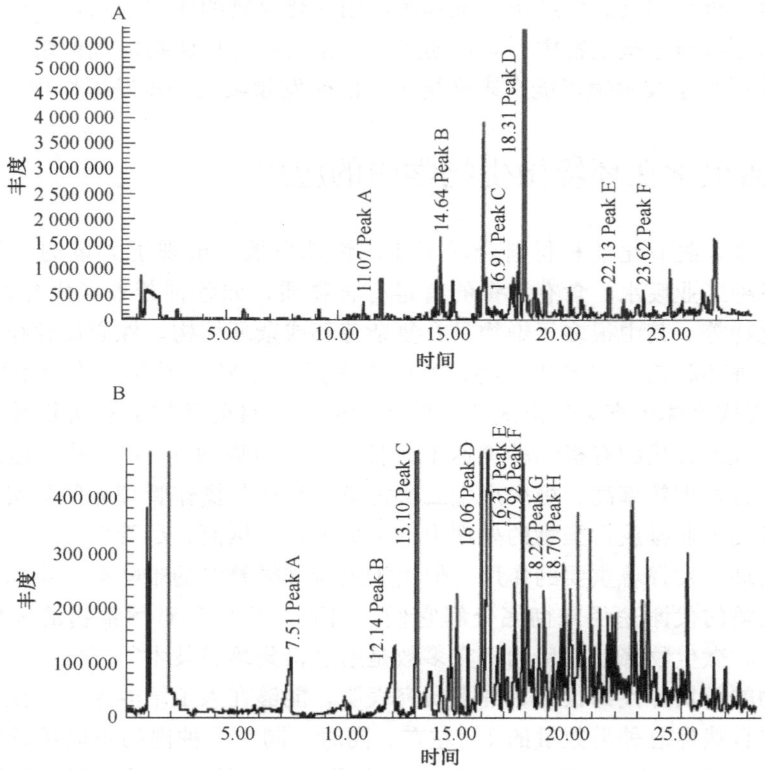

图 15-9　正常人粪便（A）和难辨梭菌感染者粪便（B）的 GC-MS 图谱

统计分析发现难辨梭菌感染者粪便中呋喃类化合物增加吲哚类化合物减少[21]

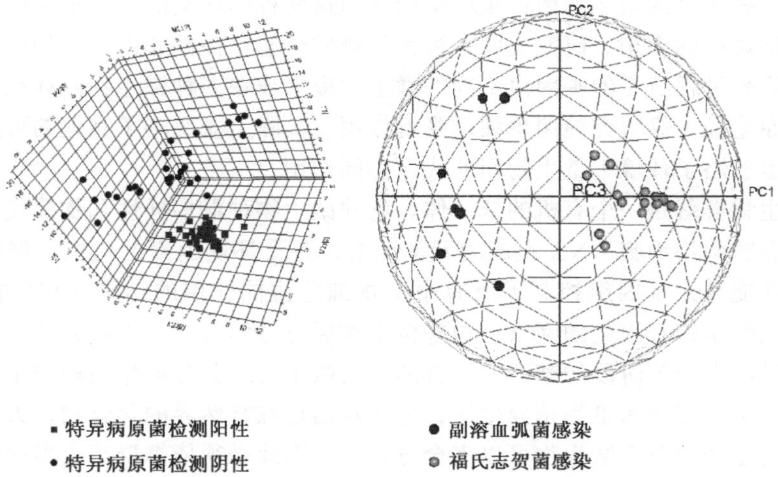

图 15-10　针对不同感染类型和感染病原的粪便样本的 UFLC-IT-TOF/MS 检测结果的 PCA 分析

的，相关的研究正在展开。新型抗生素的筛选和开发中，抗生素作用机制的鉴定十分必要，依据作用于同一靶点的抗生素应导致微生物出现类似的代谢变化的原理，已经有人通过代谢组学分析预测具有抗细菌和抗真菌作用的化合物的作用靶点，甚至抗菌药物之间的协同作用也可通过微生物中心碳代谢途径的主要中间代谢物的代谢组学分析被揭示出来[23,24]。代谢组学技术很可能在未来抗生素的研发领域进一步发挥作用。

15.5 代谢组学在环境微生物学中的应用

近几十年来，随着化学和材料合成工业的快速发展，出现了大量的人工合成化合物，尤其是各种工业废水，含有大量的有毒有害物质，如各种芳香族化合物、氨、氮、氰化物、硫化物等。其中很多污染物具有复杂芳环或杂环结构，性质比较稳定，难于降解，特别是芳香环和杂环类的化合物，其中很多是自然界本不存在的异生质（xenobiotics），在土壤或水体中富集后形成严重的环境问题。目前已知的有机物种类约 700 万种之多，其中人工合成的有机物种类达十万种以上，且以每年 2000 种的速度递增。微生物法处理具有处理效率高、极少产生二次污染、运行与操作管理方便且费用较低等优点，因而在各类工业排放污染物的处理中占主导地位。然而，尽管微生物处理法正在环境污染物的处理中发挥着重要的作用，但由于大量种类繁多的难降解污染物，单个微生物缺乏现成完整的代谢途径来彻底分解它们，因而往往导致对污染物的去除效果不理想。长期以来，微生物降解作用的研究多数是通过富集培养技术得到的。但是，大部分环境中微生物的可培养性都很低，许多研究表明，能够在人工培养条件下生长的微生物种类可能只占自然界总种类数量的 1%左右。同时，同一个种内的不同菌株之间的基因组序列可以有高达 20%以上的序列差异，使得不同菌株的生理代谢能力可以有很大的不同，即使像大肠埃希菌这样研究比较深入的且易于培养的微生物，也表现出很高的多样性，另外，在自然条件下占优势的降解菌在人工培养筛选时也不一定具有竞争优势，因此仅研究一些单个的微生物菌株难以全面认识这些种的代谢能力，不利于全面发挥微生物在环境治理中的作用。研究表明一种污染物的分解往往并非由单一种微生物独立完成，污染物降解过程所需的基因由不同的微生物提供或在多种微生物内存在有不同的或有交叉的代谢途径。仅研究纯菌单独的降解作用，实际上既忽略了其他的可能更重要的代谢途径，也忽略了环境中微生物间的代谢协同作用。

自然微生物群落是一个有机的统一体，它的微生物种群多样性和物质代谢等都决定于群落内所有微生物细胞 DNA 组成的元基因组，并受环境因素的调控；群落内的内部过程和表观功能是元基因组控制下所有微生物细胞协同作用的结果，它们构成代谢网络，而且该网络是跨基因组的网络。这些微生物通过分解有机污染物共享碳源或通过共代谢作用提供特定分解阶段的基因，所有的相关微生物及其分解作用构成了特定污染物的代谢网络。由于工业污染物是异生质，这些新出现在自然界的化合物，大多都无相应具备完整代谢途径的单个微生物可以完全分解它，因此必须依靠群落内多种微生物的相互协作，共同组成一个完整的分解代谢网络。代谢组学的另一重要应用领域就是环境微生物学，目前的研究热点是利用群落微生物即通过元基因组模式进行生物降解和生物治理。某些微生物在漫长的进化过程中可能拥有了能够将外源异生质通过化学转化过程使之进入其中心代谢途径的能力，这对环境保护来说很有应用价值。例如，红球菌属细菌就有很强的代谢能力，它们拥有巨大的线形质粒，能够进行多种脱硫反应和甾类化合物转化反应，通过进一步的代谢组学分析有望将来把该菌改造成有效的环境污染治理菌。代谢组学研究不仅有助于理解微生物体内的代谢网络，而且有助于帮助我们了解化合物的转化过程，这对于构建系统的异生质微生物降解网络十分有益[25,26]。目前对微生物降解有机污染物的研究大部分局限于水体，仅少数研究是针对土壤微生物，但总体上，此类研究都是针对实验样品而不是实际样品。虽然^{31}P和^{39}F的自然丰度为100%，但污染物中含上述两种核素的很少，所以仅有的依靠^{1}H-NMR的研究也不多见。目前常用的研究策略是让微生物在含有异生质的培养基中生长，然后对培养基中的代谢物成分变化进行研究，当有新化合物出现而需要鉴定时再辅以其他技术。除了生物降解上的应用以外，也有利用代谢组学策略进行有机污染物与土壤内的其他化合物在微生物酶作用下的共价反应研究。由于^{15}N-NMR的相对低敏感性，所以样品使用的是^{15}N和^{13}C浓缩异生质。由于上述限制，目前相关研究主要集中在^{15}N-TNT、^{13}C-CH3Br、^{13}C-PAHs、^{13}C-苯并噻唑和^{13}C-阿特拉津的研究。由于标记位点只有一个所以峰谱解释比较困难，只能给出部分结构信息。Knicker最近采用了一种新的技术集合^{15}N-TNT和^{13}C标记，以及^{15}N-^{13}C双交叉极化魔角旋转（double cross polarization magic angle spinning）技术，克服了上述问题，但灵敏度仍不是很高，而且有时分析时间长达48h[27]。不过^{1}H-MAS NMR技术还是有优势用于含自然污染物浓度的实际样品分析，特别是水解样品，因为这些样品接近自然状态能反映实际污染物情况[28]（图15-11）。

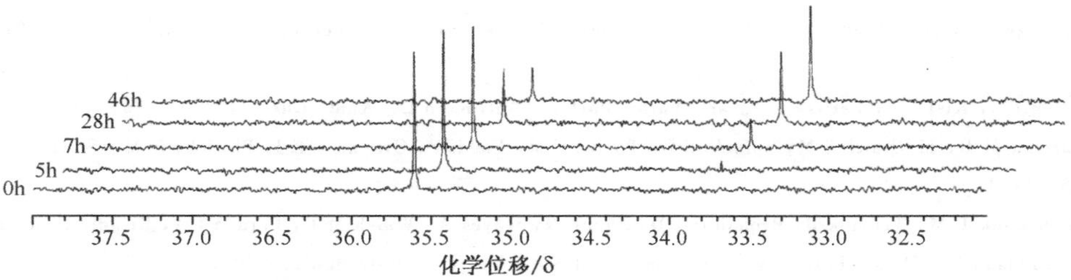

图15-11　谷氨酸棒杆菌以果糖为碳源时对杀虫剂1059的分解作用的^{31}P-NMR谱[28]

15.6　展望

虽然代谢组学的优势显而易见，但是它仍然面临着许多问题。最大的挑战是，生命科学家从没系统地接受过如何全面系统地处理如此庞大的数据。从生理学家角度看，还有一个问题需要解决，就是数据解释的问题。由于基因组数据与代谢组数据不存在直接联系，这就牵涉到如何判断一个经代谢组分析发现能降解或合成某代谢物的基因就是应被敲除或过表达的基因。就代谢组学分析技术而言，挑战仍很多，许多代谢物（如信号分子）通常浓度很低。现有分析手段的灵敏度和动态检测范围对全组分分析仍有不足。细胞内代谢物的绝对量十分微小，肠杆菌科细菌中，代谢物的量仅占细胞干重的3%～5%；大肠埃希菌中85%的代谢物相对分子质量小于500。基因组学由于有PCR技术的辅助仅需要极少量的标本（有时几个细胞）就能满足分析需要，由于细胞干重的近70%左右为蛋白质，所以蛋白质组学分析通常也极少受到样品量的限制，代谢组学尤其是微生物代谢组学分析则面临着如何有效富集样品而不引入实验误差的巨大挑战，相应地，其他面临的问题还有①现成的商品化的自动处理 GC-MS 和 LC-MS 的数据的软件缺乏；②商品化的 LC-MS 谱参考数据库没有；③GC-MS 参考数据库不够完善。另外商品化的代谢物标准品不多。由于多数代谢物以极低的浓度（皮摩）存在于复杂体系中，需要分析方法不断地改进。

代谢组学发展仍处于初始阶段，在微生物学领域，代谢组学并不光指全组分分析（真正的全组分微生物代谢分析报道较少，代谢轮廓或靶标分析相对较多和较成熟[29,30]），还用于动态的代谢流分析。代谢组学对细胞功能的理解力是强大的，但是对细胞瞬时代谢状态的反映仍较困难，由于分析技术的复杂性因此真正实现对代谢物的非歧视性检测尚需时日。未来几十年，代谢组学在工业生物技术中的应用还将扩大，并取代原有的经验式的代谢工程改造指导思想。除了使代谢工程改造更有目的性和效率以外还能通过代谢组学研究发现细胞新的功能。在疾病和健康、环境保护领域内的研究也在不断扩大，这就不仅要求微生物学家要有全面思想，同时要求他们能广泛地与分析化学家、统计学家和信息学家等其他领域的专家密切合作，探询最佳解决方案。

参 考 文 献

[1] Oldiges M, lutz S, Pflug S, Schroer K, Stein N, Wiendahl C. Appl. Microbiol. Biotechnol., 2007, 76: 495

[2] Lindon J C, Nicholson J K, holmes E. Handbook of metabonomics and metabolomics. Elsevier, 2007

[3] Werf M J, Jellema R H, Hankemeier T. J. Ind. Microbiol. Biotechnol., 2005, 32: 234

[4] Mashego M R, Rumbold K, De Mey M, Vandamme E, Soetaert W, Heijnen J J. Biotechnol. Lett., 2007, 29: 1

[5] Bolten C J, Kiefer P, Letisse F, Jean-Charles Portais, Wittmann C. Anal. Chem., 2007, 79: 3843

[6] Martzen M R, McCraith S M, Spinelli S L, Torres F M, Fields S, Grayhack E J, Phizicky E M. Science, 1999, 286: 1153

[7] Raamsdonk L M, Teusink B, Broadhurst D, Zhang N, Hayes A, Walsh M C, Berden J A, Brindle K M, Kell D B, Rowland J J, Westerhoff H V, van Dam K, Oliver S G. Nat. Biotechnol., 2001, 19: 45

[8] Park S J, Lee S Y, Cho J, Kim T Y, Lee J W, Park J H, Han M J. Appl. Microbiol. Biotechnol., 2005, 68: 567

[9] Maharjan R P, Seeto S, Ferenci T. J. Bacteriol., 2006, 189: 2350

[10] 许国旺，高鹏. 北京：科学出版社，2007，210

[11] 苑广志，田晶，徐龙权，唐萍，崔东波，许国旺. 食品与发酵工业，2006，32：49

[12] 苑广志，田晶，唐萍，崔东波，许国旺. 分析科学学报，2006，22：333

[13] Price N D, Reed J L, Palsson B O. Nat. Rev. Microbiol., 2004, 2: 886

[14] Bundy J G, Willey T L, Castell R S, Ellar D J, Brindle K M. FEMS Microbiol. Let., 2005, 242: 127

[15] Rager M H, Binet M R B, Ionescu G, Bouvet O M M. Eur. J. Biochem., 2000, 267: 5136

[16] Mougous J D, Leavell M D, Senaratne R H, Leigh C D, Williams S J, Riley L W, Leary J A, Bertozzi C R. Proc. Natl. Acad. Sci. U. S. A., 2002, 99: 17037

[17] Wolin M J, Miller T L, Yerry S, Zhang Y, Bank S, Weaver G A. Appl. Environ. Microbiol., 1999, 65: 2807

[18] Gil A M, Neto C P. Annu. Rep. NMR Spectrosc., 1999, 37: 75

[19] Combourieu B, Elfoul L, Delort A M, Rabot S. Drug Metab. Dispos., 2001, 29: 1440

[20] Wolin M J, Zhang Y, Bank S, Yerry S, Miller T L. J. Nutr., 1998, 128: 91

[21] Probert C S J, Jones P R H, Ratcliffe N M. Gut, 2004, 53: 58

[22] Mathan V I, Wiederman J, Dobkin J F, Lindenbaum J. Gut, 1989, 30: 971

[23] Yan Y, Yi Z, Liang Y Z. FEBS Let., 2007, 581: 4179
[24] Gao P, Shi C, Tian J, Shi X, Yuan K, Lu X, Xu G. J. Pharm. Biomed. Anal., 2007, 44: 180
[25] Allen J, Davey H M, Broadhurst D, Rowland J J, Oliver S G, Kell D B. Appl. Environ. Microbiol., 2004, 70: 6157
[26] Pazos F, Valencia A, De Lorenzo V. EMBO Rep., 2003, 4: 994
[27] Knicker H. Sci. Total Environ., 2003, 308: 211
[28] Girbal L, Hilaire D, Leduc S, Delery L, Rols J L, Lindley N D. Appl. Environ. Microbiol., 2000, 66: 1202
[29] 史春云，田晶，高鹏，许国旺. 分析化学，2007，35：1008
[30] 史春云，田晶，马延和，许国旺. 食品与发酵工业，2007，33：116

第16章　代谢组学在环境科学中的应用

随着环境污染的日益恶化，许多化学物质对各种生物体的威胁已经达到了警戒水平，这些化学物质是生命过程中生化、基因、结构或生理损伤的主要原因。阐明这些物质生理和毒理相互作用过程的本质和机制，对阐释各种环境疾病的致病机制、提出有效的治理方案是非常必要的。作为一门新的技术，代谢组学以生物体的最终代谢物为研究对象，定量分析生物系统中内源性代谢物的变化，并从系统生化谱的角度整体地研究生物体对外界刺激的调节及应答机制。在过去近8年的时间里，这门新兴的学科得到了迅速的发展，并已广泛地应用到了分子病理学、毒理学、功能基因组学、临床医学和环境科学等领域。本章就代谢组学在环境科学研究中的应用做一概述。

16.1　简介

自1999年以来，代谢组学作为新兴的组学技术发展迅速，有关代谢组学的论文呈指数规律增长，其应用已经波及基础生命科学、药物研发、疾病生理、营养与植物药学、环境科学等诸多方面。作为环境安全的重要研究手段之一，代谢组学方法为早期发现环境有毒物质引起机体的病理生理变化提供了有力的武器，与其他组学（如转录组学、蛋白质组学）相比，代谢组学的优势在于一切外源性刺激（如药物、食品、环境等因素）都会促使生物体系进行调节并导致代谢组的变化，这种变化是生物过程的最终结果，生物体许多不能从转录组、蛋白质组体现出的变化可以通过代谢组体现。即便不同生物体间的代谢速率会存在较大差异，但其代谢途径却是相对稳定的，因此，在实验研究中发现的生物标志物在不同的物种间往往具有互通性；而且，用于任一物种代谢研究的技术完全可以同时用于其他物种的代谢研究。除此之外，代谢组学研究还具有无损伤、可量化的特点及其高通量、低成本的优势[1,2]。以上特点为代谢组学用于环境安全性评价的研究奠定了坚实的基础。

在环境科学研究方面，代谢组学方法主要用来研究及阐明生物体对有毒化学物质暴露后所产生的生理生化反应，用于对环境化学产品长期作用机制的研究，其指标可作为对全球现有化学制品混合物安全性预测的合理标准。生物体对外界环境（如冷、热、饥饿等）刺激后所产生的各种代谢及生理生化反应也可以通过代谢组学方法来阐述。此外，代谢组学在生物体健康评价及预测方面也具有很强的应用潜力，美国国家环境卫生研究中心（National Institute of Environmental Health Sciences，NIEHS）已开展了潜在的环境输入与疾病之间相互影响的代谢组学研究，并给予了高度重视[3]。本章将代谢组学在环境研究中的应用归纳为以下两个部分并进行概述：①代谢组学用于脊椎动物环境毒物暴露及其代谢的研究；②代谢组学用于无脊椎动物环境毒物暴露及其代谢的研究。

16.2 代谢组学用于脊椎动物环境毒物暴露及其代谢的研究

16.2.1 环境中重金属污染对脊椎动物的毒性作用研究

近年来，科学家们利用代谢组学方法对环境中重金属污染物的暴露及代谢途径进行了大量颇有成效的研究。1989 年 Nicholson 等[4]就应用代谢组学的方法开展了环境中 $CdCl_2$ 对大鼠毒性作用的详细研究。他们用成年 Sprague-Dawley 大鼠作为实验模型，在连续 30 天腹腔注射 $CdCl_2$ 后用高分辨率 ^1H NMR 进行了多组分尿样分析，发现在注射 $CdCl_2$ 后 4.5h 内大鼠尿液中的柠檬酸盐、α-酮戊二酸及琥珀酸含量都有了明显降低，连续注射 4 天后成年雄鼠出现了肾小管酸中毒现象。作者同时还对上述大鼠进行了肾组织学及尿中肌酐测定。结果提示代谢组学方法在环境毒素及机体功能紊乱的生物标志物发现方面具有很大潜力。

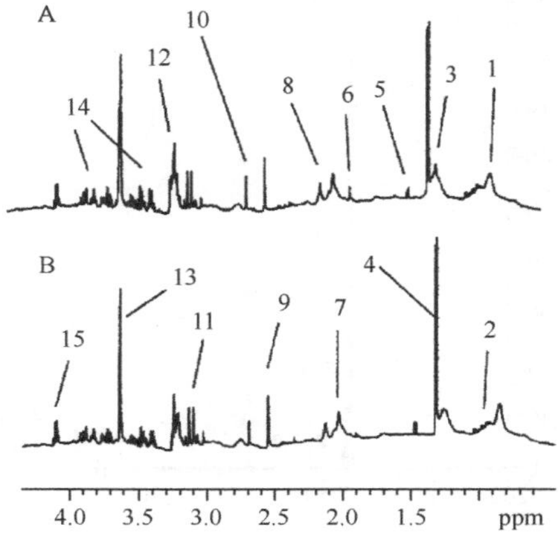

图 16-1　大鼠血浆的 ^1H NMR 谱[6]

A. 食物未被 $CdCl_2$ 污染；B. 食物中含有 $CdCl_2$(40 ppm)。1：VLDL（极低密度脂蛋白）和 LDL（低密度脂蛋白）的 CH_3 脂基团；2：亮氨酸、缬氨酸、异亮氨酸的共振（信号）；3：VLDL 和 LDL 的 $CH_2CH_2CH_2$ 脂基团；4：乳酸盐；5：丙胺酸；6：乙酸盐；7：$CH_2C{=}C$ 脂共振和糖蛋白；8：甲硫氨酸；9：$[Ca\text{-}EDTA]^{2-}$（乙烯基质子）；10：$[Mg\text{-}EDTA]^{2-}$（乙烯基质子）；11：$[Ca\text{-}EDTA]^{2-}$（乙酸基质子）；12：游离 $EDTA^{4-}$ 和 $[Mg\text{-}EDTA]^{2-}$（乙酸基质子）；13：游离的 $EDTA^{4-}$；14：葡萄糖共振（信号）；15：乳酸盐.

Griffin 等[5,6]进一步拓展了这方面的研究，他们对高低两个剂量 $CdCl_2$ 的慢性生化效应进行代谢组分析，通过分析鼠尿、血浆（图 16-1、图 16-2）和组织的改变，证明了急、慢性作用的生理机制不同，并建立了环境污染对生物体影响的非入侵检测方式和毒物安全评价方法。

Lafaye 等[7]应用高效液相色谱串联电喷雾离子阱质谱分析重金属毒物对大鼠的慢性毒性影响。由于电喷雾电离源给出相对少的化合物结构信息，并且目前尚未有大型的电喷雾 CID（collision induced dissociation）数据库，无法进行化合物辨认，所以他们进行基于碰撞诱导解离的 MS/MS 实验，然后搜索化学或代谢物数据库，结合保留时间和 CID 谱图（图 16-3）最终确定尿样羧酸、胺类、硫酸盐、葡萄糖苷、配糖类等几大类化学成分，从而解决了代谢组学中海量数据的分析与识别的问题，并检测到了几十种质荷比的物质有明显变化，为可能的生物标志物。

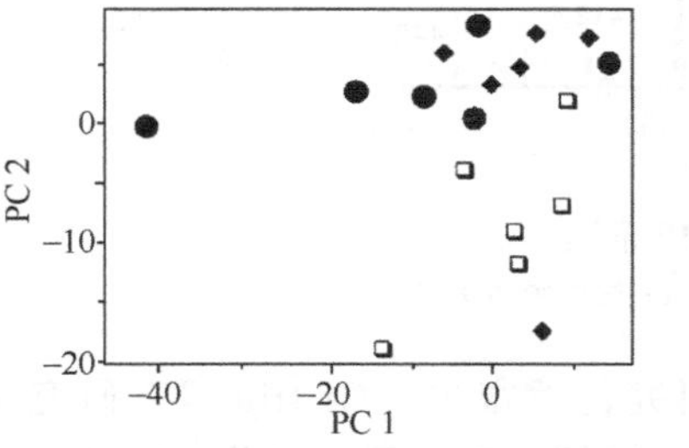

图 16-2　连续 94 天 $CdCl_2$ 暴露后的大鼠血浆轮廓的中心化分析结果[6]

□：对照；◆：低剂量（8mg/L）；●：高剂量

尽管代谢组学方法在对野生动物环境毒物暴露的代谢反应研究方面具有巨大潜力，野生动物对各种农用肥料、杀虫剂及其他环境污染物也具

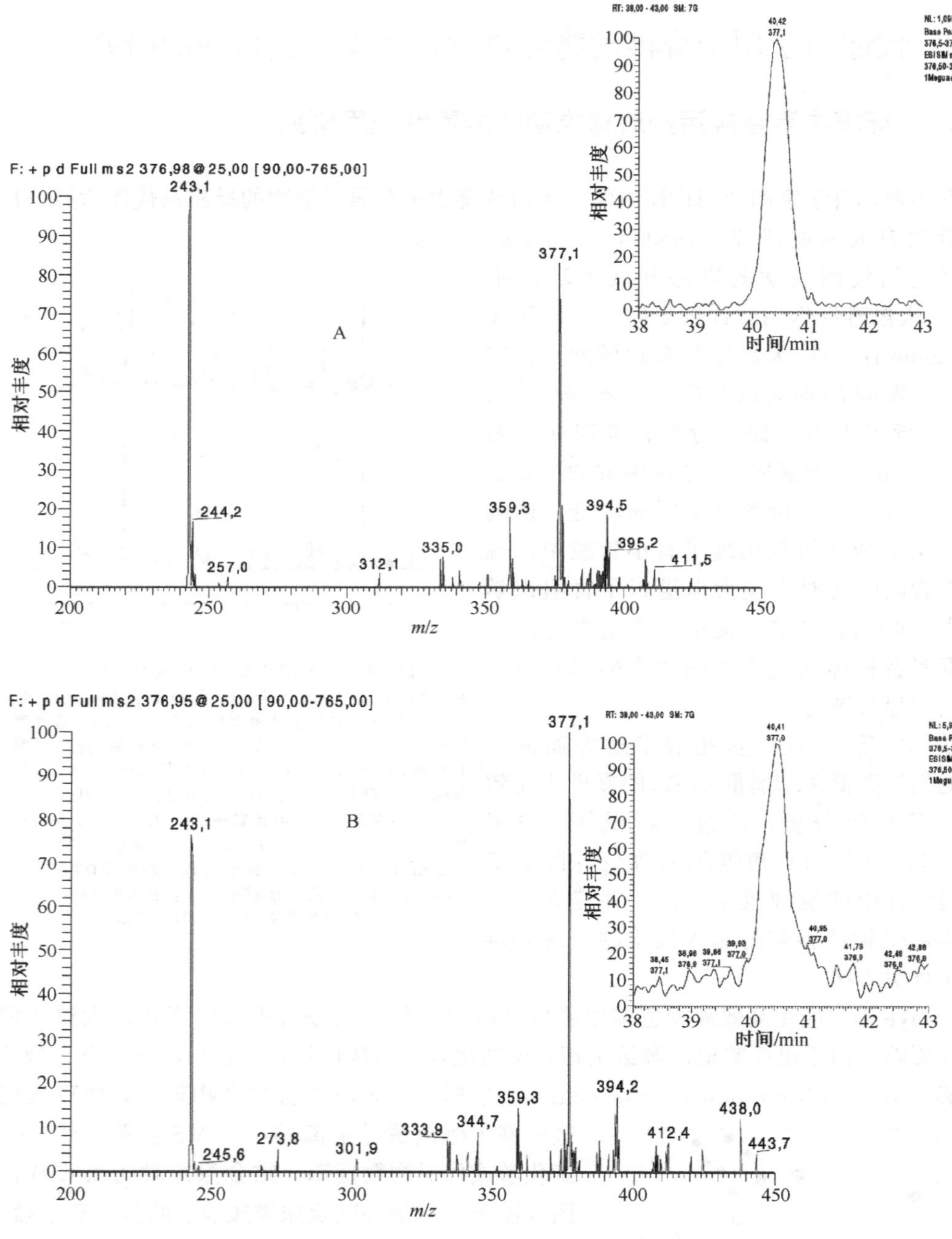

图 16-3　鼠尿中核黄素的 LC-MS 谱图[7]

A．内标化合物（10μg/ml）；B．尿样中核黄素；图中图为 EIC 图

有很高的暴露风险[8]，但到目前为止，这个方面的研究仍然很少。Griffin 等[9]研究了在欧洲普遍出现的小型野生哺乳动物的基本代谢状况及环境中重金属污染物对其代谢的影响，测定了其尿、肾、肝等组织的代谢物谱，并将野生鼠与实验室大鼠模型的代谢状况进行了对比。结果表明，沙滩野鼠和大鼠模型的代谢谱之间存在显著性差异，在沙滩

野鼠的尿中发现了更多的芳香族氨基酸类化合物及酚类化合物（图 16-4）。一个可能的解释是这些酚类化合物是由沙滩野鼠独特的肠道微生物菌群产生的[10]，类似于鼠尿中马尿酸盐的产生方式，由沙滩野鼠的肠道菌群产生的这些酚类化合物可有助于其特异性地消化体内所摄入的植物类食物。

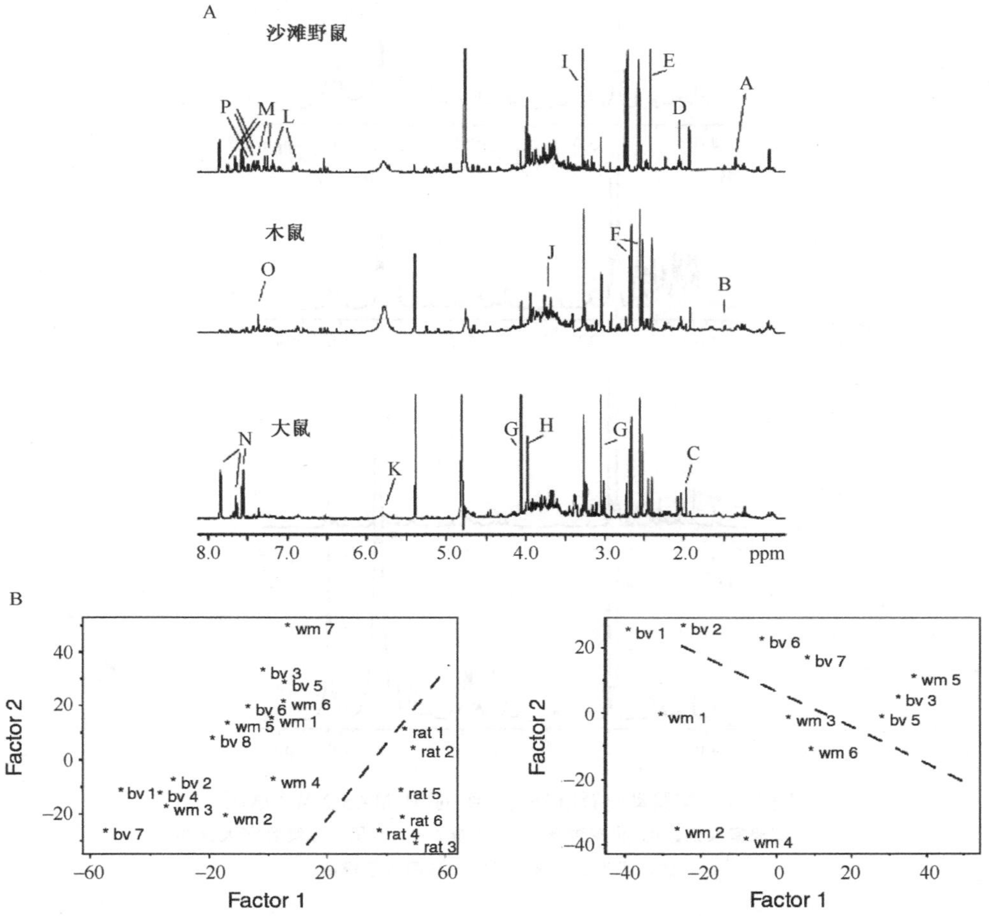

图 16-4　沙滩野鼠、木鼠和实验室大鼠尿样的 600MHz ^{1}H NMR 谱图（A）[9]和沙滩野鼠、木鼠和实验室大鼠尿样的 PCA 图（B）

沙滩野鼠尿中含多种芳香族氨基酸类化合物，大鼠尿样中马尿酸盐含量较高．左侧 scores 图为实验室大鼠和两种野鼠的区分结果（马尿酸盐含量有差异）；右侧为沙滩野鼠和木鼠的区分结果．A：乳酸盐；B：丙胺酸；C：乙酸盐；D：谷氨酸盐；E：琥珀酸盐；F：柠檬酸盐；G：肌酐；H：肌氨酸；I：三甲基胺氧化物（TMAO）；J：含葡萄糖及其他糖的区域；K：尿素；L：酪氨酸；M：色氨酸；N：马尿酸盐；O：尿酸盐；P：苯丙氨酸；bv：沙滩野鼠；wm：木鼠

另外，研究还发现，相对于实验室大鼠模型，所有被测野生鼠类的肾脏和肝脏组织脂含量都呈显著性增高，其中木鼠的肝肾组织脂含量尤其高（图 16-5），这提示上述物种受亲脂性环境污染物影响的风险更高。Griffin 还研究了环境中砷类化合物对啮齿类动物毒性作用的影响，As_2O_3 作用 14 天后解剖发现，沙滩野鼠组织损伤，同时 MAS NMR 波谱反映出脂类物质异常。他们首次在毒理研究中应用 MAS ^{1}H 扩散权重弥散加

权波谱测量水的表观扩散系数证明组织坏疽，并发现 As^{3+} 造成的肾组织损伤存在种属间差异。上述研究均是采用代谢组学的方法来完成的，若是采用转录组学及蛋白质组学的手段，由于相关动物基因序列及蛋白质结构差异的缺乏，将很难进行。

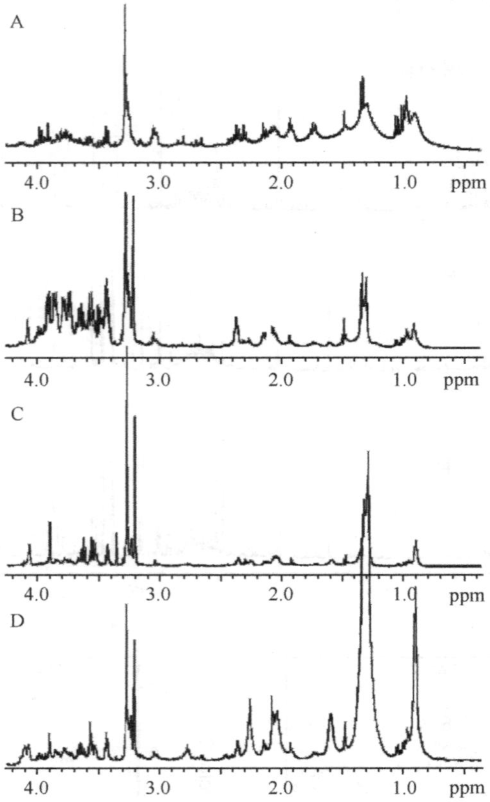

图 16-5　实验动物肾脏外皮组织的 ^{1}H MAS NMR 谱图[9]

A. 实验室大鼠；B. 沙滩野鼠；C. 尖鼠；D. 木鼠。与实验室大鼠相比，野生鼠类体内甘油三酸酯含量增高

16.2.2　环境中有机污染物对脊椎动物的毒性作用研究

除重金属外，环境污染物还包括多种有机化合物，如农药 DDT、多氯联苯、多环芳烃、二　英、聚苯乙烯、邻苯二甲酸酐类等。采用代谢组学方法对环境中有机污染物的毒性作用研究已逐渐成为环境科学领域的热点问题之一。

以多环芳烃化合物（polycyclic aromatic hydrocarbon，PAH）为例。PAH 是指由两个或两个以上苯环以线状、角状或簇状排列的中性或非极性碳氢化合物[11]，主要来自于碳氢化合物的不充分燃烧，在大气、水体和土壤中广泛存在。由于 PAH 具有疏水性、致癌性、致畸性、致突变性和生物难降解性，因此多环芳烃被看作是持久性有机污染物的主要代表[12,13]。目前，多环芳烃的毒理学研究是环境科学领域的热点问题之一，研究主要集中在多环芳烃及其在环境中的降解和转化产物在体内的吸收、分布、排泄和代谢转化，及阐明多环芳烃对人体毒副作用的发生、发展和消除的各种条件和机制。

芘是非致癌性多环芳烃，是常见 PAH 的一种，含量占 PAH 的 2%～10%[14]，1-羟基芘（1-OHP）是芘在哺乳动物体内主要的代谢产物。虽然尿中排泄的 1-OHP 只占芘总量的一小部分，1-OHP 仍然是 PAH 暴露评价的一个可靠的生物指示物。尿样中 1-OHP（包括其他 PAH 的羟基代谢产物）可用 HPLC-LIF、HPLC-FD、HPLC-MS、GC-MS 等方法检测。Keimig 和 Morgan[15] 在酸性条件下水解尿中 1-OHP 结合物，并用二氯甲烷提取富集 1-OHP，然后用 HPLC 分离检测。Withey 等[16] 对白鼠投毒 24h 后，在尿及粪便中所检出的芘分别为芘投加量的 22%～40%、21%～52%。菲的代谢产物主要有一羟基菲（5 种，即 1-、2-、3-、4-和 9-羟基菲）、二羟基菲（3 种，1,2-、3,4-、9,10-二羟基菲）。这些代谢产物主要以硫酸和葡萄糖醛酸结合物的形式排出，在啮齿类动物的实验中还检测到这些代谢物的硫醇尿酸、硫醇丙酮酸、硫醇草酸及硫醇乙酸的结合物[17]。经酶水解和衍生化后，Smith[18] 用 SPME-GC-MS 检测了单羟基菲。Abdelrazak 等[19] 通过 3 种途径向雌性老鼠施加菲，结果发现在尿中对羟基菲、9，10-二羟基菲是最主要的代谢产物，但通常采用几种单羟基菲的浓度之和来评价人体对外源性菲的暴露。Rih 等[20] 研究了 PAH 暴露与代谢酶的遗传多态性及尿中代谢物的相关性，并提出了芘及菲在体内可能的代谢途径（图 16-6、图 16-7）。研究提示尿中 PAH 的浓度不仅与从事职业及吸烟与否有关，还与自身代谢酶的遗传多态性相关。Luan 等[21～23] 建立了固相微萃取衍生化技术与 GC-MS 联用同时测定多种 PAH 代谢产物的分析方法，开展了细菌和微藻降解 PAH 的降解机制和代谢物动力学变化等研究。

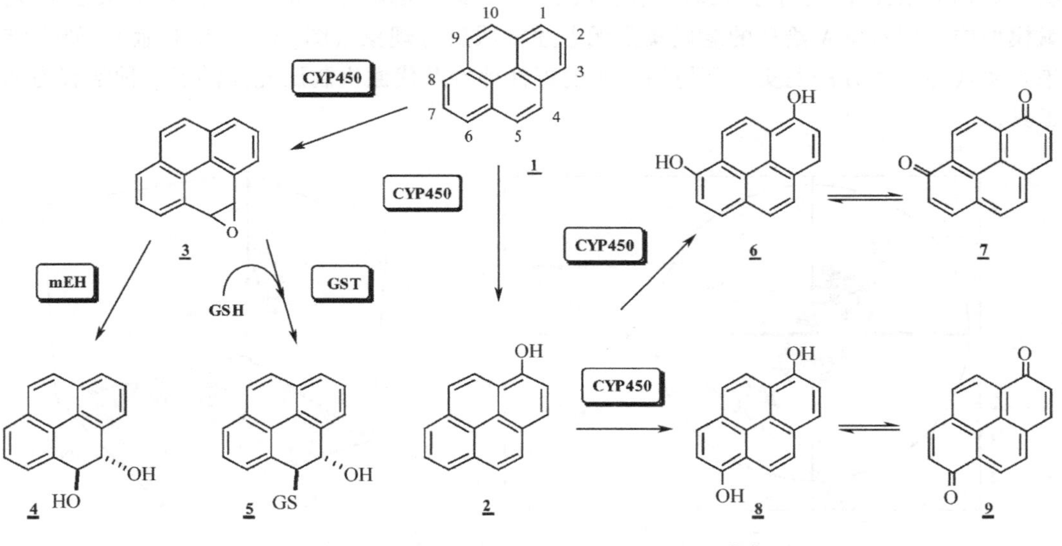

图 16-6　哺乳动物体内芘可能的代谢途径[20]

1：芘；2：1-羟基芘；3：菲的氧化物；4：反式二羟基芘；5：GSH 结合物；6：二羟基芘；7：奎宁；8：二羟基芘；9：奎宁

与环境污染物 PAH 的代谢研究方法类似，Azmi 等[24] 利用 NMR 技术研究了环境中污染物 α-萘基异硫氰酸酯（ANIT）及其代谢物 1-萘基异氰酸酯（NI）、1-萘胺（NA）诱导的老鼠肝中毒。主成分分析（principal components analysis，PCA）结果表

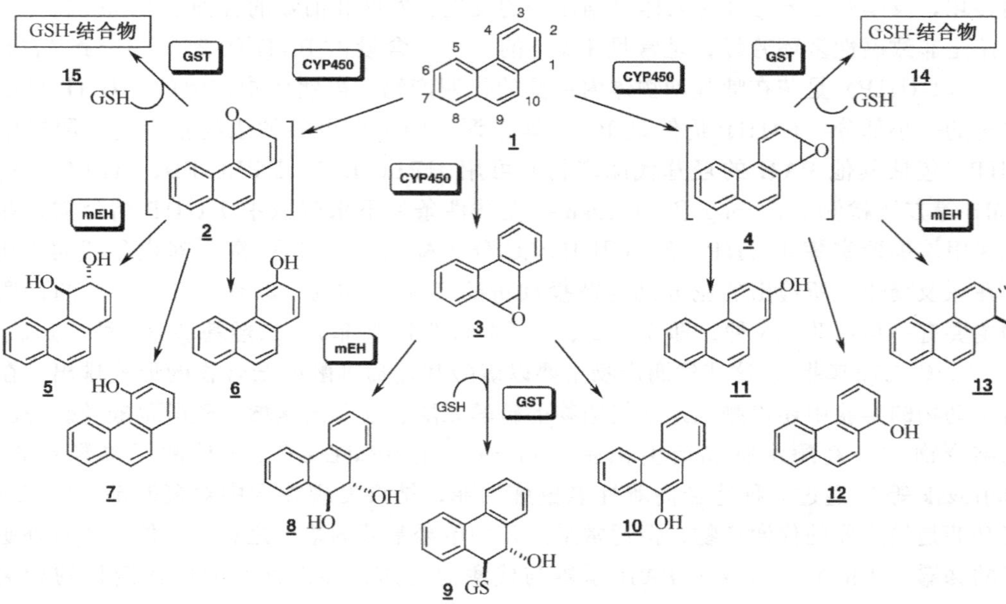

图 16-7 哺乳动物体内菲可能的代谢途径[20]

1：菲；2、3 和 4：芳烃氧化物的同分异构体；5、8 和 13：三种反式的二羟基菲；6、7、10、11 和 12：五种酚异构体；9、14 和 15：GSH 结合物

明，短期的 ANIT 扰动可引起迅速的糖尿反应，同样的糖尿反应也发生在 NI 给药的老鼠模型中，但对 NA 给药的老鼠模型无上述糖尿反应现象（图 16-8，见彩版）。研究结果表明代谢组学方法确实为环境污染物的毒性评价及代谢机制研究提供了一种强有力的工具。

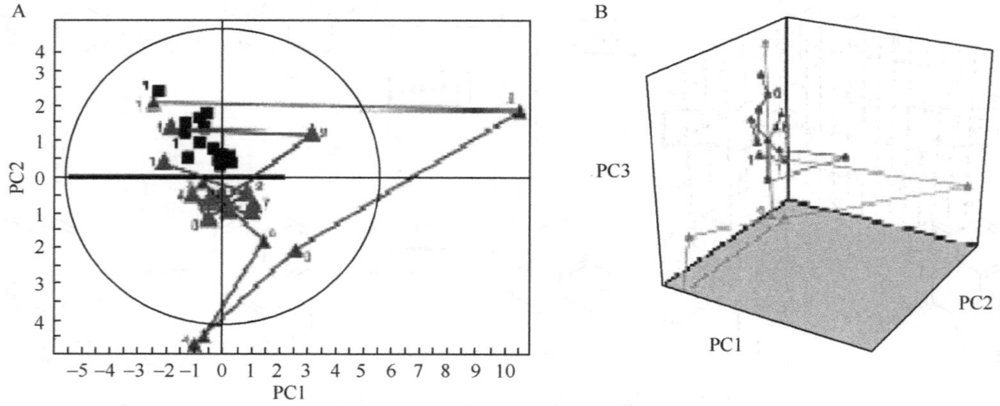

图 16-8 α-萘基异硫氰酸酯（ANIT）、1-萘基异氰酸酯（NI）、1-萘胺（NA）毒性研究的 PCA score 图[24]

A. 二维 PCA score 图（PC1，PC2 可解释 68.9%的差异），ANIT（△），NI（△），NA（△），对照数据（■）；B. 三维 PCA score 图（PC1，PC2，PC3 可解释 77.1%的差异）

目前很多研究小组也开展了有关杀虫剂及其他环境毒物对水生动物（如鱼类等）的

毒性作用研究。Viant 等[25]利用 NMR 方法研究了鲑鱼暴露环境毒物 2-(1-甲基-正丙基)-4,6-二硝基苯酚、二嗪农、氰戊菊酯后的代谢物指纹谱的变化。对发眼卵及刚孵化的小鲑鱼的代谢指纹分析表明上述毒物在两者体内的代谢机制不同。类似的方法也用于日本青鳉鱼的研究，Viant 等[26]的研究表明，2-(1-甲基-正丙基)-4,6-二硝基苯酚暴露后青鳉鱼胚胎的代谢变化与传统的毒性终点（如迟缓或不正常的生长率、过度暴露致死等）具有相关性。^{1}H NMR 的代谢组学测定结果与^{31}P NMR 和 HPLC-UV 的测定结果一致，利用磷酸肌酸作为 ATP 降低的能量补偿可被看作是青鳉鱼胚胎毒性的标志。另外，为更好地理解青鳉鱼胚胎形成过程中的代谢变化，其胚胎还被用来构建生长过程中的不同代谢通路模型（如三氯乙烯暴露模型），这为青鳉鱼生长过程中的环境影响及代谢变化提供了更多的信息[27,28]（图 16-9）。Stentiford 等[29]采用组织学、蛋白质组学、代谢组学等方法联合研究了比目鱼的肝内肿瘤的发生。采用组织病理学鉴定后，利用 SELDI 蛋白质芯片和 FT-ICR-MS 等方法对蛋白质及小分子代谢物进行了轮廓分析，结果提示上述组学技术相结合可以更好地鉴别鱼类的肝脏疾病。

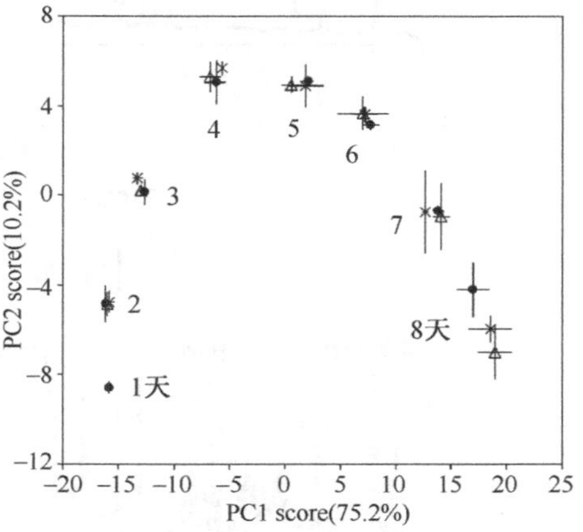

图 16-9 青鳉鱼胚胎三氯乙烯暴露后的 PCA score 图[28]

三氯乙烯暴露剂量：0.0mg/L（•），0.88mg/L（△）和 8.76mg/L（*）

16.3 代谢组学用于无脊椎动物环境毒物暴露及其代谢的研究

生物体代谢过程中的生物标志物可被用来定量衡量生物体的被污染程度，因此测定生物标志物对一系列环境刺激的应答对生态风险评价具有重要意义，特别是对于基因组序列未知的无脊椎动物来讲，生物标志物分析显得尤为重要。蚯蚓作为陆地上生物量最大的一类土壤无脊椎动物，是农田生态系统土壤物质小循环中的重要一环，它通过取食、挖掘等活动促进有机质的分解、土壤层次的混合、土壤团粒的形成，提高土壤的孔隙度、排水能力和通气性能，从而改善土壤的物理、化学、生物属性。为满足日益增长的污染土壤生态风险评价与生态功能诊断的需要，蚯蚓常被作为评价土壤环境质量的重要指示生物。

Bundy 等[30,31]利用代谢组学方法研究了被污染的土壤对蚯蚓的影响。他们利用^{1}H NMR 波谱考察了不同毒性物质暴露时蚯蚓的代谢变化，PCA 分析结果表明有毒化合物的暴露确实可引起蚯蚓代谢物组的变化，不同毒物在蚯蚓体内的代谢模式不同。高效液相色谱-傅里叶变换质谱与^{1}H NMR 及^{13}C NMR 波谱的测定结果相同，2-氟-4-甲基苯胺暴露可导致生物标志物 2-己基-5-乙基-3-呋喃磺酸的减少及肌苷磷酸盐的增加（图 16-10）；4-氟苯胺暴露可导致麦芽糖浓度的降低；而 3,5-二氟苯胺暴露产生了与 2-氟-4-甲基苯胺暴露类似的程度更轻的生物学反应。代谢组学方法也被用来研究金属污染物对无脊椎动物蚯蚓的影响。将三种不同种类的蚯蚓（*Lumbricus rubellus*、*Lumbri-*

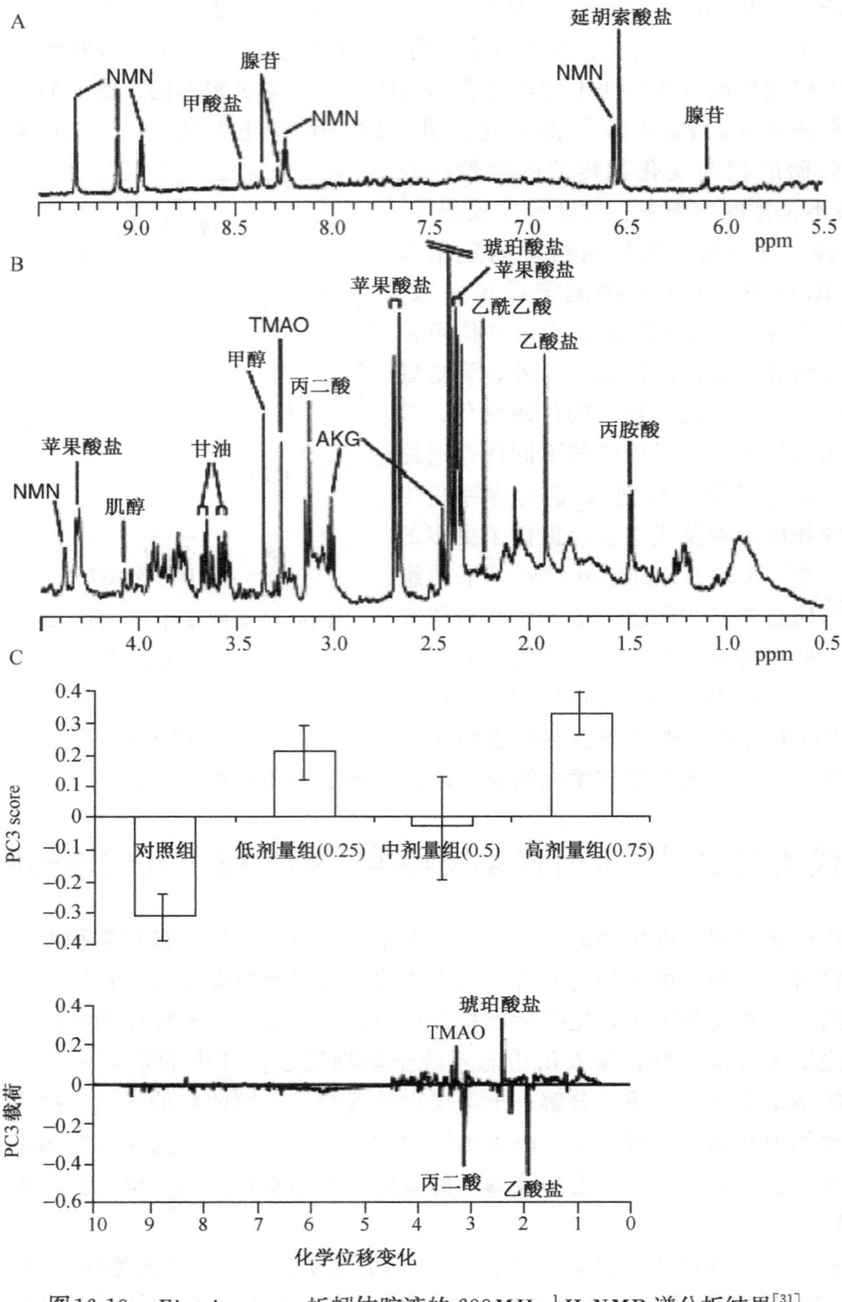

图16-10 *Eisenia veneta* 蚯蚓体腔液的 600MHz ^{1}H NMR 谱分析结果[31]

A. 芳香族化合物区；B. 脂肪族化合物区；C. ^{1}H NMR 谱的 PCA 结果。NMN：*N*-甲基-α-烟碱；AKG：酮戊二酸盐；TMAO：三甲基胺氮氧化物

cus terrestris、*Eisenia andrei*）作为研究对象，Bundy 等[32]考察了不同浓度的金属污染物对蚯蚓代谢的影响，结果表明，*Lumbricus rubellus* 和 *Eisenia andrei* 对金属毒物的反应更明显。对上述有毒污染物的生物标志物的鉴定结果提示代谢组学方法可用于研究影响蚯蚓群体的有毒污染物及其污染程度，找出与之对应的生物标志物，并分析其毒性

的作用机制。

蚯蚓种群的生物多样性是伴随着蚯蚓对各种生态环境的适应而产生的。研究表明，当蚯蚓生存的土壤环境受到农药污染后，生态系统的结构和功能遭到破坏，食物来源、栖息环境等不适合其生存，蚯蚓的种类和数量也会随之改变，甚至出现某些敏感种群消亡的现象。因此，通过对污染土壤中的蚯蚓进行调查分类和比较可以了解蚯蚓种群的变化情况，通过对蚯蚓的一些重要生化指标的分析可以确定土壤污染的状况。Bundy等[33]采用代谢组学轮廓分析的方法，以爱胜蚓属（*Eisenia*）蚯蚓为研究对象，考察了爱胜蚓属的三种蚯蚓（*Eisenia fetida*、*Eisenia andrei*、*Eisenia veneta*）的基本代谢状况。其中，后两种蚯蚓具有相同的生态龛位，从形态学特征很难分辨，只能从遗传学上进行区分。但通过^{1}H NMR波谱结合PCA的代谢组学分析，上述三种蚯蚓得到了很好的鉴别（图16-11），且体腔液的代谢轮廓分析结果明显优于组织提取液（图16-12）。这充分说明，对于无脊椎生物（如土壤无脊椎动物），特别是那些具有有限分散能力（指那些长时间在极小范围内生存又具有较强选择性压力的生物群体）的无脊椎生物，基于代谢物分析的代谢组学技术可以帮助我们理解生物进化过程中各种环境因素对生物体本身所造成的冲击。

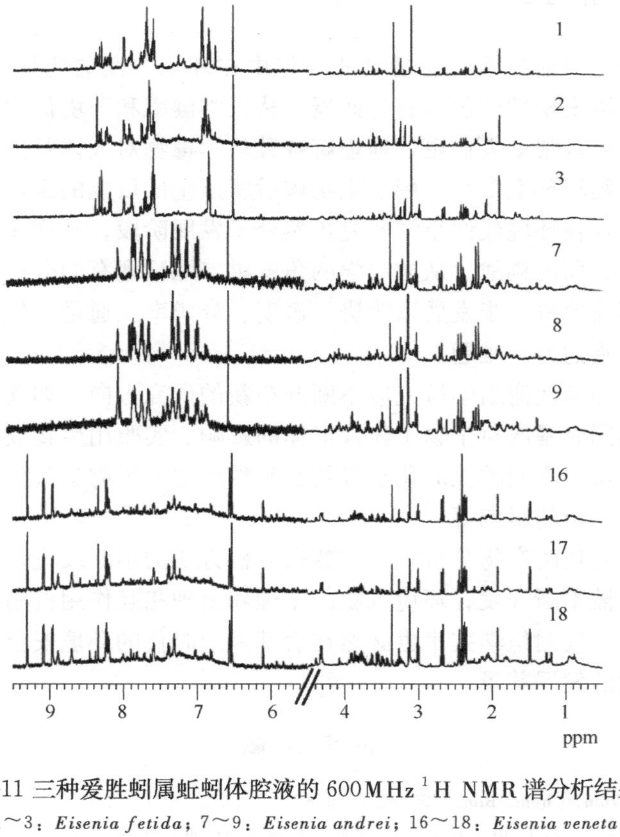

图16-11 三种爱胜蚓属蚯蚓体腔液的600MHz ^{1}H NMR谱分析结果[33]

1～3：*Eisenia fetida*；7～9：*Eisenia andrei*；16～18：*Eisenia veneta*

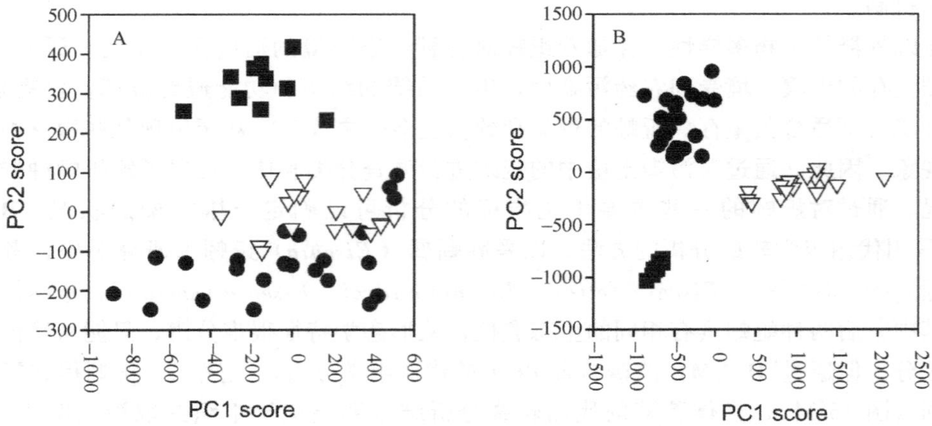

图 16-12 爱胜蚓属蚯蚓组织液和体腔液^{1}H NMR谱分析的 PCA score 图（中心化分析法）[33]

A．组织液；B．体腔液。●：*Eisenia fetida*；▽：*Eisenia andrei*；■：*Eisenia veneta*

16.4 环境代谢组学的发展前景

代谢组学作为一门新技术，在过去的几年中在环境方面的应用研究取得了较大发展，它被认为是环境安全性评价的有力武器。从人类健康和环境保护的角度出发，环境代谢组学研究不仅可以帮助人们更好地理解各种化学毒物对人体及整个生态环境所造成的危害，还有助于阐释环境毒物作用于生物体后所产生的可能的毒性及其作用机制。

从总体上讲，现在环境代谢组学研究仍然处于发展阶段，有许多方面亟待开发和完善，也面临着各个方面的挑战。从方法学的角度讲，无论现有的分析仪器、分析技术还是数据处理方法都需要进一步发展以改进灵敏度、分辨率及通量。代谢标志物定性及代谢途径的阐释是面临的另一难题。

从应用方面，环境代谢组学研究应不断开拓新的研究方向，如利用代谢组学新技术研究多种环境毒物同时暴露对生物个体及群体的影响、实验用生物或模式生物体对环境毒物（包括不同剂量、不同种类的化学毒物）暴露产生的生物学效应、长期化学毒物暴露对不同区域生态平衡的影响等。

我们相信，随着代谢产物分析技术和数据分析方法的不断改进，复杂环境评价的代谢组学新方法将会被不断开发，环境毒物的生理和毒理相互作用机制和环境疾病的致病机制将会得到阐释，代谢组学技术也必然在后基因组时代的环境安全性评价及其他相关方面拥有更为广阔的发展前景。

参 考 文 献

[1] Griffin J L. Curr. Opin. Chem. Biol., 2003, 7: 648

[2] 杨军，宋硕林，Castro-Perez J，Plumb R S，许国旺．生物工程学报，2005，21：1

[3] Noonan C W, Sarasua S M, Campagna D, Kathman S J, Lybarger J A, Mueller P W. Environ. Health Perspect., 2002, 110: 151

[4] Nicholson J K, Hiqham D P, Timbrell J A, Sadler P J. Mol. Pharmacol., 1989, 36 (3): 398

[5] Griffin J L, Walker L A, Shore R F. Nicholson Chem J K. Res. Toxicol., 2001, 14: 1428

[6] Griffin J L, Walker L A, Troke J, Osborn D, Shore R F, Nicholson J K. FEBS Lett., 2000, 478: 147

[7] Lafaye A, Junot C, Ramounet-Le G B, Fritsch P, Tabet J C, Ezan E. Mass Spectrom., 2003, 17: 2541

[8] Shore R F, Rattner B A. Ecotoxicology of Wild Mammals. London: John Wiley & Sons, 2001, p. 730

[9] Griffin J L, Walker L A, Shore R F, Nicholson J K. Xenobiotica, 2001, 31 (6): 377

[10] Nicholson J K. Holmes E, Wilson I D. Nature Rev. Microbiol., 2005, 3: 431

[11] Tsai W T, Mi H H, Chang Y M, Yang S Y, Chang J H. Bioresource Technology, 2007, 98: 1133

[12] Baran S, Bielinska E J, Oleszczuk P. Geoderma, 2004, 118: 221

[13] Blasco M, Domeno C, Nerin C. Environ. Sci. Technol., 2006, 40: 6384

[14] 赵振华等. 多环芳烃的环境健康化学. 北京: 中国科学技术出版社, 1993

[15] Keimig S D, Kirby K W, Morgan D P, Keiser J E, Hubert T D. Xenobiotica, 1983, 13: 415

[16] Withey J R, Law F C P, Endrenyi L. Toxicol. Environ. Health, 1991, 32: 429

[17] Jacob J, Seidel A. Journal of Chromatography B, 2002, 778: 31

[18] Smith C J, Walcott C J, Huang W. Maggio V, Grainger J, Jr Patterson D G. Journal of Chromatography B, 2002, 778: 157

[19] Hollender J, Koch B, Dott W. Journal of Chromatography B, 2000, 739: 225

[20] Rihs H P, Pesch B, Kappler M, Rabstein S, Rossbach B, Angerer J, Scherenberg M, Adams A, Wilhelm M, Seidel A, Brüning T. Toxicology Letters, 2005, 157: 241

[21] Luan T G, Yu K S H, Zhong Y, Zhou H W, Lan C Y. Tam N F. Chemosphere, 2006, 65 (11): 2289

[22] Li H, Liu Y H, Luo N, Zhang X Y, Luan T G, Hu J M, Wang Z Y, Wu P C, Chen M J, Lu J Q. Res Microbiol., 2006, 157 (7): 629

[23] Lau M C, Chan K M, Leung K M, Luan T G, Yang M S, Qiu J W. Chemosphere, 2006, 69 (1): 135

[24] Azmi J, Griffin J L, Shore R F, Holmes E, Nicholson J K. Xenobiotica., 2005, 35: 839

[25] Viant M R, Pincetich C A, Tjeerdema R S. Aquat. Toxicol., 2006, 77: 359

[26] Viant M R, Pincetich C A, Hinton D E, Tjeerdema R S. Aquat. Toxicol., 2006, 76: 329

[27] Pincetich C A, Viant M R, Hinton D E, Tjeerdema R S. Comp. Biochem. Physiol. C. Toxicol. Pharmacol., 2005, 140: 103

[28] Lin C Y, Viant M R, Tjeerdema R S. J. Pestic. Sci., 2006, 31 (3): 245

[29] Stentiford G D, Viant M R, Ward D G, Johnson P J, Martin A, Wenbin W, Cooper H J, Lyons B P, Feist S W. OMICS: Journal of Integrative Biology, 2005, 9: 281

[30] Bundy J G, Lenz E M, Bailey N J, Gavaghan C L, Svendesen C, Spurgeon D, Hankard P K, Osborn D, Weeks J M, Trauger S A, Speir P, Sanders I, Lindon J C, Nicholson J K, Tang H. Environ. Toxicol. Chem., 2002, 21: 1966

[31] Bundy J G, Osborn D, Weeks J M, Lindon J C, Nicholson J K. FEBS Lett., 2001, 500: 31

[32] Bundy J G, Spurgeon D J, Svendsen C, Hankard P K, Weeks J M, Osborn D, Lindon J C, Nicholson J K. Ecotoxicology, 2004, 13: 797

[33] Bundy J G, Sprurgeon D J, Svendsen C, Hankard P K, Osborn D, Lindon J C, Nicholson J K. FEBS Lett., 2002, 521: 115